水产饲料原料与质量控制

Aquatic Feed Ingredients and Quality Control

叶元土　主　编

吴　萍　蔡春芳　副主编

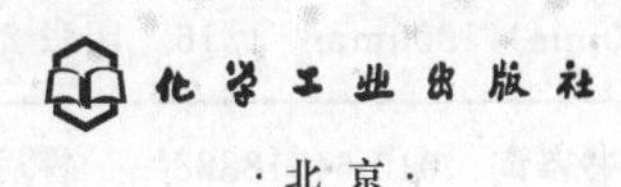

·北京·

《水产饲料原料与质量控制》对水产饲料原料的来源、加工工艺过程及其对质量的影响、原料的质量控制内容等进行了较为系统的介绍和分析，提供了很多的饲料原料质量数据，对部分原料在水产饲料中的使用效果进行了试验研究和分析，对新的、非常规的饲料原料进行了评述和分析。旨在希望读者能充分了解水产饲料原料的来源、生产过程及其对质量的影响、原料的质量内容与质量变异，从而在水产饲料配方中用好饲料原料。

本书的主要读者群为饲料与饲料添加剂企业技术人员、生产管理人员、企业管理人员和售后服务人员，以及有关水产动物营养与饲料领域、水产养殖领域的研究人员和大专院校教师、学生。

图书在版编目(CIP)数据

水产饲料原料与质量控制/叶元土主编. —北京：化学工业出版社，2020.1（2023.1重印）

ISBN 978-7-122-35662-8

Ⅰ.①水… Ⅱ.①叶… Ⅲ.①水产养殖-饲料-原料-质量控制 Ⅳ.①S963

中国版本图书馆CIP数据核字（2019）第260446号

责任编辑：张林爽　　文字编辑：汲永臻

责任校对：栾尚元　　装帧设计：史利平

出版发行：化学工业出版社（北京市东城区青年湖南街13号　邮政编码100011）

印　　装：北京科印技术咨询服务有限公司数码印刷分部

710mm×1000mm　1/16　印张24¾　字数491千字　2023年1月北京第1版第5次印刷

购书咨询：010-64518888　　售后服务：010-64518899

网　　址：http://www.cip.com.cn

凡购买本书，如有缺损质量问题，本社销售中心负责调换。

定　　价：128.00元

本书编写人员名单

主　　编　叶元土

副 主 编　吴　萍　蔡春芳

编写人员

叶元土（苏州大学基础医学与生物科学学院，
江苏省水产动物营养重点实验室）

吴　萍（苏州大学基础医学与生物科学学院，
江苏省水产动物营养重点实验室）

蔡春芳（苏州大学基础医学与生物科学学院，
江苏省水产动物营养重点实验室）

张宝彤（北京市科学技术研究院系统营养工程
技术研究中心水产动物系统营养开放实验室）

李　宾（新希望六和股份有限公司）

伍代勇（辽宁禾丰牧业股份有限公司）

刘敏佳（辽宁禾丰牧业股份有限公司）

彭　鹄（新疆泰昆集团股份有限公司）

蒋　蓉（无锡三智生物科技有限公司）

郭益红（苏州农业职业技术学院）

前言

饲料原料是水产配合饲料的物质基础，饲料原料的营养物质组成、含量是配合饲料配方设计的基础。

如何认知一种饲料原料？ 首先，得了解饲料原料的来源。 除了玉米、小麦、大豆、高粱、木薯、油菜籽等直接性的粮食、油料和薯类原料外，绝大多数的饲料原料为粮食、肉食品、油脂加工的副产物。因此，要用好一种饲料原料，首先得知道这种饲料原料的来源，包括起始原料及其物质组成、饲料原料的加工工艺等。 其次，要了解饲料原料在其生产过程中的质量变异，这是对一种饲料原料进行质量控制、掌握其质量特性的基础。 例如，菜籽饼、粕都是以油菜籽为原料生产食用菜籽油的副产物，而作为起始原料的油菜籽采用不同的生产工艺、不同的生产方式，可以分别得到菜籽饼（青饼、黄饼、红饼）、95 型菜籽粕、200 型菜籽粕等产品。 其中，油菜籽是否经过热炒、热炒的方式和加工参数等成为影响菜籽饼、粕质量，尤其是可消化质量的关键性环节和关键性因素。 在菜籽饼、粕质量控制时就要选用蛋白质溶解度、离体消化率、有效赖氨酸含量等控制指标来评价菜籽饼、粕的真实质量状态。 再次，要充分地、全面地认知和了解饲料原料的质量内容、质量变异。饲料原料的质量内容既包括作为营养物质的质量内容如蛋白质和氨基酸、油脂和脂肪酸等物质组成，重点是不同组成物质的含量值，也包括这种饲料原料的非营养物质组成和含量值。 例如，鱼粉等产品，其中的蛋白质腐败产物如不同的生物胺和肌胃糜烂素等、油脂氧化产物如丙二醛等物质组成及其含量值，也是决定鱼粉产品质量、在水产饲料中使用量的重要基础。 同时，一些饲料原料对养殖水产动物可能具有特殊的生理活性作用，例如藻类产品，雨生红球藻含有的类胡萝卜素，尤其是虾青素等对水产动物具有抗氧化、增强免疫和增加体色的作用。 再如一些昆虫类饲料原料，可能含有增强水产动物免疫防御功能的作用物质及提供特殊的氨基酸、稀有的脂肪酸等作用物质。 最后，要依据水产动物营养的需要、水产动物摄食的需要、水产饲料生产的需要合理地选择不同的饲料原料。 例如，对于草食性水产动物，由于其消化生理的需要，饲料中需要保持一定量的粗纤维，其配合饲料中需要合理选择粗纤维饲料原料如白酒糟、木薯渣等。 肉食性鱼类对淀粉、游离单糖的耐受能力有限，从营养需要方面考虑饲料中不宜过多添加淀粉类原料，而水产饲料加工，尤其是膨化饲料加工需要有一定量的淀粉类物质作为黏合剂、膨化物质，因此，选择高支链淀粉、抗性淀粉以满足饲料加工的需要，并限制水产动物对淀粉的消化利用就是非常重要的技术性选择。

每种饲料原料都有其物质组成基础和特定的组成物质含量，只有充分认知一类饲料原料的物质基础，才能在水产饲料中用好这类饲料原料。

基于上述认识，以我们20多年来对水产饲料原料的认知，并以我们对部分重要的饲料的试验研究结果为基础编写了本书，希望能对读者在生产中认知、选择和使用水产饲料原料起到指导性的作用。在编写中，我们侧重于饲料原料的来源、原料在生产过程中的质量变异、原料的物质组成和含量，提供了部分重要的饲料原料的试验研究结果和数据分析，不求完美，但求实用。对一些重要技术问题的分析和认知仅代表我们的观点。

本书凝聚了苏州大学水产动物营养重点实验室所有成员的工作，感谢实验室研究生团队为本书的编写提供了大量的饲料原料检测数据，感谢实验室研究生团队在实验室工作期间对饲料原料的试验研究工作。

由于书稿编写工作量很大，疏漏与不妥之处在所难免，敬请各位读者批判性地阅读本书。

编者

2019 年 4 月

目 录

第一章

饲料原料资源与水产饲料原料的选择技术

第一节　中国饲料工业与水产饲料的发展

中国的饲料工业整体起步在20世纪80年代，水产饲料工业的形成稍晚一些，主要还是在20世纪90年代才得以起步、发展。到现在，历经30多年的时间，中国的饲料工业配合饲料总量达到了1.9亿吨左右，水产饲料总量达到1900万吨左右的规模，水产饲料占全国饲料总量的比例大致在10%左右。如果横向比较，中国饲料总量仅次于美国，而水产饲料总量则位居世界第一。

一、全国饲料工业与养殖业的发展分析

从1980年的110万吨，发展到2014年的19700万吨，增长了约179倍，饲料总量在2012年后增速放缓，以1491.38万吨/年的平均速度在增长。

依据《中国饲料行业年鉴》统计的数据，2007年以来，不同养殖种类的配合饲料量见表1-1。全国配合饲料的年均增量为1083万吨，其中，猪料800万吨/年、肉禽料190万吨/年、蛋禽料83万吨/年、水产饲料71万吨/年、反刍饲料75万吨/年。如果计算不同种类配合饲料占全国配合饲料的百分比，则2007年以来的平均值为：猪料33.54%、肉禽料32.15%、蛋禽料16.83%、水产饲料11.62%、反刍饲料4.02%。所以，我国配合饲料的产品结构依然是以猪料、家禽饲料为主。

表1-1　2007年以来全国不同种类的配合饲料量

年份	配合饲料总量/万吨	畜禽配合饲料/万吨			水产饲料/万吨		反刍饲料/万吨	其他饲料/万吨
		猪料	肉禽料	蛋禽料	总量	配合饲料		
2007	9318	2411	3270	1820	1326	1287	350	180
2008	10590	2893	3814	1993	1339	1299	359	232
2009	11534	3363	4104	2065	1464	1426	383	193

续表

年份	配合饲料总量/万吨	畜禽配合饲料/万吨			水产饲料/万吨		反刍饲料/万吨	其他饲料/万吨
		猪料	肉禽料	蛋禽料	总量	配合饲料		
2010	12975	4112	4354	2320	1502	1474	493	222
2011	14915	5050	4898	2520	1684	1652	535	260
2012	16660	5991	5116	2604	1892	1857	775	317
2013	16544	6629	4619	2425	1864	1833	795	243
2014	18067	8013	4600	2400	1903	1781	876	397
年均增量/万吨	1083	800	190	83	82	71	75	31
平均比例/%	100.00	33.54	32.15	16.83	—	11.62	4.02	1.85

二、水产养殖业与水产饲料的发展分析

由表1-1可知，水产配合饲料量的年均增量达到71万吨，这应该是水产养殖业快速发展为饲料的市场提供了空间的结果。

依据《中国渔业年鉴》的数据，表1-2统计了2007年以来，我国水产养殖动物中可以摄食饲料的鱼类、虾、蟹的产量数据。海水养殖的鱼类、虾、蟹基本都是摄食饲料的种类，淡水养殖动物中鲢鱼、鳙鱼和银鱼是不摄食饲料的种类。在淡水养殖动物中“其他”类主要是养殖的龟、鳖、蛙，也是摄食饲料的种类。

从表1-2中可以知道，我国养殖的水产动物中，2014年摄食配合饲料的种类养殖量已经达到2427万吨，同期水产配合饲料量为1781万吨。摄食饲料的养殖量与配合饲料量的比例为1.36∶1，意味着依然有较大部分的养殖鱼类没有使用配合饲料，包括部分海水鱼类、部分淡水肉食性鱼类（如鳜鱼等）使用冰鲜鱼养殖，还有部分鲤科鱼类如草鱼、团头鲂、鲤鱼等使用单一原料如菜籽粕、小麦等养殖。淡水养殖的蟹主要为中华绒螯蟹，还有较大数量的蟹是用单一原料如冰鲜鱼、玉米等养殖的。

由表1-2可知，2014年，中国养殖的水产动物中摄食配合饲料的养殖量为2427万吨，其中淡水鱼类1858万吨，占摄饲养殖总量的76%左右，淡水虾蟹256万吨，占10%左右；海水养殖鱼类119万吨，占5%，海水虾蟹143万吨，占6%；淡水其他种类50万吨，占2%。

水产饲料的发展要适应养殖种类的市场，现有的养殖和水产饲料市场以淡水鱼类、淡水虾蟹为主，占据了86%左右的份额；而海水鱼类、海水虾蟹饲料是发展的主要潜力空间，目前的份额仅仅占11%左右；以龟、鳖、蛙为主的其他类份额仅仅占2%左右，将是中小饲料企业的市场空间。

表1-2的数据可以大致反映我国水产养殖种类的结构，尤其是可以摄食饲料的养殖种类结构，这是水产饲料企业应该重点探索的市场空间。可以摄食配合饲料养殖种类的养殖总量，如果以2007年以来的年均增量看，达到了120万吨，如果以饲料系数1.8计算，水产饲料增量空间可以达到216万吨/年。

表 1-2　2007 年以来摄食饲料的养殖鱼类、虾、蟹等数量

年份	海水养殖/万吨				淡水养殖/万吨						摄饲养殖总量[2]/万吨	水产配合饲料/万吨
	鱼类	(虾蟹)	虾	蟹	鱼类	摄饲鱼[1]	(虾蟹)	虾	蟹	其他		
2007	68.6503	91.9008	70.9864	20.9114	1751.082	1228.29	167.365	117.9027	49.4623	31.1517	1587	1287
2008	74.7504	94.1791	72.5442	21.9364	1836.924	1286.99	177.15	125.3245	51.8357	34.5369	1668	1299
2009	76.7938	101.694	79.6479	22.046	1957.27	1363.62	196.051	138.6272	57.4235	38.9066	1777	1426
2010	80.8171	106.11	83.3009	22.8087	2064.176	1446.49	213.803	154.4732	59.3296	42.4859	1890	1474
2011	96.4189	112.719	89.5423	23.1766	2185.407	1545.37	216.44	151.516	64.924	44.1375	2015	1652
2012	102.84	124.955	100.5729	24.3825	2334.113	1678.12	234.303	162.8654	71.438	49.4499	2190	1857
2013	112.358	134.022	108.1269	25.8949	2481.731	1792.98	242.943	169.9575	72.9862	51.3656	2334	1833
2014	118.967	143.376	116.2175	27.1588	2602.966	1858.02	255.969	176.3158	79.6535	50.8490	2427	1781
年均增量[3]/万吨	7.19	7.35	6.46	0.89	121.70	89.96	12.66	8.34	4.31	2.81	120.00	70.57
平均比例[4]/%	4.90	(5.91)	4.79	1.12	—	76.56	(10.55)	7.26	3.28	2.10	100.00	—

① 摄饲鱼＝淡水养殖鱼类总量－鲢鱼、鳙鱼和银鱼的量。

② 摄饲养殖总量为海水养殖鱼类、虾、蟹和淡水养殖摄饲鱼、虾、蟹的总量。

③ 年均增量为每年递增量的平均值。

④ 平均比例为单一种类摄食饲料养殖产品占摄饲养殖总量的百分比的平均值。

第二节 水产饲料原料评价与选择的技术分析

水产饲料是一类配方产品，是将不同的饲料原料、预混料、添加剂等，依据配方设计的比例进行组合，经过粉碎、混合、调质、挤压为颗粒状饲料、烘干、冷却、过筛、包装等工序，得到硬颗粒、膨化饲料颗粒的饲料产品。

配方设计是依据特定的养殖对象、养殖对象在不同的生长阶段、不同的养殖模式、不同的养殖区域等条件下，对蛋白质和氨基酸、脂肪和脂肪酸、碳水化合物、微量元素与维生素等的不同营养需要，以及不同饲料原料的营养组成和营养素的含量，设计出一种以饲料原料营养物质组成和含量为基础的、满足养殖对象生长发育与繁殖的营养需要、摄食需要、生理健康维护需要的配合饲料产品。

水产饲料使用的目标是通过对特定水产动物的养殖生产过程，以养殖水产动物对饲料的最低消耗为基础，最大限度地获得养殖动物的鲜活产品数量或单位面积的产品，在保护水域生态环境的基础上，生产出满足人类消费需要的、安全卫生的鲜活水产动物产品。

因此，确定养殖动物在生长、发育过程中需要什么种类的营养物质、需要多少数量、需要的不同物质之间的比例关系等就是饲料产品配方设计的目标。同时，还要考虑水产饲料颗粒制造的需要、水产动物摄食的需要、水产动物抗应激的需要、水产动物生理健康维护的需要等。而水产饲料原料的物质组成、单一物质的含量、不同物质之间的比例关系等就是配方设计时饲料原料选择的主要依据。

一、养殖动物营养的需要

水产动物是变温动物，生活在水域环境之中，这是有别于陆生养殖动物的最大特点。水产动物的营养需要包括维持需要（维持生命活动的最低营养需要）、生长需要（满足养殖动物快速生长的营养需要）、繁殖的营养需要、适应环境变化的营养需要（抗应激的营养需要）、维护生理健康的营养需要（营养素的平衡、饲料的卫生与安全性等）、疾病状态下的特殊营养需要等。

从营养物质大类分析，包括对蛋白质和氨基酸的需要、脂肪和脂肪酸的需要、碳水化合物的需要（可利用糖与纤维素）、矿物质和维生素的需要，以及满足生理代谢、特定环境条件下的特殊营养物质、生理活性物质的需要等。

配合饲料的营养组成和营养素的含量是以饲料原料为基础的，因此，依据饲料原料的蛋白质和氨基酸、脂肪和脂肪酸、碳水化合物、矿物质和维生素组合饲料配方就是关键性工作。而饲料原料中不同物质的组成和含量是以化学分析结果为基础，还是以可消化值为基础，这也是一个重要的问题。如果以可消化值为基础，就需要获得每种饲料原料针对不同养殖对象的可消化值数据，目前这个数据还非常欠缺。

二、饲料加工的需要

水产动物是生活在水域环境中的养殖动物，饲料是多种原料组成的配合饲料，因此，饲料需要加工为颗粒饲料而被养殖水产动物所摄食。

1. 饲料颗粒制粒与原料选择

配合饲料进入水体之中需要保持颗粒形态，最大限度地减少饲料物质在水体中的溶失量，从而最大限度地被养殖水产动物所摄食。无论是硬颗粒饲料，还是膨化颗粒饲料，都需要依赖淀粉、蛋白质等作为黏结剂，将粉状饲料制成颗粒饲料。因此，淀粉原料、蛋白质原料等如何满足饲料颗粒制粒的需要也是原料选择的重要依据。

蛋白质原料如血球粉、谷朊粉等也具有很好的颗粒黏结性，也是对颗粒制粒有利的原料。而玉米、小麦、大麦、高粱、木薯等淀粉含量高的谷物、薯类原料及其副产物是水产饲料中重要的黏结性原料。不同淀粉原料的淀粉组成和性质有很大的差异，因此不同淀粉原料的黏结性、膨胀性、糊化特性、亲水性等有很大的差异，企业需要依据饲料颗粒制粒的要求选择不同的淀粉原料、对不同的淀粉原料进行组合、使用不同量的淀粉原料等来满足饲料颗粒制粒、饲料颗粒耐水性、饲料颗粒粉化率控制等要求。

2. 水产动物摄食习性与原料选择

不同的水产动物摄食习性有很大的差异，对饲料颗粒的性质也有不同的需求，因此，对不同的饲料原料也要进行有效的选择。

虾、蟹等甲壳动物是以抱食的方式，将饲料颗粒抱住后送入消化道内，且虾、蟹的口裂很小。因此，虾、蟹饲料颗粒需要有更长时间的耐水性，一般要求在水体中 30min 以上的时间不溶散，且饲料颗粒为沉性而不是浮性饲料。这就需要具有更好黏结性能的淀粉原料，且饲料原料的粉碎细度更细。可以选择高筋面粉、支链淀粉含量高的淀粉如木薯淀粉、木薯粉等为原料。

鱼苗的开口饲料需要很细小的饲料颗粒，且细小的饲料颗粒能够包含更多的饲料原料组成。例如，需要有 0.5mm、0.8mm 粒径，且具有一定漂浮性的颗粒饲料，这就需要有黏结性能好、具有一定膨胀性能的淀粉原料。

三、饲料功能与功能性饲料原料

水产饲料的功能主要包括：满足水产动物快速生长和高效的饲料物质转化的需要，即通过养殖生产获得最好的生长速度和饲料效率，这是饲料的主要功能作用。满足水产动物适应不同环境条件的特殊营养需要，例如满足抗应激的营养需要。动物在应激条件下需要调动体内生理因素以适应应激的需要，如增加激素的分泌量、加强代谢强度等，在病理条件下需要满足细胞、组织结构损伤的修复的需要等。维护生理健康、维护正常生理代谢、损伤修复的需要，如消化道黏膜是代谢很旺盛的组织，也是最容易受到损伤的组织，需要有促进黏膜细胞分裂、增殖的饲料物质如谷氨酰胺、小肽、酵母类等物质。满足增强免疫防御作用的饲料物质以维持正常的抗病、防病能力，这些饲料物质如抗氧化、抗自由基的天然植物、酵母产品、胆汁酸产品等。满足水产动物体色维护的需要，水产动物具有不同的体色，尤其是鲜艳的红色、黄色等体色，而水产动物不具备自身合成类胡萝卜素、叶黄素、虾青素等色素的能力，需要从饲料中获得，因此，含有色素的饲料原料如螺旋藻、小球藻、玉米蛋白粉等特殊的饲料原料就是选择的对象。

不同的饲料原料具有不同的物质组成和特性，需要了解不同原料的组成和特性以满足水产动物对饲料功能的需要。

四、水产饲料原料的评价方式

1. 饲料原料的营养价值评价（化学评价）

饲料原料的营养价值评价是重要的内容，饲料原料也是有机生物材料，因此，原料中蛋白质种类、含量、可消化性，以及氨基酸组成、含量、比例关系（氨基酸模式），饲料中油脂含量、脂肪酸种类、脂肪酸比例关系，碳水化合物中可消化淀粉含量、抗性淀粉含量、非淀粉多糖种类和含量、中性洗涤纤维含量、酸性洗涤纤维含量、支链与直链淀粉含量与比例，矿物质元素组成、含量及其比例关系，维生素组成、含量及其比例关系，这些内容都是饲料原料营养价值的评价指标。

饲料原料静态的化学营养价值、可消化的营养价值、可参与代谢的营养价值的评价更为重要，而目前还缺乏不同养殖动物对饲料原料的可消化价值、代谢营养价值的数据库。

同时，除了饲料原料中不同物质组成、含量的评价外，不同营养素的比例关系，即营养素的平衡模式也是重要的评价内容。营养素的平衡关系是指：养殖动物需要的营养素种类、比例关系与饲料中不同营养素的种类、比例关系之间的吻合程度，如果需要的营养素比例关系与饲料中营养素的比例关系完全一致，则可以视为完全平衡，这是难以实现的。因此，可以对饲料原料中不同营养素的比例关系与养殖动物需要的不同种类营养素的比例关系进行综合评价，或进行模糊评判，两个比例关系最为接近的原料应该视为最能满足养殖动物营养平衡模式的原料。

2. 饲料原料的新鲜度与安全性评价

新鲜度主要是指饲料原料的质量变异程度，包括饲料原料在生产过程中、在运输和存储过程中的质量变异程度。如原料中蛋白质被微生物利用，可导致蛋白质水解、氨基酸分解而产生挥发性的含氮物质如氨氮，或产生一些不利于养殖动物生理健康、代谢的物质如组胺、硫化氢等，称为蛋白质的腐败作用。原料蛋白质腐败程度的评价一般采用蛋白质食物新鲜度的评价指标，如挥发性盐基氮含量、组胺含量等。

原料中的油脂可能发生氧化酸败作用，而油脂氧化的中间产物如过氧化物，终产物如丙二醛、低级脂肪酸、醛、酮等，对水产动物具有毒副作用。油脂新鲜度的评价主要是对脂肪酸氧化程度的评价，包括酸价、碘值、过氧化值、丙二醛含量等。

一些饲料原料中含有对水产动物生理健康、生长和代谢有害的物质，包括这些原料中天然存在的物质、变质过程中产生的物质等。例如，茶籽饼含有茶皂素，可引起水产动物溶血、出血，不能用于水产饲料中；棉籽油中含有丙烯脂肪酸等对水产动物有害的物质，不宜用于水产饲料中。故需要对选择的饲料原料进行安全性评价。

3. 饲料原料中功能性物质的评价

一些饲料原料中含有对水产动物具有特殊功能作用的物质，饲料功能是以饲料原料功能为基础的。因此，需要对每种饲料原料的特性加强认知，这是用好不同饲料原料的功能、强化饲料功能的基础。

例如，鱼溶浆、虾浆等海产原料中含有促进水产动物摄食的物质成分，如已知的促摄食物质如氧化三甲胺、二甲基-β-丙酸噻亭等。发酵饲料原料中含有较多的微生物次级代谢产物，对水产动物肠道健康、生理健康有很好的作用。蝇蛆等含有较高含量的蛋氨酸、抗菌物质等。米糠含有较高含量的油脂和维生素等物质。酵母类产品含有丰富的维生素和次级代谢产物，有利于水产动物的健康维护。花椒籽、亚麻籽中含有高含量的亚麻酸，这是其他植物原料所不具备的。藻类原料中含有大量的叶绿素、β-胡萝卜素、虾青素等，具有抗氧化、增强免疫的作用。

4. 饲料原料的来源和饲料原料的生产方式

饲料原料除了粮食类原料直接使用外，多数是粮食、食品加工的副产物，认知不同饲料的来源对于了解不同饲料的营养价值、利用效果、卫生和安全性等是非常重要的。

例如，在鱼粉的生产过程中，烘干温度是影响鱼粉中挥发性盐基氮含量、肌胃糜烂素含量、蛋白质变性程度等的重要因素，一次烘干和多级烘干工艺所得到的鱼粉质量差异很大，低温鱼粉是优先的选择。油菜籽是否经过加热、蒸炒是影响菜籽饼、菜籽粕蛋白质可消化性的重要因素，由此产生青饼、红饼、黄饼和不同蛋白质溶解度的菜籽粕。芝麻饼因为芝麻经过高温蒸炒，其蛋白质溶解度低于 20%。啤酒渣其实质为糖化渣，是没有经过发酵的大麦等的糖化渣。如玉米 DDG（distillers dried grains，干酒精糟）、DDS（distillers dried soluble，可溶干酒精糟）、DDGS（distillers dried grains with soluble，酒精糟及糟液干燥物，包含有 DDG 和 DDS，俗称黑色酒精糟）虽然都是玉米发酵产物，但营养成分差异很大。

了解一种饲料原料的来源是认知一种原料的基础，尤其原料在其生产过程中的质量变异是了解原料质量差异的基础。

第三节　水产动物肌肉的氨基酸组成与模式分析

如何确定一种水产动物饲料的氨基酸平衡模式？以该种水产动物肌肉氨基酸平衡模式为基础，确定饲料中氨基酸的平衡模式是较为有效的技术方法。

本书收集了国内20多年来已经公开发表的有关鱼类肌肉营养分析，主要是氨基酸组成分析的资料，进行了初步的整理和分析，得到一些有一定参考价值的资料，为我国目前鱼类营养学和水产饲料学研究、饲料生产提供有关鱼类肌肉氨基酸组成特征、氨基酸平衡模式，以及肌肉必需氨基酸平衡模式聚类分析的一些资料，供参考使用。

一、我国养殖鱼类肌肉氨基酸组成

本书收集了20世纪70年代中后期以来的、在我国公开学术刊物发表的有关鱼类肌肉氨基酸组成的资料，进行整理，共收集了129个样本鱼类肌肉氨基酸组成的资料，结果见表1-3。

鱼体肌肉氨基酸的分析方法一般是采用盐酸水解后经过氨基酸自动分析仪进行定量测定。这种酸水解后分析氨基酸含量的测定方法使得色氨酸完全被分解破坏、谷氨酰胺和天冬酰胺的氨基被水解、部分含羟基氨基酸（丝氨酸和酪氨酸）部分被破坏，因此，只能得到组成蛋白质的20种氨基酸中17种氨基酸的分析结果，其中丝氨酸和酪氨酸的含量与真实值有一定的差异，色氨酸只能采用其他方法进行专项测定。所以，表1-3中多数鱼类缺少色氨酸的分析结果，我们在以后的氨基酸分析中一般也不将色氨酸纳入氨基酸总量进行分析。

二、鱼体肌肉氨基酸组成特征分析

从鱼类营养学、鱼肉对人体营养学两个方面对鱼体肌肉氨基酸的特征值进行统计和分析。鱼类营养学和饲料配制主要关注的是17种氨基酸整体的平衡性和必需氨基酸的平衡性、赖氨酸/蛋氨酸（Lys/Met）的比值、必需氨基酸占氨基酸总量的比值等指标，关于17种氨基酸整体的平衡性和必需氨基酸的平衡性问题后面再单独进行分析；鱼肉对人体营养的特征值主要是关于鲜味氨基酸（鲜味AA）占氨基酸总量（T）的比值、必需氨基酸占氨基酸总量的比值。由于部分资料中缺少色氨酸的分析值，因此分别统计了9种和10种鱼类必需氨基酸（E9和E10）占氨基酸总量的比值，以及7种和8种人体必需氨基酸（E7和E8）占氨基酸总量的比值，结果见表1-4。

表 1-3 我国部分鱼类肌肉氨基酸组成

单位：%

鱼类	天冬氨酸	苏氨酸	丝氨酸	谷氨酸	甘氨酸	丙氨酸	胱氨酸	缬氨酸	蛋氨酸	异亮氨酸	亮氨酸	酪氨酸	苯丙氨酸	赖氨酸	组氨酸	精氨酸	脯氨酸	色氨酸	资料来源
青鱼	6.732	2.756	2.419	9.655	3.181	3.587		3.171	1.882	3.097	1.68		2.966	5.68	5.146	4.581	2.164	0.88	王道遵 1987
草鱼	2.673	0.801	0.936	14.121	2.016	6.093	0.777	1.663	4.4	5.819	7.785		2.464	2.663	3.066	3.29	6.267		肖调义 2004
草鱼	1.669	0.527	0.428	2.597	0.693	0.853	0.201	0.7	0.353	0.721	1.312	0.457	0.483	1.531	0.28	1.277	0.477		王冀平 1997
草鱼	6.9	3	2.67	10.61	3.87	4.09	0.88	3.61	2.44	3.47	5.83	2.33	2.94	6.49	1.66	3.97	2.52	0.63	梁银铨 1998
脆肉鲩	3.576	1.046	1.032	14.075	1.902	10.114	0.975	1.764	7.252	3.005	9.12		3.466	7.252	3.947	5.217	7.038		肖调义 2004
鲢鱼	6.57	2.78	2.42	9.96	3.69	3.84	0.85	3.45	2.29	3.24	5.53	2.13	2.85	6.17	1.66	3.81	2.23	0.63	梁银铨 1998
鲢鱼	1.532	0.558	0.446	2.529	0.795	0.861	0.21	0.746	0.379	0.704	1.26	0.452	0.571	1.611	0.366	1.087	0.497		王冀平 1997
鳙鱼	6.86	2.88	2.47	10.35	3.58	3.86	0.95	3.55	2.37	3.38	5.8	2.15	2.94	6.4	1.83	3.95	2.41	0.75	梁银铨 1998
鳙鱼	1.78	0.598	0.539	0.811	0.681	0.855	0.235	0.761	0.417	0.729	1.366	0.476	0.527	1.836	0.417	1.73	0.483		
鲫鱼	6.53	3.85	2.88	10.47	4.97	4.43	0.31	4.26	1.97	4.04	6.38	2.24	4.04	6.26	2.83	7.31	2.63		冯晓宇 2006
鲫鱼	1.889	0.599	0.458	3.147	0.764	1.051	0.241	0.933	0.478	0.909	1.636	0.572	0.76	2.299	0.513	1.274	0.61		王冀平 1997
方正银鲫	1.83	0.7	0.72	2.82	0.86	1.09	0.12	0.98	0.66	0.8	1.18	0.31	0.71	1.66	0.51	1.08	0.64	0.17	尹洪滨 1999

续表

鱼类	天冬氨酸	苏氨酸	丝氨酸	谷氨酸	甘氨酸	丙氨酸	胱氨酸	缬氨酸	蛋氨酸	异亮氨酸	亮氨酸	酪氨酸	苯丙氨酸	赖氨酸	组氨酸	精氨酸	脯氨酸	色氨酸	资料来源
淇河鲫鱼	7.31	3.52	2.61	12.05	3.56	4.8	0.28	4.36	1.67	3.82	5.9	2.4	3.05	7.83	4.07	4.62	2.7		高春生 2006
湘云鲫	8.36	4.54	2.2	3.59	6.98	3.4	9.33	4.32	2.87	3.75	5.83	16.15	2.63	5.47	3.27	6.87	10.41		刘飞 2000
银鲫	1.7	0.76	0.7	2.53	0.77	1.07	0.25	0.92	0.58	0.82	1.4	0.57	0.85	1.62	0.43	0.73	0.6		杨代淑 1993
鲤鱼	1.482	0.572	0.438	2.545	0.699	0.848	0.23	0.749	0.256	0.788	1.317	0.45	0.624	1.552	0.464	1.277	0.51		王冀平 1997
湘云鲤	6.44	3.67	2.34	2.31	8.35	2.75	10.19	3.99	2.64	3.24	4.69	17.63	2.2	5.46	5.27	7.7	10.29		刘飞 2000
黄河鲤	1.81	0.78	0.64	2.71	0.88	1.01	0.12	0.7	0.49	0.76	1.45	0.52	0.76	1.68	0.48	1.01	0.56		朱健 2000
荷包红鲤	1.65	0.71	0.6	2.48	0.83	0.93	0.08	0.66	0.46	0.69	1.32	0.47	0.69	1.66	0.56	0.95	0.55		朱健 2000
建荷杂种	1.78	0.77	0.66	2.67	0.87	1	0.1	0.7	0.48	0.73	1.43	0.5	0.76	1.65	0.61	1	0.59		朱健 2000
三倍体鲤	1.9	0.85	0.73	2.85	1	1.12	0.11	0.73	0.52	0.77	1.54	0.54	0.8	1.75	0.68	1.09	0.66		朱健 2000
建鲤	1.84	0.81	0.69	2.77	0.89	1.04	0.1	0.72	0.53	0.76	1.52	0.53	0.78	1.72	0.66	1.06	0.6		朱健 2000
建黄杂种	1.8	0.79	0.66	2.5	0.97	1.05	0.07	0.73	0.49	0.75	1.45	0.5	0.77	1.66	0.66	1.05	0.64		朱健 2000
三角鲂	5.5	4.34	3.03	9.5	5.56	4.19	0.52	4.26	2.31	3.92	6.54	2.85	4.1	5.7	2.77	8.2	2.88		陆清儿 2006

续表

鱼类	天冬氨酸	苏氨酸	丝氨酸	谷氨酸	甘氨酸	丙氨酸	胱氨酸	缬氨酸	蛋氨酸	异亮氨酸	亮氨酸	酪氨酸	苯丙氨酸	赖氨酸	组氨酸	精氨酸	脯氨酸	色氨酸	资料来源
团头鲂	1.6	0.67	0.57	2.29	0.88	0.93	0.11	0.75	0.26	0.69	1.31	0.49	0.65	1.39	0.39	0.91	0.49		杨代淑 1993
团头鲂	5.9	3.98	3.21	9.11	4.66	4.34	0.44	4.22	1.97	4.04	6.76	2.71	3.93	6.33	2.66	7.03	2.75		陆清儿 2006
团头鲂	4.671	2.315	1.848	7.985	4.561	4.002		2.418	1.266	2.741	1.005		2.442	4.725	4.051	2.459	2.342	0.72	王道遵 1987
鳊鱼	1.726	0.594	0.46	2.831	0.815	0.966	0.233	0.823	0.405	0.808	1.503	0.487	0.618	2.277	0.491	0.89	0.525		王冀平 1997
广东鲂	2.7	0.95	0.91	3.88	1	1.53		1.01	0.88	0.9	1.76	1.06	1.02	2.29	0.76	1.27	0.72		许淑英 1998
厚颌鲂	8.24	3.01	3.49	11.52	3.76	4.67	1.34	2.94	2.17	2.72	6.18	2.22	2.81	6.73	1.94	4.61	1.23		谭德清 2004
长春鳊	1.76	0.72	0.65	2.55	1.02	1.01	0.12	0.79	0.24	0.75	1.42	0.54	0.7	1.49	0.49	0.99	0.53		杨代淑 1993
长春鳊	2.45	0.82	0.81	3.43	0.98	1.23		0.88	0.77	0.79	1.53	0.65	0.87	1.93	0.64	1.13	0.65		许淑英 1998
光倒刺鲃	1.65	0.7	0.62	2.84	0.69	0.9	0.09	0.7	0.48	0.76	1.33	0.6	0.68	1.74	0.44	1.05	0.41		蔡子德 2000
光倒刺鲃	1.86	0.85	0.77	2.79	0.98	1.16	0.08	0.89	0.54	0.8	1.49	0.65	0.76	1.77	0.63	1.16	0.64		彭凌 2005
中华倒刺鲃	1.59	0.85	0.68	2.37	1.07	1.04		0.76	0.59	0.63	1.25	0.53	0.6	1.67	0.55	1.01	0.16		谢巧雄 2004
中华倒刺鲃	1.84	0.82	0.76	2.84	1.12	1.2	0.09	0.88	0.52	0.8	1.48	0.62	0.75	1.77	0.53	1.22	0.71		彭凌 2005

续表

鱼类	天冬氨酸	苏氨酸	丝氨酸	谷氨酸	甘氨酸	丙氨酸	胱氨酸	缬氨酸	蛋氨酸	异亮氨酸	亮氨酸	酪氨酸	苯丙氨酸	赖氨酸	组氨酸	精氨酸	脯氨酸	色氨酸	资料来源
倒刺鲃	1.78	0.79	0.72	2.76	0.78	1.09	0.08	0.86	0.51	0.8	1.46	0.63	0.74	1.74	0.55	1.06	0.53		彭凌 2005
黄鳝稚鳝	8.74	4.19	3.82	14.6	6.41	5.81	0.56	3.54	2.4	3.6	7.03	2.81	3.53	6.85	2.05	5.8	3.43	0.69	舒妙安 2000
黄鳝幼鳝	8.5	4.11	3.72	14.25	6.54	5.87	0.52	3.62	1.8	3.73	6.93	2.54	3.55	6.81	2.08	5.79	3.26	0.47	舒妙安 2000
黄鳝小成鳝	8.52	4.1	3.72	14.36	6.11	5.69	0.71	3.54	2.45	3.67	6.91	2.82	3.5	6.76	2.06	5.75	3.72	0.69	舒妙安 2000
黄鳝大成鳝	8.65	4.17	3.81	14.64	6.44	5.8	0.61	3.57	2.47	3.68	6.93	2.75	3.44	6.9	2.05	5.84	3.54	0.84	舒妙安 2000
黄鳝	1.666	0.613	0.473	2.708	0.905	0.928	0.251	0.733	0.468	0.983	1.627	0.719	0.902	1.787	0.465	0.902	0.734		王冀平 1997
黄鳝	2.17	0.91	0.89	3.85	1.21	1.39	0.29	0.76	0.73	0.72	1.74	0.77	1.02	1.85	0.44	0.32	1.05		杨代淑 1993
黄鳝	0.88	0.4	0.37	1.42	0.64	0.51	0.04	0.32	0.27	0.35	0.7	0.23	0.4	0.61	0.08	0.5	0.36		温小波 2003
泥鳅	1.976	0.714	0.578	3.123	0.896	1.015	0.255	0.819	0.499	0.91	1.562	0.595	0.595	1.84	0.37	1.706	0.655		王冀平 1997
花鱼骨	1.74	0.72	0.65	2.42	0.82	0.44	0.01	0.78	0.39	0.68	1.33	0.43	0.7	1.42	0.34	1.89	0.58	0.12	顾若波 2006
野生花鱼骨	1.89	0.84	0.71	2.93	0.89	1.09	0.18	0.82	0.5	0.81	1.52	0.63	0.73	1.54	0.48	1.05	0.46	0.18	陈建明 2007
养殖花鱼骨	1.91	0.84	0.73	3	0.88	1.13	0.15	0.84	0.52	0.82	1.55	0.64	0.75	1.6	0.45	1.06	0.48	0.17	陈建明 2007

续表

鱼类	天冬氨酸	苏氨酸	丝氨酸	谷氨酸	甘氨酸	丙氨酸	胱氨酸	缬氨酸	蛋氨酸	异亮氨酸	亮氨酸	酪氨酸	苯丙氨酸	赖氨酸	组氨酸	精氨酸	脯氨酸	色氨酸	资料来源
桂江黄颡鱼	7.11	3.36	3.02	12.64	4.68	4.17	0.51	2.98	2.34	3.19	5.57	2.47	3.06	6.89	1.28	4.68	2.2		黄钧 2001
武汉黄颡鱼	9.1	3.93	2.9	13.31	4.27	5.13	0.59	4.34	1.48	4.21	7.13	1.84	3.65	7.78	1.68	5.13	2.16		黄峰 1999
黄颡鱼	9.57	3.978	3.31	11.25	3.6	3.81		3.81	3.9	4.086	7.8	2.62	4.37	7.038	1.76	5.04	3.78		叶元土 1997
黄颡鱼	1.861	0.618	0.469	2.74	0.68	0.858	0.22	0.76	0.406	0.768	1.393	0.51	0.561	1.637	0.269	1.087	0.485		王冀平 1997
黄颡鱼	0.8	0.4	0.38	1.13	0.5	0.59	0.16	0.42	0.34	0.47	0.69	0.35	0.4	0.79	0.22	0.48	0.35		温小波 2003
长吻鮠	1.1	0.54	0.46	1.72	0.5	0.58	0.08	0.55	0.24	0.5	0.84	0.37	0.54	0.99	0.21	0.58	0.43		陈定福 1980
大鳍鳠	1.05	0.51	0.46	1.34	0.45	0.48	0.25	0.53	0.67	0.52	0.84	0.62	0.2	0.71	0.13	0.47	0.42		陈定福 1980
鳜鱼	8.2	3.74	3.44	13.51	4.22	5.31	0.36	3.85	2.6	3.62	6.59	2.77	3.23	6.98	1.75	4.82	2.94	0.46	梁银铨 1998
鳜鱼	9.3	4.02	3.45	14.75	4.07	5.51	0.87	4.4	2.54	4.17	7.26	2.61	3.67	7.88	1.83	5.46	3.51		严安生 1995
寡齿新银鱼	1.15	0.55	0.44	2.23	0.46	0.7	0.1	0.59	0.39	0.55	1.04	0.43	0.46	1.07	0.23	0.78	0.44		戴建华 1995
太湖新银鱼	1.09	0.51	0.44	2.1	0.41	0.71	0.11	0.51	0.36	0.49	0.99	0.41	0.43	1.01	0.22	0.71	0.42		戴建华 1995
虹鳟	7.25	3.42	2.89	10.06	3.53	4.55	4.03	2.31	0.43	3.15	5.56	2.66	3.11	6.7	2.13	4.45	2.49	1.04	宋苏祥 1996

续表

鱼类	天冬氨酸	苏氨酸	丝氨酸	谷氨酸	甘氨酸	丙氨酸	胱氨酸	缬氨酸	蛋氨酸	异亮氨酸	亮氨酸	酪氨酸	苯丙氨酸	赖氨酸	组氨酸	精氨酸	脯氨酸	色氨酸	资料来源
丁鲹	7.88	3.3	3.21	14.08	3.88	5.21	0.89	3.34	2.41	3.92	7.04	2.85	3.03	9.04	2.41	5.35	2.49		任洁 2005
丁鲹	6.06	4.02	3.63	10.67	4.54	4.31	0.53	4.23	2.29	3.96	6.62	2.83	3.51	6.18	2.28	7.06	3.08		冯晓宇 2006
斑点叉尾鮰	7.02	4.59	4.54	15.72	6.51	6.49	0.33	3.38	4.54	5.27	8.09	3.3	4.28	8.73	1.98	5.62	3.07	1.06	周进 2003
怀头鲶	1.61	0.75	0.7	2.61	0.86	0.72	0.2	0.76	0.44	0.78	1.28	0.53	0.69	1.36	0.41	0.97	0.63		刘英 2000
南方鲶	1.65	0.8	0.7	2.99	0.8	0.99	0.27	0.82	0.54	0.58	1.27	0.56	0.64	1.7	0.38	1.06	0.45		陈定福 1994
胡子鲶	1.76	0.8	0.71	2.89	0.79	0.97	0.1	0.71	0.52	0.55	1.34	0.59	0.42	1.83	0.39	1.06	0.46		陈定福 1994
鲶鱼	8.54	3.98	3.32	14.97	3.41	4.69	0.44	3.89	2.32	3.68	7.19	2.67	3.4	7.96	2.15	5.42	2.5	0.56	向枭 2004
鲶鱼	0.74	0.35	0.28	1.2	0.57	0.49	0.17	0.31	0.26	0.37	0.61	0.21	0.47	0.64	0.16	0.5	0.4		温小波 2003
鲶鱼	1.848	0.619	0.494	3.139	0.924	1.012	0.235	0.943	0.483	0.885	1.551	0.569	0.65	2.04	0.347	0.778	0.633		王冀平 1997
月鳢	7.82	3.56	3.15	14.03	4.54	4.21	0.61	3.11	2.17	3.27	6.34	2.74	3.52	6.26	1.84	5.24	3.72		黄钧 1999
乌鳢	0.22	4.07	3.12	14.05	5.07	5.36	0.97	4.23	2.21	3.89	7.31	2.06	3.57	7.86	1.86	5.52	2.93		聂国兴 2002
乌鳢	2.123	0.651	0.504	3.03	0.831	1.043	0.23	0.889	0.485	0.931	1.585	0.582	0.67	1.852	0.346	2.964	0.58		王冀平 1997

续表

鱼类	天冬氨酸	苏氨酸	丝氨酸	谷氨酸	甘氨酸	丙氨酸	胱氨酸	缬氨酸	蛋氨酸	异亮氨酸	亮氨酸	酪氨酸	苯丙氨酸	赖氨酸	组氨酸	精氨酸	脯氨酸	色氨酸	资料来源
乌鳢	0.76	0.36	0.43	1.32	0.52	0.43	0.04	0.38	0.25	0.33	0.59	0.25	0.41	0.59	0.14	0.44	0.28		温小波 2003
尖头塘鳢	2.22	0.9	0.85	3.27	0.96	1.28		1	0.6	0.95	1.7	0.72	0.91	2.04	0.45	1.25	0.6		陈永乐 2005
褐塘鳢	2.27	1	1.63	3.29	0.84	1.26		0.94	0.59	0.96	1.69	0.71	0.94	2.09	0.42	1.21	0.58		陈永乐 2005
线纹尖塘鳢	2.17	0.86	0.86	3.22	0.86	1.21		0.94	0.585	0.94	1.62	0.69	0.88	2.02	0.4	1.2	0.59		陈永乐 2005
稚鳖	9.36	4.46	3.81	15.34	5.82	5.77	0.86	4.84	3.3	4.8	8.35	3.47	4.96	8.14	2.92	6.57	1.98		汤峥嵘 1998
一龄鳖	8.47	3.95	3.41	13.95	4.52	5.01	0.34	4.36	3.15	4.36	7.54	3	4.4	6.33	2.51	5.34	1.26		汤峥嵘 1998
二龄鳖	8.98	4.09	3.51	14.82	5.16	5.4	0.33	4.66	3.43	4.71	8.02	3.18	4.72	6.981	2.72	5.55	1.86		汤峥嵘 1998
三龄鳖	9.99	4.51	3.87	16.49	5.64	5.97	0.33	5.09	3.68	5.29	8.78	3.59	5.16	8.27	3.42	6.7	2.58		汤峥嵘 1998
齐口裂腹鱼	7.078	3.68	3.39	10.74	4.05	4.84		4.62	2.24	4.06	6.38	3.08	3.62	8.29	2.43	4.61	4.33		温安祥 2003
青海湖裸鲤	4.35	1.17	2.29	6.7	0.88	3.16	0.26	1.87	1.63	1.29	2.62	1.22	0.84	3.96	2.97	8.4	0.53		史建全 2000
铜鱼	7.918	2.969	3.142	10.399	4.697	4.414		2.424	1.476	2.536	5.012	1.777	3.323	6.215	2.756	3.212			刘　军 2006
斑鳠	8.71	4.13	3.67	15.7	3.4	4.06	0.36	3.89	3.1	4.54	8.05	8.43	4.06	8.43	1.81	4.74	2.47		黄飞鹤 2001

续表

鱼类	天冬氨酸	苏氨酸	丝氨酸	谷氨酸	甘氨酸	丙氨酸	胱氨酸	缬氨酸	蛋氨酸	异亮氨酸	亮氨酸	酪氨酸	苯丙氨酸	赖氨酸	组氨酸	精氨酸	脯氨酸	色氨酸	资料来源
红罗非鱼	9.05	3.71	2.84	11.39	5.36	5.74	2.72	8.35	0.39	4.58	7.12	2.5	4.13	7.31	1.81	4.85	2.24		曹瑞灿 2002
花鳗鲡	4.94	2.26	1.98	9.89	2.71	3.03	0.48	2.1	1.36	2.13	3.81	1.63	1.86	4.06	1.9	3.12	0.95	1.74	闵志勇 1998
日本鳗鲡	5.82	2.69	2.54	10	3.98	4.03	0.51	3.39	1.82	2.94	4.99	2.08	2.96	5.31	2.54	3.99	2.69		闵志勇 1998
暗纹东方鲀	2.95	1.11	0.51	4.85	1.73	1.94	0.13	1.64	0.58	1.29	2.56	0.7	1.18	2.65	0.67	1.72	1.04		卢敏德 1999
弓斑东方鲀	2.4	0.91	0.64	4.11	1.34	1.63	0.12	1.34	0.58	1.15	1.99	0.51	0.96	2.19	0.52	1.53	0.97		卢敏德 1999
黄鳍东方鲀	2.5	0.95	0.66	4.3	1.56	1.71	0.11	1.42	0.59	1.2	2.22	0.68	0.94	2.35	0.54	1.62	0.96		卢敏德 1999
暗纹东方鲀	1.774	0.885	0.736	3.129	1.034	1.11	0.385	1.146	0.512	0.958	1.612	0.715	0.773	2.061	0.803	1.283	0.861		杨兴丽 2004
美国红鱼	5.89	2.5	2.33	8.56	3.56	4.14		3.35	1.86	3.25	1.89	2.01	4.21	7.42	1.78	3.8	2.53		周歧存 2004
梭鲈	2.17	0.97	0.88	3.32	1.01	1.52	0.37	0.96	0.59	0.87	1.74	0.68	0.98	1.93	0.58	1	0.7		曹桂新 2000
梭鲈	1.97	0.72	0.82	3.29	0.91	1.24	0.1	0.99	0.7	1.02	1.62	0.66	0.92	1.96	0.48	1.19	0.79		陈佳毅 2006
河鲈	1.82	0.67	0.77	3	0.88	1.12	0.12	0.91	0.68	0.91	1.5	0.59	0.85	1.84	0.5	1.08	0.86		陈佳毅 2006
大口黑鲈（加州鲈）	1.9	0.67	0.76	3.04	0.87	1.03	0.1	0.97	0.62	0.96	1.55	0.61	0.87	1.79	0.43	1.1	0.74		陈佳毅 2006

续表

鱼类	天冬氨酸	苏氨酸	丝氨酸	谷氨酸	甘氨酸	丙氨酸	胱氨酸	缬氨酸	蛋氨酸	异亮氨酸	亮氨酸	酪氨酸	苯丙氨酸	赖氨酸	组氨酸	精氨酸	脯氨酸	色氨酸	资料来源
鲈鱼	1.43	0.63	0.6	2.6	0.68	0.85	0.04	0.61	0.42	1.11	0.57	0.42	0.57	1.15	0.29	0.9	0.22		郑重莺 2003
沙鲈	7.54	3.3	3.02	12.75	3.98	5.03		3.91	2.59	4.56	2.66	2.69	5.96	10.54	2.2	4.71	2.94		周岐存 2004
全雄太阳鲈	9.13	3.85	3.37	15.38	4.33	6.73	0.96	3.37	2.88	3.85	7.21	2.88	3.85	8.65	1.92	4.81	0.96		任洁 2005
黄金鲈	8.93	3.81	3.32	15.29	3.73	6.54	0.85	3.42	2.78	3.74	7.25	2.82	3.55	8.4	1.99	4.7	0.01		任洁 2005
大口胭脂鱼	7.67	3.3	2.89	11.3	4.21	4.45	0.33	3.38	1.81	2.97	6.19	2.31	3.22	6.6	1.65	5.2	1.98		任洁 2005
小鳞直齿鱼	5.82	3.08	3.38	11.43	4.67	4.15	0.43	3.3	2.4	3.08	5.48	2.44	3.17	6.42	2.83	4.79	4.2		任洁 2005
俄罗斯鲟	2.04	0.84	0.76	0.76	3.13	0.95	1.15	1.24	0.57	0.95	1.56	0.63	0.85	1.76	0.55	1.13	0.3	0.13	尹洪滨 2004
小体鲟	2.38	0.98	0.89	0.89	3.56	1.06	1.3	1.49	0.64	1.07	1.79	0.7	0.99	2.07	0.66	1.25	0.37	0.16	尹洪滨 2004
中华鲟	1.69	0.72	0.66	0.66	2.7	0.84	1.08	1.06	0.49	0.83	1.28	0.52	0.68	1.5	0.34	0.98	0.28	0.1	尹洪滨 2004
野生中华鲟	8.46	3.68	3.91	13.53	4.58	5.57	0.57	6.18	1.47	3.95	7.59	3	4.16	9.15	1.9	6.22	1.41	0.69	宋　超 2007
养殖中华鲟	7.64	3.35	3.65	12.68	4.63	5.47	0.53	5.77	1.56	3.62	7	2.69	3.91	8.2	1.86	5.64	1.67	0.57	宋　超 2007
施氏鲟	2.05	0.9	0.81	0.81	3.27	1.04	1.2	1.33	0.59	0.98	1.62	0.63	0.87	1.82	0.53	1.16	0.36	0.15	尹洪滨 2004

续表

鱼类	天冬氨酸	苏氨酸	丝氨酸	谷氨酸	甘氨酸	丙氨酸	胱氨酸	缬氨酸	蛋氨酸	异亮氨酸	亮氨酸	酪氨酸	苯丙氨酸	赖氨酸	组氨酸	精氨酸	脯氨酸	色氨酸	资料来源
达氏鳇	1.87	0.83	0.76	0.76	3.05	1	1.11	1.15	0.55	0.89	1.48	0.6	0.79	1.63	0.46	1.08	0.33	0.12	尹洪滨 2004
杂交鲟（达氏鳇♀×施氏鲟♂）	1.96	0.85	0.74	0.74	3.13	0.98	1.09	1.2	0.57	0.92	1.53	0.6	0.84	1.73	0.48	1.09	0.34	0.12	尹洪滨 2004
匙吻鲟	5.31	2.37	2.14	6.99	2.63	3.16	0.32	2.68	1.52	2.62	4.33	1.83	2.29	4.21	1.75	3.09	1.91		董宏伟 2007
花尾胡椒鲷	6.59	2.86	2.56	10.16	4.04	4.51		3.4	2.21	3.7	2.01	2.25	4.88	8.1	1.92	4.17	3.03		周岐存 2004
卵形鲳鲹	6.2	3.65	2.28	10.49	4.65	4.31		4.36	2.45	4.58	2.62	2.78	5.87	9.72	1.68	4.58	3.78		周岐存 2004
黄鳍鲷	6.35	2.8	2.5	9.29	3.62	4.64		3.26	1.88	3.33	1.99	2.15	4.62	7.6	1.86	3.98	2.52		周岐存 2004
红笛鲷	6.66	2.82	2.69	9.94	4.61	5.17		3.41	1.99	3.35	2.04	2.23	4.72	8	1.91	4.37	2.88		周岐存 2004
紫红笛鲷	6.83	2.79	2.58	10.18	3.86	5.1		3.66	2.12	3.68	2.19	2.38	4.84	8.72	2.14	4.29	2.47		周岐存 2004
大菱鲆	2.01	0.61		2.57	1.06	1.25		0.82	0.41	0.84	1.65	0.36	0.79	1.76	0.29	1.21	0.61		马爱军 2003
鲻鱼背肌（养殖）	7.86	3.2	2.49	11.71	4.13	4.93	0.3	4.43	2.42	3.95	6.57	2.36	3.46	7.15	2.31	4.83	2.74		李来好 2001

续表

鱼类	天冬氨酸	苏氨酸	丝氨酸	谷氨酸	甘氨酸	丙氨酸	胱氨酸	缬氨酸	蛋氨酸	异亮氨酸	亮氨酸	酪氨酸	苯丙氨酸	赖氨酸	组氨酸	精氨酸	脯氨酸	色氨酸	资料来源
鲻鱼腹肌（养殖）	5.97	2.43	1.89	8.9	3.14	3.74	0.23	3.37	1.84	3	5	3.8	2.63	5.44	1.76	3.67	2.08		李来好 2001
鲻鱼背肌（野生）	7.73	3.17	2.54	11.27	3.79	4.59	0.36	4.13	2.11	3.8	6.32	2.62	3.32	7.06	2.23	4.57	2.65		李来好 2001
鲻鱼腹肌（野生）	5.26	2.23	1.73	7.8	2.64	3.19	0.24	2.88	1.44	2.59	4.37	1.78	2.26	4.87	1.52	3.24	1.81		李来好 2001
军曹鱼	6.76	2.83	2.05	10.19	3.61	4.16	0.31	3.47	1.97	3.32	5.46	2.34	2.6	6.15	1.7	4.5	2.85		刘冬洋 2002
石斑鱼	8.14	6.38	3.08	12.35	3.8	4.57		3.71	2.16	3.64	6.38	2.6	3.35	7.3	2.06	4.79	2.8	0.78	张本 1991
鲑点石斑鱼	8.431	3.1	2.78	12.58	3.74	4.24	0.14	3.28	2.34	3.05	5.65	2.71	3.18	6.76	1.57	6.46	2.94	0.67	张本 1991
蜂巢石斑鱼	9.06	3.78	3.18	13.43	3.41	4.91	0.7	3.91	1.58	3.7	6.86	2.57	3.66	7.17	1.94	5.12	2.75	0.74	张本 1991
黑边石斑鱼	8.93	3.79	3.3	13.82	3.54	4.79	1.05	3.77	2.37	3.55	6.86	2.8	3.56	7.16	1.94	5.23	2.82	0.7	张本 1991
巨石斑鱼	8.98	3.82	3.29	13.98	3.71	5.05	1	4.04	2.56	3.85	7.07	3.05	3.5	7.21	1.93	5.38	2.95	0.78	张本 1991
养殖大黄鱼	4.3	1.97	1.67	6.67	3.33	3.24	0.55	1.94	0.7	1.81	3.52	1.26	1.73	3.21	0.65	2.58	1.77		段青源 2000
天然大黄鱼	6.16	2.69	2.39	9.92	4.66	4.46	0.56	2.54	2.07	2.3	4.65	1.87	2.28	4.52	1.08	3.99	2.66		段青源 2000

注：氨基酸总量小于30%的为鲜重样本，其余为干重样本。

表 1-4 部分鱼类肌肉氨基酸特征值　　单位：%

鱼类	鱼的营养氨基酸特征值			人体营养氨基酸特征值		
	Lys/Met	E9/T	E10/T	鲜味 AA/T	E7/T	E8/T
青鱼	3.02	51.96	53.44	46.55	21.23	37.11
草鱼	0.61	49.28	49.28	43.48	25.60	39.48
草鱼	4.34	49.34	49.34	48.69	5.63	38.65
草鱼	2.66	49.20	50.13	43.35	27.78	41.83
脆肉鲩	1.00	52.08	52.08	43.18	32.91	40.73
鲢鱼	2.69	49.58	50.56	43.48	26.31	42.03
鲢鱼	4.25	49.86	49.86	46.59	5.83	39.91
鳙鱼	2.70	49.79	50.92	43.02	27.32	42.22
鳙鱼	4.40	58.85	58.85	41.13	6.23	43.78
鲫鱼	3.18	54.30	54.30	44.71	30.80	40.85
鲫鱼	4.81	51.84	51.84	44.81	7.61	41.99
方正银鲫	2.52	49.17	50.18	45.61	6.69	40.74
淇河鲫鱼	4.69	52.10	52.10	43.38	30.15	40.44
湘云鲫	1.91	39.56	39.56	29.21	29.41	29.42
银鲫	2.79	49.75	49.75	41.72	6.95	42.64
鲤鱼	6.06	51.34	51.34	46.29	5.86	39.58
湘云鲤	2.07	39.19	39.19	27.78	25.89	26.11
黄河鲤	3.43	49.57	49.57	45.35	6.62	40.46
荷包红鲤	3.61	50.36	50.36	44.74	6.19	40.48
建荷杂种	3.44	49.88	49.88	44.91	6.52	40.00
复合三倍体鲤鱼	3.37	49.49	49.49	45.12	6.96	39.46
建鲤	3.25	50.29	50.29	44.65	6.84	40.19
建黄杂种	3.39	50.48	50.48	44.56	6.64	40.15
三角鲂	2.47	55.32	55.32	43.26	31.17	40.92
团头鲂	5.35	48.82	48.82	45.97	5.72	39.78
团头鲂	3.21	55.27	55.27	41.92	31.23	42.18
团头鲂	3.73	47.27	48.72	47.79	16.91	35.58
鳊鱼	5.62	51.11	51.11	43.93	7.03	42.72
广东鲂	2.60	47.88	47.88	45.85	8.81	38.91
厚颌鲂	3.10	47.59	47.59	47.14	26.56	38.17
长春鳊	6.21	48.13	48.13	46.48	6.11	38.74
长春鳊	2.51	47.85	47.85	47.14	7.59	38.80

续表

鱼类	鱼的营养氨基酸特征值			人体营养氨基酸特征值		
	Lys/Met	E9/T	E10/T	鲜味 AA/T	E7/T	E8/T
光倒刺鲃	3.63	50.26	50.26	45.47	6.39	40.75
光倒刺鲃	3.28	49.88	49.88	44.61	71.00	39.84
中华倒刺鲃	2.83	51.53	51.53	46.12	6.35	41.37
中华倒刺鲃	3.40	48.86	48.86	45.80	70.20	39.11
倒刺鲃	3.41	50.40	50.40	44.24	69.00	40.87
黄鳝稚鳝	2.85	45.41	46.21	48.17	31.14	37.07
黄鳝幼鳝	3.78	45.69	46.25	48.70	30.55	36.89
黄鳝小成鳝	2.76	45.53	46.34	47.52	30.93	37.17
黄鳝大成鳝	2.79	45.34	46.31	48.03	31.16	37.15
黄鳝	3.82	50.28	50.28	42.15	7.11	42.18
黄鳝	2.53	42.22	42.22	44.46	7.73	38.44
黄鳝	2.26	44.93	44.93	48.89	3.05	37.75
泥鳅	3.69	49.78	49.78	48.13	6.94	38.32
花鱼骨	3.64	53.36	54.14	47.28	6.02	39.72
野生花鱼骨	3.08	48.06	49.10	45.51	6.76	40.23
养殖花鱼骨	3.08	48.12	49.09	45.55	6.92	40.47
桂江黄颡鱼	2.94	47.54	47.54	47.44	27.39	39.04
武汉黄颡鱼	5.26	50.02	50.02	46.98	32.52	41.36
黄颡鱼	1.80	52.41	52.41	41.73	34.98	43.88
黄颡鱼	4.03	48.94	48.94	47.16	6.14	40.09
黄颡鱼	2.32	49.70	49.70	41.32	3.51	41.44
长吻鮠	4.13	48.78	48.78	43.79	4.20	41.06
大鳍鳠	1.06	47.46	47.46	39.27	3.98	41.24
鳜鱼	2.68	47.43	48.02	46.00	30.61	39.64
鳜鱼	3.10	49.86	49.86	47.27	33.94	41.04
寡齿新银鱼	2.74	48.75	48.75	45.82	4.65	40.05
太湖新银鱼	2.81	47.89	47.89	45.97	4.30	39.38
虹鳟	15.58	44.81	46.30	42.78	24.68	36.87
丁鲅	3.75	49.60	49.60	45.31	32.08	39.94
丁鲅	2.70	52.97	52.97	43.06	30.81	40.65
斑点叉尾鮰	1.92	58.98	60.33	32.54	38.88	50.69
怀头鲶	3.09	48.63	48.63	44.25	6.06	39.61

续表

鱼类	鱼的营养氨基酸特征值			人体营养氨基酸特征值		
	Lys/Met	E9/T	E10/T	鲜味 AA/T	E7/T	E8/T
南方鲶	3.15	48.09	48.09	46.23	6.35	39.20
胡子鲶	3.52	47.95	47.95	47.01	6.17	38.83
鲶鱼	3.43	49.32	50.01	45.67	32.42	40.67
鲶鱼	2.46	47.48	47.48	45.28	3.01	38.94
鲶鱼	4.22	48.37	48.37	44.90	7.17	41.81
月鳢	2.88	46.38	46.38	47.08	28.23	37.08
乌鳢	3.56	54.54	54.54	40.67	33.14	44.60
乌鳢	3.82	53.76	53.76	51.78	7.06	36.60
乌鳢	2.36	46.41	46.41	46.14	2.91	38.70
尖头塘鳢	3.40	49.75	49.75	45.58	8.10	41.12
褐塘鳢	3.54	48.19	48.19	43.44	8.21	40.21
线纹尖塘鳢	3.45	49.59	49.59	45.47	7.85	41.19
稚鳖	2.47	51.02	51.02	45.23	38.85	41.00
一龄鳖	2.01	51.21	51.21	45.53	34.09	41.62
二龄鳖	2.04	50.93	50.93	45.29	36.61	41.55
三龄鳖	2.25	51.23	51.23	45.08	40.78	41.04
齐口裂腹鱼	3.70	51.56	51.56	40.44	32.89	42.47
青海湖裸鲤	2.43	56.07	56.07	53.22	13.38	30.31
铜鱼	4.21	48.05	48.05	49.21	23.96	38.47
斑鳠	2.72	47.74	47.74	40.88	36.20	40.42
红罗非鱼	18.74	50.24	50.24	43.28	35.59	42.32
花鳗鲡	2.99	45.25	48.73	47.43	17.58	38.68
日本鳗鲡	2.92	49.18	49.18	44.67	24.10	38.70
暗纹东方鲀	4.57	49.17	49.17	48.40	11.01	40.40
弓斑东方鲀	3.78	48.80	48.80	48.10	9.12	39.84
黄鳍东方鲀	3.98	48.66	48.66	48.09	9.67	39.78
暗纹东方鲀	4.03	50.73	50.73	42.12	7.95	40.18
美国红鱼	3.99	50.88	50.88	43.92	24.48	41.44
梭鲈	3.27	47.46	47.46	44.50	8.04	39.66
梭鲈	2.80	49.54	49.54	44.38	7.93	40.92
河鲈	2.71	49.39	49.39	43.65	7.36	40.66
大口黑鲈	2.89	49.75	49.75	44.09	7.43	41.25

续表

鱼类	鱼的营养氨基酸特征值			人体营养氨基酸特征值		
	Lys/Met	E9/T	E10/T	鲜味 AA/T	E7/T	E8/T
鲈鱼	2.74	47.75	47.75	49.35	5.06	38.66
沙鲈	4.07	51.58	51.58	43.39	33.52	42.77
全雄太阳鲈	3.00	48.01	48.01	48.00	33.66	40.01
黄金鲈	3.02	48.86	48.86	48.31	32.95	40.61
大口胭脂鱼	3.65	49.41	49.41	47.26	27.47	39.55
小鳞直齿鱼	2.68	48.61	48.61	43.42	26.93	37.89
俄罗斯鲟	3.09	48.96	49.64	41.50	7.77	40.93
小体鲟	3.23	49.17	49.89	41.08	9.03	41.30
中华鲟	3.06	48.02	48.63	41.86	6.56	40.59
野生中华鲟	6.22	51.50	52.30	44.59	36.18	42.86
养殖中华鲟	5.26	50.86	51.57	44.83	33.41	42.24
施氏鲟	3.08	48.71	49.45	41.40	8.11	41.05
达氏鳇	2.96	48.00	48.65	42.04	7.32	40.30
杂交鲟	3.04	48.70	49.34	41.78	7.64	41.04
匙吻鲟	2.77	50.58	50.58	43.09	20.02	40.73
花尾胡椒鲷	3.67	50.08	50.08	44.39	27.16	40.91
卵形鲳鲹	3.97	53.39	53.39	40.85	33.25	44.93
黄鳍鲷	4.04	50.20	50.20	44.69	25.48	40.84
红笛鲷	4.02	48.82	48.82	46.04	26.33	39.42
紫红笛鲷	4.11	50.76	50.76	44.61	28.00	41.28
大菱鲆	4.29	51.60	51.60	49.88	6.88	42.36
鲻鱼背肌(养殖)	2.95	51.20	51.20	44.71	31.18	41.66
鲻鱼腹肌(养殖)	2.96	49.48	49.48	43.17	23.71	40.26
鲻鱼背肌(野生)	3.35	50.80	50.80	44.22	29.91	41.39
鲻鱼腹肌(野生)	3.38	50.95	50.95	44.39	20.64	41.40
军曹鱼	3.12	49.79	49.79	45.46	25.80	40.14
石斑鱼	3.38	51.06	52.06	43.20	32.92	43.27
鲑点石斑鱼	2.89	48.07	48.98	48.15	27.36	38.07
蜂巢石斑鱼	4.54	48.07	49.01	45.79	30.66	40.02
黑边石斑鱼	3.02	47.80	48.67	45.40	31.06	39.71
巨石斑鱼	2.82	47.91	48.86	45.16	32.05	39.96
养殖大黄鱼	4.59	44.28	44.28	49.19	14.88	36.38
天然大黄鱼	2.18	44.42	44.42	49.64	21.05	35.80

注：E9/T 为 9 种必需氨基酸/总氨基酸，后同。

1. 赖氨酸与蛋氨酸比值分析

赖氨酸和蛋氨酸是鱼类必需氨基酸中第一和第二限制性氨基酸，在鱼类饲料配制时通常会考虑二者的比例平衡问题。如何确定二者的比例？目前没有进行这方面的系统研究，但是，分析鱼体肌肉中两种氨基酸的比值，并以此作为饲料配制的参考依据是可行的，在实际生产中有一定的参考价值。

由表 1-4 可以得知，红罗非鱼和虹鳟的赖氨酸与蛋氨酸比值较大，分别为 18.74 和 15.58，这是否是氨基酸测定误差所致没有进行研究。其次是野生中华鲟 6.22、长春鳊 6.21、鲤鱼 6.06、鳊鱼 5.62、团头鲂 5.35、武汉黄颡鱼 5.26、养殖中华鲟 5.26。最低的是一组草鱼和脆肉鲩，分别为 0.61 和 1.00。多数鱼类的赖氨酸与蛋氨酸比值在 2～5 之间。

表 1-4 中不同鱼类的赖氨酸与蛋氨酸比值为进行鱼类必需氨基酸营养学研究和鱼类配合饲料的实际生产提供了重要的赖氨酸与蛋氨酸比值参考依据。但是，氨基酸的测定误差在所难免，目前也难以在一个单位对如此多的鱼类进行系统的氨基酸测试，所以，表 1-4 中部分鱼类结果可能与实际有一定的偏差，在实际工作中应该具体分析、选择使用。

2. 鱼类必需氨基酸占氨基酸总量的比例

鱼类的必需氨基酸为赖氨酸、蛋氨酸、苏氨酸、苯丙氨酸、精氨酸、组氨酸、亮氨酸、异亮氨酸、色氨酸、缬氨酸共 10 种，由于部分资料缺少色氨酸的分析结果，我们分别统计了除色氨酸以外的 9 种必需氨基酸和包含色氨酸的 10 种必需氨基酸占氨基酸总量的比例，结果见表 1-4。由表 1-4 可以得知，只有湘云鲫和湘云鲤为 39.56％和 39.19％，其他均在 42％～59％之间，表明养殖鱼类所需要的必需氨基酸在氨基酸总量中所占比例较高，这是鱼类氨基酸营养需要较畜禽的主要差异之一。

3. 鲜味氨基酸含量

鱼肉味道鲜美，是人类主要的动物性食物之一。在蛋白质和氨基酸方面，鱼肉的鲜美味道主要由天冬氨酸、甘氨酸、谷氨酸、丙氨酸和精氨酸等 5 种氨基酸的含量决定。表 1-4 统计了 5 种鲜味氨基酸占肌肉氨基酸总量的百分比。除了湘云鲤 27.78％、湘云鲫 29.21％、斑点叉尾鮰 32.54％、大鳍鳠 39.27％低于 40％外，其他鱼类肌肉中鲜味氨基酸占氨基酸总量的百分比均超过 40％，表明鱼肉对于人类食用来说口感是很好的，味道鲜美理所当然。

4. 人体必需氨基酸的比例

必需氨基酸之间的比值是否符合人类膳食蛋白质的模式（人体消化吸收的最适必需氨基酸比值），也是评价食物或蛋白质质量的重要指标。联合国粮农组织（FAO，1973）提出的膳食蛋白质模式是人类优质蛋白质必需氨基酸的适宜比值。主要水产动物和畜类肌肉的各种必需氨基酸之间的比值基本上与全鸡蛋模式相似，因此是人类理想的优质蛋白/完全蛋白（含有人类所需的各种必需氨基酸）/平衡蛋白（不仅含有多种必需氨基酸，而且相互比例与全鸡蛋模式相似）。

主要水产动物的赖氨酸、精氨酸和谷氨酸等呈味氨基酸的含量与牛肉、羊肉、猪肉相似或更高（牡蛎与鱿鱼稍差）。因此，肉味鲜美，特别是中国对虾、鲢、鲫、中华鳖与牛肉的呈味氨基酸含量明显高于其他种类，因此，它们的肉味更鲜美。

三、肌肉氨基酸模式分析

由于分析样品部分采用新鲜肌肉、部分采用烘干肌肉，所得氨基酸分析结果部分按照新鲜肌肉样品、部分按照烘干肌肉样品中氨基酸的含量表示，不同鱼体之间要进行氨基酸组成和含量的比较分析就只能采用氨基酸的模式分析方法。

氨基酸模式的表示方法有几种，如以赖氨酸的含量为 1.00，将其他氨基酸的含量与赖氨酸的含量进行比较，得到每一种氨基酸含量分别与赖氨酸含量的比值，并由此组成肌肉氨基酸的模式。我们采用的方法是先计算氨基酸的总量，再计算每一种氨基酸含量占氨基酸总量的百分比，由此得到每一种氨基酸占氨基酸总量的百分比，以此表示肌肉 17 种氨基酸的模式或 9 种必需氨基酸的模式（不含色氨酸）。不同鱼种类、同种鱼类不同生长阶段、同种鱼类不同生活水域的肌肉氨基酸的比较均采用这种方法计算的氨基酸模式进行比较。

本书收集了黄鳝、中华鳖、草鱼、团头鲂、翘嘴红鲌、花鲒不同体重或不同年龄段鱼体肌肉氨基酸的组成，见表 1-5。利用 Excel 中计算两组数据彼此相关系数的工具，分别计算了表 1-5 中相邻鱼体肌肉氨基酸之间的相关系数，包括 17 种氨基酸和除色氨酸外的 9 种必需氨基酸的相关系数，结果见表 1-5。由表 1-5 的结果可以发现两个重要结果。

首先，同种鱼类、不同体重或不同生长阶段的 17 种氨基酸或 9 种必需氨基酸的相关系数非常接近，表明不同生长阶段或不同体重的同种鱼类肌肉氨基酸绝对含量可能有一定的差异，但是，氨基酸组成模式没有显著性的差异，具有很强的稳定性。

如黄鳝的稚鳝与幼鳝、幼鳝与小成鳝、小成鳝与大成鳝肌肉 17 种氨基酸彼此之间的相关系数分别为 0.998、0.997、1.000；中华鳖的稚鳖与一龄鳖、一龄鳖与二龄鳖、二龄鳖与三龄鳖肌肉 17 种氨基酸彼此之间的相关系数分别为 0.994、0.999、0.998；翘嘴红鲌一龄与二龄、二龄与三龄肌肉 17 种氨基酸彼此之间的相关系数分别为 1.000、0.996；花鲒一龄与二龄、二龄与三龄肌肉 17 种氨基酸彼此之间的相关系数分别为 0.999、0.998；草鱼从体重 510g 到 3100g，共 23 个体重阶段组彼此之间肌肉 17 种氨基酸模式的相关系数为 0.962～0.999；团头鲂从体重 50g 到 698g，共 18 个体重阶段组彼此之间肌肉 17 种氨基酸模式的相关系数为 0.955～0.999。

其次，同种鱼类、不同生长阶段或体重鱼体肌肉中 17 种氨基酸之间的相关系数与 9 种必需氨基酸模式之间的相关系数非常接近，表明必需氨基酸模式与 17 种氨基酸模式对于同一个体具有一致性。

表 1-5 不同生长阶段（体重）鱼体肌肉氨基酸组成及相关性分析

鱼类	阶段或体重/g	天冬氨酸 Asp	苏氨酸 Thr	丝氨酸 Ser	谷氨酸 Glu	甘氨酸 Gly	丙氨酸 Ala	胱氨酸 Cys	缬氨酸 Val	蛋氨酸 Met	异亮氨酸 Ile	亮氨酸 Leu	酪氨酸 Tyr	苯丙氨酸 Phe	赖氨酸 Lys	组氨酸 His	精氨酸 Arg	脯氨酸 Pro	相关系数17	相关系数9
黄鳝/(g/100g)	稚鳝	8.74	4.19	3.82	14.6	6.41	5.81	0.56	3.54	2.4	3.6	7.03	2.81	3.53	6.85	2.05	5.8	3.43		
	幼鳝	8.5	4.11	3.72	14.25	6.54	5.87	0.52	3.62	1.8	3.73	6.93	2.54	3.55	6.81	2.08	5.79	3.26	0.998	0.994
	小成鳝	8.52	4.1	3.72	14.36	6.11	5.69	0.71	3.54	2.45	3.67	6.91	2.82	3.5	6.76	2.06	5.75	3.72	0.997	0.993
	大成鳝	8.65	4.17	3.81	14.64	6.44	5.8	0.61	3.57	2.47	3.68	6.93	2.75	3.44	6.9	2.05	5.84	3.54	1.000	1.000
中华鳖/(g/100g)	稚鳖	9.36	4.46	3.81	15.34	5.82	5.77	0.86	4.84	3.3	4.8	8.35	3.47	4.96	8.14	2.92	6.57	1.98		
	一龄	8.47	3.95	3.41	13.95	4.52	5.01	0.34	4.36	3.15	4.36	7.54	3	4.4	6.33	2.51	5.34	1.26	0.994	0.981
	二龄	8.98	4.09	3.51	14.82	5.16	5.4	0.33	4.66	3.43	4.71	8.02	3.18	4.72	6.981	2.72	5.55	1.86	0.999	0.998
	三龄	9.99	4.51	3.87	16.49	5.64	5.97	0.33	5.09	3.68	5.29	8.78	3.59	5.16	8.27	3.42	6.7	2.58	0.998	0.989
草鱼/(mg/g)	510.0	9.55	4.08	3.61	15.11	10.76	7.30	0.77	4.97	2.40	4.55	7.22	2.45	4.11	7.32	2.08	7.91	5.22		
	528.5	11.64	5.23	5.07	19.25	11.07	8.39	0.81	5.54	3.04	4.96	8.82	3.47	4.69	9.40	2.93	7.62	6.60	0.983	0.956
	530.0	10.94	4.51	3.91	16.73	10.68	7.83	0.80	5.82	2.99	5.39	8.35	3.14	4.84	8.45	2.46	7.30	5.27	0.992	0.981
	610.0	12.14	5.13	4.47	18.96	12.46	8.96	0.91	6.28	3.48	5.91	9.31	3.48	5.13	9.84	2.62	9.95	6.23	0.995	0.976
	630.0	10.22	5.41	4.44	20.09	10.56	8.64	0.74	6.78	2.76	6.46	10.19	3.02	5.52	10.92	3.28	9.69	5.04	0.979	0.984
	660.0	11.66	4.82	4.10	18.24	13.34	9.13	0.93	6.15	3.38	5.78	8.89	3.41	5.16	9.32	2.74	8.31	6.79	0.962	0.993
	710.0	13.20	5.52	4.69	20.61	11.96	9.06	1.05	6.87	3.75	6.52	10.35	4.18	5.52	11.02	3.10	10.48	5.95	0.981	0.995
	710.0	11.73	5.04	4.34	18.52	10.74	8.13	0.91	6.26	3.49	5.92	9.01	3.36	5.09	9.27	2.24	7.70	4.48	0.993	0.977
	720.0	12.78	5.22	4.39	19.87	10.31	8.50	0.91	6.71	3.65	6.39	10.04	3.78	5.41	10.44	2.85	9.75	4.98	0.993	0.986
	770.0	13.00	5.46	4.64	20.14	11.56	9.15	0.98	6.92	3.45	6.57	10.18	3.77	5.73	10.34	2.88	8.58	5.92	0.994	0.987
	800.0	12.05	5.04	4.31	18.90	12.08	8.88	0.92	6.26	3.48	5.82	9.27	3.42	5.15	9.24	2.59	9.80	5.82	0.992	0.966
	830.0	12.45	5.33	4.79	19.14	12.25	9.06	0.77	6.24	3.45	2.51	9.34	3.56	5.24	9.80	2.91	10.17	5.98	0.983	0.920

续表

鱼类	阶段或体重/g	天冬氨酸 Asp	苏氨酸 Thr	丝氨酸 Ser	谷氨酸 Glu	甘氨酸 Gly	丙氨酸 Ala	胱氨酸 Cys	缬氨酸 Val	蛋氨酸 Met	异亮氨酸 Ile	亮氨酸 Leu	酪氨酸 Tyr	苯丙氨酸 Phe	赖氨酸 Lys	组氨酸 His	精氨酸 Arg	脯氨酸 Pro	相关系数17	相关系数9
草鱼/(mg/g)	830.0	12.33	5.35	4.81	19.28	15.49	9.90	0.87	6.43	3.56	5.91	9.44	3.50	5.41	9.35	2.81	10.86	9.32	0.963	0.925
	850.0	12.28	5.09	4.40	18.84	11.13	8.63	0.72	6.24	3.02	5.78	9.35	3.08	5.29	9.84	2.91	9.43	6.39	0.969	0.982
	1160	15.24	6.39	5.55	24.00	15.97	11.54	0.88	8.09	4.58	7.51	11.67	4.55	6.48	12.00	3.24	10.76	8.15	0.993	0.990
	1200	14.43	6.03	5.08	22.43	14.62	10.68	1.05	7.60	3.91	7.11	11.05	4.25	6.28	11.60	3.32	9.94	7.12	0.999	0.997
	1240	14.34	5.96	5.11	22.79	15.49	11.26	1.02	7.73	4.09	7.07	11.00	3.60	6.29	11.66	3.24	9.89	7.83	0.998	0.999
	1250	15.04	6.35	5.54	23.38	14.07	10.88	1.30	8.01	4.30	7.59	11.66	4.53	6.58	12.44	3.68	10.13	7.33	0.994	0.999
	1600	15.20	6.83	6.51	24.99	13.03	10.32	1.20	7.49	4.12	6.86	11.64	4.69	6.26	11.93	3.53	10.17	7.87	0.994	0.993
	1810	13.68	5.66	4.77	21.46	14.51	10.47	0.99	7.39	4.11	6.96	10.63	3.71	6.19	11.03	3.15	13.94	7.19	0.962	0.909
	2120	17.72	7.95	7.62	29.12	16.60	12.75	1.38	8.47	4.54	7.55	13.41	5.20	6.94	14.69	4.00	11.83	10.07	0.965	0.898
	2600	18.88	8.50	8.07	30.95	15.55	12.84	0.91	9.06	4.26	8.14	14.38	5.02	7.46	16.80	4.19	12.70	9.36	0.995	0.998
	3100	16.21	6.91	6.56	24.61	15.68	11.90	1.18	8.66	4.35	8.05	12.36	4.43	6.94	12.74	7.44	10.80	8.24	0.978	0.936
团头鲂/(mg/g)	50.00	11.73	4.87	4.10	18.49	11.08	8.63	1.16	6.07	3.70	5.75	8.99	3.63	5.12	9.54	2.46	7.82	5.56		
	76.00	13.50	5.83	5.13	21.71	12.76	9.61	1.03	6.71	3.82	5.96	10.29	2.82	5.70	11.38	3.08	8.82	5.11	0.995	0.993
	85.00	12.79	5.32	4.52	19.61	12.23	9.06	0.98	6.49	3.88	6.14	9.73	3.94	5.58	10.62	2.81	8.62	6.07	0.995	0.996
	105	13.70	5.60	4.72	21.17	13.95	10.04	0.95	6.90	4.17	6.53	10.30	4.26	5.92	11.25	2.92	9.37	7.17	0.999	1.000
	139	13.83	5.61	4.75	21.20	13.78	9.93	0.94	6.99	3.90	6.60	10.41	3.81	5.95	11.49	3.11	9.25	6.82	0.999	0.999
	185	15.35	6.32	5.03	23.85	14.14	10.89	1.11	7.85	4.78	7.50	11.65	4.81	6.52	12.66	3.25	10.30	7.40	0.998	0.998
	208	15.94	7.05	6.86	25.94	16.06	11.87	1.18	7.43	4.49	6.72	11.85	4.85	6.53	13.27	3.97	10.57	9.29	0.991	0.986
	225	15.35	6.58	5.60	23.80	15.42	11.32	0.93	8.23	3.12	7.48	11.81	3.87	6.68	12.77	3.33	10.45	7.89	0.992	0.980
	224	16.23	7.20	6.91	26.53	16.37	5.34	1.26	7.44	4.46	6.58	11.94	4.79	6.41	13.61	3.65	10.68	9.49	0.955	0.977

续表

鱼类	阶段或体重/g	天冬氨酸 Asp	苏氨酸 Thr	丝氨酸 Ser	谷氨酸 Glu	甘氨酸 Gly	丙氨酸 Ala	胱氨酸 Cys	缬氨酸 Val	蛋氨酸 Met	异亮氨酸 Ile	亮氨酸 Leu	酪氨酸 Tyr	苯丙氨酸 Phe	赖氨酸 Lys	组氨酸 His	精氨酸 Arg	脯氨酸 Pro	相关系数 17	相关系数 9
团头鲂/(mg/g)	286	16.17	7.21	6.88	25.91	15.12	11.48	1.24	7.48	4.50	6.76	12.10	4.88	6.57	13.43	3.86	10.29	8.48	0.966	0.999
	295.0	15.82	6.81	6.00	24.51	15.48	11.28	0.97	7.99	4.92	7.52	12.13	5.19	6.84	13.28	3.64	10.97	7.73	0.996	0.992
	306.2	16.42	7.30	7.06	26.64	15.87	11.86	1.25	7.47	4.49	6.58	12.10	4.95	6.46	13.75	3.75	10.51	9.07	0.994	0.990
	338.5	15.86	7.06	6.89	25.75	16.70	11.90	1.25	7.18	4.38	6.32	11.76	4.77	6.47	13.23	3.59	10.50	9.35	0.998	0.999
	375.0	14.94	6.31	5.49	23.26	16.66	11.35	1.16	7.47	4.59	6.89	11.14	4.49	6.28	12.43	3.27	10.72	8.55	0.995	0.989
	462.5	15.24	6.30	5.11	24.08	16.01	11.57	1.05	7.98	4.80	7.43	11.68	4.67	6.60	12.70	3.29	10.82	8.42	0.998	0.998
	545.0	16.10	6.07	5.66	24.91	14.82	11.26	1.04	7.98	4.68	7.60	12.17	5.11	6.86	13.62	3.61	10.61	7.44	0.995	0.995
	580.0	14.94	6.00	4.90	23.19	16.49	11.33	1.02	7.44	4.20	6.59	10.99	4.40	6.34	12.37	3.41	12.54	9.72	0.980	0.960
	698.0	15.75	7.04	6.86	25.63	16.50	11.80	1.18	7.13	4.32	6.28	11.54	4.74	6.26	13.07	3.68	10.62	9.78	0.988	0.968
翘嘴红鲌/(g/100g)	一龄	7.67	3.14	3.33	14.16	3.96	4.76	0.48	3.97	2.45	3.77	6.66	2.6	3.58	8.25	3.1	4.79	2.36		
	二龄	7.41	3.06	3.21	13.82	3.98	4.71	0.47	3.94	2.39	3.77	6.52	2.56	3.5	8.15	3.09	4.75	2.32	1.000	1.000
	三龄	7.14	2.98	3.14	12.8	4.36	4.55	0.46	3.89	2.2	3.65	6.26	2.51	3.31	7.75	2.19	4.52	2.4	0.996	0.990
花䱻/(g/100g)	一龄	8.02	3.25	3.52	13.93	4.78	4.95	0.5	3.7	2.41	3.46	6.69	2.59	3.75	8.12	1.94	4.64	2.3		
	二龄	7.69	3.15	3.44	12.47	4.47	4.71	0.58	3.47	2.15	3.21	6.44	2.5	3.57	7.74	1.92	4.5	2.25	0.999	0.999
	三龄	7.56	3.11	3.4	13.29	4.18	4.6	0.59	3.38	2.3	3.11	6.33	2.5	3.36	7.52	1.9	4.45	2.24	0.998	0.999

注：相关系数 17 即 17 种氨基酸的相关系数，相关系数 9 即 9 种必需氨基酸的相关系数。

第四节 饲料原料氨基酸模式与鱼体肌肉氨基酸模式的分析

饲料必需氨基酸的平衡性是影响饲料养殖效果的主要营养因素之一，而调整饲料中氨基酸，主要是必需氨基酸平衡性的主要技术方法包括：在饲料中补充限制性氨基酸、利用饲料原料氨基酸的互补性进行调整等。由于多数鱼类对饲料中的单体游离氨基酸利用效果较差，在水产饲料中氨基酸平衡性调整的技术方法主要依赖于不同饲料原料的氨基酸互补性进行。因此，了解不同饲料原料氨基酸平衡性、不同饲料原料氨基酸的互补性，对于水产饲料配方编制、饲料原料的选择尤为重要，这也是饲料配方编制的基础性工作。

要了解不同饲料原料氨基酸的平衡性，必须要针对不同的鱼类进行研究，因为不同的饲料原料对同种鱼类具有不同的平衡效果，而不同鱼类对于同种饲料原料也具有不同的平衡效果。因此，本书对常用的饲料原料与不同鱼类肌肉必需氨基酸组成进行相关性分析，评价不同的饲料原料对不同的鱼类必需氨基酸的平衡性，为水产饲料配方编制、饲料原料的选择提供技术性依据。

一、资料来源和分析方法

1. 鱼体肌肉氨基酸组成资料来源

本书收集了 20 世纪 70 年代中后期以来的、在我国公开学术刊物发表的有关鱼类肌肉氨基酸组成的论文资料，进行整理。见表 1-3。

2. 饲料原料氨基酸数据的来源

我们选择了 2004 年第 15 版中国饲料数据库饲料成分及营养价值表（氨基酸）的数据作为饲料原料必需氨基酸数据。根据水产饲料原料目前的使用状况，我们选择了具有代表性的、常用的 39 个饲料原料样本的 9 种必需氨基酸作为分析的依据。

3. 分析方法

配合饲料必需氨基酸平衡性的实质是饲料中必需氨基酸组成比例与养殖对象鱼体需要的必需氨基酸组成比例之间的接近程度，即为两组数据的整体相关性，相关性愈大表明配合饲料中必需氨基酸的平衡性愈好。而两组数据之间相关性的判定方法我们采用了计算两组数据整体相关系数的方法，即两组数据的相关系数愈大，表明两组数据的整体接近程度愈大，如果两组数据分别为配合饲料和养殖鱼体需要的必需氨基酸的组成，则表明饲料必需氨基酸的平衡性愈好。按照上述原理，我们以饲料原料中的 9 种必需氨基酸组成为样本，以鱼体肌肉 9 种必需氨基酸组成作为鱼体需要的必需氨基酸组成标准，计算这两组数据的整体相关系数，相关系数愈大，表明这种饲料原料的必需氨基酸组成对于这种鱼类需要的必需氨基酸平衡性愈好。由于目前多数养殖鱼类的必需氨基酸需要量还没有确定，所以一般是将鱼体肌肉的必需氨基酸比例作为该种鱼营养需要的必需氨基酸比例。

为了便于广大饲料企业技术人员使用方便，采用 Microsoft Office（2013）Excel 表中的数据处理功能进行计算。操作方法是，在 Excel 表中输入两种模式的数据（即两组数据）→鼠标移至表内的一空格并点击上方的“＝”号→点击最左边的“▼”弹出下拉菜单→选择“其他函数”弹出“粘贴函数”菜单并选择“统计”→在右边框里选择“CORREL（下方显示为‘返回两组数值的相关系数’）”→点击“确定”弹出“Array1”和“Array2”数值框→分别在“Array1”和“Array2”中选择需要计算的两组数据并“确定”→得到两组数据的相关系数。

二、相关系数计算结果

本书计算了 39 个饲料原料样本 9 种必需氨基酸分别与 59 种鱼类肌肉 9 种必需氨基酸的整体相关系数，结果见表 1-6。

不同饲料原料对同种鱼类具有不同的氨基酸平衡性，表 1-6 中所得到的 9 种必需氨基酸的相关系数也有一定的差异。在表 1-6 中，可以查阅到每种鱼类对不同饲料的 9 种必需氨基酸相关系数，在编制该种鱼类饲料配方时，可以选择相关系数高的饲料原料组成配合饲料；也可以查阅到每种饲料原料对不同鱼类肌肉 9 种必需氨基酸的相关系数，了解饲料原料必需氨基酸组成对不同鱼类的差异。

因此，我们在编制不同鱼类饲料配方时，可以参考表 1-6 的结果，尽可能选择对养殖对象具有较高相关系数的饲料原料进入饲料配方，这样可以显著提高配合饲料中必需氨基酸的平衡性，取得较好的养殖效果。以草鱼为例，草鱼是我国淡水鱼类中总量最高的种类，占淡水鱼类总量的 21%左右。不同饲料原料中 9 种必需氨基酸组成与草鱼肌肉必需氨基酸的相关性最高的依然是鱼粉，相关系数达到 0.93～0.96，其次是大豆类原料为 0.86～0.91，肉骨粉和肉粉分别为 0.89 和 0.87，米糠为 0.80，麦芽根为 0.79，小麦麸为 0.72，棉籽粕和菜籽粕为 0.63。这些原料都是草鱼最常用的饲料原料，可以用于草鱼配合饲料。

三、不同饲料原料必需氨基酸整体平衡性分析

为了直观认识同种原料对不同鱼类的氨基酸平衡性，在表 1-6 中所列的饲料原料中，计算同种饲料原料对 59 种不同鱼体肌肉必需氨基酸模式相关系数的平均值，见表 1-7，以平均值大小来判定不同饲料原料对鱼体氨基酸模式的平衡性。根据表 1-7 中相关系数的平均值大小来判定其必需氨基酸组成对鱼类肌肉必需氨基酸模式的平衡性大小。

表 1-6　饲料原料与鱼体肌肉 9 种必需氨基酸模式相关系数

鱼类	玉米	小麦	大麦	稻谷	木薯干	甘薯干	次粉	小麦麸	米糠	米糠粕	大豆	鱼体肌肉氨基酸资料来源
原料蛋白含量/%	8.5	13.9	13	7.8	2.5	4.0	15.4	15.7	12.8	15.1	35.5	
草鱼	0.65	0.43	0.57	0.62	0.61	0.43	0.69	0.72	0.80	0.67	0.91	王冀平，营养学报，1997，第 4 期
鲢鱼	0.60	0.37	0.53	0.53	0.48	0.44	0.63	0.65	0.73	0.59	0.86	王冀平，营养学报，1997，第 4 期
鳙鱼	0.63	0.42	0.58	0.52	0.33	0.51	0.64	0.57	0.69	0.57	0.84	梁银铨等，水生生物学报，1998，第 4 期
鲫鱼	0.54	0.29	0.46	0.44	0.37	0.38	0.55	0.56	0.65	0.50	0.79	王冀平，营养学报，1997，第 4 期
方正银鲫	0.49	0.26	0.44	0.44	0.40	0.41	0.51	0.54	0.64	0.49	0.77	尹洪滨等，水产学杂志，1999，第 12 期
银鲫	0.55	0.37	0.55	0.41	0.11	0.55	0.54	0.42	0.55	0.44	0.72	杨代淑等，氨基酸杂志，1993，第 4 期
鲤鱼	0.67	0.45	0.60	0.61	0.60	0.46	0.72	0.77	0.82	0.69	0.91	王冀平，营养学报，1997，第 4 期
荷包红鲤	0.56	0.28	0.46	0.38	0.31	0.36	0.55	0.54	0.60	0.45	0.79	朱健等，湛江海洋大学学报，2000，第 4 期
建鲤	0.62	0.34	0.50	0.43	0.32	0.38	0.60	0.57	0.63	0.49	0.82	朱健等，湛江海洋大学学报，2000，第 4 期
团头鲂	0.78	0.62	0.74	0.77	0.75	0.56	0.85	0.90	0.92	0.83	0.99	陆清儿等，淡水渔业，2006，第 1 期
广东鲂	0.50	0.23	0.41	0.35	0.26	0.32	0.48	0.46	0.54	0.39	0.74	许淑英等，中国水产科学，1998，第 4 期
长春鳊	0.73	0.50	0.66	0.58	0.41	0.59	0.74	0.70	0.77	0.66	0.89	杨代淑等，氨基酸杂志，1993，第 4 期
光倒刺鲃	0.63	0.35	0.53	0.48	0.40	0.44	0.62	0.61	0.69	0.55	0.85	彭凌等，氨基酸和生物资源，2005，27 卷第 4 期
中华倒刺鲃	0.63	0.38	0.56	0.52	0.45	0.46	0.64	0.65	0.72	0.58	0.88	彭凌等，氨基酸和生物资源，2005，27 卷第 4 期
倒刺鲃	0.61	0.36	0.53	0.47	0.35	0.46	0.62	0.59	0.67	0.53	0.84	彭凌等，氨基酸和生物资源，2005，27 卷第 4 期
黄鳝	0.71	0.49	0.65	0.63	0.55	0.50	0.73	0.72	0.78	0.66	0.95	舒妙安等，水产学报，2000，第 4 期
泥鳅	0.62	0.41	0.54	0.62	0.68	0.38	0.67	0.73	0.80	0.66	0.91	王冀平，营养学报，1997，第 4 期
花鱼骨	0.70	0.47	0.63	0.56	0.39	0.55	0.70	0.64	0.73	0.61	0.89	陈建明等，上海水产大学学报，2007，第 1 期
黄颡鱼	0.66	0.53	0.65	0.59	0.33	0.50	0.66	0.53	0.65	0.56	0.84	叶元土等，大连水产学院学报，1997，第 2 期

续表

鱼类	玉米	小麦	大麦	稻谷	木薯干	甘薯干	次粉	小麦麸	米糠	米糠粕	大豆	鱼体肌肉氨基酸资料来源
长吻鮠	0.62	0.44	0.66	0.53	0.32	0.62	0.65	0.60	0.69	0.58	0.84	陈定福等,淡水渔业,1980,第5期
鳜鱼	0.66	0.45	0.62	0.57	0.41	0.54	0.67	0.62	0.72	0.60	0.89	梁银铨等,水生生物学报,1998,第4期
虹鳟	0.62	0.38	0.57	0.47	0.43	0.45	0.66	0.67	0.70	0.56	0.86	宋苏祥等,大连水产学院学报,1996,第1期
丁鲹	0.54	0.28	0.44	0.41	0.37	0.34	0.55	0.54	0.63	0.47	0.81	任洁等,华中农业大学学报,2005,24卷第5期
斑点叉尾鮰	0.47	0.32	0.46	0.41	0.30	0.32	0.49	0.41	0.53	0.40	0.76	周进等,河北渔业,2003,第1期
怀头鲶	0.68	0.48	0.65	0.59	0.43	0.57	0.71	0.67	0.76	0.64	0.90	刘英,大连水产学院学报,2000,第4期
南方鲶	0.54	0.28	0.48	0.45	0.40	0.41	0.54	0.55	0.63	0.48	0.82	陈定福等,西南农业大学学报,1994,第3期
鲶鱼	0.66	0.42	0.59	0.54	0.43	0.50	0.67	0.64	0.72	0.59	0.89	向枭等,动物学杂志,2004,39卷第6期
月鳢	0.72	0.53	0.68	0.65	0.54	0.51	0.75	0.73	0.78	0.67	0.95	黄钧等,广西科学院学报,1999,第2期
乌鳢	0.69	0.58	0.76	0.67	0.41	0.65	0.73	0.66	0.75	0.66	0.90	温小波等,大连水产学院学报,2003,第2期
尖头塘鳢	0.60	0.39	0.58	0.52	0.38	0.50	0.63	0.59	0.69	0.56	0.85	陈永乐等,湛江海洋大学学报,2005,第6期
褐塘鳢	0.56	0.35	0.56	0.47	0.34	0.48	0.59	0.55	0.65	0.51	0.83	陈永乐等,湛江海洋大学学报,2005,第6期
线纹尖塘鳢	0.57	0.37	0.56	0.49	0.37	0.48	0.60	0.57	0.67	0.53	0.84	陈永乐等,湛江海洋大学学报,2005,第6期
齐口裂腹鱼	0.56	0.33	0.53	0.45	0.30	0.52	0.58	0.55	0.65	0.52	0.79	温安祥等,水利渔业,2003,第1期
红罗非鱼	0.70	0.59	0.75	0.68	0.33	0.87	0.74	0.68	0.78	0.75	0.73	曹瑞灿等,福建水产,2002,第2期
日本鳗鲡	0.74	0.49	0.64	0.60	0.44	0.55	0.74	0.72	0.79	0.67	0.89	闵志勇,集美大学学报,1998,3卷第3期
暗纹东方鲀	0.74	0.53	0.68	0.63	0.40	0.63	0.75	0.69	0.79	0.69	0.89	卢敏德等,水生生物学报,1999,第2期
黄鳍东方鲀	0.71	0.51	0.65	0.63	0.45	0.59	0.73	0.69	0.79	0.69	0.89	卢敏德等,水生生物学报,1999,第2期
梭鲈	0.57	0.39	0.55	0.50	0.35	0.45	0.59	0.55	0.67	0.54	0.81	陈佳毅等,饲料研究,2007,第4期
河鲈	0.56	0.35	0.51	0.47	0.32	0.42	0.57	0.53	0.64	0.50	0.79	陈佳毅等,饲料研究,2007,第4期

续表

鱼类	玉米	小麦	大麦	稻谷	木薯干	甘薯干	次粉	小麦麸	米糠	米糠粕	大豆	鱼体肌肉氨基酸资料来源
大口黑鲈	0.61	0.44	0.59	0.55	0.35	0.51	0.63	0.58	0.70	0.58	0.83	陈佳毅等,饲料研究,2007,第4期
全雄太阳鲈	0.54	0.32	0.51	0.42	0.29	0.40	0.55	0.50	0.59	0.45	0.80	任洁等,华中农业大学学报,2005,24卷第5期
黄金鲈	0.57	0.34	0.51	0.43	0.29	0.42	0.57	0.51	0.60	0.47	0.81	任洁等,华中农业大学学报,2005,24卷第5期
大口胭脂鱼	0.71	0.50	0.67	0.64	0.54	0.53	0.74	0.73	0.80	0.68	0.94	任洁等,华中农业大学学报,2005,24卷第5期
俄罗斯鲟	0.67	0.47	0.64	0.59	0.36	0.64	0.69	0.63	0.75	0.64	0.84	尹洪滨等,大连水产学院学报,2004,第2期
小体鲟	0.66	0.44	0.62	0.56	0.31	0.65	0.66	0.61	0.72	0.62	0.81	尹洪滨等,大连水产学院学报,2004,第2期
中华鲟	0.63	0.45	0.63	0.59	0.39	0.64	0.66	0.62	0.75	0.64	0.84	尹洪滨等,大连水产学院学报,2004,第2期
中华鲟	0.69	0.50	0.68	0.64	0.47	0.65	0.73	0.72	0.81	0.70	0.88	宋超等,动物学报,2007,53卷第3期
施氏鲟	0.67	0.47	0.65	0.59	0.35	0.67	0.68	0.62	0.75	0.64	0.83	尹洪滨等,大连水产学院学报,2004,第2期
达氏鳇	0.68	0.48	0.66	0.61	0.38	0.65	0.70	0.64	0.76	0.65	0.86	尹洪滨等,大连水产学院学报,2004,第2期
杂交鲟	0.66	0.46	0.64	0.58	0.35	0.64	0.68	0.62	0.74	0.63	0.84	尹洪滨等,大连水产学院学报,2004,第2期
匙吻鲟	0.75	0.54	0.68	0.62	0.40	0.60	0.76	0.69	0.78	0.68	0.90	董宏伟等,淡水渔业,2007,第4期
大菱鲆	0.69	0.51	0.66	0.62	0.46	0.53	0.72	0.68	0.78	0.66	0.90	马爱军等,海洋水产研究,2003,第1期
鲻鱼	0.69	0.48	0.63	0.59	0.40	0.57	0.70	0.65	0.76	0.64	0.87	李来好等,营养学报,2001,第1期
军曹鱼	0.66	0.44	0.60	0.59	0.49	0.52	0.69	0.67	0.77	0.64	0.90	李刘冬等,热带海洋学报,2002,第1期
鲑点石斑鱼	0.62	0.43	0.58	0.64	0.70	0.38	0.67	0.75	0.80	0.66	0.93	张本等,海南大学学报(自然科学版),1991,第2期
蜂巢石斑鱼	0.72	0.52	0.70	0.62	0.45	0.60	0.75	0.72	0.79	0.68	0.92	张本等,海南大学学报(自然科学版),1991,第2期
黑边石斑鱼	0.70	0.49	0.65	0.60	0.46	0.54	0.71	0.67	0.75	0.64	0.92	张本等,海南大学学报(自然科学版),1991,第2期
巨石斑鱼	0.70	0.50	0.66	0.62	0.47	0.55	0.72	0.67	0.77	0.66	0.92	张本等,海南大学学报(自然科学版),1991,第2期
大黄鱼	0.69	0.51	0.65	0.66	0.57	0.49	0.71	0.69	0.77	0.66	0.94	段青源等,浙江海洋学院学报(自然科学版),2000,第2期
平均值	0.64	0.43	0.60	0.55	0.41	0.51	0.66	0.63	0.72	0.60	0.86	

续表

鱼类	大豆粕	大豆粕	棉籽粕	棉籽粕	菜籽饼	菜籽粕	花生仁饼	花生仁粕	向日葵仁粕	亚麻仁粕	芝麻饼	玉米蛋白粉	玉米蛋白粉	玉米蛋白饲料
原料蛋白含量/%	47.9	44.2	47	43.5	35.7	38.6	44.7	47.8	33.6	34.8	39.2	63.5	44.3	19.3
草鱼	0.88	0.86	0.64	0.63	0.69	0.63	0.59	0.59	0.62	0.58	0.45	0.33	0.33	0.51
鲢鱼	0.84	0.81	0.54	0.53	0.63	0.57	0.47	0.47	0.49	0.45	0.34	0.31	0.31	0.49
鳙鱼	0.81	0.76	0.40	0.39	0.65	0.60	0.34	0.34	0.41	0.33	0.34	0.45	0.45	0.58
鲫鱼	0.78	0.73	0.44	0.43	0.54	0.48	0.36	0.36	0.38	0.34	0.23	0.27	0.27	0.43
方正银鲫	0.74	0.70	0.44	0.43	0.52	0.46	0.35	0.35	0.38	0.35	0.22	0.18	0.19	0.37
银鲫	0.70	0.64	0.22	0.21	0.57	0.53	0.14	0.14	0.22	0.13	0.23	0.45	0.45	0.55
鲤鱼	0.91	0.89	0.66	0.65	0.71	0.65	0.60	0.60	0.62	0.58	0.45	0.33	0.33	0.53
荷包红鲤	0.77	0.72	0.40	0.39	0.55	0.49	0.33	0.33	0.33	0.28	0.21	0.33	0.34	0.48
建鲤	0.79	0.75	0.42	0.41	0.60	0.54	0.36	0.36	0.37	0.31	0.27	0.41	0.41	0.55
团头鲂	0.98	0.97	0.81	0.80	0.85	0.80	0.77	0.77	0.80	0.76	0.67	0.43	0.43	0.63
广东鲂	0.70	0.65	0.35	0.34	0.48	0.42	0.27	0.27	0.26	0.22	0.15	0.29	0.30	0.43
长春鳊	0.89	0.86	0.51	0.50	0.75	0.71	0.45	0.45	0.50	0.42	0.44	0.47	0.47	0.66
光倒刺鲃	0.82	0.78	0.47	0.46	0.64	0.58	0.40	0.40	0.42	0.37	0.31	0.35	0.36	0.54
中华倒刺鲃	0.85	0.81	0.52	0.51	0.66	0.60	0.45	0.45	0.48	0.43	0.35	0.35	0.35	0.53
倒刺鲃	0.81	0.77	0.43	0.42	0.63	0.57	0.36	0.36	0.40	0.34	0.29	0.37	0.38	0.54
黄鳝	0.90	0.87	0.60	0.59	0.76	0.71	0.57	0.57	0.61	0.55	0.50	0.46	0.47	0.61
泥鳅	0.87	0.86	0.68	0.67	0.67	0.61	0.65	0.65	0.66	0.64	0.46	0.28	0.29	0.47
花鱼骨	0.86	0.82	0.47	0.46	0.73	0.68	0.42	0.42	0.48	0.40	0.42	0.50	0.51	0.65
黄颡鱼	0.78	0.74	0.40	0.40	0.68	0.64	0.38	0.38	0.45	0.36	0.45	0.60	0.61	0.64
长吻鮠	0.83	0.79	0.42	0.41	0.69	0.66	0.34	0.34	0.42	0.35	0.36	0.41	0.41	0.56

续表

鱼类	大豆粕	大豆粕	棉籽粕	棉籽粕	菜籽饼	菜籽粕	花生仁饼	花生仁粕	向日葵仁粕	亚麻仁粕	芝麻饼	玉米蛋白粉	玉米蛋白粉	玉米蛋白饲料
鳜鱼	0.84	0.80	0.47	0.46	0.71	0.66	0.42	0.42	0.48	0.41	0.41	0.46	0.46	0.60
虹鳟	0.86	0.83	0.53	0.52	0.67	0.62	0.47	0.47	0.47	0.43	0.34	0.35	0.35	0.52
丁鲹	0.77	0.73	0.43	0.42	0.55	0.49	0.37	0.37	0.38	0.33	0.23	0.31	0.31	0.46
斑点叉尾鮰	0.70	0.66	0.32	0.31	0.52	0.47	0.31	0.30	0.34	0.28	0.26	0.42	0.43	0.46
怀头鲶	0.88	0.84	0.50	0.49	0.74	0.69	0.45	0.45	0.51	0.44	0.44	0.46	0.46	0.61
南方鲶	0.77	0.72	0.45	0.44	0.58	0.53	0.38	0.38	0.39	0.36	0.26	0.26	0.27	0.44
鲶鱼	0.85	0.81	0.50	0.49	0.70	0.64	0.44	0.44	0.48	0.42	0.39	0.42	0.42	0.58
月鳢	0.91	0.89	0.62	0.61	0.76	0.71	0.58	0.58	0.61	0.55	0.51	0.49	0.49	0.62
乌鳢	0.87	0.83	0.52	0.51	0.76	0.73	0.46	0.46	0.54	0.46	0.51	0.52	0.53	0.62
尖头塘鳢	0.82	0.78	0.45	0.44	0.65	0.59	0.38	0.38	0.43	0.37	0.33	0.38	0.39	0.53
褐塘鳢	0.80	0.76	0.41	0.40	0.62	0.57	0.35	0.35	0.39	0.33	0.29	0.36	0.37	0.50
线纹尖塘鳢	0.81	0.76	0.44	0.42	0.62	0.57	0.37	0.37	0.41	0.35	0.30	0.35	0.36	0.50
齐口裂腹鱼	0.78	0.73	0.38	0.37	0.60	0.55	0.29	0.29	0.35	0.29	0.25	0.31	0.31	0.49
红罗非鱼	0.77	0.74	0.43	0.42	0.77	0.76	0.32	0.32	0.49	0.39	0.52	0.40	0.39	0.63
日本鳗鲡	0.89	0.86	0.56	0.55	0.73	0.68	0.48	0.48	0.52	0.45	0.43	0.44	0.44	0.63
暗纹东方鲀	0.88	0.84	0.50	0.48	0.76	0.72	0.42	0.42	0.51	0.42	0.46	0.49	0.49	0.67
黄鳍东方鲀	0.87	0.84	0.52	0.51	0.74	0.69	0.45	0.45	0.53	0.45	0.46	0.46	0.46	0.63
梭鲈	0.79	0.75	0.42	0.41	0.59	0.54	0.35	0.35	0.40	0.34	0.30	0.38	0.38	0.50
河鲈	0.77	0.72	0.40	0.39	0.56	0.50	0.32	0.32	0.36	0.30	0.26	0.36	0.37	0.48
大口黑鲈	0.81	0.77	0.43	0.42	0.63	0.58	0.36	0.36	0.43	0.36	0.35	0.42	0.42	0.54
全雄太阳鲈	0.76	0.72	0.37	0.36	0.57	0.52	0.31	0.31	0.34	0.28	0.25	0.39	0.39	0.49

续表

鱼类	大豆粕	大豆粕	棉籽粕	棉籽粕	菜籽饼	菜籽粕	花生仁饼	花生仁粕	向日葵仁粕	亚麻仁粕	芝麻饼	玉米蛋白粉	玉米蛋白粉	玉米蛋白饲料
黄金鲈	0.77	0.72	0.37	0.36	0.59	0.54	0.31	0.31	0.35	0.28	0.27	0.41	0.42	0.53
大口胭脂鱼	0.91	0.88	0.61	0.60	0.75	0.70	0.56	0.56	0.59	0.54	0.48	0.43	0.44	0.60
俄罗斯鲟	0.83	0.78	0.44	0.43	0.70	0.66	0.35	0.35	0.45	0.37	0.40	0.41	0.41	0.60
小体鲟	0.80	0.75	0.40	0.39	0.68	0.65	0.31	0.31	0.41	0.32	0.36	0.39	0.39	0.59
中华鲟	0.82	0.77	0.44	0.43	0.69	0.66	0.36	0.36	0.47	0.39	0.40	0.37	0.37	0.55
中华鲟	0.88	0.84	0.56	0.55	0.74	0.70	0.46	0.46	0.54	0.48	0.45	0.36	0.36	0.57
施氏鲟	0.82	0.77	0.43	0.42	0.71	0.67	0.34	0.34	0.45	0.36	0.40	0.41	0.41	0.60
达氏鳇	0.84	0.79	0.45	0.44	0.73	0.69	0.37	0.37	0.47	0.39	0.42	0.43	0.43	0.61
杂交鲟	0.82	0.78	0.43	0.42	0.70	0.66	0.34	0.34	0.44	0.36	0.39	0.42	0.42	0.59
匙吻鲟	0.89	0.85	0.49	0.48	0.77	0.73	0.44	0.44	0.52	0.42	0.48	0.54	0.54	0.70
大菱鲆	0.89	0.85	0.55	0.54	0.72	0.67	0.49	0.49	0.54	0.47	0.46	0.47	0.47	0.60
鲻鱼	0.85	0.81	0.48	0.47	0.70	0.66	0.41	0.41	0.48	0.40	0.41	0.45	0.45	0.61
军曹鱼	0.87	0.83	0.53	0.52	0.70	0.65	0.48	0.48	0.53	0.47	0.42	0.39	0.39	0.56
鲑点石斑鱼	0.88	0.87	0.73	0.72	0.68	0.61	0.69	0.69	0.68	0.67	0.48	0.27	0.28	0.44
蜂巢石斑鱼	0.91	0.88	0.55	0.54	0.77	0.73	0.49	0.49	0.55	0.47	0.48	0.47	0.48	0.64
黑边石斑鱼	0.88	0.84	0.53	0.52	0.74	0.69	0.48	0.48	0.53	0.46	0.45	0.47	0.47	0.62
巨石斑鱼	0.88	0.84	0.53	0.52	0.75	0.70	0.48	0.48	0.55	0.47	0.47	0.48	0.49	0.63
大黄鱼	0.87	0.84	0.60	0.59	0.75	0.70	0.57	0.57	0.62	0.56	0.52	0.46	0.47	0.60
平均值	0.83	0.79	0.48	0.47	0.67	0.62	0.42	0.42	0.47	0.41	0.38	0.40	0.40	0.56

续表

鱼类	玉米胚芽粕	玉米DDGS	蚕豆粉浆蛋白粉	麦芽根	鱼粉	鱼粉	鱼粉	鱼粉	血粉	羽毛粉	皮革粉	肉骨粉	肉粉	啤酒酵母
原料蛋白含量/%	20.8	28.3	66.3	0.01	64.5	62.5	60.2	53.5	82.8	77.9	74.7	50	54	52.4
草鱼	0.52	0.24	0.87	0.79	0.96	0.96	0.95	0.93	0.51	0.44	0.77	0.89	0.87	0.59
鲢鱼	0.46	0.23	0.81	0.79	0.97	0.97	0.96	0.92	0.59	0.36	0.67	0.83	0.83	0.62
鳙鱼	0.44	0.35	0.76	0.69	0.97	0.97	0.97	0.94	0.64	0.40	0.56	0.78	0.80	0.69
鲫鱼	0.37	0.19	0.74	0.72	0.94	0.94	0.93	0.88	0.61	0.26	0.58	0.75	0.76	0.59
方正银鲫	0.40	0.12	0.70	0.71	0.93	0.92	0.92	0.87	0.56	0.28	0.60	0.75	0.75	0.55
银鲫	0.34	0.39	0.63	0.80	0.92	0.91	0.91	0.88	0.69	0.33	0.37	0.65	0.70	0.73
鲤鱼	0.55	0.27	0.90	0.37	0.96	0.96	0.95	0.92	0.58	0.44	0.75	0.90	0.88	0.64
荷包红鲤	0.31	0.23	0.73	0.70	0.95	0.95	0.93	0.88	0.65	0.22	0.51	0.73	0.75	0.59
建鲤	0.35	0.30	0.76	0.70	0.95	0.96	0.94	0.90	0.67	0.27	0.53	0.75	0.78	0.62
团头鲂	0.69	0.41	0.98	-0.05	0.92	0.93	0.91	0.93	0.54	0.62	0.85	0.98	0.96	0.69
广东鲂	0.26	0.20	0.67	0.73	0.92	0.92	0.90	0.85	0.64	0.16	0.49	0.67	0.71	0.55
长春鳊	0.54	0.41	0.85	0.64	0.98	0.99	0.98	0.96	0.72	0.48	0.59	0.85	0.87	0.75
光倒刺鲃	0.43	0.26	0.79	0.65	0.98	0.98	0.97	0.93	0.66	0.33	0.59	0.80	0.82	0.62
中华倒刺鲃	0.45	0.27	0.81	0.76	0.99	0.98	0.97	0.94	0.63	0.37	0.64	0.83	0.85	0.64
倒刺鲃	0.41	0.28	0.77	0.79	0.98	0.98	0.97	0.93	0.66	0.34	0.56	0.78	0.81	0.65
黄鳝	0.51	0.38	0.88	0.72	0.98	0.98	0.96	0.97	0.56	0.49	0.71	0.89	0.90	0.67
泥鳅	0.51	0.20	0.87	0.70	0.93	0.93	0.92	0.90	0.44	0.43	0.80	0.89	0.86	0.54
花鱼骨	0.48	0.41	0.82	0.81	0.99	0.99	0.99	0.97	0.66	0.46	0.59	0.83	0.85	0.71
黄颡鱼	0.39	0.52	0.75	0.79	0.91	0.91	0.91	0.91	0.57	0.45	0.56	0.75	0.78	0.72
长吻鮠	0.46	0.39	0.77	0.51	0.97	0.96	0.95	0.94	0.66	0.45	0.52	0.78	0.82	0.78

续表

鱼类	玉米胚芽粕	玉米DDGS	蚕豆粉浆蛋白粉	麦芽根	鱼粉	鱼粉	鱼粉	鱼粉	血粉	羽毛粉	皮革粉	肉骨粉	肉粉	啤酒酵母
鳜鱼	0.47	0.37	0.80	0.83	0.99	0.98	0.98	0.97	0.61	0.45	0.61	0.83	0.85	0.69
虹鳟	0.41	0.30	0.82	0.69	0.93	0.94	0.91	0.89	0.62	0.36	0.56	0.80	0.81	0.67
丁鲹	0.33	0.19	0.74	0.83	0.95	0.95	0.94	0.89	0.57	0.25	0.56	0.75	0.76	0.56
斑点叉尾鮰	0.20	0.30	0.66	0.83	0.87	0.88	0.86	0.85	0.40	0.27	0.49	0.66	0.67	0.57
怀头鲶	0.50	0.39	0.84	0.71	0.99	0.99	0.98	0.97	0.62	0.48	0.62	0.85	0.86	0.73
南方鲶	0.38	0.19	0.73	0.66	0.96	0.95	0.93	0.91	0.61	0.29	0.60	0.77	0.80	0.57
鲶鱼	0.46	0.33	0.82	0.70	0.99	0.99	0.98	0.96	0.63	0.41	0.62	0.83	0.85	0.67
月鳢	0.51	0.43	0.89	0.83	0.97	0.98	0.96	0.96	0.60	0.49	0.71	0.89	0.90	0.71
乌鳢	0.53	0.53	0.82	0.77	0.95	0.95	0.93	0.95	0.64	0.55	0.63	0.83	0.87	0.83
尖头塘鳢	0.42	0.32	0.78	0.75	0.98	0.98	0.97	0.94	0.63	0.38	0.59	0.80	0.82	0.69
褐塘鳢	0.37	0.30	0.75	0.76	0.97	0.96	0.95	0.93	0.60	0.35	0.54	0.76	0.79	0.68
线纹尖塘鳢	0.39	0.29	0.76	0.82	0.97	0.97	0.96	0.93	0.60	0.35	0.57	0.78	0.80	0.68
齐口裂腹鱼	0.42	0.25	0.73	0.26	0.96	0.96	0.95	0.91	0.66	0.35	0.51	0.75	0.77	0.67
红罗非鱼	0.78	0.45	0.71	0.75	0.81	0.80	0.83	0.82	0.71	0.71	0.51	0.77	0.79	0.81
日本鳗鲡	0.57	0.38	0.86	0.88	0.98	0.98	0.98	0.94	0.74	0.45	0.65	0.86	0.88	0.71
暗纹东方鲀	0.59	0.43	0.84	0.87	0.99	0.99	0.99	0.97	0.72	0.52	0.62	0.86	0.88	0.77
黄鳍东方鲀	0.58	0.38	0.84	0.78	0.99	0.99	0.99	0.97	0.66	0.52	0.65	0.87	0.88	0.72
梭鲈	0.40	0.31	0.75	0.71	0.95	0.95	0.95	0.90	0.60	0.34	0.58	0.76	0.77	0.67
河鲈	0.37	0.28	0.73	0.78	0.95	0.95	0.94	0.89	0.61	0.30	0.55	0.74	0.76	0.65
大口黑鲈	0.44	0.35	0.77	0.51	0.96	0.96	0.96	0.92	0.62	0.40	0.59	0.78	0.80	0.71
全雄太阳鲈	0.29	0.30	0.72	0.70	0.95	0.95	0.93	0.90	0.59	0.27	0.51	0.72	0.75	0.64

续表

鱼类	玉米 胚芽粕	玉米 DDGS	蚕豆粉 浆蛋白粉	麦芽根	鱼粉	鱼粉	鱼粉	鱼粉	血粉	羽毛粉	皮革粉	肉骨粉	肉粉	啤酒酵母
黄金鲈	0.32	0.31	0.72	0.80	0.96	0.96	0.94	0.91	0.61	0.29	0.51	0.73	0.76	0.64
大口胭脂鱼	0.54	0.38	0.88	0.71	0.99	0.99	0.98	0.97	0.63	0.48	0.72	0.89	0.91	0.70
俄罗斯鲟	0.57	0.36	0.78	0.87	0.97	0.97	0.98	0.95	0.70	0.50	0.58	0.82	0.84	0.74
小体鲟	0.56	0.35	0.75	0.88	0.96	0.95	0.96	0.93	0.73	0.48	0.54	0.79	0.82	0.73
中华鲟	0.56	0.32	0.77	0.89	0.96	0.95	0.96	0.94	0.62	0.51	0.60	0.82	0.83	0.72
中华鲟	0.63	0.35	0.84	0.89	0.97	0.96	0.97	0.95	0.71	0.53	0.67	0.87	0.89	0.75
施氏鲟	0.58	0.36	0.77	0.88	0.97	0.96	0.97	0.95	0.70	0.52	0.57	0.82	0.84	0.74
达氏鳇	0.57	0.37	0.79	0.87	0.98	0.97	0.98	0.96	0.68	0.52	0.60	0.83	0.85	0.74
杂交鲟	0.55	0.37	0.77	0.86	0.97	0.97	0.97	0.95	0.69	0.50	0.57	0.81	0.84	0.74
匙吻鲟	0.56	0.45	0.85	0.31	0.99	0.99	0.99	0.98	0.69	0.52	0.60	0.86	0.88	0.75
大菱鲆	0.51	0.41	0.86	0.84	0.98	0.98	0.98	0.96	0.63	0.47	0.67	0.86	0.87	0.73
鲻鱼	0.53	0.37	0.82	0.84	0.98	0.99	0.99	0.96	0.67	0.47	0.62	0.84	0.85	0.72
军曹鱼	0.51	0.30	0.84	0.70	0.99	0.99	0.98	0.96	0.59	0.46	0.67	0.86	0.86	0.67
鲑点石斑鱼	0.51	0.23	0.88	0.85	0.93	0.92	0.90	0.90	0.47	0.42	0.84	0.90	0.88	0.56
蜂巢石斑鱼	0.55	0.43	0.87	0.80	0.99	0.99	0.98	0.98	0.67	0.51	0.64	0.88	0.90	0.77
黑边石斑鱼	0.50	0.40	0.85	0.82	0.99	0.99	0.98	0.97	0.64	0.46	0.65	0.86	0.88	0.71
巨石斑鱼	0.52	0.40	0.85	0.89	0.99	0.99	0.99	0.98	0.62	0.49	0.66	0.87	0.88	0.71
大黄鱼	0.51	0.38	0.85	0.64	0.96	0.95	0.95	0.96	0.53	0.50	0.74	0.88	0.89	0.64
平均值	0.47	0.33	0.80	0.73	0.96	0.96	0.95	0.93	0.62	0.42	0.61	0.81	0.83	0.68

表 1-7 根据相关系数平均值大小排序结果

原料	鱼粉	鱼粉	鱼粉	鱼粉	大豆	大豆粕	肉粉	肉骨粉	蚕豆粉浆蛋白粉	大豆粕	麦芽根	米糠	啤酒酵母
原料蛋白含量/%	64.5	62.5	60.2	53.5	35.5	47.9	54	50	66.3	44.2	0.01	12.8	52.4
平均值	0.96	0.96	0.95	0.93	0.86	0.83	0.83	0.81	0.80	0.79	0.73	0.72	0.68
原料	菜籽饼	次粉	玉米	小麦麸	血粉	菜籽粕	皮革粉	米糠粕	大麦	玉米蛋白饲料	稻谷	甘薯干	棉籽粕
原料蛋白含量/%	35.7	15.4	8.5	15.7	82.8	38.6	74.7	15.1	13	19.3	7.8	4	47
平均值	0.67	0.66	0.64	0.63	0.62	0.62	0.61	0.60	0.60	0.56	0.55	0.51	0.48
原料	棉籽粕	玉米胚芽粕	向日葵仁粕	小麦	花生仁饼	花生仁粕	羽毛粉	木薯干	亚麻仁粕	玉米蛋白粉	玉米蛋白粉	芝麻饼	玉米 DDGS
原料蛋白含量/%	43.5	20.8	33.6	13.9	44.7	47.8	77.9	2.5	34.8	44.3	63.5	39.2	28.3
平均值	0.47	0.47	0.47	0.43	0.42	0.42	0.42	0.41	0.41	0.40	0.40	0.38	0.33

对于动物蛋白质原料，鱼粉是所有原料中相关系数最高的，粗蛋白含量分别为64.5％、62.5％、60.2％、53.5％的四种鱼粉，对表1-6中59种不同鱼类肌肉必需氨基酸模式的相关系数的平均值分别为0.96、0.96、0.95、0.93，是所有原料中相关系数最高的，表明鱼粉的必需氨基酸平衡性对于表1-6中绝大多数鱼类是最好的饲料原料。其次是粗蛋白质含量分别为54％的肉粉和50％的肉骨粉，平均相关系数分别为0.83和0.81，52.4％蛋白的啤酒酵母为0.68，82.8％蛋白的血粉为0.62，74.7％蛋白的皮革粉为0.61，77.9％蛋白的羽毛粉为0.42。根据前面的结果分析，在水产饲料中应该优先选择鱼粉作为动物蛋白质原料进入饲料配方，而在鱼粉价格过高、饲料配方成本难以承受的情况下，可以选择肉粉、肉骨粉作为饲料的蛋白质原料。而血粉、皮革粉、羽毛粉等氨基酸平衡性相对较差，在饲料中使用主要可以增加蛋白质水平，而对饲料氨基酸平衡性的贡献价值相对较小。

对于植物性饲料原料，必需氨基酸平衡性最好的为大豆类原料，对于59种鱼类的平均值，大豆（粗蛋白35.5％）为0.86，大豆粕（粗蛋白47.9％）为0.83，大豆粕（粗蛋白44.2％）为0.79，其次为蚕豆粉浆蛋白粉（粗蛋白66.3％）为0.80，麦芽根为0.73，米糠0.72。

在水产饲料中使用量非常大的棉籽粕和菜籽粕的必需氨基酸平衡性并不高，菜籽饼（粗蛋白35.7％）为0.67，菜籽粕（粗蛋白38.6％）为0.62，棉籽粕（粗蛋白47％）为0.48，棉籽粕（粗蛋白43.5％）为0.47。但是，棉籽粕与菜籽粕之间的必需氨基酸具有互补性，两者混合使用后氨基酸的平衡性会增加。

至于蛋白含量很高的花生粕、玉米蛋白粉等，其氨基酸平衡性对鱼类而言相对较差，在使用时应该将其与具有氨基酸互补性的原料混合使用，以提高其必需氨基酸的平衡性。

因此，水产饲料中的植物蛋白质原料氨基酸平衡性最好的还是大豆类产品，尤其是全脂大豆产品。由于豆粕的价格波动较大，在水产饲料中应该注意两点：①大豆与豆粕的比价关系。国产大豆含油16％～18％、进口大豆含油19％～20％，在做大豆或豆粕的选择时，应该计算“大豆含豆油”的价格与使用“等量豆粕＋豆油”的价格，如果两者价格相等，考虑到直接使用“大豆含豆油”的养殖效果会优于使用“等量豆粕＋豆油”，可以选择前者进入配方；如果前者的价格高于后者则选择后者。②豆粕与“棉籽粕＋菜籽粕”的价格比较和养殖效果的比较。棉籽粕、菜籽粕在水产饲料中分别单独使用时，其饲料氨基酸平衡性和养殖效果显著低于豆粕，但是，将棉籽粕和菜籽粕按照一定比例混合使用时，充分利用了两种饲料原料的氨基酸互补作用，使饲料的氨基酸平衡性增加、养殖效果提高，如果同时具有价格优势的话，则可以选择“棉籽粕＋菜籽粕”的技术方案，减少豆粕的使用量，在保障养殖效果和饲料氨基酸平衡性的同时，使饲料配方成本得到有效的控制。这是水产饲料配方技术的一个非常重要的技术手段。

四、不同饲料原料必需氨基酸组成的互补性分析

在饲料配方编制时，平衡饲料必需氨基酸组成的重要方法是利用不同饲料原料必需氨基酸的互补性，这种方法在水产饲料配方编制时更具有特殊性，因为多数鱼类不能有效利用饲料中的游离单体氨基酸。按照本书的计算方法，可以初步计算出不同饲料必需氨基酸是否具有互补性，以及以何种比例进行配合具有更好的互补效果。

1. 棉籽粕与菜籽粕之间对多数鱼类具有较好的互补性

为了便于计算，我们拟订了配合饲料蛋白在30%左右、棉籽粕和菜籽粕总量在50%的饲料配方，计算棉籽粕与菜籽粕比例变化时，配合饲料中9种必需氨基酸与目前我国主要的淡水养殖鱼类肌肉9种必需氨基酸之间的相关系数，结果见表1-8。除了棉籽粕和菜籽粕外的其他饲料原料（总量为50%）的配合比例为：小麦16%、次粉4.2%、米糠10%、米糠粕5%、大豆粕（粗蛋白44%）5%、鱼粉（粗蛋白62.5%）3%、磷酸二氢钙1.8%、膨润土1.5%、沸石粉1.5%、预混料1%、豆油1%。

在表1-8中可以发现，棉籽粕与菜籽粕配合使用后，对于多数养殖鱼类具有必需氨基酸的互补作用。如草鱼，在棉籽粕（50%）、菜籽粕（50%）单独使用时，必需氨基酸的相关系数分别为0.70和0.72，而以20%的棉籽粕与30%的菜籽粕配合使用时，必需氨基酸相关系数达到0.75，显示出两种原料的必需氨基酸形成了互补作用。具有最大相关系数时的棉籽粕、菜籽粕比例在不同鱼种间有一定的差异，如鲫鱼、团头鲂为棉籽粕20%（或30%）、菜籽粕30%（或20%），鲤鱼为棉籽粕20%（或10%）、菜籽粕30%（或40%）。类似的结果可以查阅表1-8。

表1-8 棉籽粕、菜籽粕比例变化时配合饲料必需氨基酸与鱼体肌肉氨基酸相关系数

棉籽粕/%	50	40	30	20	10	0
菜籽粕/%	0	10	20	30	40	50
草鱼	0.70	0.72	0.74	0.75	0.74	0.72
鲫鱼	0.90	0.91	0.92	0.92	0.90	0.84
鲤鱼	0.72	0.74	0.76	0.77	0.77	0.74
团头鲂	0.86	0.88	0.90	0.91	0.91	0.87
黄鳝	0.68	0.71	0.74	0.77	0.79	0.79
泥鳅	0.73	0.75	0.76	0.76	0.74	0.70
黄颡鱼	0.58	0.61	0.64	0.67	0.69	0.70
长吻鮠	0.51	0.55	0.59	0.64	0.69	0.72
虹鳟	0.60	0.62	0.65	0.67	0.69	0.69
鲶鱼	0.64	0.66	0.69	0.71	0.73	0.72
乌鳢	0.89	0.88	0.86	0.83	0.76	0.65
鳖	0.63	0.67	0.72	0.77	0.82	0.85
红罗非鱼	0.52	0.57	0.62	0.68	0.74	0.79
大黄鱼	0.67	0.71	0.75	0.80	0.84	0.86

因此，在水产饲料中，关于棉籽粕和菜籽粕应该按照一定的比例混合使用，不宜单独使用。在实际生产中的结果也是如此，棉籽粕、菜籽粕单独进入配方中的养殖效果不理想，而混合使用后养殖效果增强。在我们对草鱼的试验中也发现，棉籽粕、菜籽粕单独使用时，其养殖效果与豆粕的结果相差显著，而当棉籽粕和菜籽粕混合使用时，其养殖效果与豆粕的试验结果则无显著性差异，这也应该是棉籽粕与菜籽粕必需氨基酸具有互补性的作用结果。

2. 其他原料组合的必需氨基酸互补性

按照上述计算方法，我们计算了几种主要饲料原料必需氨基酸的互补性，结果表明棉籽粕与豆粕之间没有互补性，即随豆粕比例的减少、棉籽粕比例的增加，必需氨基酸相关系数逐渐变小。花生粕与豆粕之间没有互补性，即随豆粕比例的减少、花生粕比例的增加，必需氨基酸相关系数逐渐变小。血粉与鱼粉之间没有互补性，即随鱼粉比例的减少、血粉比例的增加，必需氨基酸相关系数逐渐变小。肉骨粉与鱼粉之间在部分鱼类如鲫鱼、团头鲂、花鱼骨中显示出具有互补性，而在其他鱼类中则没有显示出互补性。

第二章

水

水是万物之源，生命起源于海洋，水是生命之源，水在生命演化中起到了重要作用。饲料是养殖动物的主要物质和能量来源，饲料原料是饲料的物质基础，饲料原料、饲料中有水的存在。饲料原料、饲料产品作为一种商品之后，其中的水也具有了价值意义。

水是饲料的组成物质之一，饲料原料中必然存在一定量的水分。水的存在，可能引起饲料原料质量的一些变化，例如微生物的生长可能导致饲料原料中蛋白质的腐败作用、油脂的氧化酸败作用，导致饲料原料营养质量下降、安全质量下降；同时，微生物的生长还可能导致产生一些毒素，如霉菌毒素，给饲料原料带来严重的安全风险。饲料原料中水分的存在也是影响原料价格的一个重要因素。在饲料产品生产过程中，配合饲料中的水具有更为重要的作用和意义，尤其是对于饲料加工质量的影响。

第一节　饲料原料中水的存在形式

饲料原料中，除了矿物质原料之外，都是有机物，如粮食、油料、动物加工的副产物等，也是有机物质，在其活体形式中也是有生命特征的存在形式。其中水分的存在，与一般生命个体中水分的存在形式是相同的。

一、饲料中的水

有机体中水主要以三种形式存在：结合水（bound water）、毛细管水（capillary water）和自由水（free water）。虽然都是水，但由于存在形式的差异，导致其性质和作用发生巨大的差异。

毛细管通常指的是内径等于或小于 1mm 的细管，因管径有的细如毛发故称毛细管。生物组织中把直径小于 0.1μm 的又称为小毛细管。

毛细现象（又称毛细管作用），是指液体在细管状物体内侧，由于内聚力与附着力的差异，克服地心引力而上升或下降的现象。当液体和固体（管壁）之间的附着力大于液体本身内聚力时，就会产生毛细现象（上升，如水）；反之，当液体和固体（管壁）之间的附着力小于液体本身内聚力时，就会产生毛细现象（下降，如水银）。液体在垂直的细管中时液面呈凹或凸状（水银）以及多孔材质物体能吸收液体皆为此现象所致。如图 2-1 所示。

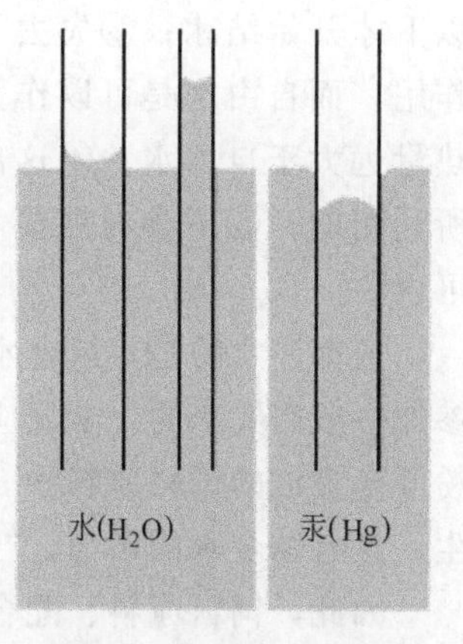

图 2-1　水和汞（水银）的毛细现象

毛细管作用的出现是由于水具有黏性，即“水分子互相黏着附在其他物体上的特性”，而水银因其原子之间的内聚力极强，所以发生毛细现象（下降）。

有机体中的毛细管水是由于天然形成的毛细管而保留的水分，是存在于生物体细胞间隙的水。毛细管的直径越小，持水能力越强，当毛细管直径小于 0.1μm 时，毛细管水实际上已经成为结合水，而当毛细管直径大于 0.1μm 时，则为自由水，大部分毛细管水为自由水。在高大的树木中，由于植物组织中导管等的存在，水分进入导管之中，依赖毛细管作用可以保持大量的水分，且可以向上输送水分达到几十米、上百米的垂直高度。

饲料，尤其是植物性饲料原料中有大量的孔隙，其中较多的水分就是因毛细管作用而存在。饲料原料中的毛细管水在干燥过程中可以蒸发掉一部分。

自由水（或游离水）是存在于细胞液、组织液中的主要水分，在饲料原料中含量最多的水分。自由水具备水的溶剂性质等一般特性。

结合水是指与蛋白质、糖类等物质的羧基、羰基、氨基、亚氨基、羟基、巯基等亲水性基团或水中的无机离子的键合或偶极作用产生的，也包括直径小于 0.1μm 的小毛细管中的水。

结合水与其他物质结合较为紧密，其结合作用的力主要为氢键。这是与其他物质如蛋白质、糖类物质结合最为牢固的水分，其性质发生了很大的变化，如其结冰点为－40℃，而不是一般游离水的 0℃，不能作为水溶剂等。依据水分子与非水成分如蛋白质、糖类的结合程度与空间距离，又可以分为单分子层水、邻近水和多分子层水。这部分水的数量很少，一般小于干物质重量的 0.03％～0.05％。

二、不同存在形式水的性质变化

生物组织中由于水的存在形式不同，水的性质也发生一定的变化。了解这些性质的差异对于如何理解和控制饲料原料和饲料产品中的水分具有重要的意义。

性质发生变化的主要是结合水，包括单分子层水、邻近水和多分子层水，而毛细管水中部分小毛细管水的性质与邻近水相似，也发生了性质的变化。

这部分水的最大特点是作为了非水物质如蛋白质、糖类的组成部分，从而失去了自由水或纯水的原有性质，性质发生的改变主要体现在以下几个方面：①冰点显著下降，自由水的冰点为 0℃，而结合水的冰点下降到－40℃，甚至－40℃

以下才开始结冰；②失去了作为水溶剂溶解物质的能力，不能作为水溶剂而发挥作用，而自由水是可以作为水溶剂发挥作用的；③不容易被蒸发，蒸发所需要的热量远大于自由水；④这部分水不能被微生物所利用，而自由水是可以被微生物所利用的；⑤不参与需要水的化学反应，不提供水解反应所需要的水，而自由水可以。

值得注意的是，结合水的性质虽然发生了一些改变，不能被微生物所利用，不参加一般需要水的化学反应，但是这部分水的存在可以引起油脂的自动氧化，在鱼粉等高含油的饲料原料中，即使只有结合水的存在，油脂的自动氧化还是可以发生，且有结合水的参与。

因此，饲料原料、配合饲料中的结合水不能被微生物利用、不能作为水溶剂，这部分水分的存在对于饲料的稳定性是安全的，导致饲料不安全的水主要是自由水（或称游离水）。

第二节　水分活度及其与饲料的安全性

我们关注饲料原料和配合饲料中水分的重要原因之一就是可能被微生物污染的问题，也就是预防饲料原料、配合饲料霉变。一些食品中水分含量较高，但是微生物又不能生长、不会发生霉变。糖类物质可以保持较高的含水量而又能够防止霉变，为什么呢？是否可以让配合饲料、饲料原料保持较高的含水量而又不至于发生霉变呢？

饲料原料、配合饲料依然是有机物质，是动物的食品，类似于人类的食品一样。因此，一些在人类食品中控制水分的方法也是可以借鉴和采用的。

一、水分活度

水分活度（water activity）又称为水分活性，是指物料中存在的水分能够被微生物利用的程度。在物理化学上水分活度是指在密闭容器中，一定温度下，水蒸气达到平衡状态时，物料的水分蒸气压与相同温度下纯水的蒸气压的比值：

$$A_w=\frac{f}{f_0}\approx\frac{p}{p_0}=\frac{\mathrm{ERH}}{100}$$

式中，f、f_0 为饲料样品中水的逸度、相同条件下纯水的逸度；p 为在一定温度下，水蒸气达到平衡时物料（饲料、食品等）的水蒸气压；p_0 为相同温度下纯水的蒸气压；ERH 为食品的平衡相对湿度（equilibrium relative humidity，ERH）。一般情况下，由于物料中水分包括结合水、自由水，而结合水不容易被蒸发，所以在相同条件下，物料所形成的水蒸气压 p 小于纯水的蒸气压 p_0，即 $p<p_0$，所以 A_w 的值皆小于1。

水分活度测定的水的本质是物料样品中能够被蒸发的、可以逃逸出来的水分，这部分水实质上是自由水、游离水，可以被微生物利用，可以参与化学反应。水分活度越大，表明物料中可以被微生物利用的水分、能够参与化学反应的水分就越多，有利于微生物的生长、繁殖，有利于物料中化学反应的进行，物料容易被微生物污染，容易发生霉变，容易发生因为化学反应导致的变质；水分活度小，表明物料中结合水比例高、自由水比例小，能够被微生物利用、能够参与化学反应的水就少。因此，要预防饲料原料、配合饲料被微生物污染、霉变、防止物料变质，最有效的方法就是降低水分活度。

饲料与食品类似，需要有一定的、甚至较高的含水量，以保障饲料的风味、适口性等品质，也有经济价值方面的考虑。但是，水分含量（质量百分数）所测定和表示的是物料样品中总的水分量，不能反映其中不能被微生物利用、不能参与化学反应的水分所占的比例。

水分活度则正好可以做到这点。饲料原料、配合饲料中水分活度可以反映被微生物利用、能够参与化学反应的水的比例。

我们研究不同原料、不同配方体系下，原料和饲料的水分活度及其变化，就可以找到具有较高持水能力（含水量高、水分活度低）的原料和饲料，实现原料、配合饲料具有较高水分含量、较低水分活度（可以抑制霉菌等微生物生长、繁殖，可以抑制化学反应进行）的安全保障目标，水分活度的检测与控制技术就有了很大的意义和实际应用价值。

二、水分活度测定方法

水分活度的测定对于饲料原料、配合饲料具有重要的价值和意义，而我们饲料企业目前控制的主要还是含水量，水分活度的测定常用的方法有以下几种。

1. 水分活度计测定

利用经过氯化钡饱和溶液校正相对湿度的传感器，通过测定一定温度下样品蒸气压的变化，可以确定样品的水分活度；氯化钡饱和溶液在 20℃时的水分活度为 0.9000。利用水分活度仪的测定是一个准确、快速的测定，现在已有不同的水分活度仪，可满足不同使用者的需求。

2. 恒定相对湿度平衡室法

置样品于恒温密闭的小容器中，用不同的饱和盐溶液（使溶液产生的水平衡相对湿度从大到小）使容器内样品-环境达到水的吸附-脱附平衡，平衡后测定样品的含水量。通常情况下，温度恒定在 25℃，扩散时间依据样品性质变化较大，样品量约 1g；通过在密闭条件下样品与系列水分活度不同的标准饱和盐溶液之间的扩散-吸附平衡，测定、比较样品重量的变化来计算样品的水分活度（推测样品重量变化为零时的 A_w）；测定时要求有较长的时间，使样品与饱和盐溶液之间达到扩散平衡，才可以得到较好的准确数值。

3. 化学法

利用化学法直接测定样品的水分活度时，利用与水不相溶的有机溶剂（一般采用高纯度的苯）萃取样品中的水分，此时在苯中水的萃取量与样品的水活度成正比；通过卡尔·费休滴定法测定样品萃取液中水的含量，再通过与纯水萃取液滴定结果比较后，可以计算出样品的水分活度。

三、水分活度与水分含量的关系——水分的吸着等温线

在105℃下将物料烘干至恒重，物料减轻的重量被视为蒸发的水分量，其占物料初始重量的百分比即为物料的水分含量。而水分活度则是指能够被微生物利用的水的活性程度，是物料水蒸气压与纯水蒸气压的比值。

期望的水分活度与含水量的关系是：如果能够保持物料、食品中具有较高的水分含量、较低的水分活度，则可以保持食品具有很好的适口性而又不被微生物污染、霉变。我们对饲料原料、配合饲料中水分的期望也是如此，保持饲料原料、配合饲料有较高的水分含量、较低的水分活度，则可以保持饲料的适口性，例如使配合饲料中水分含量保持在12%（符合国家标准），但水分活度如果低于微生物繁殖、生长所需要的水分活性，则可以保持配合饲料不霉变、不被微生物污染。

食品中水分活度与水分含量的关系可以用水分吸着等温线（moisture sorption isotherms，MSI）表示，即在恒定温度下，以食品中的含水量（质量分数，%）对水分活度值作图所得到的曲线，如图2-2所示。

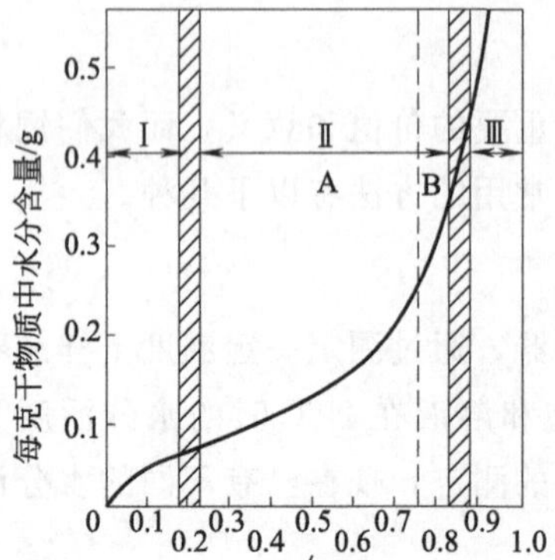

图2-2 水分活度与水分含量的关系

物料水分含量高，水分活度不一定高，这与物料的化学组成和特性有关。水分活度值的变化与水分含量的变化有一定关系，但不是直线关系，总体上是一个“横着的S形”关系，如图2-2所示。即在低水分活度、低含量时是类似于直线线性关系，而在一定水分活度、含水量以上时则表现为：水分活度变化不大、而含水量显著性增加。

水分和物料成分的作用机理复杂，由于每种产品在化学组成、成分的物理化学性质、物理结构等方面的差异，导致每种样品的吸着等温线都不尽相同。不同的物料由于其组成和性质的差异，导致其水分组成中的结合水组成比例、自由水比例有较大差异，表现为水分活度与含水量之间的吸着等温线变化趋势的差异。例如，含糖量较高的物料，由于糖类结合水的能力强，其吸着等温线表现为“J”形，即在一定水分活度时，水分活度变化不大而含水量显著变化。对于饲料原料、配合饲料中的水分，则是期望在一定区间内，水分活度不变，而水

分含量可以有较大的变化。

依据图 2-2 的三个水分活度分区，各区的水分活度、含水量等如表 2-1 所示。如果要保持饲料中水分活度在抑制多数霉菌生长、繁殖的范围内，需要将饲料的水分活度控制在Ⅰ区、Ⅱ区，这就需要在饲料中增加持水能力强的饲料原料。

表 2-1 物料水分活度的分区与性质

分区	Ⅰ区	Ⅱ区	Ⅲ区
A_w	0～0.2	0.2～0.85	>0.85
含水量/%	1～6.5	6.5～27.5	>27.5
冷冻能力	不能冻结	不能冻结	正常
溶剂能力	无	轻微/适度	正常
水分状态	单分子层水	多分子层水	自由水
微生物利用	不可利用	部分可利用	可利用

不同物料水分吸着等温线的建立方法有多种，主要是测定样品的水分活度和相应条件下水分含量（质量分数,%）并建立曲线。曲线的使用则是选择可以抑制微生物，尤其是霉菌生长的水分活度，比如抑制霉菌生长、繁殖的水分活度一般为 0.7，在此水分活度下的水分质量分数即可视为物料样品中可以允许的水分含量。

要实现上述目标，就希望饲料原料、配合饲料中含有持水力较强的物质。而持水能力与物质的亲水性、亲水能力，或分子的极性为正相关关系。持水能力强的物质有单糖、寡糖、乳化剂等。

水分回吸的滞后现象（hysteresis）。值得注意的是，在建立物料样品水分吸着等温线时，物料样品中水分变化有两个相反的过程：高含水量的样品中水分逐渐减少的过程称为“解吸（desorption）”，而干燥样品开始逐渐吸收水分使水分含量逐渐增加的过程称为“回吸（resorption）”。由回吸、解吸两个过程所得到的水分吸着等温线在一定区间内是不重合的，一般情况下是在相同水分活度下，解吸的水分含量高于回吸的水分含量。这种不重叠性称为滞后现象（hysteresis），即回吸的水分含量滞后于解吸的水分含量。物料不同，滞后作用的大小、曲线的形状和滞后回线（hysteresis loop）的起始点和终止点都不相同，它们取决于物料样品的性质和样品除去或添加水分时所发生的物理变化，以及温度、解吸速度和解吸时的脱水程度等多种因素。

对于饲料原料而言，不同原料的水分吸着等温线多数是样品水分逐渐减少过程的吸着等温线，而当该种饲料原料在配合饲料加工时，在调质过程中，不同的原料对水蒸气水分逐渐吸收、吸附，这是一个水分回吸过程。这样的情况下，对于相同的一种饲料原料，即使在一个恒定的水分活度下，其中的水分含量也是不一致的，多数情况是原料中水分含量大于该原料在配合饲料中的水分含量。

因此，如果依据水分活度值来抑制微生物、霉菌的生长和繁殖，即使在相同的水分活度值条件下，饲料原料中的水分含量可以略微高于配合饲料中的水分含量。不同的饲料原料，这两个水分含量的差值是有差异的。这也是我们目前最缺乏基础数据的领域。

需要进行系统研究的是：水产饲料主要饲料原料的水分吸着等温线；不同配方下配合饲料的水分吸着等温线。如果有这两个基础数据（库），就可以有效控制饲料原料的安全水分活度、水分含量，配合饲料的安全水分活度、水分含量；可以选择不同的饲料组成、饲料配方，并生产配合饲料，得到可以调节控制配合饲料水分含量、水分活度的方法。

四、水分活度与饲料的安全性

水分活度是一个反应物料微生物安全性的重要指标，比物料水分含量指标更为有效。依据水分活度与食品安全性的关系和原理，可以同样理解饲料原料、配合饲料中水分活度与饲料安全性的关系。可以从三个方面来理解水分活度与饲料原料、配合饲料安全性的关系：水分活度与微生物安全性的关系、水分活度与饲料中酶促反应的关系、水分活度与饲料中非酶促反应的关系。

水分活度与饲料、食物的安全性的关系可从以下三个方面进行阐述。

1. 水分活度与微生物生长的关系

各类微生物生长都需要一定的水分活度，只有饲料、食物的水分活度大于某一临界值时，特定的微生物才能生长（表 2-2）。例如细菌为 $A_w>0.9$，酵母为 $A_w>0.87$，霉菌为 $A_w>0.8$（一些耐渗透压微生物除外）。因此，控制饲料中水分活度是控制微生物生长、控制微生物安全性的重要指标，而饲料原料、饲料中水分含量的控制意义则主要体现在对价值的控制。

2. 水分活度与酶促反应的关系

水分活度对酶促反应有两个方面的影响：一方面影响酶促反应底物的可移动性，另一方面影响酶的构象。即水分活度大、自由水多，可以使酶促反应的底物、产物的溶解性、可移动性增加，反应加快，同时可以保障酶蛋白空间构象，保持酶蛋白的活性。大多数的酶类物质在水分活度小于 0.85 时，活性大幅度降低，如淀粉酶、酚氧化酶和多酚氧化酶等。但也有一些酶例外，如酯酶在水分活度为 0.3 甚至 0.1 时也能引起甘油三酯或甘油二酯的水解。相关研究表明当溶菌酶中蛋白质含水量为 0.2%时，酶开始显示催化活性；当水合程度达 0.4%时，整个酶分子表面形成单分子水层，此时酶的活性提高；当含水量为 0.7%时，溶菌酶活性达到极限，这样才能保证底物分子扩散到酶的活性部位。β-淀粉酶在 A_w 为 0.8 以上才显示出水解淀粉的活力，当水分活性为 0.95 时，酶的活力提高 15 倍。

3. 水分活度与非酶促反应的关系

脂质氧化作用：在水分活度较低时，食品中的水与过氧化物结合而使其不容易产生氧自由基从而导致链氧化的结束；当水分活度大于0.4时，水分活度的增加增大了食物中氧气的溶解，加速了氧化；而当水分活度大于0.8时，反应物被稀释，氧化作用降低。

美拉德（Maillard）反应：水分活度大于0.7时底物被稀释，反应加快。

水解反应：水分是水解反应的反应物，所以随着水分活度的增大，水解反应的速度不断增大。

表 2-2　食品中水分活度与微生物生长的关系

A_w 范围	在此范围内的最低 A_w 值一般能抑制的微生物	食　品
0.95～1.00	假单胞菌属、埃希杆菌属、变形杆菌属、志贺杆菌属、芽孢杆菌属、克雷伯菌属、梭菌属、产生荚膜杆菌、几种酵母菌	极易腐败的新鲜食品、水果、蔬菜、肉、鱼和乳制品罐头、熟香肠和面包。约含40%（质量分数）的蔗糖或7%NaCl的食品
0.91～0.95	沙门菌属、副溶血弧菌、肉毒杆菌、沙雷菌属、乳杆菌属、足球菌属、几种霉菌、酵母（红酵母属、毕赤酵母属）	奶酪、咸肉和火腿、某些浓缩果汁、蔗糖含量为55%（质量分数）或含12%NaCl的食品
0.87～0.91	许多酵母菌（假丝酵母、汉逊酵母属、球拟酵母属）、微球菌属	发酵香肠、蛋糕、干奶酪、人造黄油及含65%蔗糖（质量分数）或15%NaCl的食品
0.80～0.87	大多数霉菌（产霉菌毒素的青霉菌）、金黄色葡萄球菌、德巴利氏酵母	大多数果汁浓缩物、甜冻乳、巧克力糖、枫糖浆、果汁糖浆、面粉、大米、含15%～17%水分的豆类、水果糕点、火腿、软糖
0.75～0.80	大多数嗜盐杆菌、产霉菌毒素的曲霉菌	果酱、马茉兰、橘子果酱、杏仁软糖、果汁软糖
0.65～0.75	嗜干性霉菌、双孢子酵母	含10%水分的燕麦片、牛轧糖块、勿奇糖（一种软质奶糖）、果冻、棉花糖、糖蜜、某些干果、坚果、蔗糖
0.60～0.65	鲁氏酵母菌（*Saccharomyces rouxii*）、几种霉菌（二孢红曲霉，*Aspergillus echinulatus*，*Monascus bisporus*）	含水15%～20%的干果，某些太妃糖和焦糖、蜂蜜
0.50	微生物不繁殖	含水分约12%的面条和水分含量约10%的调味品
0.40	微生物不繁殖	水分含量约5%的全蛋粉
0.30	微生物不繁殖	含水量为3%～5%的甜饼、脆点心和面包屑
0.20	微生物不繁殖	水分为2%～3%的全脂奶粉、含水分5%的脱水蔬菜、含水约5%的玉米花、脆点心、烤饼

五、持水容量

持水容量也被称为持水力（water binding capacity，WBC）通常用来描述基质分子（一般是指大分子化合物）截留大量水而阻止水渗出的能力。例如，含果胶和淀粉凝胶的食品以及动植物组织中少量的有机物质能以物理方式截留大量的水。

被保留的水是指结合水、流体动力学水（如毛细管水）和物理截留水的总和。物理截留水对持水能力的贡献远大于结合水和流体动力学水。

因此，不同物料的持水能力因为其组成与结构的差异而不同。能够形成凝胶的物质具有很高的持水能力。而物料所截留的水包括结合水、自由水。

第三节　饲料原料、饲料中的水分控制

水分是饲料原料、配合饲料质量控制的重要指标之一，主要涉及饲料的安全性（安全质量）、经济价值和适口性等。目前控制的主要还是水分含量指标，这就需要增加水分活度指标，即饲料原料、配合饲料中水分含量和水分活度这两个指标。

一、水分控制指标

1. 水分含量

饲料原料、配合饲料中水分含量的控制有国家标准（简称国标）和企业标准。而多数饲料原料还没有可参考的控制标准，一般是采用企业自己的采购和品控标准，可以继续执行。

不同的配合饲料中水分含量控制有国家或行业标准可以参考，一般是产品的水分含量≤12%。而实际生产中通常是产品的水分含量低于国家或行业标准，多数是在9%～11%范围内。企业希望能够增加产品水分含量，而又不至于导致饲料安全性下降。

2. 水分活度

A_w 是对物料样品内能被微生物利用、能够参与化学反应的水分的估量，它因样品内部各微小范围内的环境不同而不同。不同样品的绝对水分可以相同，但水分与物料样品结合的程度或水的游离程度并不一定相同。

目前最为缺少的就是饲料原料、配合饲料中的水分活度检测结果，以及控制指标值。需要饲料企业增加原料、配合饲料中水分活度的检测、分析和利用。

对于饲料原料，希望水分含量低、水分活度低，但不同的饲料原料水分含量和水分活度控制值是有差异的，需要建立不同饲料原料的水分含量与水分活度控制值。

对于配合饲料产品，希望水分含量控制在≤12%，且在接近12%水分含量时，能够有效保障配合饲料的安全性，包括微生物安全性、酶促反应和非酶促反应的安全性，这就需要研究配合饲料产品的水分活度安全控制指标值。

一般认为在 $A_w<0.65$ 时霉菌的生长将完全被抑制（除少数鲁氏酵母菌和极少

数霉菌外)。因此，如果以霉菌生长控制作为主要目标，饲料原料、配合饲料的水分活度值应该是 $A_w<0.65$。那么，在这个水分活度下水分含量是否可以≤12%呢?

刘焕龙(2010)测定了草鱼颗粒饲料和肉鸡颗粒饲料中水分活度和平衡水含量(equilibrium moisture content，EMC)的关系(表 2-3)，结果显示，在水分活度 A_w 为 0.670 时，草鱼颗粒饲料解吸过程(desorption)的含水量为 14.38%，回吸过程(adsorption)的含水量为 14.04%；肉鸡颗粒饲料的解吸过程含水量为 14.65%，回吸过程含水量为 13.37%。均已经超过颗粒饲料含量 12%的上限。而在 A_w 为 0.576 时草鱼颗粒饲料的回吸、解吸过程含水量分别为 10.87%、11.40%，符合颗粒饲料水分含量≤12%的要求。

表 2-3　草鱼颗粒饲料和肉鸡颗粒饲料中水分活度与含水量(刘焕龙，2010)

草鱼颗粒饲料			肉鸡颗粒饲料		
25℃	回吸过程	解吸过程	25℃	回吸过程	解吸过程
A_w	EMC/%	EMC/%	A_w	EMC/%	EMC/%
0.113	5.00	5.12	0.113	3.80	4.79
0.225	6.27	6.69	0.225	5.87	6.23
0.328	7.16	7.69	0.328	7.00	8.43
0.432	8.65	8.94	0.432	8.91	9.28
0.529	10.1	10.31	0.529	10.25	11.43
0.576	10.87	11.40	0.576	11.24	11.99
0.670	14.04	14.38	0.67	13.37	14.65
0.753	16.54	17.01	0.753	16.86	16.49
0.842	22.26	23.73	0.843	22.72	23.05
0.901	28.2		0.901	28.46	28.62
0.973	39.32		0.973	46.52	

因此，饲料原料、配合饲料中水分控制的理想目标为水分活度 $A_w\leq0.65$、水分含量≤12%是可行的。

二、主要饲料原料的水分含量与水分活度

饲料原料、配合饲料中水分含量、水分活度值对于其安全质量、经济价值和适口性(风味)具有重要的价值和意义，也是饲料运输、存储、加工、包装、饲料投喂需要了解和掌握的重要技术指标。目前关于不同饲料原料、配合饲料中水分含量与水分活度，及其相互关系的研究资料非常有限，但其中所反映的问题是很有价值的。

对于配合饲料水分控制，目前由于加工设备、工艺的限制，产品含水量一般只有 10%左右，如果要提高水分含量到 11%～12%通常难以做到，而达到这个含水

量时也需要饲料的水分活度值小于 0.65。这其实需要在饲料配方中增加持水能力较强的原料，例如一些含糖量高的、蛋白质凝胶能力强的饲料，实现既提高饲料水分含量又保障水分活度低于 0.65 的目的。

另外，由于饲料中油脂含量较高，目前水产饲料中油脂水平在 4%～16%，而油脂与水是不相容的两相，要在高油脂饲料中保持较高的含水量、较低的水分活度，需要增加具有“破乳”能力的物质，如乳化剂。磷脂是较好的乳化剂。

1. 动物蛋白质原料的水分含量与水分活度

水产饲料中的动物蛋白质原料主要有鱼粉、肉粉、肉骨粉、血球粉等。动物性原料一般含有较高的油脂，因而水分含量较低。但其中的蛋白质也是具有较好亲水能力的大分子物质。

目前关于动物蛋白质饲料原料中水分含量与水分活度的研究资料很少。刘焕龙(2010)测定了啤酒酵母、鱼粉、肉骨粉、血球粉和酶解羽毛粉的水分活度和含水量，数据见表 2-4。

表 2-4 几种蛋白质饲料原料的水分活度与含水量（刘焕龙，2010）

样品	啤酒酵母	进口鱼粉 1	肉骨粉	喷雾血球粉	进口鱼粉 2	酶解羽毛粉
前处理	40℃8h，65℃2h	65℃真空干燥 7h	65℃真空干燥 7h	65℃真空干燥 7h	原样室温保存	原样室温保存
初始水分/%	1.4	1.55	0.91	1.23	8.47	6.62
测定的温度，25℃						
样品水分/%	7.63	8.65	5.2	6.18	6.84	5.25
粗蛋白/%	51	52.32	51.89	94.85	63.03	88.42
脂肪/%	0.98	5.8	11.66	0.11	8.35	2.8
粗灰分/%	10.64	9.86	26.91	3.48	20.82	1.57
A_w	EMC/%	EMC/%	EMC/%	EMC/%	EMC/%	EMC/%
0.113	3.94	3.2	2.6	4.18	3.74	4.81
0.226	5.45	4.37	3.64	6.34	4.84	6.23
0.327	6.68	5.3	4.46	8.1	5.94	6.99
0.438	8.3	6.63	5.48	10.14	7.26	8.55
0.529	10.31	8.43	6.49	12.58	9.35	9.95
0.577	11.63	10.4	7.43	14.46	11.32	10.65
0.68	15.93	19.03	9.67	18.78	17.73	12.23
0.753	20.1	25.5	11.9	23.12	23.43	13.76
0.843	29.2	39.39	16.87	32.59	35.41	17.01
0.901	33.61①	50.11	21.04②	38.59	42.44③	20.09

① 由于出现霉变，仅供参考。②③同①。

由表 2-4 可以得到以下认识。

① 在水分活度为 0.68、温度接近控制霉菌生长的温度时，不同原料的含水量有较大的差异。两种鱼粉和喷雾血球粉的含水量较高，分别为 19.03%、17.73%和 18.78%，肉骨粉的含水量为 9.67%，是最低的。

② 饲料原料水分控制如果按照小于 12%的控制目标，那么表 2-4 中几种饲料原料的水分活度均小于 0.65 的霉菌安全值控制点。因此，在饲料原料水分控制时可以采用控制水分含量的方法，只要控制水分含量在 12%以下，水分活度值就可以达到安全控制的要求。至于具体的不同原料可以控制不同的含水量。

③ 动物蛋白质原料中，油脂含量增加，水分含量和水分活度会降低，如肉骨粉。而盐分增加，水分含量和水分活度则有增高的趋势，如鱼粉。因为盐对水有很好的亲和能力，因此，鱼粉中盐分也是值得关注的指标。

④ 魏金涛（2007）依据数学模型提出了鱼粉水分活度 A_w=0.6，在 25.1℃、17.1℃和 11.1℃下，鱼粉的绝对安全水分含量分别为 8.39%、9.64%和 10.83%。

⑤ 鱼粉在低温环境下，水分含量活度有降低的趋势。如表 2-5 中，如果鱼粉含水量在 8.63%～8.78%，则 25.1℃、17.1℃、11.1℃下的水分活度值分别为 0.632、0.611 和 0.469。因此，在高温季节采购、存储和使用鱼粉时，水分含量控制在 8%以下较为适宜，此时的水分活度值才能小于 0.65 的霉菌控制点。

表 2-5　秘鲁鱼粉（蛋白质≥65%）**在不同温度下水分活度与水分含量**（魏金涛，2007）

25.1℃		17.1℃		11.1℃	
水分活度 A_w	水分含量/%	水分活度 A_w	水分含量/%	水分活度 A_w	水分含量/%
0.147	2.32	0.158	2.99	0.234	5.13
0.597	6.51	0.467	5.17	0.367	7.10
0.632	8.63	0.611	8.78	0.469	8.67
0.677	9.12	0.716	11.70	0.585	10.20
0.728	11.20	0.769	13.90	0.681	11.70
0.772	12.70	0.808	15.70	0.789	14.70
0.806	14.60	0.852	18.30	0.82	16.00
0.838	16.60	0.886	20.60	0.863	19.00

2. 植物性蛋白质原料的水分含量和水分活度

水产饲料中的主要植物性蛋白质原料有豆粕、菜籽粕、棉籽粕、花生粕等。

（1）豆粕、发酵豆粕与大豆　Pixton 和 Warburton（1975）比较了大豆和豆粕在 15℃、25℃和 35℃的吸湿（回吸）、解吸水分平衡量，发现豆粕的平衡水分平均比大豆低 6%～8%，且存在吸湿、解吸之间的滞后现象。他们认为 25℃时在 70% ERH 下获得的平衡水分是“安全水分”，分别为 13.8%（解吸）和 13.4%（吸湿）。

依据表 2-6 中数据和刘焕龙的实验研究结果，可以有以下几点认识。

表 2-6　豆粕、发酵豆粕、棉仁粕、棉籽粕和菜籽粕的水分活度和水分含量（刘焕龙，2010）

样品名称	豆粕		发酵豆粕		棉仁粕(新疆)		棉籽粕(山东)	菜籽粕
初始水分/%	11.78		8.86		6.02		9.01	7.82
粗蛋白质/%	47.55		56.6		53.03		40	34.6
粗脂肪/%					3.15		1.6	2.1
蛋白质溶解度/%	73.44		31.73					
温度,25℃								
A_w	解吸	回吸	解吸	回吸	A_w	EMC/%	EMC/%	EMC/%
	EMC/%	EMC/%	EMC/%	EMC/%	0.113	4.13	5.38	3.55
0.113	5.22		5.54		0.226	5.19	6.96	4.34
0.225	6.31		6.41		0.327	5.78	8.3	5.62
0.328	7.4		7.6		0.438	6.84	9.31	6.13
0.432	8.58		9.05		0.529	8.28	10.06	7.45
0.529		10.15		10.83	0.577	9.18	10.77	8.51
0.576		11.15		11.89	0.68	—	12.94	11.69
0.67		15.13		16.68	0.753	15.31	15.66	14.98
0.753		18.45		21.35	0.843	21.7	20.29	20.17
0.901		33.3		46.7	0.901	27.34	23.57	25.32

① 如果水分活度在 0.576（或 0.577）左右，豆粕、发酵豆粕、棉仁粕、棉籽粕和菜籽粕的含水量分别为 11.15%、11.89%、9.18%、10.77%、8.51%，豆粕、发酵豆粕的含水量较高，菜籽粕的含水量最低。这反映了不同植物蛋白质原料持水能力的差异。而在水分活度为 0.67（或 0.68）时，5 种植物蛋白质的含水量分别为 15.13%、16.68%、（棉仁粕缺数据）、12.94%、11.69%，水分含量增加均较大，尤其是豆粕和发酵豆粕。因此，豆粕、发酵豆粕的水分控制更值得关注，最好将水分含量控制在 8%左右。

② 发酵豆粕与豆粕比较，在相同的水分活度下发酵豆粕含水量高于豆粕，普通棉籽粕的含水量也是高于棉仁粕。原因主要是：豆粕发酵后增加了水溶性成分的含量，而水溶性成分如小肽、氨基酸、低糖、有机酸等可以增加持水能力，增加结合水的量。普通棉籽粕中棉籽壳、棉籽糖等的含量高于棉仁粕，所以持水能力较强。菜籽粕中的水溶性成分含量低，其持水能力也较低。

因此，饲料原料中水溶性成分含量高就可以提高持水能力，而降低水分活度，对于保持饲料水分、控制水分活度是有利的。

③ 在刘焕龙的实验研究中，还发现豆粕的粉碎粒度没有影响豆粕的回吸、解吸平衡，即没有显著影响到豆粕的水分含量与水分活度的关系。

④ 魏金涛（2007）也测定了豆粕在不同温度下的水分活度和水分含量，结果见表 2-7。数据显示，温度下降有增加水分含量、降低水分活度的作用，但不是很显著。他依据数学模型提出了豆粕水分活度 $A_w=0.6$，在 25.1℃、17.1℃和 11.1℃下，豆粕的绝对安全水分含量分别为 8.84%、10.00%和 12.37%。

因此，豆粕、发酵豆粕的水分含量建议控制在 10%以下，此时水分活度 A_w 小于 0.65 的霉菌安全控制点。

表 2-7　豆粕在不同温度下的水分活度与水分含量（魏金涛，2007）

25.1℃		17.1℃		11.1℃	
水分活度 A_w	水分含量/%	水分活度 A_w	水分含量/%	水分活度 A_w	水分含量/%
0.275	2.93	0.167	2.21	0.194	3.19
0.44	5.36	0.295	4.54	0.386	5.89
0.591	7.68	0.433	6.49	0.477	7.24
0.595	9.66	0.542	7.68	0.596	9.71
0.667	11.00	0.627	10.40	0.664	11.80
0.718	12.80	0.696	12.70	0.721	13.60
0.77	15.20	0.769	15.50	0.76	15.10
0.8	16.80	0.821	18.20	0.813	17.50

(2) 菜籽粕、棉籽粕　菜籽粕、棉籽粕是水产饲料主要的饲料原料。在表 2-6 中，刘焕龙（2010）的研究结果显示，棉仁粕由于水溶性成分的减少而在相同的水分活度下其水分含量低于棉籽粕，菜籽粕的持水能力也小于棉籽粕。如果与豆粕比较，菜籽粕、棉籽粕的持水能力也较小。淡水鱼类饲料是以菜籽粕、棉籽粕为主要植物蛋白原料的饲料，因此，要在饲料生产过程，尤其是调质时增加水分含量，以菜籽粕、棉籽粕为主要原料的水产饲料难度较大，应该在饲料配方中增加持水能力较强的饲料原料，如糖蜜。这是需要关注的问题。

对于菜籽粕、棉籽粕中安全水分含量和水分活度的控制，在表 2-6 中可以得知，如果以水分活度低于 0.65 的霉菌安全控制点为目标，菜籽粕、棉仁粕的水分含量最好能够在 9%以下，而棉籽粕在 10%以下。

魏金涛（2007）依据测定的菜籽粕水分活度与水分含量值（见表 2-8），并经过模型计算，得出在 25.1℃、17.1℃和 11.1℃下，菜籽粕水分活度为 0.6 时所对应的绝对安全水分含量分别为 8.70%、9.52%和 10.22%。

由表 2-8 也可以发现，随着温度的下降，在相同水分活度下如 $A_w=0.61$ 左右时，菜籽粕的水分含量增加，在 25.1℃、17.1℃和 11.1℃下菜籽粕水分含量的实测值分别为 8.66%、8.94%和 9.90%。考虑到菜籽粕是全年使用的饲料原料，因此，建议菜籽粕水分含量控制在 9%以下较为适宜。

表 2-8 菜籽粕在不同温度下水分活度与水分含量（魏金涛，2007）

25.1℃		17.1℃		11.1℃	
水分活度 A_w	水分含量/%	水分活度 A_w	水分含量/%	水分活度 A_w	水分含量/%
0.357	4.65	0.208	3.12	0.177	3.62
0.478	6.25	0.338	5.49	0.291	5.38
0.563	7.95	0.481	7.61	0.5	7.86
0.610	8.66	0.620	8.94	0.614	9.90
0.695	10.90	0.719	11.90	0.76	13.50
0.76	12.80	0.771	13.90	0.798	15.00
0.794	14.50	0.819	15.90	0.823	16.30
0.821	15.70	0.862	18.00	0.857	18.20

(3) 玉米和玉米DDGS　玉米是主要的能量饲料原料，在水产饲料中也有较大量的使用。玉米DDGS是以玉米为原料生产乙醇的副产物，其中含有一定量的酒精糟，水溶性成分较多。

刘焕龙（2010）的研究结果显示，随着玉米DDGS中水溶性成分含量的增加，DDGS的持水量增加。Ganesan等的研究同样发现，DDGS平衡含水率随温度和可溶性成分比例的上升而上升，在水活度0.560～0.910的范围内，含10%、15%、20%和25%可溶性成分的DDGS所对应的平衡含水率范围分别为8.81%～47.07%、1.58%～83.49%、13.72～90.70%和15.93%～132.01%。

因此，在水产饲料中使用含水溶性成分较高的玉米DDGS可以提高配合饲料的持水能力，增加调质水分含量和配合饲料中的水分含量。

综合目前的研究结果，玉米DDGS水分含量在9%以下时，水分活度均小于0.5，在 $A_w<0.65$ 的霉菌控制点以下。因此，把玉米DDGS的水分含量控制在9%以下是安全的。

魏金涛（2007）在25.1℃、17.1℃和11.1℃条件下，测定了玉米的水分含量和水分活度，见表2-9。并经过模型计算出玉米水分活度在0.6以下时，其相应的安全水分含量分别为10.94%、11.18%和12.38%。

从表2-9的结果看，如果要控制玉米水分活度在0.65以下，全年时期内玉米的水分含量应该控制在12.5%以下。

表 2-9 玉米在不同温度下水分活度与水分含量（魏金涛，2007）

25.1℃		17.1℃		11.1℃	
水分活度 A_w	水分含量/%	水分活度 A_w	水分含量/%	水分活度 A_w	水分含量/%
0.173	4.59	0.204	4.93	0.12	3.59
0.48	8.20	0.343	7.36	0.185	5.10

续表

25.1℃		17.1℃		11.1℃	
水分活度 A_w	水分含量/%	水分活度 A_w	水分含量/%	水分活度 A_w	水分含量/%
0.531	9.67	0.477	9.45	0.258	6.41
0.657	11.40	0.631	10.40	0.301	7.14
0.736	13.00	0.751	13.80	0.392	9.43
0.758	13.50	0.838	15.80	0.494	10.60
0.814	14.70	0.882	17.60	0.606	12.30
0.881	17.10	0.929	20.30	0.707	14.00

三、高持水力的原料可以增加饲料水分含量

如何提高配合饲料生产过程中调质水分含量和配合饲料产品中的水分含量，而又保持饲料的水分活度 A_w<0.65，这就需要使用一些可以增加持水能力的饲料原料。常见的具有强吸水能力的有糖蜜类物质、淀粉、蛋白质、果胶、甘露聚糖、海藻胶、黄原胶、卡拉胶、魔芋等食品原料。

对于饲料原料，持水能力强的原料组成物质中，含有极性基团如羟基、羰基、醛基、羧基等的物质对水分子具有很好的亲和能力。糖类是含有多羟基的醛或酮类物质，对水分子具有极强的亲和能力，能够结合更多的水分子，且增加结合水的比例，水分活度较低而持水量较高。所以，在饲料原料、配合饲料中，含有糖类物质多、含有水溶性成分多的饲料其水分活度较低、含水量相对较高。

刘焕龙（2010）测定了玉米粉、魔芋精粉、可溶性淀粉和明胶的水分活度和水分含量，结果见表 2-10。在 25℃条件下，如果以 A_w 为 0.576～0.670 作为可以参考的安全水分活度值，玉米粉水分含量为 13.24%～15.49%，魔芋粉的吸湿含水量为 14.56%～19.37%、解吸含水量为 16.98%～20.49%，淀粉的吸湿含水量为 15.49%～18.19%、解吸含水量为 18.71%～21.18%，明胶的吸湿含水量为 18%～20.67%。在配合饲料生产及其饲料产品中，主要是原料的吸湿过程（解吸是高水含量原料逐渐脱水的过程）。因此，魔芋精粉、可溶性淀粉和明胶均具有较好的持水能力，玉米粉的吸湿能力在上述原料中相对较低，但均高于菜粕、棉粕等原料。魔芋葡聚糖是魔芋干物质的主要成分，是由葡萄糖和甘露糖以 β-1,4 糖苷键结合而形成的一种聚合度较高的天然高分子多糖化合物，是一种水溶性食物纤维，有很强的凝胶性和保水性能。因此魔芋胶及其改性产品常用作食品保水剂，从而显著影响整个食品体系的平衡水分和持水力。

从表 2-10 的数据还可以知道，在相同水分活度下，魔芋精粉、可溶性淀粉、明胶的解吸含水量大于吸湿（回吸）含水量，这就是所谓的水分吸湿滞后现象的具体显示。

表 2-10　玉米粉、魔芋精粉、可溶性淀粉和明胶的水分活度和水分含量（刘焕龙，2010）

样品名称	玉米粉	魔芋精粉		可溶性淀粉		明胶	
A_w	EMC(干基)/%	EMC(干基)/%		EMC(干基)/%		EMC(干基)/%	
	吸湿	吸湿	解吸	吸湿	解吸	吸湿	解吸
0.082	4.56	4.5	6.03	4.69	5.05	5.28	6.05
0.113	5.55	6.31	7.41	5.58	6.69	6.36	7.92
0.225	7.62	7.49	9.55	7.97	9.57	9.21	10.79
0.328	9.37	9.55	11.21	10.21	11.95	11.41	13.17
0.432	10.88	11.4	13.23	12.41	13.97	13.44	14.92
0.529	12.5	13.19	15.53	14.57	16.07	15.11	17.12
0.576	13.24	14.56	16.98	15.49	18.71	16.10	18.00
0.670	15.49	19.37	20.49	18.19	21.18	19.33	20.67
0.753	16.8	23.24	24.18	20.28	24.42	22.06	22.54
0.843	19.92	32.85	35.48	24.98	29.32	30.24	21.74
0.901	25.76	45.17		28.88		40.15	
0.973	35.59	80.4		38.04		59.11	

大豆糖蜜为大豆浓缩蛋白和分离蛋白的副产品，除水分外，其固形物中的主要成分为多糖、寡糖、双糖、可溶性蛋白和灰分。甜菜糖蜜为用甜菜制糖过程中的副产品，相对产量远高于大豆糖蜜。

甜菜糖蜜的持水能力高于大豆糖蜜，在高温和高水分活度（$A_w>0.75$）下更为明显。这也为甜菜糖蜜的应用提供了竞争力。Wolfe（1982）指出，在调质器中添加2.5%糖蜜（估计是甜菜糖蜜）的肉牛颗粒饲料与添加1%糖蜜的饲料相比较，冷却后水分含量增加了0.42个百分点，这表明糖蜜具有较高的持水能力，具有提高饲料含水量、降低水分活度的作用。

以多糖为主体的海带粉在水产饲料中也有应用。

低持水力的原料（添加预混料载体），在饲料添加剂预混料生产时，为了防止预混料吸湿、结块，需要选择使用吸湿能力差、持水能力差的饲料原料作为载体或稀释剂，含水量要求一般为不超过5%～8%，药物和维生素载体的水分含量不应超过5%。经典的有机预混料载体（稀释剂）主要有麦麸、次粉、玉米芯粉、稻壳粉、玉米蛋白饲料、玉米蛋白粉和脱脂米糠等等。除价格外，载体的性能例如化学稳定性、承载特性、流动性、静电吸附和吸湿性等几乎都与水分含量有关。

有研究资料表明，粉碎的稻壳粉的吸湿能力很差，稻壳粉是良好的预混料载体（稀释剂）。

棉籽蛋白粉的持水能力很差，可以作为预混料的载体和稀释剂。

第三章

鱼、虾海水动物蛋白质原料

鱼粉是重要的资源型蛋白质原料，中国的配合饲料总量在2012年已经超过1.6亿吨，其中水产配合饲料超过1600万吨。中国饲料产业对鱼粉的消耗量基本在每年160万吨左右。世界鱼粉的年产量平均在600万吨左右，秘鲁、智利是鱼粉生产的主要国家，其产量为世界鱼粉产量的50%左右。国际鱼粉鱼油协会的一项调查显示，2002年水产养殖部门消费了44%的鱼粉生产总量，2006年消费了57%。中国是推动鱼粉消费的一个重要力量，每年消费1/4以上（约27%）的鱼粉生产总量，且其增长还在持续。中国的鱼粉消费量超过50%的是水产饲料，水产饲料是鱼粉的主要消费领域。

作为饲料原料，我们对鱼粉的认知需要更系统、更科学，体现在对鱼粉品质控制与鉴定指标体系、指标值的掌握与使用，在不同种类饲料中有选择性地使用不同种类、不同剂量的鱼粉，实现科学地使用鱼粉。

第一节　鱼粉营养的特殊性

生命起源于海洋，陆生动物是从海洋生物演化而来的，水产品是优质的人类动物蛋白来源，鱼粉也是养殖动物的优质动物蛋白来源。如果从进化这个角度来思考，海洋食品、水产品应该是人类最佳的食品来源，而水产品、鱼粉等也应该是养殖动物最好的动物蛋白质原料，无论是从营养的平衡性、可消化性，还是从微量生物活性因子、微量营养素的保障等方面来看，海洋食品、水产动物原料都应该是最适合人类和养殖动物的。

鱼粉等水产动物蛋白质在饲料原料中显示出其特殊性，这种特殊性主要表现在其成为水产动物饲料中不可或缺、难以替代的动物蛋白质原料。在水产动物饲料中，使用或不使用鱼粉，养殖鱼体的生长速度，尤其是生理健康是有很大差异的，例如团头鲂饲料中如果没有鱼粉，在8月、9月的高温季节干塘卖鱼时就会出现鱼体表黏液减少、鳞片松动、颜色变化、体表出血性应激等现象。水产饲料中鱼粉使用量的多少成为影响水产动物生长速度、饲料效率和个体健康的主要因素。这种情况在淡水鱼类、海水鱼类、虾类、两栖类的中华鳖等种类的饲料使用中表现较为明显。再就是，目前还没有一种饲料原料可以单独与鱼粉相比较，能够达到鱼粉的生物学养殖效果，这也是鱼粉替代研究的一个难点。所以，对于饲料中鱼粉的替代提出了“按照鱼粉营养特征，尤其是微观营养平衡性和特殊营养素，充分考虑微观营养平衡，以多种原料组合”式的替代技术方案，即系统性地研究鱼粉的特殊营养作用，采用系统性的营养平衡、组合替代技术。

鱼粉等水产动物性蛋白质原料在营养上有一定的特殊性。一般认为，鱼粉中含有较多的能促进动物生长的“未知生长因子”，一般称为“鱼因子”，这些成分主要包括核苷酸、活性小肽、牛磺酸等已知物质及一些未知物质。因此，要理解鱼粉的营养特殊性，就要研究鱼粉原料的营养组成、平衡性，尤其是一些含量较少但具有特殊功能作用的物质，且这些物质在其他原料如鸡肉粉、猪肉粉、血球蛋白粉等原料中是没有的。采用比较营养学的研究方法来研究鱼粉的营养特殊性，或许可以找到解决问题的办法。

水产动物中含有较多的生理活性物质，这是其最大的特点。鱼粉中也应该还保留有一些生理活性物质，活性也是鱼粉具有特殊营养作用、生理作用的原因。生理活性物质就是指“对生命活动具有重要影响但数量很少或微量的物质”，如一些生物胺。

一、蛋白质与氨基酸

鱼粉中的蛋白质来源于原料鱼中的蛋白质，包括肌肉蛋白质、鱼皮胶原蛋白、鱼骨胶原蛋白、内脏中的蛋白质，以及鱼体组织中的游离氨基酸、特殊氨基酸等。

鱼肉是由纤维短细的肌群组成的，质地松软、富含水分，并含有没有弹力纤维的结缔组织。多数鱼肉不含肌肉色素，只有海水中表层游泳活跃的某些鱼类含有红褐色的肌肉，这种红肉中含有较多的钾、铁；与普通肉相比，pH 偏酸性，水分少或粗脂肪多，组氨酸多。鱼肉蛋白质也由肌原纤维蛋白、肌浆蛋白、基质蛋白所构成。其中肌原纤维蛋白比哺乳动物多，占 70%～80%；肌浆蛋白占 17%～25%；基质蛋白少，占 3%～5%。这就是鱼肉比畜肉软的原因之一。

可以从几个方面来理解鱼粉、鱼产品中蛋白质和氨基酸的营养特点：①蛋白质的消化利用率高，这是与其他动物蛋白、植物蛋白的显著不同点之一。但是，也要考虑到鱼粉生产、运输和存储过程中，鱼粉中蛋白质的热变性、焦化和糊化对蛋白质消化率的影响问题，要尽量避免采用过高的温度导致鱼粉蛋白质消化利用率下降。②鱼粉蛋白质中氨基酸的平衡性，这是鱼粉蛋白对于水产动物重要的特点。以鱼粉为原料，鱼粉原料本身也是水产动物，其蛋白质中氨基酸的平衡与养殖鱼类蛋白质中氨基酸的平衡能够实现最大限度地接近，因此，鱼粉蛋白质中氨基酸对于养殖水产动物营养需要的氨基酸平衡模式是最为有利的。我们如果以鱼体蛋白质中氨基酸平衡模式作为营养需要的标准模式，在所有的原料中，鱼粉蛋白质中氨基酸平衡模式是最接近水产动物所需要的模式的，可以由两种模式的相关系数在所有原料中是最大的得到体现。③鱼粉中可能含有稀有氨基酸，或称为特殊氨基酸，在饲料中可能发挥功能性的作用。例如牛磺酸，在鱼粉中含有一定的数量，且对养殖水产动物具有很好的生长促进作用、功能性作用。氨基乙磺酸是含硫氨基酸的一种，在鱼、贝类中的含量比畜肉高。它除能提高视神经能力外，对降低血中胆固醇和中性脂质，对预防高血压、心脏病、胆结石等都有明显作用。

二、油脂与脂肪酸

鱼粉中的油脂为鱼油，鱼油与其他动物油脂、植物油脂比较，其特殊性主要还是在高不饱和脂肪酸方面。鱼类长期生活在水域环境中，一方面，由于环境温度低，若要保持细胞膜等生物膜的正常流动性与生理学功能，需要有高不饱和脂肪酸作为组成细胞膜磷脂的脂肪酸组成成分，鱼体脂肪酸中含有的高不饱和脂肪酸种类和数量是其他动物油脂、植物油脂中所没有的。另一方面，水产动物生活在水域环境中，也能够保持高不饱和脂肪酸不被氧化。因此，水产动物油脂中的高不饱和脂肪酸，尤其是其中的二十碳五烯酸（EPA)、二十二碳六烯酸（DHA)，既是水产动物，尤其是海洋鱼类脂肪酸组成的特点，也是其必需的营养性、结构性和功能性脂肪酸。

鱼类的脂肪含有高度不饱和脂肪酸，如 20～24 碳、4～6 个双键的高度不饱和脂肪酸，特别是 EPA 和 DHA，这是其他油脂所没有的。鱼贝类脂肪中几乎不含短链脂肪酸，而陆地动物含有。鱼贝类脂肪中含有中长链脂肪酸的种类与陆地动植物没有太大差异，但是其含量低于陆地动植物。

但是，鱼类死亡之后，鱼油被独立分离出来，鱼油中的高不饱和脂肪酸暴露于有氧的空气环境中，就容易被氧化酸败，其氧化酸败产物对养殖动物的生长、健康是有害的。鱼粉中的油脂、单纯的鱼油由于其氧化酸败产物的存在，不利于动物养殖。

三、氧化三甲胺等物质

氧化三甲胺是水产动物所特有的，其在渗透压调节方面具有重要的作用，同时也具备其他作用。在水产动物饲料中补充一定量的氧化三甲胺已经显示出很好的促进生长、维护生理健康的作用。氧化三甲胺在一定条件下分解，可以产生三甲胺、二甲胺、甲胺等物质，这些物质具有很强烈的鱼腥味，是水产动物所具有的鱼腥味，也因此成为促进水产动物摄食的有利因素。

当然，三甲胺、二甲胺、甲胺、氨等又是水产品、鱼粉中挥发性盐基氮的重要组成物质，是水产品、鱼粉新鲜度、安全质量的重要评价指标之一。我们可以猜测：氧化三甲胺对于养殖水产动物或许是有益的特殊物质；三甲胺等在一定剂量下对水产动物或许是有利的物质存在，而当超过一定剂量后或许就成为有害物质之一。这都是需要我们进一步研究的重要问题。

四、生物胺的多重性

生物胺是动物、植物体内正常的组成物质，具有多种生理活性。水产动物体内含有生物胺的种类、数量较其他陆生动物多。对于养殖的水产动物而言，鱼粉中、饲料中维持一定量的生物胺或许具有很好的生物学功能性作用，这或许是鱼粉不同于其他动物性蛋白质原料的特殊性之一。但是，组胺、尸胺、腐胺、精胺、酪胺等生物胺超过一定的数量，对人体和养殖动物会产生毒副作用。不同的动物哪些生物胺、多大剂量范围内会表现出毒副作用，这是需要研究的问题。

因此，生物胺的生理活性作用、对养殖动物生长的促进作用、超过一定剂量对养殖动物的毒副作用等构成了生物胺生物学作用的多重性，既是鱼粉等水产来源动物蛋白质的营养性、功能性的特殊性，也是其安全质量、新鲜度控制的重要指标物质。

水产品，尤其是海水产品中的氧化三甲胺、二甲基-*β*-丙酸噻亭是很好的诱食物质，三甲胺、二甲胺等具有强烈的鱼腥味。这些物质构成了鱼粉特殊的诱食作用、生物活性作用的重要成分，使鱼粉显示出不同于其他动物蛋白质原料的特殊性。

五、微量元素、维生素等

鱼粉中含有多种矿物质和维生素，这是养殖动物所需要的，而与其他蛋白质原料所不同的只是不同矿物质元素的含量（如锌的含量）。鱼粉中磷含量较高，但其中磷的利用率不高，在配方编制时要考虑磷的有效性的问题。

六、鱼粉的安全质量

鱼粉的质量可以从营养质量、加工质量、安全质量三个方面来分析。前面分析了鱼粉营养质量的特殊性，这是与其他蛋白质原料营养质量差异的主要特性。鱼粉的加工质量主要涉及鱼粉原料在加工过程中的营养质量、安全质量的质量变异问题，以及对鱼粉色泽、气味、流动性、可消化利用率等的影响。而鱼粉的安全质量则主要体现在鱼粉蛋白质腐败产物、油脂氧化产物，以及鱼粉中的重金属等不安全因素，这也是不同种类鱼粉、不同加工方式鱼粉质量差异的主要原因。

七、鱼粉在饲料中的“替代”问题

前面已经分析过，要采用单一饲料原料来替代鱼粉存在许多难以“替代”的问题，因此，鱼粉在饲料中的“替代”问题可以从以下两个方面来考虑。

一是以鱼粉的营养组成物质及其比例为标准模式，用多种原料、添加剂进行“组合式的替代”。这就要求对鱼粉中特殊的营养成分、生物活性成分等进行系统的研究，得到鱼粉特殊营养作用、生物活性作用的“标准模式”，目前还需要进行系统、深入的研究。

二是不考虑鱼粉的特殊营养成分、生物活性成分，只考虑鱼粉的“生物学作用”，包括对养殖动物生长速度、饲料转化效率、生理代谢调节、生理活性和鱼体健康的影响，从鱼粉特殊的生物学作用入手，依赖多种原料、饲料添加剂来实现对养殖动物生物学作用的目标。即使在饲料中没有鱼粉或低鱼粉含量的情况下，也能达到良好的养殖效果。这个方案在实施过程中，除了考虑养殖动物的生长速度、饲料效率，还要考虑养殖动物的生理健康，解决问题的立足点是养殖动物的生理健康；其次，解决问题的手段不是从鱼粉入手，而是从饲料配方编制着手，合理选择饲料原料、饲料添加剂。

第二节　鱼粉产品类型

一、《饲料原料目录》中的鱼粉类产品

《饲料原料目录》中关于以鱼类为原料的鱼粉、鱼油等饲料原料产品如表 3-1 所示。

表 3-1 《饲料原料目录》中的鱼粉类原料种类

原料名称	特征描述	强制性标识要求
白鱼粉	鳕鱼、鲽鱼等白肉鱼种的全鱼或以其为原料加工水产品后剩余的鱼体部分(包括鱼骨、鱼内脏、鱼头、鱼尾、鱼皮、鱼眼、鱼鳞和鱼鳍)，经蒸煮、压榨、脱脂、干燥、粉碎获得的产品	粗蛋白质，粗脂肪，粗灰分，赖氨酸，组胺，挥发性盐基氮
水解鱼蛋白粉	以全鱼或鱼的某一部分为原料，经浓缩、水解、干燥获得的产品。产品中粗蛋白质含量不低于 50%	粗蛋白质，粗脂肪，粗灰分
鱼粉	全鱼或经分割的鱼体经蒸煮、压榨、脱脂、干燥、粉碎获得的产品。在干燥过程中可加入鱼溶浆。不得使用发生疫病和受污染的鱼。该产品原料若来源于淡水鱼，产品名称应标明“淡水鱼粉”	粗蛋白质，粗脂肪，粗灰分，赖氨酸，挥发性盐基氮
鱼膏	以鲜鱼内脏等杂物为原料，经油脂分离、酶解、浓缩获得的膏状物	粗蛋白质，粗灰分，挥发性盐基氮，水分
鱼骨粉	鱼类的骨骼经粉碎、烘干获得的产品	钙，磷，粗灰分
鱼排粉	加工鱼类水产品过程中剩余的鱼体部分(包括鱼骨、鱼内脏、鱼头、鱼尾、鱼皮、鱼眼、鱼鳞和鱼鳍)经蒸煮、烘干、粉碎获得的产品	粗蛋白质，粗脂肪，粗灰分，挥发性盐基氮
鱼溶浆	以鱼粉加工过程中得到的压榨液为原料，经脱脂、浓缩或水解后再浓缩获得的膏状产品。产品中水分含量不高于 50%	粗蛋白质，粗脂肪，挥发性盐基氮，水分
鱼溶浆粉	鱼溶浆或与载体混合后，经过喷雾干燥或低温干燥获得的产品。使用载体应为饲料法规中许可使用的原料，并在产品标签中标明载体名称	粗蛋白质，盐分，挥发性盐基氮，载体名称

续表

原料名称	特征描述	强制性标识要求
鱼虾粉	以鱼、虾、蟹等水产动物及其加工副产物为原料，经蒸煮、压榨、干燥、粉碎等工序获得的产品。不得使用发生疫病和受污染的鱼	粗蛋白质，粗脂肪，挥发性盐基氮，粗灰分
鱼油	对全鱼或鱼的某一部分经蒸煮、压榨获得的毛油，再进行精炼获得的产品	粗脂肪，酸价，碘价，丙二醛
鱼浆	鲜鱼或冰鲜鱼绞碎后，经饲料级或食品级甲酸（添加量不超过鱼鲜重的5%）防腐处理，在一定温度下经液化、过滤得到的液态物，可真空浓缩。挥发性盐基氮含量不高于50mg/100g，组胺含量不高于300mg/kg	粗蛋白质、粗脂肪、水分、挥发性盐基氮、组胺

二、鱼粉习惯分类

（1）红鱼粉与白鱼粉　白鱼粉是指以鳕鱼、鲽鱼等白肉鱼种的全鱼或以其为原料加工水产品后剩余的鱼体部分（包括鱼骨、鱼内脏、鱼头、鱼尾、鱼皮、鱼眼、鱼鳞和鱼鳍）为原料，经蒸煮、压榨、脱脂、干燥、粉碎获得的产品。红鱼粉则是以鳀鱼、沙丁鱼、凤尾鱼、青皮鱼以及其他各种小杂鱼及其加工副产物为原料生产的鱼粉。

因此，白鱼粉、红鱼粉主要是依据原料鱼肌肉色泽进行划分的一种习惯性分类。白鱼粉的原料鱼主要还是一些冷水性海水鱼类，其原料鱼的营养价值相对较高，原料鱼以及生产的鱼粉新鲜度相对较好，一般用于对鱼粉新鲜度有较为严格要求的水产养殖种类，如鳗鱼、甲鱼等。

（2）直火鱼粉与蒸汽鱼粉　直火鱼粉与蒸汽鱼粉的差异主要是在烘干过程中的传热媒介和烘干方式。直火鱼粉（fire hot air quality fish meal，FAQ鱼粉）是指鱼粉原料鱼经过蒸煮、压榨后，采用热空气作为传热媒介对鱼粉进行加热并带走蒸发的水蒸气，使鱼粉的含水量下降，达到干燥的目的。该工艺和方法的优点是干燥速度快，不足之处是热空气与鱼粉物料直接接触，在温度过高、受热不均一的情况下，会导致部分鱼粉蛋白质焦化变性，影响鱼粉蛋白质的消化和利用效果，同时也导致鱼油的氧化酸败。

蒸汽鱼粉（steam dried fish meal，SD鱼粉）是指鱼粉原料经蒸煮、压榨后，采用管道水蒸气作为加热媒介，水蒸气与鱼粉物料不直接接触，水蒸气将其热量通过管道材料传递给鱼粉物料，鱼粉物料中的水分蒸发并被带走，达到干燥的目的。该方法的优点是烘干温度相对较低，对鱼粉蛋白质的热破坏较少，鱼粉蛋白质可以具有较好的消化利用率。不足之处是烘干时间相对延长，一般采用多级烘干的方式。

（3）全鱼粉（不脱脂鱼粉）、半脱脂鱼粉、脱脂鱼粉　在鱼粉生产工艺中，鱼粉原料经过蒸煮、压榨得到滤液，滤液中包含悬浮的颗粒物、油脂、水溶物质三大部分。上述三类鱼粉的主要差异在于滤液中的物质是否再返回到鱼粉中。

全鱼粉（不脱脂鱼粉）是指鱼粉原料经过蒸煮后，直接进行烘干处理，保留了原料鱼中的绝大部分物质；或者是鱼粉原料经过蒸煮、压榨后，将得到的滤液经过浓缩后全部返回到鱼粉中。其特点是保留了原料鱼中绝大部分的营养和非营养物质，鱼粉蛋白质、脂肪含量高，尤其是脂肪含量可以达到16%及其以上的水平。同时，鱼粉中的颜色性物质、水溶性物质、油脂等几乎全部保留在鱼粉中，鱼粉的各种味道较为浓烈、新鲜度相对较差。

半脱脂鱼粉是指原料鱼经过蒸煮、压榨得到滤液，滤液经过离心得到悬浮物、水溶液和油脂，将得到的悬浮物、水溶物（经过浓缩后）再加回到鱼粉中，而鱼油则不再返回鱼粉中。得到的鱼粉蛋白质含量较高、脂肪含量较低（一般在12%左右）。其特点是鱼粉的蛋白质新鲜度相对较差，即挥发性盐基氮（VB-N）、组胺等生物胺相对较高，而脂肪含量适中。

脱脂鱼粉是指原料鱼经过蒸煮、压榨后，所得的滤液经过离心分离，只是将其中的悬浮物返回到鱼粉中，水溶性物质、鱼油不再返回到鱼粉中。其特点是蛋白质含量、脂肪含量均相对较低，但是蛋白质新鲜度较好。

（4）干法鱼粉与湿法鱼粉　是指经过干法或湿法工艺生产的鱼粉。

干法鱼粉生产工艺是将原料的热处理和鱼粉的干燥合并在压油之前同一过程中完成，由于是在较高温度下压榨、烘干同时进行，压榨出来的主要为鱼油和水分。该方法生产的鱼粉蛋白质含量较高，但其中的鱼油容易氧化酸败，且氧化产物保留在鱼粉中，同时也容易导致鱼粉蛋白质的焦灼，降低鱼粉的消化率。该方法目前主要还是在一些小作坊式的鱼粉生产企业中采用。

湿法压榨是将蒸煮与干燥分开进行。原料鱼从蒸煮、压榨、干燥及鱼油和水分离等过程相对独立进行，形成流水式的生产线。这是较为先进的鱼粉生产工艺和方法。

第三节　鱼粉类饲料原料的原料鱼

目前常用于鱼粉生产的鱼类有40多种，进入世界贸易市场的鱼粉其主要原料是鳀鱼、鲱鱼、金枪鱼、沙丁鱼、罗非鱼、沙鳢、竹荚鱼等。国内用于鱼粉生产的原料主要是鳀鱼、马面鱼、七星鱼、小带鱼、龙头鱼、鲢鱼、蟹、虾及它们的下脚料等。

按照饲料原料中关于鱼粉原料的特征描述，白鱼粉和鱼粉的原料描述见表3-1。如果将其细分则包括以下两类。

（1）全鱼或鱼产品加工副产物　全鱼一般为海洋捕捞的不能用作人类食用的鱼类，一般为个体小型的鱼类。鱼产品加工的副产物如鱼头、尾、鳍、鱼内脏、鱼皮、鱼排等原料。

(2) 海水鱼与淡水鱼　除了常规的海水鱼类及其加工副产物外，目前还有较多的淡水鱼类及其加工副产物。淡水鱼全鱼用作加工鱼粉的不多，在水库、湖泊捕捞的淡水小型鱼类如一些野杂鱼，由于数量少、较为分散，一般是将其加工为鱼干，鱼干直接作为原料经过粉碎后进入饲料中。而淡水养殖鱼类如斑点叉尾鮰、罗非鱼、越南等国家的巴沙鱼等，在加工厂经过切片加工后，剩下的鱼排、鱼头、鱼尾、鱼皮、内脏、鱼脂肪等可以作为鱼粉加工的原料。所得鱼粉称为淡水鱼排粉或淡水鱼粉。

生产鱼粉的原料决定了鱼粉质量品质，不同国家和地区由于其捕获的原料鱼种类不同、原料鱼的大小规格不同、捕获的季节差异，以及原料鱼的新鲜状态差异、鱼粉加工技术差异等，最后获得的鱼粉产品质量有较大的差异。这是饲料企业选择、选购鱼粉必须考虑的基本因素。

在世界鱼粉生产中，大约90％是用鳀鱼（anchovy）、毛鳞鱼（caplin）和油鲱鱼（menhaden）等低值鱼生产的。只有不到10％是用鳕鱼（pollock）和黑线鳕鱼（haddock）等鱼类的加工下脚料生产的。由于生产鱼粉的原料与本身肌肉色泽的差异，一般是将以红色鱼肉类原料鱼如鳀、鲭、沙丁鱼等加工的鱼粉称为红鱼粉，而以白色鱼肉原料鱼如鳕鱼、黑线鳕、狭鳕等加工的鱼粉称为白鱼粉。以鱼产品加工副产物生产的鱼粉一般为红鱼粉。

下面对几种主要原料鱼的资源状况、生物学特性等进行简要介绍，这对于把握和了解鱼粉质量会有很大的帮助。

一、鳀鱼

鳀鱼（anchovy；*Engraulis japonicus*）为鳀属的一种，在中国又名海蜒、离水烂、老雁食、烂船丁、海河、巴鱼食、乾鱼、抽条、黑背鳁。鳀鱼属温水性上层小型鱼类，产卵鱼群体长为75～140mm，体重为5～20g。鳀鱼的典型特征是趋光性较强，幼鱼更为明显。全年分为产卵期（5～7月）、索饵期（8～10月）和越冬期。

鳀鱼以中华哲水蚤、太平洋磷虾等浮游动物为主要捕食对象，同时又是蓝点马鲛等多种鱼类的饵料生物，在整个海洋生态系统中起着承上启下的重要作用，是黄、东海生态系统动力学研究的资源关键种。鳀鱼的主要食物有桡足类卵、桡足类无节幼体、原生动物、中华哲水蚤、剑水蚤、真刺水蚤、胸刺水蚤、太平洋磷虾等。

中国近海鱼的捕捞主要以拖网为主。一般情况下，拖网渔船的平均网次产量随着主机功率的增加而增加。这是因为主机功率加大后，相应的拖网渔船的拖力提高，所匹配的网具加大，从而较大功率的拖网渔船可以获得较高的网次产量。在近海渔场用拖网渔船捕捞鱼时，主机功率不必过大，应以316～352kW为主。

(1) 鳀鱼的营养成分　蒋定文等（2010）以浙江舟山的冰冻鳀鱼为原料，测定了60℃下烘干恒重的鳀鱼营养成分，鳀鱼的粗蛋白含量为59.4％，粗脂肪含量为

16.0%，总糖含量为1.34%，多糖含量为0.24%。如果以此数据为基础，计算鳀鱼的氨基酸组成特征，可以作为鳀鱼鱼粉蛋白质中氨基酸的评判参考指标，结果见表3-2。Lys/Met指标为3.47，鳀鱼的氨基酸总量占鳀鱼干重的61.45%，ΣAA/PRO（总氨基酸/蛋白质含量）值为103.45%，ΣEAA/ΣAA（必需氨基酸/总氨基酸）值为48.19%。如果以单一必需氨基酸含量占9种必需氨基酸（色氨酸没有测定数据）总量的百分比表示鳀鱼蛋白质中必需氨基酸平衡模式，结果见表3-2，如赖氨酸为19.79%、蛋氨酸为5.71%、脯氨酸为10.91%等。

表3-2 鳀鱼的氨基酸组成

鳀鱼全鱼的氨基酸组成	含量/(g/100g)	占9种EAA比例/%
苏氨酸(Thr)	2.98	10.06
脯氨酸(Pro)	3.23	10.91
缬氨酸(Val)	3.07	10.37
蛋氨酸(Met)	1.69	5.71
异亮氨酸(Ile)	2.77	9.35
亮氨酸(Leu)	5.1	17.22
苯丙氨酸(Phe)	2.3	7.77
赖氨酸(Lys)	5.86	19.79
组氨酸(His)	2.61	8.81
精氨酸(Arg)	3.64	
丝氨酸(Ser)	2.47	
胱氨酸(Cys)	0.61	
天冬氨酸(Asp)	6.22	
甘氨酸(Gly)	3.53	
酪氨酸(Tyr)	2.05	
丙氨酸(Ala)	4.22	
谷氨酸(Glu)	9.1	
ΣAA	61.45	
ΣEAA	29.61	
ΣEAA/ΣAA	48.19%	
Lys/Met	3.47%	
ΣAA/PRO	103.45%	

鳀鱼主要含有27种脂肪酸，即饱和脂肪酸13种，不饱和脂肪酸14种。饱和脂肪酸含量占鳀鱼干重的9.56%，占脂肪总量的60.0%。不饱和脂肪酸含量占鳀鱼干重的6.43%，占脂肪总量的40.0%，其中单不饱和脂肪酸8种，占鳀鱼干重的5.50%，多不饱和脂肪酸6种，占鳀鱼干重的0.93%。EPA+DHA占鳀鱼干重

的0.62%。

（2）鳀鱼资源量　我国鳀鱼主要分布在黄海、东海近海，根据海洋渔业资源共有性和洄游性的特点，受水温影响，鱼汛经常变化，目前用于国产鱼粉生产的捕捞范围从北方的渤海湾到舟山地区。关于我国鳀鱼资源量，据中国水产科学研究黄海水产研究所连续多年对东、黄海区鳀鱼资源的调查评估，蕴藏量在280万～430万吨，最大年可捕量在50万～70万吨，如果全部用于鱼粉生产，按照原料鱼：鱼粉为（4～5)：1推算，我国鳀鱼鱼粉产量应该在10万～20万吨，2006年国产鱼粉产量为51万吨，同期进口鱼粉为97.7万吨。与秘鲁等国比较，我国鳀鱼资源量较小，渔业资源的管理制度还有待完善，用于鱼粉生产的鳀鱼资源有过度捕捞、资源量不稳定的趋势。有资料表明，20世纪90年代黄海、东海鳀鱼资源生物量在400万吨左右，年可捕量为50万吨。1995年鳀鱼捕获量为40万吨，2000年鳀鱼捕获量达100多万吨。近几年来，黄海鳀鱼资源生物量已下降到20万吨左右。不断恶化的近海环境和无序的捕捞，使东海、黄海的鳀鱼资源急速衰退。

秘鲁渔业资源丰富，鳀鱼生物资源量在800万～1000万吨。为了保护渔业资源，秘鲁政府实行严格的捕鱼配额制度，有禁捕期和可捕期，有储备渔区和禁止捕捞区域。一般情况下，秘鲁夏季的捕捞配额约300万吨，较高的年份鳀鱼捕捞量在400万～500万吨。按照目前的管理和捕捞水平，其鳀鱼生物资源量可保持十年不会有大的变动。秘鲁捕获的鳀鱼90%以上都用于生产鱼粉，鱼粉生产原料供应稳定，其鱼粉产量长期居世界第一。秘鲁捕捞鳀鱼渔船吨位较大、性能先进，渔场近，渔船当天或者次日可返回，保障了鱼粉原料的新鲜。因此，秘鲁鱼粉质量较好，品质较为稳定。

（3）鳀鱼脂肪和肥满度的季节变化　鳀鱼是高脂鱼类，其脂肪含量存在显著的季节性特征。产卵前期的5月鳀鱼的脂肪含量最高，平均达到15%的脂肪含量；肥满度也是最高，为0.821g/cm^3。6月为生殖盛期，肥满度逐步降低，10月开始越冬时为0.442g/cm^3。产卵盛期过后脂肪含量降至10月的4%左右，经过越冬前的秋季索饵，鳀鱼的脂肪含量又会回升到8%，越冬期1月出现次高值为0.56g/cm^3。在整个越冬期间，鳀鱼脂肪含量没有大的变化，到1月时为7%左右。当经过漫长的越冬期后的3月，鳀鱼的肥满度最低，为0.44g/cm^3。鳀鱼个体大小也是影响鱼粉质量的主要因素，在不同生长阶段蛋白质含量不同。一般在性成熟前年龄越小蛋白质含量越高。

厄尔尼诺是西班牙语“圣婴”之意，厄尔尼诺现象指每年圣诞节期间，东太平洋的厄瓜多尔和秘鲁北部沿海水域的增温现象。平时那里海面水温比一般赤道海水温度低，这是由于向北运动的秘鲁洋流驱使海表水离岸流动，深处的冷水涌升上来，冷水中富含磷酸盐和硝酸盐等营养物质，给浮游生物和鱼类繁殖创造良好的条件，使秘鲁渔业成为世界上最大的水产业。当暖洋流取代了冷水，就减少了营养物质涌升，但增温一般不过1～2℃，时间不过三四个月，渔业所受影响不太大。

二、鲱鱼

鲱鱼（*Clupea pallasi*）是重要的经济鱼类，是世界上产量最大的一种鱼。鲱鱼分为两种：一种是生活在大西洋两岸的大西洋鲱，另一种是分布在太平洋北半部两岸的太平洋鲱。沙丁鱼是鲱科中沙丁鱼属、小沙丁鱼属和拟沙丁鱼属的统称。

鲱鱼是硬骨鱼纲、鲱科的统称，属于小型鱼类，体色银白、发青。体延长而侧扁，体长一般25～35cm，最大个体可达50cm。为冷水性中上层鱼类，食浮游生物。适低温，适宜水温要求在10℃以内，平时栖息较深海域，繁殖时游向近海，春季产卵，沉性粘着卵，怀卵量为3万～10万粒。分布于中国的黄海；在日本、朝鲜到北美洲太平洋海区亦广泛分布。

鲱鱼是冷温性结群的海洋上层鱼类，以浮游生物为食。鲱鱼体内多脂肪，供鲜食或制罐头食品，鱼卵巢大，富营养价值，是鱼粉生产的主要原料鱼之一。鲱鱼生长到2～3龄、体长27cm左右时性成熟。每年3月中旬到4月上旬鲱鱼游向沿岸产卵。鲱鱼具有非常明显的集群特点，在集群洄游开始前的2～3d，有少数颜色鲜明的大型个体作先头部队开路，接踵而来的便是密集的鱼群出现在岸边。渔人根据岸边水的颜色、海水的动向和窜动的鱼群所溅起的特殊水花以及天空中大群海鸟的盘旋和鸣叫声，就能准确地判断出大鱼群的来临。

三、毛鳞鱼

毛鳞鱼（*Mallotus villosus*）属于硬骨鱼纲、鲑形目、胡瓜鱼科、毛鳞鱼属，生活于北大西洋东、西两岸和西北太平洋高纬度海域。毛鳞鱼属于冷水性经济鱼类，中国偶见于图们江下游河口。幼鱼摄食桡足类及其他浮游动物，成鱼摄食端足类、磷虾、十足目、虾类和幼鱼。生长较慢。产卵期在6～7月。

四、鳕鱼

鳕鱼（*Gadus macrocephaius*）通常是指鳕形目鱼类，是海洋世界的大家族，已知约有50余种，是海洋渔业的主要捕捞对象。为世界性、冷水性重要上层或底层海洋鱼类。1996年全球鳕鱼捕获量达1071万吨，占海洋渔业总产量的15%～18%。

鳕鱼地方名大头青、大口鱼、大头鱼、明太鱼、水口、阔口鱼、大头腥、石肠鱼。体延长，稍侧扁，尾部向后渐细，一般体长25～40cm，体重300～750g。

鳕鱼广泛分布于大西洋和太平洋北部水域，个别种类如江鳕（*Lota lota*）栖于江河。鳕科共约53种，主要捕捞种类属鳕科、无须鳕科和长尾鳕科。其中重要经济种类有：①狭鳕（*Theragra chalcogramma*）。无颏须，下颌稍长于上颌，具3背鳍、2臀鳍，尾鳍半月形。栖于北太平洋，广泛分布于白令海、鄂霍次克海和日本海。②大西洋鳕（*Gadus morhua*）。具1颏须，上颌稍长于下颌，具3背鳍、2臀鳍，尾鳍截形。栖于大西洋北部的美洲及欧洲沿岸，北到格陵兰、斯匹茨卑尔根和新地岛沿岸以及喀拉海、波罗的海和白海。③无须鳕（*Merluccius*）。无颏须，下颌较上颌长，具2背鳍、1臀鳍，尾鳍截形。分布于东大西洋，北到英国沿海和北海，南到非洲西北沿海和地中海，北太平洋也有少量分布。④太平洋鳕（*Gadus macrocephaius*）。太平洋北部美洲和亚洲沿岸都有分布，黄海只分布在北部水深50～80m海区内。⑤普太松蓝鳕（*Micromesistius poutassou*）。分布于大西洋欧洲和北美沿岸，也见于地中海一带，栖息于水深270～500m处。

鳕鱼属于冷水性鱼类，南极的鳕鱼为世界上最不怕冷的鱼。在南极寒冷的冰水中，它能够冻而不僵。鱼类生理学的研究结果表明，一般鱼类在－1℃就结冻，南极鳕鱼还能在－1.87℃的温度下活跃地生活，这是因为南极鳕鱼的血液中含有抗冻蛋白。南极鳕鱼生活在南大洋比较寒冷的海域，甚至在位于南纬82°的罗斯冰架附近都有它的分布。大多数分布于大西洋北部大陆架海域，我国产于黄海和东海北部。主要渔场在黄海北部、山东高角东南偏东和海洋岛南部及东南海区。渔期有冬、夏两汛，冬汛是12月至翌年2月；夏汛为4～7月。重要鱼种有太平洋鳕、大西洋鳕、黑线鳕、蓝鳕、绿青鳕、牙鳕、挪威长臂鳕和狭鳕等。狭鳕是鳕科中的重要种类，是冷水性中下层鱼类，广泛分布于太平洋北部，从日本海南部向北沿俄罗斯东部沿海，经白令海和阿留申群岛、阿拉斯加南岸、加拿大西海岸至美国加利福尼亚中部，白令海和鄂霍次克海是两个重要渔场。

鳕鱼为肉食性鱼类，不同种类的摄食对象基本相似。如营上层生活的狭鳕摄食鱼类、磷虾、糠虾；栖息于深水中的无须鳕以鱼类为食；营近底层生活的大西洋鳕和太平洋鳕主要摄食鱼类，间或摄食磷虾。分布在黄海的太平洋鳕还摄食头足类、多毛类及蟹类等。

黄海的太平洋鳕在其分布区内只进行较短距离的洄游，成鱼冬季在石岛近海产卵，然后游向东南较深海区，4月后又游向黄海北部，5～6月在成山头到海洋岛一带海区索饵，当年生幼鱼则始终逗留于黄海北部海区摄食直至翌年春季。

世界上鳕鱼的年产量占世界鱼产量的15%～18%。鳕类中最主要的狭鳕，主要生产国为俄罗斯、日本、朝鲜及美国等。狭鳕是渔获量很高的经济鱼类，最高年产量600多万吨，1998年渔获量为409.4万吨，其中俄罗斯和美国占86.1%。大西洋鳕的产量居鳕鱼总量的第二位，其主要生产国有加拿大、冰岛、挪威、丹麦、英国、俄罗斯等。无须鳕的产量占第3位，主要生产国为智利、阿根廷、俄罗斯、西班牙和南非等。

白鱼粉是指用鳕鱼、鲽鱼等白肉鱼种的全鱼或下脚料加工制成的低脂鱼粉，依加工方法分为工船加工和岸上加工。美国海鲜白鱼粉是指美国工船在阿拉斯加海区、白令海和鄂霍次克海加工的白鱼粉。它具有色淡、蓬松、鱼肉多、黏弹性好、易与各种α-淀粉及其他鱼粉配合使用的特点。蛋白质含量高，平均在67%以上，高的可达72%。氨基酸含量平衡，胃蛋白酶消化率平均在90%以上，易消化吸收，营养价值高。新鲜度好易保存。挥发性盐基氮低于40mL/100g；组胺低于50μg/g，酸价低于1mg KOH/g。鉴于美国海鲜白鱼粉具有以上优良品质，因此它是中高档水产饲料如鳗、中华鳖饲料中必不可少的原料。

五、玉筋鱼

近几年的渤海鱼类资源调查结果表明，玉筋鱼（*Ammodytes personatus*）的资源量大幅度上升，至2000年已达20余万吨，成为该海域小型鱼类的主要优势种之一。玉筋鱼属纯浮游动物食性的小型鱼类，同时也是大中型动物食性鱼类的重要饵料生物，因此在渤海食物网结构中扮演着重要角色。

第四节　鱼粉、鱼排粉的生产流程

一、鱼粉生产工艺

以海洋捕捞的鱼粉原料鱼、水产品加工的副产物（鱼排、内脏、鱼皮等）为鱼粉原料的蒸汽鱼粉生产工艺如图3-1所示。

在整个工艺过程中，原料经过蒸煮、压榨后得到的鱼溶浆是否返回到鱼粉中，可以得到不同类别的鱼粉，如全脂鱼粉、脱脂鱼粉、半脱脂鱼粉等。鱼溶浆如果单独浓缩、烘干可以得到鱼溶浆粉。

在生产流程中，如何有效降低鱼粉脂肪含量、如何有效降低鱼粉中的水溶性有害物质如生物胺、挥发性盐基氮等，是提高鱼粉安全性的主要技术手段。最为理想的技术方法是在原料蒸煮工段增加物料中水分含量；而最为有效的技术方法则是，经过压榨得到的湿鱼粉进行第二次脱脂、水洗，得到脂肪含量更低、生物胺和挥发性盐基氮更低的优质鱼粉。

二、原料接收与处理

作为鱼粉加工的原料，主要包括捕捞的鳀鱼、鲱鱼、小带鱼等新鲜原料，在捕捞船活动冷冻库中冷冻的冰冻鱼，以及取走食用鱼肉等的水产品加工副产物，如鱼排、鱼皮、鱼内脏等的混合物。

这些原料在进入鱼粉生产线前，对于鱼体个体较大的、水产品加工的副产物如鱼排等，一般需要经过简单的粗粉碎，将大的鱼排、鱼骨等粉碎为小块状，有利于蒸煮和烘干。

对于冰冻的鱼块（一般为15kg/块），则需要用切碎机切成小块状后再进入鱼粉生产线。

原料鱼一般都要进入一个原料池或原料仓中，按照一定的数量进入生产线。

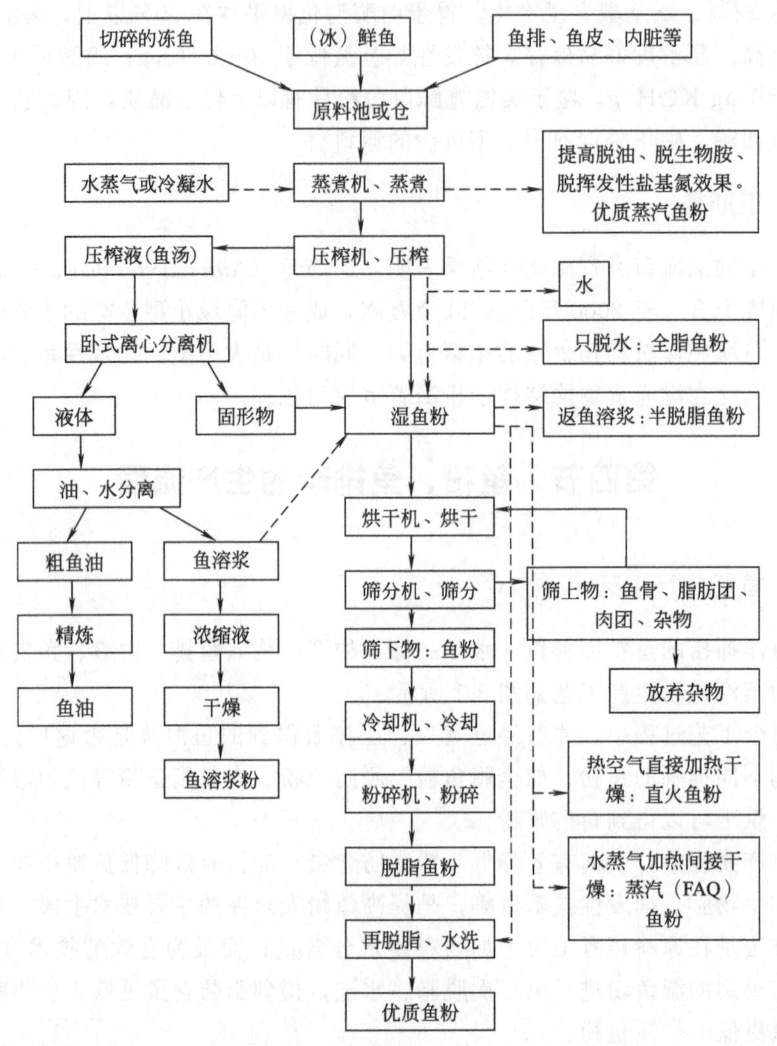

图 3-1　蒸汽鱼粉生产工艺

三、蒸煮及其对产品质量的影响

(1) 原料的蒸煮与蒸煮机　蒸煮机由带夹套的壳体和带空心叶片的中空螺旋输送轴组成，夹套、螺旋轴及叶片都由蒸汽加热，从而保证了均匀地蒸煮。蒸煮温度由插入式的温度调节阀自动调整。水蒸气与物料没有直接的接触，其热量来源是通过壳体和中心管传递的水蒸气热量。原料从料口进入机内，被螺旋轴和螺旋叶及蒸汽夹层所加热，并在叶片的推动下缓缓地向前移动，随着原料的熟化，所占的体积逐渐减少，并被不断地搅拌和翻动，在出料端拨料装置的作用下，熟料就均匀、连续地从料口排出。出料温度 90～95℃。

蒸煮的目的简单讲就是要将原料鱼煮熟、而不能过熟。

原料鱼煮熟就是通过加热的方式提高原料物料的温度至80℃以上（管道中水蒸气的压力一般为5kgf/cm^2、温度为159℃），其结果是，在高温下导致原料中的蛋白质变性、细胞破碎，使鱼体的骨与肉分离、油脂与细胞分离、水分与物料分离。达到这个要求的就可以视为原料鱼煮熟了。

蒸煮工艺中蒸煮温度、蒸煮时间是关键性的控制参数。原料含水量的多少、原料鱼鱼体的大小等是影响蒸煮时间、蒸煮效果的主要因素。如果温度过低则达不到“煮熟”的目标，会影响到下段工序的压榨效果、鱼粉的烘干效果，还不能最大限度地压出油脂，降低了鱼油的产量，而且鱼粉残油率高了会影响其质量。相反，如果温度过高、蒸煮时间过长，则可能导致原料变成粥状，给压榨造成负担，固液不易分离。另外会使部分蛋白质水解造成蛋白质的损失，并使得成品鱼粉质量下降。蒸煮时间也是影响鱼粉生产的关键因素。若蒸煮时间过短，蒸煮不熟，油脂很难从鱼肉中分离出来，使鱼粉残油量过高而影响其质量；而蒸煮时间过长，则会使鱼变成粥状，造成蛋白质降解并随压榨液流失，或者令鱼肉压榨不干，导致鱼粉质量下降。

最佳蒸煮温度通常为80～98℃，最佳蒸煮时间为20～30min。

原料蒸煮过程是否要加盐？为了提高鳀鱼的失水速率，缩短蒸煮时间，改善口感，延长储藏期，在蒸煮过程中添加了适当浓度的NaCl，蒸煮后蒸煮液中NaCl浓度为3.600g/100mL。

（2）蒸煮工艺对鱼粉质量的影响　原料的蒸煮需要使所有的蛋白质变性、细胞破裂，而对于鱼骨也需要适当的煮熟，所以蒸煮温度和蒸煮时间就成为影响蒸煮效果的关键参数，也是影响鱼粉产品质量的主要因素。

首先是要最大限度保留原料鱼中的营养物质，尤其是蛋白质和氨基酸等营养物质。过高的温度、过长的时间会导致维生素等热敏感物质的热损失量增加、赖氨酸与糖类物质因为美拉德反应的热损失量增加、油脂不饱和脂肪酸的氧化酸败等。

其次是最大限度地减少鱼粉中不安全物质的残留量。鱼粉中自然产生的不安全物质主要是蛋白质在微生物作用下发生腐败所产生的产物，如组胺、腐胺等生物胺，以及生物胺再分解产生的二甲胺、三甲胺、氨等物质，这些物质是水溶性的；还有就是鱼油中不饱和脂肪酸的氧化酸败所产生的中间和终产物，如低碳链的脂肪酸、醛（丙二醛等）、醇等物质，多数是脂溶性的。

在原料蒸煮工段，要通过温度和时间的控制减少上述自然产生的蛋白质腐败和油脂酸败产物发生、反应程度及其数量，也可以通过一些工艺技术控制和减少这些物质的量。

例如，提高物料水分含量，利用水分数量的增加使物料受热更为均匀，水量的增加可以更多地带走油脂、水溶物的蛋白质腐败产物，其结果可以使鱼粉产品中残留的有毒有害物质减少，提高鱼粉的质量水平，保持较好的鱼粉新鲜度质量。例如，有鱼粉企业将压滤工段的水（含有水溶物质如蛋白质、氨基酸等），按照与物料1∶1的比例返回加入原料中，经过蒸煮，实现对原料的“水洗”效果，可以更大程度地减少鱼粉产品中油脂含量和挥发性盐基氮、组胺的含量，得到的鱼粉产品中，挥发性盐基氮（VB-N）含量可以在80mg/kg、组胺含量在100mg/kg以下，油脂含量在8%以下，达到超级蒸汽鱼粉的质量水平。

四、压榨

（1）压榨过程　经蒸煮后的熟料从料口进入，由于两根螺杆的螺距沿出料端逐渐减少、螺旋芯轴却逐渐增大，所以位于二轴螺槽内的原料就被逐渐压缩，产生的压力可达1.5MPa以上。随着原料的不断压缩，汁水不断地从不锈钢滤网的筛孔中流出，滤网孔径从4.5mm到1mm由大到小排列，汁水汇集到汁水斗中，并从出口流入汁水池，榨饼从料口落下，经螺旋输送机进入干燥机。

（2）压榨产物与去路　物料经过压榨后得到压榨饼和压榨液。用撕碎机将压榨饼打碎，增大其表面积，以利于传热。压榨饼经过简短搅碎后进入下一道工段——烘干机。

压榨液中主要包含悬浮的颗粒物、水溶液和油脂。经过沉淀、过滤后的液体进入下一道工段——卧式沉降离心分离。沉淀物中主要为一些泥沙、相对密度较大的微小颗粒物。有7%～10%的干物质，它们可以用蒸发脱去大部分水的办法来回收，从而得到产品——浓缩汁，其中含有大约40%的干物质。

（3）压榨液的营养成分　鳀鱼肌肉组织脆弱，蒸煮过程中鳀鱼营养物质易流失在蒸煮液中。据报道，每加工1t产品，就会产生1.5t左右的蒸煮液，蒸煮液成分复杂，其中主要是蛋白质、游离氨基酸、肽类等。鳀鱼蒸煮液中，蛋白质含量为0.385g/100mL，非蛋白氮含量为0.275g/100mL，氨基酸态氮含量为0.110g/100mL，蛋白质分子量主要分布在35000以上；游离氨基酸总量为370.64mg/100mL，呈味氨基酸含量高，呈现鲜甜滋味；经气相色谱质谱联用仪（GC/MS）风味物质分析，对其风味起主要贡献的化合物为醛类。（林胜利等，2013）

五、固液分离

压榨液的固液分离一般采用卧式沉降离心机完成。压榨液由沉淀池进入离心分离机，完成悬浮颗粒、水和油的初步分离。得到的悬浮颗粒物主要为一些鱼肉、鱼骨等微小颗粒物，经过离心分离将油、水分离出去之后，颗粒物则通过管道与压榨、搅碎后的压榨饼（鱼粉）混合，之后一起进入烘干机干燥。

如果将压榨后得到的液体经过浓缩后再加入压榨后的鱼粉原料中，再经过烘干得到的鱼粉就是全脂鱼粉。全脂鱼粉的蛋白质、油脂含量相对于同样的原料生产的半脱脂或脱脂鱼粉就要高一些，相应的生物胺、油脂氧化产物的含量也要高一些，即鱼粉安全性、新鲜度就差一些。

水溶液中含有水溶性的蛋白质、糖等成分，这就是所谓的鱼溶浆（含有盐分、杂质、脂肪及细微的鱼粉颗粒）。由于水分含量很高，需要再进行浓缩处理。浓缩的方法主要采用真空低温浓缩，将大量的水分除去，得到鱼溶浆浓缩液。鱼溶浆浓缩液的主要成分为水溶性的蛋白质、氨基酸、生物胺、二甲胺、三甲胺等成分，以及少量的油脂物质。水溶性的蛋白质、氨基酸等成分消化利用率高，是优质的含氮营养物质。而其中的生物胺、挥发性盐基氮物质，以及水溶性的鱼油氧化产物如丙二醛、低级脂肪酸、酮等有毒有害物质也在其中，其安全性、新鲜度指标等较差。这就是鱼溶浆浓缩液作为饲料原料的两面性：高营养、高有害物质。

鱼溶浆的浓缩。从分离机排出的鱼蛋白水，由泵打入水桶，并用蒸汽加热至85℃左右，然后送入Ⅱ效加热器内，用Ⅱ效循环泵进行系统循环。鱼液通过分配器，在重力作用下从列管内壁以膜状向下流动，并被管外来自Ⅰ效的二次蒸汽所加热，在真空减压下沸腾蒸发，产生的汽液从鱼液中分离出来，并把它引入高位冷凝器内，鱼液则继续在Ⅱ效循环浓缩，达到一定浓度后由泵通进入Ⅰ效。Ⅰ效的循环泵使它在Ⅰ效加热器内循环，从Ⅰ效分离出来的二次蒸汽通过汽口引入Ⅱ效加热器，作为Ⅱ效的工作蒸汽。鱼液在Ⅰ效内循环，当浓度达到28%左右时，用浓缩液泵送往浓缩液筒，与压榨饼混合，然后进入干燥机进行脱水烘干，使之成为产品。

鱼溶浆浓缩液的去路：①可以直接将浓缩液作为商品，主要用于毛皮动物、鱼、虾、蟹等养殖动物饲料中作为诱食性物质使用，当然需要关注其中的生物胺、油脂氧化产物的不良反应问题。在对这些物质具有很高耐受性的养殖动物饲料中可以使用。②鱼溶浆浓缩液再进一步脱水、干燥，得到鱼溶浆粉，鱼溶浆粉的主要成分与浓缩液基本相同，但有利于包装、运输、存储等，主要用于猪饲料中提供高消化率的水溶蛋白质、氨基酸等营养物质，其中的不安全物质也是需要考虑的因素。③返回到鱼粉中，随同离心得到的固形物、压榨得到的鱼粉原料一起混合之后，进入烘干机干燥得到鱼粉。这种鱼粉就是半脱脂鱼粉。如果不返回到鱼粉中，得到的鱼粉就是脱脂鱼粉了。

经过离心分离得到的鱼油含有较多的水分和一些杂质，需要进一步进行油-水分离，得到粗鱼油，粗鱼油再经过精炼得到精炼的鱼油，精炼鱼油可以作为饲料油脂的主要原料。

六、干燥

干燥机工作原理。干燥机由一个横卧的外壳和一个带有蒸汽加热的空心转轴构成，轴上焊有加热平板，平板上装有可调节角度的叶轮。随着轴的旋转，鱼粉在叶轮和盘管的共同作用下得到充分的搅拌和混合，从而使鱼粉同转轴平板表面接触最大。加热后产生的二次蒸汽从外壳顶部汽室通过引风管道排出，管道内保持有较低的真空度，使蒸汽不致外泄，同时避免吸入过多冷空气，蒸汽从进料口的轴端进入，冷凝水则从出粉口的轴端排出。

从压榨机出来的压榨饼含有 40%～50%的水分，经过干燥，使水分含量降低到10%以下。干燥过程中，鱼粉表面的蒸汽压大于它周围介质的蒸汽分压，鱼粉表面的水分汽化，这时鱼粉内部的湿度大于表面的湿度，于是内部水分边向表面扩散，这样表面水分不断蒸发，而内部水分不断向表面扩散，最后达到鱼粉表面蒸汽压与周围介质的蒸汽分压相等为止。随着蒸发出来的水蒸气不断地被抽走，鱼粉中的水分逐渐减少。这种方式烘干的鱼粉就是蒸汽干燥鱼粉。

干燥温度对鱼粉品质的影响。干燥的目的是减少鱼粉中水分的含量，鱼粉中水分含量减少后微生物等不能生长、繁殖，可以使鱼粉得到很好的保存。而干燥过程中，传热媒介的干燥方式和温度、干燥时间就是影响干燥效果和鱼粉品质的主要参数。

如果采用空气作为传热媒介，利用热空气对翻动中的鱼粉物料进行加热并带走蒸发出来的水蒸气，干燥速度就很快，但由于热空气与鱼粉物料直接接触，就会出现鱼粉物料局部过热的问题，过热的温度会导致鱼粉蛋白质焦化，同时导致鱼油的不饱和脂肪酸氧化酸败，从而导致鱼粉蛋白质的消化率下降，鱼粉残留的鱼油氧化产物过多。这种烘干方式得到的鱼粉就是直火干燥鱼粉。直火干燥鱼粉与蒸汽干燥鱼粉的主要差异就是烘干的温度值，以及热空气与鱼粉物料的直接作用导致的焦化现象。由于鱼粉中含有许多不饱和脂肪酸，这些脂肪酸在空气中（特别是在加热的情况下）容易氧化，氧化开始是不饱和脂肪酸吸氧而产生较低分子量的酸类、醛类和醇类。这些酸败的产物因自身带有特殊臭味，从而降低了鱼粉的质量。在鱼粉的干燥过程中，油脂氧化的程度要比加工中的任何工序都要严重，一般要加入抗氧化剂防止鱼油的氧化。蛋白质在加热时也起显著变化，如前所述，首先是凝固变性，据研究这种变性主要是由于脱水、缩合的结果，即由亲水性变为疏水性。蛋白质的这种变化使酶类对其水解的程度（即消化率）发生了改变。鱼粉蛋白质消化率的改变发生在原料的蒸煮、干燥和鱼粉的储藏中，其中以干燥中蛋白质消化率的改变最为显著，这与干燥的温度、时间以及干燥的方法有关。一般干燥温度越高、时间越长，蛋白质的消化率越低。

因此，对鱼粉蒸汽烘干温度、时间的控制与鱼粉的品质直接相关。如果在整个烘干过程中的温度均低于60℃，所得到的鱼粉就称为低温干燥鱼粉。而要在60℃下将含水量为40%左右的湿鱼粉烘干，就需要提高干燥效果和延长烘干时间。①烘干机中的中心轴是螺旋状和盘管状的（空心，水蒸气在里面加热管道壁，并将热量传递给物料），同时在螺旋管或盘管上设置有许多散热片，也增加散热表面积，提高传热效率。散热片以一定的角度倾斜，在中心轴转动时就拖动物料前进。②低温干燥要在一个干燥机中完成则很难达到干燥的效果，所以一般采用2～4个烘干机串联的方式，将鱼粉物料逐级烘干。串联的烘干机中温度的控制顺序是：第一级由于物料水分含量最高，烘干机温度也设置得最高，一般在60℃左右；而第二、第三、第四级的温度则逐渐降低，最后一级的烘干温度一般在35℃左右。多级烘干机串联的方法延长了烘干的时间，而烘干的温度又不至于很高，可以有效保持鱼粉的品质。③烘干机中保持较低的真空度和一定速度的空气流动，以促进鱼粉中水分的蒸发和提高干燥效果，达到低温干燥的目的。

经过烘干后的鱼粉物料温度与环境温度相比较，温差一般在10℃左右，再经过过筛、冷却，鱼粉物料温度与环境温度的差异就会小于3℃。

七、过筛

从烘干机出来的鱼粉物料需要经过筛分处理，将其中的杂物、大块状物体筛分出来（筛上物），而过筛后的物料则进入粉碎或包装环节。

一般采用转筒筛进行筛分，筛上物中一般为大块状物体，如一些杂质、杂物、大的鱼骨、脂肪团、肉团等。其中的杂物是被舍弃的部分，而脂肪团、肉团、鱼骨等由于体积较大，在烘干过程中可能没有将其中的水分蒸发出来，需要再返回到烘干机再次烘干。否则，这些大块状物料经过粉碎进入鱼粉产品中，会导致局部物料水分过高，出现发霉或导致鱼粉自燃的现象，严重影响鱼粉产品的质量。

第五节　鱼粉生产工艺影响鱼粉质量

一、鱼粉产品质量

鱼粉产品质量可以分为营养质量与卫生与安全质量两大类。

营养质量可以分解为化学营养价值和可消化的营养价值。化学营养价值主要是指鱼粉的蛋白质种类、含量，蛋白质中氨基酸组成、含量以及必需氨基酸的平衡性等，以及鱼粉中的维生素、微量元素、牛磺酸等营养物质、生物活性物质等。而可消化营养价值主要是指蛋白质、矿物质等的可消化利用率，主要是考虑鱼粉生产过程中，过高的温度或局部过高的温度可能导致鱼粉中蛋白质焦化，以及鱼粉自燃后蛋白质的焦化，导致鱼粉蛋白质的消化利用率显著性下降，这将影响到鱼粉产品的实际利用效果。

影响鱼粉产品的卫生与安全质量的因素主要包括鱼粉中残留的重金属类物质、微生物种类及其数量、蛋白质和油脂质量变异所产生的有毒有害物质等。

鱼粉产品中残留的重金属等有害物质主要与鱼粉原料鱼、原料鱼的产地（水域环境）等有关，当原料确定后，重金属等残留量也基本确定了，在加工过程中变化不大。在加工过程中，可能影响重金属等含量变化的因素还是在蒸煮过程中物料的水分含量，如果水分含量多，或许可以带走部分水溶性的重金属等物质，这些物质将进入鱼溶浆或鱼溶浆浓缩液中，而如果返浆鱼粉生产中将鱼溶浆或其浓缩液返回到鱼粉中，则这些水溶性的重金属等物质又将回到鱼粉中。

鱼粉原料鱼、或食用鱼加工的副产物中的微生物是影响鱼粉质量的一个重要因素。微生物是无处不在的，在原料中的微生物如细菌等将利用原料中的氨基酸作为其营养物质，并产生组胺、腐胺等生物胺，这是鱼粉产品中生物胺的主要来源。微生物产生生物胺的主要环节包括加工前的原料、进入厂区后没有及时加工生产的原料、在加工过程中的原料以及鱼粉产品中（如果水分合适，微生物生长也会产生生物胺）。而加工前的原料可以采用低温的方法，并及时用于鱼粉生产加工，以减少微生物的作用时间和繁殖生长的数量。在加工过程中则需要利用温度将微生物杀死，达到杀菌的作用。鱼粉产品则是用控制水分含量在10%以下的方法来控制微生物的生长、繁殖。

蛋白质的腐败作用主要是在微生物的作用下产生的，这主要与原料鱼的新鲜度、原料鱼的保存时间等有关。而要减少蛋白质腐败产物在鱼粉中的残留量的主要方法则是利用其水溶性，将大量的生物胺类物质溶解在水溶液里，随着鱼溶浆带走。所以，脱脂鱼粉中生物胺的含量较半脱脂鱼粉、全脂鱼粉中低。

油脂氧化酸败产物是影响鱼粉安全性的主要因素。鱼油中含有较多的不饱和脂肪酸，油脂的氧化酸败在原料中、加工过程中、鱼粉产品存储过程中都有发生。控制鱼粉产品油脂氧化酸败最有效的方法就是控制鱼粉中油脂含量，并加入一定量的抗氧化剂。在加工过程中，由于水分含量较高，如果加工的温度过高、时间过长，将导致鱼油的氧化酸败作用加强，严重影响鱼粉产品的安全质量。

鱼粉生产过程中鱼粉质量变异与控制示意图见图3-2。

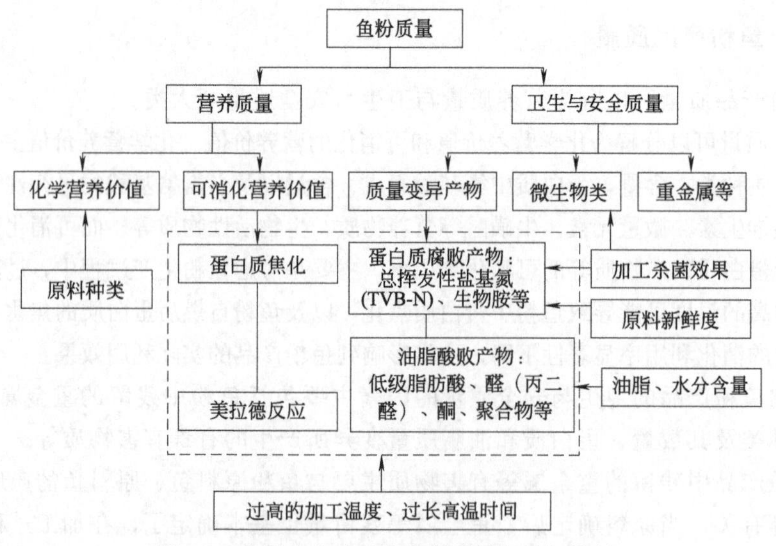

图3-2　鱼粉生产过程中鱼粉质量变异与控制

二、原料鱼对鱼粉质量的影响

原料鱼的种类、原料鱼的新鲜度、加工的温度、脂肪的质量和微生物组成是影响鱼粉质量的5个最主要因素。

原料鱼的种类和新鲜度是决定鱼粉产品质量的决定性因素，是鱼粉产品质量的基础。

1. 原料鱼种类决定了鱼粉产品质量的基础

不同鱼粉如白鱼粉与红鱼粉的营养质量差异是由原料鱼的种类所决定的，尤其是其中的蛋白质种类（营养价值及其可消化利用率等）、必需氨基酸平衡效果、对养殖动物有益的营养物质或生物活性物质等，在原料鱼种类中就基本决定了。

而不同加工工艺、生产方式生产的鱼粉营养质量则是由加工条件如温度、干燥方式、鱼溶浆是否返回鱼粉中等所决定的。如果原料相同，直火鱼粉与蒸汽鱼粉质量差异则主要是由加工过程中的温度、热传递媒介及其作用方式所决定的。

鱼粉生产的主要原料鱼及其营养价值在前面已经阐述，不同种类的原料鱼加工得到的鱼粉品质有较大的差异，表 3-3、表 3-4 列举了美国不同原料鱼生产的鱼粉的营养组成。

表 3-3　美国 Feedstuffs 饲料成分分析表（2006 版）　　单位：%

鱼粉种类	干物质	粗蛋白质	乙醚浸提物	粗纤维	钙	总磷	有效磷
鱼粉(大西洋鲱丁鱼)	93	72	10	1	2	1	1
鱼粉(大鲱鱼)	92	62	9.2	1	4.8	3.3	3
鱼粉(秘鲁鳀鱼)	91	65	10	1	4	2.85	2.85
鱼粉(红鱼)	92	57	8	1	7.7	3.8	3.8
鱼粉(沙丁鱼)	92	65	5.5	1	4.5	2.7	2.7
鱼粉(金枪鱼)	93	53	11	5	8.4	4.2	4.2
鱼粉(白鱼)	91	61	4	1	7	3.5	3.5
鱼粉(淡水大肚鲱)	90	65.7	12.8	1	5.2	2.9	2.9

表 3-4　美国 Feedstuffs 饲料成分分析表——必需氨基酸

（2006 版）（括弧中为利用率）　　单位：%

鱼粉种类	蛋氨酸	胱氨酸	赖氨酸	色氨酸	苏氨酸	异亮氨酸	组氨酸	缬氨酸	亮氨酸	精氨酸	苯丙氨酸
鱼粉(大鲱鱼)	1.7 (92)	1.7 (92)	4.7 (88)	0.5	2.75 (98)	2.40 (92)	1.52 (92)	2.80 (91)	4.4 (92)	3.65 (92)	2.28
鱼粉(秘鲁鳀鱼)	1.9	1.9	4.9	0.75	2.7	3	3	3.4	5	3.38	2.39
鱼粉(红鱼)	1.8	1.8	6.6	0.6	2.6	3.5	3.5	3.33	4.9	4.1	2.5
鱼粉(沙丁鱼)	2	2	5.9	0.5	2.6	3.3	3.3	3.4	3.8	2.7	2
鱼粉(金枪鱼)	1.5	1.5	3.9	0.71	2.5	2.4	2.4	2.8	3.8	3.2	2.5
鱼粉(白鱼)	1.65	1.65	4.3	0.7	2.6	3.1	3.1	3.25	4.5	4.2	2.8
鱼粉(淡水大肚鲱)	1.93	1.93	5.49	0.63	3.29	3.4	3.4	3.58	4.8	4.69	2.91

2. 原料鱼新鲜度

原料鱼的新鲜程度及其化学组成是决定鱼粉产品质量和安全质量的基础，影响原料鱼新鲜度的主要因素包括以下几项。

（1）原料鱼种类　不同原料鱼的化学组成不同，如红肉鱼与白肉鱼相比较，红肉鱼中的组氨酸达7～18mg/g，而白肉鱼只有0.1mg/g。由于鱼体组氨酸含量的基础差异，导致经过加工生产的白鱼粉中组胺的含量低于红鱼粉。鱼体中自身也含有较多的二甲胺、三甲胺、氧化三甲胺等物质，鱼种类不同，这些物质的含量也有差异，如海水鱼类这些腥味物质的含量高于淡水鱼类。

（2）死亡时间越长新鲜度越差　鱼体死亡后，有一个基本的变化过程："鲜度良好状态→鱼体软→僵硬→软化→自溶→腐败"。

① 僵硬。鱼类和一般陆生动物一样，死后不久即发生僵硬现象，这主要是鱼死后，肌原纤维蛋白质的物性随ATP（三磷酸腺苷）的消失而发生变化。肌肉变硬，从有透明感变成不透明，称为死后僵硬。根据鱼的种类、死前的生理状态、捕捞方法和捕捞后的运输保藏条件不同，鱼类死后发生僵硬的快慢和持续时间的长短亦不相同，僵硬持续短的数十分钟，长的维持数天之久。同时温度的高低也是一个重要的因素。处于僵硬期的鱼类，鲜度是良好的，这也是判定鲜度良好鱼货的一个重要标志。

② 自溶作用。经过僵硬期后的鱼体，由于组织中蛋白酶类的作用，蛋白质逐渐分解。这种分解作用，一般称为自溶作用。鱼体组织进入自溶阶段后，肌肉组织逐渐变软，失去固有的弹性。自溶作用本身不是腐败分解，但它可使鱼体组织中氨基酸一类物质增多，为腐败微生物的繁殖提供有利的条件，从而加速腐败的进程。因此，自溶阶段的鱼类鲜度质量已开始下降。

在自溶过程中，鱼体细胞溶酶体中的酶得到释放，并被激活而发挥作用，将蛋白质等进行酶解，产生小分子物质如游离氨基酸等。同时，鱼体上有大量的微生物如细菌，细菌等在繁殖、生长过程中，产生一些胞外酶，将一些氨基酸如组氨酸等通过转氨作用而生成生物胺，生物胺再分解产生二甲胺、三甲胺、氨等，导致原料中挥发性盐基氮、生物胺的含量显著增加。原料中油脂含有的不饱和脂肪酸也开始氧化酸败，产生一系列的氧化酸败产物。

自溶作用与鱼膏、水解鱼粉。自溶状态下产生大量的水解多肽、游离氨基酸，部分多肽还具有很好的生物活性或生理作用，可以显著地提高鱼粉的可消化利用率、生理活性。因此，可以将新鲜的原料鱼打碎后，利用原料鱼自身的蛋白酶作用所产生的自溶作用，得到水解鱼粉或水解鱼蛋白，一般呈膏状，所以又称为鱼膏。

决定自溶作用快慢的主要因素是鱼的种类、保存温度和鱼体组织内的酸碱度。自溶的最适温度，海水鱼在40℃左右，淡水鱼在30℃以下，最适pH值在5左右。气温越高，自溶作用进行得越快。如低温保藏，可使自溶作用变缓慢，甚至完全停止。

③ 腐败作用。鱼类在微生物的作用下，鱼体中的蛋白质、氨基酸及其他含氮物质被分解为氨、三甲胺、吲哚、组胺、硫化氢等低级产物，使鱼体产生具有腐败特征的臭味，这种过程称为腐败。

鱼类是一种最不耐保藏的水产品，极易发生腐败分解，保藏条件不良时，在捕获后经12～24小时即变为劣质状态。引起鱼类以及各种水产品腐败的主要原因是一些腐败微生物在鱼体的繁殖分解，使鱼体组织的蛋白质、氨基酸以及其他一些含氮物被分解为氨、三甲胺、硫化氢、吲哚以及组胺、尸胺等腐败产物。当鱼体死后微生物逐渐繁殖增多，这类分解产物逐渐积蓄，增加到一定程度时，鱼体即产生具有腐败特征的臭味而进入腐败变质阶段。严格地讲，鱼体微生物的繁殖分解过程实际是从死后就缓慢开始，是和死后僵硬、自溶作用同时进行的。

鱼的种类不同，腐败变质的快慢和保鲜期限不同。这主要是由于不同的鱼类和其他水产品的体形大小、器官组织的结构、生理状态、组织成分以及生物化学等方面存在着差异。因此微生物在鱼体内的繁殖速度和引起腐败变质进程的快慢也存在着不同程度的差异。如小型鱼类较大型鱼类易于腐败变质；洄游性的中上层鱼类较底栖性的底层鱼类易于腐败；产卵后或食道充满食物的鱼体较体质肥满和腹内食物少的鱼体易于腐败变质。

原料鱼死亡时间的长短是影响原料鱼新鲜度的重要因素。工船鱼粉是将捕获的鱼直接在船上加工成鱼粉，原料鱼死亡的时间很短，所以工船鱼粉的新鲜度一般较好。为了保障原料鱼的新鲜度，理想的鱼粉生产是在捕捞船上进行，边捕捞边加工。进口鱼粉中有部分为即捕捞即加工的工船鱼粉，保证了鱼粉的新鲜度，鱼粉质量高，也有的在岸上加工，其新鲜度要比在船上加工差一些。一般要求，鱼上岸到加工成鱼粉不能超过 24 小时，夏季天气炎热，应不超过 6 个小时。时间过长，鱼的新鲜度下降，营养物质遭到破坏，粗蛋白的含量下降，真蛋白的含量下降更多，气味也不好。

原料鱼中的生物胺、挥发性盐基氮、脂肪氧化产物等是决定原料鱼新鲜度的主要物质。这些物质在原料鱼的自溶、腐败、油脂氧化过程中产生，而留存在原料鱼中。在鱼粉生产过程中，这些物质大部分进入了压榨液中，部分留存在压榨饼中。因此，压榨液物质是否返回鱼粉中也成了影响鱼粉新鲜度、鱼粉安全质量的主要因素之一。

（3）物料温度越高新鲜度越差　温度的高低影响了鱼体细胞溶酶体释放的酶，以及微生物产生的酶的活性大小与作用强度，鱼体死亡后，物料温度越高，酶作用的强度越大，原料鱼的新鲜度越差。温度越高，油脂氧化酸败的速度越快，氧化酸败的产物越多。采用低温保存的原料鱼，新鲜度较好。捕捞的原料鱼采用加冰块降温保存或直接冷冻为冰冻鱼块可以较好地保持原料鱼的新鲜度。

（4）微生物多、微生物生长旺盛，原料鱼新鲜度差　鱼粉中残留的生物胺、挥发性盐基氮等绝大多数是由微生物所产生的，原料鱼中微生物的种类、数量、繁殖与生长能力是影响原料鱼和鱼粉产品新鲜度的主要因素，而控制微生物的生长也是保持原料鱼新鲜度的重要技术手段。如原料鱼采用低温保存、原料鱼中以及原料鱼在蒸煮过程中添加适当的食盐、原料鱼以及鱼粉产品中保持低水分含量等方法都是控制微生物的数量与生长能力的技术方法。

保持原料鱼新鲜度也可以采用化学方法，其基本原理是控制微生物的生理活动，使微生物发育减缓或停止。主要可采用防腐剂、杀菌剂和抗氧化剂等。

甲醛防腐，从防腐效果来看，甲醛早已被肯定，如挪威每吨鱼用 40％的甲醛

1kg，可保藏12d。试验证明，采用甲醛防腐的原料鱼制成的饲料鱼粉，对家畜家禽都是无害的。其他化学防腐剂有亚硝酸钠、焦亚硫酸、焦亚硫酸钠等。抗氧化剂是防止或延缓食品氧化变质的一类物质，有的是作为氢或电子供给体，阻断食品自动氧化的连锁反应；还有的是抑制氧化活性而达到抗氧化效果。

3. 实测三个工厂的鱼粉质量

三个鱼粉工厂原料鱼的组成见表3-5，不同季节时间原料鱼有较大的差异，所得到的鱼粉质量也有很大差异。

表3-5 实测鱼粉质量的三个工厂原料鱼组成

项目	A厂		B厂		D厂		
	9月	11月	9月	11月	9月	11月	3月
鱼粉类型	全脱脂		半脱脂		半脱脂		
捕捞区域	黄海		渤海		东海		
鱼种	99%为鳀鱼	90%为鳀鱼	99%为鳀鱼	95%为鳀鱼	80%为七星鱼	90%为七星鱼	99%为鳀鱼
原料鱼状态	冻板鱼、冰鲜鱼等比例混合	冻板鱼、冰鲜鱼等比例混合	冰鲜鱼	冰鲜鱼	冰鲜鱼	冰鲜鱼混鱼排	冰鲜鱼

对三个工厂的原料鱼及其加工的鱼粉进行质量评价，结果见表3-6和表3-7。对加工厂进行分别分析，A厂不同季节原料鱼在常规指标（除胃蛋白酶消化率）、安全指标、营养指标（除饱和脂肪酸总量、单不饱和脂肪酸总量）方面均存在显著差异，$P<0.05$，所生产的鱼粉在常规指标、安全指标（除挥发性盐基氮、腐胺含量）、营养指标（多不饱和脂肪酸总量）方面均存在显著差异，$P<0.05$；B厂不同季节原料鱼在常规指标、安全指标（除丙二醛含量）、营养指标（除饱和脂肪酸总量、单不饱和脂肪酸总量）方面均存在显著差异，$P<0.05$，所生产的鱼粉在常规指标、安全指标（除腐胺含量）、营养指标（除饱和脂肪酸总量）方面均存在显著差异，$P<0.05$；D厂不同季节原料鱼在常规指标、安全指标、营养指标方面均存在显著差异，$P<0.05$，所生产的鱼粉在常规指标、安全指标、营养指标方面均存在显著差异，$P<0.05$。研究表明，鳀鱼的肥满度、体内脂肪含量存在周期性变化，10月越冬前期到1月的越冬期，肥满度、体内脂肪含量均呈上升趋势，到次年3月越冬期结束，肥满度降到最低，因此A、B厂11月使用的原料鱼粗脂肪含量高于相应9月原料鱼粗脂肪含量，D厂3月原料鱼粗脂肪含量低于相应9月、11月原料鱼粗脂肪含量，差异显著（$P<0.05$）。

因此，鱼粉厂选用原料鱼时，常规指标上，选用粗蛋白含量高、胃蛋白酶消化率高、粗脂肪、灰分含量低的原料鱼；安全指标上，选用酸价、挥发性盐基氮、组胺、腐胺、尸胺含量低的原料鱼；营养指标上，选用游离氨基酸总量、水解氨基酸总量、水解必需氨基酸总量、单不饱和脂肪酸总量、多不饱和脂肪酸总量高的原料鱼。

表 3-6　A、B、D 厂各季节原料鱼、鱼粉的常规、营养、安全指标结果

指标	A厂				B厂			
	9月		11月		9月		11月	
	原料鱼	末级干燥后鱼粉	原料鱼	末级干燥后鱼粉	原料鱼	末级干燥后鱼粉	原料鱼	末级干燥后鱼粉
水分含量/%	80.84±0.16^{a}	3.33±0.03^{X}	78.61±0.16^{b}	2.1±0.05^{Y}	74.2±0.29^{a}	3.93±0.2^{X}	76.09±0.41^{b}	2.12±0.03^{Y}
粗蛋白含量/%	68.77±0.36^{b}	69.95±0.44^{X}	58.37±0.75^{a}	65.95±0.48^{Y}	60.54±1.1^{a}	65.98±0.33^{X}	56.87±0.37^{b}	63.64±0.04^{Y}
粗脂肪含量/%	5.11±0.18^{b}	7.51±0.02^{Y}	23.59±0.44^{a}	14.55±0.4^{X}	17.8±0.2^{b}	9.82±0.26^{Y}	24.21±0.07^{a}	11.86±0.26^{X}
灰分含量/%	19.43±0.48^{a}	18.61±0.02^{X}	12.82±0.01^{b}	15.47±0.11^{Y}	15.01±0.37^{a}	21.97±0.54^{X}	11.92±0.07^{b}	18.68±0.02^{Y}
磷含量/%	1.15±0.03^{b}	1.51±0.01^{Y}	1.66±0.11^{a}	2.21±0.06^{X}	1.07±0.03^{b}	1.18±0.03^{Y}	1.63±0.09^{a}	1.59±0.01^{X}
胃蛋白酶消化率/%	94.93±0.63	88.53±0.03^{Y}	94.1±0.17	94.8±0.23^{X}	90.7±0.15^{b}	88.87±1.46^{Y}	93.43±0.06^{a}	93.39±0.25^{X}
酸价/(mg KOH/g)	38.34±1.04^{a}	8.65±0.09^{X}	19.89±0.3^{b}	5.25±0^{Y}	35.18±1.02^{a}	20.24±0.18^{X}	16.39±0.4^{b}	7.29±0.03^{Y}
过氧化值/(meq/kg)	356.27±14.25^{a}	46.89±0.96^{X}	38.68±5.99^{b}	37.59±0.98^{Y}	543.42±2.53^{a}	58.99±0.42^{Y}	46.81±1.67^{b}	100.99±1.11^{X}
丙二醛含量/(mg/kg)	264.47±3.67^{a}	7.2±0.53^{Y}	114.53±2.33^{b}	12.82±0.36^{X}	236.01±2.86	5.5±0.11^{Y}	247.17±5.43	37.63±2.4^{X}
挥发性盐基氮含量/(mg/100g)	178.9±0.98^{a}	52.34±0.96	203.28±14.74^{b}	54.22±1.2	207.07±1.71^{a}	95.25±2.42^{X}	189.34±0.06^{b}	80.68±0.63^{Y}
组胺含量/(mg/kg)	2349±17.96^{a}	566±8.16^{X}	745.34±15.01^{b}	294.68±2.48^{Y}	2324±18.78^{a}	1205±30.21^{X}	474.5±2.21^{b}	530.07±3.33^{Y}
腐胺含量/(mg/kg)	1935±50.62^{a}	441±17.15	757.64±2.72^{b}	429.08±1.96	1501±29.39^{a}	1107±26.94	702.49±2.32^{b}	1058.2±0.83
尸胺含量/(mg/kg)	6485±37.56^{a}	1242±28.58^{X}	2711.97±23.77^{b}	1097.95±35.16^{Y}	4630±42.46^{a}	2793±28.58^{Y}	1864.83±17.29^{b}	2970.22±66.19^{X}
游离氨基酸总量/(g/100g)	4.7273±0.1418^{a}	1.6349±0.049^{Y}	4.3521±0.0441^{b}	1.9364±0.0164^{X}	3.6968±0.1109^{b}	4.0129±0.1204^{Y}	5.4506±0.2236^{a}	8.0765±0.0985^{X}
游离必需氨基酸总量/(g/100g)	2.0765±0.0623^{a}	0.751±0.0225^{Y}	1.8454±0.013^{b}	0.9338±0.0075^{X}	1.7761±0.0533^{b}	1.6333±0.049^{Y}	3.0418±0.0797^{a}	4.4131±0.0764^{X}
水解氨基酸总量/(g/100g)	48.3±0.44^{b}	57.68±0.27^{Y}	60.32±0.41^{a}	75.45±0.18^{X}	45.45±0.26^{b}	51.62±0.31^{Y}	66.15±0.8^{a}	65.94±0.24^{X}
水解必需氨基酸总量/(g/100g)	24.84±0.24^{b}	30.87±0.15^{Y}	31.77±0.24^{a}	40.46±0.1^{X}	23.86±0.12^{b}	27±0.11^{Y}	35.07±0.39^{a}	34.67±0.11^{X}

续表

指标	A厂				B厂			
	9月		11月		9月		11月	
	原料鱼	末级干燥后鱼粉	原料鱼	末级干燥后鱼粉	原料鱼	末级干燥后鱼粉	原料鱼	末级干燥后鱼粉
饱和脂肪酸总量/(g/100g 脂肪)	66.28±1.07	40.61±1.23	64.1±1.94	42.41±1.28	61.58±1.88	40.81±1.24	64.79±1.97	42.38±1.29
单不饱和脂肪酸总量/(g/100g 脂肪)	21.87±0.35	29.08±0.88	32.75±0.99	32.32±0.98	29.09±0.89	$30.83±0.93^{Y}$	30.7±0.93	$33.87±1.03^{X}$
多不饱和脂肪酸总量/(g/100g 脂肪)	$9.77±0.16^{a}$	$29.63±0.89^{X}$	$2.51±0.08^{b}$	$24.51±0.74^{Y}$	$7.57±0.23^{a}$	$27.46±0.83^{X}$	$3.03±0.09^{b}$	$22.47±0.68^{Y}$

指标	D厂					
	9月		11月		次年3月	
	原料鱼	末级干燥后鱼粉	原料鱼	末级干燥后鱼粉	原料鱼	末级干燥后鱼粉
水分含量/%	$79.64±0.41^{a}$	$11.1±0.11^{Y}$	$56.4±0.01^{c}$	$3.87±0.02^{Z}$	$74.85±0.61^{b}$	$15.56±0.32^{X}$
粗蛋白含量/%	$66.22±0.6^{a}$	$59.96±0.33^{X}$	$35.46±0.15^{b}$	$49.88±0.17^{Z}$	$66.75±0.53^{a}$	$57.72±0.53^{Y}$
粗脂肪含量/%	$8.34±0.17^{c}$	$12.47±0.08^{X}$	$10.92±0.02^{b}$	$12.52±0.22^{X}$	$11.56±0.07^{a}$	$8.26±0.09^{Y}$
灰分含量/%	$18.79±0.03^{b}$	$23.96±0.11^{Z}$	$41.14±0.2^{a}$	$28.83±0.06^{X}$	$13.82±0^{c}$	$26.75±0.75^{Y}$
磷含量/%	$2.01±0^{a}$	$3.21±0.27^{X}$	$1.62±0.08^{c}$	$1.86±0.1^{Z}$	$1.89±0^{b}$	$2.29±0.08^{Y}$
胃蛋白酶消化率/%	$95.89±0.11^{a}$	$93.65±0.13^{X}$	$84.68±0.08^{c}$	$89.79±0.27^{Z}$	$94.4±0^{b}$	$91.17±0.1^{Y}$
酸价/(mg KOH/g)	$15.83±0.07^{a}$	$9.01±0.07^{X}$	$13.39±0.12^{c}$	$7.73±0.02^{Y}$	$13.8±0.09^{b}$	$5.31±0.02^{Z}$
过氧化值/(meq/kg)	$109.46±0.85^{a}$	$49.72±0.15^{X}$	$66.82±2.44^{c}$	$46.06±0.04^{Y}$	$99.64±0.53^{b}$	$22.45±0.67^{Z}$
丙二醛含量/(mg/kg)	$172.77±1.28^{b}$	$7.34±0.33^{Y}$	$155.74±2.42^{c}$	$14.16±0.5^{X}$	$194.85±3.38^{a}$	$6.38±0.24^{Z}$
挥发性盐基氮含量/(mg/100g)	$257.99±4.45^{a}$	$130.16±2.12^{X}$	$103.82±7.38^{b}$	$55.08±0.68^{Y}$	$66.75±0.66^{c}$	$57.72±0.65^{Y}$

续表

指标	D厂					
	9月		11月		次年3月	
	原料鱼	末级干燥后鱼粉	原料鱼	末级干燥后鱼粉	原料鱼	末级干燥后鱼粉
组胺含量/(mg/kg)	42.82 ± 3.61^{b}	262.41 ± 0.84^{Y}	283.83 ± 4.54^{a}	66.41 ± 3.55^{Z}	287 ± 2.45^{a}	283.5 ± 0.41^{X}
腐胺含量/(mg/kg)	1137.03 ± 27.35^{a}	1243.9 ± 11.24^{X}	286.41 ± 17.73^{c}	730.13 ± 10.41^{Z}	672.5 ± 3.67^{b}	925 ± 10.61^{YZ}
尸胺含量/(mg/kg)	2999.13 ± 23.69^{a}	2573.66 ± 29.62^{Y}	1750.52 ± 7.65^{c}	3612.79 ± 74.52^{X}	2864 ± 35.11^{b}	1159 ± 6.53^{Z}
游离氨基酸总量/(g/100g)	6.2591 ± 0.0768^{b}	3.1779 ± 0.0674^{Y}	3.0588 ± 0.0198^{c}	4.3828 ± 0.0877^{X}	6.6866 ± 0.3127^{a}	3.3178 ± 0.0657^{Y}
游离必需氨基酸总量/(g/100g)	3.1204 ± 0.0378^{a}	1.2103 ± 0.0252^{Z}	1.1071 ± 0.0059^{b}	1.7202 ± 0.0344^{X}	3.2672 ± 0.1398^{a}	1.4439 ± 0.0318^{Y}
水解氨基酸总量/(g/100g)	67.2 ± 0.12^{a}	64.87 ± 0.17^{X}	40.53 ± 0.94^{c}	56.23 ± 0.27^{Y}	56.25 ± 0.32^{b}	47.8 ± 1.49^{Z}
水解必需氨基酸总量/(g/100g)	34.87 ± 0.03^{a}	31.83 ± 0.09^{X}	21.43 ± 0.49^{c}	29.45 ± 0.14^{Y}	27.55 ± 0.09^{b}	23.36 ± 0.8^{Z}
饱和脂肪酸总量/(g/100g 脂肪)	67.89 ± 2.06^{a}	45.55 ± 1.38^{Y}	60.11 ± 1.82^{b}	48.43 ± 1.46^{X}	48.63 ± 1.48^{c}	42.49 ± 1.28^{Z}
单不饱和脂肪酸总量/(g/100g 脂肪)	25.75 ± 0.78^{c}	33.27 ± 1.01^{XY}	30.46 ± 0.92^{b}	31.73 ± 0.96^{Y}	32.64 ± 0.99^{a}	34.9 ± 1.05^{X}
多不饱和脂肪酸总量/(g/100g 脂肪)	5.12 ± 0.16^{c}	20.39 ± 0.62^{Y}	8.57 ± 0.26^{b}	19.29 ± 0.58^{Y}	17.41 ± 0.53^{a}	22.02 ± 0.66^{X}

注：1. 水分为湿物质基础，其余指标均为干物质基础。

2. 同一工厂同一指标同一工段数据上角标相同字母表示差异不显著（$P>0.05$），不同字母表示差异显著（$P<0.05$）。

3. 过氧化值的单位 meq/kg 为旧标准单位，换算成新标准单位为 1meq/kg＝0.5mmol/kg，后同。

表 3-7 A、B、D 厂各季节原料鱼、鱼粉的常规、营养、安全指标平均结果[①]

指标	A厂		B厂		D厂	
	原料鱼	末级干燥后鱼粉	原料鱼	末级干燥后鱼粉	原料鱼	末级干燥后鱼粉
水分含量/%	79.35±1.06	2.49±0.56	74.66±0.71	3.32±0.89	69.53±10.84	9.13±4.62
粗蛋白含量/%	63.57±5.25	67.95±2.08	58.71±2.09	64.81±1.21	56.14±14.64	55.85±4.35
粗脂肪含量/%	14.35±9.25	11.03±3.54	21±3.21	10.84±1.07	10.27±1.4	11.08±2
灰分含量/%	16.12±3.33	17.04±1.57	13.46±1.58	20.33±1.71	24.58±11.88	26.51±2.07
磷含量/%	1.4±0.27	1.86±0.35	1.35±0.29	1.38±0.21	1.84±0.17	2.45±0.6
胃蛋白酶消化率/%	94.31±0	95.08±0	93.5±0	93.7±0	91.19±4.54	90.82±0.5
丙二醛含量/(mg/kg)	163.01±68.6	10.73±2.98	242.28±8.79	26.88±15.4	175.1±17.79	9.77±3.65
酸价/(mg KOH/g)	29.12±9.27	6.95±1.7	25.79±9.44	13.77±6.48	14.34±1.07	7.35±1.53
过氧化值/(meq/kg)	356.27±17.46	46.89±1.18	46.81±2.04	100.99±1.36	83.23±16.55	34.25±11.82
挥发性盐基氮含量/(mg/100g)	190.49±12.79	52.69±1.53	197.15±7.81	86.48±5.81	142.85±82.81	80.98±34.79
组胺含量/(mg/kg)	1272.56±745.75	381.78±123.21	1083.34±861.02	742.71±300.74	237.78±95.36	192.24±103.09
腐胺含量/(mg/kg)	1346.32±590.32	435.04±16.09	1101.74±400.07	1082.6±33.77	698.65±348.53	966.34±212.19
尸胺含量/(mg/kg)	4598.48±1886.91	1169.98±82.02	3247.42±1383.15	2881.61±108.4	2537.88±560.3	2448.48±1007.27
游离氨基酸总量/(g/100g)	4.5369±0.2113	1.7342±0.2051	4.572±0.883	6.0427±2.0367	3.5918±1.9966	3.6363±0.5391
游离必需氨基酸总量/(g/100g)	1.961±0.1239	0.7914±0.1431	2.4089±0.6353	3.0232±1.3913	2.5194±1.0033	3.2534±2.539
水解氨基酸总量/(g/100g)	56.3±5.69	69.41±8.54	59.35±9.65	61.28±6.59	52.15±10.31	54.58±6.42
水解必需氨基酸总量/(g/100g)	28.3±3.47	35.67±4.8	29.46±5.62	30.83±3.84	27.95±5.51	28.21±3.59
饱和脂肪酸总量/(g/100g 脂肪)	65.49±2.52	42.22±1.08	64.34±1.71	42.27±1.05	57.48±8.2	45.75±2.98
单不饱和脂肪酸总量/(g/100g 脂肪)	32.75±0.98	32.32±0.97	30.7±0.92	33.87±1.02	31.55±1.44	33.31±1.87
多不饱和脂肪酸总量/(g/100g 脂肪)	2.51±0.08	24.51±0.74	3.03±0.09	22.47±0.67	12.99±4.44	20.65±1.5

① 水分含量为湿物质基础，其余指标均为干物质基础。

三、生产过程与鱼粉产品质量

1. 加工工艺与温度对鱼粉质量的影响

加工温度是影响鱼粉蛋白消化率的一个最为重要的因子。多数现代化鱼粉加工厂的干燥温度一般控制在 90～95℃以下。在对鲑鳟类的研究中普遍发现优质的低温（LT）鱼粉蛋白消化率高于高温干燥鱼粉，可以明显促进鱼的成长，在对大菱鲆和金头鲷的研究中也有同样的发现。不过，Clancy 等在虹鳟和大鳞大麻哈鱼的试验中发现，即使高达 100℃的加工温度对鱼粉消化率也基本无影响。水分含量是主要受加工温度影响的另一个因子。

蒸煮温度因鱼的种类不同而不同。对于脂肪含量较多的鱼蒸煮温度较高，脂肪含量较低的则温度较低。在相同蒸煮时间条件下，不同蒸煮温度对鳀鱼鱼粉的品质影响见表 3-8。

表 3-8　鱼粉加工蒸煮温度对鳀鱼鱼粉品质的影响（谢超等，2008）

温度/℃	粗蛋白质/%	粗脂肪/%	粗灰分/%	胃蛋白酶消化率/%	盐分/%
75	62	12.1	16.5	80	2.5
80	62	11.3	16.1	84	2.8
85	64	10.5	16.5	85	3.0
90	66	9.4	16.5	88	2.5
95	65	9.0	16.8	83	2.6

当蒸煮温度在 75～90℃时，鳀鱼鱼粉的粗蛋白质含量随着温度的不断升高而增加；但当温度达到 90℃后开始下降，鳀鱼鱼粉粗蛋白质在 90℃条件下含量最高。鳀鱼鱼粉粗灰分随蒸煮温度的升高，含量大小变化不明显，因而确定粗灰分含量受蒸煮温度影响很小。鳀鱼鱼粉粗脂肪含量随蒸煮温度的升高，呈现下降的趋势，在 95℃时粗脂肪含量最低，仅为 9.0%。鳀鱼鱼粉胃蛋白酶消化率在 90℃时为 88%，达到最大值。鳀鱼鱼粉随蒸煮温度的升高，盐分含量变化不大。综合考虑到温度每升高 10℃所消耗的能量，确定鳀鱼鱼粉生产的蒸煮温度为 90℃。

鱼粉的生产工艺特别是干燥方式和干燥温度，直接影响鱼粉的质量。目前普遍认为当干燥温度在 100℃左右时，有利于脱脂、除去结合水和蛋白质的凝固。

试验发现（王联珠，2005），粗蛋白含量接近，但干燥温度不同的鱼粉，其消化率也存在着很大的区别，低温干燥鱼粉（粗蛋白含量 63.9%、烘干温度 78.5℃）的胃蛋白酶消化率为 87.0%，而高温烘干鱼粉（粗蛋白含量 68.4%、烘干温度 125℃）的胃蛋白酶消化率为 23.4%。这可能是由于烘干温度过高，使鱼粉中的组胺与赖氨酸发生反应产生肌胃糜烂素（gizzerosine），而降低了鱼粉的消化率。

超过110℃的温度对赖氨酸、蛋氨酸、精氨酸的破坏作用很大。110℃以上，温度每升高10℃，蛋氨酸损失增加13%，赖氨酸损失增加31%。

在相同蒸煮温度条件下，不同蒸煮时间对鳀鱼鱼粉的品质影响见表3-9。

表3-9 鱼粉加工蒸煮时间对鳀鱼鱼粉品质的影响（谢超等，2008）

时间/min	粗蛋白质/%	粗脂肪/%	粗灰分/%	胃蛋白酶消化率/%	盐分/%
6	63	11.4	16.2	81	2.5
8	63	12.6	16.1	83	2.7
10	64	10.2	16.9	85	2.5
12	65	9.6	16.7	84	2.3
14	64	9.3	16.8	83	2.6

由表3-9可以看出，鳀鱼鱼粉粗脂肪随时间的延长呈现先上升后下降的趋势，在蒸煮时间为8min时最高；而后越来越低。另外，由于鳀鱼本身体型较小，蒸煮加热时热量透过脂肪层的速度很快，较短时间内即可煮透。将鳀鱼分别在10min和12min时取出鉴定，发现鱼骨鱼肉分离良好，分离后切面无血丝，证明鳀鱼蒸煮时间采用10min是合理的。

2. 实测加工工艺和温度对鱼粉质量的影响

对A、B、C、D四厂11月指标结果进行分析，研究鱼粉加工工艺对鱼粉质量的影响。

四个鱼粉加工厂鱼粉加工过程中的工艺参数见表3-10。加工过程中鱼粉物料的质量检测结果见表3-11～表3-15。

PUFA表示的是多不饱和脂肪酸的含量，PUFA可以反映油脂的氧化程度。由表3-16可知，物料在烘干过程中，A厂、B厂物料酸价与PUFA含量均呈负相关性，相关系数分别为-0.823（$P<0.05$）、-0.572（$P<0.05$），表明随着PUFA含量下降，物料的酸价上升。酸价是评价油脂氧化的指标，表示的是油脂氧化酸败产生脂肪酸的数量。在生产加工过程中，PUFA受到破坏以后分解成游离脂肪酸等小分子，酸价因此上升。D厂物料酸价与PUFA含量无明显相关性（$P>0.05$）。

过氧化值表示的是游离脂肪酸进一步分解，生成不稳定的氢过氧化物和脂肪酸过氧化物。本研究中，三厂物料过氧化值与PUFA含量均无明显相关性（$P>0.05$）。

丙二醛是油脂深度氧化产物。油脂氧化产生不稳定的中间产物，这些中间产物发生二次氧化，生成醛、酮类物质。本试验中丙二醛含量测定方法是利用硫代巴比妥酸与醛基反应，测定醛基的数量。A、B、D厂的丙二醛含量与PUFA含量均呈负相关，且均达到显著性水平（$P<0.05$）。

表 3-10　四厂鱼粉加工过程中工艺参数

参数	A厂		B厂		C厂	D厂		
	9月	11月	9月	11月	11月	9月	11月	次年3月
蒸煮机水温/℃	95		80		95～100	90		
蒸煮时间/min	20		30		15	20		
蒸煮机夹层压力/MPa	0.6		0.8		0.35	0.5～0.6		
蒸煮机加水量/(g/100g)	1～2		0		0	0		
蒸煮机加盐量/(g/100g)	0		0		0	0		
烘干机类型	盘式		管式		盘式	管式		
烘干机夹层压力/MPa	0.6		0.8		0.8	0.5～0.6		
干燥罐级数	四级		三级		一级	三级		
每级烘干时间/min	25		40		60	30		
抗氧化剂添加量/(g/1000g)	3‰BHT/TBHQ混合抗氧化剂①		3‰BHT/TBHQ混合抗氧化剂		1‰乙氧基喹啉	1‰乙氧基喹啉		
加入抗氧化剂工段	二级干燥工艺中		三级干燥工艺后		一级干燥工艺后	三级干燥工艺中		
鱼粉类型	全脱脂		半脱脂		半脱脂	半脱脂		
捕捞区域	黄海		渤海		黄海	东海		
鱼种	99%为鳀鱼	90%为鳀鱼	99%为鳀鱼	95%为鳀鱼	95%为鳀鱼	80%为七星鱼	90%为七星鱼	99%为鳀鱼
原料鱼状态	冻板鱼、冰鲜鱼等比例混合	冻板鱼、冰鲜鱼等比例混合	冰鲜鱼	冰鲜鱼	鲜鱼	冰鲜鱼混鱼排	冰鲜鱼	冰鲜鱼
一级烘干机出料口物料温度/℃	73	74	92	102	89	65	66	68
二级烘干机出料口物料温度/℃	78	85	95	92	无	66	75	93
三级烘干机出料口物料温度/℃	74	76	114	118	无	85	102	69
四级烘干机出料口物料温度/℃	83	86	无	无	无	无	无	无
原料池物料温度/℃	−4	−2.2	2	−5	0	18	9	2
蒸煮机出料口物料温度/℃	无	无	94	82	无	104	80	无
压榨机压榨饼出料口物料温度/℃	70	82	66	72	78	79	82	88
压榨机压榨液出料口物料温度/℃	70	75	78	58	62	76	73	77
离心分离机出料口鱼溶浆温度/℃	92	75	66	84	76	66	67	65
浓缩机出料口浓缩鱼溶浆温度/℃	80	32	无	50	55	无	无	无

①BHT：2,6-二叔丁基-4-甲基苯酚（butylated hydroxy toluene）；

TBHQ：特丁基对苯二酚（tert-butylhydroquinone）。

表 3-11　11 月四厂鱼粉生产过程中物料的水分、粗蛋白质、粗脂肪、灰分、磷含量、胃蛋白酶消化率　　单位：%

项目		水分含量	粗蛋白质含量	变化量	粗脂肪含量	变化量	灰分含量	变化量	磷含量	变化量	胃蛋白酶消化率	变化量
A厂	原料鱼	78.61±0.16^{d}	58.37±0.75^{a}①		23.59±0.44^{c}		12.82±0.01^{a}		1.66±0.11^{a}		94.1±0.17^{c}	
	压榨后物料	52.44±0.15^{c}	68.27±1.83^{d}	16.96	13.57±0.42^{a}	−42.48	14.09±0.03^{b}	9.91	2.23±0.12^{b}	34.34	91.41±0.11^{a}	−2.86
	一级烘干后物料	41.62±0.02^{b}	62.35±0^{b}		13.97±0.49^{ab}		16.92±0.11^{d}		2.17±0.01^{b}		93.42±0^{b}	
	四级烘干后物料	2.1±0.05^{a}	65.95±0.48^{cd}	5.77	14.55±0.4^{ab}	4.15	15.47±0.11^{c}	−8.57	2.21±0.06^{b}	1.84	94.8±0.23^{d}	1.48
B厂	原料鱼	76.09±0.41^{d}	56.87±0.37^{a}		24.21±0.07^{c}		11.92±0.07^{a}		1.63±0.09^{a}		93.43±0.06^{b}	
	压榨后物料	46.96±0.06^{c}	64.2±0.05^{b}	12.89	9.16±0.18^{a}	−62.16	17.53±0.23^{b}	47.06	2.34±0.15^{c}	43.56	89.16±0.31^{a}	−4.57
	一级烘干后物料	30.75±0.01^{b}	63.94±0.69^{b}		9.42±0.13^{a}		18.76±0.07^{c}		1.84±0.03^{b}		93.1±0.11^{b}	
	三级烘干后物料	2.12±0.03^{a}	63.64±0.04^{b}	−0.47	11.86±0.26^{b}	25.90	18.68±0.02^{c}	−0.43	1.59±0.01^{a}	−13.59	93.39±0.25^{b}	0.31
C厂	原料鱼	76.11±0.41^{c}	65.52±2.69^{b}		11.59±0.51^{c}		17.58±0.1^{a}		1.88±0.14^{a}		94.29±0.12^{ab}	
	压榨后物料	46.49±0.04^{b}	61.81±0.84^{a}	−5.66	8.29±0.29^{a}	−28.47	21.58±0.22^{c}	22.75	2.95±0.21^{c}	56.91	91.07±0.12^{a}	−3.41
	一级烘干后物料	8.93±0.01^{a}	65.88±0.13^{b}		9.71±0.14^{b}		19.8±0.04^{b}		2.27±0.12^{b}		95.21±0.24^{bc}	
D厂	原料鱼	56.4±0.01^{d}	35.46±0.15^{a}		10.92±0.02^{b}		41.14±0.2^{d}		1.62±0.08^{a}		84.68±0.08^{a}	
	压榨后物料	42.47±0.54^{c}	46.11±0.11^{b}	30.03	10.15±0.2^{a}	−7.05	32.71±0.04^{c}	−20.49	2.12±0.11^{c}	30.86	86.79±0.01^{b}	2.49
	一级烘干后物料	38.51±0.33^{b}	51.93±0.34^{d}		11.33±0.29^{b}		27.37±0.7^{a}		1.93±0.1^{b}		91.44±0.24^{d}	
	三级烘干后物料	3.87±0.02^{a}	49.88±0.17^{c}	−3.95	12.52±0.22^{c}	10.50	28.83±0.06^{b}	5.33	1.86±0.1^{b}	−3.63	89.79±0.27^{c}	−1.80

注：1. 水分含量为湿物质基础，其余指标均为干物质基础。

2. 同一工厂同一列数据上角标相同字母表示差异不显著（$P>0.05$），不同字母表示差异显著（$P<0.05$）。

表 3-12　11 月四厂鱼粉生产过程中物料酸价、过氧化值、丙二醛含量（干物质基础）

项目		酸价(AV)/(mg KOH/g)	变化量/%	过氧化值(POV)/(meq/kg)①	变化量/%	丙二醛含量(MDA)/(mg/kg)	变化量/%
A厂	原料鱼	19.89±0.3[f]		38.68±5.99[a]		114.53±2.33[e]	
	压榨后物料	8.33±0.03[e]	−58.12	108.6±3[d]	180.77	68.06±0.34[d]	−40.57
	一级烘干后物料	3.32±0.01[a]		46.48±0.97[b]		27.11±0.06[c]	
	二级烘干后物料	6.94±0.05[d]	109.04	109.85±1.47[d]	136.34	27.09±0.05[c]	−0.07
	三级烘干后物料	5.69±0.04[c]	−18.01	68.17±0.25[c]	−37.94	15.63±0.59[b]	−42.30
	四级烘干后物料	5.25±0[b]	−7.73	37.59±0.98[a]	−44.86	12.82±0.36[a]	−17.98
B厂	原料鱼	16.39±0.4[e]		46.81±1.67[a]		247.17±5.43[e]	
	压榨后物料	4.92±0.38[a]	−69.98	113.03±2.88[c]	141.47	128.63±2.28[d]	−47.96
	一级烘干后物料	10.98±0.02[c]		108.85±0.57[c]		95.25±0.32[c]	
	二级烘干后物料	12±0.19[d]	9.29	101.59±2.82[b]	−6.67	81.54±1.81[b]	−14.39
	三级烘干后物料	7.29±0.03[b]	−39.25	100.99±1.11[b]	−0.59	37.63±2.4[a]	−53.85
C厂	原料鱼	16.82±0.1[c]		64.8±2.1[c]		208.32±2.51[e]	
	压榨后物料	7.64±0.04[a]	−54.58	126.58±3.84[d]	95.34	104.14±4.03[c]	−50.01
	一级烘干后物料	11.67±0.05[b]		56.84±1.62[b]		27.98±0.27a	
D厂	原料鱼	13.39±0.12[d]		66.82±2.44[c]		155.74±2.42[d]	
	压榨后物料	7.4±0.01[a]	−44.73	64.29±0.78[c]	−3.79	44.93±0.64[c]	−71.15
	一级烘干后物料	10.7±0.27[b]		34.78±1.79[a]		17.22±0.18[b]	
	二级烘干后物料	12.74±0.21[c]	19.07	71.06±0.46[d]	104.31	16.41±0.35[ab]	−4.70
	三级烘干后物料	7.73±0.02[a]	−39.32	46.06±0.04[b]	−35.18	14.16±0.5[a]	−13.71

注：同一工厂同一列数据上角标相同字母表示差异不显著（$P>0.05$），不同字母表示差异显著（$P<0.05$）。

表 3-13　11 月四厂鱼粉生产过程中物料挥发性盐基氮、组胺、腐胺、尸胺含量（干物质基础）

项目		挥发性盐基氮 TVB-N/(mg/kg)	变化量/%	组胺/(mg/kg)	变化量/%	腐胺/(mg/kg)	变化量/%	尸胺/(mg/kg)	变化量/%
A 厂	原料鱼	203.28±12.04^{c}		745.34±15.01^{c}		757.64±2.72^{d}		2711.97±23.77^{d}	
	压榨后物料	76.27±0.76^{b}	−62.48	220.18±3.78^{a}	−70.46	376.2±4.11^{a}	−50.35	789.71±15.35^{a}	−70.88
	一级烘干后物料	54.04±1.11^{a}		286.1±1.57^{b}		405.01±4.13^{b}		943.92±10.34^{b}	
	四级烘干后物料	54.22±0.98^{a}	0.33	294.68±2.48^{b}	3	429.08±1.96^{c}	5.94	1097.95±35.16^{c}	16.32
B 厂	原料鱼	189.34±0.05^{d}		474.5±2.21^{c}		702.49±2.32^{b}		1864.83±17.29^{bc}	
	压榨后物料	60.26±0.08^{a}	−68.17	167.22±4.67^{a}	−64.76	389.26±7.1^{a}	−44.59	876.87±17.12^{a}	−52.98
	一级烘干后物料	124.9±3.4^{c}		345.66±2.7^{b}		723.23±12.17^{c}		1995.2±60.26^{c}	
	三级烘干后物料	80.68±0.51^{b}	−35.40	530.07±3.33^{d}	53.35	1058.2±0.83^{d}	46.32	2970.22±66.19^{d}	48.87
C 厂	原料鱼	249.68±2.91^{c}		752.74±1.02^{b}		988.18±24.98^{b}		3627.93±9.65^{b}	
	压榨后物料	90.96±0.69^{a}	−63.57	204.6±3.25^{a}	−72.82	225.75±1.91^{a}	−77.15	1129.15±23.32^{a}	−68.88
	一级烘干后物料	115.33±0.43^{b}		1866.87±10.58^{c}		1709.27±53.99^{c}		4830.71±71.94^{c}	
D 厂	原料鱼	103.82±6.03^{d}		283.83±4.54^{c}		286.41±17.73^{b}		1750.52±7.65^{b}	
	压榨后物料	65.01±0.53^{b}	−37.38	77.57±0.09^{ab}	−72.67	171.68±0.68^{a}	−40.06	1397.05±5.23^{a}	−20.19
	一级烘干后物料	96.73±0.19^{c}		81.09±0.83^{b}		757.53±17.5^{c}		3819.61±35.13^{c}	
	三级烘干后物料	55.08±0.56^{a}	−43.06	66.41±3.55^{a}	−18.1	730.13±10.41^{c}	−3.62	3612.79±74.52^{c}	−5.41

注：同一工厂同一列数据上角标相同字母表示差异不显著（$P>0.05$），不同字母表示差异显著（$P<0.05$）。

表 3-14　11 月三厂烘干工艺中物料生物胺及其前体氨基酸含量

项目		组胺/(mg/kg)	组氨酸/(g/100g)	尸胺/(mg/kg)	赖氨酸/(g/100g)	腐胺含量/(mg/kg)	鸟氨酸/(g/100g)
A 厂	一级烘干后物料	286.1±1.57	2.61±0	943.92±10.34	6.03±0	405.01±4.13	0.0223±0.0021
	二级烘干后物料	309.28±1.07	2.55±0.01	1134.54±27.58	6.21±0.04	461.11±2.09	0.0229±0
	三级烘干后物料	319.8±1.59	2.56±0.01	1214.95±18.71	6.16±0.03	467.78±2.07	0.023±0.0006
	四级烘干后物料	294.68±2.48	2.59±0	1097.95±35.16	6.28±0.01	429.08±1.96	0.0229±0.0009
B 厂	一级烘干后物料	345.66±2.7	3.16±0	1995.2±60.26	5.63±0.03	723.23±12.17	0.0661±0.0021
	二级烘干后物料	372.05±1.16	3.22±0.01	2137.77±67.73	5.53±0.02	815.42±6.25	0.0784±0.0004
	三级烘干后物料	530.07±3.33	3.1±0.01	2970.22±66.19	5.55±0.02	1058.2±0.83	0.0902±0.0003
D 厂	一级烘干后物料	81.09±0.83	2.67±0	3819.61±35.13	4.48±0.03	757.53±17.5	0.0445±0.0002
	二级烘干后物料	97.22±1.21	2.5±0.01	4682.62±66.66	5.11±0.01	1008.9±0.37	0.0561±0.0005
	三级烘干后物料	66.41±3.55	3.26±0.01	3612.79±74.52	4.31±0.02	730.13±10.41	0.0438±0.0009

表 3-15　11 月三厂烘干工艺中物料过氧化值、酸价、丙二醛、PUFA 含量

项目		酸价/(mg KOH/g)	过氧化值/(meq/kg)	丙二醛含量/(mg/kg)	PUFA 含量/(g/100g 脂肪)
A厂	原料鱼	19.89±0.30	38.68±5.99	114.53±2.33	2.51±0.06
	压榨后物料	8.33±0.03	108.6±3.00	68.06±0.34	5.94±0.15
	一级烘干后物料	3.32±0.01	46.48±0.97	27.11±0.06	21.53±0.53
	二级烘干后物料	6.94±0.05	109.85±1.47	27.09±0.05	21.53±0.54
	三级烘干后物料	5.69±0.04	68.17±0.25	15.63±0.59	22.65±0.55
	四级烘干后物料	5.25±0	37.59±0.98	12.82±0.36	24.51±0.6
B厂	原料鱼	16.39±0.40	46.81±1.67	247.17±5.43	3.03±0.07
	压榨后物料	4.92±0.38	113.03±2.88	128.63±2.28	7.85±0.19
	一级烘干后物料	10.98±0.02	108.85±0.57	95.25±0.32	3.62±0.09
	二级烘干后物料	12.00±0.19	101.59±2.82	81.54±1.81	2.84±0.07
	三级烘干后物料	7.29±0.03	100.99±1.11	37.63±2.4	22.47±0.55
D厂	原料鱼	13.39±0.12	66.82±2.44	155.74±2.42	8.57±0.21
	压榨后物料	7.4±0.01	64.29±0.78	44.93±0.64	16.69±0.41
	一级烘干后物料	10.7±0.27	34.78±1.79	17.22±0.18	21.14±0.52
	二级烘干后物料	12.74±0.21	71.06±0.46	16.41±0.35	20.01±0.49
	三级烘干后物料	7.73±0.02	46.06±0.04	14.16±0.5	19.29±0.47

表 3-16　物料酸价、过氧化值、丙二醛含量与 PUFA 含量的相关性分析

项目	A厂			B厂			D厂		
	r	R^2	P	r	R^2	P	r	R^2	P
酸价	−0.823	0.598	0.024	−0.572	0.929	0.002	−0.394	0.247	0.059
过氧化值	−0.099	0.286	0.172	0.462	0.253	0.356	−0.508	0.136	0.472
丙二醛含量	−0.963	0.578	0.024	−0.573	0.916	0.003	−0.985	0.76	0.024

注：r 为相关性分析的相关系数；P 为假设检验的概率值；R^2 为拟合度。

综合上述分析结果如下。

① 蒸煮压榨工艺是影响鱼粉质量的关键工艺之一。蒸煮压榨工艺显著影响鱼粉的安全指标、营养指标：物料中的油脂氧化产物、蛋白腐败产物含量经过蒸煮压榨工艺均有效降低，酸价、丙二醛、挥发性盐基氮、组胺、腐胺、尸胺含量分别下降 44.73%、40.57%、37.38%、64.76%、40.06%、20.19%以上；物料中的牛磺酸、游离氨基酸总量、游离必需氨基酸总量分别下降 28.73%、29.62%、21.18%以上。

② 烘干工艺是影响鱼粉质量的关键工艺之一。烘干工艺能显著影响鱼粉的常规指标、安全指标、营养指标：a. 物料的粗蛋白含量、胃蛋白酶消化率在低温烘干

（不高于80℃）条件下无显著变化，胃蛋白酶消化率在高温（90～110℃）烘干条件下显著降低，降幅为1.80%。b.高温比低温更能加快油脂氧化，鱼粉在烘干过程中酸价、过氧化值增幅最高可达109.4%、136.34%；抗氧化剂的抗氧化效果显著，鱼粉酸价、过氧化值、丙二醛含量在添加抗氧化剂后最多降低39.32%、35.18%、13.71%，烘干过程中可添加3‰BHT/TBHQ或者1‰乙氧基喹啉；生物胺会在烘干过程中产生，高温烘干能有效降低生物胺与挥发性盐基氮含量，但可能生成更有毒性的肌胃糜烂素。c.低温烘干对鱼粉游离氨基酸、牛磺酸、水解氨基酸、多不饱和脂肪酸有保护效果，低温烘干过程中鱼粉组氨酸含量与组胺含量、酸价与多不饱和脂肪酸含量呈负相关；高温使鱼粉中的游离氨基酸总量、游离必需氨基酸总量、牛磺酸、水解氨基酸总量、水解必需氨基酸总量、多不饱和脂肪酸含量、EPA含量、DHA含量分别降低8.72%、9.32%、6.37%、1.17%、0.47%、3.58%、56.74%、1.69%以上。

③ 鱼粉厂生产时需重点关注蒸煮压榨与烘干工艺，建议选择低温（不高于80℃）烘干。企业选择鱼粉时需要考虑鱼粉的蒸煮压榨与烘干工艺对鱼粉质量的影响。

3. 降低鱼粉中油脂含量

①正己烷提取方法。借用豆油、菜籽油的提取工艺和方法，以已经生产的鱼粉为原料，用正己烷作为溶剂，提取鱼粉中的油脂。一般鱼粉生产线生产的鱼粉油脂含量为10%～12%，经过正己烷提取后，鱼粉中油脂可以下降到2%。这样生产的鱼粉，其鱼油氧化产物和鱼粉的保质期就很好了。但是，生产成本和正己烷在鱼粉中的残留则要注意。正己烷在豆粕、菜粕等植物性原料中的残留量很低，但在鱼粉等动物性原料中的残留量则需要注意。

② 水溶剂提取方法。在鱼粉原料鱼蒸煮器中，增加水分含量，依赖水分含量的增加，将油脂和水溶性的生物胺等带走，这就是所谓的水洗的方法。

该方法既可以将油脂带走一部分，也能降低鱼粉中生物胺等水溶性物质的含量。该方法生产的鱼粉油脂含量在8%左右，VB-N在80mg/kg以下。产品的安全性可能较二次提油和水蒸气洗涤的差一些，但成本较低，其安全质量水平应该优于普通蒸汽鱼粉，可以达到甚至优于进口超级蒸汽鱼粉的质量水平，而价格则显著低于进口超级蒸汽鱼粉。

4. 降低鱼粉中生物胺的方法

① 水蒸气洗涤方法。以鱼粉为原料，经过正己烷二次脱油、脱正己烷后，鱼粉再经历逆向蒸汽洗涤，使鱼粉中的水溶性生物胺等成分降低。

② 水分洗涤方法。在传统的鱼粉原料鱼蒸煮器生产环节，原料鱼经过蒸煮后进入压榨机，得到液体物质，液体物质经过离心分离器，将其中的固形物、水和油脂初步分离出来。固形物再加回到鱼粉中进行干燥得到鱼粉；油脂再进入水油分离

器进一步分离水分和油脂；该步工艺得到的水，在传统工艺中就直接用于浓缩鱼溶浆或再次加入鱼粉中，经过干燥得到返浆鱼粉（蛋白质含量高一些）。利用该步工艺或水油分离后的水再加入蒸煮器中，显著增加蒸煮器中含水量，带走油脂和水溶性的生物胺等。

③ 高温方法。TVB-N为总挥发性盐基氮，在鱼粉干燥工艺中，利用高温可以将其蒸发掉。这是传统的方法，也是一些设备和工艺较差的作坊式鱼粉厂使用的方法。高温在蒸发生物胺的同时，也导致蛋白质焦化等，影响鱼粉的实际利用效果。也有挤压膨化处理降低生物胺的方法，即在鱼粉原料经过蒸煮后，增加一道膨化工艺，可以降低组胺的含量。

第六节　鱼溶浆（粉）、酶解鱼溶浆（粉）、虾浆

鱼溶浆、鱼溶浆粉、鱼膏、水解鱼蛋白粉的特征描述见表3-1。这些原料的一个共同特点是以鱼或其副产品为原料，经过自溶或加酶水解过程，增加了水解或酶解的程度，再经过浓缩或干燥处理得到产品，产品的水溶性物质含量高、气味浓烈。

一、自溶或酶解的水解酶及其来源

1. 鱼体自溶的水解酶

鱼体与其他动物一样，死亡之后要经历僵硬、软化和自溶的过程。而自溶过程的主要水解反应是鱼体自身的水解酶以及微生物感染所产生的水解酶共同作用的结果。

2. 微生物来源的水解酶

鱼体表面、消化道中存在大量的微生物，在鱼体死亡之后，如果条件适宜，如温度、水分等条件得到满足时，这些微生物就大量增殖。微生物增殖过程中需要以鱼体水解物质为营养，微生物自己也就产生大量的细胞外水解酶，作用于鱼体蛋白质、脂肪、核酸等大分子物质，进行着微生物引起的大量的生物化学反应，导致鱼体溶解速度加快，同时也产生生物胺、挥发性盐基氮等物质，以及鱼类特有的腥味物质和呈味物质。

微生物对鱼体物质的水解反应在鱼体死亡之后就开始，在僵硬阶段得到发展，在自溶阶段非常旺盛，到腐败阶段达到顶点。

微生物的种类则很难确定，在不同原料、不同产地和不同来源、不同环境条件下，微生物的种类和数量都有很大的差异。

3. 鱼体自身的水解酶

鱼体自溶水解酶的来源除了微生物来源之外，另一个重要的来源就是鱼体自身

的水解酶。

一是鱼体自身的消化酶。鱼体在活体时就存在较多的消化酶，这些消化酶存在于消化系统组织中，完成鱼体对食物的消化、吸收、转运，主要集中在胃部、肠道的内容物之中，具有酶活性。还有较多的消化酶是存在于消化道组织细胞和消化腺中，其中多数的消化酶是以酶原的形式存在，需要被激活（如水解酶蛋白的部分肽链）而转变为有活性的消化酶。

上述消化酶在鱼体刚死亡或在僵硬阶段起初活性没有得到发挥，当细胞死亡一定时间后，细胞出现溶解过程，部分消化酶原被激活，成为有活性的消化酶而发挥作用，完成对细胞蛋白质、脂肪、糖原等大分子物质的水解反应，鱼体出现自溶。

二是来自鱼体内环境中的代谢酶。活体组织在吸收源自食物的营养物质后，需要进一步进行物质的分解、转化、合成等代谢反应，这需要有大量的体内代谢酶，主要存在于细胞液、组织液、血液或淋巴液等内环境之中。当鱼体死亡之后，这些酶在条件适宜时就发挥水解酶、代谢酶的活性作用，当鱼体进入僵硬状态后，这些酶就开始发挥作用，导致鱼体很快进入自溶阶段。

三是来自细胞溶酶体中的水解酶，这是鱼体自溶的主要水解酶来源。溶酶体是细胞器之一，其中含有大量的没有活性的水解酶原。溶酶体的主要作用就是在细胞死亡或凋亡之后，其中的酶原被激活，完成对死亡或凋亡的细胞、细胞器、衰老的大分子物质等的水解作用，被水解得到的营养物质参与体内蛋白质周转代谢、合成代谢和能量代谢的物质再利用。当鱼体死亡之后，细胞液死亡，细胞中溶酶体的水解酶被激活成为有活性的水解酶，行使其清除死亡或凋亡细胞、衰老的大分子物质的正常功能，出现鱼体的自溶现象。溶酶体中含有 13 种组织蛋白酶，这些酶在鱼体死后肌肉流变特性变化中有重要作用。

综合上述分析，鱼体进入自溶阶段后，有微生物代谢作用和鱼体自身来源水解酶的作用，两种作用共同进行，导致鱼体从僵硬阶段进入自溶阶段。鱼体自溶的结果，一方面产生大量的水溶性大分子物质、水溶性小分子物质，以及挥发性物质和脂溶性物质；另一方面在产生营养物质的同时，也产生大量的非营养甚至有毒副作用的物质如生物胺、挥发性盐基氮、脂肪酸氧化酸败产物等。

(1) 鳀鱼自溶过程　鳀鱼内源蛋白酶主要为四类：酸性蛋白酶、丝氨酸蛋白酶、巯基或半胱氨酸蛋白酶、金属蛋白酶（吕英涛等，2009）。依据鳀鱼自溶时蛋白酶活性与 pH 值的关系，鳀鱼内源蛋白酶显示了四个活性峰，分别在 pH 值为 2.5 左右、pH 值为 5.5 左右、pH 值为 9.0 左右、pH 值为 12.5 左右。表明可能存在四种类型的蛋白酶，分别为最适 pH 值为 2.5 左右的酸性蛋白酶，可能为胃蛋白酶；最适 pH 值为 5.5 左右的组织蛋白酶；最适 pH 值为 9.0 左右的碱性蛋白酶，可能为胰蛋白酶；最适 pH 值为 12.5 左右的未知碱性蛋白酶。鳀鱼内源蛋白酶中存在丝氨酸蛋白酶，并且其中活性最强的为胰蛋白酶。通过 Ca^{2+} 对酶活的影响试验表明，Ca^{2+} 在 pH 值为 6.5～9.0 和 pH 值为 12.5～14.0 这两个范围，对于稳定酶的结构、提高酶的稳定性有重要作用。

（2）鱼体自溶过程中的生化变化　自溶作用的本身不是腐败分解，因为自溶作用并非无限制地进行，在使部分蛋白质分解成氨基酸和可溶性含氮物后即达到平衡状态，不易分解得到最终产物。但由于鱼肉组织中蛋白质越来越多地变成氨基酸类物质，这为腐败微生物的繁殖提供了有利条件，从而加速腐败进程。

冷冻鳀鱼（水分 75.673%±0.286%、粗蛋白 18.376%±0.352%、脂肪 5.367%±0.265%）经锤式粉碎机在低温（－30℃）下粉碎成粉，取一定量的鳀鱼粉置于 3000mL 烧杯中，加入蒸馏水（水∶鳀鱼粉＝1∶1，质量比）和激活剂（5mmol/L 的 $CaCl_2$），混合均匀。测定鳀鱼自溶水解过程的生化变化（徐伟等，2010）。α-氨基氮含量随时间的变化在 pH＝6.45、26℃的条件下，鳀鱼所含的内源蛋白酶可以将部分自身蛋白质水解生成小肽和氨基酸等成分。在整个水解过程中，溶液中的氨基氮含量不断增加。在自溶水解的前 12h 里氨基氮含量增加较快，12h 后仍稍有增加，但是非常缓慢，原因可能是来自鳀鱼体内的内源蛋白酶在水解开始阶段活力较强，催化水解速率较快，随着自溶水解的不断进行，内源蛋白酶活力逐渐减弱，催化速率逐渐降低，氨基氮含量增加变缓。从氨基氮含量增加趋势来看，可以确定最佳自溶水解时间为 12h。

奥尼罗非鱼肉自溶的最佳工艺参数：料液比 1∶2（m/v），温度 45℃，pH 值 7.5，时间 6h。在此条件下，氨基氮含量及可溶性固形物含量分别为 0.7454g/L、2.18%，水解度为 8.28%，蛋白质回收率达到 89.07%，挥发性盐基氮为 10.5mg/kg。

二、鱼溶浆、鱼溶浆粉及其养殖试验

鱼溶浆是以鱼粉加工过程中得到的压榨液为原料，经脱脂、浓缩或水解后再浓缩获得的膏状产品。产品中水分含量不高于 50%。鱼溶浆粉是鱼溶浆或与载体混合后，经过喷雾干燥或低温干燥获得的产品。

在鱼粉生产过程中，原料鱼经过蒸煮、压榨后，得到固型物部分和流出的液体部分，液体部分称为压榨液。压榨液需要经过油水分离得到鱼油和水溶液，鱼油再经过精炼得到精制的鱼油，水溶液部分的去路有：①经过浓缩后再返回到鱼粉中，得到半脱脂鱼粉；②经过浓缩，使水分含量低于 50%，得到鱼溶浆；③浓缩液经过喷雾干燥，或加载体干燥后得到鱼溶浆粉。

也有利用一些野杂鱼或鱼加工副产物如内脏为原料，专门用于生产鱼溶浆和鱼溶浆粉的工厂企业。

为了探讨鱼溶浆、酶解鱼溶浆粉在黄颡鱼饲料中的应用效果，进行了池塘网箱的养殖试验。原料分析由浙江舟山丰宇生物科技供货商提供，对主要原料的实测分析结果见表 3-17。试验饲料的配方设计见表 3-18。鱼溶浆、酶解鱼溶浆、酶解鱼溶浆粉的使用量按照鱼粉蛋白质量的 75%、50%、25%计算，设计 3 个梯度。同时，美国鸡肉粉、棉籽蛋白、大豆浓缩蛋白用量等比例调整，以维持饲料氨基酸平衡基本一致。用磷酸二氢钙调整饲料总磷保持一致。以混合油调整保持饲料总脂肪含量一致。混合油脂为：鱼油：豆油：磷脂油＝1：2：1。

表 3-17 鱼粉、鱼溶浆、酶解鱼溶浆（粉）、酶解鱼浆（粉）、酶解虾浆的营养指标

单位：%

原料	鱼粉	鱼溶浆	酶解鱼溶浆	酶解鱼溶浆粉	酶解鱼浆	酶解鱼浆粉	酶解虾浆
常规成分							
干物质	94.78	46.61	56.97	98.04	35.68	96.96	55.23
水分	5.22	53.39	43.03	1.96	64.32	3.04	44.77
蛋白质	68.64	65.4	69.94	79.72	69.68	74.72	63.74
磷	2.73	0.59	0.82	0.69	0.43	0.99	0.38
脂肪	9.08	6.15	1.77	1.51	13.7	1.04	1.62
微量成分							
水解氨基酸	55.1	57.5	60.2	70.1	60.83	65.77	55.44
游离氨基酸	1.58	11.59	8.77	6.71	7.79	11.26	17.52
牛磺酸	0.44	2.45	2.13	1.68	1.37	1.83	2.32
氨基氮	—	2.41	2.28	1.94	—		4.18
小肽	—	43.70	44.94	54.67	—		49.85

注：除水分为实际样品外，其他指标为干重的指标。

表 3-18 养殖试验的饲料配方设计

原料	对照组	鱼溶浆			酶解鱼溶浆			酶解鱼溶浆粉		
	FM	SW75	SW50	SW25	HSW75	HSW50	HSW25	HSM75	HSM50	HSM25
鱼粉蛋白的比例	—	75%	50%	25%	75%	50%	25%	75%	50%	25%
细米糠/‰	150.0	150.0	150.0	150.0	150.0	150.0	150.0	150.0	150.0	150.0
米糠粕/‰	130.0	55.0	66.0	78.0	63.0	71.0	80.0	124.0	115.0	97.0
美国鸡肉粉/‰	60.0	90.9	115.4	139.5	90.9	115.4	139.5	85.7	111.1	139.5
棉籽蛋白 54/‰	60.0	90.9	115.4	139.5	90.9	115.4	139.5	85.7	111.1	139.5
大豆浓缩蛋白/‰	60.0	90.9	115.4	139.5	90.9	115.4	139.5	85.7	111.1	139.5
玉米蛋白粉/‰	50.0	50.0	50.0	50.0	50.0	50.0	50.0	50.0	50.0	50.0
小麦或面粉/‰	120.0	120.0	120.0	120.0	120.0	120.0	120.0	120.0	120.0	120.0
日本级蒸汽鱼粉/‰	300.0									
酶解鱼溶浆/‰					232.6	155.1	77.5			
非酶解鱼溶浆/‰		248.7	165.8	83.0						
酶解鱼溶浆粉/‰								187.3	124.9	62.4
磷酸二氢钙/‰	15.0	40.0	37.0	34.0	38.0	36.0	34.0	37.0	35.0	33.0

续表

原料	对照组	鱼溶浆			酶解鱼溶浆			酶解鱼溶浆粉		
	FM	SW75	SW50	SW25	HSW75	HSW50	HSW25	HSM75	HSM50	HSM25
沸石粉/‰	20.0	20.0	20.0	20.0	20.0	20.0	20.0	20.0	20.0	20.0
豆油/‰	25.0	34.0	35.0	36.0	44.0	42.0	40.0	45.0	42.0	39.0
预混料/‰	10.0	10.0	10.0	10.0	10.0	10.0	10.0	10.0	10.0	10.0
主要成分(干物质基础)/%										
干物质	92.54	91.94	92.17	92.43	92.00	92.25	92.50	93.40	93.15	92.96
蛋白质	42.85	43.34	43.05	42.89	43.41	43.39	43.03	42.73	43.05	42.94
脂肪	8.27	8.26	8.19	8.23	8.31	8.34	8.36	8.33	8.19	8.15
灰分	13.52	13.03	12.43	12.10	12.98	12.62	12.14	12.33	12.11	11.82

注：配方表中，鱼溶浆、酶解鱼溶浆等以含水量10%参与配方计算，饲料制作时按照实际水分配料。

在池塘网箱中养殖了70d，得到的生长速度和饲料效率的结果见表3-19。

表3-19　鱼溶浆、酶解鱼溶浆等对黄颡鱼的养殖效果

饲料名称	初始均重/g	成活率	终末均重/g	特定生长率	饲料系数
鱼粉对照	15.62±0.04	94.81±3.39	48.23±0.91[c]	1.88±0.03[c]	2.10±0.05[a]
鱼溶浆75%	15.59±0.06	98.52±1.28	29.82±2.70[a]	1.07±0.15[a]	4.95±0.90[c]
鱼溶浆50%	15.67±0.11	96.67±1.57	33.54±1.84[a]	1.27±0.10[a]	3.87±0.46[b]
鱼溶浆25%	15.74±0.11	97.78±3.85	39.85±6.07[b]	1.53±0.27[b]	2.95±0.79[a]
酶解鱼溶浆75%	15.68±0.11	96.30±2.57	42.06±2.54[b]	1.64±0.09[bc]	2.60±0.24[a]
酶解鱼溶浆50%	15.64±0.18	98.89±1.57	43.92±2.75[bc]	1.72±0.12[bc]	2.55±0.26[a]
酶解鱼溶浆25%	15.66±0.11	97.04±2.57	47.78±1.80[c]	1.86±0.06[c]	2.20±0.12[a]
酶解鱼溶浆粉75%	15.73±0.13	97.04±1.28	39.58±2.40[a]	1.54±0.11[a]	2.99±0.33[d]
酶解鱼溶浆粉50%	15.63±0.08	97.04±5.13	41.73±2.02[abcd]	1.64±0.08[abc]	2.72±0.21[cd]
酶解鱼溶浆粉25%	15.67±0.07	95.56±6.29	44.79±2.55[def]	1.75±0.09[cd]	2.37±0.25[abc]
酶解鱼浆75%	15.64±0.07	98.52±2.57	41.84±2.03[abcd]	1.64±0.09[abc]	2.69±0.25[cd]
酶解鱼浆50%	15.71±0.16	97.78±2.22	40.65±4.23[abc]	1.58±0.16[ab]	2.82±0.46[cd]
酶解鱼浆25%	15.69±0.08	94.81±2.57	44.83±0.72[def]	1.75±0.03[cd]	2.41±0.05[abc]
酶解鱼浆粉75%	15.62±0.06	99.44±1.11	39.48±2.34[a]	1.54±0.09[a]	2.97±0.32[d]
酶解鱼浆粉50%	15.71±0.16	98.52±1.28	39.94±0.63[ab]	1.55±0.04[a]	2.90±0.07[d]
酶解鱼浆粉25%	15.61±0.01	96.67±4.71	44.68±1.21[cdef]	1.75±0.05[cd]	2.40±0.08[abc]
酶解虾浆75%	15.74±0.15	95.56±3.14	38.28±0.78[a]	1.48±0.03[a]	3.13±0.10[c]
酶解虾浆50%	15.69±0.10	97.78±3.85	42.89±2.37[bc]	1.67±0.10[bc]	2.57±0.23[b]
酶解虾浆25%	15.73±0.19	98.89±1.57	43.83±1.89[bc]	1.70±0.05[bc]	2.45±0.13[ab]

注：表中同列数据不相同上角标字母表示差异显著（$P<0.05$），上角标字母相同表示差异不显著（$P>0.05$）。

上述结果表明，无鱼粉日粮中，三种蛋白源添加量从75%降到25%，黄颡鱼生长速度、日粮效率升高，高水平的游离氨基酸与生长密切相关；鱼溶浆酶解可提高蛋白质的利用效率，喷雾干燥对HSW的生物学效率影响不明显，三种海洋蛋白源中，HSW最符合黄颡鱼营养需求，添加7.75% HSW（日粮水平）时，生长效果与鱼粉显示出一定的等效关系。

三、鱼溶浆粉在草鱼饲料中的养殖效果

为了研究饲料中鱼溶浆粉与鱼粉的替代关系，以6%鱼粉为对照组（FM组），分别以2%（SW2组）、4%（SW4组）、6%（SW6组）的鱼溶浆粉等量替代鱼粉，按照等蛋白质、等能量配制4种试验饲料，以初始体重为（79.89±0.85)g的草鱼为试验对象，在池塘网箱中进72d的养殖试验。试验共12个网箱，每组3个网箱，每个网箱放养草鱼20尾。结果显示：与FM组相比，各替代组草鱼的特定生长率提高了5.77%～12.50%，其中SW2、SW4组与FM组差异显著（$P<0.05$）；各替代组草鱼的饲料系数下降了8.47%～17.51%，SW2、SW4、SW6组与FM组均差异显著（$P<0.05$）。替代组草鱼体蛋白质、粗脂肪含量均高于对照组，SW2组蛋白质沉积率显著高于FM组（$P<0.05$），SW4、SW6组脂肪沉积率显著高于FM组。各替代组内脏指数与FM组无显著差异，SW2组肥满度、肝胰脏指数显著低于FM组（$P<0.05$）。结果表明，在含6%的鱼粉饲料中以鱼溶浆粉全部替代鱼粉对草鱼的健康无明显不良影响；2%鱼溶浆粉替代等量鱼粉时，草鱼的饲料利用率高，生长速率快，养殖效果优于鱼粉。饲料中游离氨基酸、生物胺含量在一定范围内对草鱼生长有促进作用，过量则显示副作用；依据本试验结果得到饲料中适宜的腐胺含量为1.25～1.29mg/100g，总游离氨基酸含量为525.67～537.95mg/100g，组氨酸含量为36.11～37.08mg/100g，赖氨酸含量约为16.36mg/100g，尿氨酸含量约为2.74mg/100g，牛磺酸含量约为78.25mg/100g。

试验用鱼粉为进口秘鲁蒸汽鱼粉，鱼溶浆粉由荣成市海圣饲料有限公司提供，鱼粉与鱼溶浆粉的化学组成见表3-20。以6%鱼粉为对照组（FM组），以2%（SW2组）、4%（SW4组）、6%（SW6组）的鱼溶浆粉等量替代鱼粉，按照等蛋白质、等能量配方设计试验饲料，试验饲料组成及营养水平见表3-21。各组饲料粗蛋白质含量、总能值无显著差异（$P>0.05$）。

表3-20 鱼粉与鱼溶浆粉化学组成（干物质基础，实测值）

项目	鱼粉	鱼溶浆粉
常规成分/%		
水分	11.41	8.14
粗蛋白质 CP	68.01	65.12
粗脂肪 EE	8.56	8.58
粗灰分 Ash	16.22	20.78

续表

项目	鱼粉	鱼溶浆粉
活性成分		
二十碳五烯酸 EPA/%	0.75	0.93
二十二碳六烯酸 DHA/%	1.35	0.54
总游离氨基酸 TFAA/(mg/g)	17.59	50.57
牛磺酸 Tau/(mg/g)	5.08	13.90
组氨酸 His/(mg/g)	4.21	6.02
赖氨酸 Lys/(mg/g)	0.84	5.05
鸟氨酸 Orn/(mg/g)	0.13	0.36
组胺 Hise/(mg/g)	0.06	0.25
尸胺 Cad/(mg/g)	0.47	0.85
腐胺 Put/(mg/g)	0.08	0.20

表 3-21 试验饲料组成及营养水平

项目	组别			
	FM	SW2	SW4	SW6
原料(风干基础)/(g/kg)				
细米糠	100	100	100	100
米糠粕	52	57	62	67
豆粕	130	125	120	115
菜籽粕	200	200	200	200
棉籽粕	200	200	200	200
鱼粉	60	40	20	
鱼溶浆粉		20	40	60
磷酸二氢钙 $Ca(H_2PO_4)_2$	23	21	19	18
沸石粉	20	20	20	20
膨润土	17	19	21	22
小麦	150	150	150	150
豆油	38	38	38	38
预混料	10	10	10	10
合计	1000	1000	1000	1000
营养水平(干物质基础)				
粗蛋白质 CP/%	29.20	29.81	29.28	29.07
粗脂肪 EE/%	6.69	6.76	6.46	6.47
粗灰分 Ash/%	12.05	12.10	12.16	12.21

续表

项目	组别			
	FM	SW2	SW4	SW6
营养水平(干物质基础)				
钙 Ca/%	1.67	1.63	1.58	1.56
磷 P/%	1.42	1.38	1.34	1.32
总能 GE/(MJ/kg)	19.92	19.42	19.01	19.45
总游离氨基酸 TFAA/(mg/g)	3.92	4.38	5.61	6.56
牛磺酸 Tau/(mg/g)	0.39	0.63	0.87	1.10
组氨酸 His/(mg/g)	0.28	0.31	0.39	0.45
赖氨酸 Lys/(mg/g)	0.10	0.13	0.18	0.23
鸟氨酸 Orn/(mg/g)	0.02	0.02	0.03	0.04

注：维生素预混料为每千克饲料提供：Cu 5mg，Fe 180mg，Mn 35mg，Zn 120mg，I 0.65mg，Se 0.5mg，Co 0.07mg，Mg 300mg，K 80mg，维生素 A 10mg，维生素 B_1 8mg，维生素 B_2 8mg，维生素 B_6 20mg，维生素 B_{12} 0.1mg，维生素 C 250mg，泛酸钙 20mg，烟酸 25mg，维生素 D_3 4mg，维生素 K_3 6mg，叶酸 5mg，肌醇 100mg。

养殖试验结果见表 3-22。鱼溶浆粉替代不同比例鱼粉后草鱼体重均明显增长，SW2、SW4、SW6 组草鱼的末均重均显著高于 FM 组（$P<0.05$），以 SW2 组草鱼的末均重最高，为 FM 组的 1.14 倍。SW2、SW4、SW6 组草鱼的特定生长率均高于 FM 组，且 SW2、SW4 组与 FM 组差异显著（$P<0.05$）。SW2、SW4、SW6 组草鱼的饲料系数均显著低于 FM 组（$P<0.05$）。草鱼的脂肪沉积率随鱼溶浆粉替代比例的增加而升高，SW4、SW6 组与 FM 组差异显著（$P<0.05$），SW6 组的脂肪沉积率为 FM 组的 1.89 倍。草鱼的蛋白质沉积率随鱼溶浆粉替代比例的增加先升高后降低，在 SW2 组达到最高点，与 FM 组差异显著（$P<0.05$）。SW2、SW4、SW6 组草鱼的能量保留率均显著高于 FM 组（$P<0.05$），以 SW4 组草鱼的能量保留率最高，为 21.47%。

表 3-22 鱼溶浆粉替代鱼粉对草鱼生长性能的影响（$n=3$）

项目	组别			
	FM	SW2	SW4	SW6
初均重 IBW/g	79.95±0.35	80.35±0.44	79.35±1.69	79.90±0.10
末均重 FBW/g	226.02±5.22^{c}	258.04±0.31^{a}	244.64±6.16^{b}	240.31±4.96^{b}
特定生长率 SGR/(%/d)	2.08±0.04^{b}	2.34±0.03^{a}	2.26±0.10^{a}	2.20±0.04^{ab}
饲料系数 FCR	1.77±0.49^{a}	1.46±0.00^{b}	1.54±0.11^{b}	1.62±0.05^{b}
脂肪沉积率 FRR/%	24.82±2.58^{c}	30.14±1.35^{c}	36.19±5.68^{b}	46.63±9.00^{a}
蛋白质沉积率 PRR/%	28.98±2.66^{b}	33.01±0.98^{a}	31.96±3.04^{ab}	30.05±1.34^{ab}
能量保留率 ERR/%	17.08±0.81^{b}	20.96±0.44^{a}	21.47±1.88^{a}	20.31±0.13^{a}

注：表中同行数据不相同上角标字母表示差异显著（$P<0.05$），上角标字母相同表示差异不显著（$P>0.05$）。

将饲料中的总游离氨基酸（TFAA）、牛磺酸（Tau）、组氨酸（His）、赖氨酸（Lys）、鸟氨酸（Orn）、组胺（Hise）、尸胺（Cad）、腐胺（Put）含量与饲料系数和特定生长率作 Pearson 相关性分析，检验双侧显著性，样本量 $n=3$，结果见表 3-23。可以看出，TFAA、His、Lys、Put 与饲料系数的相关性显著水平检测值 $P<0.05$，其他因子与饲料系数和特定生长率的相关性显著水平检测值 $P>0.05$，Tau、Lys、Orn、Hise、Cad 与饲料系数为负相关，表明这些生物活性因子可降低饲料消耗，提高饲料利用率，其中 Lys 含量对饲料系数影响显著（$P<0.05$）。在相关系数 $r>0.80$ 的因子中，各因子与饲料系数相关性的顺序为：His＞TFAA＞Lys＞Put＞Orn＞Tau；各因子与特定生长率的相关性顺序为：TFAA＞Put＞His。

表 3-23　游离氨基酸和生物胺含量与饲料系数和特定生长率的相关性分析

项目		游离氨基酸					生物胺		
		TFAA（总游离氨基酸）	Tau（牛磺酸）	His（组氨酸）	Lys（赖氨酸）	Orn（鸟氨酸）	Hise（组胺）	Cad（尸胺）	Put（腐胺）
饲料系数 FCR	r	0.972	0.880	0.999	0.968	0.931	0.792	0.747	0.959
	P 值（P-value）	0.028	−0.120	0.001	−0.032	−0.069	−0.208	−0.253	0.041
特定生长率 SGR	r	0.822	0.668	0.800	0.752	0.716	0.585	0.557	0.816
	P 值（P-value）	0.178	0.332	0.200	0.248	0.286	0.415	0.443	0.184

对相关系数 $r>0.80$ 的因子作回归分析发现，它们对饲料系数的影响以二次函数关系拟合度最高，His 和 Lys 的拟合度 R^2 均在 0.75 以上，结果见图 3-3；对特定生长率的影响也以二次函数关系拟合度最高，TFAA 的拟合度 R^2 在 0.75 以上，结果见图 3-4。根据分析结果可知，当试验草鱼饲料系数达到最低值时，饲料中 Put 含量为 1.25mg/100g，TFAA 含量为 525.67mg/100g，其中 His 含量为 36.11mg/100g，Lys 含量为 16.36mg/100g，Orn 含量为 2.74mg/100g，Tau 含量为 78.25mg/100g；当草鱼特定生长率达到最大值时，饲料中 Put 含量为 1.29mg/100g，TFAA 含量为 537.95mg/100g，其中 His 含量为 37.08mg/100g。

试验结果显示，在含 6%鱼粉的饲料中以鱼溶浆粉全部替代鱼粉对草鱼健康无明显不良影响。2%鱼溶浆粉替代等量鱼粉时，草鱼的饲料利用率高，生长速率快，养殖效果优于鱼粉。

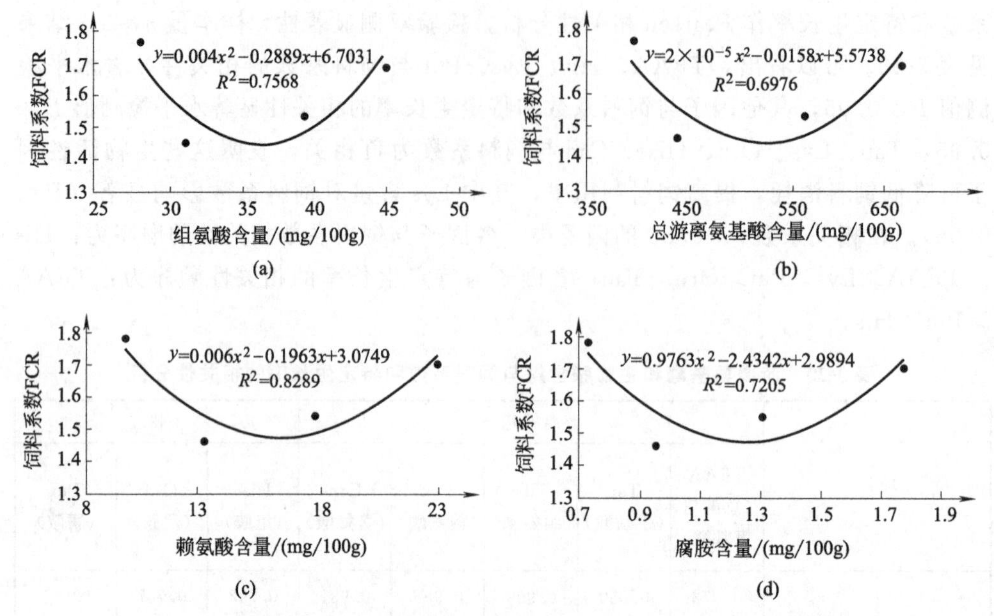

图 3-3　组氨酸、总游离氨基酸、赖氨酸、腐胺含量与饲料系数的关系

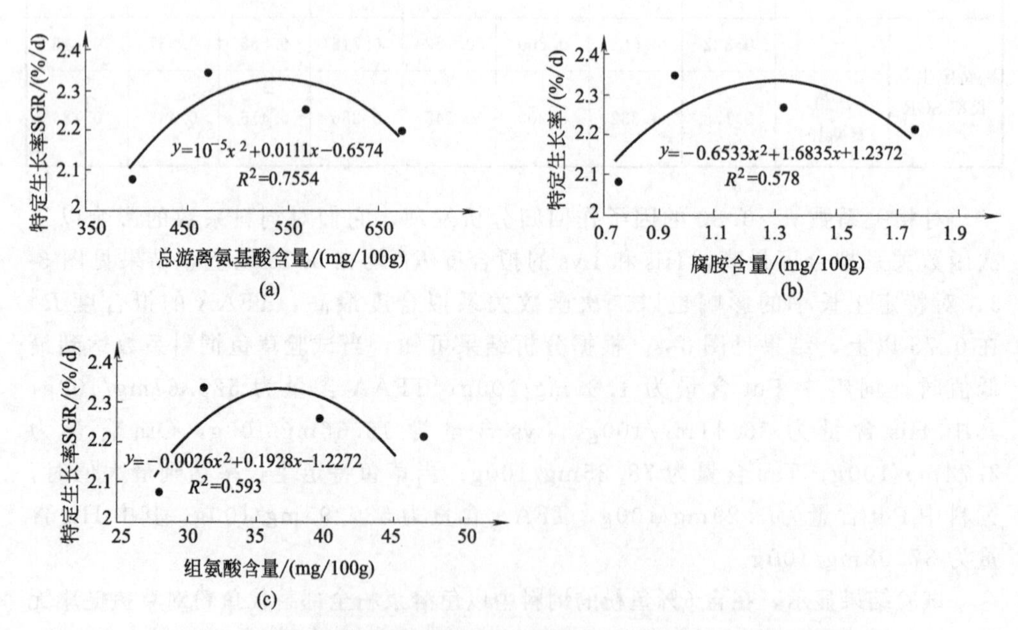

图 3-4　总游离氨基酸、腐胺、组氨酸含量与特定生长率的关系

第七节　鱼浆（粉）、虾浆

鱼浆、虾浆是以全鱼、全虾为原料，或者以鱼加工的副产物如鱼的内脏、鱼排、虾头等为原料，经过粉碎、磨浆，加外源性酶或利用内源性酶酶解，或者不酶解得到的产品。因此，鱼浆主要是指以全鱼、鱼加工副产物粉碎、磨浆、加热灭菌后得到的产品，没有酶解的过程和酶解作用，产品含水量较高，达到70%左右的水分含量，相应的烘干产品为鱼浆粉。虾浆则是以虾、虾头等为原料，经过粉碎、磨浆、加热灭菌后得到的产品，产品含水量70%左右，相应的烘干产品为虾浆粉。而酶解鱼浆（粉）、酶解虾浆（粉）则是原料经过粉碎、磨浆、加酶或自溶酶解、加热灭菌后得到的产品，含水量70%左右，但产品蛋白质等经过了酶的水解作用，小肽含量、分子量低于5×10^6的肽含量相对较高。

一、鳀鱼鱼浆的酶解过程与营养成分的变化

为了分析以冰冻鳀鱼为原料制备的鱼浆，在55℃下设置鱼浆自溶组（C组）、添加抗生素组（A组）、添加外源木瓜蛋白酶组（E组）、同时添加抗生素和木瓜蛋白酶组（E+A组）共4个试验组，以游离氨基酸、生物胺、挥发性盐基氮、脂肪酸、丙二醛、过氧化值和酸价为评价指标，探讨酶解过程中营养物质的变化规律和酶解条件。试验表明，在55℃条件下，以游离态氨基氮生成量、细菌总数作为判别指标，鳀鱼自溶酶解的最佳时间为7～9h；酶解作用完成后，蛋白质类生成物的变化为：各组游离氨基酸、挥发性盐基氮、尸胺含量显著升高，游离氨基酸为14.97g/100g左右（干物质），组胺、腐胺、精胺、亚精胺含量降低；脂肪类成分的变化为：不饱和脂肪酸部分转化为饱和脂肪酸；酸价、丙二醛、过氧化值与原料鱼差别不大。在55℃下鳀鱼蛋白质酶解迅速，游离氨基酸生成率高，油脂氧化程度低；酶解9h蛋白质的腐败和油脂的氧化主要受内源性组织酶作用，外源木瓜蛋白酶、微生物影响较小。

本试验在55℃下，通过外源木瓜蛋白酶促进酶解反应、抗生素抑制微生物繁殖对鳀鱼进行酶解。将鱼浆冷冻干燥，测定游离氨基酸、挥发性盐基氮、生物胺、脂肪酸、丙二醛、过氧化值和酸价，对酶解过程中的生化变化规律进行研究，为鳀鱼内源蛋白酶类的利用提供科学依据，为鳀鱼鱼浆在养殖业的利用提供理论基础。

本试验分为4个处理组，分别用C、E、A、E+A表示。C组：对照组。E组：添加外源木瓜蛋白酶5500U/g。A组：添加抗生素抑制微生物的生长，抗生素的用量为青霉素150IU/g、链霉素150μg/g，0h、5h各添加1次。E+A组：添加E、A处理中所用的木瓜蛋白酶及抗生素。然后对4个组鳀鱼在酶解过程中的营养成分变化进行分析，与商业鱼粉比较。

试验鳀鱼由山东海圣饲料有限公司提供，为冰冻保存的鳀鱼；商业鱼粉由山东

海圣饲料有限公司提供；木瓜蛋白酶为广州鸿易食品添加剂有限公司产品。

选取完整的冰冻鳀鱼，用绞肉机在鳀鱼为冰冻状态下绞碎，取一定量的鱼浆于2000mL烧杯中，在55℃水浴锅恒温酶解。于0h、3h、5h、7h、9h、12h、24h分别取样，迅速于－20℃冷冻保存。真空冷冻干燥后备用。

鳀鱼主要成分见表3-24。由表3-24可知，鳀鱼的水分含量为76.08%，干物质为23.92%，含有丰富的蛋白质，具有较高的开发价值。将其水解成多肽、游离氨基酸，将更有利于鱼类的吸收，提高鳀鱼的利用率。

表3-24　鳀鱼主要成分　　单位：%

主要成分	水分	蛋白质	脂肪	灰分
含量	76.08±0.31	17.71±0.36	3.31±0.12	2.86±0.06

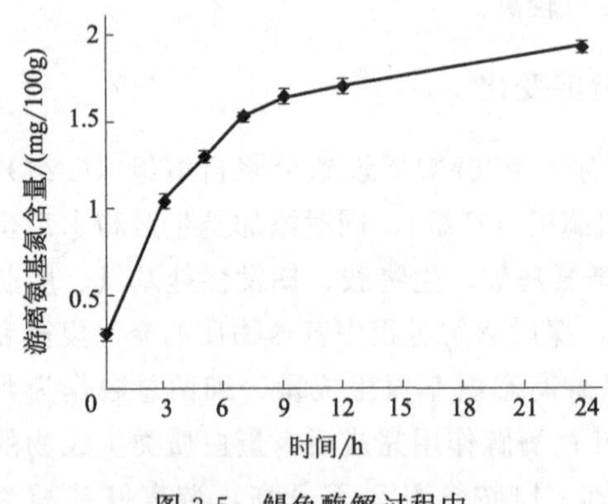

图3-5　鳀鱼酶解过程中游离氨基氮含量的变化（湿重）

（1）游离氨基氮含量的变化（湿重）　以自溶组（C组）鱼浆为样本，测定酶解样品中游离氨基氮含量，结果见图3-5。从图3-5可知，在55℃条件下，酶解液中氨基氮的含量随时间不断增加，酶解前9h氨基氮增加较快，9h后增加缓慢，确定酶解时间为9h。

（2）细菌总数的变化　为探讨酶解过程中细菌的生长、防止细菌对蛋白质类物质的腐败作用和油脂的氧化作用，试验A组、E+A组添加抗生素，抗生素对鳀鱼鱼浆的抑菌效果见图3-6。从图3-6可知，C组、E组（无抗生素）鱼浆中细菌总数随时间的变化为：7h以前鱼浆中细菌总数小于4×10^4CFU/g，而9h时细菌总数就超过了1×10^5CFU/g。添加了抗生素的A组、E+A组添加的抗生素有效地抑制了微生物的繁殖，9h细菌总数也没有超过4×10^4CFU/g。因此，如果在实际生产中，为了避免鱼浆中加入抗生素，在55℃自溶条件下，可以将酶解时间控制在7h小时左右。

（3）游离氨基酸含量的变化（干重）　表3-25中显示了鳀鱼酶解过程中游离氨基酸含量（FAA）的变化。从表3-25中可以看出，酶解9h，FAA含量显著升高，达到了14.97g/100g，C、A、E和E+A四个组分别增加158.9%、168.1%、139.3%、145.8%。E组FAA含量比C组高532.20mg/g，但与氨基酸含量相比，这一差异非常微小。C组FAA含量与A组、E+A组差异同样较小，仅为A组、E+A组的1.08～1.09倍，而微生物约为600倍，表明FAA的生成主要受鳀鱼蛋白酶作用，微生物的作用较弱。

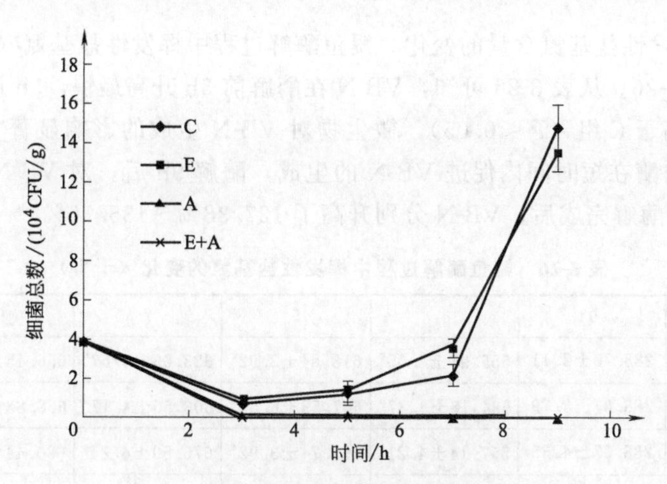

图 3-6　鳀鱼酶解过程中细菌总数的变化

表 3-25　鳀鱼酶解过程中游离氨基酸含量的变化（干重）

游离氨基酸	原料鱼	C组		E组		A组		E+A组	
	含量/(mg/100g)	含量/(mg/100g)	变化/%	含量/(mg/100g)	变化/%	含量/(mg/100g)	变化/%	含量/(mg/100g)	变化/%
Lys	406.2	1660.2	308.8	1625.0	300.1	1404.1	245.7	1291.7	218.0
Trp	9.2	99.8	981.1	117.1	1168.9	89.7	871.5	94.4	922.4
Phe	267.7	834.6	211.8	895.2	234.4	748.8	179.7	829.8	210.0
Met	221.5	644.1	190.8	690.9	211.9	600.6	171.1	615.9	178.0
Thr	221.5	653.2	194.8	661.7	198.7	608.4	174.6	607.4	174.2
Ile	203.1	789.3	288.7	759.0	273.7	709.8	249.5	710.0	249.6
Leu	553.9	1914.2	245.6	1985.1	258.4	1755.1	216.9	1839.2	232.1
Val	249.2	834.6	234.9	797.9	220.2	795.6	219.2	864.0	246.7
Arg	378.5	1197.5	216.4	1323.4	249.7	1201.3	217.4	1171.9	209.7
His	729.2	852.8	16.9	817.4	12.1	842.4	15.5	718.6	−1.5
Tau	664.6	607.8	−8.5	622.8	−6.3	546.0	−17.8	564.6	−15.1
Asp	203.1	698.6	244.0	729.8	259.4	655.2	222.7	710.0	249.6
Ser	230.8	480.8	108.4	535.2	131.9	491.4	113.0	504.7	118.7
Glu	387.7	1388.0	258.0	1391.5	258.9	1264.9	226.3	1368.7	253.0
Gly	184.6	308.5	67.1	311.4	68.7	249.6	35.2	299.4	62.2
Ala	415.4	1106.8	166.5	1070.4	157.7	967.3	132.9	992.3	138.9
Cys	3.1	27.2	779.3	29.2	843.1	23.4	656.1	25.7	729.1
Tyr	258.5	607.8	135.2	866.0	235.1	616.2	138.4	735.7	184.6
Pro	193.9	263.1	35.7	272.5	40.6	265.2	36.8	265.2	36.8
TFAA	5781.6	14969.1	158.9	15501.3	168.1	13835.2	139.3	14208.9	145.8

(4) 挥发性盐基氮含量的变化　鳀鱼酶解过程中挥发性盐基氮（VB-N）含量的变化见表3-26。从表3-26可知，VB-N在酶解前3h升高最快，5h后A组VB-N生成量显著高于C组（$P<0.05$），微生物对VB-N生成的影响显著（$P<0.05$）。外源木瓜蛋白酶在短时间内促进VB-N的生成，酶解9h后，对VB-N影响不显著（$P>0.05$）。酶解完成后，VB-N分别升高了127.38%～135.96%。

表3-26　鳀鱼酶解过程中挥发性盐基氮的变化（干重）

时间/h	0	3	5	7	9	变化/%
C组/(mg/100g)	288.70±2.11	555.97±4.05[c]	618.84±3.92[c]	623.09±4.67[c]	656.45±5.16[b]	127.38
E组/(mg/100g)	288.67±3.79	584.18±3.87[b]	607.58±6.62[d]	608.56±4.17[d]	658.88±5.00[b]	128.25
A组/(mg/100g)	288.37±4.35	557.14±4.21[c]	663.74±3.92[a]	676.59±4.24[a]	680.44±6.45[a]	135.96
E+A组/(mg/100g)	290.94±2.97	645.92±5.60[a]	653.48±4.90[b]	657.77±5.52[b]	674.94±4.60[a]	131.99

注：表中同列数据不相同上角标字母表示差异显著（$P<0.05$），上角标字母相同表示差异不显著（$P>0.05$）。

(5) 生物胺含量的变化　鳀鱼酶解过程中生物胺含量的变化见表3-27。由表3-27可知，酶解完成后，对照组组胺含量与原料鱼差异不大，四个试验组腐胺、精胺、亚精胺含量降低；试验组尸胺含量升高了86.91mg/kg、98.46mg/kg、190.21mg/kg、104.69mg/kg，A组比其他组高出34.47%～44.85%。

表3-27　鳀鱼酶解过程中生物胺含量的变化（干重）

生物胺	原料鱼含量/(mg/kg)	C组		E组		A组		E+A组	
		含量/(mg/kg)	变化/%	含量/(mg/kg)	变化/%	含量/(mg/kg)	变化/%	含量/(mg/kg)	变化/%
组胺	45.34	44.57	−1.70	32.11	−29.18	44.64	−1.54	37.07	−18.24
尸胺	143.40	230.31	60.61	241.86	68.66	333.61	132.64	248.09	73.01
腐胺	108.21	71.29	−34.12	70.37	−34.97	82.08	−24.15	58.40	−46.03
精胺	75.41	60.00	−20.43	71.98	−4.55	71.62	−5.03	59.90	−20.57
亚精胺	146.87	110.81	−24.55	119.21	−18.83	126.49	−13.88	101.42	−30.95

(6) 脂肪酸含量的变化　鳀鱼极易腐烂，不饱和脂肪酸含量较高，因此在酶解期间常出现脂肪氧化现象。鳀鱼酶解后脂肪酸含量的变化见表3-28。从表3-28中可知，鳀鱼不饱和脂肪酸（UFA）占脂肪总量的41.62%，酶解后UFA含量降低8.1%～10.4%，饱和脂肪酸（SFA）含量升高4.4%～6.4%，UFA酶解过程中部分转化为SFA。A组、E+A组UFA含量高于C组、E组，微生物对UFA的转化有一定影响。

(7) 脂肪酸氧化指标的变化　鳀鱼酶解过程中丙二醛（MDA）、过氧化值（POV）、酸价（AV）的变化见表3-29。

表 3-28　鳀鱼酶解后脂肪酸含量的变化（干重）

脂肪酸		原料鱼含量/(mg/100g)	C组		E组		A组		E+A组	
			含量/(mg/100g)	变化/%	含量/(mg/100g)	变化/%	含量/(mg/100g)	变化/%	含量/(mg/100g)	变化/%
饱和脂肪酸	C12:0	25.5	27.7	8.7	26.4	3.4	28.7	12.6	27.3	7.1
	C13:0	8.1	9.5	17.1	9.9	21.3	9.7	18.6	9.6	18.4
	C14:0	1897.8	2026.8	6.8	2168.6	14.3	2038.1	7.4	2005.0	5.6
	C15:0	214.8	232.8	8.4	247.0	15.0	248.6	15.7	243.3	13.3
	C16:0	4414.7	4664.1	5.7	4510.6	2.2	4508.0	2.1	4514.8	2.3
	C17:0	159.2	173.4	9.0	191.3	20.2	182.9	14.9	184.2	15.7
	C18:0	718.7	784.3	9.1	756.8	5.3	787.4	9.6	782.5	8.9
	C20:0	43.9	44.8	2.0	44.7	1.8	45.4	3.4	44.4	1.1
	C21:0	102.0	104.0	2.0	104.4	2.4	109.0	6.9	107.6	5.6
	C22:0	16.0	16.6	3.7	16.3	1.9	17.0	6.2	16.8	5.1
	C24:0	10.9	11.3	3.7	11.9	9.7	11.6	6.5	13.1	20.7
	ΣSFA	7611.6	8095.3	6.4	8087.9	6.3	7986.4	4.9	7948.6	4.4
不饱和脂肪酸	C14:1	17.2	17.0	－1.2	16.5	－4.1	16.5	－4.2	16.3	－5.0
	C16:1	1282.5	1246.6	－2.8	1223.9	－4.6	1185.3	－7.6	1195.7	－6.8
	C18:1n9t	33.8	26.4	－21.8	27.4	－19.2	26.5	－21.7	26.5	－21.6
	C18:1n9c	1812.2	1533.7	－15.4	1506.9	－16.8	1518.0	－16.2	1518.6	－16.2
	C18:2n6c	258.9	231.0	－10.8	214.8	－17.0	215.4	－16.8	236.0	－8.8
	C20:1	540.9	635.6	17.5	696.2	28.7	674.1	24.6	652.1	20.6
	C20:2	26.9	23.1	－14.2	24.9	－7.4	24.5	－9.1	24.5	－8.9
	C20:3n6	6.0	5.5	－7.8	5.9	－1.6	5.6	－5.5	5.7	－3.8
	C20:4n6	8.7	5.9	－32.8	5.7	－34.5	5.9	－32.5	5.8	－33.4
	C20:3n3	72.3	54.4	－24.8	65.3	－9.8	68.8	－4.9	64.9	－10.2
	C20:5n3 (EPA)	161.2	140.4	－12.9	144.7	－10.2	146.8	－8.9	149.9	－7.0
	C22:1n9	439.7	307.3	－30.1	337.5	－23.2	366.1	－16.7	386.8	－12.0
	C22:2	68.9	50.3	－27.0	52.3	－24.1	54.5	－21.0	53.3	－22.6
	C24:1	168.3	120.6	－28.3	119.6	－29.0	133.3	－20.8	137.4	－18.3
	C22:6n3 (DHA)	679.3	601.0	－11.5	603.1	－11.2	643.7	－5.2	649.1	－4.4
	ΣUFA	5576.8	4998.8	－10.4	5044.7	－9.5	5085.0	－8.8	5122.6	－8.1

由表 3-29 可知，酶解过程中 POV 表现为先升高后降低的趋势，5h 时出现峰值，但数值不高，C 组约为 5.81mg/kg。酶解过程中 C 组 POV 最高，A 组最低，结束后 A 组比 C 组低 42.27%、E 组比 C 组低 32.37%，差异显著（$P<0.05$）。木瓜蛋白酶和抗生素都可降低 POV，但抗生素效果更好。

表 3-29　鳀鱼酶解过程中 MDA、POV、AV 的变化（干重）

时间/h		0	3	5	7	9	变化/%
MDA /(mg/kg)	C	168.98±0.05	143.70±1.67[c]	306.36±1.24[a]	244.15±4.36[a]	152.83±0.23[a]	−9.56
	E	168.79±0.34	302.65±6.09[a]	253.70±2.26[b]	237.34±3.42[b]	134.03±1.79[b]	−20.59
	A	169.40±0.72	142.39±5.26[c]	129.34±1.20[d]	134.21±2.56[d]	129.12±1.78[c]	−23.78
	E+A	169.99±1.75	293.10±1.00[b]	146.14±2.70[c]	143.36±0.51[c]	127.46±1.27[c]	−25.02
POV /(mg/kg)	C	2.58±0.12	5.22±0.13[a]	5.81±0.13[a]	4.62±0.11[a]	4.14±0.11[a]	60.47
	E	2.57±0.03	3.51±0.03[b]	4.19±0.10[c]	4.11±0.11[b]	2.80±0.03[c]	8.95
	A	2.57±0.07	3.51±0.09[b]	4.25±0.11[c]	3.87±0.06[c]	2.39±0.05[d]	−7.00
	E+A	2.59±0.07	3.50±0.06[b]	4.89±0.14[b]	4.04±0.09[b]	3.23±0.08[b]	24.71
AV /(mg KOH/g)	C	2.52±0.06	3.19±0.07[a]	3.27±0.05[a]	3.34±0.06	3.46±0.07[a]	37.30
	E	2.51±0.05	3.13±0.06[ab]	3.21±0.07[ab]	3.38±0.03	3.39±0.06[ab]	35.06
	A	2.51±0.04	3.04±0.06[b]	3.15±0.06[b]	3.29±0.05	3.30±0.04[b]	31.47
	E+A	2.51±0.05	3.19±0.07[a]	3.27±0.05[a]	3.36±0.07	3.46±0.08[a]	37.85

注：表中同一指标相同处理时间各组数据不相同上角标字母表示差异显著（$P<0.05$），上角标字母相同表示差异不显著（$P>0.05$）。

酶解过程中 MDA 含量也呈现先升高后降低的趋势，各试验组 MDA 峰值均在 300mg/kg 左右，C 组峰值出现在 5h 时，E 组、E+A 组均出现在 3h 时。E+A 组 3h 后 MDA 含量迅速降低，而 A 组波动较小。酶解结束后各试验组 MDA 含量均低于初始阶段。

各试验组的 AV 在前 3h 迅速升高，3h 后升高速率减小，7h 后基本稳定，酶解完成后 AV 在 3.30～3.46mg KOH/g 之间。酶解过程中 A 组 AV 低于其他试验组，与 C 组差异显著，但酶解完成后 A 组酸价只比 C 组低 0.16mg KOH/g。E+A 组 AV 高于 A 组，但 E 组与 C 组无显著性差异，说明木瓜蛋白酶的作用被微生物抑制。

对对照组鱼浆与商业鱼粉理化指标进行比较，结果见表 3-30。由表 3-30 可知，对照组鱼浆与商业鱼粉的理化指标差异较大，粗蛋白、粗脂肪、挥发性盐基氮、总游离氨基酸的含量分别比鱼粉高出 5.85%、84.29%、1154.20%、750.84%，粗灰分、组胺、酸价比鱼粉低 35.73%、19.35%、60.00%。

总结试验结果：鳀鱼的蛋白质含量为（17.71±0.36）%；在 55℃条件下，鳀鱼的最适酶解时间为 7～9h，酶解完成后游离氨基酸含量为 14.97g/100g 左右（干物质），挥发性盐基氮和尸胺含量升高显著，组胺、腐胺、精胺、亚精胺含量降低，酶解过程对其表现为降解作用；酶解后，鳀鱼的不饱和脂肪酸部分转化为饱和脂肪酸，酸价、丙二醛、过氧化值与原料鱼差别不大，油脂氧化程度降低；在 55℃下鳀鱼蛋白质酶解迅速，蛋白质腐败和油脂氧化主要受组织酶作用，外源木瓜蛋白酶、微生物对其影响较小。

表 3-30　对照组鱼浆与商业鱼粉理化指标比较（干重）

项目	鱼粉	鱼浆
粗蛋白质/%	69.95	74.04
粗脂肪/%	7.51	13.84
灰分/%	18.61	11.96
总游离氨基酸/(mg/100g)	1759.33	14969.1
牛磺酸/(mg/100g)	508.00	607.8
组胺/(mg/100g)	5.53	4.46
挥发性盐基氮/(mg/100g)	52.34	656.45
酸价/(mg KOH/g)	8.65	3.46
EPA/(mg/g)	6.43	1.40
DHA/(mg/g)	11.48	6.79

二、鱼浆在黄颡鱼饲料中的养殖效果

按照上述鳀鱼鱼浆的试验方法，制作了试验用的鱼浆。以鳀鱼粉为对照，以实用型黄颡鱼饲料配方模式为基础：①以 30.5%鱼粉组为对照（FM），在相同配方模式下，以 6%鱼浆（MPH6）替代 20%的鱼粉；②以 30.5%鱼粉组为对照(FM)，在无鱼粉日粮中分别添加 3%(FPH3)、6%(FPH6)、12%(FPH12) 的鱼浆；③共设计 5 组等氮等能试验日粮，在池塘网箱中养殖黄颡鱼［初始体重(30.08±0.35)g］60d。结果显示：与 FM 相比，FPH12 在 SGR、FCR、PRR 和 FRR 方面均无显著差异，而 MPH6、FPH3、FPH6 组 SGR 降低了 15.45%～24.39%，FCR 升高了 32.14%～42.86%，MPH6、FPH6 差异显著；在 PRR 和 FRR 方面，MPH6、FPH3、FPH6 组 PRR 降低了 21.11%～27.78%，MPH6 组 FRR 降低了 41.51%。

试验用鱼浆、鱼粉的营养组成见表 3-31，试验日粮原料组成与营养水平见表 3-32。

表 3-31　试验用鱼浆、鱼粉的营养组成分析　　单位：%

项目	鱼浆	鱼粉	项目	鱼浆	鱼粉
水分	75.81	6.14	灰分	14.21	17.49
粗蛋白质	59.51	67.84	磷	2.08	2.13
粗脂肪	18.35	10.05			

表 3-32 试验日粮原料组成与营养水平

项目	组别				
	FM	MPH6	FPH3	FPH6	FPH12
原料组成					
细米糠/%	12.8	13.3	11.1	10.8	13.0
米糠粕/%	0.0	0.0	5.6	6.6	6.0
豆粕/%	16.5	16.5	0.0	0.0	0.0
大豆浓缩蛋白/%	0.0	0.0	19.0	18.0	16.0
棉籽粕/%	9.0	9.0	0.0	0.0	0.0
棉籽蛋白/%	0.0	0.0	19.0	18.0	16.0
玉米蛋白粉/%	5.0	5.0	6.0	6.0	6.0
血球粉/%	1.5	1.5	3.5	2.5	2.0
鱼粉/%	30.5	24.8	0.0	0.0	0.0
鱼浆①/%	0.0	6.0	3.0	6.0	12.0
猪肉粉/%	3.0	3.0	8.5	8.5	7.0
磷酸二氢钙[$Ca(H_2PO_4)_2$]/%	2.9	2.8	3.8	3.6	3.2
沸石粉/%	2.0	2.0	2.0	2.0	2.0
小麦/%	13.0	13.0	13.0	13.0	13.0
豆油/%	2.8	2.1	4.5	4.0	2.8
预混料②/%	1.0	1.0	1.0	1.0	1.0
合计/%	100.0	100.0	100.0	100.0	100.0
营养水平(干物质基础)					
粗蛋白质/%	40.23	40.23	40.63	40.41	40.35
总磷/%	1.87	1.86	1.85	1.85	1.85
粗灰分/%	8.27	8.23	5.45	5.78	6.36
粗脂肪/%	8.27	8.22	8.25	8.26	8.27
能量/(MJ/kg)	19.72	19.36	19.94	19.59	19.52

① 鱼浆以干物质参与配方计算。

② 预混料为每千克日粮提供：铜 25mg，铁 640mg，锰 130mg，锌 190mg，碘 0.21mg，硒 0.7mg，钴 0.16mg，镁 960mg，钾 0.5mg，维生素 A8mg，维生素 B_1 8mg，维生素 B_2 8mg，维生素 B_6 12mg，维生素 B_{12} 0.02mg，维生素 C 300mg，泛酸钙 25mg，烟酸 25mg，维生素 D_3 3mg，维生素 K_3 5mg，叶酸 5mg，肌醇 100mg。

在池塘网箱中，经过 70d 的养殖试验，得到以下结果：养殖过程中黄颡鱼成活率各试验组间无显著差异（$P>0.05$)(表 3-33)；以 SGR 表示的黄颡鱼生长速度结果显示，以 FM 组为对照，FPH12 组差异不显著（$P>0.05$)，MPH6 组、FPH6 组分别降低了 24.39%、23.58%，差异显著（$P<0.05$)；对于饲料效率，FPH12

组与 FM 组 FCR 差异不显著（$P>0.05$），而 MPH6 组、FPH3 组、FPH6 组差异显著（$P<0.05$），升高了 32.14%～42.86%；MPH6 组、FPH3 组、FPH6 组 PRR 显著低于 FM 组和 FPH12 组（$P<0.05$），降低了 21.11%～27.78%；MPH6 组 FRR 比 FM 组降低了 41.51%（$P<0.05$），FPH3 组、FPH6 组、FPH12 组无显著变化（$P>0.05$）。

表 3-33　鱼浆对黄颡鱼生长速度、饲料效率的影响（$n=3$）

项目	组别(groups)				
	FM	MPH6	FPH3	FPH6	FPH12
初始均重(IBW)/g	30.15±0.28	30.23±0.34	30.25±0.43	29.95±0.18	30.10±0.35
终末均重(FBW)/g	63.2±4.8[a]	52.9±3.7[b]	56.5±2.1[ab]	52.9±4.6[b]	60.2±7.1[ab]
成活率(SR)/%	100±0	96.7±2.9	100±0	100±0	100±0
特定生长率(SGR)/(%/d)	1.23±0.14[a]	0.93±0.13[b]	1.04±0.06[ab]	0.94±0.13[b]	1.15±0.17[ab]
与对照组比较/%	—	−24.39	−15.45	−23.58	−6.50
饲料系数(FCR)	2.8±0.6[b]	4.0±0.4[a]	3.7±0.3[a]	3.9±0.3[a]	2.9±0.3[b]
与对照组比较/%	—	42.86	32.14	39.29	3.57
蛋白沉积率(PRR)/%	18.0±2.6[a]	13.3±2.4[b]	13.0±1.0[b]	14.2±0.7[b]	18.0±2.3[a]
脂肪沉积率(FRR)/%	52.9±2.6[a]	30.9±7.8[b]	39.2±4.8[ab]	41.5±12.5[ab]	49.4±17.0[ab]

注：1.“−”表示低于对照组。

2.表中同行数据上角标为不同字母表示差异显著（$P<0.05$），上角标为相同字母表示差异不显著（$P>0.05$）。

上述结果显示，在黄颡鱼常规饲料中，以鱼浆替代 20%的鱼粉使黄颡鱼的生长速度下降、饲料效率降低；在无鱼粉的黄颡鱼日粮中，以 12%的鱼浆（干物质）作为鱼粉产品替代物，其生长速度和饲料效率与 30.5%鱼粉组无显著性差异。这说明 12%的鱼浆（干物质）与 30.5%的鱼粉对于黄颡鱼的生长速度、饲料效益具有一定的等效性。得到的试验结果显示，鱼浆过高明显降低黄颡鱼的生长速度，无鱼粉日粮中添加 12%的鱼浆，黄颡鱼的生长速度、日粮效率与 30.5%鱼粉组无显著变化，具有一定的等效性。

第八节　鱼粉的生物胺

鱼粉原料以及鱼粉产品中含有较多的生物胺类物质，生物胺是水产动物体内具有生理活性的物质，也是影响鱼粉安全质量的主要因素之一。

超声波、微波加热、直火烘干、蒸汽加热对鱼粉原料鱼生产过程中蛋白质腐败变质产生的生物胺没有破坏作用，因为生物胺具有较好的稳定性。分析生物胺含量更能客观、准确地反映鱼粉的鲜度情况。可以用鱼粉中组胺、尸胺、腐胺、精胺的总量指标，也可以用组胺的含量指标，或用两个指标同时作为鱼粉新鲜度、鱼粉安全性鉴定的有效指标。

部分生物胺在适宜剂量范围内也有一定的生物学作用，鱼粉中有较多种类、较高含量的生物胺。生物胺是否也是鱼粉不同于其他动物蛋白原料的优势之一，是否是鱼粉特殊营养作用的有效物质之一，这也是值得研究的课题。

一、生物胺种类

生物胺是一类低分子量含氮有机化合物的总称，主要种类包括组胺、尸胺、腐胺、酪胺、苯乙胺、色胺、胍丁胺、精胺、亚精胺、多巴胺、去甲肾上腺素、肌胃糜烂素（组氨酸和赖氨酸的热分解产物）等，是以游离氨基酸为原料，在活的动物体内，是氨基酸脱羧的产物，参与体内生理活动；动物死亡后，在微生物作用下产生生物胺，是蛋白质腐败的产物。

碳、氢、氧是有机体中重要的元素，碳是有机物重要的骨架元素，而氮则是有机体中重要的结构性元素。生物体中的氮以氨基、胺、尿酸、尿素、氨等形式存在，可以形成多种类型的铵盐。生物胺可看作是氨分子的1～3个氢原子被烷基或芳香基取代后生成的物质。根据结构可以把生物胺分成三类：脂肪族（腐胺、尸胺、精胺、亚精胺、胍丁胺等）、芳香族（酪胺、苯乙胺等）、杂环类（组胺、色胺、5-羟色胺等）。动物饲料中最常见生物胺的生理作用及毒性见表3-34。

表3-34　动物饲料中最常见的生物胺的生理作用及毒性

生物胺		氨基酸前体	生理作用(赵中辉,2011)	生物胺的毒性(赵中辉,2011)
脂肪族	腐胺	鸟氨酸	引起低血压,破伤风,四肢痉挛	LD_{50}：1600mg/kg（小鼠经口）;300mg/kg(大鼠皮下)
	尸胺	赖氨酸		LD_{50}:270mg/kg(大鼠经口)
	精胺	S·腺苷蛋氨酸	细胞增殖,促进细胞损伤的修复	LD_{50}:100mg/kg(小鼠经口)
	亚精胺	S·腺苷蛋氨酸		
芳香族	酪胺	酪氨酸	边缘血管收缩,增加心律,增强呼吸作用,增加血糖浓度,消除神经系统中的去甲肾上腺素,引起偏头疼	偏头痛:100mg;中毒性肿胀:1080mg
	β-苯乙胺	苯丙氨酸	消除神经系统中的去甲肾上腺素,升高血压,引起偏头疼	
杂环类	组胺	组氨酸	释放肾上腺素和去甲肾上腺素,刺激感觉神经和运动神经,控制胃酸分泌,参与炎症反应和免疫反应,调节细胞因子	轻微中毒:8～40mg;中等中毒:40mg;严重中毒:100mg
	色胺	色氨酸	升高血压	

二、生物胺的生物学作用与毒性

生物胺广泛存在于各种动、植物的组织中，在人和动物的生物活性细胞中发挥着重要的生理作用。例如：在神经系统中，组胺、多巴胺、5-羟色胺是神经细胞释放的重要神经递质或神经调质，参与睡眠、食欲、激素调节、体液调节、学习记忆、精神活动等多种生理调节；在循环系统中，组胺能够使小静脉和毛细血管扩张，通透性增强，多巴胺可直接收缩动物血管使血压升高，酪胺可通过调节神经细胞中的多巴胺水平间接升高血压；在呼吸系统和消化系统中，组胺能够刺激支气管、胃肠道、子宫和膀胱等的平滑肌收缩；在免疫反应中，组胺与细胞因子之间存在复杂的相互作用，组胺通过调节细胞因子实现细胞的增殖和修复，免疫应答产生的细胞因子也可以调控组胺的合成、释放及其受体表达；在代谢过程中，腐胺、精胺、亚精胺和尸胺等是生物活性细胞必不可少的组成部分，在调节核酸与蛋白质的合成及生物膜稳定性方面起着重要作用。亚精胺、精胺等多胺类物质能促进 DNA、RNA 和蛋白质等的合成，加速生物体的生长发育。蛋白质类食品中含有一定量的生物胺对人体是有益的。

当摄取的外源性生物胺数量超过一定限度后，人和动物就会出现生物胺引起的一些不良反应，甚至出现中毒现象。在正常机体环境下，哺乳动物具有天然防卫机制，可解除少量口服生物胺的毒性。这些防卫机制包括单胺氧化酶系统和二胺氧化酶系统，以及将胺类物质分解为毒性较低的氧化产物的功能。只有在超过动物自身分解能力之后才会出现生物胺中毒的情况。

生物胺在体内可形成 NH_4^+，对组织中带负电荷的部位能产生较强的吸引作用。氮原子的未共用电子对又能产生氢键作用，强烈干扰体内代谢。生物胺的毒性大小依次为伯胺（RNH_2）、仲胺（R_2NH）和叔胺（R_3N）。水产品中最具毒性的生物胺是组胺。组胺通过与细胞膜上的两类受体（H_1 和 H_2）作用从而发挥毒性。通过受体 H_1，组胺可以引发末梢血管扩张从而导致高血压和头疼。组胺诱导的胃肠道肌肉收缩会引发腹部抽筋、腹泻和呕吐。通过位于腔壁细胞的受体 H_2，组胺可以控制胃酸分泌。

水产品中、鱼粉中为什么会出现高含量的生物胺？水产品富含蛋白质，在加工和储藏过程中会产生多肽和氨基酸，这些小分子物质容易进一步转化为生物胺。富含游离组氨酸的红肉鱼类如鲭鱼、鲱鱼（游离组氨酸含量 1g/kg)、沙丁鱼、金枪鱼（游离组氨酸含量为 15g/kg）等海洋鱼类体内含有多种生物胺，如组胺、腐胺、尸胺、酪胺、胍丁胺、精胺和亚精胺等。如鲱鱼鲜鱼中含有 127mg/100g 组胺、56mg/100g 腐胺、286mg/100g。组胺是海产鲭科鱼类中含量最多和最主要的生物胺。

三、生物胺的来源

生物胺来源于氨基酸（直接原料为游离氨基酸），是氨基酸脱羧基后的代谢产物。催化氨基酸脱羧基的酶称为脱羧酶，普遍存在于生物组织中，动物体内的氨基酸脱羧酶是氨基酸正常代谢的酶。

（1）活体动物生物胺的来源　生物胺在生物体内最重要的合成途径是氨基酸的脱羧反应，是氨基酸在脱羧酶的作用下，脱去羧基后生成的相应的胺，生成的生物胺作为生理活性物质参与体内的多种生理代谢反应和生理活动。

（2）动物死亡后生物胺的产生　动物死亡后，组织自溶可以产生大量游离氨基酸；在微生物作用下，蛋白质腐败、微生物生长，从而产生大量的生物胺。

腐败过程中，生物胺的形成须具备3个条件：①有一定量的游离氨基酸存在，一般在原料鱼自溶或微生物作用下，产生较多的游离氨基酸；②有具有脱羧酶活性的微生物存在，例如以组氨酸为原料产生组胺的过程需要脱羧酶，而脱羧酶来源于微生物；③原料鱼、鱼粉所处的条件适合上述微生物的繁殖以及脱羧酶的产生。

（3）鱼粉中的生物胺是如何产生的　除了鱼体自身含有的、数量很少的内源性生物胺之外，更多的生物胺是在原料鱼死亡之后，鱼粉生产过程中所产生的。鱼死亡后鱼体需要经历僵硬、自溶和腐败等过程，鱼体自溶会产生很多的游离氨基酸，但不产生生物胺。只有在微生物大量繁殖、生长之后，微生物所分泌的脱羧酶存在的时候才是生物胺产生的主要时期。因此，鱼粉原料中的生物胺主要在鱼体腐败阶段及其以后的阶段产生，游离氨基酸转化为生物胺的主要促进者是微生物，而不是鱼体内源性的代谢酶。鱼粉生产过程中，在微生物没有被杀死之前，也有较多的生物胺产生。有人在研究储藏温度对鲭鱼鱼体内生物胺形成的影响时发现，新鲜的鱼肉中不含组胺，但将新鲜的鲭鱼在室温下保存24h后，组胺含量为28.4mg/kg，而48h后又增至1540mg/kg。

因此，微生物的作用是生物胺产生的主要原因。许多常见的细菌都具有对若干种氨基酸脱羧的能力。例如报道最多的组胺产生菌为摩氏摩根菌、克雷伯菌、假单胞菌科细菌、肠杆菌科细菌、明串珠菌科细菌、弧菌科细菌、酸杆菌科细菌等。生物胺的产生是由相应的脱羧酶引起的。

四、生物胺含量为什么作为动物性原料或食品新鲜度的判定指标

依据上述生物胺的来源可以知道，生物胺主要由游离氨基酸脱羧反应产生。动物组织中，除了活体组织自身含有一定量的游离氨基酸外（蛋白质周转代谢过程中，血液、组织液和细胞液中含有一定量的游离氨基酸），更多的游离氨基酸是动物死亡之后，肌肉组织自溶或者被微生物感染导致动物组织蛋白分解所产生的。动物死亡时间越长、死亡后被微生物感染的程度越大，产生的游离氨基酸数量越多，因此，在产生脱羧酶的微生物的进一步作用下，产生的生物胺种类、数量越多。

因此，生物胺总量或者组胺含量，可以作为动物性食品、食用水产品以及动物加工食品新鲜度的评价指标，也可以作为鱼粉原料、鱼粉产品以及其他水产动物来源的饲料原料中蛋白质腐败程度、新鲜程度的判定指标，生物胺或组胺含量越高，

新鲜度越差。

五、常见的几种生物胺

生物胺中的组胺对人类健康的影响最大，它是生成致癌物质和亚硝基类物质的前体。

组胺是广泛存在于动植物体内的一种生物胺，是由组氨酸脱羧形成的，通常储存于组织的肥大细胞中。在体内，组胺是一种重要的化学递质，当机体受到某种刺激引发抗原-抗体反应时，肥大细胞的细胞膜通透性被改变，释放出组胺，组胺与组胺受体作用产生病理生理效应。

组胺存在于肥大细胞内，亦存在于肺、肝及胃的黏膜组织内。它在过敏与发炎的调节中扮演一个很重要的角色。组胺属于一种化学信息，亦是胺类神经传递质，参与中枢与周边的多重生理功能。在中枢系统，组胺由特定的神经所合成，例如位于下丘脑后部的结节-乳头核中，神经细胞多向延伸至大脑其他区域与脊椎，这说明组织胺可能参与睡眠、荷尔蒙分泌、体温调节、食欲与记忆形成等功能，另外还位于网状结构与端脑；在周边部分，组胺主要储存在肥大细胞如嗜碱粒细胞和肠嗜铬细胞中，可引起痒、打喷嚏、流鼻涕等现象，此外组胺结合到血管平滑肌上的接受器（H1R）上导致血管扩张从而出现局部水肿现象，组胺会使肺的气管平滑肌收缩引起呼吸道狭窄进而呼吸困难，肠道平滑肌收缩会引起血压降低以及心跳增加等多项生理反应。

组胺受体有 H_1、H_2、H_3 亚型，均为 G 蛋白偶联受体。H_1 受体通过 Gq 蛋白偶联磷脂酶 C 促进磷脂酰肌醇代谢；H_2 和 H_3 受体分别与 Gs 蛋白和 Gi/o 蛋白偶联，激活或抑制腺苷酸环化酶进而升高或降低细胞内 cAMP 的量，从而发挥效应。其中 H_3 受体作为自身受体，调节组胺及其他神经递质［如谷氨酸、γ-氨基丁酸(GABA)］的合成和释放，但由于 H_3 受体为突触前膜自身受体，在当前的精神药理中没有地位。

青皮红肉鱼包括：鲐鱼（俗称鲐巴鱼）、金枪鱼、鲣鱼、秋刀鱼、鲭鱼、沙丁鱼等，这类鱼含大量组氨酸，是引起人或养殖鱼类高组氨酸中毒的原料鱼。这类鱼的共同特点是：都是海鱼，身体呈梭形或纺锤形，头尖口大，背部青黑或青蓝色，腹部白色或淡黄色，鱼肉发红色。

1. 组胺（histamine，2-imidazol-4-ylethylamine）

化学式是 $C_5H_9N_3$，摩尔质量为 111.145g/mol，熔点为 83～84℃，沸点为 209.5℃，密度为 1.131g/cm^3。

组胺的化学结构式：

```
HC══C—CH2CHCOOH
|    |      |
N    NH     NH2
 \\ /
  CH
```

形成过程：组氨酸 $\xrightarrow{\text{微生物}}$ 组胺

(1) 组胺的来源　组胺是组氨酸经过脱羧反应而生成的，游离组氨酸的存在是组胺产生的主要条件。在组胺的生成中需要以游离的组氨酸而不是蛋白质肽链中的组氨酸为反应底物。在新鲜的鱼体肌肉组织中组胺含量很少，主要是生理活性作用需要的微量组胺。

因此，只有在死亡的鱼体组织内，由于鱼体细胞中溶酶体释放的酶将细胞分解，从而产生大量的游离氨基酸，其中也包括组氨酸；或者微生物产生的酶水解鱼体蛋白质从而产生游离氨基酸。游泳能力强的鱼类由于红色肉含量高，其组氨酸的含量比普通鱼肉的高。

细菌作用是组胺产生的根本原因。赵中辉（2011）的研究报告显示，新鲜鱼肉中不含组胺，组胺的产生是外界细菌侵入的结果，即细菌作用是组胺产生的根本原因。例如在黄鳍金枪鱼横切肌肉块中的组胺产生试验中，组胺在肌肉块内部、中间、外缘的浓度含量分别为 0、2.941mg/kg、35.077mg/kg，细菌在由外向内侵入鱼块时会产生组胺的梯度效应。在不同时间点黄鳍金枪鱼的组胺分析试验中，组胺的产生开始于鱼体的腐败阶段，此时 pH 值由 6.40 升至 8.26、TVB-N 含量超过 30mg/100g 并继续上升、游离组氨酸含量由 5789mg/kg 迅速下降至未检出，而组胺含量从进入腐败阶段开始不断上升至 603mg/kg。不过，在鲅鱼试验中，仅 10.42%的游离组氨酸转化为组胺，大部分游离组氨酸参与了细菌的其他代谢过程。

鱼体在自溶状态下不产生组胺。各种参与自溶状态的组织蛋白酶没有将鱼体内大量的游离组氨酸转化为组胺。在鱼体自溶阶段及其以后的阶段，伴随着 pH 值的升高、TVB-N 的增长、游离组氨酸的下降、细菌的大量繁殖，组胺在鱼体的腐败阶段开始产生。但是，并不是所有的游离组氨酸都转化为组胺，大部分组氨酸将参与细菌的其他代谢活动。

鱼粉原料和鱼粉产品中的游离组氨酸被细菌分解产生组胺。在鱼粉加工过程中，一部分组胺溶于压榨液中，因此压榨饼中的组胺含量有所降低；当浓缩的汁水加到干燥机中与压榨饼一起干燥后，所得的全鱼粉中组胺含量又会增高。

(2) 组胺的作用　组胺可以作为食用鱼产品、鱼粉、水产动物饲料原料新鲜度的评价指标。

(3) 组胺的毒性　组胺是毒性最强的生物胺，尸胺和酪胺的存在可以增强组胺的毒性作用，这是因为尸胺和酪胺能够抑制肠道中二胺氧化酶和组胺-N-甲基转移酶的活性，从而增强了组胺的毒性作用。

(4) 食用鱼产品组胺含量国家标准　组胺是毒性最强的生物胺，也是各国主要关注的生物胺。关于组胺，欧美国家的组胺限量标准明显比我国低。美国食品药物管理局（FDA）规定食品中组胺含量不得超过 50mg/kg，欧盟规定水产品及其制品中组胺含量不得超过 100mg/kg，南非的限量标准为 100mg/kg，澳大利亚的限量标准是 200mg/kg，而我国规定鲐鱼类中组胺的限量标准为 1000mg/kg，其他海产鱼类为 300mg/kg。

2. 腐胺（putrescine, butane-1, 4-diamine）

分子式为 $NH_2(CH_2)_4NH_2$，摩尔质量为 88.1516g/mol，熔点为 27℃，沸点为 158～160℃。常温下为无色晶体或无色至微黄色液体。腐胺与尸胺一样，都来源于生物活体或尸体中蛋白质的氨基酸降解。多胺的生成中，腐胺与 S-腺苷甲硫氨酸脱羧后产生的 S-腺苷-3-甲硫基丙胺反应，产生亚精胺。亚精胺反过来与其他 S-腺苷-3-甲硫基丙胺反应，将其转化为精胺。

大剂量的腐胺是具有毒性的。小鼠急性经口毒性最低致死量为 1600mg/kg；大鼠急性经皮毒性最低致死量为 300mg/kg。腐胺有腐蚀性。可被人体吸入、食入或经皮吸收。

化学结构式：

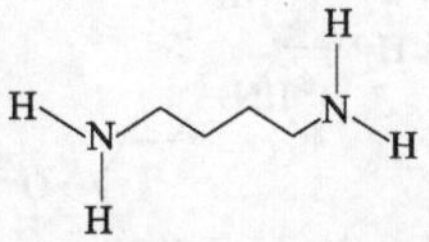

形成过程：

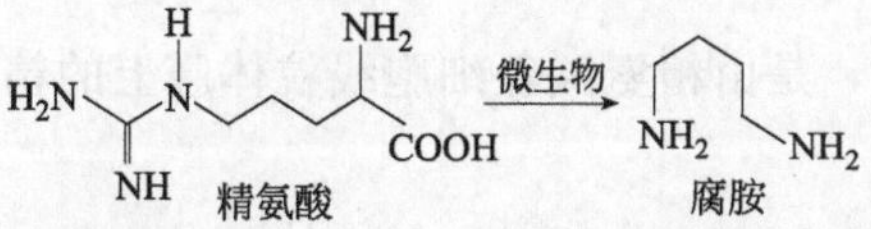

精氨酸 —微生物→ 腐胺

腐胺由鸟氨酸、谷氨酰胺、精氨酸、胍丁胺形成。在虹鳟饲料中添加了 1～4g/kg 的腐胺未能提高鱼的摄食与生长，鱼体腐胺的浓度也未有显著的提高，但更高的添加量（13.3g/kg）却显著降低了鱼的增重与摄食。在金头鲷的试验中发现，饲料系数、特定生长率与腐胺和尸胺的含量呈明显负相关关系。

3. 尸胺（cadaverine）

尸胺是一种在动物身体组织腐烂时由蛋白质水解产生的、具有腐臭气味的化合物，常温下为浆状液体，深度冷冻可凝固结晶。尸胺在空气中发烟，能形成二水合物。

化学式为 $C_5H_{14}N_2$，摩尔质量为 102.178g/mol，密度为 0.870g/cm^3，熔点为 9℃，沸点为 178～180℃。

化学结构式：

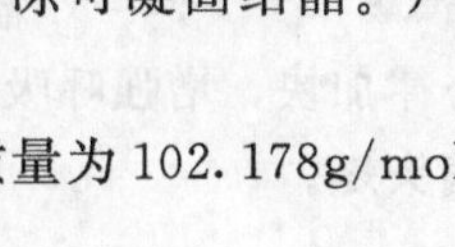

形成过程：

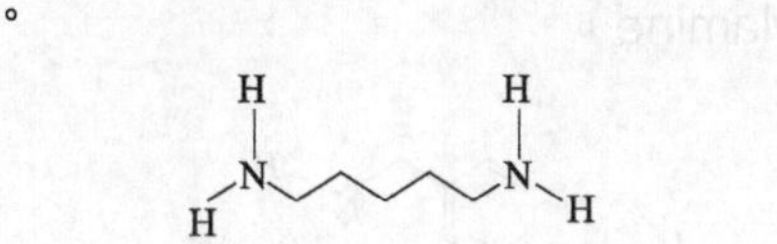

赖氨酸 —微生物→ 尸胺

尸胺是一种常见的低毒化合物，它常常被作为异生物素从而被代谢和分泌。饲料中一定含量的尸胺会导致金头鲷和大西洋鲽的生长速度和饲料利用率降低。

4. 亚精胺（spermidine）

化学结构式：

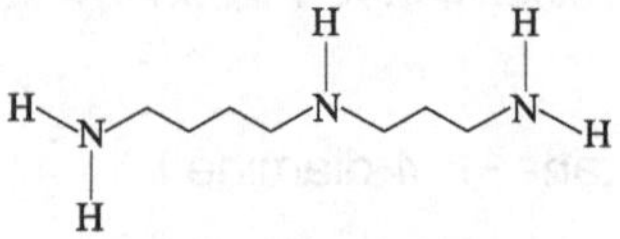

5. 精胺（spermine）

化学式为 $C_{10}H_{26}N_4$，摩尔质量为 202.34g/mol，密度为 0.937g/cm^3，熔点为 29℃，沸点为 130℃。

化学结构式： $NH_2—(CH_2)_3—NH—(CH_2)_4—NH—(CH_2)_3—NH_2$

精胺能够促进细胞增殖，促进细胞损伤的修复。

6. 胍丁胺（agmatine）

化学结构式：

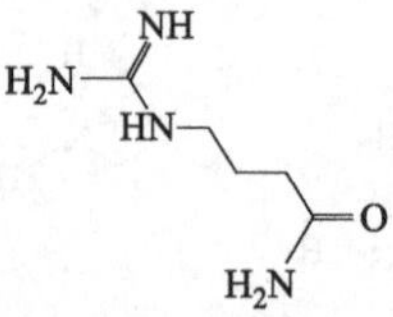

胍丁胺是一种多胺，是由精氨酸经细胞线粒体膜上的精氨酸脱羧酶作用转化而来的。

7. 酪胺（tyramine）

化学结构式：

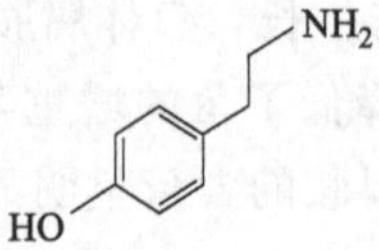

形成过程：酪氨酸 —微生物→ 酪胺

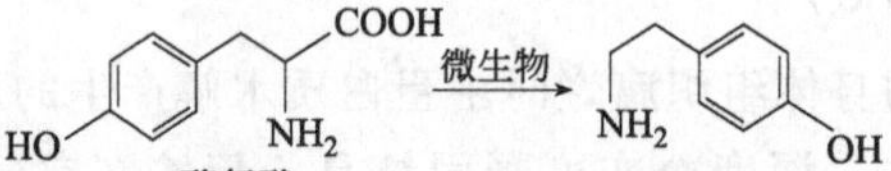

酪胺能使边缘血管收缩、心律加快，增强呼吸作用，增加血糖浓度，消除神经系统中的去甲肾上腺素，引起偏头疼。

8. 苯乙胺（phenethylamine）

化学结构式：

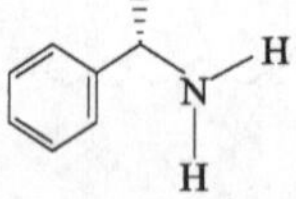

形成过程：苯丙氨酸 —微生物→ β-苯乙胺

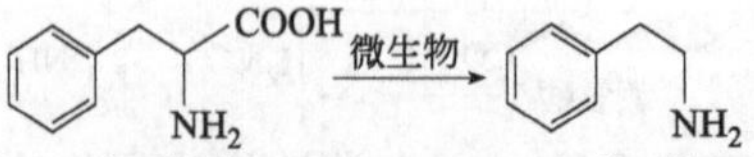

苯乙胺能够消除神经系统中的去甲肾上腺素，使血压升高，引起偏头疼。

9. 色胺（tryptamine）

化学结构式：

$CH_2CH_2NH_2$ N H

形成过程：

COOH NH_2 N H $\xrightarrow{微生物}$ NH_2 N H

色氨酸　　色胺

10. 5-羟色胺（5-hydroxytryptamine，5-HT）

化学结构式：

HO $CH_2CH_2NH_2$ N H

5-羟色胺亦称血清素（serotonin），是参与调节胃肠道运动和分泌功能的重要神经递质。

11. 肌胃糜烂素（gizzeosine）

第一篇关于鸡黑色呕吐病的报道发表于1971年。报道指出，在秘鲁第一次看到黑色呕吐病，病因是使用了一种鱼粉。后续研究发现了组胺在日粮中的作用以及和肌胃糜烂症的关系，但没有找到真正导致鸡发生肌胃糜烂症的病因。直到1978年，日本爆发了严重的黑色呕吐病（blackvomit），日本的专家开始对这种致病物质进行了深入的探索。终于在1983年，通过分离一种能导致肉鸡发生严重肌胃糜烂症的鱼粉10kg，得到了2mg的致病物质，化学组成是2-氨基-9-(4-咪唑基)-7-氮诺氨酸［2-amino-9-(4-imidazoyl)-7-azano-nanoicacid］。这是一种新发现的物质，将其命名为肌胃糜烂素（gizzerosine）。

肌胃糜烂素的化学结构式：

$$HC{=}C{-}(CH_2)_2{-}N{-}(CH_2)_4{-}CH{-}COOH$$

HN　N　H　NH_2

C

H

组胺与赖氨酸中的ε-NH_2在温度为120℃以上时容易发生反应，生成肌胃糜烂素，但在200℃以上时就会分解。

影响肌胃糜烂素含量的因素有很多，但主要有以下几个因素。

第一，原料鱼种类。刚开始报道“黑色呕吐病”时就发现它与红鱼粉的使用有关，而红鱼粉是以鳀鱼、沙丁鱼、凤尾鱼、海生小杂鱼及鱼虾食品加工后剩下的下脚料为原料制成的鱼粉。而如果使用白鱼粉或者其他蛋白原料，肌胃糜烂症就会得到控制。

第二，原料鱼新鲜度。据报道，虽然赤道附近的海洋气温比预期的要低，但在太阳升起至中午期间捕获的鱼会迅速变质，特别是在捕获量大的时候。在相同的生产条件下用变质原料（沙丁鱼）生产的鱼粉喂鸡，发现肌胃糜烂症的发生率上升。

第三，原料中组胺含量。组胺是组氨酸在细菌作用下脱羧的产物，除了原料组胺或组氨酸含量差别造成的影响外，原料存储条件也会对组胺含量造成较大影响。

第四，鱼粉的加工方式。加工温度和加工时间是两个主要的影响因素，但压力也是个不容忽视的条件。肌胃糜烂素的最适生成条件是 8～10 个大气压，温度约 170℃。营原道熙 1993 年在温度 50～200℃、时间 0～3h 的加工条件下对肌胃糜烂素的生成量做了对比。肌胃糜烂素在 100℃加热 2h 时开始产生；100～150℃时，随温度和时间的延长肌胃糜烂素含量呈上升趋势；160～180℃时，随时间的延长肌胃糜烂素逐渐分解；190℃0h 时达到最大值，但随时间延长肌胃糜烂素分解迅速；低温情况（80℃）时，随时间延长肌胃糜烂素含量增加，这表明储存条件不当也会导致肌胃糜烂素的产生。具体情况见表 3-35。

鱼粉加工温度、时间与肌胃糜烂素（gizzerosine）生成量的关系见表 3-35。

表 3-35 鱼粉加工温度、时间与肌胃糜烂素（gizzerosine）**生成量的关系**（营原道熙，1993）

加工温度/℃	不同加工时间肌胃糜烂素含量/(mg/kg)				
	0h	0.5h	1h	2h	3h
50	0.6		0.5	0.6	0.6
60	0.6		0.6	0.6	0.5
70	0.5		0.5	0.5	0.5
80	0.5		0.5	0.5	0.6
90	0.5		0.6	0.5	0.6
100	0.5		0.5	0.8	0.9
105	0.7		0.9	1.1	1.5
110	0.8		1.3	1.9	2.2
120	1.9		2.9	5.2	4.9
130	3.4		5.6	8.1	10.4
140	4.4		9.7	11	12.6
150	7.9		13.3	14.4	13.6
160	11.6		16.4	16.2	12.4
170	17.3	18.1	16.7		
180	17.9	13	9.7		
190	25	7.5	3.9		
200	23.6	3.3	2.9		

报道指出，日粮中含 0.2mg/kg 的肌胃糜烂素就有可能导致动物生产性能下降。

综合分析，生物胺在鱼类等水产动物体内含量较高，在活体水产动物中保持一定的含量，并维持合理的动态平衡，是鱼体正常的生理活性物质，参与体内系列生理功能的调节和代谢反应。

当水产动物如鱼类、虾蟹类、软体动物等死亡之后，由于自溶作用和腐败作用产生大量的游离氨基酸，微生物以游离氨基酸为底物，产生多种类的生物胺，其含量显著高于新鲜活体水产动物中的含量。因此，生物胺可以作为水产动物如新鲜的水产品、冷冻水产品、加工水产品等新鲜度的鉴定指标。在鱼粉等以水产动物为原料生产的饲料原料中，生物胺种类、含量作为鱼粉原料鱼、鱼粉产品新鲜度鉴定的重要指标。生物胺多数是水溶性的，在鱼粉压榨液中含量很高。根据是否将鱼粉压榨液即鱼溶浆返回到鱼粉中，可以分别得到全脂鱼粉、脱脂鱼粉、半脱脂鱼粉，其中的生物胺含量也有显著差异，理论上分析，脱脂鱼粉中含量最低，全脂鱼粉中含量最高，半脱脂鱼粉中含量介于前两者之间。

生物胺不容易挥发，在鱼粉烘干、保存中与鱼粉同时存在；生物胺又是原料鱼、鱼粉蛋白质腐败的产物，因此作为新鲜度鉴定指标更为有效。挥发性盐基氮也是水产动物蛋白质的腐败产物，可以作为鲜活水产品、冷冻水产品新鲜度的鉴定指标，但其沸点低，在鱼粉烘干过程中的高温下容易挥发，因此作为鱼粉新鲜度鉴定指标不能完全反应水产品新鲜度的真实状况，有局限性。用于评价鱼粉新鲜度的生物胺通常是指鱼粉中生物胺的总浓度，至少应包括组胺、尸胺、酪胺和腐胺。Aksnes 等认为鱼虾饲料中鱼粉的生物胺总浓度以不超过 0.20％为宜，而 Pike 和 Hardy 认为虾饲料中生物胺的最高浓度不超过 0.34％。

第九节　鱼粉中的挥发性盐基氮

鱼粉中挥发性盐基氮含量是新鲜度鉴定的指标之一，但因为挥发性高，导致其在鱼粉中的留存量受到鱼粉加工、运输、存储温度、气体流动性等的影响，故作为鱼粉新鲜度的鉴定指标不能完全反应鱼粉的新鲜度。

三甲胺含量是食用水产品新鲜度鉴定的有效指标之一，但鱼粉等经过较高温度加工时，三甲胺的留存量会受到一定的影响，故三甲胺是否可以作为鱼粉新鲜度的鉴定指标之一还值得研究。

氧化三甲胺是鱼类特有的用于蛋白质稳定和渗透压调节的物质，陆生动物及其产品中不含氧化三甲胺。氧化三甲胺已经成为一种新型的饲料添加剂，在应用中取得较好的养殖效果。因此，氧化三甲胺是否是鱼粉中含有的“未知生长因子”之一？海水鱼中氧化三甲胺含量显著高于淡水鱼类，氧化三甲胺是否也是海水鱼粉优于淡水鱼粉的因素之一？这些问题值得进一步深入、系统地研究。

一、挥发性盐基总氮

挥发性盐基总氮（total volatile basic nitrogen，TVB-N），又称为挥发性盐基

氮（volatile basic nitrogen，VB-N），也称为挥发性碱性总氮（TV-N），是指肉、鱼类样品浸液在弱碱性下能与水蒸气一起蒸馏出来的总氮量，主要是氨和胺类如三甲胺、二甲胺等。

之所以称为盐基氮，是因为肉食品中的蛋白质在酶和细菌的作用下，发生分解从而产生氨（NH_3）和胺（$R—NH_2$）等碱性含氮物。如氨基酸在脱氨酶的作用下可产生氨；酪氨酸在脱羧酶的作用下产生酪胺；组氨酸脱羧基产生组胺；赖氨酸脱羧基产生尸胺；鸟氨酸、精氨酸脱羧基产生腐胺等。以L-氨基酸所产生的胺或氨类碱性产物，可以与组织内的酸性物质结合，形成NH_3、$R—NH_2$（即盐基态氮），故称盐基氮。

TV-N受储存时间、温度、原料鱼的状况、细菌污染程度等多种因素的影响。通常每100g鱼，TV-N含量低于50mg时表示其鲜度优良，超过150mg表示已开始腐败。

二、挥发性盐基氮的来源

挥发性盐基氮的主要成分是三甲胺、二甲胺、甲胺和氨，主要来源于微生物对氨基酸的分解代谢，尤其是其中的氨，既是鱼体氨基酸代谢的含氮产物，也是微生物对氨基酸分解的产物。所以，挥发性盐基氮含量可作为蛋白质类食品、饲料原料新鲜度的鉴定指标。由于其中的三甲胺、氨等对养殖动物具有一定的毒副作用，也因此可作为鱼粉安全质量的评价指标之一。

挥发性盐基氮都是水溶性的，主要存在于鱼粉蒸煮后的压榨液中和鱼粉中，压榨液以及由压榨液浓缩得到的鱼溶浆、鱼溶浆粉中含量较高。如果这些压榨液物质没有返回到鱼粉中，则得到的脱脂鱼粉中挥发性盐基氮含量较低。

挥发性盐基氮的熔点、沸点都很低，在鱼粉加热生产过程中，尤其是烘干过程中挥发掉一部分，高温烘干时挥发量更大。生产鱼粉的条件越温和，鱼粉中TV-N的含量越高，低温鱼粉中可能较高温烘干鱼粉中的高。

三、鱼粉及其原料鱼中的挥发性盐基氮成分

鱼产品、鱼粉中挥发性盐基氮的主要成分包括三甲胺、二甲胺、甲胺、氨等物质，表3-36列举了这些物质的主要性质。

从表3-36中可以发现，三甲胺、二甲胺等挥发性盐基氮物质的熔点、沸点非常低，且溶于水，所以，可以采用水汽蒸馏的方法将挥发性盐基氮蒸馏出来，并进行定量分析。又因为其熔点、沸点很低，在常温下将以气态形式蒸发，因此，挥发性盐基氮可以作为鲜活水产品、冷冻水产品、加工水产食品新鲜度的鉴定指标。但鱼粉需要经过90℃的蒸煮、烘干等加工过程，在这样较高的温度下，会有很多的挥发性盐基氮随之蒸发，因此，不能有效反应经过较高温度加工的鱼粉产品新鲜度的真实状况，对于鱼粉新鲜度的鉴定来说，生物胺是更有效的鉴定指标。

表 3-36 挥发性盐基氮的主要成分及其性质

名称	化学式	摩尔质量/(g/mol)	密度	熔点/℃	沸点/℃	溶解性(水)
三甲胺(TMA)	$N(CH_3)_3$	59.11	0.67g/mL(0℃)	−117.08	2.87	互溶
甲胺	CH_5N	31.06	0.902 g/cm³(质量分数为40%水溶液)	−94	−6	108 g/100mL(20℃)
二甲胺	C_2H_7N	45.08	1.883 kg/m³	−92.2	7	354 g/100 mL
氧化三甲胺(TMAO)	C_3H_9NO	75.11		220～222℃(水合物熔点96℃)		溶于水

1. 氧化三甲胺（trimethylamine oxide, TMAO）

氧化三甲胺的化学式为 $(CH_3)_3NO$，又称三甲胺氧化物，是三甲胺形成的N-氧化物，是三甲胺的氧化产物。氧化三甲胺是一种无色针状晶体，一般以二水合物的形式出现。易吸湿；溶于水，不溶于乙醚。

氧化三甲胺的结构式：

$$H_3C—\overset{\overset{\large CH_3}{|}}{\underset{\underset{\large CH_3}{|}}{N^+}}—O^-$$

氧化三甲胺在自然界中广泛存在，是水产品体内自然存在的内源性物质，也是水产品区别于其他动物的特征物质。与二甲基-β-丙酸噻亭（DMPT）主要存在于海产品中的特征不同，氧化三甲胺不仅存在于海产品中，也存在于淡水鱼类体内，海水鱼类肌肉中的氧化三甲胺含量比淡水鱼中要高。白肉鱼含量比红肉鱼多。硬骨鱼每克肌肉净重中氧化三甲胺含量为20～70μmol，而软骨鱼中的含量高达140μmol。淡水鱼类和陆生动物体内含量却很低，如 $(CH_3)_3NO$ 在板鳃类肌肉中的含量为10～15g/kg，乌贼外套膜肌肉中的含量为500～1500mg/kg。

水产动物体内的氧化三甲胺主要有两种来源：一是摄取的食物（如浮游植物），吸收后沉积于水产动物体内。淡水浮游动物和甲壳纲动物含有极少量的氧化三甲胺，部分淡水鱼类具有将日粮中前体物合成氧化三甲胺的能力。二是水产动物自身生物合成。广盐性硬骨鱼体内的氧化三甲胺基本都是内源性的。氧化三甲胺广泛分布于海产硬骨鱼类的肌肉中，由于鳃的不透性和细尿管的再吸收从而保存于体内，具有维持细胞-体液间和体液-外界间渗透浓度平衡的作用，成为海水鱼类体内缓冲体系的一部分。

氧化三甲胺的生物学作用。氧化三甲胺是一种非电解质渗透调节物质，在活体动物体内也是一种蛋白质稳定剂。氧化三甲胺参与海生硬骨鱼和某些广盐性硬骨鱼等的渗透调节。比目鱼从海水中转到淡水中，肌肉中氧化三甲胺含量下降了50%。肌肉中氧化三甲胺含量与血浆渗透压存在线性相关关系。氧化三甲胺之所以能参与动物机体渗透压的调节，原因是氧化三甲胺改变了细胞膜的通透性。氧化三甲胺是一种蛋白质稳定剂。在生物体处于细胞蛋白质变性的应激状态下，氧化三甲胺可发挥分子伴侣作用，使蛋白质肽链再折叠，维持生物体细胞蛋白的结构和功能。如氧化三甲胺在克服因流体静压力升高而引起的蛋白质结构改变及蛋白质分解方面起重要作用。氧化三甲胺可显著减少胰蛋白酶的分解，保护细胞结构。

氧化三甲胺在动物死亡后，由于微生物中氧化三甲胺还原酶的作用从而生成三甲胺。

氧化三甲胺在饲料中的应用。氧化三甲胺作为一种天然、安全的饲料添加剂，在畜牧业中有广泛的发展前景。它的主要功能有：促进肌肉细胞增殖从而促进肌肉组织生长；增加胆汁体积，减少脂肪沉积；参与水生动物渗透压调节；稳定蛋白质结构；提高饲料转化率；提高瘦肉率（通过降低胴体脂肪含量）；特殊的鲜味和爽口的甜味，有诱食作用。

氧化三甲胺不同于甜菜碱［$(CH_3)_3NCH_2COOH$］之处在于其氧原子被甘氨酸所取代。和甜菜碱一样，氧化三甲胺可以降低胴体的脂肪含量，改变肉用仔鸡、鱼和猪胴体的脂肪分布。大西洋鲑鱼每千克日粮中添加 4000mg 氧化三甲胺，显著降低了腹脂率；而添加 1000mg 氧化三甲胺，提高了腹脂率。这表明氧化三甲胺对胴体脂肪含量的影响存在剂量依赖关系。

氧化三甲胺也是水产品的鲜味物质之一，是海水水产动物重要的诱食成分之一。氧化三甲胺是鱼粉的特殊营养物质之一，由于海水鱼与淡水鱼体内氧化三甲胺含量的差异，可能使海水鱼粉的养殖效果优于淡水鱼粉。这些均值得深度研究。

2. 三甲胺（trimethylamine，TMA）

三甲胺的化学式为 $N(CH_3)_3$，是最简单的叔胺类化合物。三甲胺为无色气体，比空气重，吸湿，有毒且易燃。低浓度三甲胺气体具有强烈的鱼腥气味，高浓度时具有类似于氨的气味。能溶于水、乙醇和乙醚。易燃烧，自燃点为 190℃。三甲胺是一种含氮碱，容易获得质子形成三甲胺正离子。三甲胺盐酸盐是一种由盐酸和三甲胺反应得到的具有吸湿性的白色固体。

三甲胺的结构式：

$$\begin{array}{c} CH_3 \\ | \\ H_3C-N \\ | \\ CH_3 \end{array}$$

三甲胺是鱼肉腐败的产物，被认为是导致水产品腥味的主要成分之一。

自然条件下，植物和动物的腐败分解会产生三甲胺气体。腐败鱼的腥臭味、感染伤口的恶臭味和口臭通常都是由三甲胺引起的。

三甲胺的主要来源：①氧化三甲胺分解。主要发生在水产动物死亡后的腐败阶段，由微生物产生的酶催化产生，也因此，三甲胺作为鱼类等食用水产品新鲜度的鉴定指标之一。②胆碱及肉碱转化。

氧化三甲胺、三甲胺与胆碱、甜菜碱等的关系如下所述。

氧化三甲胺、二甲基-β-丙酸噻亭是海水水产品中自然存在的、对养殖水产动物具有很好诱食作用的物质。氧化三甲胺主要存在于海水鱼类体内，而二甲基-β-丙酸噻亭则主要存在于海藻类体内。

甜菜碱、硫代甜菜碱也具有一定的诱食作用，人工合成时是以三甲胺为原料的。

三甲胺是水产品中鱼腥味的主要成分，对水产动物也具有一定的诱食作用，但过量的三甲胺具有一定的毒副作用，是鱼粉和水产品新鲜度、安全质量检测的指标之一。

胆碱（choline），一种强有机碱，是卵磷脂的组成成分，也存在于神经鞘磷脂中，是机体可变甲基的一个来源。在体内参与合成乙酰胆碱或组成磷脂酰胆碱等。甜菜碱盐酸盐在合成中用三甲胺作原料，而三甲胺可以转变成具有致癌作用的亚硝基化合物，因此，必须控制甜菜碱盐酸盐中三甲胺的含量，三甲胺含量是衡量胆碱产品质量的重要指标之一。结构式为：

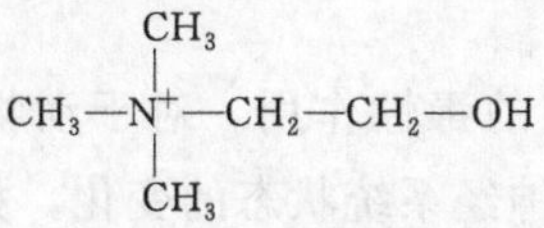

$$CH_3-\overset{\displaystyle CH_3}{\underset{\displaystyle CH_3}{\overset{|}{\underset{|}{N^+}}}}-CH_2-CH_2-OH$$

甜菜碱（betaine，N-三甲基甘氨酸），为胆碱的氧化代谢产物，去甲基后可生成甘氨酸。可从天然植物的根、茎、叶及果实中提取或采用三甲胺和氯乙酸为原料化学合成。甜菜制糖的母液中含有12%～15%的甜菜碱，可以直接回收。

甜菜碱的结构式为：

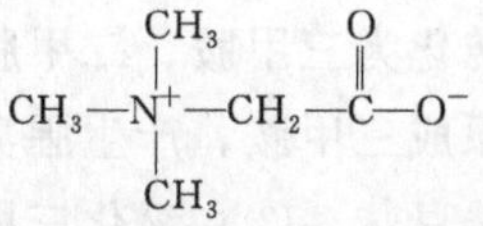

$$CH_3-\overset{\displaystyle CH_3}{\underset{\displaystyle CH_3}{\overset{|}{\underset{|}{N^+}}}}-CH_2-\overset{\displaystyle O}{\overset{\|}{C}}-O^-$$

硫代甜菜碱（sulfobetaine），化学名为二甲基-β-乙酸噻亭（dimethylthetin，DMT），结构式为：

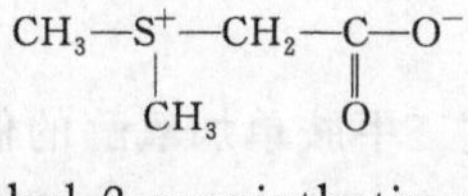

$$CH_3-\underset{\displaystyle CH_3}{\underset{|}{S^+}}-CH_2-\underset{\displaystyle O}{\underset{\|}{C}}-O^-$$

二甲基-β-丙酸噻亭（dimethyl-β-propiothetin，DMPT），是从海藻中提取的纯天然化合物，其在海水鱼类体内也有存在。是水产动物产品中自然存在的物质，对水产动物具有很好的诱食作用。结构式为：

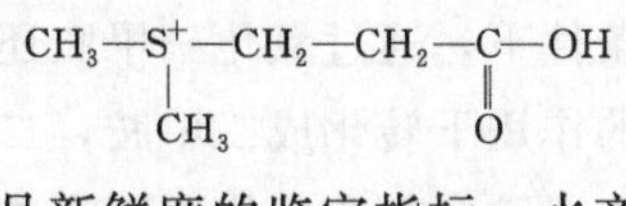

$$CH_3-\underset{\displaystyle CH_3}{\underset{|}{S^+}}-CH_2-CH_2-\underset{\displaystyle O}{\underset{\|}{C}}-OH$$

三甲胺可作为食用水产品新鲜度的鉴定指标。水产动物体内含有数量不等的氧化三甲胺，死后在微生物的作用下，氧化三甲胺被还原为三甲胺，随着鱼类鲜度的下降，三甲胺的数量逐渐增加。当100g鱼肉中含有10～15mg三甲胺氮（三甲胺-

N）时，该鱼被认为进入腐败阶段。

鱼体内天然氧化三甲胺的含量越高，鱼越新鲜，十分新鲜的鱼体内基本不含三甲胺。鱼死亡后或受到微生物污染后，其体内的氧化三甲胺脱甲基酶及氧化三甲胺还原酶会迅速启动和强化，造成鱼体内或鱼产品中的三甲胺或二甲胺含量迅速增加，通过检测三甲胺的含量可以准确判定鱼或鱼粉及相关饲料的新鲜程度。三甲胺含量与鱼新鲜程度判定指标为：新鲜，0.1mg/100g；腐败初期，1～5mg/100g；腐败，≥6mg/100g。一般淡水鱼指标不高于6μg/g，而海鱼则为39μg/g以下。这比传统判定鱼新鲜程度的K值评价方法更具体，更简单有效。

三甲胺与挥发性盐基氮的关系。马成林等（1992）分析了4种淡水鱼和2种海水鱼在不同时间段三甲胺与TVB-N含量的关系，结果发现在储存时间为336h内，三甲胺与TVB-N含量呈明显正相关关系；在储存过程中，三甲胺含量变化与TVB-N含量变化的相关系数分别为：鲢鱼相关系数$R=0.973$，鲫鱼相关系数$R=0.970$，鲤鱼相关系数$R=0.961$，鳙鱼相关系数$R=0.958$，鲐鱼相关系数$R=0.927$，黄鱼相关系数$R=0.990$。因此，三甲胺可作为鱼类鲜度质量的鉴定指标。

三甲胺对人和动物有一定的毒性作用。对于动物来说，吸入三甲胺时，LD_{50}为19mg/L。按照大白鼠中枢神经系统状态的变化，如作用时间为4h，则三甲胺的毒性作用阈为0.025mg/L。三甲胺对人的嗅觉阈浓度为0.002mg/L。

3. 三甲胺、氧化三甲胺等的转化

氧化三甲胺与三甲胺、二甲胺可以在一定的条件下进行转化。在水产品、鱼粉加工过程中，氧化三甲胺可以转化为三甲胺、二甲胺和甲醛：①鱼死后，在微生物酶的作用下，氧化三甲胺被还原成三甲胺，产生腥臭味。②高温加热时氧化三甲胺分解为二甲胺和甲醛，产生特殊臭味。③在氧化三甲胺还原酶的作用下，氧化三甲胺分解为二甲胺和甲醛。

自然条件下，氧化三甲胺转化为三甲胺、二甲胺的反应主要分为在有氧和无氧条件下的转化。

在有氧情况下，三甲胺通过三甲胺单加氧酶的催化转化成氧化三甲胺，氧化三甲胺在氧化三甲胺脱甲基酶的作用下转化成二甲胺，然后二甲胺在微生物和藻类的作用下快速分解为甲胺，进一步由甲胺分解产生氨、氧化为甲醛，这也是水产品中含有微量甲醛的主要原因。

氧化三甲胺也可在厌氧条件下，通过氧化三甲胺还原酶的作用直接还原为三甲胺，三甲胺在三甲胺脱氢酶的作用下转化成二甲胺，二甲胺在二甲胺单加氧酶的作用下转变成甲胺，最后甲胺在甲胺脱氢酶的作用下变成氨和甲醛。据文献报道，鱼类的幽门盲囊、肾、肝、肌肉等组织或器官中均具有可将氧化三甲胺转化成二甲胺和甲醛的氧化三甲胺脱甲基酶。

有氧情况下：

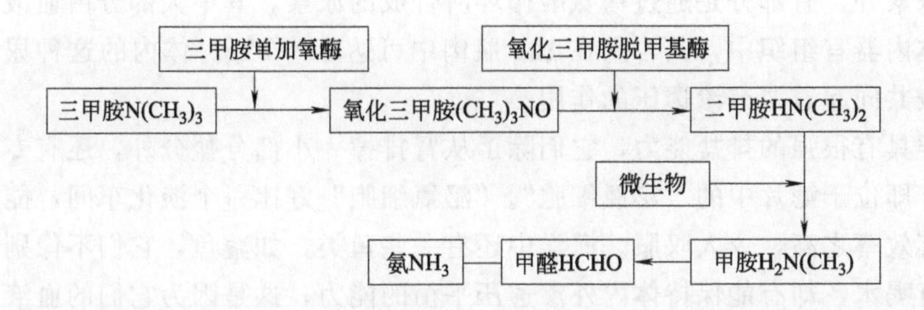

无氧情况下：

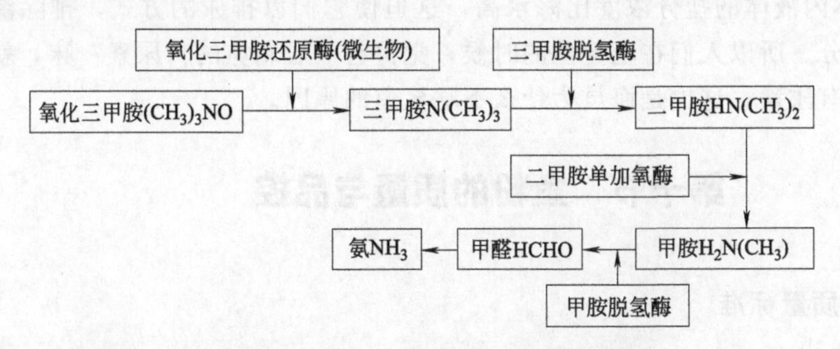

4. 二甲胺（dimethylamine）、甲胺（methylamine）

二甲胺是一种有机化合物，分子式为（CH_3）$_2$NH。这种仲胺是一种无色易燃气体，具有氨味和鱼腥味。最常见的是二甲胺的40%（质量分数）水溶液。

甲胺是氨中的一个氢被甲基取代后所形成的衍生物，其水溶液是一种强碱。甲胺是最简单的伯胺，有很强烈的鱼腥味。动物的腥膻味与二甲胺和氨基戊醛类等有关。小鼠LD_{50}为5.7g/m^3（吸入），大鼠经口LD_{50}为0.1～0.2g/kg。甲胺对皮肤、眼、呼吸道黏膜有刺激作用。甲胺的嗅觉阈为0.5～1mg/m^3、刺激阈为10mg/m^3。甲胺浓度低于12.7mg/m^3时仅有微臭味，长期接触对人无刺激；浓度增加2～10倍时，气味加重，有浓烈的鱼腥臭；浓度增加10～50倍时，有难闻的氨气味。

5. 氨

鱼粉中的氨与其说来自腐败的原料，不如说来自干燥工序，因为原料中的氨已溶于煮汁和压榨液中，虽然在浓缩过程中，汁水中的氨蒸发掉一部分，但全鱼粉中的氨含量要比普通鱼粉中的高。

动物死后，尿素经细菌的脲酶分解生成氨，在软骨鱼类中，随鲜度下降生成的大量氨和由氧化三甲胺生成的三甲胺一起，使鱼体带有强烈的氨类臭气。

6. 尿素

人体或其他哺乳动物体内含氮物质代谢的主要最终产物是尿素，由氨与二氧化碳通过鸟氨酸循环缩合生成，主要随尿液排出。硬骨鱼类氮排泄终产物主要为氨氮少量的尿素。然而，在鱼贝类组织中有微量尿素检出；例如在软骨鱼类中，除通过肝脏循环的尿素外，有部分是通过鸟氨酸循环所合成的尿素，其中大部分由血液吸收而分布于体内器官组织中，其含量在1kg肌肉中可达14～21g。体内的这种尿素与氧化三甲胺共同起着调节渗透压的作用。

海洋鱼类具有很强的排盐能力，它们除了从肾排掉一小部分盐分外，还有专门的排盐器官，即位于鳃片中的“泌氯细胞”。“泌氯细胞”好比一个淡化车间，能将海水淡化，其效率之高，令人叹服。海洋中还有一些鱼类，如鲨鱼，它们不像别的鱼类那样一直喝水，却有能保持体内外渗透压平衡的能力，这是因为它们的血液中含有很多尿素。如鲨鱼体内尿素含量为2.0%～2.6%，鳐鱼体内含量为1.42%～2.0%，它们体内液体的盐分浓度比海水高，这迫使它们以排尿的方式，排除渗入体内的多余水分。所以人们在吃鲨鱼的时候，觉得有一股刺鼻的“尿素”味，就是因为其体内含有尿素，这也是海员为什么不吃鲨鱼的原因。

第十节　鱼粉的质量与品控

一、鱼粉质量标准

鱼粉的质量标准是鱼粉质量控制的判别标准，表3-37是新版鱼粉质量标准规定的鱼粉的主要技术参数。秘鲁鱼粉、智利鱼粉的参数分别见表3-38和表3-39。

表3-37　新版鱼粉质量标准规定的鱼粉的主要技术参数

项目	指标			
	特级品	一级品	二级品	三级品
粗蛋白质/%	≥65	≥60	≥55	≥50
粗脂肪/%	≤11(红鱼粉) ≤9(白鱼粉)	≤12(红鱼粉) ≤10(白鱼粉)	≤13	≤14
水分/%	≤10	≤10	≤10	≤10
盐分(以NaCl计)/%	≤2	≤3	≤3	≤4
灰分/%	≤16(红鱼粉) ≤18(白鱼粉)	≤18(红鱼粉) ≤20(白鱼粉)	≤20	≤23
砂分/%	≤1.5	≤2	≤3	
赖氨酸/%	≥4.6(红鱼粉) ≥3.6(白鱼粉)	≥4.4(红鱼粉) ≥3.4(白鱼粉)	≥4.2	≥3.8
蛋氨酸/%	≥1.7(红鱼粉) ≥1.5(白鱼粉)	≥1.5(红鱼粉) ≥1.3(白鱼粉)	≥1.3	
胃蛋白酶消化率/%	≥90(红鱼粉) ≥88(白鱼粉)	≥88(红鱼粉) ≥86(白鱼粉)	≥85	

续表

项目	指标			
	特级品	一级品	二级品	三级品
挥发性盐基氮(VB-N)/(mg/100g)	≤110	≤130	≤150	
油脂酸价/(mg KOH/g)	≤3	≤5	≤7	
尿素/%	≤0.3		≤0.7	
组胺/(mg/g)	≤300(红鱼粉)	≤500(红鱼粉)	≤1000(红鱼粉)	≤1500(红鱼粉)
	≤40(白鱼粉)			
铬(以6价铬计)/(mg/g)	≤8			
粉碎粒度/%	≥96(通过筛孔为2.8mm的标准筛)			
杂质/%	不含非鱼粉原料的含氮物质(植物油饼粕、皮革粉、羽毛粉、尿素、血粉、肉骨粉等)以及加工鱼露的废渣			

资料来源：GB/T 19164—2003 鱼粉。

表 3-38 秘鲁和智利鱼粉分类等级的基本指标

等级		蛋白质/%	脂肪/%	水分/%	砂和盐/%	游离脂肪酸/%	灰分/%	挥发性盐基氮(VB-N)/(mg/g)	组氨/(mg/kg)
秘鲁鱼粉	普通直火(FAQ)	65～66	10	10	5				
	普通蒸汽(standard SD)	65～66	10	10	4	≤10	17	120	
	高级蒸汽(prime SD)	67	10	10	4	≤10	17	120	1000
	超级蒸汽(super prime SD)	68	10	10	4	10	17	120	500
智利鱼粉	普通蒸汽(standard SD)	65～66	10	10	4	10	17	120	
	高级蒸汽(prime SD)	67	10	10	4	10	17	120	1000
	超级蒸汽(super prime SD)	68	10	10	4	10	17	120	500

表 3-39 智利鱼粉参数

参数	普通智利鱼粉	低温蒸汽智利鱼粉
蛋白质/%	>65	<67
脂肪/%	≤11	<10
水分/%	<10	<10
盐/%	<3	<3
砂/%	<1	<1
抗氧化剂处理/(μg/g)	(装船时)≥100	(装船时)≥100
钙/%	2～4	2～4
磷/%	2～3	2～3
烘制可消化率/%	92	
鱼肉鲜度测试(TV-N)/(mg/g)	<120	<150
组胺(HISTAMINE)/(μg/g)	≤1000	3～50

二、鱼粉的感官鉴定及其指标体系

感官鉴定的重要内容包括：①看鱼粉的颜色和基本形态。不同鱼粉样品具备不同的色泽和外观形态，正常鱼粉的色泽较为均一，不会出现较多的黑色、褐色杂点，鱼肉、鱼骨、鱼鳞等基本可以分辨；掺有处理过的羽毛粉的鱼粉外观为肉松状，掺得越多肉松状外观越明显。②是否有异味。正常鱼粉、新鲜鱼粉有一股浓烈的咸腥味，加入肉粉的有肉粉、肉油的味道；变质鱼粉有腥臭味、氨味；油脂氧化后鱼粉有酸败味、哈喇味；焦化鱼粉有焦臭味。

（一）鱼粉的气味和口味鉴定

目标：通过检验人员的嗅觉与味觉对鱼粉样品的气味、口味进行鉴定，判定鱼粉的真实营养质量水平、安全质量状态与掺假状态，并作出鱼粉真伪、质量水平感官判定。

鉴定人员：品管师、配方师。

1. 基本程序与要求

鱼粉样品置于洁净的广口瓶或密闭的样品袋中，室温下保存。检验场地要求通风良好，室内没有气味干扰，安静。检验人员先清洁口腔、鼻，检验前 30min 应该漱口、洗鼻。检验人员保持心情平静，端坐。

先进行气味鉴定。检验人员深呼吸 2～3 次后，打开样品瓶盖或样品袋，将瓶口或袋口移动到近鼻孔 5cm 左右，利用鼻腔的嗅觉感受样品的气味，利用感觉区分鱼粉的自然气味，重点是鱼腥味、酸味与脂肪酸氧化酸败味道、臭味（恶臭、硫化氢类臭味）、焦煳味（蛋白质焦煳味、炭化味）等，并区分鱼粉味、虾蟹类味、其他动物产品如羽毛味、猪肉粉味等。记录嗅觉鉴定结果。

之后进行口味鉴定。用洁净工具将少量鱼粉样品送入口中，先置于舌尖，后利用舌头转动在口腔前部移动样品。区分鱼类、鱼粉的自然口味，感受鱼腥味、鱼油口味，辨别出脂肪酸氧化酸败口味、蛋白质腐败的恶心味道、咸味和非鱼类成分的口味。记录鉴定结果。整个过程在 1～2min 内完成，迅速吐出鱼粉样品，并漱口清洁口腔，切勿吞入。

2. 嗅觉与味觉

嗅觉是依赖鼻腔中的感受器形成的嗅感。嗅感是挥发性物质形成气流，刺激鼻腔内嗅觉神经所发生的刺激感。因此，嗅感鉴定的是鱼粉样品中的挥发性物质所形成的感觉。形成嗅感的物质一般又称为风味物质。风味物质形成嗅感的浓度极低（极限浓度可以达到 ng/kg 或 $1:10^{12}$ 级），挥发性大，并且是很多物质的混合感觉。嗅觉是比味觉更为复杂的感觉，人们从嗅到某种物质到产生感觉需要 0.2～0.3s，味觉为 1.5～4.0s。

味觉是口腔中的味蕾对食物形成的一种感觉。人的味觉从呈味物质刺激到感受到滋味仅需1.5～4.0s。可溶性成分溶于唾液或食品的溶液刺激舌表面的味蕾，再经过味觉神经纤维到达大脑的味觉中枢，经过大脑的分析，才能产生味觉。因此，味觉感受的主要是鱼粉中水溶性物质在口腔内形成的感觉。口腔内感受味觉的主要是味蕾，其次是自由神经末梢。味蕾一般由40～150个味觉细胞构成，10～14d更换一次。味觉细胞表面有许多味觉感受分子，不同物质能与不同的味觉感受分子结合从而呈现不同的味道。一般人的舌尖和边缘对咸味比较敏感，舌的前部对甜味比较敏感，舌的两侧对酸味比较敏感，而舌根对苦、辣味比较敏感。

3. 鱼粉中的主要“味”

鱼粉的气味与口味鉴定是一类定性的感觉鉴定，主要目的是确认鱼粉的真伪、新鲜度和掺杂、掺假的状态。因此，需要鉴定鱼粉中的几类主要的“味”。

(1) 鱼腥味　鉴别的时候需要确认鱼腥味的程度、纯净度，鱼粉应该有较为强烈的鱼腥味，但因原料种类、加工方式、脂肪含量等不一样而有一定的差异，鉴定人员需要鉴定鱼腥味中的细微差异。鱼腥味的纯净度则是指是否含有鱼腥味之外的其他味，非鱼腥味应该越少越好。

形成鱼腥味的主要物质包括：①氨、二甲胺、三甲胺、尸胺、氮杂环已烷、吲哚和低分子的醛、酮等成分，主要来源于氨基酸的含氮物质、氨基酸碳链骨架形成的物质。②脂肪酸、氨基酸等代谢形成的低碳链醛类、醇类、羰基类物质，构成鱼腥味的主要醛类物质有2,4-庚二烯醛、3,5-辛二烯醛、2,4-癸二烯醛和2,4,7-癸三烯醛、2,6-壬二烯醛等几十种，其中2,4,7-癸三烯醛和2,6-壬二烯醛被认为是腥味的代表物质，是鱼腥味的关键醛类成分。

鱼腥味呈味物质的形成主要有以下几个途径：①由酶引起的脂质降解和类胡萝卜素的转化。②游离脂肪酸的自动氧化分解。如在氧化鱼油的气味中，有部分来自不饱和脂肪酸自动氧化生成的2,4-癸二烯醛、2,4,7-癸三烯醛等成分。③含硫含氮前体物质的酶催化转化。如存在于鱼皮黏液及血液内的6-氨基戊酸、6-氨基戊醛和六氢吡啶类等腥味特征化合物的前体物质，在酶的催化转化作用下形成鱼腥味。④特种前体物质的高温分解。如挥发性有机酸和挥发性醛、酮等物质。⑤鱼体内含有的氧化三甲胺在微生物和酶的作用下降解生成三甲胺和二甲胺。纯净的三甲胺有腐败臭气，但是当它与氮杂环烷烃如鱼体内的6-氨基戊酸、6-氨基戊醛、六氢吡啶类成分和醛酮等成分共同存在时，鱼腥味的嗅感会加剧。

鱼腥味的鉴定结果表述：鱼腥味浓烈、纯正，为最优级；鱼腥味浓烈、酸味清淡，为优级；鱼腥味较浓，有酸味、淡淡的臭味，为一般等级；有鱼腥味，酸味、臭味、焦味较浓，为较差级别；如果有非鱼粉味道，说明可能有其他原料掺杂、掺假，需要进一步鉴定。

(2) 酸味　酸味的主要来源是鱼粉中的低碳链脂肪酸等有机酸，与鱼粉中油脂的氧化酸败程度有关，氧化程度越强，产生的低级脂肪酸越多，酸味就越浓。

(3) 臭味　一般情况下，含有 SO_2、NO_2 及 NH_3 等成分的物质大多有强烈的臭味；有机物中，含有羟基、酮基和醛基的挥发性物质及挥发性取代烃也都有臭味。这些物质主要来源于蛋白质的腐败作用和油脂的氧化酸败作用。臭味可以大致分为含硫物质如硫化氢的臭味、含氮物质的臭味（如氨臭味、吲哚引起的粪臭味）、脂肪酸氧化酸败的臭味等，三者在感觉上有一定的差异，在鉴定臭味时要注意鉴别。前二者的臭味主要是由蛋白质腐败所形成，后一种是由鱼油氧化所形成。

(4) 焦煳味　鱼粉中的焦煳味主要来源于鱼粉加工过程中，尤其是烘干温度过高，导致蛋白质、碳水化合物等的焦化、炭化作用所形成的味。也来源于鱼粉自燃过程所产生的焦煳味。如果鱼粉中有焦煳味则表明鱼粉加工温度过高，或鱼粉可能已经自燃。

(5) 异味　主要是指除鱼粉自然物质所产生的味道以外的其他味，例如羽毛粉味、猪肉粉味、血粉味、部分化学物质味等。

鱼粉嗅觉与味觉鉴定结果评价如表 3-40 所示。

表 3-40　鱼粉嗅觉与味觉鉴定结果评价

级别	“味”鉴定结果	可能的原因	判定
一级	鱼腥味:浓烈,+++ 酸味:无,- 臭味:无,- 焦煳味:无,- 异味:无,-	原料新鲜度高,试验鱼粉为低温干燥鱼粉	为最优级鱼粉,可以采购,用于对鱼粉质量要求高的水产动物,如鳖、鳗鱼、黄颡鱼等
二级	鱼腥味:浓烈,+++ 酸味:清淡,+ 臭味:无,- 焦煳味:无,- 异味:无,-	原料和鱼粉新鲜度好,试验鱼粉为蒸汽干燥鱼粉	为优级鱼粉,可以采购和使用
三级	鱼腥味:浓烈,++ 酸味:清淡,++ 臭味:清淡,+ 焦煳味:清淡,+ 异味:无,-	原料、鱼粉新鲜度较差,加工温度较高,存放时间过长等	一般等级鱼粉,依据情况采购和使用。结合其他鉴定指标综合判定
四级	鱼腥味:有,+ 酸味:较浓,+++ 臭味:较浓,+++ 焦煳味:浓,+++ 异味:有,+	原料、鱼粉新鲜度差,鱼粉蛋白质腐败和油脂酸败较为严重,加工温度高,鱼粉可能自燃,可能有掺杂和掺假	很差的鱼粉,或掺杂、掺假鱼粉,不宜采购和使用

(二) 鱼粉色泽

目标：依赖人的视觉，对鱼粉的颜色和光泽度进行鉴定和评判，鉴别鱼粉的重要类别、质量状态。

1. 一般程序和要求

鉴定人员不能为色盲或色弱。在光线较为适中的环境中进行鉴定，最好为自然光环境。鱼粉样品置于培养皿中，背景为白色。较为适宜的视线角度为45°。

2. 鱼粉色泽产生的基础

人眼睛对颜色的反应是自然光对样品反射光线在视网膜上形成的视觉效果。不同的色素物质吸收的光线（波长）不同，反射光就有很大的差异，形成的颜色反应就不同。鱼粉中的色素物质主要来源于：①鱼体中自然含有的色素。主要为肌肉血红蛋白中的血红素、胆汁色素，以及皮肤与鳞片中的黑色素和类胡萝卜素等色素物质，因此，鱼体肌肉颜色、内脏颜色、皮肤与鳞片颜色等在鱼粉中保留并形成鱼粉的颜色。②食物和杂质的颜色。捕捞的鱼体胃肠道中含有的食物种类和数量也影响鱼粉的颜色，例如在近海岸捕捞的海水鱼，主要食物如果为藻类等颜色较深的食物，食物在鱼粉中残留也会影响鱼粉的颜色。③鱼粉原料鱼腐败、油脂氧化酸败的产物也会影响鱼粉的颜色。如果产生的强氧化性、酸性物质过多，也会导致鱼粉颜色的变化。④鱼粉加工温度、鱼粉自燃等导致鱼粉蛋白质、碳水化合物、矿物质等变化，尤其是一些物质炭化、焦化，将影响鱼粉的颜色，这是鱼粉颜色鉴定最主要的判定内容。

鱼粉的光泽度则主要受到鱼粉中脂肪含量、鱼体肌肉质构、颗粒大小等的影响较大。鱼粉中脂肪含量高，鱼粉光泽度一般就较好。

3. 鱼粉感官鉴定的主要色泽类型与判定

鱼粉的颜色分类较为困难，可以大致分为淡色、深色和黑色三大类来进行鉴别。

（1）淡色　主要为淡黄色、淡褐色、灰白色三种类型。一般白色肌肉鱼体生产的鱼粉颜色为灰白色，红色肌肉鱼在低温烘干、新鲜度较好、鱼体内食物较少、远海捕捞鱼、杂质含量较少等条件下生产的鱼粉为淡黄色、淡褐色。鱼粉中脂肪含量高时，油脂中溶解的脂溶性色素含量高，鱼粉的颜色相对加深，但光泽度较好，物料表面放射的光线较强。浅色鱼粉质量、新鲜度均较好，是优质鱼粉的颜色。

（2）深色　一般为褐色、黄色、棕色几种颜色。例如近海捕捞的鱼可能摄食藻类食物较多，捕捞网具的网目小从而带有的杂质如底泥、螺、贝、虾、蟹等较多，导致鱼粉的自然颜色较深。如果鱼粉烘干温度过高、鱼粉轻度自燃会导致部分有机物炭化，所得鱼粉的颜色也较深。这类鱼粉质量一般，可以依据情况选择使用。

（3）黑色　出现黑色鱼粉的原因主要是加工温度高，或鱼粉自燃，导致较多的有机物炭化、焦化，从而使鱼粉的颜色加深、变黑。或者是鱼粉中杂质过多，掺杂有血粉、膨化毛发粉等时，鱼粉的颜色也较黑。这类鱼粉质量差，一般不宜采购和使用。

（三）鱼粉的显微镜分析

目标：利用显微镜放大鱼粉样品，依赖视觉对鱼粉物料组成、表面形态进行鉴别，确认鱼粉的真伪和质量状态，可以对鱼粉中的杂质、掺杂物进行有效鉴别和定量分析。

1. 显微镜

显微镜分析需要有显微镜，可以用解剖显微镜，或者一般的光学显微镜。放大倍数不宜太高，因为鱼粉颗粒在显微镜下较大，过高的放大倍数难以聚焦，所见到的图像也就不清晰了，一般放大 100 倍以下即可。最好是带数码相机的显微镜，便于将图片保存。解剖镜主要是利用自然光照射物料后的反射光成像的，放大倍数可以在 40 倍左右，观察的背景最好是白色的。一般的光学显微镜是将物料置于载玻片上，进入眼睛的是透射光，所以需要调整光圈的大小和位置，以便更多的光线能够投射到物料颗粒的侧面和正表面。

2. 样品的处理

用于显微镜分析的样品可以是脱脂的，也可以是取样后原始的、没有脱脂的样品。如果需要观察目标的表面更清晰、避免油脂（以及油脂中的颜色）的影响，则需要对观察样品进行脱脂处理。

对于有特殊鉴别分析目的的样品，可以进行一些特殊的处理，例如染色处理等。

3. 显微镜观察内容

显微镜分析是可以很直观地对鱼粉进行观察的技术方法，其难点在于，在显微镜放大倍数后和光照强度变化下，物体的表面光泽与一般情况下的相比有一定的差异。观察内容包括以下几方面。

（1）寻找和确认鱼粉中鱼体的组成成分，如果有非鱼体成分则进行重点鉴别。鱼粉中应该有的鱼体成分包括鱼肉、鱼骨、鱼刺、内脏、鱼鳞、鱼眼睛晶状体、鱼鳃等。鱼肉的表面形态特征在不同鱼体因为其肌肉纤维的形状、色泽不同而有差异，并带有一定的颜色，其大小与粉碎细度有关；鱼骨、鱼刺在显微镜下为白色、透明或半透明状，其形状因其在活体内的部位不同而有差异；鱼鳞表面有纹路，在显微镜下容易区分；内脏在显微镜下一般为深色颗粒。如果有上述成分之外的物体，则为非鱼体成分。

（2）观察不同物体的比例，质量好的鱼粉中鱼肉所占的比例很高，应该是鱼粉中的主要组成物质；鱼骨、鱼刺、鱼鳞所占的比例相对较小，如果在显微镜下发现鱼骨、鱼刺状物体成分的比例超过鱼肉的比例，则要结合蛋白质含量的测定结果进行分析。如罗非鱼鱼排粉、越南巴沙鱼鱼排粉、斑点叉尾鮰鱼排粉，其鱼骨、鱼刺的比例相对较高，但蛋白含量一般在 60％以下。

（3）鱼粉自然杂物与人为添加残杂物的确认。鱼粉，如海水鱼粉，是捕捞所得鱼类加工的，原料中可能带有一些非鱼类物质，例如虾、蟹、螺、贝、泥、砂、石块等，这时需要进行一定的甄别分析。需要确认的问题有：首先，这些物质是否是原料中自然存在的？可以通过显微镜下这些物质的表面特征和数量进行分析。如果是原料中自然存在的，则需要随同原料鱼一起，经过蒸煮、压榨、干燥等鱼粉生产过程，在显微镜下，这些物质的表面会有鱼溶浆、鱼油等的“紧密黏附”，且有“浸泡”过的痕迹。将鱼粉样品经过脱脂处理后再观察，其表面特征变得更清晰了。同时，由于这些物质是原料鱼中自然混杂的，数量应该不是很多，但具体比例则需要依据原料来源进行确认，如果是近海海岸捕捞的原料，且以小鱼为主（捕捞网网目很小），则比例相对较高。如果符合上述特征，可以判定为原料带来，但需要控制其数量比例。其次，这些物质是否是鱼粉生产完成后再混杂进来的？如果是鱼粉生产完成之后加入的，这就是人为行为了，此时需要将显微镜观察的结果与蛋白质含量、氨基酸组成及其比例、脂肪含量及其脂肪酸组成等结合起来进行分析、确认。由于没有经历过鱼粉生产的全过程，这些物质的表面应该没有鱼溶浆等微小颗粒物质的“紧密黏附”，没有被鱼溶浆“浸泡”过的痕迹。即使有鱼油“浸泡”从而带有颜色，但缺少鱼溶浆“紧密黏附”，这是主要差别。

（4）对非鱼体组成成分、掺杂物进行鉴别、观察。必要时可以进行特殊染色处理后再进行鉴定。鱼粉掺杂、掺假的鉴定是显微镜分析的一项重要内容。一般的掺杂、掺假物质主要是一些价值和价格显著低于鱼粉的蛋白质类物质，如羽毛粉、水解羽毛粉、膨化羽毛粉、血粉、动物蹄角粉、皮革粉、植物蛋白原料等。可以采用排除法，将这些非鱼体组成成分在显微镜下区分出来。也可以采用一些特殊染色方法进行鉴定和鉴别。如果在鱼粉中掺入化学类、高含氮量的物质，则在显微镜下较难鉴别。可以依据化学分析氨基酸与蛋白质比例、水溶性总氮含量等方法进行分析和确认。在显微镜分析的确认原则是：显微镜下，鱼肉等蛋白质成分含量和比例很低，而非鱼体组成成分比例高，鱼粉的粗蛋白质含量高，这类情况下要进行进一步的化学分析。

（四）鱼粉的杂质及其来源

鱼粉中的杂质是指鱼粉正常组成成分之外的物质。鱼骨、鱼刺、肌肉、内脏、鱼鳃等是鱼体的正常组成部分，而在鱼粉中通常含有这些组成物质以外的其他物质，即杂质。杂质的来源也分为鱼粉原料鱼中自然带有的杂质和人为掺入的杂质两大类。

1. 自然混杂的杂质

自然混杂的杂质主要来源于鱼粉原料，以及鱼粉保鲜、鱼粉生产过程中需要加入的物质。

混杂于原料中的杂质，也就是在捕捞的鱼、食用鱼加工副产物中混杂的物质。

自然捕捞鱼一般采用网具捕捞，由于鱼粉原料鱼个体很小，捕捞网具的网孔很小，在捕捞鱼的同时，也可能将螺、贝、虾、海藻等一起捕捞上来，在鱼粉生产中这些物质随同鱼粉一起加工。在原料经过蒸煮、压榨过程时，压榨液一般要在沉淀池中沉淀从而除掉部分相对密度较大的杂质，而一些相对密度较小的杂质依然随同鱼粉一起被加工进入到鱼粉中。这在显微镜分析中可以区分出来。

近海海岸捕捞的原料鱼中杂质含量一般大于远海海域捕捞的鱼。食用鱼加工的副产物中杂质的量少于捕捞鱼中杂质的量。

原料自然混杂杂质鉴定的方法可以采用显微镜分析方法（如前文所述）和鱼粉漂浮法（见后文），两种方法都可以进行简单的定量分析。难点在于，杂质的量确定后，如何确定其在鱼粉中的适宜比例。理论上这部分的量是很低的，但在做评价时还是需要一定的数量概念，比如“≤0.1%”，这就需要对不同鱼粉进行大量统计分析后确定合适的比例值。

食盐是在蒸煮阶段需要加入的物质，有利于鱼体蛋白质的凝固与脱水、脱油，同时，海水鱼中也自然带有部分盐类物质。淡水鱼粉一般是以食用鱼加工副产品为原料生产的，自然带有的食盐量较少，而在蒸煮、脱水和脱油时需要加入食盐。

现在鱼粉质量标准中一般规定了产品中盐分的含量（见表3-37）。

抗氧化剂也是鱼粉生产过程中需要加入的物质，一般是在鱼粉烘干之前加入。抗氧化剂可以采用液态的，也可以采用固态的。而固态抗氧化剂需要有载体，比如采用一些硅化物作为载体，故在鱼粉中可以见到这些固体载体物质的存在，但是，其含量应该是极其微小的。载体的添加量一般是依据烘干前物料的重量来确定，按照1.0～1.5kg/t的比例加入。

2.添加杂质

人为添加的杂质不是鱼粉原料鱼、鱼粉生产中必须要加入的，而是为了调整鱼粉产品质量、满足经济利益需求的添加物，这种行为造成鱼粉质量鉴定的“假象”，因此，一般将其称为掺假物质。

鱼粉产品质量标准中规定了鱼粉合理的质量水平，一些不守法的人可能为了达到这些质量标准而人为添加一些杂质，掩盖质量指标的真相，这就导致了一些掺假行为。对鱼粉中掺假物质的鉴定与分析是鱼粉质检工作的重要内容。制假者也在设法提高掺假技术，使掺假物质更具隐蔽性。主要表现在以下几方面：①掺杂鱼粉外观越来越好，色泽、气味更接近于真实鱼粉，使感官判断鱼粉质量的难度增加。②掺杂鱼粉的粗蛋白和纯蛋白含量越来越理想化，用单测粗蛋白、真蛋白，或单一计算氨基酸总量的方法难以鉴定，必须用消化率、氨基酸平衡模式等进行有效鉴定。例如，膨化或部分水解处理过的羽毛粉、皮革粉等在国产和进口掺假鱼粉中出现的概率最高。这是因为羽毛粉、皮革粉等的蛋白质含量非常高，自身也是以蛋白质为主，最易提高掺假鱼粉的蛋白质含量。而且对其进行不同的处理（原毛粉碎、水解、半水解等)，其形态变异非常大，掺入鱼粉中不易检出。③通过对掺杂物进行着色、剥离表层、水解、发酵、膨化及超细化粉碎等工艺处理，尽可能地改变其原有特征，提高检出难度。④利用技术手段不断研制出如蛋白精等新型非蛋白质物质，掺入鱼粉中以提高鱼粉的检测蛋白质含量，这在低价高蛋白鱼粉中是常用的方法。

3. 鱼粉杂质的评价

在鱼粉质量标准中，粗灰分、砂分、盐分含量主要是评价鱼粉中杂质的重要指标。

鱼粉杂质的评价常采用漂浮法。取少许样品放入洁净的玻璃杯中，加入10倍体积的水，剧烈搅拌后静置。观察水面漂浮物和水底沉淀物，如果水面有羽毛碎片或植物性物质（稻壳粉、花生壳粉、麦麸等）或水底有沙石等矿物质，说明鱼粉中掺入了该类物质。

三、鱼粉营养质量的化学分析

(一) 水分

鱼粉中的水主要为游离水和结合水。由于鱼粉中的糖类等亲水性物质含量很低，所以其中的结合水主要来源于蛋白质的结合水，其数量和比例相对较低。因此，鱼粉中的水主要为游离水。

鱼粉中水分控制的目的除了价值控制、防止微生物污染外，还有控制鱼粉自燃。因此，要严格控制鱼粉中的水分含量。现有的质量标准中，一般规定鱼粉中水分含量的上限为10%，而实际上，较多的鱼粉水分含量在9%左右。

鱼粉产品水分均匀度的问题是值得关注的重要问题。鱼粉中蛋白质、脂肪的持水能力差，容易脱掉水分。但是，在一些鱼骨、大的内脏团中，水分不容易蒸发出来。一般在鱼粉烘干、过筛后，需要将大颗粒物质再返回烘干使水分再蒸发。如果鱼骨，尤其是鱼排粉中鱼骨颗粒较大，其中的水分没有烘干，就会导致鱼粉中水分含量的不均一，且容易导致鱼粉自燃。饲料企业在对鱼粉样品进行处理时，一定要注意采集样品的科学性，样品中要有适宜比例的鱼骨等。

鱼粉包装与水分控制问题。鱼粉采用防水的带塑料薄膜的包装袋进行包装较为适宜，可以有效防止水分的交换，延长鱼粉的保质期和存储期。

(二) 粗蛋白质

粗蛋白质含量是衡量鱼粉营养质量的重要指标之一。目前企业都是采用样品中氮（N）含量×6.25的方法来定量评价样品中的粗蛋白质含量。鱼粉粗蛋白质含量评价的方法有较多弊端，需要结合其他指标如蛋白质效率、氨基酸总量与蛋白质比例、氨基酸平衡模式等来进行科学的分析。

① 粗蛋白质与真实蛋白质的问题。鱼粉中自然含有一定量的非蛋白氮，如甲

胺、二甲胺、三甲胺、氨等挥发性盐基氮，核酸中的氮，以及可能人为添加的非蛋白氮如尿素、磷酸脲、叠氮化合物、三聚氰胺等。这些非蛋白氮中，水溶性氮的含量可以通过测定鱼粉样品水溶总氮的方法进行测定，而非水溶性非蛋白氮则难以分析。非蛋白氮最好的分析方法是测定氨基酸组成和含量，优质鱼粉的氨基酸总量应该大于粗蛋白质含量的 95%，一般的鱼粉可以为≥90%。

② 鱼粉蛋白质的差异。鱼粉产品中的蛋白质含量与其中的肌肉含量是直接相关的，而原料鱼中鱼体肌肉组成、含量受到多种因素的影响。鱼体大小是决定鱼粉中肌肉含量、蛋白质含量的主要因素，原料鱼种类差异也是其鱼粉产品中蛋白质含量差异的主要因素。捕捞鱼粉原料鱼的季节差异也导致了鱼粉中蛋白质含量的差异。生产鱼排粉的原料鱼个体虽然较大，但主要的肌肉已经被取走用于食用鱼片，导致其蛋白质含量也显著下降。鱼粉中脂肪含量、灰分含量的变化也导致鱼粉产品中蛋白质相对比例的变化。在鱼粉生产过程中，原料鱼蒸煮、压榨后，浓缩鱼溶浆是否返回到鱼粉中，其中的水溶性蛋白质、水溶性非蛋白氮也是影响鱼粉蛋白质含量的因素，导致全脂鱼粉、脱脂鱼粉和半脱脂鱼粉中蛋白质含量的差异。

因此，不同种类的鱼粉、不同批次的鱼粉、不同生产方式的鱼粉中，蛋白质含量是有差异的。目前最大的难点是确定这些差异导致鱼粉蛋白质含量的合理值。鱼粉产品质量标准的制订要准确考虑上述因素，合理设定其蛋白质含量，一般也是规定鱼粉产品中蛋白质含量的下限值，即“≥”。对于饲料企业而言，可以参考鱼粉产品质量标准中蛋白质的设定值，同时，要依据所采购的鱼粉原料、生产工艺的真实情况，合理设定鱼粉的蛋白质含量和使用标准，并与鱼粉企业商定合理的价格。

③ 鱼粉生产企业对鱼粉产品中蛋白质含量的调控方法。如果要将鱼粉产品中的蛋白质按照一个相对统一的标准来进行整体议价，那么鱼粉生产企业调控鱼粉产品中蛋白质含量的方法主要有两种。一是将不同蛋白质含量的原料进行混合、组合后再进行鱼粉生产，这就需要对不同的原料进行调整和组合，难度很大。现在为了保障原料的新鲜度，一般是将接收的原料立即进入生产线生产鱼粉。第二个方法就是，不同批次的原料生产为鱼粉产品后，将不同质量水平的鱼粉进行混合，以达到一个设定的质量标准，这是鱼粉企业采用的主要方法。这就需要将不同质量水平的鱼粉按照一定的比例进行混合，就如要生产一定质量水平的混合饲料一样。

也有部分鱼粉经销商采用类似的方法，将不同质量水平、不同产地的鱼粉进行混合处理，按照较为一致的鱼粉产品质量水平进行销售。

④ 鱼粉批次议价的市场化原则和方法。由于鱼粉产品中蛋白质含量不是一种真正的标准化参数，参考产品质量标准，以真实情况，依据不同批次鱼粉质量状态、采用鱼粉批次议价的市场化的采购与使用原则和方法就显得很重要。

1. 水产饲料企业鱼粉常规质量指标的检测结果分析

本书统计了国内饲料企业采购的 256 个鱼粉样本，测定其水分、粗蛋白质、粗脂肪、粗灰分等成分的含量，见表 3-41。

表 3-41　饲料企业 256 个鱼粉样本的常规指标　　单位：%

水分	粗蛋白质	粗脂肪	粗灰分	盐	砂	钙	总磷	酸价	VB-N
8.02±1.15	64.75±2.30	9.79±1.83	16.92±1.99	4.21±1.22	1.20±0.63	3.39±0.64	2.24±0.43	7.17±9.02	113.82±28.68

将实测鱼粉样本的蛋白质含量分布作图，见图 3-7。可以发现，256 个鱼粉样本的蛋白质含量主要分布在 60%～70%，平均值为（64.75±2.30）%。这反映了中国水产饲料企业采购的鱼粉的主要质量状况。

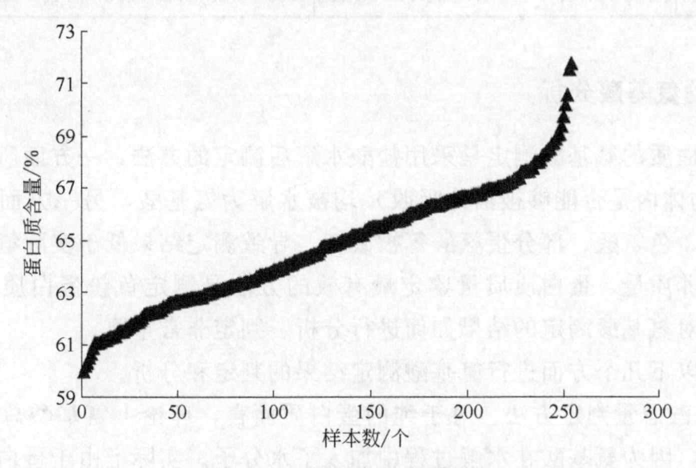

图 3-7　鱼粉蛋白质含量分布

256 个鱼粉样本的蛋白质含量、脂肪含量、粗灰分含量分布见图 3-8。

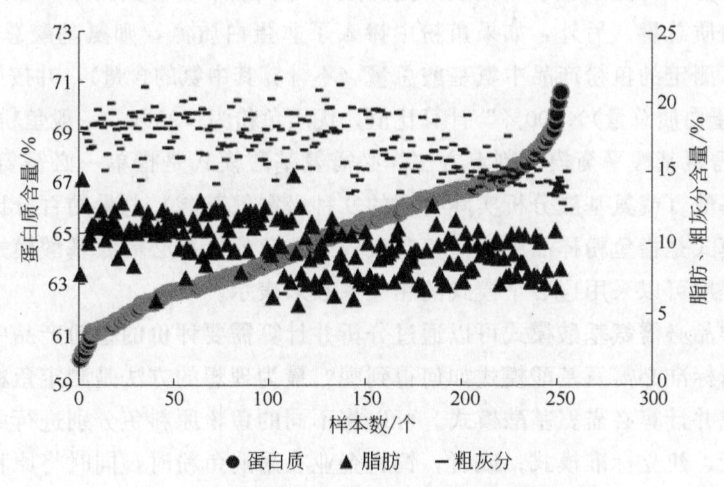

图 3-8　鱼粉蛋白质和脂肪、粗灰分含量分布

随着蛋白质含量的增加，脂肪含量、粗灰分含量减少，尤其是粗蛋白质含量在 65%以上的鱼粉，其粗灰分、脂肪含量下降更多。

2. 水产饲料企业鱼排粉常规质量指标的检测结果分析

本书统计了国内水产饲料企业鱼排粉的质量指标，见表 3-42。由表可见，鱼排粉的蛋白质含量较鱼粉的低，而粗灰分含量达到（29.49±2.27）%。

表 3-42　鱼排粉的常规营养指标检测结果　　单位：%

指标	水分	粗蛋白质	粗脂肪	粗灰分	盐	砂	钙	总磷
均值	6.05±1.89	52.04±3.28	8.22±2.27	29.49±2.27	0.79±0.43	0.89±0.30	10.21±1.50	5.08±0.77
范围	2.17～9.39	46.00～57.73	4.79～13.02	25.66～34.53	0.06～1.65	0.55～1.57	7.16～12.81	3.56～6.42

（三）鱼粉的氨基酸分析

鱼粉蛋白质的氨基酸测定是采用盐酸水解后测定的方法，一方面所有的蛋白质（无论在动物体内是否能够被消化吸收）均被水解为氨基酸，另一方面是，在盐酸水解过程中，色氨酸、部分蛋氨酸等被破坏，导致测定结果低于实际氨基酸含量。

鱼粉营养质量、蛋白质质量鉴定最有效的方法是测定鱼粉蛋白质的氨基酸组成，因此，对氨基酸测定的结果如何进行分析、判定非常重要。

可以从以下几个方面进行氨基酸测定结果的判定和分析。

① 氨基酸总量判定方法。对于纯的蛋白质而言，理论上氨基酸总量应该大于蛋白质总量，因为氨基酸在水解过程中加入了水分子。实际上由于蛋白质氨基酸组成和含量的测定一般是采用盐酸水解的方法，水解过程中有部分氨基酸损失主要是色氨酸、部分苯丙氨酸、甲硫氨酸（蛋氨酸）等在酸水解时被破坏，导致氨基酸总量小于蛋白质总量。另外，如果鱼粉中掺入了非蛋白质氮，则氨基酸总量会降低。因此，计算测定的鱼粉产品中氨基酸总量（不计算其中氨的含量），并按照“（氨基酸总量/粗蛋白质总量）×100%”计算比值，优质鱼粉为≥95%，一般鱼粉为≥90%。

② 必需氨基酸平衡模式判定方法。必需氨基酸模式是指单一必需氨基酸占 10 种必需氨基酸（或氨基酸分析实际得到的 9 种必需氨基酸）总量的百分比，必需氨基酸平衡模式是指鱼粉样品中必需氨基酸模式与鱼粉标准必需氨基酸模式的接近程度，接近程度可以采用这 2 个模式的相关系数来表示。

鱼粉样品必需氨基酸模式可以通过分析并计算需要评价的鱼粉产品中的氨基酸得到。鱼粉标准必需氨基酸模式如何得到呢？最为理想的方法是测定鱼粉原料鱼的氨基酸组成并计算必需氨基酸模式。可以将不同的鱼粉原料鱼分别进行氨基酸组成和含量分析，建立标准模式；或者，饲料企业在采购鱼粉时，同时将原料鱼样品带回企业试验室，测定其氨基酸组成、含量，计算得到该批次鱼粉的氨基酸模式。

必需氨基酸平衡模式判定时就是采用上述方法得到的相关系数值作为鱼粉氨基酸真实值的判定条件。理论上，鱼粉产品与标准氨基酸模式的相关系数应该为“1”。但是，在原料鱼被微生物水解时，其中的部分游离氨基酸转化为生物胺，如将组氨酸转化为组胺；在鱼粉蒸煮、压榨液分离和浓缩、鱼粉烘干等生产过程中，部分氨基酸损失，如赖氨酸与糖类发生美拉德反应等，这导致最后得到的鱼粉产品中氨基酸组成与原料鱼中氨基酸组成发生差异。所以，即使是鱼粉的正常生产过程，这个相关系数也是小于“1”的。作为判定条件，相关系数应该最大限度地接近“1”，如果小于 0.9 则可以视为差异较大。

③ 特征氨基酸判定方法。目前，为了提高粗蛋白质的含量，在鱼粉中加入处理过的羽毛粉的情况较多，此时，丝氨酸、胱氨酸、脯氨酸的含量较正常鱼粉高。

1. 水产饲料企业鱼粉的氨基酸组成分析

本书统计了国内水产饲料企业 450 个鱼粉样本的氨基酸含量，见表 3-43。其中，赖氨酸含量为 (4.98±0.46)%，蛋氨酸含量为 (1.89±0.22)%，赖氨酸/蛋氨酸 (Lys/Met) 的比值为 (2.65±0.17)%，9 种必需氨基酸总量 (ΣEAA) 为 (28.21±2.60)%，17 种氨基酸的总量 (ΣAA) 为 (58.56±4.29)%，17 种氨基酸总量占粗蛋白质 (ΣAA/CP) 的比例为 (88.74±4.53)%，氨 (NH_3) 的含量达到 (0.79±0.13)%。

表 3-43　水产饲料企业 450 个鱼粉样本的氨基酸含量分析结果　　单位：%

缬氨酸	蛋氨酸	赖氨酸	异亮氨酸	亮氨酸	苯丙氨酸	精氨酸	苏氨酸	组氨酸
3.11±0.30	1.89±0.22	4.98±0.46	2.74±0.31	4.76±0.41	2.62±0.28	3.64±0.34	2.70±0.31	1.78±0.27
天冬氨酸	丝氨酸	谷氨酸	甘氨酸	丙氨酸	脯氨酸	胱氨酸	酪氨酸	NH_3
5.89±0.53	2.56±0.31	8.53±0.48	3.96±0.52	4.09±0.21	2.71±0.32	0.49±0.13	2.16±0.31	0.79±0.13
ΣEAA	ΣAA	Lys/Met	ΣAA/CP					
28.21±2.60	58.56±4.29	2.65±0.17	88.74±4.53					

鱼粉的蛋白质含量与赖氨酸、蛋氨酸含量的分布见图 3-9。从图中可以看出，

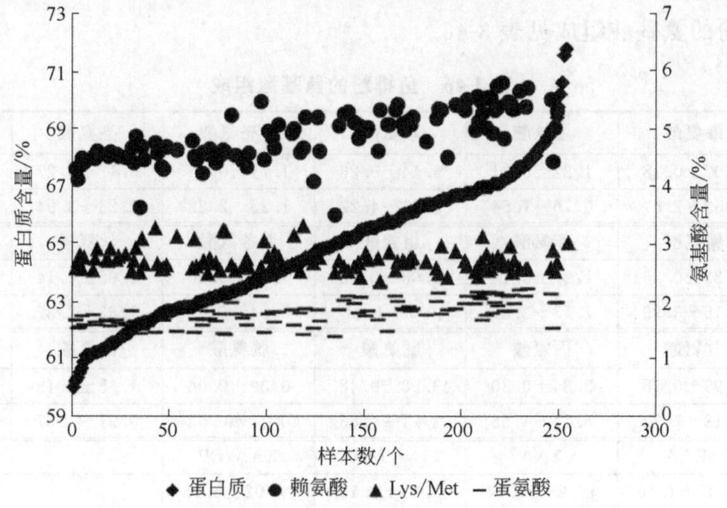

图 3-9　鱼粉蛋白质含量与赖氨酸、蛋氨酸含量分布

随着鱼粉蛋白质含量的增加，赖氨酸、蛋氨酸含量也增加，而Lys/Met则保持基本的稳定。因此，鱼粉氨基酸组成中，Lys/Met可以作为一个相对稳定［(2.65±0.17)%］的判定指标。

2. 鱼粉的氨基酸组成模式

蛋白质原料中，单个氨基酸含量占总量的比例是氨基酸组成模式的重要内容。450个鱼粉样本的氨基酸组成比例见表3-44。单个氨基酸占组成蛋白质的17～18种氨基酸（AA）、9～10种必需氨基酸（EAA）的比例是鱼粉氨基酸组成质量鉴定的重要内容。

表3-44　鱼粉氨基酸组成比例　　单位：%

氨基酸	缬氨酸	蛋氨酸	赖氨酸	异亮氨酸	亮氨酸	苯丙氨酸	精氨酸	苏氨酸	组氨酸	色氨酸
AA比例	5.31	3.23	8.50	4.69	8.13	4.47	6.22	4.61	3.04	1.11
EAA比例	11.03	6.70	17.65	9.73	16.87	9.28	12.92	9.56	6.32	2.30
氨基酸	天冬氨酸	丝氨酸	谷氨酸	甘氨酸	丙氨酸	脯氨酸	胱氨酸	酪氨酸		
AA比例	10.07	4.38	14.57	6.76	6.98	4.64	0.84	3.69		

3. 鱼排粉的氨基酸组成分析

本书统计了水产饲料企业40个鱼排粉样本常规检测指标的数据，见表3-45。

表3-45　40个鱼排粉样本常规检测指标的数据　　单位：%

指标	水分	粗蛋白	粗脂肪	粗灰分	盐分	砂分	钙	总磷
均值	6.05±1.89	52.04±3.28	8.22±2.27	29.49±2.27	0.79±0.43	0.89±0.30	10.21±1.50	5.08±0.77
范围	2.17～9.39	46.00～57.73	4.79～13.02	25.66～34.53	0.06～1.65	0.55～1.57	7.16～12.81	3.56～6.42

4. 鱼排粉的氨基酸组成

鱼排粉的氨基酸组成见表3-46。

表3-46　鱼排粉的氨基酸组成　　单位：%

氨基酸	缬氨酸	蛋氨酸	赖氨酸	异亮氨酸	亮氨酸	苯丙氨酸
均值	2.07±0.18	1.22±0.11	3.14±0.26	1.71±0.15	3.12±0.27	1.79±0.13
范围	1.52～2.57	0.76～1.54	2.31～4.22	1.25～2.22	2.23～3.94	1.34～2.14
氨基酸	精氨酸	苏氨酸	组氨酸	天冬氨酸	丝氨酸	谷氨酸
均值	3.33±0.26	1.97±0.14	1.03±0.12	4.28±0.30	2.05±0.14	6.47±0.51
范围	2.16～3.99	1.53～2.27	0.7～1.41	3.34～5.02	1.62～2.37	4.72～7.52
氨基酸	甘氨酸	丙氨酸	脯氨酸	胱氨酸	酪氨酸	NH_3
均值	5.99±0.75	3.84±0.30	3.58±0.48	0.39±0.04	1.35±0.13	0.58±0.09
范围	4.18～7.72	3.21～4.56	2.21～4.66	0.21～0.53	0.91～1.67	0.20～0.92
氨基酸	ΣEAA	ΣAA	Lys/Met	ΣAA/CP		
均值	19.37±1.40	47.26±3.24	2.58±0.19	94.02±6.15		
范围	14.47～23.21	38.14～53.74	2.19～3.59	77.20～107.66		

5. 鱼排粉的氨基酸组成比例

鱼排粉的氨基酸组成比例见表3-47。

表 3-47 鱼排粉的氨基酸组成比例 单位：%

氨基酸	缬氨酸	蛋氨酸	赖氨酸	异亮氨酸	亮氨酸	苯丙氨酸	精氨酸	苏氨酸	组氨酸
AA 比例	4.37	2.58	6.64	3.61	6.60	3.79	7.04	4.18	2.19
EAA 比例	10.66	6.29	16.19	8.81	16.11	9.25	17.18	10.19	5.34
氨基酸	天冬氨酸	丝氨酸	谷氨酸	甘氨酸	丙氨酸	脯氨酸	胱氨酸	酪氨酸	
AA 比例	9.06	4.33	13.70	12.67	8.13	7.57	0.83	2.85	

（四）粗脂肪与脂肪酸

鱼粉中粗脂肪和脂肪酸分析的主要内容包括营养质量分析、安全质量分析两个方面的内容。营养质量分析主要是指对油脂含量、鱼油中不饱和脂肪酸组成与含量的分析，而安全质量分析则是指对其中的鱼油氧化酸败程度、酸败产物的定量分析。

鱼粉中含有一定量的鱼油，全鱼粉中油脂含量一般为18%左右，半脱脂鱼粉中油脂含量为10%～12%，脱脂鱼粉中油脂含量为8%～10%。

鱼油相比于其他油脂，在营养上主要是含有高不饱和脂肪酸，这是鱼粉、鱼油重要的营养特性。而鱼粉中的鱼油、纯鱼油中的高不饱和脂肪酸是最容易氧化酸败的油脂。原料鱼死亡后，在鱼粉的生产过程中和鱼粉、鱼油的运输、保存过程中，高不饱和脂肪酸容易氧化酸败，产生丙二醛、过氧化物等有害物质，是鱼粉、鱼油重要的不安全因素，使鱼粉、鱼油的安全质量显著下降。

因此，鱼粉中的鱼油、纯鱼油中的高不饱和脂肪酸具有特殊的营养作用和潜在的毒副作用。如果在保障鱼油氧化稳定性方面难以做到的话，那么有效降低鱼粉产品中鱼油的含量，对于保障鱼粉的安全性来说是一个较为有效的方法。

在原料鱼蒸煮阶段，增加原料中水分含量，从而利用水分带走大量的油脂是一个降低鱼粉中鱼油含量的较为有效的方法。如果原料：添加水＝1：1，得到的鱼粉产品中油脂含量可以降低到6%左右，比常规方法得到的鱼粉中的油脂含量低。

对高油脂含量的鱼粉来说，采用脂溶性溶剂再脱脂的方法，可以将鱼粉中的油脂含量降低到2%以下，这也是提高鱼粉安全质量的有效方法。但是，这会增加鱼粉生产的工艺过程和流程。另外，蒸发鱼粉中的脂溶性溶剂时需要达到85℃左右较高的温度，此时需要考虑鱼粉中蛋白质、氨基酸的损失。

（五）粗灰分、盐分与砂分

鱼粉中粗灰分、砂分和盐分的指标控制是鱼粉营养质量控制的重要内容，其主要来源是鱼粉中的杂质。可以按照鱼粉质量标准进行判定。

粗灰分为鱼粉在550℃下灼烧后残余物质量占鱼粉质量的百分比。550℃下灼烧后，鱼粉中的有机物均已经被燃烧而挥发掉了，剩下的主要是无机物。砂分的测定一般是将粗灰分再用盐酸溶解、过滤、烘干得到的残余物质量占鱼粉质量的百分比。无机物的盐酸盐都是水溶性的，随着滤液被带走了，剩余的部分主要为一些硅化物，也就是砂石。盐分主要为氯化物，如食盐，其含量可以判定鱼粉中食盐的量。鱼粉中的食盐主要来源于一些海水鱼自身带来的和在鱼粉蒸煮时加入的食盐。

四、鱼粉的可消化性能评价

消化率是鱼粉中可被消化吸收的蛋白质含量的真实反映，是评价鱼粉质量，尤其是可消化蛋白的重要指标。消化率的测定方法有活体（或称在体）消化率测定方法、离体消化率测定方法。离体消化率测定方法操作简单、快速，适用于饲料企业对蛋白质原料可消化率的评价。

鱼粉蛋白质消化率指标。秘鲁鱼粉标准中规定优质鱼粉的胃蛋白酶消化率应为94.0%～95.0%；智利相关的鱼粉质量标准中规定为94.0%。我国新版鱼粉标准中规定鱼粉胃蛋白酶消化率为：特级品红鱼粉≥90%、白鱼粉≥88%，一级品红鱼粉≥88%、白鱼粉≥86%，二级品、三级品均为≥85%。

鱼粉离体消化率的测定方法。鱼粉蛋白质离体消化率测定方法依据消化酶的来源可以分为胃蛋白酶消化方法、胃蛋白酶-胰蛋白酶二步消化方法和鱼体肠道混合酶消化方法。

这些方法都是采用离体消化的方法，主要原因是活体消化率测定方法需要用以鱼粉为主的饲料养殖试验鱼，并收集到足够的粪便，在操作程序和时间上都较离体消化率评价方法烦琐，不能满足饲料企业对鱼粉品质控制快速、批量处理等的要求。

离体消化率的测定方法中重要的是将可以“溶解于水体”，并经过过滤或离心得到的部分作为了“可以被利用的部分”，这部分被作为类似于活体消化率测定方法中“被鱼体消化吸收的部分”。这两者有较大的差异。例如，离体测定方法中，油脂随着水体被带走、被过滤、被离心掉，而不是真正“被吸收”；再如，鱼粉中的蛋白质只要能够转变为可溶解于水体、能够“被过滤”“被离心”的状态，就视为了“被吸收利用”的部分。

因此，离体消化率作为鱼粉评价指标的使用有其局限性，但可以作为饲料企业对鱼粉蛋白质可消化性评价的重要指标。其中重要的是：①要实现离体消化率替代活体（或称为在体）消化率，离体消化率测定的条件和方法就要尽可能地模拟活体消化的条件，包括温度、消化酶的种类和含量、缓冲液条件、消化时间等。②在相同条件下，对离体消化率进行相对比较。在相同条件下测定待测鱼粉与标准鱼粉的蛋白质离体消化率，并将结果进行相对比较，如果能够达到或最大限度地接近标准鱼粉的消化率（而不是绝对值达到多少），即可判定为合格的鱼粉。

另外，离体消化率的测定方法中，消化酶种类、来源的选择也是重要的条件。胃蛋白酶消化方法、胃蛋白酶-胰蛋白酶二步消化方法中所采用的消化酶主要为胃蛋白酶和胰蛋白酶，其来源主要还是猪。其消化条件的设置也基本是按照陆生动物的胃和肠道条件进行设置的。作为一个统一的、标准化的方法来评价鱼粉蛋白质消化率是可行的。我们介绍的利用鱼体肠道、肝胰脏粗酶液作为酶源的离体消化方法主要针对的还是水产动物。我们主张使用鱼体肠道消化率方法，即使用鱼体肠道匀浆后得到的消化酶粗酶液作为酶源，按照离体消化率测定方法对鱼粉的蛋白质消化率进行测定，在实际操作时可以将待测定鱼粉与已知的标准鱼粉进行同时测定，在判别时只要将待测定样品的结果与标准鱼粉的测定结果进行对比即可，只要两者的测定结果差异在可以接受的范围内就可以视为合格鱼粉。这种相对比较的方法有很多好处，这样处理既可以对待测定鱼粉的蛋白质消化率进行判别，还可以针对不同鱼类对鱼粉的消化率是否有差异进行判别，同时，也可以避免离体消化率测定技术水平、操作方法等对消化率测定结果的影响。例如鱼粉标准的胃蛋白酶消化率要大于80%，而由于试验条件限制，或试验人员操作技术的影响其结果难以达到80%的离体消化率，对结果的判定就难以进行，而与标准鱼粉结果同时进行测定时，只需要将待测定鱼粉的结果与标准鱼粉的结果进行相对比较就可以了。

鱼粉蛋白质离体消化率与鱼粉质量。鱼粉蛋白质离体消化率指标在判定鱼粉可消化质量时要注意结合其他指标进行综合评判。

鱼粉中水溶性、非水溶性非蛋白氮与离体消化率。如果鱼粉中非蛋白氮含量较高，尤其是掺假有水溶性非蛋白质时，这些非蛋白氮将随着水溶液被过滤或离心掉，导致蛋白质离体消化率高的假象，这需要结合鱼粉氨基酸总量与粗蛋白质的比例进行评判。如果氨基酸总量占粗蛋白比例高（如≥90%），且离体消化率高，说明鱼粉蛋白质消化利用率高。而如果鱼粉中掺假有非水溶性的非蛋白质，这部分在氨基酸总量与粗蛋白质比例中被排除了。

鱼粉中低消化率蛋白质掺假问题。消化率是鉴定掺假有低消化率蛋白质如膨化羽毛粉、皮革粉等最为有效的方法。这时粗蛋白质含量、氨基酸占粗蛋白质的比例均较高，但是离体消化率则显著下降。

鱼粉自身消化率降低的影响。鱼粉如果烘干温度过高，或者鱼粉自燃后，导致鱼粉蛋白质焦化或糊化，鱼粉蛋白质消化率就显著下降。

五、鱼粉安全质量鉴定

鱼粉作为一种重要的蛋白质原料，其质量主要应该包括以下几个方面：①营养质量，指作为蛋白质原料的营养学价值，包括粗蛋白质含量、氨基酸组成、粗脂肪含量、消化率等主要内容。②安全质量，是指鱼粉作为饲料原料的安全性问题，包括对养殖鱼体的安全、对鱼粉养殖效果（生物学作用）发挥的安全、养殖鱼体作为食品对人体的安全（药物残留、有毒物质残留等），具体可操作的指标包括鱼粉的新鲜度、药物残留和卫生指标等。③掺假物质对鱼粉质量的影响。

鱼粉自然产生的安全质量的主要构成因素为其中的蛋白质腐败及其产物，包括生物胺、挥发性盐基氮，以及油脂氧化酸败产物、氧化程度，如丙二醛、过氧化值等，总体上又称为鱼粉新鲜度。

（一）油脂氧化程度及其氧化产物分析

鱼粉中有较高含量的鱼油，鱼油脂肪酸组成的显著特点是不饱和脂肪酸含量高，而不饱和脂肪酸含量高容易发生氧化酸败现象。所以，鱼粉中的油脂在鱼粉生产过程中，尤其是在鱼粉烘干过程以及鱼粉的运输、存储过程中，容易在有氧的条件下，以及在微生物产生的脂肪酶的作用下发生氧化酸败。而脂肪酸氧化酸败的中间产物、终产物非常复杂，可以从两个方面来理解鱼油氧化酸败产物的复杂性：脂肪酸的氧化以有氧条件下的自动氧化为主，而自动氧化过程中都有一个过氧化反应过程，在过氧化反应进行过程中，要形成自由基阶段，而脂肪酸链上的自由基可以在共轭体系中移动，具体在脂肪酸碳链上的什么位置导致碳链断裂则具有很大的随机性，不同位置碳链断裂所得到的产物不同，从而导致产物种类的差异性。因此，油脂氧化产物具有较大的随机性。

① 过氧化值。油脂氧化的中间产物以过氧化物为主，可以用过氧化值进行定量评价。要注意的是，过氧化物是一类中间产物，在油脂脂肪酸氧化的初期阶段，过氧化值的大小与氧化程度是呈正比例关系的；而在氧化的后期，过氧化值将逐渐减小，但氧化的程度却在增加，或已经发展到氧化的后期了。

② 酸价。酸价是鱼油氧化后产生的低级脂肪酸等有机酸形成的。氧化程度与所产生的游离脂肪酸等有机酸的量呈正相关关系，可以有效地反应油脂的氧化程度。但是，鱼油不是单独存在的，而是多种物质的混合物，其中也包含一些碱性物质。碱性物质的存在降低了酸价。尤其是一些企业在鱼粉原料蒸煮时可能会加入一些碱性物质，这样会影响到酸价所反映的鱼油氧化程度的真实情况。

酸价测定结果要与其他指标结合进行判定。

③ 丙二醛。丙二醛是油脂氧化产物中具有很强毒副作用的氧化产物，是鱼油、其他动物油脂氧化程度、鱼油以及鱼粉中鱼油氧化产物安全性鉴定的有效指标（在《饲料原料目录》中为强制性标识指标）。因此，测定鱼粉中丙二醛的含量，并将丙二醛含量作为鉴定鱼粉安全性、鱼粉新鲜度的关键性指标之一。

（二）蛋白质腐败及其产物分析

蛋白质腐败程度是鱼粉新鲜度的重要鉴定内容，而蛋白质腐败的主要产物为生物胺和挥发性盐基氮，因此，生物胺和挥发性盐基氮就成为鱼粉蛋白质腐败程度、新鲜度评价的主要内容。

1. 生物胺

动物体内生物胺的作用具有两面性，即一方面，一些生物胺如组胺、多巴胺、5-羟色胺、酪胺、亚精胺、精胺等在一定剂量范围内是对动物生理代谢和生理活动有益的、具有生理活性作用的物质；另一方面，一些生物胺如组胺、腐胺、尸胺、精胺、酪胺在较高剂量下对动物是有害的，如表3-34所示，这5种生物胺显示出毒副作用，其中毒性较强的为组胺、精胺、腐胺、尸胺。生物胺的主要来源是鱼粉原料鱼、鱼粉在微生物作用下以游离氨基酸为原料所发生的腐败作用产物，存在于鱼粉物料中，不容易挥发。

生物胺作为鱼粉新鲜度、安全性的评价指标，其规律为：①生物胺可以作为鱼粉新鲜程度、蛋白质腐败程度的评价指标，生物胺含量越高，表明鱼粉的新鲜度越低、蛋白质的腐败程度越高；②生物胺在较高剂量下对动物是有害的，生物胺可以作为鱼粉安全质量的评价指标。

目前，鱼粉质量标准中是以组胺含量作为鱼粉新鲜度、安全性的评价指标。在前面的分析中可以发现，组胺来源于蛋白质水解后所产生的游离组氨酸，由于部分鱼体组胺含量较高如鲐鱼、金枪鱼、鲣鱼、秋刀鱼、鲭鱼、沙丁鱼等，而部分种类中组胺含量较低，因此，不同鱼粉原料鱼蛋白质中组氨酸含量、组胺含量可能有一定的差异，单纯以组胺含量作为评价指标就有一定的局限性。

鱼粉中、饲料中组胺含量在多少范围内对养殖动物的健康不会造成危害？目前还缺乏有效的数据和研究结果，可以参考有关人类对食品中组胺含量的控制标准。美国食品与药品监督管理局（FDA）确定了食品中组胺的危害作用水平为500mg/kg，要求进出口水产品中组胺的含量不得超过50mg/kg。欧盟规定鲭科鱼类中组胺含量不得超过100mg/kg，酪胺含量不得超过100～800mg/kg；我国规定鲐鱼中组胺含量不得超过300mg/kg。

有资料显示，鸡饲料中含有0.4%的组胺即可造成典型的肌胃糜烂症。而水产动物饲料中组胺含量与胃肠道健康的研究还没有文献报道。

关于混合生物胺指标，建议以在较高剂量下有毒副作用的组胺、精胺、腐胺、尸胺4种，或者以组胺、腐胺、尸胺、精胺、酪胺5种生物胺总量作为鱼粉新鲜度、安全性的评价指标，并建立相应的安全控制范围。

关于组胺与挥发性盐基氮的关系，孙福三等（1994）的研究报告显示，进口冷冻沙丁鱼中组胺含量与挥发性盐基氮含量没有直接关系。组胺检出范围为40～100mg/100g，平均值为74.60mg/100g；挥发性盐基氮检出范围为14.00～19.60mg/100g，平均值为16.80mg/100g，分析了组胺与挥发性盐基氮含量的相互关系，其相关系数$r=-0.28$，经显著性检验$P>0.05$，二者无显著相关关系。

陈人弼等（1996）把组胺含量作为加工原料品质的控制指标，把挥发性盐基氮作为不同生产类型、不同包装方式、不同储存时间下蛋白质腐败变质的指标，把酸价作为油脂氧化的参数，测定了鱼粉中粗蛋白质酸价、组胺和VB-N的含量，数据见表3-48。如果利用陈人弼等（1996）的数据，分析粗蛋白、酸价、组胺和VB-N之间的相互关系，以相关系数表示，结果见表3-48。可以发现，酸价与组胺之间的相关系数为0.65，组胺与VB-N之间的相关系数为0.81，显示出一定的相关性。其他指标的相关系数都很低，没有显示出相关性。

表3-48 鱼粉中粗蛋白质、酸价、组胺和VBN含量关系分析（陈人弼等，1996）

编号	粗蛋白质/%	酸价/(mg KOH/g)	组胺(质量分数)/$\times10^{-5}$	VB-N(质量分数)/$\times10^{-5}$
961	61.65	17.8	57.85	42.09
962	65.19	65.12	561.2	112.3
963	61.76	29.32	186.31	87.03
965	67.74	16.41	77.32	24.1
968	64.43	30.73	182.69	103.19
969	67.29	32.05	36.1	50.83
910	67.82	22.85	44.61	51.27
911	69.46	27.87	433.28	95.38
912	67.7	32.36	322.15	87.93
913	68.65	27.47	317.44	93.89
914	72.42	18.25	40.49	15.83
916	68.1	14.43	224.06	85.16
917	72.33	19.07	298.19	99.26
918	70.44	13.36	121.6	56.88
919	67.44	14.62	212.42	97.25
粗蛋白	1.00	−0.33	0.02	−0.16
酸价	−0.33	1.00	0.65	0.47
组胺	0.02	0.65	1.00	0.81
VB-N	−0.16	0.47	0.81	1.00

2. 挥发性盐基氮

挥发性盐基氮的主要组成物质为三甲胺、二甲胺、甲胺和氨，其主要来源为微生物作用下氧化三甲胺、氨基酸等的转化，一般用作鲜活、冰冻、加工的食用水产品新鲜度的评价指标。挥发性盐基氮是水溶性的，且熔点和沸点均很低，在鲜活、冰冻、加工的水产品如鱼类、贝类、虾蟹类、软体动物等体内可以保持一定的数量，可以作为其蛋白质腐败和新鲜度的评价指标。

但是，在鱼粉生产过程中，原料中的、生产过程中所产生的挥发性盐基氮一部分随着压榨液在鱼溶浆浓缩时损失，一部分在鱼粉烘干过程中损失，温度越高损失量越大。

因此，最后残留于鱼粉中的数量并不能反映鱼粉原料、鱼粉蛋白质腐败和新鲜度的真实情况。鱼粉蛋白质腐败程度、新鲜度评价最为有效的指标应该为组胺，或组胺、精胺、腐胺、尸胺总量。

第十一节　南极磷虾粉

一、南极大磷虾

南极大磷虾（*Euphausia superba*）属节肢动物门，甲壳纲，磷虾目，磷虾科，磷虾属，是世界上海洋中生物储备量最大的单种生物之一，其生物量估算为(3.42～5.36)×10^8t。在南极水域的磷虾有11种之多，但数量最多、个体最大的一种称之为南极大磷虾，即平常所称的南极磷虾。环绕南极大陆附近分布的磷虾个体一般较小，其成体体长一般为40～60mm，未成体为20～40mm，一般渔业捕捞的成体体重在1g左右。

南极大磷虾对于许多鱼类和甲壳类动物来说是天然的饵料。例如，它是野生鲑鱼的主要食物来源。

南极大磷虾生活在极端环境下，却具有很大的生物资源量，其关键原因之一在于南极大磷虾具有独特的消化系统，其体内拥有功能强大的酶系统，能够降解各种蛋白质、多糖。另外，南极大磷虾由于其独特的生活方式和生活环境，也是药源学研究领域非常感兴趣的海洋生物，在其体内有发现具有强烈生物活性的先导化合物的希望。

磷虾的体内含有活性很强的酶，这些酶在磷虾死后会立即对体内组织进行分解，因此在磷虾被捕获后必须立即进行加工。如果捕获到的磷虾是作为人的食品，那么在磷虾被捕获后的3h内必须加工完毕；应及时将磷虾在－40℃下冷冻成块，储存于低温冷库中。如果是作动物饵料，则必须在10h内加工完毕。由于捕获的虾必须立即进行加工，因此无法使用加工船或陆地上的加工设备，整个加工过程必须在拖网船上完成，这无疑又增加了捕捞的费用，并使整个捕捞作业复杂化。

南极大磷虾体内的蛋白质降解酶系统非常独特，除了通常的胰蛋白酶以外，至少还含有3种丝氨酸蛋白酶和2种以上的羧肽酶。它对复杂蛋白质的降解活性比目前所有的商品酶都高。由于南极大磷虾体内内肽酶和外肽酶的比例适宜，因此，可以保证其快速、完全地降解各种蛋白质。已证实南极大磷虾的消化酶系统中，类胰蛋白酶、羧肽酶A和羧肽酶B为主要的酶组分。南极大磷虾体内除蛋白酶外，还含有丰富的甲壳质降解酶，南极大磷虾的胃部和消化道都具有很高的甲壳质降解酶活性。

磷虾的壳内含有很高的氟，比联合国食品和药品管理委员会有关人类消费氟的允许量高出40多倍。然而磷虾的肉内氟含量很低，在人类消费允许量范围之内。

不幸的是壳内的氟极不稳定，在磷虾死后会立即渗透到虾肉中。因此，南极磷虾在捕获后必须立即进行脱壳处理。

在磷虾体内发现了各种各样的有用化学物质，其中有几种经研究被认为具有商业开发的价值。磷虾体内富含蛋白分解酶（proteolytic enzyme）和维生素，以及维生素的前期物质，但这些物质的市场状况目前还难以促使人们在船上提取它们。与其他的甲壳动物一样，南极磷虾的壳中含有几丁质，并且相当于整条磷虾干重的4%。几丁质是一种很有价值的多糖类聚合体（polysaccharide polymer），在结构上与纤维素（cellulose）相似，很容易转化成脱乙酰几丁质。几丁质和脱乙酰几丁质在水处理、医学、农业、生物化学和工业等领域有着广泛的市场。限制几丁质工业发展的一个重要因素是缺乏充足的原材料，而磷虾渔业的开展将是一个很好的原料来源。

二、磷虾粉

磷虾粉富含蛋白质（平均为63%，取决于加工方式），另外还含有增味素、β-胡萝卜素（以虾青素形式存在，含量在100～250μg/g或更高水平，取决于来源和加工条件）、营养价值极高的脂类物（含量在7%～23%之间或更高水平，取决于来源和加工水平）、丰富的矿物质和ω-3脂肪酸。有研究显示，南极磷虾粉典型的平均氨基酸成分为：丙氨酸5.8%、精氨酸6.7%、天冬氨酸9.5%、胱氨酸1.2%、谷氨酸12.6%、糖胶4.8%、组氨酸2.5%、异亮氨酸5.0%、亮氨酸7.8%、赖氨酸8.2%、蛋氨酸4.0%、苯基丙氨酸5.2%、脯氨酸4.0%、丝氨酸4.5%、苏氨酸4.7%、酪氨酸4.5%、缬氨酸5.3%、牛磺酸2.9%。南极磷虾粉的主要特点包括：①味道鲜美、富含氨基酸；②可调节渗透压；③含有矿物质；④含有磷脂和多不饱和脂肪酸；⑤含有几丁质和几丁聚糖；⑥含有天然色素（以虾青素形式存在）。磷虾粉富含氧化三甲胺，该物质是人们熟知的调节渗透压的成分。氧化三甲胺（以mg N/100g取样计）含量为：磷虾粉190，鱼粉<10。

即使南极磷虾捕捞于同一区域，而且是按照同一标准进行加工的，生产出来的磷虾粉的质量也不能保证完全相同。当前市场上见到的磷虾粉的质量主要是依据以下四个标准进行判定的：①干粉的稳定性（存放和质量影响）；②蛋白质的品质；③脂肪的品质；④色素含量（色素淀积、抗氧化性）以及其他因素。

一般来讲，最好的磷虾粉是拖网加工船在磷虾捕获后5h内加工的产品，鲜度最好，TVB-N值很低，为5～20mg N/100g。

南极磷虾作为饲料存在的一个问题是较高的氟化物含量。在测定中发现，南极磷虾中氟化物干重甚至可以高达6g/kg，而欧盟对氟化物含量的上限标准是150mg/kg，因此水产部门将此类干粉作为鱼饲料的蛋白来源就会受到阻碍。不过，当前研究结果显示，饲料磷虾粉中绝大多数氟化物一般都不会被海鱼吸收，高氟化物含量的饲料是否会真正影响到鱼类的健康现在还在评估当中。除了氟化物含量以外，有些磷虾粉中其他有害金属含量也超出了某些饲料规定的上限标准。不过尽管金属含量较高，相关的饲养试验却证明鱼饲料中用南极磷虾粉代替鱼粉时，确实降低了鳕鱼、鲑鱼鱼片中的金属含量水平。

磷虾粉所含的矿物质中有些是需要特别注意的。例如铜，磷虾粉含铜量是鱼粉的10倍，它们一般螯合在赖氨酸残留物上，对胶原质的形成以及鱼鳍和鱼皮的发育起着非常重要的作用。磷虾粉的硒含量也比鱼粉多，对细胞的抗氧化系统非常重要（谷胱甘肽系统）。铜（μg/g）：磷虾粉101、鱼粉11；锌（μg/g）：磷虾粉72、鱼粉111；硒（μg/g）：磷虾粉12、鱼粉1；钙（%）：磷虾粉1.74、鱼粉4.40；磷（%）：磷虾粉1.25、鱼粉2.60。

磷虾粉中的脂质（占总脂质的比例）：卵磷脂22%～28%，磷脂35%～45%，甘油三酸酯30%～40%，胆固醇3%～8%。

磷虾粉可作为天然色素（类胡萝卜素）的来源使用。超过95%的磷虾粉色素以虾青素的形式存在。磷虾粉中的色素都是酯化的，因此相对稳定。虾青素除了是一种色素外，它还具有抗衰老、抗氧化的作用。另外，试验证明虾青素也可以帮助鱼虾快速生长、增强免疫力。总之，虾青素对于虾类的存活率具有积极的影响。

Tharos公司推荐的磷虾粉最低质量要求设定为：蛋白质，最低58%(58%～66%)；脂肪，平均18%(12%～26%)；色素（因等级而异），最低100μg/g；湿度，最高10%(6%～10%)；灰分，平均13%(5%～18%)；盐（氯化钠），最高3%(1%～3%)；TVB-N，最高20mg N/100g（5～24）；组胺，最高20μg/g（0～23μg/g）；粉中油脂——饱和脂肪酸（磷虾油最高），30%；粉中油脂——ω 3多不饱和脂肪酸，最低28%；粉中油脂——单不饱和脂肪酸，最低30%。

磷虾油。磷虾油吸引人的地方并不是作饲料配料，而是其药用价值和营养价值。磷虾油含有丰富的甘油三酸酯，不过其不饱和脂肪酸含量却比较低，因此具有很强的抗氧化性，这在深海水产油中是比较少见的。磷虾油的脂肪酸与天然类脂物类似，其丰富的饱和脂肪酸及单不饱和脂肪酸一直广受美容行业的青睐。

磷虾油可以在拖网加工船上生产，也可以作为磷虾干粉的副产品生产（主要以甘油三酸酯形式存在），或在陆地上通过溶剂从冷冻全虾或磷虾干粉中提取。

刘志东等（2012）测定得出：南极磷虾粉中粗蛋白含量为61.80%，灰分含量为13.40%，水分含量为9.40%，粗脂肪含量为7.32%，碳水化合物含量为2.58%；南极磷虾粉中检测出17种氨基酸，总氨基酸含量为467.02mg/kg，7种人体必需氨基酸含量为208.86mg/kg，占总氨基酸的比例为44.72%；鲜味氨基酸占总氨基酸的比例为36.70%，必需氨基酸的构成比例符合FDA/WHO[1]的标准；检测出21种脂肪酸，其中饱和脂肪酸含量为30.07%，不饱和脂肪酸含量为

[1] WHO：World Health Organization，世界卫生组织。

69.69%；矿物质 Ca 为 32500mg/kg，Zn 为 28mg/kg，Cu 为 37mg/kg，Fe 为 145mg/kg，Mg 为 7200mg/kg，Mn 为 4.2mg/kg，Cd 为 0.2mg/kg，Pb<0.1mg/kg，符合相关食品卫生标准限量要求。因此，南极磷虾粉具有较高的营养价值和较好的开发应用潜力。

南极磷虾粉中氟的形态。南极磷虾粉中氟的赋存形态可分为水溶态氟、可交换态氟、氧化态氟、有机束缚态氟和残渣态氟，分别占总氟含量的 15.7%、17.1%、31.7%、21.5%和 14.0%，总氟含量为 2518.6mg/kg，各形态的氟含量次序为：氧化态氟>有机束缚态氟>可交换态氟>水溶态氟>残渣态氟。

第四章

陆生动物蛋白质饲料原料

第一节　陆生动物产品及其副产品类饲料原料种类

在《饲料原料目录》中的陆生动物产品及其副产品类饲料原料，主要为养殖的家畜、反刍动物和禽类屠宰加工的副产物，昆虫类和环节动物类产品，见表4-1。这些产品也是重要的动物蛋白质原料，多数可以在水产饲料中使用，部分产品没有在水产饲料中使用。

表4-1　《饲料原料目录》中的陆生动物饲料原料

名称	特征描述	强制性标识要求
	动物油脂类产品	
__油	分割可食用动物组织过程中获得的含脂肪部分，经熬油提炼获得的油脂。原料应来自单一动物种类，新鲜无变质或经冷藏、冷冻保鲜处理；不得使用发生疫病和含禁用物质的动物组织。本产品不得加入游离脂肪酸和其他非食用动物脂肪。产品中总脂肪酸不低于90%，不皂化物不高于2.5%，不溶杂质不高于1%。名称应标明具体的动物种类，如：猪油	粗脂肪、不皂化物、酸价、丙二醛
__油渣（饼）	屠宰、分割可食用动物组织过程中获得的含脂肪部分，经提炼油脂后获得的固体残渣。原料应来自单一动物种类，新鲜无变质或经冷藏、冷冻保鲜处理；不得使用发生疫病和含禁用物质的动物组织。产品名称应标明具体的动物种类，如：猪油渣	粗蛋白质、粗脂肪
	昆虫加工产品	
蚕蛹（粉）	蚕蛹经干燥获得的产品，可将其粉碎	粗蛋白质、粗脂肪、酸价
蚕蛹粕[脱脂蚕蛹（粉）]	蚕蛹（粉）脱脂处理后获得的产品	粗蛋白质、粗脂肪、酸价
__虫（粉）	昆虫经干燥获得的产品，可对其进行粉碎。此类昆虫在不影响公众健康和动物健康的前提下方可进行上述加工。产品名称应标明具体动物种类，如：黄粉虫（粉）	粗蛋白质、粗脂肪、酸价
脱脂__虫粉	对昆虫（粉）采用超临界萃取等方法进行脱脂后获得的产品。此类昆虫在不影响人类和动物健康的前提下方可进行上述加工。产品名称应标明具体动物种类，如：脱脂黄粉虫粉	粗蛋白质、粗脂肪

续表

名称	特征描述	强制性标识要求
内脏、蹄、角、爪、羽毛及其加工产品		
肠膜蛋白粉	食用动物的小肠黏膜提取肝素钠后的剩余部分，经除臭、脱盐、水解、干燥、粉碎获得的产品。不得使用发生疫病和含禁用物质的动物组织	粗蛋白质、粗灰分、盐分
动物内脏粉	新鲜或经冷藏、冷冻保鲜的食用动物内脏经高温蒸煮、干燥、粉碎获得的产品。原料应来源于同一动物种类，除不可避免的混杂外，不得含有蹄、角、牙齿、毛发、羽毛及消化道内容物，不得使用发生疫病和含禁用物质的动物组织。产品名称需标明具体动物种类，若能确定原料来源于何种动物内脏，产品名称可标明动物内脏名称，如：鸡内脏粉、猪内脏粉、猪肝脏粉	粗蛋白质、粗脂肪、胃蛋白酶消化率
膨化羽毛粉	家禽羽毛经膨化、粉碎后获得的产品。原料不得使用发生疫病和变质的家禽羽毛	粗蛋白质、粗灰分、胃蛋白酶消化率
禽爪皮粉	加工禽爪过程中脱下的类角质外皮经干燥、粉碎获得的产品。原料应来源于同一动物种类，产品名称应标明具体动物种类，如：鸡爪皮粉	粗蛋白质、粗脂肪、粗灰分
水解蹄角粉	动物的蹄、角经水解、干燥、粉碎获得的产品。若能确定原料来源为某一特定动物种类和部位，则产品名称应标明该动物种类和部位，如：水解猪蹄粉	粗蛋白质、胃蛋白酶消化率
水解畜毛粉	未经提取氨基酸的清洁未变质的家畜毛发经水解、干燥、粉碎获得的产品。本产品的胃蛋白酶消化率不低于75%	粗蛋白质、粗灰分、胃蛋白酶消化率
水解羽毛粉	家禽羽毛经水解后，干燥、粉碎获得的产品。原料不得使用发生疫病和变质的家禽羽毛。本产品的胃蛋白酶消化率不低于75%。产品名称应注明水解的方法（酶解、酸解、碱解、高温高压水解），如：酶解羽毛粉	粗蛋白质、粗灰分、胃蛋白酶消化率
禽蛋及其加工产品		
蛋粉	食用鲜蛋的蛋液，经巴氏消毒、干燥、脱水获得的产品。产品不含蛋壳或其他非蛋原料	粗蛋白质、粗灰分
蛋黄粉	食用鲜蛋的蛋黄，经巴氏消毒、干燥、脱水获得的产品。产品不含蛋壳或其他非蛋原料	粗蛋白质、粗脂肪
蛋壳粉	禽蛋壳经灭菌、干燥、粉碎获得的产品	粗灰分、钙
蛋清粉	食用鲜蛋的蛋清，经巴氏消毒、干燥、脱水获得的产品。产品不含蛋壳或其他非蛋原料	粗蛋白质
蚯蚓及其加工产品		
蚯蚓粉	蚯蚓经干燥、粉碎的产品	粗蛋白质、粗灰分
肉、骨及其加工产品		
__骨	新鲜的食用动物的骨骼。可以鲜用或对其进行冷藏、冷冻、蒸煮、干燥处理。原料应来源于同一动物种类，不得使用发生疫病和变质的动物骨骼。产品名称需标明保鲜（加工）方法和具体动物种类。如：鲜牛骨、冻猪软骨。该产品仅限于宠物饲料（食品）使用	钙、灰分、水分、本产品仅限于宠物饲料（食品）使用

续表

名称	特征描述	强制性标识要求
肉、骨及其加工产品		
明胶	以来源于食用动物的皮、骨、韧带、肌腱中的胶原为原料，经水解获得的可溶性蛋白类产品。原料不得使用发生疫病和变质的动物组织，不得使用皮革及鞣革副产品。产品须由有资质的食品或药品生产企业提供	凝胶强度、勃氏黏度、粗灰分
__肉粉	以分割可食用鲜肉过程中余下的部分为原料，经高温蒸煮、灭菌、脱脂、干燥、粉碎获得的产品。原料应来源于同一动物种类，除不可避免的混杂，不得添加蹄、角、畜毛、羽毛、皮革及消化道内容物；不得额外添加骨；不得使用发生疫病和含禁用物质的动物组织。产品中总磷含量不高于 3.5%，钙含量不超过磷含量的 2.2 倍，胃蛋白酶消化率不低于 85%。产品名称应标明具体动物种类，如：鸡肉粉	粗蛋白质、粗脂肪、总磷、胃蛋白酶消化率、酸价
__肉骨粉	以分割可食用鲜肉过程中余下的部分为原料，经高温蒸煮、灭菌、脱脂、干燥、粉碎获得的产品。原料应来源于同一动物种类，除不可避免的混杂，不得添加蹄、角、畜毛、羽毛、皮革及消化道内容物。不得使用发生疫病和含禁用物质的动物组织。产品中总磷含量不低于 3.5%，钙含量不超过磷含量的 2.2 倍，胃蛋白酶消化率不低于 85%。产品名称应标明具体动物种类，如：鸡肉骨粉	粗蛋白质、粗脂肪、总磷、胃蛋白酶消化率、酸价
血液制品		
喷雾干燥__血浆蛋白粉	以屠宰食用动物得到的新鲜血液分离出的血浆为原料，经灭菌、喷雾干燥获得的产品。原料应来源于同一动物种类，不得使用发生疫病和变质的动物血液。产品名称应标明具体动物来源，如：喷雾干燥猪血浆蛋白粉	粗蛋白质、免疫球蛋白(IgG 或 IgY)
喷雾干燥__血球蛋白粉	以屠宰食用动物得到的新鲜血液分离出的血细胞为原料，经灭菌、喷雾干燥获得的产品。原料应来源于同一动物种类，不得使用发生疫病和变质的动物血液。产品名称应标明具体动物来源，如：喷雾干燥猪血球蛋白粉	粗蛋白质
水解__血粉	以屠宰食用动物得到的新鲜血液为原料，经水解、干燥获得的产品。原料应来源于同一动物种类，不得使用发生疫病和变质的动物血液。产品名称应标明具体动物来源，如：水解猪血粉	粗蛋白质、胃蛋白酶消化率
水解__血球蛋白粉	以屠宰食用动物得到的新鲜血液分离出的血细胞为原料，经破膜、灭菌、酶解、浓缩、喷雾干燥等一系列工序获得的产品。原料应来源于同一动物种类，不得使用发生疫病和变质的动物血液。产品名称应标明具体动物来源，如：水解猪血球蛋白粉	粗蛋白质、胃蛋白酶消化率
水解珠蛋白粉	以屠宰食用动物获得的新鲜血液分离出的血细胞为原料，经破膜、灭菌、酶解、分离等工序得到的珠蛋白，再经浓缩、喷雾干燥获得的产品。粗蛋白质含量不低于 90%	粗蛋白质、赖氨酸
__血粉	以屠宰食用动物得到的新鲜血液为原料，经干燥获得的产品。原料应来源于同一动物种类，不得使用发生疫病和变质的动物血液。产品粗蛋白质含量不低于 85%。产品名称应标明具体动物来源，如：鸡血粉	粗蛋白质
血红素蛋白粉	以屠宰食用动物得到的新鲜血液分离出的血细胞为原料，经破膜、灭菌、酶解、分离等工序获得血红素，再浓缩、喷雾干燥获得的产品。卟啉铁含量(以铁计)不低于 1.2%	粗蛋白质、卟啉铁(血红素铁)

第二节 动物屠宰副产物饲料资源

陆生养殖动物主要包括家畜、家禽和反刍动物，是人类主要的动物食品来源。这些养殖动物经过屠宰获得人类食品需要的动物产品后，大量的副产物用于生产动物性饲料原料，包括动物性蛋白质原料、动物性油脂原料，以及以骨骼为主的矿物质原料等。

这类饲料原料一是作为动物蛋白质原料在水产饲料中使用，二是作为动物油脂来源的饲料原料使用。陆生动物蛋白质原料是水产饲料中的主要蛋白质原料，在控制鱼粉使用量的情况下，陆生动物蛋白质原料在水产饲料中的使用量就会增加。例如，以3%的鱼溶浆+2.5%左右的猪肉粉、鸡肉粉可以减少3%～4%的鱼粉使用量。陆生动物性原料中脂肪含量较高，陆生动物肉粉、肉骨粉中的脂肪中有较高含量的饱和脂肪酸，而饱和脂肪酸在肌肉中的沉积率高于不饱和脂肪酸，是“育肥”、增加鱼体背部肌肉厚度的重要原料。

一、屠宰的副产物与饲料原料

以养殖的生猪为原料，经过屠宰、胴体分割，得到人类食品需要的猪肉产品、猪副产物。在不同国家，生猪屠宰获取人类需要的生猪产品有很大的差异，因此，其非人类食用的生猪副产品也有很大的差异。

美国生猪养殖量和屠宰量都很大。而美国生猪屠宰获取的人食用产品较为单一。在美国市场，主要获得的是生猪胴体部分，而猪头、猪蹄、内脏、血液等基本不在美国国内市场销售。生猪胴体经过分割得到不同部位的猪肉、猪排产品，猪骨骼则用于生产肉骨粉作为饲料原料。猪板油经过高温提炼得到油脂，用于食品加工，油渣则进入猪肉骨粉中。猪头、猪蹄、猪胃分割出来后，销售到其他国家，主要是亚洲市场。猪小肠在生产肠衣后的肠黏膜部分用于提取肝素钠作为药物原料，其残渣则用于生产猪小肠黏膜蛋白粉。部分猪小肠在生产肠衣后的肠黏膜直接进入了猪肉骨粉作为饲料原料。猪血在生猪屠宰场原地分离得到血浆和血细胞，血浆用于生产猪血浆蛋白粉，血细胞则用于生产血球粉。

国内的生猪、家禽、牛、羊的屠宰场规模较小，地点较为分散。例如生猪的屠宰场遍布各地，而每天生猪的屠宰量从几十头到几千头。这样导致的结果是，虽然猪肉的供给满足了各地，尤其是乡镇市场的需要，猪肉也不用加工为分割肉、冷冻肉，可以新鲜猪肉进入市场，而屠宰加工的副产物零星地分布在各地。对屠宰加工副产物的利用，一般是分包给个体进行炼油，得到肉饼，肉饼中蛋白质含量为60%、脂肪含量为25%～30%。这类肉饼再被收购，用于二次提油，得到二次肉粉。

二、规模化养殖和集中屠宰与副产物饲料产品质量

生猪、牛、鸡等陆生动物的集中屠宰与分散屠宰对于其副产物的利用有重要的影响。如果分散屠宰，所得到的副产物的数量就较为有限，需要将不同屠宰场收集的副产物集中在一个动物蛋白饲料、油脂生产企业进行集中生产。

其影响主要包括以下几个方面。

首先是屠宰副产物原料的新鲜度保障难度增加，所得产品的营养质量和卫生安全质量受到较大影响。屠宰原料用作饲料蛋白质原料、用于饲料油脂利用，其新鲜度是影响产品营养质量和卫生安全质量的重要因素之一。①时间延长，微生物尤其是病原性微生物具备了所需要的生长、繁殖时间，导致蛋白质等成分腐败变质。②运输工具、运输流通环节增加，增加了原料及其产品被外源性（不是养殖动物自身所带有的）微生物尤其是病原微生物感染的概率。③时间延长可能导致原料中蛋白质等自溶、油脂氧化、原料中物质之间相互反应等的概率增加，从而影响产品质量。

其次是生产成本显著增加。①运输工具以及运输过程显著增加了原料成本。②需要冷藏条件，包括冷藏运输车辆和冷藏车间（冷库）等，增加了生产成本。如果没有冷藏条件，则原料变质的概率增加，所得产品的质量难以保障。

最后是产品质量稳定性受到影响。需要将不同屠宰企业的副产物集中在一起处理，而不同屠宰企业的副产物种类、数量、新鲜度等有较大差异，因此，所得动物蛋白质饲料、油脂的产品质量很难保持稳定，导致不同批次的产品质量具有较大差异。这种情况给饲料企业使用这类产品带来很大困难，尤其是给饲料产品质量的稳定、原料的质量品质控制带来很大难度。

因此，集中屠宰尤其是规模化的集中屠宰，对于副产物的蛋白质原料、油脂利用具有很大的产品质量保障性，也可以节约很多生产成本。

以美国的生猪屠宰为例，其屠宰场每天的屠宰量达到1.8万～3.0万头，所得副产物非常集中，且具有很大的规模化数量。重要的是，所有副产物的动物蛋白质饲料化、油脂的处理，可以就地在屠宰场一个工厂内完成，这对于保障原料新鲜度、减少病原微生物污染、控制生产成本等具有非常显著的优势。

图4-1显示了美国生猪屠宰场屠宰副产物用于动物蛋白质饲料和油脂生产的流程。以下特点表明了所得饲料原料的产品质量属性。

首先是资源量大且集中。其次是就地生产，原料的新鲜度得到有效保障，生产成本得到有效控制，环境保护的压力很小。生猪屠宰、猪肉分割、副产物饲料利用等生产流程，全部在一个工厂区域里完成。不同副产物的加工进入不同的生产线，可以全部实现自动化处理，人工成本低。不同副产物分别进入各自的生产流水线，原料可以保障最新鲜的程度。整个一个工厂，进入生产区域的是生猪，经过工厂不同的生产线后，出来的就是食用的猪肉等产品，利用副产物加工得到的食用油脂、

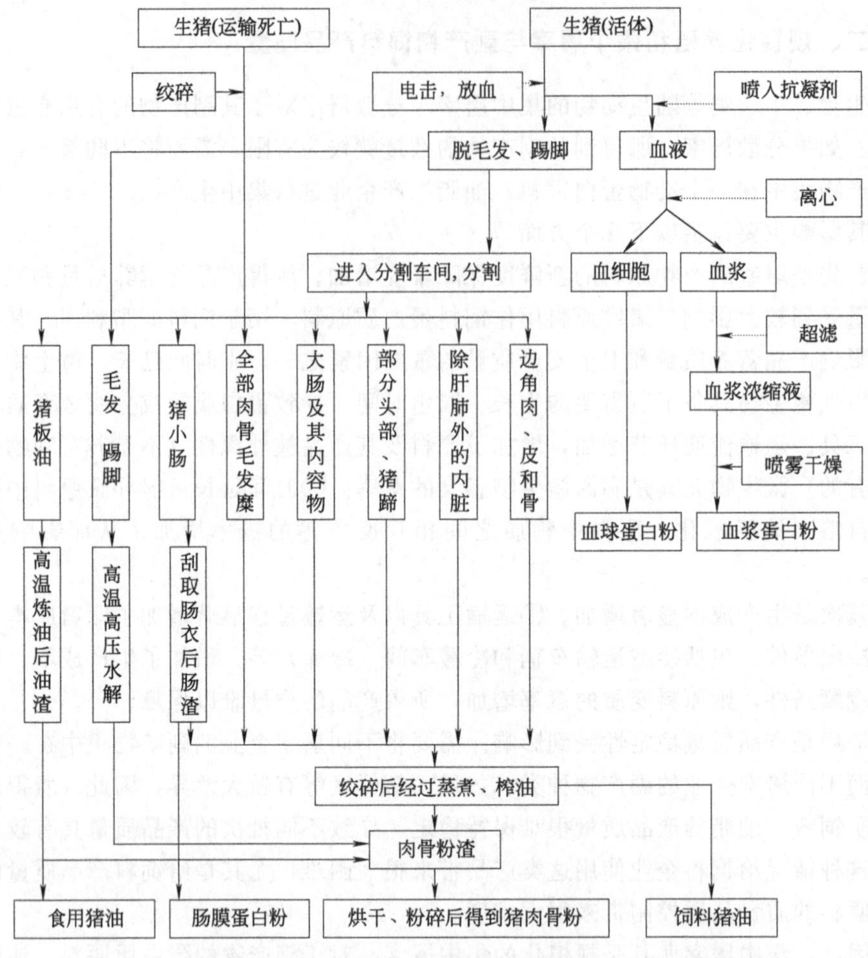

图 4-1 美国生猪屠宰副产物用于动物蛋白质饲料和油脂生产的流程

饲料用油脂，以及血浆蛋白粉、血球蛋白粉、肠膜蛋白粉、猪肉骨粉等。所有的废水、废弃物经过处理后排放。

这样的集中化屠宰和副产物加工工厂，既保障了肉食产品的安全质量，又保障了副产物的质量，环境也得到很好的保护。

第三节 猪肉粉、猪肉骨粉

一、国产猪肉粉、猪油渣、猪肉骨粉

国内生猪屠宰生产中，会产生不少的边角废料，包括淋巴结、肠系膜脂肪、碎肉、猪皮边角料、猪皮下层脂肪等非食用部分，这些副产物采用加温的方法经过蒸煮，采用机器压榨等得到的肉饼和猪油，称为一次猪油、一次猪肉饼或称猪肉渣。

以这种肉饼为原料，打碎后再进行蒸炒后挤压，提取部分猪油，第二次压榨或挤压提油后的饼经过粉碎得到的猪肉粉，称为二次猪油、二次猪肉粉，也就是市场上的猪油和猪肉粉。

猪肉渣、猪肉粉的主要差异见表 4-3。猪肉渣蛋白质含量低、粗脂肪含量高，猪肉粉的蛋白质含量为（70.29±3.36）%、粗脂肪含量为（9.86±2.08）%，而猪肉渣的蛋白质含量为（54.89±10.49）%、粗脂肪含量为（28.87±6.67）%。另外，由于猪肉粉是再次经过蒸炒后压榨、粉碎的产品，经历了两次高温（230℃以上），部分原料过度焦化，甚至产生部分碳化颗粒，导致二次猪油的色泽为黄色（一次猪油为白色）；猪肉粉的蛋白质消化率与猪肉渣比较，有所下降。

肉骨粉则是以猪的骨骼为原料生产的产品，其蛋白质来源包括骨骼表面残余的肌肉、脂肪，以及骨骼内部的蛋白质、脂肪。肉骨粉与猪肉粉、猪肉渣比较，其灰分含量较高。

二、《饲料用骨粉及肉骨粉》（GB/T 20193—2006）的质量规定内容

感官性状。饲料用肉骨粉为黄色至黄褐色的油性粉状物，具肉骨粉固有的气味，无腐败气味。除不可避免的少量混杂以外，本品中不应添加毛发、蹄、角、羽毛、血、皮革、胃肠内容物及非蛋白含氮物质。不得使用发生疫病的动物废弃组织及骨加工饲料用肉骨粉。加入抗氧剂时应标明其名称。铬含量＜5mg/kg，总磷含量≥3.5%，粗脂肪含量≤12.0%，粗纤维含量≤3.0%，水分含量≤10.0%，钙含量应当为总磷含量的180%～220%。

粗蛋白质、赖氨酸、胃蛋白酶消化率、酸价、挥发性盐基氮、粗灰分的等级指标见表 4-2。

表 4-2　肉骨粉的质量指标（GB/T 20193—2006）

等级	粗蛋白质/%	赖氨酸/%	胃蛋白酶消化率/%	酸价/(mg KOH/g)	挥发性盐基氮/(mg/100g)	粗灰分/%
1	≥50	≥2.4	≥88	≤5	≤130	≤33
2	≥45	≥2.0	≥86	≤7	≤150	≤38
3	≥40	≥1.6	≥84	≤9	≤170	≤43

三、饲料企业肉骨粉质量评价与分析

统计了饲料企业猪肉粉、猪肉渣、猪肉骨粉的蛋白质、脂肪、灰分含量等指标，见表 4-3。可以看出猪肉骨粉的粗灰分含量为（29.96±0.84）%，显著高于猪肉粉、猪肉渣的粗灰分含量。

在水产饲料中使用猪肉粉、猪肉渣、猪肉骨粉主要是利用其中的蛋白质和脂肪，猪肉粉类产品的蛋白质氨基酸组成较为平衡，对水产动物是非常有利的。同时，其中的猪油饱和脂肪酸含量较高，不容易氧化。且饱和脂肪酸组成的三酰甘油酯更容易在

表 4-3 猪肉粉、猪内渣及猪肉骨粉常规指标

原料名称	水分/%	粗蛋白/%	粗脂肪/%	粗灰分/%	钙/%	总磷/%	挥发性盐基氮/(mg/100g)	酸价/(mg KOH/g)
猪肉粉	8.15±1.52	70.29±3.36	9.86±2.08	6.06±2.88	0.79±0.49	0.71±0.24	98.49±20.68	5.91±3.71
猪肉渣	7.52±0.79	54.89±10.49	28.87±6.67	8.89±0.19	—	—	—	—
猪肉骨粉	7.49±1.17	49.49±2.69	11.20±2.51	29.96±0.84	9.54±0.87	4.20±0.52	—	—

肌肉组织中沉积，是水产动物育肥的重要脂肪来源，可以改善养殖水产动物的肥满度，尤其是增加肌肉厚度，避免水产动物腹部脂肪过度沉积，出现“大肚”的体型。

本书统计了 120 个猪肉粉样本的粗蛋白质和粗脂肪含量，作图，见图 4-2。可见猪肉粉的蛋白质含量为 60%～76%，多数样本的粗蛋白质含量为 65%～76%，而粗脂肪含量多数为 9%～14%。

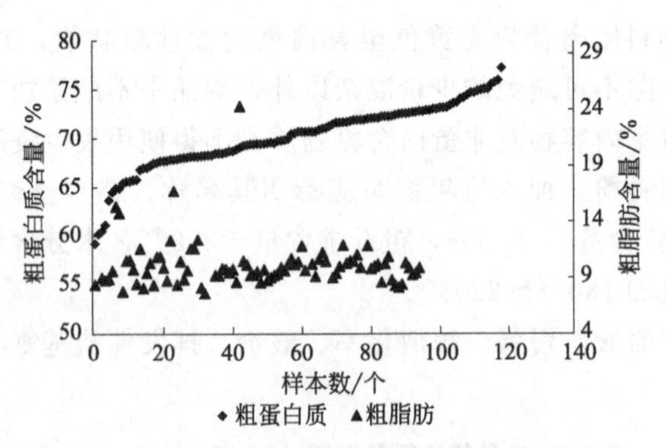

图 4-2 猪肉粉样本的粗蛋白质和粗脂肪含量分布

如果将猪肉粉的粗灰分含量与粗蛋白质含量一起作图，见图 4-3。可见猪肉粉的粗灰分含量主要分布在 6%～9%。粗灰分含量是判别水产饲料中是否含有肉骨

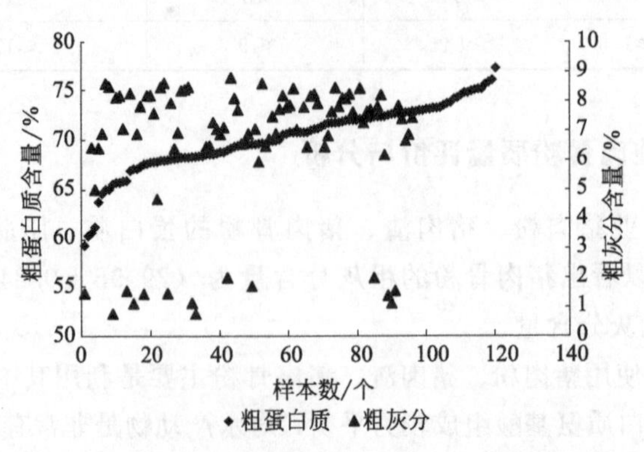

图 4-3 猪肉粉样本的粗蛋白质和粗灰分含量分布

粉的一个重要指标。

本书统计了猪肉骨粉的蛋白质和脂肪含量，作图，见图 4-4；统计了蛋白质和粗灰分含量，作图，见图 4-5。

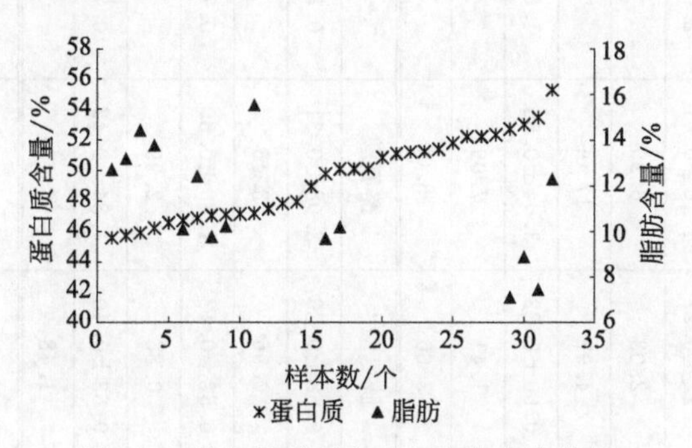

图 4-4　猪肉骨粉蛋白质和脂肪含量分布

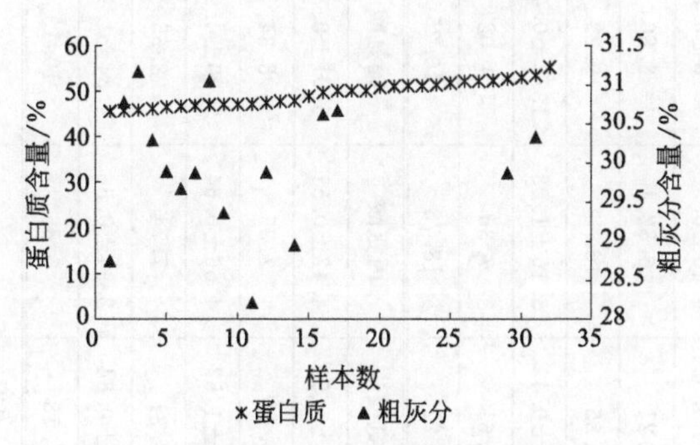

图 4-5　猪肉骨粉蛋白质和粗灰分含量分布

本书统计了国内饲料企业的猪肉粉、猪肉渣、猪肉骨粉的氨基酸含量、氨基酸比例，见表 4-4。从表中可以看出，猪肉粉的氨基酸组成比例较为均衡，这是猪肉粉类产品的主要优势。

综合分析猪肉粉、猪肉渣、猪肉骨粉的常规营养指标和氨基酸指标，氨基酸组成模式没有显著性的差异，表明蛋白质的营养价值没有显著差异。而具有显著性差异的指标是粗蛋白质含量、粗脂肪含量、粗灰分含量。猪肉粉、猪肉渣的差异是蛋白质和脂肪，而猪肉骨粉主要是粗灰分含量达到 30%左右。

四、进口肉粉、肉骨粉

在我国市场上流通的肉骨粉主要包括来自澳大利亚、乌拉圭、智利的肉骨粉，美国的肉骨粉还没有进入中国市场。

① 肉骨粉的原料。动物种类包括猪、牛、羊。国外由于消费习惯，以胴体肌肉为主要消费食品，在动物屠宰的时候，对屠宰动物经过分割处理，得到胴体肌肉，剩下的骨架、内脏、头等均不食用，作为肉骨粉的生产原料。部分企业在接到亚洲或

表 4-4 国内饲料企业的猪肉粉、猪肉渣、猪肉骨粉的氨基酸含量、氨基酸比例

单位：%

氨基酸	缬氨酸	蛋氨酸	赖氨酸	异亮氨酸	亮氨酸	苯丙氨酸	组氨酸	精氨酸	苏氨酸
猪肉粉	3.19±0.27	0.85±0.17	3.67±0.40	2.15±0.21	4.79±0.52	2.52±0.22	1.24±0.18	4.44±0.36	2.41±0.26
AA 比例	5.30	1.41	6.10	3.57	7.97	4.19	2.06	7.39	4.00
EAA 比例	12.97	3.44	14.91	8.74	19.49	10.26	5.03	18.06	9.79
猪肉渣	2.85±0.44	1.00±0.18	3.38±0.62	1.93±0.33	4.10±0.56	2.28±0.31	1.22±0.22	4.20±0.61	2.09±0.35
AA 比例	4.74	1.67	5.63	3.21	6.82	3.80	2.03	6.99	3.48
EAA 比例	11.58	4.08	13.76	7.85	16.69	9.29	4.97	17.09	8.51
肉骨粉	2.40±0.67	0.50±0.16	2.20±0.55	1.55±0.43	3.16±1.08	1.72±0.48	0.60±0.22	3.04±0.56	1.63±0.39
AA 比例	5.59	1.16	5.14	3.61	7.36	4.02	1.41	7.09	3.81
EAA 比例	14.27	2.96	13.12	9.22	18.78	10.25	3.60	18.09	9.73
氨基酸	天冬氨酸	丝氨酸	谷氨酸	甘氨酸	丙氨酸	脯氨酸	胱氨酸	酪氨酸	NH_3
猪肉粉	5.01±0.31	3.35±0.51	8.18±0.64	6.89±1.99	4.42±0.51	5.01±0.88	0.58±0.26	2.08±0.31	0.87±0.18
AA 比例	8.33	5.58	13.60	11.46	7.35	8.34	0.96	3.45	
猪肉渣	4.79±0.66	2.72±0.76	7.90±1.01	8.00±1.57	4.66±0.64	5.20±0.93	0.52±0.13	1.80±0.30	0.73±0.20
AA 比例	7.97	4.53	13.14	13.31	7.74	8.65	0.86	2.99	
肉骨粉	3.22±0.62	2.97±0.90	5.39±1.40	5.22±0.84	2.94±0.56	4.34±1.11	0.63±0.40	1.34±0.42	0.70±0.18
AA 比例	7.51	6.94	12.59	12.18	6.86	10.13	1.48	3.13	
特征值	ΣEAA	ΣAA	Lys/Met	ΣAA/CP					
猪肉粉	25.24±1.75	60.76±3.66	4.46±0.86	89.64±6.78					
猪肉渣	23.06±3.13	58.65±7.95	3.37±0.30	87.31±6.31					
肉骨粉	16.80±3.96	42.86±8.80	4.54±0.89	90.88±4.44					

其他地区的订单后，可以将部分内脏如胃、肠等销售，小肠一般刮取肠衣后剩下肠黏膜渣，可以作为酶解肠膜蛋白粉的原料。而肝脏、肺等打碎后直接作为宠物饲料原料。国外的肉骨粉原料中不包括皮毛。不同动物屠宰副产物所得到的肉骨粉质量差异较大。

② 炼油工艺与肉骨粉质量。肉骨粉为猪、牛、羊屠宰、肌肉分割之后的副产物，经过炼油、干燥、粉碎后的产品。炼油的工艺方式、温度等对肉骨粉产品质量有重要的影响。

以屠宰副产物为原料的炼油生产方式，主要有间歇式干法提炼系统、连续式干法或湿法炼油设备和加工工艺。热源早期是以热风或直火加热，目前多数采用导热油作为热源。炼油锅有夹层导热油加热方式，也有盘管内部导热油加热方式。

新鲜的动物屠宰副产物经过加温，蛋白质变性，油脂、水分等从动物组织中分离，经过水汽蒸发，肉渣、油脂的含水量下降到8%以下，先通过过滤或离心将大量的油脂、肉渣分离，肉渣再用压榨机压榨，油脂得到分离，肉饼等经过粉碎即可得到肉粉、肉骨粉等产品。

炼油过程中，物料温度是一个重要的指标。一方面，通过高温可以杀灭其中的微生物，尤其是病原性微生物，使肉粉、肉骨粉等产品的病原性微生物感染方面的安全性提高。另一方面，过高的温度将导致物料中蛋白质过度变性，甚至焦化，也会导致部分氨基酸损失，还会导致其中的油脂氧化、分解。蒸煮过的物料，其最终温度在130℃以上。

蛋白过热会造成热敏性氨基酸的可利用率降低，这种作用在很多蛋白饲料原料上得到证实。热处理可以造成3种类型的营养破坏：①氨基酸总体被破坏；②Maillard反应，蛋白质肽链中的赖氨酸、精氨酸的游离氨基与还原糖（如：蔗糖、果糖、水苏糖和棉籽糖）的醛基发生反应；③氨基酸之间的交叉键链被破坏。氨基酸之间的交叉键链如赖氨酰丙氨酸是由赖氨酸和丙氨酸形成的。

第四节　肉禽屠宰副产物饲料原料

一、肉禽屠宰副产物资源

肉禽（肉鸡、肉鸭）屠宰副产物包括羽毛、禽血、皮及皮下脂肪、骨架等副产品。以每只均重为2.2kg左右的肉鸡为例，每1.5万只鸡产生的羽毛可生产1t羽毛粉，每10万只鸡产生的血液可生产1t血粉，或700kg血球蛋白粉和300kg血浆蛋白粉，经过分割的鸡骨架经超微粉碎后作为原料加入火腿肠或饺子馅原料中，也是鸡肉粉、鸭肉粉的原料。一般鸭的屠宰率在80%以上，全净膛率在60%以上。

① 羽毛。屠宰场的羽毛有鸭毛、鸡毛。鸭毛一般经过脱水后，晾晒或烘干，然后用提绒设备制成鸭绒，剩余部分用作羽毛粉的生产原料。屠宰场的鸡毛目前大

部分作为生产羽毛粉的原料。

② 血液。经过凝血分离，可以得到鸡血浆粉和血球粉。分离血浆后的鸡血喷雾干燥后得到血球粉，其蛋白含量可以达到 80%～90%。血球蛋白粉由于在加工过程中充分破壁，血红蛋白完全裸露，利于动物的消化吸收。血浆蛋白粉可作为优良蛋白应用于幼小动物饲料中，提高幼小动物的免疫力，减少应激。肉禽血浆粉与猪血浆粉质量差异较大，而肉禽血球粉与猪血球粉质量差异较小。

③ 骨架。多数肉鸡、肉鸭屠宰场对胴体进行分割加工，产生大量的骨架，骨架中富含大量的软骨组织、钙、磷、蛋白质及脂肪，其主要营养成分不低于大胸、腿肉。以肉禽骨架为原料，可以经过超微粉碎生产骨泥。用骨肉分离机对骨架进行骨肉分离，可分离出部分肌肉组织，然后将剩余部分用超微粉碎机进行超微粉碎，骨架超微粉碎后蛋白质、脂肪、钙、磷等主要指标仍然很高，可以替代肌肉作为火腿肠或饺子馅原料使用。

二、鸭油与鸭肉粉

鸭油和鸭肉粉的生产原料为鸭身体的皮肤、皮下脂肪和腹部脂肪块等肉鸭屠宰加工的副产物。

不同肉鸭品种、养殖与饲料条件得到的上述副产物的数量和质量有一定差异。这样的副产物加工脱油、脱水得到的鸭肉粉实际上为鸭皮粉、脂肪油渣，红色肉的比例非常有限。因此，鸭肉粉的营养质量实际上与鸭皮肤、脂肪渣的营养质量直接相关。当然，加工温度、新鲜度是影响蛋白质营养质量的主要生产性因素。残留羽毛的多少也是影响鸭肉粉蛋白质质量的主要因素。

这些副产物的新鲜度是决定鸭肉粉、鸭油新鲜度的主要因素。如果肉鸭屠宰场与鸭肉粉、鸭油加工厂的距离较近，可以不需要冷冻库，副产物及时进行加工生产鸭肉粉、鸭油则可以保持较好的新鲜度。

肉鸭屠宰的鸭头、鸭脖子、鸭翅膀、鸭腿等直接用作食品，肉鸭屠宰的骨架经过超微粉碎后用于人类的食品，基本没有生产鸭肉骨粉的原料。

鸭肉粉的营养质量评价指标主要为常规评价指标，如水分含量、粗蛋白质含量、脂肪含量、灰分、蛋白质胃蛋白酶消化率等。鸭肉粉、鸭油的安全指标主要还是通过气味感官评价、色泽感官评价和挥发性盐基氮、酸价、过氧化值等指标来评价。

三、鸭肉粉、鸭油生产过程

1. 炼油

主要原料为肉鸭屠宰的鸭皮、皮下脂肪、脂肪块。肉鸭屠宰脱毛非常干净，基本没有残留的羽毛。因此，鸭肉粉中应该没有羽毛，可以采用显微镜分析进行观察。

蒸煮锅为夹层锅，内层通入加热的油作为热源提供媒介。蒸煮温度可以达到260℃。锅内有一个可以转动的圆弧形转动轴，在蒸煮过程中转动可以防止物料粘在锅底，使加热均匀，也有利于水分蒸发。

2. 压榨

一般采用电动压榨机进行压榨，压榨的目的是脱去油脂，即鸭油，得到的压榨饼即为鸭肉粉的直接原料。经过粉碎得到鸭肉粉，蛋白质含量一般在58%左右，油脂含量在27%左右，蛋白质+油脂在85%左右。

四、美国鸡肉粉的质量

美国宠物级鸡肉粉的质量要求见表4-5、表4-6，美国饲料级鸡肉粉的质量要求见表4-7、表4-8。

表4-5 美国宠物级鸡肉粉主要质量指标的保证值与典型分析值（鑫瑞森贸易-大连有限公司）

技术指标	保证值	典型分析值
水分	≤10%	4%
粗蛋白	≥64%	66%～68%
粗脂肪	≥10%	11%～12%
粗纤维	≤3%	0.3%
灰分	≤15%	14%
赖氨酸	≥3.5%	3.9%
胃蛋白酶消化率	≥88%	93%～97%
技术指标	保证值	典型分析值
酸价	≤9mg KOH/g	2～5mg KOH/g
挥发性盐基氮	≤30mg/100g	2～15mg/100g
组胺	≤80mg/100g	30～50mg/100g

表4-6 美国宠物级鸡肉粉的氨基酸及核苷酸含量的典型分析值（鑫瑞森贸易-大连有限公司）

必需氨基酸/%	蛋氨酸	赖氨酸	异亮氨酸	亮氨酸	色氨酸
	1.40	3.90	2.35	4.23	0.51
	组氨酸	苯丙氨酸	苏氨酸	缬氨酸	
	1.32	2.37	2.92	2.87	
条件性必需氨基酸/%	精氨酸(水产动物及仔猪)	脯氨酸(禽类)	甘氨酸(禽类)	牛磺酸/(mg/g)(水产动物)	羟脯氨酸(水产动物)
	4.71	6.80	9.36	0.02	3.31

续表

非必需氨基酸/%	胱氨酸	丝氨酸	丙氨酸	天冬氨酸	天冬酰胺酸
	1.08	2.65	4.83	2.76	4.15
	酪氨酸	鸟氨酸	谷氨酰胺	谷氨酸	谷胱甘肽(还原性三肽,μg/g)
	1.89	0.02	3.60	4.88	67
核苷酸/(ng/g)	腺嘌呤	鸟嘌呤	胞嘧啶	尿嘧啶	肌苷
	259	130	81	196	589
	一磷酸腺苷	一磷酸鸟苷	胞嘧啶核苷酸	尿嘧啶核苷酸	肌苷酸
	461	71	108	123	182

表 4-7　美国饲料级鸡肉粉主要质量指标的保证值与典型分析值（鑫瑞森贸易-大连有限公司）

技术指标	保证值	典型分析值
水分	≤10%	4%
粗蛋白	≥56%	57%～59%
粗脂肪	≥10%	12%～13%
粗纤维	≤3%	1%
灰分	≤22%	21.5%
赖氨酸	≥2.5%	3.2%
胃蛋白酶消化率	≥88%	93%～97%
酸价	≤9mg KOH/g	2～5mg KOH/g
挥发性盐基氮	≤40mg/100g	2～30mg/100g
组胺	≤80mg/100g	30～50mg/100g

表 4-8　美国饲料级鸡肉粉的氨基酸及核苷酸含量的典型分析值（鑫瑞森贸易-大连有限公司）

必需氨基酸/%	蛋氨酸	赖氨酸	异亮氨酸	亮氨酸	色氨酸
	1.29	3.30	2.19	4.05	0.46
	组氨酸	苯丙氨酸	苏氨酸	缬氨酸	
	1.05	1.67	2.34	2.78	
条件性必需氨基酸/%	精氨酸(水产动物及仔猪)	脯氨酸(禽类)	甘氨酸(禽类)	牛磺酸(水产动物)	羟脯氨酸(水产动物)
	4.53	6.05	8.75	0.21	3.15

续表

非必需氨基酸/%	胱氨酸	丝氨酸	丙氨酸	天冬氨酸	天冬酰胺酸
	0.93	2.33	4.33	2.65	3.97
	酪氨酸	鸟氨酸	谷氨酰胺	谷氨酸	
	1.45	0.02	3.24	4.38	
核苷酸/(ng/g)	腺嘌呤	鸟嘌呤	胞嘧啶	尿嘧啶	肌苷
	74	62	205	33	71
	腺嘌呤核苷酸	鸟嘌呤核苷酸	胞嘧啶核苷酸	尿嘧啶核苷酸	肌苷酸
	127	41	88	60	45

第五节　血浆蛋白粉、血球蛋白粉

一、猪、鸡、牛屠宰后的血液量

畜禽体内血液总量占体重的3%～8%。屠宰后所能收集到的血液占总量的60%～70%，其余的滞留于肝、肾、皮肤和体内。屠宰一头动物可以收集到的血液量为：牛11.0kg、羊1.2kg、禽0.1kg、猪2.0～3.0kg。

猪全血的质量浓度为1.06g/mL，显弱碱性，pH值平均为7.47。猪血分离为血浆和血细胞两部分，血浆约占总量的55%，主要为纤维蛋白、各种球蛋白和白蛋白；血细胞占全血的45%，其中蛋白质含量为36%，主要是血红蛋白。猪血中蛋白质含量达18.9%，其中血红蛋白（Hb）占总蛋白质的80%。猪血细胞中以红细胞为主，红细胞的蛋白质含量达38%，占全血蛋白总量的75%以上。血红蛋白是由两条、141个氨基酸组成的称为α链的多肽链和两条、146个氨基酸组成的称为β链的多肽链结合而成的呈四面体紧密结构、分子量为64450的分子集合体。

牛血是红色不透明微碱性的液体，稍带黏性，有咸味和特殊臭味。牛的血量是比较恒定的，一般约占活体重的8%。牛血由80%左右的水、17.3%的蛋白质、0.23%的脂肪、0.07%的碳水化合物及0.62%的矿物质组成。除了铁以外，血的组成与肉的组成相近。血中铁含量是肉中的10倍。按容量计算，血可以分成血浆（65%～70%）和细胞团（30%～35%）两大部分。其中血浆含有7.9%的蛋白质，主要是白蛋白（3.3%）、α-免疫球蛋白和β-免疫球蛋白（4.2%）及纤维蛋白原（0.4%）。脱水血浆平均含有7%的水分、80%的蛋白质、7.9%的矿物质和1%的脂肪。此外，血浆中还含有少量激素、酶、维生素和抗体等物质（孟晓霞，2011）。

二、血球粉、血浆粉的生产工艺

如果以全血为原料，可以采用喷雾干燥或破壁干燥得到全血粉。而目前多数企业是将血液进行血浆和血细胞分离后，分别得到血浆粉、血球粉。血球粉、血浆蛋白粉的生产工艺流程见图 4-6。

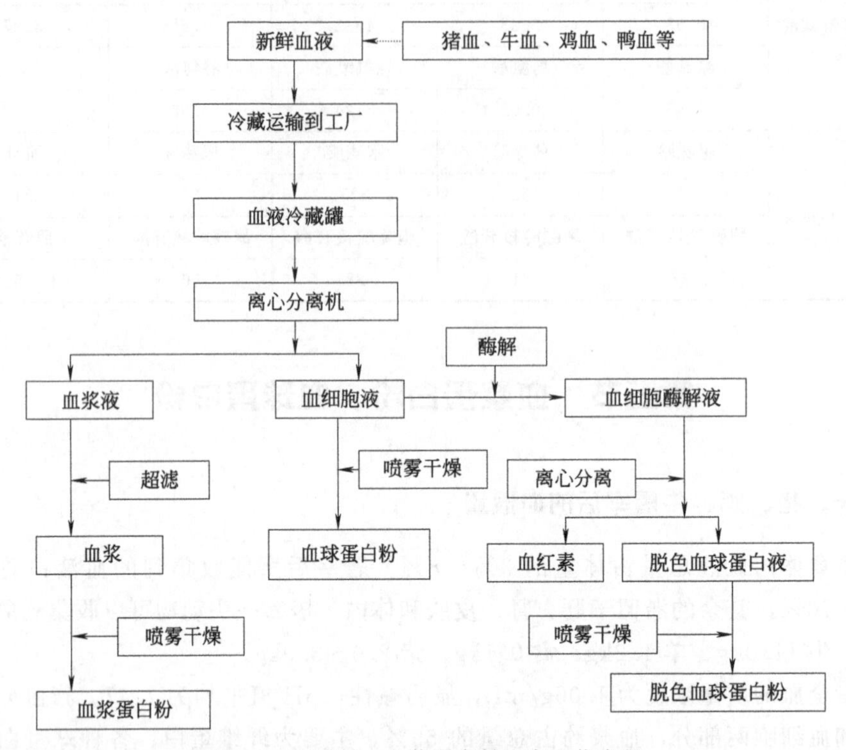

图 4-6　血球粉、血浆蛋白粉生产工艺流程

在美国等集中屠宰量很大的屠宰场，生猪屠宰过程中，生猪被电击晕倒，人工将猪腿挂上挂钩进入移动流水线，猪倒置、放血，血液由不锈钢槽收集，同时喷入抗凝剂，含有抗凝剂的血液进入存储桶内，再经过离心分离得到血细胞和血浆。血浆可以脱盐或不脱盐，采用喷雾干燥得到血浆粉。而血细胞则经过干燥得到血球粉。

国内由于屠宰场规模小、较为分散，一般由小型企业收购，也是采用在屠宰过程中加入抗凝剂的方法，将血浆、血细胞分离，分别干燥得到血浆粉、血球粉。

血浆、血细胞分离的基本过程见图 4-6。由图 4-6 可以看到，还有一种产品是脱色血球蛋白粉，也就是血细胞经过细胞壁破裂后，将血红蛋白中的血红素分离，残余部分烘干得到不含有血红素的脱色血球蛋白粉。脱色血球蛋白粉在水产饲料中使用，可以使饲料颗粒不变黑，且细胞膜完全破裂，血红蛋白的珠蛋白与血红素得到分离，较血球粉更利于消化。

① 血浆的超滤技术。借助膜过滤的分离技术，浓缩提纯蛋白、同时去除杂质组分的方法。在制膜技术取得突破后，膜分离技术得到发展，根据膜孔径的大小不同划分为超滤（ultra-filtration）、微滤（micro-filtration）和反渗透（reverse osmosis）

等。膜孔径从大到小依次为微滤、超滤、反渗透。超滤膜的孔径一般为0.001～0.1μm，对应的可截留物质的分子量为1000～1.0×10^6，多为蛋白质、大分子多糖、核酸等物质。

② 喷雾干燥技术。离心式喷雾干燥机的干燥原理是将液体通过雾化器的作用，喷洒成极细小的雾状液滴，并依靠干燥介质与雾滴均匀混合，进行热交换和质交换，使水分（或溶剂）汽化的过程。喷雾干燥具有如下特点：①干燥速度快、时间短。由于料液被雾化成几十微米大小的液滴，其比表面积很大。②干燥温度低。虽然采用较高温度的干燥介质，但液滴有大量水分存在时，其干燥温度一般不超过热空气的湿球温度，因此非常适用于热敏性物料的干燥，能有效保持产品的营养、色泽和香味。③制品有良好的分散性和溶解性。制品的疏松性、分散性好，不用粉碎也能在水中迅速溶解。④产品纯度高。干燥在密闭容器中进行，杂质不会混入产品中，而且还改善了劳动条件。⑤生产过程简单，操作控制方便。即使含水量达90%的料液，不经浓缩同样也能一次获得均匀的干燥产品。大部分产品干燥后不需粉碎和筛选，简化了生产工艺流程，适合连续化生产。干燥后的产品经连续排料，在后处理上结合冷凝器和气力输送，组成连续生产作业线，有利于实现自动化大规模生产。

三、血球粉、血浆粉的质量

我国《饲料用喷雾干燥血球粉》(GB/T 23875—2009）规定的质量内容为：细度（通过孔径为0.20mm试验筛）≥95.0%，水分（质量分数）≤10.0%，粗蛋白（质量分数）≥90.0%，粗灰分（质量分数）≤4.5%，赖氨酸（质量分数）≥7.5%，挥发性盐基氮（mg/100g）≤45.0%，铅（Pb)(mg/kg）≤2.0%。

本书统计了水产饲料企业采购的117个样本的血球粉、66个样本的血浆粉，其常规指标见表4-9。可见，血球粉的蛋白质含量高于血浆粉，而血浆粉的粗灰分含量高于血球粉。

表4-9 血球粉、血浆粉常规指标 单位：%

指标	水分	粗蛋白	粗脂肪	粗灰分	盐分	钙	总磷	VB-N
血球粉	7.79±1.61	91.99±1.90	0.93±1.04	3.54±0.50	—	0.08±0.06	0.24±0.02	27.96±8.89
血浆粉	7.72±0.68	81.26±2.87	—	7.55±0.77	2.44±0.85	—	—	—

血球粉、血浆粉的氨基酸组成、氨基酸比例和氨基酸特征值见表4-10。可以发现，血球粉与血浆粉不同氨基酸的含量、17种氨基酸的比例、9种必需氨基酸的比例有很大差异。如血球粉的异亮氨酸含量很低，仅0.53%，在17种氨基酸中占0.58%，在9种必需氨基酸中占1.06%；而血浆粉的异亮氨酸含量达到2.88%，在17种氨基酸中占3.43%，在9种必需氨基酸中占7.11%。血浆粉的氨基酸比例较血球粉更为平衡。血球粉、血浆粉的赖氨酸含量都较高、蛋氨酸含量低，Lys/Met血浆粉为9.61%、血球粉为10.39%，这是显著的特点。

表 4-10 血球粉、血浆粉的氨基酸组成、氨基酸比例和氨基酸特征值

单位：%

氨基酸	缬氨酸	蛋氨酸	赖氨酸	异亮氨酸	亮氨酸	苯丙氨酸	组氨酸	精氨酸	苏氨酸
血浆粉	5.12±0.26	0.75±0.08	7.14±0.28	2.88±0.13	7.82±0.28	4.59±0.17	2.73±0.20	4.89±0.22	4.62±0.21
AA 比例	6.10	0.89	8.51	3.43	9.32	5.47	3.25	5.83	5.50
EAA 比例	12.63	1.85	17.61	7.11	19.29	11.32	6.74	12.07	11.39
血球粉	7.72±0.51	0.81±0.13	8.22±0.25	0.53±0.40	12.37±0.62	6.32±0.24	7.08±0.45	3.95±0.16	2.88±0.20
AA 比例	8.50	0.89	9.05	0.58	13.61	6.95	7.79	4.35	3.17
EAA 比例	15.49	1.63	16.48	1.06	24.79	12.66	14.19	7.92	5.78
氨基酸	天冬氨酸	丝氨酸	谷氨酸	甘氨酸	丙氨酸	脯氨酸	胱氨酸	酪氨酸	NH_3
血浆粉	7.84±0.26	4.68±0.20	11.73±0.43	2.88±0.11	4.39±0.18	4.78±0.26	2.32±0.24	4.22±0.15	1.08±0.51
AA 比例	9.35	5.57	13.98	3.43	5.24	5.70	2.76	5.03	
血球粉	10.80±0.69	4.14±0.21	7.80±0.29	4.44±0.25	7.81±0.74	3.22±0.20	0.68±0.08	2.10±0.13	1.02±0.17
AA 比例	11.89	4.56	8.58	4.89	8.59	3.54	0.74	2.31	
特征值	ΣEAA	ΣAA	Lys/Met	ΣAA/CP					
血浆粉	40.53±1.42	83.37±2.71	9.61±0.93	103.79±3.29					
血球粉	49.88±1.57	90.85±2.83	10.39±1.63	98.59±4.23					

第六节　羽毛粉

家禽屠宰产生大量的羽毛副产物，羽毛占成年家禽体重的5%～7%。羽毛中蛋白质含量可以达到85%左右，羽毛蛋白属于角蛋白类，如果不经加工处理难被消化。羽毛的分子结构中多肽之间有许多的二硫键（—S—S—），且为锁状形态，空间结构非常牢固，物理化学性质稳定，因此要想将羽毛作为饲料，必须先用特殊的加工处理方式对其进行处理。

一、角蛋白与角蛋白酶

角蛋白是一种具有极强抗性、难被微生物降解的蛋白质，在自然界中主要以动物的毛发、鳞片、羽毛、蹄、角、鼻和爪等形式存在。角蛋白具有复杂致密的 α-螺旋三维网状结构，角蛋白的肽链主要是由 α-螺旋和 β-片层结构组成，通过高度交联的二硫键、氢键和其他交联键的作用形成非常稳定的三维结构。角蛋白在一般情况下不溶解，甚至连酪蛋白酶、胰蛋白酶等动物来源的蛋白酶都不能降解角蛋白。

角蛋白酶（keratinase）是指一类由细菌、放线菌和真菌等多种微生物诱导产生的、具有专一降解天然角蛋白功能的酶类，能够有效地将羽毛等角蛋白废弃物转化为可消化蛋白。该酶类含有两种酶：二硫键还原酶以及多肽水解酶。目前已经发现有30多种细菌、放线菌和真菌能够产生角蛋白酶，细菌中以地衣芽孢杆菌为主，放线菌中以高温单胞菌属为主，真菌中以白色假丝酵母和皮肤癣菌为主。

角蛋白酶的分子量范围一般为28000～65000。角蛋白酶发挥作用的最适温度范围为30～70℃。角蛋白酶的降解过程分3个步骤：首先是角蛋白高级结构中含有的二硫键在二硫键还原酶的作用下断开，高级结构解体，蛋白易于被酶分解和溶于水；然后是解体的蛋白质在肽酶的作用下形成多肽，在水解酶的作用下水解成寡肽，进一步水解成游离氨基酸；最后是游离的氨基酸在转氨基过程中产生氨气，含硫的氨基酸形成硫化物，蛋白质被彻底分解。

二、羽毛粉的水解方法

羽毛水解的方法主要有高温高压水解法、酸碱水解法、酶解法和微生物发酵法，其中，酶解法和微生物发酵法通常与水解方法相结合。

高温高压水解法根据主要设备及供热方式的不同分为两种：一种是蒸汽高温高压水解法，利用锅炉产生热蒸汽对水解罐中的物料进行加热，蒸汽压力为0.45MPa、持续时间为60min；另一种是导热油高温高压水解法，利用导热油对水解罐中的物料进行加热，导热油温度过高引起蛋白质严重变性，尤其是对热敏感的胱氨酸损失最大，赖氨酸和蛋氨酸也受到不同程度的损失，加工参数为74min/30kPa。国内羽毛粉加工的适宜参数为20～30min/700kPa。随着水解温度的升高和时间的增加，氨基酸破坏加剧，其中含硫氨基酸（肌氨酸）最明显。

酸碱化学水解法。将一定量的羽毛、一定浓度和体积的酸（或碱）混合倒入耐烧陶瓷或不锈钢高压锅中煮沸，并不断搅拌使羽毛受热均匀，煮至待处理羽毛既保持原有色泽、又可轻轻拉断即可。捞出榨取胶液，用清水冲净酸（或碱）或者用碱（或酸）中和，最后烘干，粉碎过筛即得成品。

酶解羽毛粉是将酶解法和水解法相结合。将羽毛先用蛋白酶水解，酶的添加量为干羽毛原料量的3‰，在50℃左右水解2h。之后再进行高温、高压水解，压力为0.25～0.3MPa、温度为120～125℃、水解时间为45min（刘玉芬等，2010）。水解用的酶包括木瓜蛋白酶、胃蛋白酶、胰蛋白酶等。木瓜蛋白酶水解的最适pH值为5.6，最适温度为60℃。

生物发酵法可提高羽毛粉的消化率和氨基酸的平衡率，改善其适口性。分解羽毛粉角质蛋白的微生物在自然界普遍存在。从长期堆积的羽毛堆中选育出一种以羽毛为碳源和氮源大量生长的地衣芽孢杆菌，对水解羽毛粉发酵3d，可使胃蛋白酶消化率提高到90%（刘玉芬等，2010）。

三、羽毛粉的质量

不同种类家禽羽毛原料、不同加工工艺得到的羽毛粉质量有较大差异。羽毛粉质量鉴定中重要的是消化率指标。我国农业部所制定的标准《水解羽毛粉》(NY/T 915—2004）中对其消化率规定为胃蛋白-胰蛋白复合酶消化率≥80%（一级羽毛粉），二级羽毛粉其消化率≥70%。

本文统计了99个水解羽毛粉样本的常规指标，综合得出：其水分含量为(7.29±1.47)%、粗蛋白质含量为（79.98±8.15)%、粗脂肪含量为（2.66±1.36)%、粗纤维含量为（5.91±0.01)%、粗灰分含量为（6.02±2.08)%。

99个水解羽毛粉样本的氨基酸组成、氨基酸比例和氨基酸特征值见表4-11。

表4-11 水解羽毛粉的氨基酸组成、氨基酸比例和氨基酸特征值 单位：%

氨基酸	缬氨酸	蛋氨酸	赖氨酸	异亮氨酸	亮氨酸	苯丙氨酸	组氨酸	精氨酸	苏氨酸
含量	5.63±0.58	0.56±0.17	1.53±0.49	3.64±0.31	6.68±0.42	3.75±0.26	0.64±0.18	5.32±0.46	3.58±0.36
AA比例	7.07	0.71	1.92	4.58	8.39	4.71	0.80	6.69	4.49
EAA比例	17.97	1.80	4.88	11.64	21.32	11.96	2.04	16.98	11.42
氨基酸	天冬氨酸	丝氨酸	谷氨酸	甘氨酸	丙氨酸	脯氨酸	胱氨酸	酪氨酸	NH_3
含量	5.41±0.55	8.43±1.07	9.28±2.23	6.73±0.86	3.89±0.46	8.43±1.06	2.90±0.64	3.23±1.01	1.24±0.22
AA比例	6.79	10.60	11.66	8.46	4.88	10.60	3.65	4.06	
特征值	ΣEAA	ΣAA	Lys/Met	ΣAA/CP					
	31.32±1.88	79.57±4.73	2.80±0.66	101.58±22.34					

第七节　昆虫类饲料原料

自然界收集的、人工养殖的部分昆虫主要作为蛋白质原料和油脂原料在饲料中使用。

全世界昆虫种类在1000万种以上，其中中国有约150万种。全世界已确定3650多种昆虫可以供食用。《中国药用动物志》中记述了药用昆虫145种。

一、昆虫的碳水化合物

昆虫表皮含有的几丁质（又称甲壳素），其有效成分为壳聚糖或聚氨基葡萄糖，是带正电荷的碱性基团的纤维聚合物。不同类型昆虫的碳水化合物含量为：蜻蜓目3.75％、同翅目2.17％、半翅目3.23％、鞘翅目2.81％、鳞翅目8.20％、膜翅目3.65％。

二、昆虫的油脂含量与脂肪酸组成

昆虫的脂肪含量非常丰富，昆虫干体的脂肪质量分数一般在10％以上，许多昆虫的脂肪质量分数达30％，有的甚至高达77％，例如蝙蝠蛾幼虫的脂肪质量分数为77.17％。墨西哥86种食用昆虫的营养成分分析表明，昆虫脂肪（干重）的平均质量分数为（26.77±16.04)％。昆虫脂肪酸组成中，大部分昆虫的饱和脂肪酸中棕榈酸含量较高，不饱和脂肪酸绝大多数以油酸含量最高，而多不饱和脂肪酸中以亚油酸和亚麻酸为主。另外，昆虫油脂中存在着自然界较为少见的奇数脂肪酸，其中十五碳酸、十七碳酸较为多见。例如在白蚁成虫、家蝇幼虫、家蝇成虫和蚂蝗体内，十七碳酸质量分数均达到2％以上。昆虫体内的脂肪可以作为供养细胞生长，支持飞翔、生殖、胚胎发育和变态等的能量来源，许多活性脂质是昆虫激素和信息素的组成成分。在不同生长时期，昆虫体内脂肪含量有所变化。一般情况下，幼体和蛹时期，脂肪含量较丰富。

部分昆虫中脂肪含量（廉振民等，2008）为：蝙蝠蛾幼虫77.17％、棉红铃虫幼虫49.48％、亚洲玉米螟幼虫46.08％、米蛾幼虫43.26％、黄粉虫蛹40.50％、柞蚕雄成虫39.49％、黄粉虫幼虫28.80％～34.05％、桑天牛幼虫41.46％、柞蚕蛹31.25％、桃红颈天牛幼虫35.89％、黄星天牛幼虫35.19％、华北大黑鳃金龟幼虫29.84％、大白蚁28.30％、水虹13.93％、菜粉蝶幼虫11.80％、沙蝗虫17.00％、豆天蛾15.44％、铜绿丽金龟幼虫14.05％、大斑芫菁13.05％～14.50％、眼斑芫菁12.64％～13.96％、中华豆芫菁7.48％～8.22％、绿芫菁6.78％～7.50％、家蝇幼虫12.61％、家蝇蛹10.55％、凸星花金龟幼虫19.35％、鼎突多刺蚁雌成虫9.50％、鼎突多刺蚁雄成虫8.57％、红胸多刺蚁成虫8.52％、中华稻蝗8.24％、木蠹虫26.46％、中华剑角蝗2.89％、短额负蝗2.87％～4.91％、柞蝉幼虫

2.63%、棉蝗 6.2%、优雅蝈螽 8.4%、蟋蟀 3.39%、东亚飞蝗（鲜重）1.1%、中华蚱蜢（鲜重）1.1%、大头金蝇幼虫 16.43%、大头金蝇蛹 12.82%、大头金蝇成虫 7.23%、金凤蝶幼虫干粉 19.8%、洋虫成虫（17.64±0.73)%、洋虫幼虫(18.24±2.64)%、血红林蚁 11.45%、白蜡虫卵 24.85%、小稻蝗卵 12.8%、红蜻 20.60%、角突箭蜓 14.23%、舟尾丝蟌 41.28%、麻点豹天牛幼虫 45.98%、麻点豹天牛蛹 34.80%、弯齿琵甲幼虫 23.2%、尖尾琵甲 20.5%。

三、昆虫的蛋白质和氨基酸

昆虫虫态从卵、幼虫、蛹到成虫，其粗蛋白质含量均较高，多在 50%～70%，且氨基酸含量比较平衡，是优质的蛋白饲料来源。不同种类昆虫的蛋白质含量为：黄粉虫幼虫 47.70%～54.25%、黄粉虫蛹 55.23%～58.70%、黄粉虫成虫 63.19%～64.29%、蝇蛆粉 59.4%～63.0%、蚕蛹 68.3%、中华稻蝗 64.08%、柞蚕 54.6%、食粪天虻 51.2%、甘薯天蛾幼虫 53.7%、甘薯天蛾蛹 50.2%（李文宾等，2008）。

四、昆虫的特异蛋白质和肽

昆虫体内还含有其他多种成分的内含物，如：抗菌肽/抗菌蛋白。

昆虫的功能蛋白包括抗冻蛋白、储存蛋白、热休克蛋白、抗菌肽、干扰素、类免疫球蛋白、甾体载体蛋白-2、信息素结合蛋白、滞育关联蛋白、昆虫几丁质酶等（田华等，2011）。抗冻蛋白（antifreeze proteins，AFPs）是一类具有提高生物抗冻能力的蛋白质类化合物的总称，昆虫抗冻蛋白的分子量大都在 7000～20000，无糖基，与鱼类Ⅰ型 AFPs 相似。有些昆虫 AFPs 类似于鱼类Ⅱ型 AFPs，含有一定数量的半胱氨酸。热休克蛋白在原核生物和真核生物中普遍存在，分为热休克相关蛋白和热休克诱导蛋白。细胞或生物体受到热胁迫后发生热休克反应，抑制一些正常蛋白质的合成，同时启动一类新的蛋白质合成基因——热休克蛋白基因，合成热休克蛋白。除温度外的其他许多因子，如病原物侵入、胞外 pH 值变化、紫外线照射、某些重金属离子的破坏、高盐含量、氨基酸类似物、缺氧、水分胁迫、钙离子载体、营养饥饿等均能引起昆虫的热休克反应。

昆虫产生的抗菌肽是昆虫免疫的效应物，属阳离子碱性多肽，大致可分为以下 4 类（庞凌云，2005）：①天蚕素，含有 31～39 个氨基酸残基，一般不含半胱氨酸，由鳞翅目和双翅目昆虫产生。②昆虫防御素，含有 38～43 个氨基酸残基，其结构与动物和某些植物的防御素相似。防御素大量存在于昆虫血淋巴液中，至今已在双翅目、鞘翅目、膜翅目、半翅目和蜻蜓目中发现了 30 多种防御素，主要杀死革兰氏阳性菌。③分子量为 2000～4000、富含脯氨酸和精氨酸的抗菌肽，如从意大利蜜蜂中分离得到的蜜蜂抗菌肽 apidaecin 和 abaecin（分子量分别为 2000 和 4000）等，该类抗菌肽主要抑制革兰氏阴性菌。④分子量为 8000～30000、富含甘氨酸的蛋白，如从麻蝇幼虫体内分离到的麻蝇毒素Ⅱ（sarcotoxin Ⅱ，分子量约为27000），从绿蝇幼虫、粉甲幼虫虫体中分离到的双翅肽 dipatericin（分子量约为9000）和鞘翅肽 coleoptericin 等，这些肽间相互关系较远，属檐蚕素（attacin）的超家族成员。昆虫神经肽作用于昆虫蜕皮变态、滞育、代谢和生殖等发育过程。

五、水产饲料中常用的昆虫原料

家蝇（*Musca domestica* L.）属昆虫纲、双翅目、家蝇科。家蝇养殖最大的特点就是生长世代周期短，繁殖率高。在理想养殖条件下，一对家蝇经过5个月的繁殖，可以生产150t的蛋白质，便于人工控制，适于工厂化生产。鲜蝇蛆中含粗蛋白15.62%，蝇蛆原物质和干粉的必需氨基酸总量分别为44.09%和43.83%。

黄粉虫（*Tenebrio molitor*）属鞘翅目，拟步行虫科，拟步行虫属。黄粉虫成虫、幼虫和蛹的粗蛋白干物质含量分别为63.19%～64.29%，47.70%～54.25%和55.23%～58.70%。影响黄粉虫蛋白质含量变化的主要原因是季节和虫龄期的不同，蛹和越冬期幼虫的蛋白质含量较低，成虫和生长期幼虫的蛋白质含量高。黄粉虫的脂肪含量高。幼虫、蛹和成虫的脂肪含量分别为34.1%，36.2%和30.9%。不同的季节和虫龄期脂肪含量有差异，蛹和越冬幼虫的脂肪含量较高，成虫和生长期幼虫的脂肪含量较低。近90%的脂肪酸为C_{16}～C_{18}的脂肪酸，其中以不饱和脂肪酸为主，油酸含量50%以上，亚油酸25%以上。黄粉虫的粗灰分含量为4.72%，钙、磷含量分别为2.57%和0.6%。

黑水虻（*Hermitia illucens*），英文名称 black soldier fly，是双翅目水虻科的一种昆虫，幼虫营腐生性，取食范围非常广泛，是自然界碎屑食物链中的重要环节，常见于农村的猪栏鸡舍附近，取食新鲜的猪粪和鸡粪。黑水虻幼虫干物质的粗蛋白含量达到42%～44%，粗脂肪含量为31%～35%，灰分为11%～15%，钙质为4.8%～5.1%，磷为0.60%～0.63%。

第八节　蛋白酶解技术及其酶解饲料原料

随着饲料原料和水产饲料工业的发展，对饲料原料的再加工技术得到快速的发展。蛋白质原料的酶解技术和微生物发酵技术是饲料原料再加工的主要技术，其产品显示出很强的适应能力和应用价值。

一、蛋白质原料酶解技术

1. 蛋白质酶解技术与产品的优势和缺点

蛋白质酶解是改造蛋白质、实现蛋白质功能多元化、提高蛋白质附加值最有效的途径之一，已成为当今国际蛋白质加工领域最有前途的发展方向之一。

用蛋白质酶解技术处理饲料原料，具有以下重要优势和应用价值。

(1) 与酸水解、碱水解方法比较，酶解处理蛋白质原料的反应条件温和，设备投资小，工艺条件相对简单。主要条件是：酶解反应的pH为6～8，温度为40～60℃，通过酶解反应釜进行酶解，酶解时间为6h以内。重要的是酶水解的过程不会有氨基酸异构化问题，不会产生D-氨基酸，可以有效保留原有蛋白质的营养组成和营养价值，通过酶的水解作用实现蛋白质价值的增值作用。

(2) 酶解可以在最大程度上提高蛋白质的溶解性。酶解反应过程中，利用酶对蛋白质肽链的水解作用，将大分子的蛋白质水解为小分子的产物，实现了对大分子蛋白质的降解，其特征之一就是显著提高了大分子蛋白质、难溶于水的蛋白质的溶解性。提高溶解性的蛋白质随饲料进入动物消化道后容易被消化酶再水解，从而提高难溶解饲料蛋白质的消化率。

(3) 酶解之后会产生较多的小肽，更多小肽的产生一方面提高了水产动物对难溶解蛋白质的消化利用率，另一方面则可能产生一些具有生物活性的肽类物质，对水产动物消化道健康、生长过程和生理性状产生重要的影响。含有特定氨基酸组成和一定分子量的短链肽是蛋白质水解产物被人们所重视的重要原因。这里有一个重要的问题，就是水解目标是产生更多的氨基酸好，还是产生更多的小肽好。与游离氨基酸相比，肽的吸收显示出明显的优势。蛋白质可以肽的形式或氨基酸的形式被水产动物吸收，肽的吸收效率明显高于同等浓度氨基酸的吸收效率，这是由于短链肽尤其是二肽和三肽的吸收要强于氨基酸。产生这种效果的主要原因是肽的消化吸收有一个高效的专一运输系统，在运输过程中肽被肠细胞中的细胞质肽酶降解为氨基酸，并进入血液循环系统；而且二肽和三肽也可直接通过小肠进入血液，30%～70%的氮吸收以及在门静脉中的循环都以肽的形式进行。

(4) 功能性多肽物质的产物。食物蛋白的肽链存在着功能区，自然状态下，功能性的肽片断没有被释放出来，不显示活性。选择合适的酶对食物蛋白进行控制水解，将含有特定序列的肽片段释放出来，其生理活性也就呈现出来了。

2. 蛋白质水解程度与苦味

蛋白酶的选择对苦味肽的产生十分重要。植物蛋白酶、细菌蛋白酶价格低廉，但都易生成大量苦味多肽。有些真菌蛋白酶具有梭肽酶和氨肽酶，可消除水解液的苦味。蛋白酶种类对大豆水解物苦味的影响：碱性蛋白酶、菠萝蛋白酶、木瓜蛋白酶、枯草杆菌蛋白酶、胰蛋白酶使大豆水解物的苦味依次降低。水解度小时，肽的浓度低，肽链相对较长，疏水作用使疏水性氨基酸包埋在大分子蛋白质内，一般感觉不到苦味；随着水解度的增加，疏水性氨基酸逐渐暴露，苦味开始出现并逐渐增强；当水解度提高到一定程度后，苦味肽被水解成分子量很小的肽或氨基酸，苦味又逐渐下降或消失。

酶解过程中产生了疏水性氨基酸含量较高的小肽，使得酶解产物具有很重的苦味。蛋白质水解物的苦味主要来自水解物中的疏水性多肽。天然蛋白质本身没有苦味，原因是：一方面，大部分的疏水性侧链被包裹在蛋白质分子内部，无法与味觉细胞接触；另一方面，完整蛋白质有较大的分子量和复杂的分子构型，疏水性残基与味蕾上的味觉接收器在空间上存在距离，因而不会产生苦味。酶水解蛋白质生成分子量较低的多肽后，疏水性侧链暴露，多肽与味觉细胞接触从而产生苦味。

3. 蛋白酶水解技术

蛋白质水解技术在食品工业上的应用较为广泛，在蛋白质饲料原料的水解中也得到应用和发展，主要的发展趋势包括：①从水解方法来看，传统的化学法已经完全被酶法所代替，而且由单酶法、双酶法向多酶法方向发展；②从酶解的原料来看，酶解原料向新的蛋白质资源，如动物血、动物内脏、动物骨头等屠宰业废弃物方向发展，体现出环保和综合利用的特色；③从使用的酶制剂来看，由动植物蛋白酶向微生物酶发展，既克服了动植物蛋白酶成本高的缺点，又解决了水解产物的苦味问题；④从水解条件来看，向温和、易于控制的方向发展；⑤从产品的功能特性和使用的范围来看，水解物水溶性逐渐加强，使用的范围不断扩大；⑥从水解程度来看，由于近年来研究发现小肽比氨基酸更易吸收，而且生物活性肽具有特殊的生理功能和吸收利用机制，因而对蛋白质的水解已经从追求高水解度向控制水解度的方向过渡和发展（董海英，2010）。

蛋白质酶解技术及其产品在食品行业中应用较多，人类对饲料原料的酶解也有不少的研究和应用。主要包括对大豆蛋白、花生蛋白、棉籽蛋白、菜籽蛋白、大米蛋白、米糠蛋白等植物蛋白质原料的酶解，对动物骨骼、鸡鸭骨架、血液、羽毛、肠黏膜渣、牛肝、鸡肝、动物肉渣、油渣等的酶解，对鱼、虾、鱼虾加工副产物、鱼溶浆等的酶解，以及对蝇蛆、黑水虻等昆虫的酶解。

蛋白质原料的酶解目标：一是对原有蛋白质利用效率的改善，如提高消化利用率，提高原料的饲料利用价值；二是增加功能性的物质，主要是小肽等生理活性物质；三是增加特殊功能物质，尤其是一些可以改善动物胃肠道健康、动物生理健康、动物抗病防病、动物免疫防御功能等的物质。

4. 蛋白质水解度及其测定方法

对于饲料原料来说，酶解的主要目标是对原有饲料蛋白质的性质进行改良、小肽的产生等，而不是以水解产生游离氨基酸的量为目标，因此，酶解的过程中对于酶解效果的判定，主要指标是水解度的测定。水解度过小，蛋白质水解程度低，大分子蛋白质没有被很好地水解，导致小肽的一些功能特性如溶解性不容易表现出来；水解度过大，蛋白质被过分水解，产物为氨基酸，小肽含量少，过多游离氨基酸的存在会影响消化吸收。因此，在水解过程中，必须要对水解度进行检测和控制。

蛋白质水解程度、产物与分子量。蛋白质的分子量一般大于104。蛋白质初步水解，得到蛋白胨，分子量为 2×10^3～5×10^3。多肽的分子量一般为500～1000，二肽分子量为200～500左右，氨基酸的分子量为100～200。

蛋白质水解度（degree of hydrolysis，*DH*）定义为：蛋白质水解过程中被裂解的肽键数与给定蛋白质的总肽键数之比，即原料蛋白质肽链中肽键被水解的百分数。

蛋白质水解度表示蛋白质被酶催化水解的程度，蛋白质全部被水解生成游离氨基酸时 $DH=100\%$，而没有被水解时 $DH=0$。

$$DH=\frac{h}{htot}\times100\%$$

化学反应一般以摩尔或毫摩尔数表示底物或产物量的变化，而不是以质量分数表示。式中 h 为水解后每克蛋白质被裂解的肽键毫摩尔数（mmol/g），而 $htot$ 为每克原料蛋白质的肽键毫摩尔数（mmol/g）。$htot$ 对于某一特定的蛋白质来讲是一个常数，它可以由组成该蛋白质的氨基酸含量计算出，例如对于大豆蛋白质其 $htot=7.8$mmol/g，所以只要测出被解出的肽键数即可计算出相应的 DH 值。酪蛋白质的 $htot$ 值为 8.2mmol/g，也可以根据蛋白质中氨基酸的组成成分计算得到相应的 DH 值。

对于一种蛋白质的 $htot$ 值可以通过该蛋白质的氨基酸含量（氨基酸含量为每100g 脱脂样品中氨基酸含量）而计算得到。

肽键毫摩尔数的计算公式为：

$$肽键毫摩尔数=\frac{单一氨基酸质量}{单一氨基酸分子量}$$

$htot$ 值的计算公式为：

$$htot=\frac{总肽键毫摩尔数}{蛋白质质量}$$

谢丽蒙等（2013）采用上述方法，测定、计算得到部分蛋白质原料的 $htot$ 值为：猪后肘肉 7.26mmol/g、猪五花肉 7.63mmol/g、鸡腿肉 7.65mmol/g、大米 7.44mmol/g、玉米 7.57mmol/g、花生仁 7.55mmol/g、鳗鱼肉 7.64mmol/g、扇贝肉 7.71mmol/g、牡蛎肉 7.94mmol/g、章鱼肉 7.79mmol/g。

在蛋白质水解度测定中，直接测定水解的肽键数是很困难的，而是测定水解后产生的游离—NH_2 或—COOH 的数量。因为蛋白质每裂解出一个肽键就同时生成一个—NH_2 和一个—COOH，所以只要测出蛋白质水解以后新生成的—NH_2 和—COOH 的量就可以求得 h 值。

测定蛋白质的—NH_2 和—COOH 含量的方法主要有甲醛滴定法、茚三酮显色法、pH-stat 法等。因此，蛋白质水解度计算公式可以演化为：

$$DH=\frac{h-h_0}{htot}\times100\%$$

式中，h 为采用甲醛滴定方法测定的酶解液中的—NH_2 或—COOH 基团的含量（mmol/g）；h_0 为采用甲醛滴定测定的水解前原料中的—NH_2 或—COOH 基团的含量（mmol/g）；$htot$ 为每克原料蛋白的肽键毫摩尔数（mmol/g）。酶解液中—NH_2 或—COOH 基团的含量可以采用甲醛滴定方法、茚三酮方法等进行测定。

5. 酶的来源与酶解条件

饲料原料酶解处理量很大，需要达到一定的酶解处理规模才能满足工业化生产的需要。而对于一些中小型饲料企业而言，可以在饲料生产厂区，利用蒸汽热源，自己建设一定规模的酶解饲料原料车间，满足水产饲料生产的需要，这也是中小型饲料企业在饲料原料，尤其是功能性的饲料原料差异化问题上的主要技术对策。

作为水产饲料原料酶解生产所需要的酶，有3个方面的主要来源：一是利用一些新鲜饲料原料自身带有的内源性酶，如冰鲜鱼、冰鲜的虾、活的昆虫等；二是利用工业化生产的酶，包括植物、动物和微生物来源的蛋白酶；三是利用猪胰脏等作为酶源，猪胰脏含有大量的酶源，经过激活可以作为酶解饲料原料的酶。

在一些新鲜的、冰鲜的水产动物、昆虫中含有大量的内源性蛋白酶，这些酶包括消化道中的酶、胰脏和肝胰脏中的酶，以及位于细胞中的酶。从酶的种类分析，包括了蛋白质水解酶、内肽酶、氨肽酶、羧肽酶等，还有脂肪类酶、淀粉酶等。因此，对于冰鲜的鱼类、虾类、蝇蛆、黑水虻、黄粉虫等，可以直接将这些新鲜的、冰鲜的原料打碎、搅匀，其中的酶被激活，保持在50～55℃、3～6h，即可对原料中的蛋白质等进行酶解，再经过90℃下处理0.5～1h，灭活酶、杀菌处理等，即可得到酶解的蛋白水解液。这种水解液含水量依据原料含水量的不同，一般在65%～73%，可以适量地加入水产饲料生产工艺中，作为一种液态、膏状原料使用，具有很好的诱食性、适口性和更好的营养价值。目前，酶解鱼浆、酶解虾浆、酶解蝇蛆浆等得到很好的使用效果。

以动物胰脏作为蛋白酶来源，对于饲料企业自己生产酶解饲料蛋白原料是一个很好的选择。动物胰脏包括猪胰脏、牛胰脏等，来源广泛、数量很大。胰脏中的蛋白酶主要为酶原，可以加入0.2%左右的氯化钙作为激活剂，激活胰脏中的蛋白质酶原。例如将胰脏与0.2%左右的氯化钙一起打浆、绞碎，作为酶原对牛肝、鸡肝、肉渣、血液等进行酶解。

胰脏是动物消化酶分泌的主要器官组织，含有大量的消化酶（原）。胰脏也是胰酶生产的主要原料。胰酶由动物胰腺外分泌细胞分泌，是胰液的主要消化酶，经过胆管进入小肠，将食糜消化成容易被小肠吸收的营养物质。胰脏的酶主要有胰蛋白酶（trypsin，最适温度37℃、最适pH值7.8～8.5）、胰淀粉酶（amylopsin，最适温度60～70℃、最适pH值8）、胰脂肪酶（steapsin，最适温度40℃、最适pH值8～9）、弹性蛋白酶（最适温度50℃、最适pH值7～8）、胰激肽释放酶（最适温度37℃、最适pH值7～8）、胰凝乳蛋白酶（最适温度37℃、最适pH值8.2）、羧肽酶（最适温度37℃、最适pH值7～8）、胰岛素、胰高血糖素等多种成分。

工业用酶依据蛋白酶的来源，将蛋白质水解酶分为3大类：植物蛋白酶（如木瓜蛋白酶、菠萝蛋白酶、无花果蛋白酶等）、动物蛋白酶（如胃蛋白酶、胰蛋白酶、胰凝乳蛋白酶等）和微生物蛋白酶。目前用得较多的蛋白酶有胰蛋白酶、木瓜蛋白酶、中性蛋白酶和碱性蛋白酶（表4-12）。

表 4-12　常用的蛋白酶

酶	来源	水解氨基酸位点	适宜 pH 值	适宜温度/℃
木瓜蛋白酶(单肽链)	木瓜果实	亮氨酸、精氨酸、赖氨酸、甘氨酸	6～7	55～65
菠萝蛋白酶	菠萝果实	无特异性	6～8	55
无花果蛋白酶	无花果树或果实乳胶		5.7	65
胃蛋白酶	胃	酪氨酸、苯丙氨酸、色氨酸、蛋氨酸	1～2	
胰蛋白酶	胰脏	精氨酸、赖氨酸	7.8～8.5	
胰凝乳蛋白酶(chymotrypsin)	胰脏	苯丙氨酸、苏氨酸、酪氨酸	8～9	
嗜热菌蛋白酶(thermolysin)	嗜热蛋白芽孢杆菌	亮氨酸、异亮氨酸、苯丙氨酸		60
枯草菌蛋白酶(枯草杆菌中性蛋白酶、碱性蛋白酶)	枯草杆菌	芳香族和脂肪族氨基酸		

在饲料原料酶解过程中要保障酶的作用条件，主要参数包括：选用的酶种类、使用单一酶或是复合酶、多酶多步骤酶解还是单一酶一次性酶解、加酶量、酶解液水分含量、酶解温度与时间、酶解液 pH 值、酶的灭活与杀菌温度和时间等。

作为饲料原料的蛋白质酶解，一般采用单一酶一次性酶解工艺，可以选用工业用酶、激活的动物胰脏酶浆作为酶。酶的水解作用需要一定的水分，如果直接使用动物血液、鱼浆、虾浆、牛肝等，可以不再加入额外的水，因为其中已经含有65%～80%的水分，可以直接加入酶进行酶解；如果酶解肉浆、鸡鸭骨架，则需要加入适量的水分，保持含水量在60%以上。加酶量需要依据酶的种类而定，如果以激活的动物胰脏浆为酶原，则可以添加2%～5%的激活胰脏浆。酶解温度一般可以控制在50～55℃，利用蒸汽加热的反应罐、反应釜进行酶解。酶解时间的控制依据水解程度而定，可以测定水解度。依据酶解目标以小肽为主、以改善原料蛋白质溶解性、水解性为主，保持适度的水解度就是很重要的技术条件，过分的酶解会导致游离氨基酸产生过多，反而导致酶解原料功能性不好。酶解完成之后，一般可以在原有的反应罐、反应釜中升温到90℃左右，使酶失活，或杀菌。之后，酶解的原料可以不烘干直接作为原料使用。如果作为酶解蛋白商业性饲料，则需要烘干作为商品销售。

常用的酶解条件可以参考以下资料进行。

(1) 木瓜蛋白酶 (papain)　番木瓜未成熟果实中含有木瓜蛋白酶 (papain)、木瓜凝乳蛋白酶 A(chymopapain A)、木瓜凝乳蛋白酶 B(chymopapain B)、木瓜肽酶 B(papaya peptidase B) 等多种蛋白水解酶。木瓜蛋白酶是一种含巯基 (—SH) 的肽链内切酶，具有蛋白酶和酯酶的活性，有较广泛的特异性，对动植物蛋白、多肽、酯、酰胺等有较强的水解能力，可水解蛋白质和多肽中精氨酸和赖氨酸的羧基端，并能优先水解那些在肽键的 N—端具有两个羧基的氨基酸或芳香 L-氨基酸的肽键。木瓜蛋白酶由一种单肽链组成，含有 212 个氨基酸残基，其中至少有三个氨基酸残基存在于酶的活性中心部位，它们分别是Cys25、His159和Asp158。木瓜蛋白酶溶于水和甘油。木瓜蛋白酶的最适pH值为6～7，在中性或偏酸性时亦有作用，等电点（pI）为8.75；木瓜蛋白酶的最适温度为55～65℃（一般10～85℃皆可），耐热性强，在90℃时也不会完全失活。

龙彪等（2005）选用木瓜蛋白酶水解乌鸡蛋白制备乌鸡蛋白肽，得出的较优水解条件为：底物浓度7%，反应温度70℃，加酶量4000U/g，底物反应时间3h。在此条件下，酶解液中必需氨基酸含量为37.41%，氨基酸总量为61.01mg/mL（其中游离氨基酸9.89%），肽含量为90.11%。王春维等（2005）选用木瓜蛋白酶水解新鲜的猪肠膜，得出的最佳水解条件为：底物浓度6%，反应温度60℃，水解pH值6，加酶量2%，反应时间7h。

（2）菠萝蛋白酶（bromelain） 菠萝蛋白酶是从菠萝果茎、叶、皮提取而来的酶，分子量为33000，等电点为9.55。菠萝蛋白酶属糖蛋白，可使多肽类水解为低分子量的肽类，也有水解酰胺基键和酯类的作用。产品已被广泛应用于食品、医药等行业。

（3）无花果蛋白酶（ficin） 无花果蛋白酶可完全溶解于水中。分子量约为26000，等电点为9.0，2%水溶液的pH值为4.1。稳定性极好，如常温密闭保藏1～3年，其效力仅下降10%～20%。水溶液在100℃下才失活，而粉末在100℃下需数小时才会失活。水溶液在pH值4～8.5时活力稳定。其活性可受铁、铜、铅的抑制。其水溶液可使明胶、凝固蛋白、干酪素、肉、肝脏等水解，使乳液凝固，并有消化蛔虫、鞭虫等寄生虫卵的作用。有一定吸湿性。可完全溶解于水，呈浅棕至深棕色。不溶于一般有机溶剂。如果是无花果胶乳液的浓缩制剂，则为淡棕至暗棕色。主要作用原理是使多肽水解为低分子的肽。最适作用pH值为5.7，最适作用温度为65℃。

（4）胰凝乳蛋白酶（chymotrypsin） 胰凝乳蛋白酶是一种典型的丝氨酸蛋白酶。在胰脏中以酶前体物质（胰凝乳蛋白酶原）的形态生物合成，随胰液分泌出去。牛α-胰凝乳蛋白酶的氨基酸残基数为245个，分子量约为25000，第57位组氨酸、102位天冬氨酸、195位丝氨酸等三个残基在催化作用中起着中心作用。

（5）枯草杆菌中性蛋白酶 仪凯（2005）等用中性蛋白酶水解花生粕，得出的最佳水解条件为：底物浓度6%，温度44℃，pH值6.7，用酶量6500U/g底物，反应时间3h。在此条件下的理论水解度为7.63。王成忠等选用中性蛋白酶水解猪血粉，得出最佳工艺条件为：底物浓度6%，反应时间4h，加酶量1.6mL，pH值7.0，反应温度65℃。

（6）碱性蛋白酶 张强等（2005）选用碱性蛋白酶水解玉米蛋白粉制备抗氧化肽，得出在温度55℃、pH值9.5、酶底比10%的条件下反应4h效果最好。也有人用碱性蛋白酶水解玉米蛋白，得出在温度45℃、pH值9.0、底物浓度5%、酶浓度3.0%时水解1h，水解效果最好，水解度可达38.92%。

（7）复合酶 张华山（1999）选用AS1.398中性蛋白酶、胰蛋白酶、木瓜蛋白酶和菠萝蛋白酶分别对猪血进行水解，得出 AS1.398 中性蛋白酶对猪血的水解能力最强，胰蛋白酶次之，而木瓜蛋白酶和菠萝蛋白酶的水解能力最差。中性蛋白酶水解猪血的最佳条件为：pH 值 7.5，温度 40℃，加酶量 8000U/g 底物，底物质量分数 8%，水解时间 7h，水解率可达 48.9%。用木瓜蛋白酶和中性蛋白酶对猪血红蛋白进行复合酶水解，得出最佳水解条件为：底物浓度 8%，pH 值 7.5，温度 55℃。用中性蛋白酶、木瓜蛋白酶和菠萝蛋白酶三酶复合水解大豆分离蛋白，得出最佳工艺条件为：中性蛋白酶、木瓜蛋白酶和菠萝蛋白酶以 1∶2∶2 的比例复合，底物浓度 4%，pH 值 7.0，酶解时间 9h，在此条件下大豆蛋白水解度高达 84.40%。用木瓜蛋白酶、中性蛋白酶、碱性蛋白酶、风味酶等分别水解罗非鱼肉蛋白，得出：作用的酶不同，水解产物中肽的组成不同；单酶水解难以提高最终的水解度；端肽酶的存在有利于酶解过程中的中间产物进一步生成氨基酸。用中性蛋白酶、木瓜蛋白酶和碱性蛋白酶对大豆分离蛋白进行水解，得出：碱性蛋白酶和中性蛋白酶水解效果较好，适合用来制备高水解度的大豆肽。

二、肠膜蛋白粉

肠膜蛋白粉（dried porcine solubles，DPS）的来源是肠黏膜或肠黏膜渣，肠道黏膜的来源则是以猪小肠为原料刮取肠衣（用于红肠、火腿肠等）后的肠黏膜。肠黏膜渣是以猪、羊的肠黏膜为原料，提取肝素钠之后的副产物。

新鲜的猪小肠刮取肠衣之后就是肠道黏膜，有些企业直接利用这种肠道黏膜提取肝素钠，得到提取肝素钠之后的肠道黏膜渣。肝素（heparin）又称为肝素钠，是一种抗凝血、抗血栓形成的药物。再以这种提取肝素钠之后的肠道黏膜渣为原料酶解得到肠膜蛋白粉。也有一些企业直接以肠道黏膜为原料，经过酶解后得到肠膜蛋白粉。

目前用于生产肝素钠的原料包括猪肠黏膜、羊肠黏膜、猪肺、牛肺等，这些原料中肝素钠的含量分别是：猪肺 411mg/kg、猪肝 198mg/kg、猪小肠黏膜 253mg/kg、牛肺 780mg/kg。因此，肠膜蛋白粉如果是以提取肝素钠之后的副产物为原料生产的，则原料可能不完全是猪小肠黏膜渣，可能会有羊小肠黏膜、猪肺渣、牛肺渣等。

小肠黏膜、肺、肝中的肝素以与蛋白质通过共价键结合成的复合物的形式存在，肝素钠的提取工艺中首先就是破坏这种共价键，使肝素钠游离出来，之后再用离子交换树脂吸附肝素钠；而滤渣对于肝素钠生产而言是副产物，这是肠膜蛋白质生产的主要原料。

在传统的肝素钠生产工艺中，用 NaOH 调节 pH 至碱性条件，再用 NaCl 调节盐度提取肝素钠。部分企业直接把这种肠黏膜渣作为饲料原料销售，这种肠黏膜滤渣含盐量大，呈碱性，蛋白质含量在 60%左右，在饲料中的用量不宜过大，使用 1%～2%即可。

也有以新鲜的肠道黏膜、肺等为原料，采用酶解的方法破坏肝素与蛋白质之间共价键的企业。滤液中含有肝素钠，而滤渣就是酶解的黏膜渣。

以小肠黏膜为原料的肝素钠生产工艺流程是：

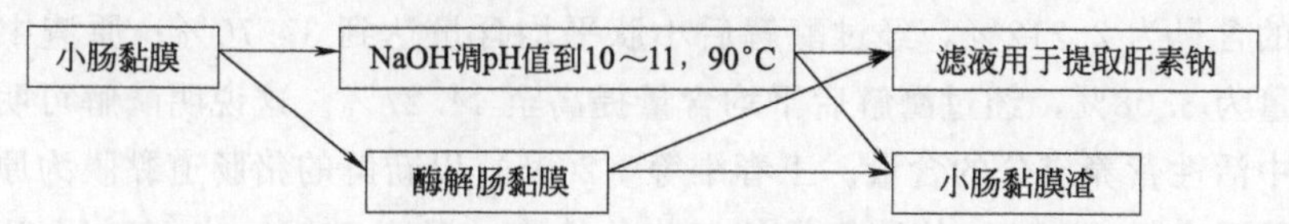

如果利用提取肝素钠后的滤渣作为原料生产肠膜蛋白粉，其营养价值就与使用原料和肝素钠提取工艺有一定的关系。

猪肠膜蛋白粉是由猪小肠黏膜提取肝素钠经蛋白酶酶解的产物，蛋白质结构多以短链小肽和寡肽的形式存在，容易被动物消化吸收。肠膜蛋白粉的蛋白质胃蛋白酶消化率为95%，并能够促进幼龄动物的肠道发育，减少应激，提高动物的免疫功能和生长性能。

纯肠膜蛋白粉的吸湿性很强，易板结，因此肠膜蛋白粉的主要成分除了肠黏膜蛋白水解物外，还含有一定量的赋形剂。进口DPS多用黄豆皮作防板结分散剂(表4-13)。

表4-13　美国Nutra-flo的DPS 40、DPS 50和浙江华太生物科技有限公司羊DPS的营养成分

产品	猪肠膜蛋白粉		羊肠膜蛋白粉	产品	猪肠膜蛋白粉		羊肠膜蛋白粉
	DPS40	DPS50	浙江华太		DPS40	DPS50	浙江华太
粗蛋白/%	42.34	50.00	55.60	亮氨酸/%	2.97	3.00	5.39
酸溶蛋白/%			20.00	赖氨酸/%	2.70	3.10	3.70
粗脂肪/%			7.80	精氨酸/%	2.10	2.30	3.85
粗纤维/%			0.85	缬氨酸/%	2.04	2.40	2.91
干物质/%	97.40	98.00		苏氨酸/%	1.67	2.00	2.58
灰分/%	24.11	27.00	8.20	异亮氨酸/%	1.59	1.80	2.56
食盐/%				苯丙氨酸/%	1.60	1.80	2.70
钙/%	0.16	0.05	0.42	组氨酸/%	0.87	1.00	1.32
氯/%	0.58	1.00		蛋氨酸/%	0.76	0.90	1.17
磷/%	1.00	1.40	0.52	色氨酸/%	0.53	0.35	
钾/%	1.18	1.00		牛磺酸/%	0.12	0.30	
硫/%	3.80	5.00		谷氨酸/%	5.26	6.00	8.84
钠/%	5.99	8.00		天冬氨酸/%	3.46	4.00	4.92
镁/%	0.11	0.07		甘氨酸/%	2.79	3.40	2.96
锌/(mg/kg)	65.00	70.00		丙氨酸/%	2.20	2.55	2.99
铁/(mg/kg)	305.00	150.00		脯氨酸/%	2.02	2.40	2.67
猪ME/(MJ/kg)	15.28	15.30		丝氨酸/%	1.62	0.65	2.63
猪DE/(MJ/kg)	16.48	16.73		胱氨酸/%	1.04	0.85	0.68
保证值				羟脯胺酸/%	0.62	0.70	
粗蛋白质/% ≥	40.00	49.00		酪氨酸/%			2.28
粗纤维/% ≤	12.00	2.00					

以猪肠黏膜为原料的肠膜蛋白粉酶解条件。安文亭（2016）以提取肝素钠后的羊小肠黏膜渣为原料，用碱性蛋白酶酶解得到羊肠膜蛋白粉，最佳酶解条件为：温度60℃、酶加量5000IU/g底物蛋白、pH值10、水解时间4h。羊小肠黏膜原渣中小肽的含量为2.212%，经过酶解后小肽平均含量达到37.70%；原渣中水溶蛋白的含量为8.08%，经过酶解后平均含量提高至44.27%。这说明酶解可明显提高原物质中活性营养成分的含量。王春维等（2005）以新鲜的猪肠道黏膜为原料，生产猪肠膜蛋白粉（DPS）的酶解最佳工艺条件为：温度70℃，水解时间7h，酶加量2%，pH值6.0。舒夏娃等对猪小肠黏膜提取肝素钠后的下脚料进行单酶水解研究，获得水解动物蛋白质最佳的水解条件为：温度45℃，酶加量3000U/g底物蛋白，底物质量分数6%，pH值7.5，水解时间3h。

以羊肠黏膜为原料的肠膜蛋白粉酶解条件。以羊小肠黏膜为原料，生产肠膜蛋白粉最优酶解工艺条件为：酶解温度60℃，酶加量2.5%，pH值10，时间4h。

羊肠黏膜提取肝素钠后的下脚料酶解生产小肽的适宜反应条件为：酶解温度60℃，酶加量2.5%，pH值10，酶解时间4h。

统计了水产饲料企业采购的肠膜蛋白粉的常规指标，见表4-14。由表可知，粗灰分含量为（13.80±5.38）%，变化幅度较大，粗蛋白质含量为（52.38±3.79）%。对于肠膜蛋白粉来说，作为酶解的蛋白质原料，重要的指标还应该包括蛋白质水解度、分子量在5000以下的肽的含量，这是判断蛋白质水解程度、酶解蛋白粉质量的重要指标。

表4-14 肠膜蛋白粉的常规指标 单位：%

水分	粗蛋白	粗脂肪	粗纤维	粗灰分	钙	总磷
9.67±4.66	52.38±3.79	4.82±2.23	0.27±0.00	13.80±5.38	0.25±0.10	0.72±0.09

肠膜蛋白粉的氨基酸组成、氨基酸比例和氨基酸特征值见表4-15。由表可知肠膜蛋白粉的氨基酸比例较为均衡，是亮氨酸含量较高的蛋白质产品，含量达到（4.26±0.67）%，在17种氨基酸中的比例为8.52%，在9种必需氨基酸中的比例达到18.65%。

表4-15 肠膜蛋白粉的氨基酸组成、比例和特征值 单位：%

氨基酸	缬氨酸	蛋氨酸	赖氨酸	异亮氨酸	亮氨酸	苯丙氨酸
含量	2.60±0.43	0.81±0.32	3.50±0.41	2.28±0.32	4.26±0.67	2.49±0.29
AA比例	5.19	1.61	7.00	4.56	8.52	4.97
EAA比例	11.38	3.53	15.33	9.98	18.65	10.89
氨基酸	组氨酸	精氨酸	苏氨酸	ΣEAA	ΣAA	
含量	1.30±0.11	3.38±0.44	2.21±0.33	22.82±3.18	49.97±4.20	
AA比例	2.61	6.77	4.43			
EAA比例	5.72	14.82	9.70			

续表

氨基酸	天冬氨酸	丝氨酸	谷氨酸	甘氨酸	丙氨酸	脯氨酸
含量	5.32±0.27	2.51±0.22	8.43±0.48	2.77±0.39	2.74±0.35	2.76±0.24
AA 比例	10.64	5.03	16.86	5.55	5.49	5.51
氨基酸	胱氨酸	酪氨酸	NH_3	Lys/Met		
含量	0.66±0.14	1.96±0.35	0.70±0.13	4.71±1.04		
AA 比例	1.32	3.93				

三、酶解动物屠宰骨架生产蛋白质原料

猪、鸡、鸭、牛、羊屠宰后有很多副产物，都是生产动物蛋白质的原料。血液一般用于分离血浆后生产血浆粉、血球粉，新的发展趋势是利用血细胞或血液直接进行酶解，生产酶解血球粉、酶解血粉。一些肉渣、淋巴、皮渣等用于生产油脂和肉粉，新的发展趋势是直接用于生产酶解的肉浆、酶解肉的蛋白粉。猪骨、牛骨容易进行骨肉分离，其骨头则可以用于生产骨粉、酶解骨浆等。鸡鸭骨肉分离较为困难，一般得到的鸡鸭骨架带有少量的肉和较多的骨，部分经过超微粉碎得到骨糜，用于生产火腿肠、午餐肉等加工食品，部分则按照肉粉生产工艺，生产肉骨粉，新的发展趋势则是利用鸡鸭骨架生产酶解的鸡鸭肉骨粉。下面对酶解肉骨粉做介绍。

畜禽屠宰生产中，骨所占比例分别为：猪 12%～20%，牛 15%～20%，羊 8%～17%。

畜禽鲜骨包括骨组织、骨髓和骨膜三部分。骨组织是动物体内除牙齿以外最坚硬的组织，它和软骨组织一起构成动物体的支架，骨组织含有 45%的无机盐、3%的有机质和 20%的水，由细胞和细胞间质（骨质）构成。骨无机盐分结晶体和非结晶体两种，结晶体主要为羟基磷灰石结晶，其分子式为 $Ca_{10}(PO_4)_6$ 或 $3Ca_2PO_4Ca(OH)_2$，非结晶体主要为柠檬酸盐，此外尚有钠、钾、氟、铅、锶、镁等离子。全身 90%的钙、80%的磷及 9%的水分存于骨盐中。骨的有机质组成不同于骨组织细胞和骨细胞间质等物质，其组成成分包括胶原纤维、网硬纤维和黏多糖复合物等。骨含有 12%～20%的脂肪，含量随动物年龄的增长而增加，也与畜禽种类和骨骼部位有关，管状骨和海绵状骨含量最多。

动物骨中含有 12.0%～15.0%的蛋白质，其中含量最高的是组成胶原纤维的胶原蛋白。骨胶原蛋白由三股螺旋结构组成，主要成分为胶原蛋白，胶原蛋白结构紧密，一般的加工温度及短时间加热都可能使其分解。酶解是一种优化利用骨蛋白的途径，可将一般加工温度和短时间加热难以利用的骨胶原蛋白水解成多肽及 L-氨基酸，可大大提高其营养价值和功能特性（表 4-16）。

表 4-16 新鲜畜禽骨（肉）的营养组成 单位：%

畜禽骨(肉)	水分	蛋白质	脂肪	灰分	钙
牛骨	64.2	11.5	8.0	15.4	5.4
猪骨	62.7	12.0	9.6	11.0	3.1
羊骨	65.1	11.7	9.2	11.9	3.4
鸡骨	65.6	16.3	14.5	3.1	1.0
鸭骨架	64.0	15.2	11.6	8.6	
猪肉	66.2	17.5	15.1	0.9	0.0
鸡肉	66.3	17.2	15.8	0.7	0.0

骨泥（即骨糊）：鲜骨经清洗、冷冻、碎骨后，再经过粗磨、细磨，骨泥粒径平均为 24μm，多数骨泥细度在 100 目以上。骨泥可作肉类的代用品，营养成分比肉类更丰富，如铁的含量为肉的 3 倍，且钙质含量是肉类无法相比的。

第五章

淀粉

水产饲料中淀粉物质的作用，一方面是作为能量物质、结构物质等满足水产动物的营养需要；另一方面则是作为黏结剂满足水产饲料制粒的需要。水产饲料在进入水中后需要保持颗粒或团块状，从而被水产动物摄食，最大限度地减少饲料物质在水中的溶失。水产动物生活在水域环境中，主要依赖蛋白质和氨基酸、油脂作为能量物质，对碳水化合物的能量利用能力较陆生动物差得多。因此，对于水产颗粒饲料中的淀粉而言，能够满足颗粒制粒需要的淀粉量足以满足水产动物对淀粉的营养需要，即水产饲料中淀粉更多的是满足颗粒制粒的需要。这是水产饲料中淀粉原料选择的主要目标。

水产饲料中过多的淀粉物质可能导致水产动物血糖指数增加、肝胰脏沉积糖原量增加，以及肝胰脏利用糖转化为脂肪的量增加，其结果可能导致出现脂肪肝（脂肪性脂肪肝、糖原性脂肪肝）、腹部脂肪过量（出现“大肚子”体型）。因此，水产饲料中淀粉原料种类的选择、配方中使用量的选择需要考虑：最大限度满足颗粒制粒的需要、而最小限度地满足水产动物对淀粉的营养需要。这是水产饲料中淀粉原料选择、使用的基本规则。

淀粉按来源主要分为三类：①禾本科淀粉，淀粉主要储藏在种子的胚乳结构中，如玉米、大麦、水稻、燕麦、高粱等；②薯类淀粉，淀粉主要储藏在块茎中，如甘薯、马铃薯、木薯等；③豆类淀粉，淀粉主要储藏在种子的子叶中，如豌豆、蚕豆、红豆等。

不同种类原料中淀粉的颗粒大小、晶体结构、支链与直链淀粉比例等有很大的差异，导致不同原料淀粉的消化利用率、转化为脂肪的效率有很大的差异，如玉米淀粉转化为脂肪的能力较强；同时，不同原料淀粉的糊化度、糊化温度、膨胀性能、黏结性能等差异很大。因此，需要了解不同原料淀粉的结构和性质的差异，不同颗粒形态、不同水产动物需要选择不同原料的淀粉使用，使用不同剂量的淀粉满足颗粒制粒和水产动物营养的需要。例如，膨化饲料中使用木薯淀粉可以最大限度地下调饲料中淀粉的使用剂量，并满足颗粒饲料制粒的要求，避免水产动物过多地将淀粉转化为脂肪而出现脂肪肝、腹部脂肪过度沉积等现象。那么，玉米、小麦、大麦、木薯、高粱等作为主要的淀粉原料，在不同水产饲料中如何选择？如果从满足制粒需要的角度来看，可以依据这些原料的市场价格从而选择性地使用，可有效控制饲料成本。

第一节　淀粉、纤维素的化学组成和结构

一、淀粉、纤维素的化学组成

淀粉是以α-D-葡萄糖为基本组成单位、通过α-1,4-糖苷键和α-1,6-糖苷键连接形成的大分子多糖，其中，α-1,6-糖苷键只存在于支链淀粉与直链淀粉的分支处。纤维素则是以β-D-葡萄糖为组成单位、通过β-1,4-糖苷键连接形成的大分子多糖。

开链结构的葡萄糖分子在形成环状分子时，第1位碳原子上的醛基—CHO与第5位碳原子上的—OH缩合、脱去一个H_2O，形成环状分子结构，即1、5位碳原子“成环”，形成6个原子构成的6元环分子结构。在成环过程中，第1位碳原子为“手性”碳原子，形成的—OH位置出现两种情况：一种就是这个—OH与第6位碳原子上的—CH_2OH位于6元环同一个侧面，这就是β-D-葡萄糖；另一种情况是，这个—OH与第6位碳原子上的—CH_2OH位于6元环的不同侧面，即在另一个侧面，这就是α-D-葡萄糖，如图5-1所示。

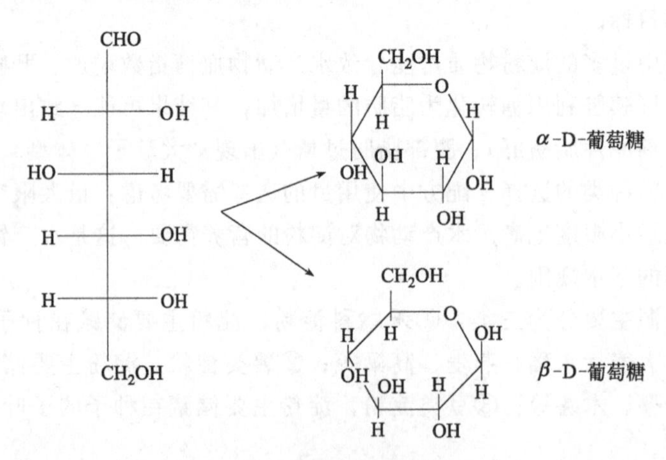

图5-1　葡萄糖分子结构式

正是由于葡萄糖环状分子第1位碳原子上—OH（又称为半缩醛羟基）位置的差异，分别形成α-D-葡萄糖和β-D-葡萄糖两种异构体。

在自然界中，纤维素是以β-D-葡萄糖为单位构成的大分子，而淀粉则是以α-D-葡萄糖为单位构成的大分子。对于以β-D-葡萄糖为单位构成的纤维素，动物缺乏水解β-1,4-糖苷键的酶，因此不能水解纤维素大分子，也就不能直接利用纤维素，只有微生物具有分解β-1,4-糖苷键的酶。动物具有水解α-1,4-糖苷键、α-1,6-糖苷键的酶，所以可以分解淀粉，可以将淀粉水解为葡萄糖从而作为能量物质或机体组成物质进行利用。一个—OH位置的差异，导致纤维素、淀粉两大类物质的差

异，也导致动物对这两大类物质利用的差异。

α-D-葡萄糖第1位碳原子上的—OH，又称为半缩醛—OH，是一个活性基团，能够与其他含—OH、—SH、$—NH_2$ 等的化合物发生反应，形成的化学键称为糖苷键，从而生成有葡萄糖分子参与的化合物。对于淀粉类物质，则是一个α-D-葡萄糖的半缩醛—OH与另一个α-D-葡萄糖分子中第4位碳原子上的—OH缩合，形成α-1,4-糖苷键，若干个α-D-葡萄糖分子缩合形成大分子的淀粉，即淀粉是以α-D-葡萄糖为基本单位通过α-1,4-糖苷键连接形成的高分子化合物。

若干个α-D-葡萄糖分子以α-1,4-糖苷键连接形成葡萄糖长链，这类淀粉就是直链淀粉。自然界中，除了直链淀粉外，还有支链淀粉。支链淀粉的结构就是在直链淀粉分子结构基础上形成若干个支链。就其化学结构而言，直链淀粉是α-D-葡萄糖的聚合物，α-D-葡萄糖分子第6位碳原子上的—OH与另一个α-D-葡萄糖分子第1位碳原子上的—OH缩合，形成一个α-1,6-糖苷键连接的α-D-葡萄糖，这就是支链淀粉结构中位于分支点的第一个α-D-葡萄糖单位，这个葡萄糖分子第4位碳原子上的—OH再与另一个α-D-葡萄糖分子第1位碳原子上的—OH缩合，形成α-1,4-糖苷键连接的第二个分支葡萄糖分子，依次缩合就形成了支链。

因此，从化学结构上看，支链淀粉就是在一个主链上形成的若干分支，聚合单位依然是α-D-葡萄糖，其中的连接化学键除了在分支点位置处是α-1,6-糖苷键外，其余都是α-1,4-糖苷键，如图5-2所示。

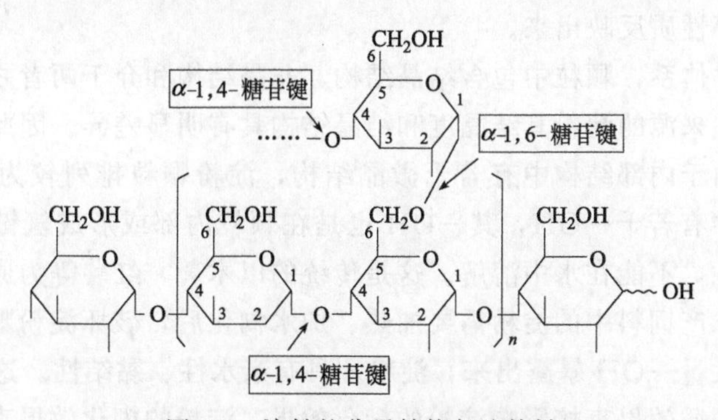

图 5-2　淀粉的分子结构与连接键

纤维素是以β-D-葡萄糖为聚合单位，相邻的两个β-D-葡萄糖分子以β-1,4-糖苷键连接形成的大分子化合物，呈直链（图5-3）。β-D-葡萄糖的聚合度为3000～6000。

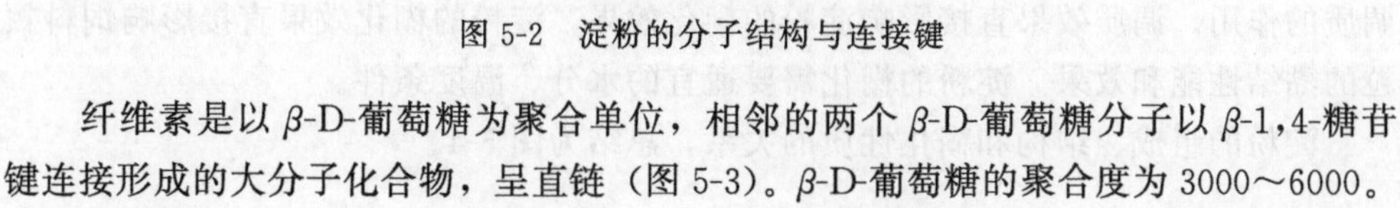

图 5-3　纤维素分子结构与连接键

二、不同淀粉的差异

淀粉在禾本科植物原料、薯类原料和豆类原料中，一般以颗粒状态存在。不同原料的淀粉颗粒有哪些差异？差异有多大？淀粉颗粒的差异是否会导致水产动物消化利用率的差异？是否会导致其转化为脂肪的效率的差异？是否会导致其对颗粒制粒效果、膨化效果、黏结性能的差异？

一种或一类物质的理化性质、生物学功能是以其化学组成、结构为基础的。淀粉类物质在组成单位上都是α-D-葡萄糖，这个没有差异。但是，在组成淀粉、形成淀粉颗粒的时候，其结构就有很大的差异。首先是不同淀粉物质的α-D-葡萄糖聚合度有显著的差异，即组成淀粉颗粒的α-D-葡萄糖数量有差异，这可以从淀粉颗粒的大小直观地反映出来，淀粉颗粒越大、聚合的α-D-葡萄糖单位数量也越大。其次，淀粉链的分支数量在不同淀粉中差异很大，支链淀粉是在主链淀粉基础上的若干分支，一个分支链上还可以形成更多的分支，因此，支链淀粉与直链淀粉含量的比例在不同淀粉中差异很大，从而导致淀粉颗粒形态、淀粉的糊化效果、淀粉的黏结性能有很大的差异。最后，淀粉颗粒的内部结构因为分支数量、α-D-葡萄糖聚合度差异而有很大的差异，淀粉中的α-D-葡萄糖一般以螺旋状态形成空间结构，在淀粉颗粒内部的若干区域内形成高度有序化的排列，即在淀粉颗粒内部形成若干微晶结构，这可以通过X射线的衍射图、碘与淀粉的颜色反应、淀粉糊化过程中双折线的变化等性质反映出来。

淀粉是多晶体系，颗粒中包含结晶结构、非晶结构和介于两者之间过渡区的亚微晶结构，不同来源的淀粉其结晶度和结晶结构具有明显差异。因此，生淀粉（或称为β淀粉）由于内部结构中有若干微晶结构，淀粉颗粒排列较为紧密，即使α-D-葡萄糖分子中有若干—OH，其—OH也是在颗粒内部或形成氢键，导致淀粉颗粒不具备亲水性，不能在水中溶解。这是传统的以木薯、红薯等为原料制备的淀粉的主要性质。水产饲料中的淀粉需要加热、加水糊化后，破坏淀粉颗粒结构，使淀粉颗粒内部的大量—OH暴露出来，淀粉才具有亲水性、黏结性。这就是水产饲料调质的作用。调质效果直接影响淀粉的糊化效果，淀粉的糊化效果直接影响饲料颗粒的黏结性能和效果。淀粉的糊化需要适宜的水分、温度条件。

淀粉的组成、结构和糊化性质的关系，总结为图5-4。

三、直链淀粉与支链淀粉

从化学结构上看，淀粉有直链淀粉和支链淀粉两大类别，而在植物细胞和组织中，直链淀粉和支链淀粉一般是同时存在的，只是在不同物种的细胞、组织中，直链淀粉和支链淀粉的比例有所差异，如表5-1所示。不同物种形成的淀粉中，直链淀粉与支链淀粉的比例有较大的差异。

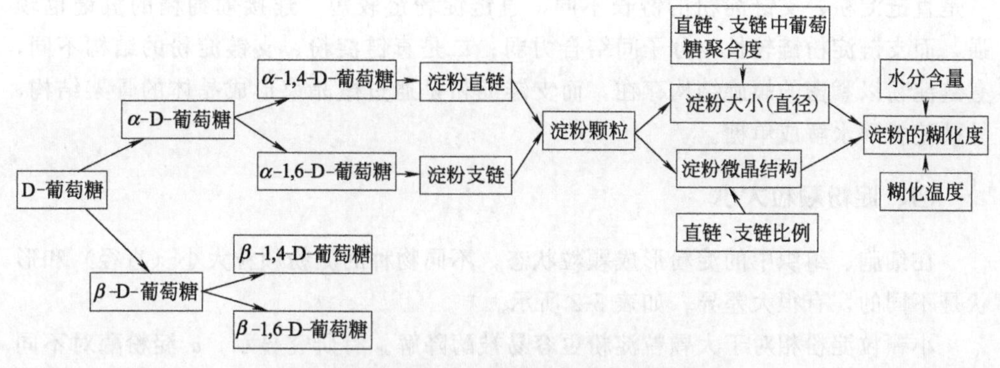

图 5-4　淀粉组成、结构和糊化性质的关系

表 5-1　部分淀粉中直链淀粉与支链淀粉的比例

淀粉来源	直链淀粉/%	支链淀粉/%	淀粉来源	直链淀粉/%	支链淀粉/%
高直链淀粉玉米	50～85	15～50	大米	17	83
玉米	26	74	马铃薯	21	79
蜡质玉米	1	99	木薯	17	83
小麦	25	75	高粱籽粒	20～30	70～80

直链淀粉与支链淀粉含量的比例差异会导致淀粉糊化度、糊化温度和颗粒黏结性的显著差异。一般情况下，支链淀粉含量高的淀粉，其膨化度和黏结性更好。例如，普通淀粉由15%～30%直链淀粉、70%～85%支链淀粉组成，糯米则几乎全由支链淀粉组成，故糯米的黏结性能较好。

从表5-1中可以发现，蜡质玉米也就是糯玉米的支链淀粉比例达到99%，其黏结性能与糯米相差无几。木薯淀粉的支链淀粉比例达到83%，也是具有很好黏结性能和膨化性能的淀粉原料。

直链淀粉、支链淀粉比例的不同导致淀粉颗粒内部结构的显著差异，例如支链淀粉比例高，淀粉颗粒内部的微晶结构紧密、微晶比例高。不同淀粉与碘的颜色反应有差异，其实也是反映了不同淀粉颗粒内部结构的差异。淀粉与碘存在特殊的颜色反应，其显色原理是：淀粉具有螺旋结构（6个葡萄糖单元形成一个螺旋圈），可以与碘形成复合物，碘分子位于螺旋结构轴心部位。呈现的颜色取决于淀粉的螺旋数。直链淀粉由于线性聚合度大，螺旋数较多，所以与碘反应时呈蓝色。支链淀粉的分支链同样具有螺旋蜷曲结构，但由于支链淀粉分支的平均链长度较短，大约20～40个葡萄糖单元（3～5个螺旋数），所以与碘反应时呈现紫色。

不同来源的淀粉，由于α-D-葡萄糖数量（即聚合度）差异很大，其分子结构存在较大差异，如马铃薯直链淀粉聚合度为840～22000，木薯为580～22000，玉米为400～15000，小麦为250～13000。

淀粉中直链淀粉含量越高，淀粉的消化性能越差，这可以从两个方面来解释。

一是直链淀粉、支链淀粉的链长不同，直链淀粉链较短，连接葡萄糖的氢键也较强，而支链淀粉链较长，分子间结合力弱；二是直链淀粉、支链淀粉的结构不同，直链淀粉以紧密的螺旋结构存在，而支链淀粉是通过微晶束形成晶体的骨架结构，易被淀粉酶水解成单糖。

四、淀粉颗粒大小

在细胞、组织中的淀粉形成颗粒状态，不同物种的淀粉颗粒大小（直径）和形状是不同的，有很大差异，如表 5-2 所示。

小颗粒淀粉相对于大颗粒淀粉更容易被酶降解。有研究显示，α 淀粉酶对不同植物淀粉的水解速率和水解程度的排序由大至小依次为小麦、玉米、豌豆、马铃薯，这些淀粉颗粒的直径是逐渐增大的。

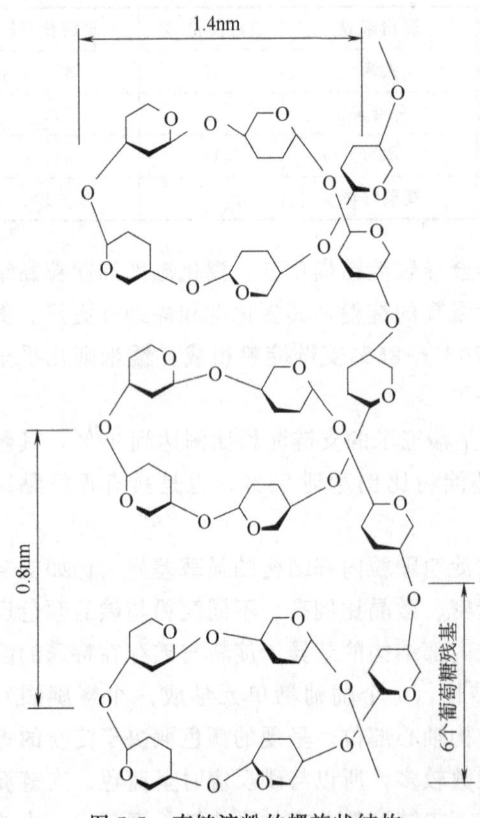

图 5-5 直链淀粉的螺旋状结构

淀粉颗粒中，葡萄糖链并不是以直线状的形式排列，而是以螺旋状的形式排列，尤其是直链淀粉。对于支链淀粉，如果支链长度足够，其葡萄糖链也是以螺旋状的形式排列。如图 5-5 所示，6 个 α-D-葡萄糖残基构成一个螺旋周期，相邻两个周旋周期的距离为 0.8nm，螺旋状结构的直径为 1.4nm。当然，这是一般性的结构，而对于不同物种的淀粉颗粒，α-D-葡萄糖螺旋的参数有一定的差异。

由于淀粉颗粒中 α-D-葡萄糖残基多数以螺旋状的形式排列，其螺旋内部是疏水的，而螺旋的外表面是亲水的，因此，生淀粉的黏性很差，在水溶液中静置一段时间就会形成淀粉沉淀，这也是利用红薯、土豆、木薯等制备淀粉的基本原理。

当淀粉受热，尤其是在水溶液中受热时，α-D-葡萄糖形成的螺旋结构被破坏，葡萄糖残基以直链状的形式排列，淀粉显示出很强的亲水性和黏性，这就是淀粉的糊化。只有糊化的淀粉才具有很强的亲水性和黏结性能。所以，在水产颗粒饲料制粒过程中，调质阶段的水分含量、温度和调质时间是饲料中淀粉糊化的关键因素，只有充分糊化的淀粉才具有很强的黏结性能。

五、淀粉的微晶结构

分子或原子有序化排列可以形成晶体。在淀粉颗粒中，尤其是支链淀粉含量较高的淀粉颗粒中，单一支链的葡萄糖链可以形成类似直链淀粉葡萄糖链的螺旋状结构，多个支链并行时即可形成有序化的排列，这样就可以形成微小的晶体结构。因此，淀粉颗粒中有微晶体、亚晶体等多晶体结构形式，即淀粉颗粒是多晶体系，结晶区与非结晶区是其主要的两个组成部分。淀粉及淀粉衍生物的结晶性质及结晶度大小直接影响着淀粉产品的应用性能。

直链淀粉的颗粒小，分子链与分子链间缔合程度大，形成的微晶束晶体结构紧密，结晶区域大。而支链淀粉以分支端的葡萄糖链平行排列，彼此以氢键缔合成束状，形成微晶束结构，所以支链淀粉中结晶区域小，晶体结构不太紧密，淀粉颗粒大。直链淀粉与支链淀粉晶体结构的差异，也导致了其溶解性的差异。直链淀粉的晶体结构紧密、分子间氢键多，很难溶于水，糊化温度高。而支链淀粉形成的是微晶体结构，氢键较少，微晶体结构容易在温度、水分作用下被破坏，容易糊化。直链淀粉由于分子排列比较规整，分子容易相互靠拢重新排列，所以在冷的水溶液中，直链淀粉有很强的凝聚沉淀性能。而支链淀粉的分子大，各支链的空间阻碍作用使分子间的作用力减小，而且由于支链的作用，使水分子容易进入支链淀粉的微晶束内，阻碍了支链淀粉分子的凝聚，使支链淀粉不易凝聚沉淀。

淀粉颗粒的结晶结构因植物品种的来源不同而异，主要产生三种类型的 X 衍射图：一类是以谷类淀粉（如玉米、小麦、稻米淀粉）为特征的 A 型模式；另一类是以块茎、果实和茎淀粉（如马铃薯、西米和香蕉淀粉）为特征的 B 型模式；还有一些根和豆类淀粉属于 C 型模式，C 型是各种植物淀粉颗粒的 X 射线衍射图形从 A 型到 B 型连续变化的中间状态，C 型可以由 A 型或 B 型在某些特殊或预定的条件下转化而来，因此也可将 C 型看作 A 型和 B 型的混合型。

由于淀粉颗粒内部存在着结晶结构和非结晶结构，用偏光显微镜来观察淀粉颗粒时，可以观察到偏光十字。在结晶区淀粉分子链是有序排列的，而在无定形区淀粉分子链是无序排列的，由此产生各向异性现象，从而在偏振光通过淀粉颗粒时形成了偏光十字。

六、糖原

糖原（glycogen）又称动物淀粉，支链多，分子量达数百万以上。主要由葡萄糖以 α-1,4-糖苷键相连（93%），以少量 α-1,6-糖苷键（7%）形成分支。有肝糖原和肌糖原之分。糖原是由葡萄糖聚合形成的葡聚糖，在结构上与支链淀粉相似，它含有 α-1,4-和 α-1,6-糖苷键，与支链淀粉差异之处是糖原具有较高的分子量和较高的分支程度。糖原分子为球形，分子量约在 $2.7\times10^5\sim3.5\times10^6$ 之间。

第二节　淀粉的糊化与老化

一、淀粉的糊化

生淀粉分子依靠分子间氢键结合而排列得很紧密，形成束状的胶束，彼此之间的间隙很小，即使水分子也难渗透进去。具有胶束结构的生淀粉称为β-淀粉。β-淀粉在水中经加热，一部分胶束被溶解从而形成空隙，于是水分子进入内部，与余下的部分淀粉分子进行结合。胶束逐渐被溶解，空隙逐渐扩大，淀粉粒因吸水，体积膨胀数十倍，生淀粉的胶束即消失，这种现象称为膨润现象。继续加热，胶束全部崩溃，形成淀粉单分子，并被水包围，从而成为溶液状态，这种现象称为糊化(gelatinization)，处于这种状态的淀粉称为α-淀粉。

淀粉糊化的本质是有足够水分含量存在时，在一定温度作用下，淀粉的螺旋状结构变得更为伸展，成为直链状的淀粉分子链。由于组成淀粉的葡萄糖分子含有较多的—OH，而—OH为强极性基团，具有很强的亲水性，当淀粉螺旋状结构打开后，淀粉分子间的氢键断开、葡萄糖分子的—OH暴露出来，强极性的—OH可以与其他分子结合，或者与水分子结合，其结果是显著增强了淀粉的亲水性、黏结性。

同时，淀粉原料的粉碎细度越细，颗粒表面积越大，淀粉越容易受到水分、温度的影响而糊化。水产饲料的原料粉碎一般要求90%以上通过60目筛。

因此，在水产颗粒饲料制粒过程中，原料在调质器中的水分含量、温度和调质时间就是影响淀粉糊化度、黏结性能、膨胀度的重要因素。为了使水产饲料中的淀粉最大限度地糊化、膨胀和黏结交联，硬颗粒饲料调质器中水分需要保持在16%、温度保持在90～95℃，维持这个条件的时间以大于60s为宜，可以保持120～180s。对于挤压膨化饲料的调质，需要保持水分30%～35%、温度130℃左右，使其具有良好的淀粉糊化度、膨胀度和黏结性能。

表5-2　不同淀粉的糊化温度、淀粉颗粒直径

淀粉	糊化温度范围/℃	开始糊化温度/℃	淀粉粒	
			直径/μm	结晶度/%
小麦	53～65.5	53	2～38	36
直链淀粉玉米	67～87	67	5～25	20～25
蜡质玉米	63～72	63	5～25	39
马铃薯	62～68	62	15～100	25
甘薯(红薯)	82～83	82	15～55	25～50
木薯	52～64	52	5～35	38
高粱	69～75	69	5～20	65.3～75.1
稻米	61～78	61	3～9	38

淀粉糊化、淀粉溶液黏度以及淀粉凝胶的性质不仅取决于温度，还取决于共存的其他组分的种类和数量。在许多情况下，淀粉和单糖、低聚糖、脂类、脂肪酸、盐、酸以及蛋白质等物质共存。高浓度的小分子糖会降低淀粉糊化的速度、黏度的峰值和凝胶的强度，二糖在推迟糊化和降低黏度峰值等方面比单糖更有效。脂类，如三酰基甘油以及脂类衍生物，能与直链淀粉形成复合物而推迟淀粉颗粒的糊化。在糊化淀粉体系中加入脂肪，会降低其达到最大黏度的温度。加入长链脂肪酸组分或加入具有长链脂肪酸组分的一酰基甘油，将使淀粉糊化温度提高，达到最大黏度的温度也升高，而凝胶形成的温度与凝胶的强度则降低。由于淀粉具有中性特征，故低浓度的盐对糊化或凝胶的形成影响很小。而经过改性带有电荷的淀粉，可能对盐比较敏感。大多数饲料的 pH 值范围在 4～7，这样的酸浓度对淀粉膨胀或糊化影响很小。而在高 pH 值时，淀粉的糊化速度明显增加；在低 pH 值时，淀粉因发生水解而使黏度峰值显著降低。在发酵面团中加入小苏打、提高 pH 值，可以增强淀粉的黏结性。淀粉与面筋蛋白在混合时形成了面筋，在有水存在的情况下加热，淀粉糊化而蛋白质变性，使颗粒饲料具有一定质构。

二、淀粉的老化

经过糊化的 α-淀粉在室温或低于室温条件下放置一段时间后，会变得不透明甚至凝结而沉淀，这种现象称为淀粉的老化（retrogradation）。这是由于糊化后的淀粉分子在低温下又自动排列有序，相邻分子间的氢键又逐步恢复形成致密、高度晶化的淀粉分子微束的缘故。因此老化可视为糊化作用的逆转，但是老化不可能使淀粉彻底复原成生淀粉（β-淀粉）的结构状态，与生淀粉相比，老化的淀粉晶化程度低。老化的淀粉不易被淀粉酶作用，只有糊化后的淀粉才易于消化。

不同来源的淀粉，老化难易程度并不相同，一般来说直链淀粉较支链淀粉易于老化，直链淀粉越多，老化越快。支链淀粉几乎不发生老化，原因是它的结构呈三维网状空间分布，妨碍了微晶束氢键的形成。老化后的淀粉与水失去亲和力，影响颗粒饲料的质构，并且难以被淀粉酶水解，因而也不易被消化吸收。

淀粉含水量为 30%～60%时较易老化，含水量小于 10%或在大量水中则不易老化。

第三节　淀粉的消化性能和抗性淀粉

一、淀粉的消化性能

不同种类的淀粉在人体、动物消化道内具有不同的消化性能，依据淀粉的消化速率，从营养学角度将其划分为易消化淀粉（rapidly digestible starch，RDS）、慢消化淀粉（slowly digestible starch，SDS）与抗性淀粉（resistant starch，RS）3

类。抗性淀粉是指无法被健康人体小肠所吸收的淀粉及其淀粉分解物的总称。抗性淀粉又称抗酶解淀粉、难消化淀粉，在小肠中不能被酶解，但在人的肠胃道结肠中可以与挥发性脂肪酸起发酵反应。抗性淀粉抗酶解的原因是其具有致密的结构和部分结晶结构，酶分子难以与淀粉链中的糖苷键结合、难以水解其中的糖苷键。当淀粉被糊化后，淀粉链伸展，抗性随之消失，淀粉变得可以被酶解。高直链淀粉的玉米淀粉含抗性淀粉高达60%。

二、抗性淀粉

抗性淀粉本身仍然是淀粉，其化学结构不同于纤维，但其性质类似于溶解性纤维。抗性淀粉可抵抗酶的分解，在体内释放葡萄糖缓慢，具有较低的胰岛素反应，可控制血糖平衡，减少饥饿感。抗性淀粉具有可溶性食用纤维的功能，食用后可增加排便量，减少便秘。抗性淀粉可减少机体内血胆固醇和三甘油酯的量，因为食用抗性淀粉后排泄物中胆固醇和三甘油酯的量增加。

根据淀粉来源和耐酶解程度的不同，抗性淀粉一般可以概括为RS1、RS2、RS3、RS4。

① RS1，物理包埋淀粉（physically trapped starch）。作物在机械加工的过程中，有时不能完全将淀粉颗粒释放出来，这种物理屏蔽作用使得淀粉颗粒被困在植物的细胞壁中，淀粉酶难以接触到淀粉颗粒，淀粉颗粒也就无法被淀粉酶水解。比较常见的RS1存在于没有被完全粉碎的谷物、豆类等中。

② RS2，抗性淀粉颗粒（resistant starch granules）。这类淀粉特殊的构象或结构使其对酶产生高抗性，所以不易被淀粉酶水解。比较常见的RS2如生的薯类淀粉、青香蕉淀粉等。

③ RS3，老化（回生）淀粉（retrograded starch）。这类淀粉是凝沉的淀粉聚合物，是淀粉糊化后经冷却形成的。当淀粉完全糊化后，经过冷却，淀粉聚合物会发生凝沉现象，其中直链淀粉和支链淀粉均会不同程度地凝沉，凝沉结晶后的淀粉可以阻止淀粉酶的靠近，因而使RS3产生抗酶解特性。比较常见的RS3有蒸熟后又冷却的米饭、玉米片等，还有膨化饲料中的老化淀粉。

④ RS4，化学改性淀粉（chemically modified starch）。这类淀粉是指由基因改造或化学方法使淀粉分子结构发生改变，从而使其不能被酶所分解的一类抗性淀粉。如乙酰基淀粉、羟丙基淀粉、热变性淀粉以及淀粉磷酸酯、淀粉柠檬酸酯等。

淀粉的消化性能由结晶区域的分布和完整性决定，与其直链淀粉含量有关，但Panlasigui等报道直链淀粉含量不能很好地预测淀粉的消化速率。淀粉理化性质（糊化）影响淀粉的消化性能和血糖应答，而淀粉糊化特性与颗粒结构有关，其中支链淀粉的长链部分［聚合度（DP）＞100］与糊化黏度崩解值呈负相关。淀粉的精细结构对淀粉的消化性能影响很大。食物中直链淀粉/支链淀粉的比率大小也对抗性淀粉的形成有显著影响，一般说来，比值越大，抗性淀粉含量越高，这是因为直链淀粉比支链淀粉更易老化。

王琳等（2008）用AOAC2002.2的方法测定了国内外100份春小麦抗性淀粉的含量。结果显示，春小麦抗性淀粉的含量在品种间差异较大，从0.87%到4.33%，平均为2.11%。张平等（2005）测定了几种饲料原料中抗性淀粉的含量，见表5-3。

表5-3 不同物质中抗性淀粉与非抗性淀粉的含量（张平等，2005；宾石玉等，2006）

单位：%

样品	干物质	抗性淀粉	非抗性淀粉
土豆粉	88.2	49.31±2.39	11.30±0.22
燕麦	89.8	0.40±0.13	50.90±0.72
玉米	89.7	6.42±0.06	58.75±0.85
玉米	85.42	3.89	59.34
糙米	85.85	1.52	63.62
糯米	86.55	0	66.18
高直链玉米淀粉	88.06	44.98	34.38
小麦	89.6	0.64±0.11	70.93±0.10
绿豆	89.1	3.82±0.45	33.52±0.75
芋头	90.1	42.13±1.66	14.51±0.36
小米	89.4	0.21±0.20	75.51±1.10
荞麦	90.7	0.75±0.06	64.15±0.42
米	92.4	0.60±0.31	80.84±0.61
蚕豆	92.5	4.02±0.73	30.81±0.75
红薯	92.4	3.36±0.00	56.95±0.36
抗性淀粉	88.1	44.87±0.13	21.70±0.21

三、淀粉消化与血糖指数

碳水化合物进入人体后，经过消化道消化水解为小分子的葡萄糖并被吸收进入血液中，血液中所含的葡萄糖称为血糖。正常人的血糖浓度相对稳定，饭后血糖可能暂时升高，但不超过180mg/dL；空腹血液浓度比较恒定，正常为70～110mg/dL(3.9～6.1mmol/L)（两种单位的换算方法为：1mg/dL＝0.0555mmol/L)。

血糖主要来源：①食物，米、面、玉米、薯类、砂糖（蔗糖）、水果（果糖）、乳类（乳糖）等，经胃肠道的消化作用转变成葡萄糖，经肠道吸收进入血液中成为血糖；②储存于肝脏中的肝糖原和储存于肌肉中的肌糖原分解成葡萄糖被吸收进入血液中；③非糖物质即饮食中的蛋白质、脂肪分解氨基酸、乳酸、甘油等通过糖异生作用从而转化成葡萄糖。

血糖的去路主要有四条途径：①葡萄糖在组织器官中氧化分解供应能量；②在

剧烈活动时或机体缺氧时，葡萄糖进行无氧酵解，产生乳酸及少量能量以满足身体的急需；③葡萄糖可以合成肝糖原和肌糖原储存起来；④多余的葡萄糖可以再转变为脂肪等。

食物血糖生成指数（*GI*）是描述食物生理学指标的参数，表明不同种类的碳水化合物对血糖有不同的影响。以葡萄糖浆 *GI* 值=100%为标准，根据 *GI* 值大小可将碳水化合物食品分为不同的等级：*GI*<55%的食物被认为是低 *GI* 食物，55%～70%范围之间的为中 *GI* 食物，70%以上的为高 *GI* 食物。低 *GI* 食物可以被缓慢吸收，持续释放能量，有助于维持血糖稳态。食物对血糖的影响不仅与碳水化合物的含量有关，还与碳水化合物的来源、类型、物理性状、化学结构、加工方式、储存条件等有关，因此即便是同一种原料制成的不同产品也可以产生不同的血糖应答，具有不同的 *GI* 值。

血糖和肝糖原水平是反映动物糖代谢和全身组织细胞功能状态以及内分泌机能的一个重要指标，同时也可以反映饵料和营养是否适当、肝脏机能是否良好。

第四节 淀粉的膨化特性和物料组分在挤压膨化过程中的变化

一、淀粉的膨化特性

不同的淀粉其直链淀粉和支链淀粉的比例不同，这个比例影响着分子间的连接以及吸水性。支链淀粉分子间的键在高温作用下很容易断裂。支链淀粉是一种呈分支状的分子，在膨化制粒过程中起着膨胀的作用。

袁军等（2014）研究了 3 种不同淀粉源（玉米、面粉、木薯淀粉）对膨化饲料颗粒质量的影响，结果显示，饲料中支链淀粉含量与膨胀度呈正相关（$y=-1.895x^2+105.4x-1\,341.4$，$R^2=0.905$），淀粉糊化度和膨胀度呈正相关（$y=6.263x-525.9$，$R^2=0.682$）。木薯淀粉中总淀粉和支链淀粉含量最高；玉米淀粉中支链淀粉含量最低。以玉米淀粉为淀粉源的饲料膨胀度最低，以木薯淀粉为淀粉源的饲料膨胀度最高，这可能与木薯淀粉中总淀粉及支链淀粉含量都较高有关。

饲料的膨胀度与容重呈显著负相关关系，由于膨胀度的增大，颗粒直径变大，容重降低。不同淀粉源对容重的影响可以间接控制膨化沉料还是浮料。容重低于 530g/L 时就会产生浮料。

二、挤压膨化过程中物料组分的变化

1. 淀粉类的变化

淀粉糊化程度与挤压膨化过程中的工艺参数如螺杆转速、喂料速度、加工温度、物料水分含量以及交互作用有着十分密切的关系。

提高物料水分含量和套筒温度可提高产品的糊化度。在喂料水分为 18%～

27%，转速小于140r/min，温度大于80℃时，小麦淀粉急剧糊化；物料在高水分含量时，其产物糊化度也较高，但随着喂料水分的增大，其糊化度呈下降趋势。

挤压膨化物的糊化度随挤压机模头温度的升高而增大，随着螺杆转速的增大而下降，这是由于挤压机螺杆转速增大时，物料在挤压机腔体内的停留时间减少。

在生淀粉的糊化过程中也存在淀粉降解，但其降解产物与已糊化淀粉的降解产物有所不同。淀粉降解是由于挤压机内的温度和剪切作用，即使在机内温度小于150℃、物料水分在12%左右的条件下，玉米淀粉也会在挤压机内发生一定程度的降解，生成葡萄糖、麦芽糖等小分子物质。小麦淀粉在80℃以上糊化反应速度迅速加快。淀粉糊化的本质是淀粉分子间的氢键断裂，挤压膨化过程中高温、高压及强大的机械剪切力，很容易使淀粉分子间的氢键断裂，使淀粉糊化。

① 淀粉降解。挤压加工过程是一个力化学过程。谷物原料和淀粉在挤压、剪切等机械力的作用下，会发生系列化学变化。在挤压过程中，最明显的化学变化是力降解，即淀粉分子在机腔内部各种机械力的作用下，氢键断裂，大分子降解。淀粉降解程度与淀粉分子所受处理的环境条件有关。高温和剪切环境条件下，淀粉链被部分打断，淀粉主要发生降解现象，生成小分子寡糖。玉米淀粉在挤压过程中，直链部分没有发生显著变化，淀粉降解主要发生在淀粉的支链部分。

② 淀粉与其他组分的相互作用。挤压膨化作用也会使淀粉分子与蛋白质分子发生 Maillard 反应，产生褐色色素。

③ 挤压过程中纤维素的变化。纤维素在挤压加工过程中，不仅发生了物理变化，而且也发生了化学和生物化学变化。挤压可使可溶性膳食纤维的含量显著增加。小麦粉挤压加工可使可溶性纤维从40%增加到50%～75%，且增加的可溶性纤维能改善纤维的消化率。大麦粉挤压后其中的可溶性纤维含量提高，并且不溶性纤维含量也有所提高。纤维是影响挤压膨化效果的主要因素，纤维的含量越高，产品的膨化效果越差。

2. 挤压过程中蛋白质的变化

① 蛋白质的变性。挤压机套筒温度越低，喂料水分含量越高，螺杆转速越大，蛋白质变性程度就越低；相反，挤压温度越高，蛋白质的变性程度越大，组织化程度越好。蛋白质经挤压变性后，原先封闭在分子内的疏水性氨基酸残基暴露在外，使挤压蛋白在水合体系中的溶解性降低，蛋白质的分解指数（PDI值）下降。挤压物料中的其他组分对挤压蛋白的PDI值也有影响。有大量淀粉存在时，糊化的淀粉会与蛋白质发生结合，从而影响PDI指数的测定。

② 蛋白质的组织化。在挤压机腔体内，变性的蛋白质分子也可彼此之间发生二硫键和疏水键的键合，产生组织化作用。

蛋白质与蛋白质反应，形成新的共价键，产生组织化结构；蛋白质的水解，最终形成氨基酸；蛋白质与碳水化合物之间发生美拉德反应，影响组织化制品的营养价值和色泽；蛋白质与类脂物质（如油、脂肪等）反应，影响组织化状况：过多的类脂组分，使物料发生壁面滑移，不能很好地组织化；适当的类脂组分，对稳定组织化结构有益。

③ 蛋白质生物学效价的变化。挤压过程中，蛋白质的生物学效价会发生变化，这主要取决于挤压过程中有效氨基酸的损失。总的趋势是：在原料水分低于15%、挤压温度高于180℃的条件下，挤压水分含量越低，温度越高，赖氨酸损失越大，蛋白质生物学效价就越低。温和的挤压条件可以使蛋白质发生适度变性，增加对蛋白酶的敏感性，从而提高蛋白质的消化率；但在激烈的挤压条件下，氨基酸可与原料中的一些还原糖或其他羰基化合物发生反应，造成氨基酸损失，特别是赖氨酸损失较大，导致蛋白质的生物学效价和消化率下降。对不同条件下挤压膨化加工的玉米、小麦、黑麦、高粱等8种谷物进行分析，结果表明，在原料水分含量为15%、挤压温度为150℃、螺杆转速为100r/min的条件下，挤压产品的蛋白质生物学效价相比未处理原料得到了显著提高。

在温和的条件下加工（170℃、水分13%），赖氨酸损失为13%；在剧烈的条件下加工（210℃、水分13%），赖氨酸损失37%，蛋氨酸、精氨酸和胱氨酸损失分别为28%、21%、17%；然而，在剧烈条件下（210℃），但水分含量增加（18%）时，赖氨酸的损失为28%，赖氨酸损失减少了9%，表明水分含量对于赖氨酸的保留有显著的影响。

3. 挤压过程中脂肪的变化

① 形成淀粉-脂肪复合物。在挤压过程中，原料中的脂肪能够与淀粉形成复合物，不仅影响产品的膨化效果，还会影响淀粉的溶解性和消化率。

在挤压膨化中直链淀粉与脂肪形成的复合物能够由V型结构转换成更为稳定的E型结构，经X射线衍射光谱分析表明，挤压机内的剪切力是引起复合物由V型结构向E型结构转换的根本原因。

挤压温度为50～60℃时，游离脂肪含量从挤压前的81.34%下降到24.66%，而脂肪复合物含量由18.66%增加到75.34%；挤压温度为85～90℃时，脂肪复合物所占比例与50～60℃时相比无明显变化；挤压温度为120～125℃时，脂肪复合物所占比例有所下降，而游离脂肪所占比例有所升高。总之，在较低的温度下（100℃以下），随着挤压温度的升高，复合物的生成量略有增多，但在高温（100℃以上）条件下，随着温度的升高，复合物的生成量相反有较明显的减少。

挤压温度和水分含量是影响复合物生成量的主要因素，而螺杆转速对复合物生成量的影响较小。在套筒温度为110～140℃、水分含量为19%左右、螺杆转速为240r/min时，淀粉脂肪复合物的生成量较多。

② 脂肪的氧化。在相同的条件下，挤压加工的食品相比其他加工类型食品具有较长的货架期，其原因是脂肪在挤压过程中能够与淀粉和蛋白质形成复合物，脂肪复合物的生成使得脂肪受到淀粉和蛋白质的保护，这对降低脂肪的氧化速度和氧化程度、延长产品的货架期起到了积极的作用。在温度为135℃以下时，产品在保

存过程中氧化程度增加很少。

研究表明挤压可使脂肪酶和脂肪氧化酶失活，从而提高了脂肪的稳定性。脂肪含量在10%以下时，它对产品膨化率的影响很小，但含量较高时，会使产品的膨化率明显下降。脂肪含量相同的情况下，脂肪复合物的生成量越多，产品膨化率越高。脂肪复合物的生成量与产品膨化率之间有密切的相关关系。

4. 挤压过程中维生素的变化

对膨化加工最敏感的维生素是维生素A、维生素E、维生素C、维生素B_1和叶酸，与此相反，其他B族维生素如维生素B_2、维生素B_6、维生素B_{12}、烟酸、泛酸、生物素等都相对稳定。

第六章

大豆及其加工副产物

大豆是主要的油料作物和植物蛋白质作物之一；大豆油是重要的、也是主要的食用油脂来源；在中国，大豆也是常用来做各种豆制品、酿造酱油和提取蛋白质的重要原料。根据大豆的种子种皮颜色和粒形将其分为五类：黄大豆、青大豆、黑大豆、其他大豆、饲料豆。

中国《饲料原料目录》中的大豆及其副产物见表 6-1。

表 6-1 《饲料原料目录》中的大豆及其副产物

原料名称	特征描述	强制性标识要求
大豆	豆科草本植物栽培大豆(*Glycine max*. L. Merr.)的种子	
大豆分离蛋白	以低温大豆粕为原料，利用碱溶、酸析原理，将蛋白质和其他可溶性成分萃取出来，再在等电点下析出蛋白质，蛋白质含量不低于 90%(以干基计)的产品	粗蛋白质
大豆磷脂油	在大豆原油脱胶过程中分离出的、经真空脱水获得的含磷脂油	丙酮不溶物、粗脂肪、酸价、水分
大豆酶解蛋白	大豆或大豆加工产品(脱皮豆粕/大豆浓缩蛋白)经酶水解、干燥后获得的产品	酸溶蛋白(三氯乙酸可溶蛋白)、粗蛋白质、粗灰分、钙
大豆浓缩蛋白	低温大豆粕除去其中的非蛋白成分后获得的蛋白质含量不低于 65%(以干基计)的产品	粗蛋白质
大豆胚芽粕(大豆胚芽粉)	大豆胚芽脱油后的产品	粗蛋白质、粗纤维
大豆胚芽油	大豆胚芽经压榨或浸提制取的油。产品须由有资质的食品生产企业提供	酸价、过氧化值
大豆皮	大豆经脱皮工艺脱下的种皮	粗蛋白质、粗纤维
大豆筛余物	大豆籽实清理过程中筛选出的瘪的或破碎的籽实、种皮和外壳	粗纤维、粗灰分
大豆糖蜜	醇法大豆浓缩蛋白生产中，萃取液经浓缩获得的总糖不低于 55%、粗蛋白质不低于 8%的黏稠物(以干基计)	总糖、蔗糖、粗蛋白质、水分
大豆纤维	从大豆中提取的纤维物质	粗纤维

续表

原料名称	特征描述	强制性标识要求
大豆油(豆油)	大豆经压榨或浸提制取的油。产品须由有资质的食品生产企业提供	酸价、过氧化值
豆饼	大豆籽粒经压榨取油后的副产品。可经瘤胃保护	粗蛋白质、粗脂肪
豆粕	大豆经预压浸提或直接溶剂浸提取油后获得的副产品,或由大豆饼浸提取油后获得的副产品。可经瘤胃保护	粗蛋白质、粗纤维
豆渣	大豆经浸泡、碾磨、加工成豆制品或提取蛋白后的副产品	粗蛋白质、粗纤维
烘烤大豆(粉)	烘烤的大豆或将其粉碎后的产品。可经瘤胃保护	
膨化大豆(膨化大豆粉)	全脂大豆经清理、破碎(磨碎)、膨化处理获得的产品	粗蛋白质、粗脂肪
膨化大豆蛋白(大豆组织蛋白)	大豆分离蛋白、大豆浓缩蛋白在一定温度和压力条件下,经膨化处理获得的产品	粗蛋白质
膨化豆粕	豆粕经膨化处理,或大豆胚片经膨胀豆粕制油工艺提油后获得的产品	粗蛋白质、粗纤维

第一节　大豆和膨化大豆

大豆是重要的食用油脂和蛋白质来源，也是饲料的重要原料。大豆类饲料原料的主要优势在于：蛋白质含量高，蛋白质的溶解性好，可利用率高；大豆类饲料原料的氨基酸平衡性好，没有含量特别高或特别低的氨基酸，适合于养殖动物；大豆油脂、磷脂油的脂肪酸组成平衡性好，可以有效提供油脂能量和磷脂。大豆类饲料的主要不利因素是：含有较多的热敏感抗营养因子，可以通过加热的方式使热敏感因子失活，但过高的温度会导致蛋白质过度变性、赖氨酸等的损失；有研究资料显示，水产饲料中豆粕含量过高（大于20%）会导致水产动物肝胰脏损伤，具体的损伤物质、含量等还有待研究。

一、大豆的主要营养物质

大豆中的储藏物质除了脂质、蛋白质和碳水化合物等大分子之外，还有多种小分子营养物质和抗氧化成分，如植物甾醇、维生素 E、异黄酮以及多酚类物质等。大豆种子中脂质、蛋白质和碳水化合物的含量分别为18%～22%、36%～42%和30%～35%。大豆籽粒中蛋白质经过超离心分离后可分成2S蛋白（α-浓缩大豆球蛋白，占22%）、7S蛋白（β、γ-浓缩大豆球蛋白，占37%）、11S蛋白（大豆球蛋白，占31%）和15S蛋白（球蛋白聚合物，占15%）四种成分。

二、大豆加工副产物类饲料原料

以大豆为原料加工豆油，得到的豆饼或豆粕是重要的植物蛋白质原料，大豆皮是主要的粗纤维原料；以大豆为原料，可以加工豆浆（豆奶）、豆腐等食物，其豆渣可以作为发酵饲料的原料，也可以干燥后作为饲料原料；以大豆或豆粕为原料，发酵生产酱油，其发酵渣即酱油渣也是重要的蛋白质和脂肪原料；以脱脂后的豆粕为原料，提取大豆分离蛋白质、大豆浓缩蛋白质后，得到的大豆糖蜜、大豆渣，也是重要的饲料原料（图 6-1）。

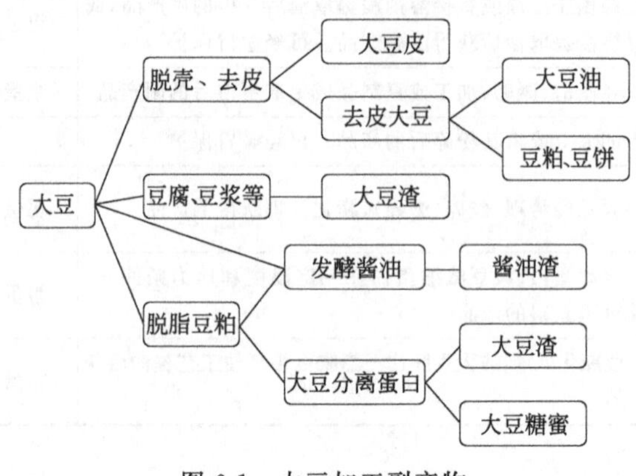

图 6-1 大豆加工副产物

三、大豆在水产饲料中的使用

大豆可以直接作为饲料原料在水产饲料中使用，尤其作为挤压膨化饲料的原料直接使用。大豆中含有热敏感的抗营养因子，如大豆凝集素、胰蛋白酶抑制因子等，经过膨化后的膨化大豆则作为饲料原料。水产硬颗粒饲料的制粒温度为 85～95℃，调质温度的持续时间根据加工设备的不同而有差异，一般是在 60s 以上，增加了调质器长度或调质器级数的设备，可以达到 240s 的持续时间。因此，在硬颗粒饲料中使用 3%～5%的大豆作为原料，可以导致大部分热敏感物质失活。我们的试验结果显示，使用 3%～6%的大豆作为草鱼、团头鲂的硬颗粒饲料原料直接使用，养殖效果显著好于等量“豆粕＋豆油”的效果。

在水产膨化饲料加工中，制粒温度达到 132℃左右，调质器中温度达到 90℃以上、水分含量达到 32%以上、持续时间达到 100s 以上，可以使饲料中的大豆热敏感物质完全失活。因此，在水产膨化饲料中可以直接将大豆作为原料使用。在鱼类膨化饲料中，可以使用 10%～15%的大豆作为原料，其使用量主要依据饲料的配方成本和大豆的价格确定。

只要大豆的价格低于等量“豆粕＋豆油”的价格，就可以选择大豆直接作为饲料原料使用。

将大豆直接作为饲料原料使用，既可以获得大豆蛋白质、油脂，也可以获得其中的磷脂、大豆异黄酮等成分。

《大豆》(GB 1352—2009) 中，将大豆分为高油大豆和高蛋白大豆，高油大豆是指大豆粗脂肪含量不低于 20.0%的大豆，高蛋白大豆是指粗蛋白质含量不低于 40.0%的大豆。《饲料用大豆》(GB 10384—89) 中，将大豆依据蛋白质含量和粗纤维含量分为三级。大豆的质量标准见表 6-2。

表 6-2　大豆质量标准

《大豆》(GB 1352—2009)						
等级		粗脂肪/粗蛋白质含量(干基)/%	完整粒率/%	损伤粒率/%		杂质含量/%
				合计	热损伤粒率	
高油大豆（粗脂肪）	1	≥22.0	≥85.0	≤3.0	≤0.5	≤1.0
	2	≥21.0				
	3	≥20.0				
高蛋白大豆（蛋白质含量）	1	≥44.0	≥90.0	≤2.0	≤0.2	1.0
	2	≥42.0				
	3	≥40.0				
《饲料用大豆》(GB 10384—89)						
等级		粗蛋白/%		粗纤维/%		粗灰分/%
饲料用大豆	1	≥36.0		<5.0		<5.0
	2	≥35.0		<5.5		
	3	≥34.0		<6.0		

四、膨化大豆

膨化大豆是将大豆经过挤压膨化设备制成膨化的大豆粉，使热敏感物质失活，减少了大豆中抗营养因子的副作用，可以在水产饲料中作为蛋白质和脂肪原料直接使用。膨化大豆的蛋白质含量为 33%～37%，脂肪含量为 16%～20%，见图 6-1。

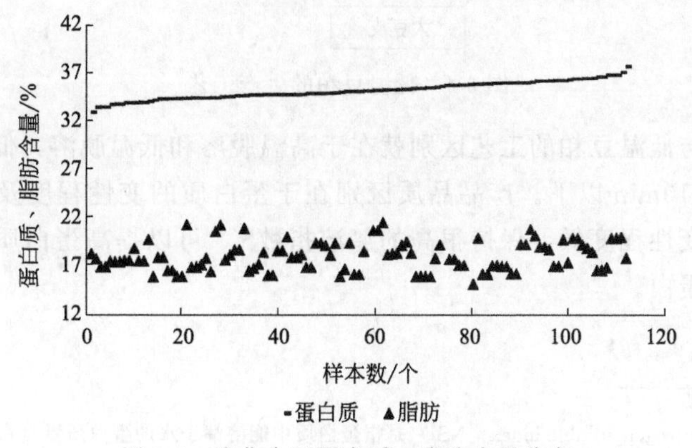

图 6-2　膨化大豆蛋白质、脂肪含量分布

第二节 大豆粕

一、大豆粕的来源与类型

豆粕是以大豆为原料提取大豆油后的副产物，随着大豆油脂提取工艺的改进和发展，得到的豆粕质量也发生了一些变化，出现多种质量状态的豆粕，如《饲料原料 豆粕》(GB/T 19541—2017）和《食用大豆粕》(GB/T 13382—2008）等。

高温豆粕、低温豆粕、膨化豆粕的差异。高温豆粕与低温豆粕的主要差异在于经过浸提油脂后豆粕脱去溶剂的方式和温度不同，高温豆粕脱去溶剂的温度较高，蛋白质热变性、热敏感物质变性程度高，主要用作饲料用大豆粕，其蛋白质溶解度或氮溶指数较低；而低温豆粕则是脱去溶剂的温度低、蛋白质热变性程度低、氮溶指数高（大于 70%）的豆粕，主要用于分离食用的大豆蛋白等，其副产物主要为大豆糖蜜。膨化豆粕则是在一般的大豆压榨油脂过程中，大豆经过轧坯、膨化后再进行油脂浸提获得的豆粕（图 6-3）。

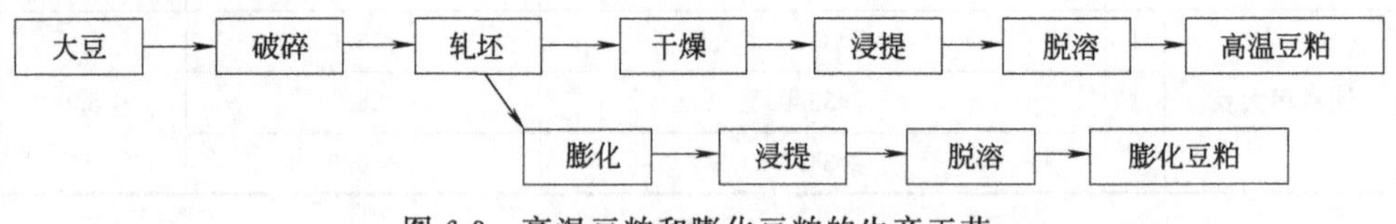

图 6-3 高温豆粕和膨化豆粕的生产工艺

低温豆粕（食用豆粕）的生产工艺见图 6-4。大豆进行干燥、去皮后再进行轧坯、浸提，浸提豆油后低温脱去溶剂，得到低温豆粕。低温豆粕的生产工艺主要有三种：闪蒸脱溶、卧式脱溶和 4 号溶剂油（液化石油气）浸出技术。

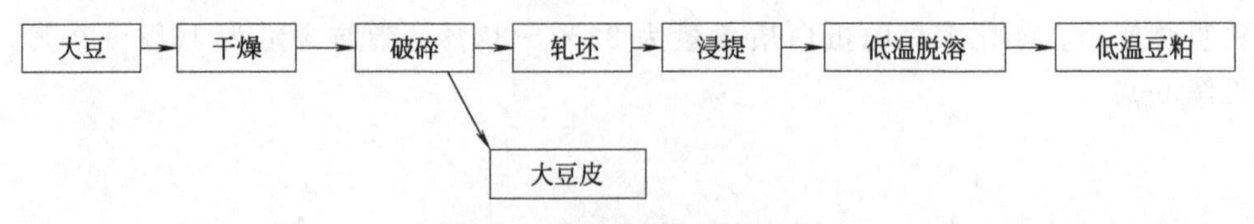

图 6-4 低温豆粕的生产工艺

高温豆粕与低温豆粕的工艺区别就在于高温脱溶和低温脱溶，低温脱溶的温度在 65℃、时间 10min 以下。产品品质区别在于蛋白质的变性程度及性能不同。低温豆粕蛋白质变性程度低，保持很高的氮溶指数❶，可以提高蛋白质利用率，一般用于生产大豆蛋白。

---

❶ 氮溶指数（nitrogen soluble index，NSI）是指蛋白质中能溶解于水的蛋白质氮量占该蛋白质氮总量的百分比。美国、日本等国生产的低温豆粕 NSI 值均在 85 %以上，有些甚至超过了 90%。

二、大豆粕的质量

豆粕的质量标准见表 6-3。

表 6-3　豆粕的质量标准

《饲料原料 豆粕》(GB/T 19541—2017)				
项目	带皮大豆粕		去皮大豆粕	
等级	一级	二级	一级	二级
水分/%	≤12.0	≤13.0	≤12.0	≤13.0
粗蛋白/%	≥44.0	≥42.0	≥48.0	≥46.0
粗纤维/%	≤7.0		≤3.5	≤4.5
粗灰分/%	≤7.0		≤7.0	
尿素酶活性(以氨态氮)/[mg/(min·g)]	≤0.3		≤0.3	
氢氧化钾蛋白质溶解度/%	≥70.0		≥70.0	
《食用大豆粕》(GB/T 13382—2008)				
等级	一级		二级	
水分/%	≤12.0		≤12.0	
粗蛋白(干基)/%	≥49.0		≥46.0	
粗纤维(干基)/%	≤5.0		≤7.0	
粗脂肪(干基)/%	≤2.0		≤2.0	
灰分(干基)/%	≤6.5		≤6.5	
含砂量/%	≤0.5		≤0.5	

注：1.粗蛋白质、粗纤维、粗灰分三项指标均以88%或者87%干物质为基础计算。

2.食用大豆粕用于加工组织蛋白时，含砂量应≤0.1%。

3.氢氧化钾蛋白质溶解度是指大豆粕样品在规定的条件下，可溶于0.2%氢氧化钾溶液中的粗蛋白质含量占样品中总粗蛋白质含量的质量分数。

本书统计了多个饲料企业730个豆粕样本、70个发酵豆粕样本、60个膨化大豆样本、120个大豆浓缩蛋白样本的常规检测指标和氨基酸含量、氨基酸比例的分析数据，见表6-4和表6-5。

表 6-4　豆粕、发酵豆粕、膨化大豆、大豆浓缩蛋白的常规检测指标　单位：%

原料名称	水分	粗蛋白	粗脂肪	粗纤维	粗灰分	蛋白质溶解度
豆粕	12.43±1.04	44.89±1.57	1.62±0.91	5.14±1.24	6.04±0.44	75.94±6.85
发酵豆粕	7.86±1.10	49.54±3.04	6.12±0.01	4.48±0.20	6.77±0.93	
膨化大豆	10.31±0.90	35.28±0.91	18.07±1.48		5.11±1.21	
大豆浓缩蛋白	5.61±2.29	67.62±0.51			6.58±0.33	

表 6-5　豆粕、发酵豆粕、膨化大豆、大豆浓缩蛋白的氨基酸含量、氨基酸比例　　单位：%

氨基酸	缬氨酸	蛋氨酸	赖氨酸	异亮氨酸	亮氨酸	苯丙氨酸	组氨酸	精氨酸	苏氨酸
豆粕含量	2.10±0.12	0.60±0.05	2.80±0.12	2.03±0.11	3.49±0.16	2.29±0.11	1.20±0.06	3.30±0.17	1.70±0.10
膨化大豆含量	1.77±0.03	0.48±0.01	2.25±0.02	1.67±0.02	2.79±0.04	1.86±0.05	0.96±0.05	2.69±0.08	1.28±0.01
大豆浓缩蛋白含量	3.03±0.15	0.66±0.11	4.18±0.12	2.99±0.13	5.22±0.15	3.41±0.10	1.78±0.08	4.78±0.17	2.68±0.09
豆粕 AA 比例	4.77	1.35	6.35	4.60	7.92	5.20	2.72	7.49	3.85
豆粕 EAA 比例	10.79	3.06	14.36	10.40	17.90	11.76	6.14	16.93	8.70
膨化大豆 AA 比例	5.02	1.36	6.40	4.74	7.93	5.27	2.73	7.62	3.63
膨化大豆 EAA 比例	11.23	3.05	14.31	10.61	17.74	11.79	6.10	17.06	8.12
大豆浓缩蛋白 AA 比例	4.70	1.02	6.50	4.65	8.12	5.30	2.77	7.43	4.17
大豆浓缩蛋白 EAA 比例	10.57	2.30	14.62	10.46	18.25	11.91	6.23	16.70	9.37
氨基酸	天冬氨酸	丝氨酸	谷氨酸	甘氨酸	丙氨酸	脯氨酸	胱氨酸	酪氨酸	NH_3
豆粕含量	5.16±0.23	2.35±0.10	8.54±0.42	1.93±0.06	2.01±0.25	2.29±0.12	0.64±0.05	1.64±0.09	0.74±0.12
膨化大豆含量	4.08±0.03	1.79±0.05	6.81±0.08	1.54±0.01	1.57±0.01	1.84±0.03	0.55±0.03	1.31±0.02	0.57±0.06
大豆浓缩蛋白含量	7.67±0.23	3.53±0.14	12.54±0.42	2.82±0.07	2.95±0.08	3.47±0.27	0.68±0.12	2.35±0.11	1.05±0.10
豆粕 AA 比例	11.71	5.34	19.38	4.38	4.57	5.20	1.45	3.72	
膨化大豆 AA 比例	11.58	5.07	19.34	4.37	4.46	5.21	1.55	3.71	
大豆浓缩蛋白 AA 比例	11.92	5.49	19.49	4.38	4.58	5.39	1.06	3.66	1.63

将豆粕的蛋白质含量作图，见图 6-5。由图可看出 730 个豆粕样本中的蛋白质分布状态。按照豆粕的质量标准，蛋白质含量有 42.0%、44.0%、46.0% 和 48.0%等级，图 6-5 中豆粕蛋白质含量范围在 42%～49%之间分布，而高于 48%蛋白质含量的豆粕样本数不多。

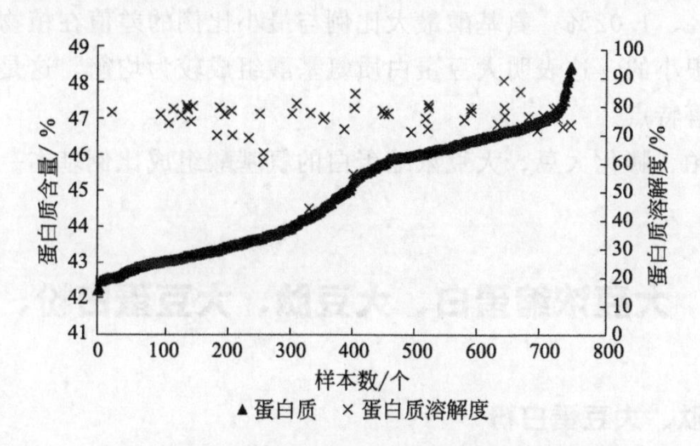

图 6-5 豆粕蛋白质含量、蛋白质溶解度分布

将检测豆粕蛋白质溶解度的数据也加入图 6-5 中，可以发现，检测的豆粕蛋白质溶解度主要分布在 70%～80%。

粗纤维含量是判别大豆皮含量的一个重要指标，将豆粕蛋白质含量与检测的粗纤维含量数据作图，得到图 6-6。粗纤维含量低于 4.5%的属于去皮豆粕。图 6-6 中，蛋白质含量低于 46%的豆粕检测样本中，较多的样本粗纤维含量在 3%～8%，说明样本中应该含有较多的大豆皮。

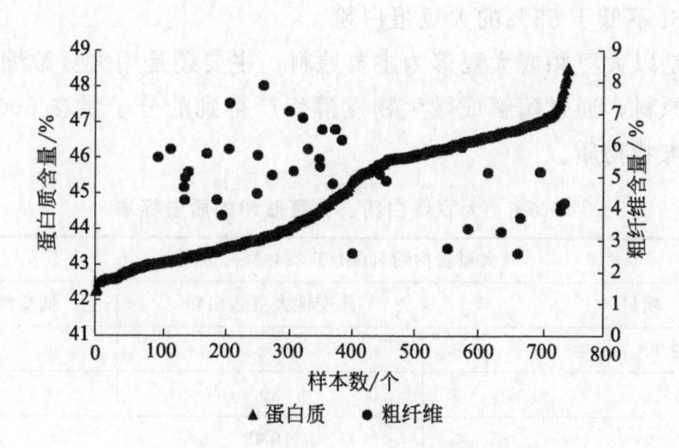

图 6-6 豆粕蛋白质、粗纤维含量分布

值得注意的是，巴西大豆的蛋白质含量高，不去皮的豆粕蛋白质含量也能达到 44%～46%，因此，将蛋白质含量大于 44%的豆粕归类为去皮豆粕就不合适了。建议以蛋白质溶解度或氮溶指数作为豆粕质量的判定指标更为合适、合理。

分析豆粕、膨化大豆、大豆浓缩蛋白的氨基酸组成、氨基酸比例和必需氨基酸比例可以发现，大豆类原料蛋白质的氨基酸比例较为均衡，在 17 种氨基酸中，单个氨基酸占总氨基酸比例最高的为谷氨酸，其比例在豆粕、膨化大豆、大豆浓缩蛋白中分别为 19.38%、19.34%、19.49%，而比例最低的氨基酸为蛋氨酸，分别为 1.35%、1.36%、1.02%，氨基酸最大比例与最小比例的差值在植物蛋白质氨基酸组成比例中是很小的，这表明大豆蛋白质氨基酸组成较为均衡，这是大豆蛋白质氨基酸组成的显著特点。

同时，豆粕、膨化大豆、大豆浓缩蛋白的氨基酸组成比例基本一致，没有太大差异。

第三节　大豆浓缩蛋白、大豆肽、大豆蛋白粉、大豆渣

一、大豆肽、大豆蛋白粉

以大豆分离蛋白、大豆浓缩蛋白为原料，采用酶解工艺或发酵工艺，可以得到食用的大豆肽。在大豆肽生产过程中，部分达不到食用质量要求的大豆肽产品可以作为饲料用的大豆肽。

《大豆蛋白粉》(GB/T 22493—2008)、《大豆肽粉》(GB/T 22492—2008)（表 6-6）规定，大豆蛋白粉是指大豆经过清选、脱皮、脱脂、粉碎等工艺加工得到的蛋白粉，热变性大豆蛋白粉是采用热处理后的大豆粕经粉碎等生产工艺加工得到的大豆蛋白粉，而低变性大豆蛋白粉为低温脱脂大豆粕经研磨等生产工艺加工，得到的氮溶指数 NSI 不低于 55%的大豆蛋白粉。

大豆肽粉是以大豆粕或大豆等为主要原料，主要还是用大豆浓缩蛋白或大豆分离蛋白为直接原料，通过酶解或微生物发酵生产得到的分子量在 5000 以下、主要成分为肽的粉末状物质。

表 6-6　大豆蛋白粉、大豆肽粉的质量标准

《大豆蛋白粉》(GB/T 22493—2008)			
项目		热变性大豆蛋白粉	低变性大豆蛋白粉
氮溶指数(NSI)/%	≥	—	55
粗蛋白质(干基)/%	≥	50	50
水分/%	≤	10.0	10.0
灰分(干基)/%	≤	7.0	7.0
粗脂肪(干基)/%	≤	2.0	2.0
粗纤维(干基)/%	≤	5.0	5.0
细度(通过直径 0.154mm 筛)/%	≥	95	95

续表

《大豆肽粉》(GB/T 22492—2008)				
项目		一级	二级	三级
粗蛋白质(干基,N×6.25)/%	≥	90.0	85.0	80.0
肽含量(干基)/%	≥	80.0	70.0	55.0
≥80%肽段的分子量	≤	2000	5000	
灰分(干基)/%	≤	6.5	8.0	
粗脂肪(干基)/%	≤	1.0		
脲酶(尿素酶)活性		阴性		

二、大豆浓缩蛋白

大豆浓缩蛋白（soybean protein concentrate，SPC）是以脱脂豆粕（一般为低温豆粕）为原料，去除大豆糖蜜等可溶性成分后，蛋白质含量达到65%以上的产品，可以用于食品蛋白质的补充，也可作为饲料植物蛋白质的原料使用。大豆浓缩蛋白的生产工艺主要有酸法生产（pH＝4.2～4.5）、醇法生产、超滤方法、热变性方法，其中以醇法生产为主。1000kg 豆粕可以制得 750kg 大豆浓缩蛋白。

大豆浓缩蛋白的氨基酸组成、氨基酸比例见表 6-5。

将 44 个大豆浓缩蛋白样本的氨基酸总量、必需氨基酸总量作图，见图 6-7。从图中可看出，大豆浓缩蛋白总氨基酸含量为 60%～70%，9 种必需氨基酸含量为 26%～30%。

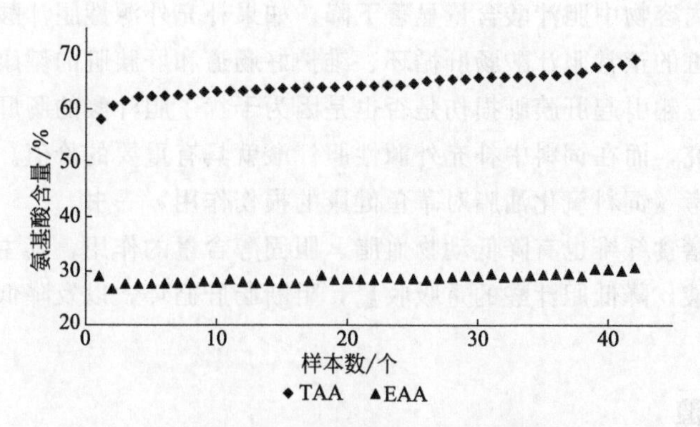

图 6-7　大豆浓缩蛋白总氨基酸、必需氨基酸含量分布

大豆蛋白的种类可以分为 4 类，其中 11s 的大豆球蛋白（glycinin）和 7s 的豌豆球蛋白（vicilin）约占大豆蛋白的 70%，是大豆蛋白的主要功能性成分。

大豆浓缩蛋白除了直接用作水产饲料的蛋白质原料外，在食品行业中则是以其为原料，采用酶解或发酵的方法生产大豆蛋白肽，大豆蛋白肽具有重要的功能性作用。

何雨青等（2010）采取纤维素酶与蛋白酶分步复合酶解法制取大豆多肽。经2%纤维素酶酶解，以高温高压作为预处理方法，碱性酶、中性酶、风味酶质量分数比例为3∶1∶1，pH值为7.5，底物浓度为8%，酶解时间为5h，超滤后进行喷雾干燥，得到的大豆多肽粉末中大豆多肽含量为98.5%，分子量≤3286，总氮含量为82.1%。

值得关注的是大豆蛋白、大豆蛋白肽对血清胆固醇、胆汁酸代谢的影响。豆粕、大豆、膨化大豆等大豆类产品也有这方面的作用。

三、大豆产品中的大豆肽

大豆蛋白肽（soy oligo peptides，SOP）是大豆蛋白经酶解而获得的由3～6个氨基酸组成、分子量低于1000的低分子肽（组成蛋白质的氨基酸分子量范围为89～204）。

大豆蛋白可通过影响载脂蛋白B（apolipoprotein B）、胆固醇生物合成关键酶（HMG-CoA还原酶）及低密度脂蛋白受体（LDL-R基因）的表达来改变血浆胆固醇水平。大豆蛋白可以显著增加实验动物粪便中胆汁酸的排泄。大豆类蛋白质、大豆蛋白肽等可以与肠道胆汁酸结合，形成复合物，从而阻止肠道黏膜对胆汁酸的再吸收，干扰胆汁酸的肠肝循环代谢，促使胆固醇用于胆汁酸的合成，从而降低血浆中胆固醇的含量。这是大豆类产品降低血浆胆固醇的主要作用机制。

我们的研究显示，正常的胆汁酸肠肝循环对于水产动物生长、饲料转化和肠道、肝胰脏健康具有重要的作用，尤其是氧化油脂诱导、疾病等条件下，水产动物的血清、肠道内容物中胆汁酸含量显著下降，如果补充外源性胆汁酸则可以维护肠道黏膜和肝胰脏的正常胆汁酸肠肝循环、维护好肠道和肝胰脏的健康。因此，水产饲料中过量的豆粕引起肝胰脏损伤是否也是因为干扰了胆汁酸的肠肝循环代谢？这个问题值得研究，而在饲料中补充外源性胆汁酸就具有重要的价值。有关详细的研究内容可以参考《饲料氧化油脂对草鱼健康的损伤作用》一书。

大豆中的膳食纤维也有降低动物血脂、胆固醇含量的作用，其主要作用机理包括：吸附胆汁酸，降低胆汁酸的重吸收量，阻断肠肝循环，以及降低膳食胆固醇的吸收率。

四、大豆渣

在豆腐、豆浆和大豆分离蛋白（SPI）的加工中，主要副产物为豆渣。干豆渣中含有纤维素42.4%～58.1%，蛋白质15.2%～33.4%，脂肪8.3%～10.9%，碳水化合物3.8%～5.3%，灰分3.0%～4.5%。碳水化合物：单糖0.6%～0.7%，水苏糖0.9%～1.4%，棉籽糖0.4%，蔗糖1.3%～2.3%，淀粉0.59%～0.79%。豆渣纤维素中，半纤维素含量12.1%～13.3%，纤维素5.6%～6.5%，木质素 11.7%～13.1%，植酸 0.16%～0.23%。

大豆渣的饲料利用。我国食品中，豆浆（豆奶）、豆腐的生产几乎遍布全国各地，其产量不高、作坊较为分散，但全国整体的资源量非常庞大。大豆渣水分含量较高，所以一般直接用于养殖场作为猪、鸡、鸭的饲料使用。大豆渣烘干后可以较长时间保存和运输，可以作为水产饲料原料使用，更好的使用方式是以豆渣为原料，微生物发酵后使用。

第四节　发酵豆粕、酶解豆粕

以豆粕为原料，采用酶解工艺得到的酶解豆粕可以作为饲料原料。而以豆粕为原料，采用固体发酵工艺得到的发酵豆粕主要用于饲料原料。

发酵豆粕是以豆粕为主要原料，添加适量的糖蜜、水分，用微生物菌种通过固体发酵工艺生产得到的产品。质量差异主要来源于发酵原料的选择、配合比例（配方），选用的发酵菌种对发酵产品的影响很大，如采用曲霉、谷草芽孢杆菌、酵母等以产生蛋白酶为主的菌种，利用菌种生长产生的胞外酶分解豆粕中的大分子蛋白质，增加蛋白质的溶解性，减少大豆蛋白的抗原性，可以得到一定小肽含量的产品。将这些产品作为优质的蛋白质原料用于水产饲料中，对养殖动物提高消化率、改善肠道健康、维护养殖动物健康均有很好的作用。如果采用乳酸菌、酵母菌等为主的发酵工艺，发酵豆粕中乳酸含量增加，对于改善肠道健康也有好的作用。

目前还没有发酵豆粕的质量标准，统计了饲料企业使用的发酵豆粕的常规检测指标和氨基酸含量、氨基酸比例等指标，见表 6-7、表 6-8。

表 6-7　发酵豆粕的常规检测指标　　单位：%

原料名称	水分	粗蛋白	粗脂肪	粗纤维	粗灰分
发酵豆粕	7.86±1.10	49.54±3.04	6.12±0.01	4.48±0.20	6.77±0.93

发酵豆粕湿料的水分含量一般为 20%～38%，作为发酵豆粕商品进行市场交易时一般要烘干，而如果饲料企业生产发酵豆粕自己使用，则不需要烘干，可以直接使用发酵豆粕湿料，其使用量则以发酵豆粕水分含量对调质器制粒的水分限制为依据，一般情况下，硬颗粒饲料调质器水分限制为 16%，则可以使用 3%～4%的发酵豆粕湿料；膨化饲料调质器水分限制为 36%，则可以使用 5%～6%的发酵豆粕湿料。

发酵豆粕湿料在烘干过程中，可能导致挥发性的脂肪酸、呈味物质等损伤，同时因为美拉德反应等可能导致赖氨酸、精氨酸等的损失。从在水产饲料中的使用效果看，湿料的使用效果好于干发酵豆粕的使用效果。

表 6-8 发酵豆粕的氨基酸含量、氨基酸比例

单位：%

氨基酸	缬氨酸	蛋氨酸	赖氨酸	异亮氨酸	亮氨酸	苯丙氨酸	组氨酸	精氨酸	苏氨酸
发酵豆粕	2.21±0.26	0.60±0.07	2.74±0.28	2.11±0.18	3.60±0.31	2.35±0.20	1.21±0.13	3.10±0.29	1.82±0.18
湿基发酵豆粕	1.10±0.30	0.28±0.07	1.43±0.40	1.06±0.31	1.85±0.53	1.22±0.35	0.62±0.17	1.66±0.54	0.96±0.27
发酵豆粕 AA 比例	4.89	1.32	6.06	4.67	7.97	5.21	2.69	6.87	4.02
发酵豆粕 EAA 比例	11.20	3.02	13.86	10.68	18.24	11.92	6.15	15.72	9.20
湿 AA 比例	4.75	1.20	6.19	4.57	7.97	5.26	2.68	7.16	4.12
湿 EAA 比例	10.81	2.72	14.09	10.41	18.16	11.97	6.10	16.31	9.39
氨基酸	天冬氨酸	丝氨酸	谷氨酸	甘氨酸	丙氨酸	脯氨酸	胱氨酸	酪氨酸	NH_3
发酵豆粕	5.34±0.47	2.42±0.36	8.69±0.76	2.05±0.25	2.23±0.24	2.41±0.38	0.63±0.17	1.64±0.17	0.81±0.13
湿基发酵豆粕	2.76±0.78	1.26±0.36	4.50±1.24	1.05±0.29	1.09±0.30	1.23±0.37	0.29±0.08	0.84±0.28	0.40±0.12
发酵豆粕 AA 比例	11.84	5.36	19.26	4.54	4.93	5.34	1.40	3.64	
湿 AA 比例	11.89	5.42	19.41	4.52	4.68	5.30	1.24	3.64	
特征值	ΣEAA	ΣAA	Lys/Met						
发酵豆粕	19.73±1.62	45.15±3.83	4.62±0.46						
湿基发酵豆粕	10.18±2.91	23.18±6.60							

第五节　大豆糖蜜

大豆糖蜜是生产大豆浓缩蛋白过程中液态水溶液经过浓缩处理后的产品，富含糖类物质、大豆异黄酮、大豆低聚糖、大豆蛋白及大豆中原有的水溶性矿物元素等。每生产 1t 大豆浓缩蛋白将得到大约 0.34t 的大豆糖蜜。对大豆糖蜜的成分进行常规化学分析得出，主要成分含量为总糖 50%～60%（其中，蔗糖 15%～20%，单糖 5%～10%，大豆低聚糖 15%～20%，水苏糖＋棉籽糖 10%～15%），大豆异黄酮 2%～4%，粗蛋白 5%～8%，总脂类及磷脂 5%～8%，灰分 4%～6%。

大豆糖蜜的主要用途：①大豆糖蜜作为发酵底物：大豆糖蜜中的碳水化合物占到总固形物含量的 50%～60%左右，可以作为微生物发酵时的优良底物，与常用的碳源葡萄糖相比，价格仅为葡萄糖的五分之一，因此可极大程度地提高利润和节约成本。②大豆糖蜜作为提取原料：提取大豆低聚糖、大豆异黄酮、大豆皂苷、大豆磷脂等产品。

大豆糖蜜的主要成分及用途见图 6-8。

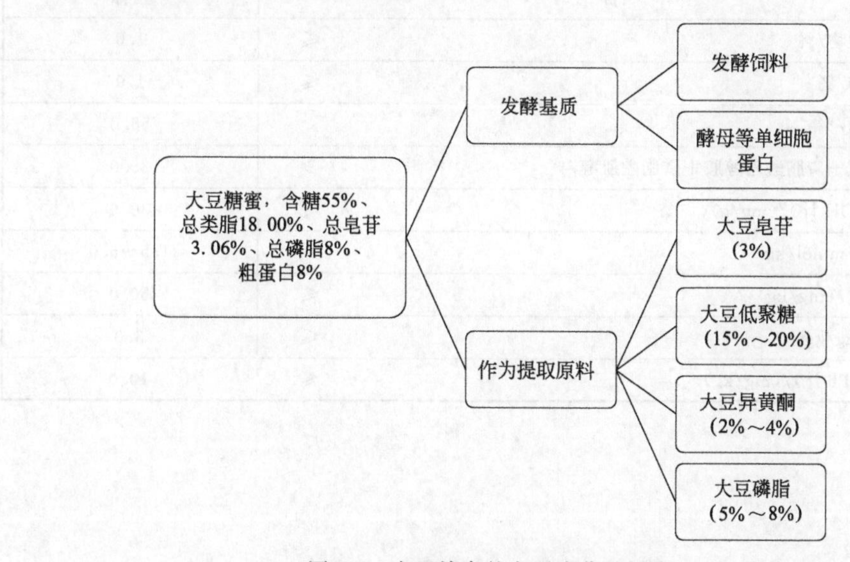

图 6-8　大豆糖蜜的主要成分及用途

大豆糖蜜在水产饲料中可以作为原料直接使用，利用其中高糖含量增加颗粒饲料的粘接性，同时，利用高糖吸水性好、保水性好，可以降低水分活度的性质，维持颗粒饲料中的水分含量。据实际生产测定分析结果显示，饲料中使用 2%～3% 的大豆糖蜜可以显著降低颗粒的分化率、提高 0.5～1.0 个百分点的水分含量。由于糖蜜的存在可以降低水分活度，因此在较高水分含量下，也可以抑制霉菌的生长，起到防止霉菌生长的作用。

第六节 大豆磷脂

大豆磷脂是由甘油、脂肪酸、胆碱或胆胺所组成的酯，能溶于油脂及非极性溶剂中。大豆中磷脂含量为1.2%～3.2%，磷脂中主要组分有：磷脂酰胆碱（卵磷脂）36.2%，磷脂酰乙醇胺（脑磷脂）21.4%，磷脂酰肌醇为15.2%，磷脂酸1.6%，磷脂酰甘油6.1%，其他7.5%。其质量指标见表6-9。磷脂是大脑和神经系统所必需的成分，也是脂蛋白的主要成分，在脂类的转运中起重要作用。磷脂是一种天然表面活性剂，可以促进消化吸收，同时磷脂是生物膜的重要组成部分，也是动物脑、神经组织、骨髓和内脏中不可缺少的成分，对幼龄动物的生长发育非常重要。在饲料中补充一定量的磷脂，可促进鱼类生长，提高饲料利用效率，降低鱼类死亡率，提高机体免疫力。同时，大豆中异黄酮含量为0.1%～0.3%，可提高动物非特异性免疫力。

表6-9 饲料添加剂中大豆磷脂的质量指标（GB/T 23878—2009）

项目		指标
水分及挥发物/%	≤	1.0
己烷不溶物/%	≤	1.0
丙酮不溶物/%	≥	55.0
磷脂酰胆碱＋磷脂酰乙醇胺＋磷脂酰肌醇/%	≥	35.0
酸价(以KOH计)/(mg/g)	≤	30.0
过氧化值/(mmol/kg)		1.5～6.0
残留溶剂量/(mg/kg)	≤	50.0
砷(As)/(mg/kg)	≤	3.0
重金属(以Pb计)/(mg/kg)	≤	10.0

第七章

棉籽和棉粕类饲料原料

《饲料原料目录》中，棉籽、棉籽粕类饲料原料如表 7-1 所示。作为水产饲料的主要为棉仁饼、棉籽饼、棉籽粕、棉籽蛋白、脱酚棉籽蛋白、棉籽酶解蛋白等原料。

表 7-1 《饲料原料目录》中棉籽、棉籽粕类饲料原料

原料名称	特征描述	强制性标识要求
棉籽	锦葵科草木或多年生灌木棉花(*Gossypium* spp.)蒴果的种子,不得用于水产饲料。可经瘤胃保护	
棉仁饼	按脱壳程度,含壳量低的棉籽饼称为棉仁饼	粗蛋白质、粗脂肪、粗纤维
棉籽饼(棉饼)	棉籽经脱绒、脱壳和压榨取油后的副产品	粗蛋白质、粗脂肪、粗纤维
棉籽蛋白	由棉籽或棉籽粕生产的粗蛋白质含量在 50%(以干基计)以上的产品	粗蛋白质、游离棉酚
棉籽壳	棉籽剥壳,以及仁壳分离后以壳为主的产品	粗纤维
棉籽酶解蛋白	棉籽或棉籽蛋白粉经酶水解、干燥后获得的产品	酸溶蛋白(三氯乙酸可溶蛋白)、粗蛋白质、粗灰分、游离棉酚、钙
棉籽粕(棉粕)	棉籽经脱绒、脱壳、仁壳分离后,经预压浸提或直接溶剂浸提取油后获得的副产品,或由棉籽饼浸提取油获得的副产品。可经瘤胃保护	粗蛋白质、粗纤维
棉籽油(棉油)	棉籽经压榨或浸提制取的油。产品须由有资质的食品生产企业提供	酸价、过氧化值
脱酚棉籽蛋白(脱毒棉籽蛋白)	以棉籽为原料,在低温条件下,经软化、轧胚、浸出提油后将棉酚以游离状态萃取脱除后得到的粗蛋白含量不低于 50%、游离棉酚含量不高于 400mg/kg、氨基酸占粗蛋白比例不低于 87%的产品	粗蛋白质、粗纤维、游离棉酚、氨基酸占粗蛋白比例

第一节 棉籽粕生产工艺流程

棉籽粕是以棉籽为原料，压榨提取油脂后的副产物。

一、棉籽粕生产工艺流程

棉籽粕是榨油厂生产棉籽油的副产物。以棉籽（毛棉籽或光棉籽）为生产原料，经过原料除杂、剥壳、筛分、软化（高蛋白棉籽粕生产）、蒸炒、压榨、浸提、脱溶剂等工艺过程，得到棉籽油、棉籽粕、棉籽壳等产品。几种棉籽粕的生产工艺流程如图 7-1～图 7-3 所示。

在棉籽油的生产工艺流程、不同工段参数设定中，主要以有效提高油脂提取效率为目标。而棉籽粕作为副产物，在加工工艺参数设置中如何防止棉籽蛋白质过度

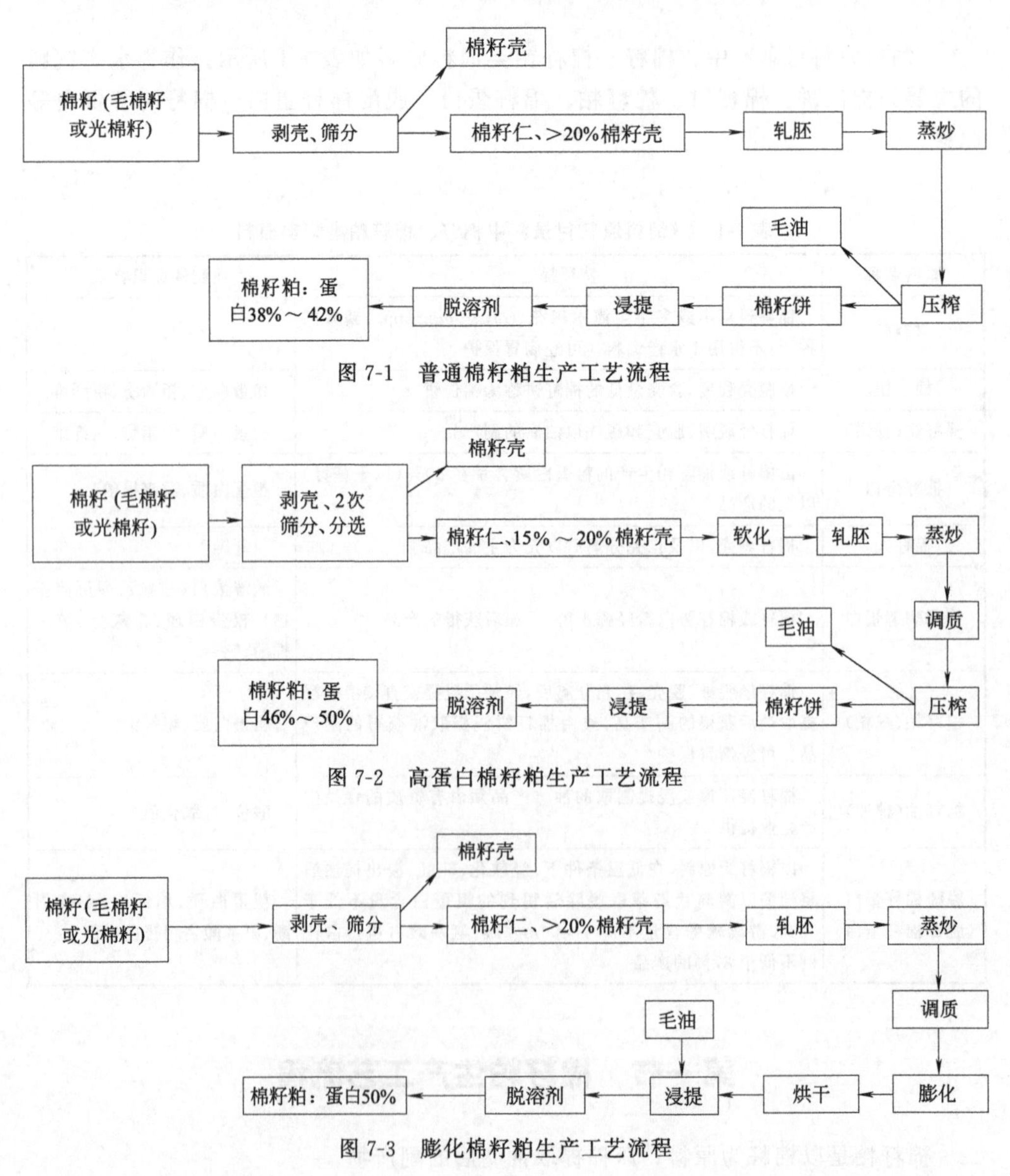

图 7-1 普通棉籽粕生产工艺流程

图 7-2 高蛋白棉籽粕生产工艺流程

图 7-3 膨化棉籽粕生产工艺流程

变性或焦化、如何有效控制美拉德反应、如何促进游离棉酚转化为结合棉酚等，是有效保障棉籽粕营养质量、可消化质量和安全质量需要重点考虑的问题。这些问题的解决与棉籽油生产工艺过程中物料（棉籽仁、部分棉籽壳）水分含量、温度及其持续时间这三个关键性参数，需要特别关注。

二、棉籽除杂

在棉籽进入棉籽油、棉籽粕生产线之前，要进行杂质清理。主要通过转筒过筛方法，将其中体积较大的、重量较重的一些杂质如木块、石块、泥土、编织袋等除去。再用磁铁除去铁质杂质。

三、毛棉籽提绒

棉籽是棉花的种子，棉田里收获的棉花称为籽棉，将棉籽剥离出来后的棉花称为皮棉，得到的棉籽由于种子表面还含有5%左右的棉绒而被称为毛棉籽。

毛棉籽经过提绒加工得到的棉籽称为光棉籽，得到的部分棉花纤维长度较短，称为“短棉绒”，一般用于袜子、窗帘、毛巾的生产。

棉籽油和棉籽粕生产的原料，可以是毛棉籽、也可以是光棉籽。不同地区、不同种类的棉花籽中，棉籽仁的蛋白质含量差异不大，经过棉籽油生产所得到的棉籽粕中，粗蛋白质的差异主要在于作为原料的棉籽中短棉绒、棉籽壳含量的差异。

我国的部分地区直接利用毛棉籽作为原料进入棉籽油、棉籽粕生产线，所得到的棉籽粕中由于棉籽壳和棉花纤维含量较高，其粗蛋白质含量一般只有38%～40%左右。而利用光棉籽作为原料时，所得到的棉籽粕中由于棉花纤维、棉籽壳含量较少，其粗蛋白质含量一般超过40%。

四、剥壳、筛分

光棉籽中含有55%的棉仁和45%的棉籽壳，棉籽进入剥壳机进行剥壳，并通过筛分除去部分棉籽壳。在剥壳机中，主要包含挤压破壳、筛选两个过程。棉籽经过挤压破壳，棉籽壳、棉籽仁得到分离。挤压力度大小、挤压缝隙大小是影响破壳效果、所得棉籽仁是否成型的主要因素。

挤压破壳后，通过筛分可以将棉籽壳（含有部分短棉绒）与棉籽仁进行分离。体积较大的棉籽壳较容易分离，而体积较小的棉籽壳则混入棉籽仁中难以分离。

棉籽壳（含短棉绒）、棉籽仁的分离效果影响到所得到的棉籽粕中棉籽壳含量的差异，进而影响到棉籽粕中粗蛋白质含量的高低。因此，不同生产企业在棉籽剥壳、筛选工段中采用不同的剥壳机、筛选工艺，所得到的棉籽粕粗蛋白质含量差异较大。

新疆的部分企业（如新疆泰昆集团巴楚银谷泰油脂厂）采用筛选加风选的方法。在筛选的同时再进行风选，可以将部分短棉绒分离出来，也将细小的棉籽壳与棉籽仁分离开来，所得到的棉籽仁中棉籽壳、短棉绒比例显著减少，加工得到的棉籽粕粗蛋白质含量可以达到50%以上，其中所含的棉籽壳比例小于10%，最后得到的棉籽粕粗蛋白质含量达到46%以上。

五、软化

在高蛋白棉籽粕的生产工艺中，物料需要经过软化工艺过程。经过剥壳、筛分得到的棉籽仁，水分含量一般为7%～8%。在棉籽仁软化罐中，需要加入部分水蒸气以增加棉籽仁含水量，使棉籽仁的水分含量达到10%左右，同时采用蒸汽管道加热方式，使棉籽仁的温度达到45～65℃。棉籽仁得到软化、湿润。这个过程中，游离棉酚可以与其他成分反应，游离棉酚的含量下降。

六、蒸、炒

经过前面工序处理的棉籽仁进入蒸炒罐中。蒸炒罐内部是分级处理的，一般上部为蒸、下部为炒。而蒸、炒也是各自分为三级，即三蒸、三炒。

棉籽油传统工艺的主要目的是利用湿热方法，使棉籽蛋白质变性，便于后续工艺中棉籽油的提取。

而对于兼顾棉籽油、棉籽粕生产的工艺，如何防止棉籽蛋白质过度变性，维持棉籽粕具有很高的蛋白质溶解度，防止美拉德反应过度发生（减少有效赖氨酸的损失），以及如何利用水的溶解性、利用湿热条件降低棉籽仁中游离棉酚的含量（转化为结合棉酚、或部分随水蒸气带走）则是需要考虑的主要问题。因为在湿热条件下，蛋白质的过度变性导致蛋白质溶解度下降、赖氨酸与糖类的美拉德反应导致有效赖氨酸含量下降、游离棉酚转化为结合棉酚等影响棉籽粕质量的关键点就在棉籽仁的蒸、炒工艺阶段。主要影响因素是水分含量、温度和高湿热持续时间。

蒸的主要目的是增加棉籽仁的水分含量和温度，采用三级逐渐增加水分含量和温度的方法效果较好。保持适度的水分含量有利于控制棉籽蛋白质变性程度和减少游离棉酚含量，增加水分含量有利于游离棉酚的转化，而过高的水分含量不利于蛋白质变性、影响油脂提取效率。对于兼顾棉籽油提取、棉籽蛋白质溶解度和赖氨酸含量的工艺，保持12%左右的水分较为合适，而传统工艺中，水分含量一般为10%～11%。水分含量的增加除了在软化阶段加入水或水蒸气外，在蒸的过程中需要再增加水或水蒸气，使水分含量达到12%左右。蒸的温度一般为85～95℃。

炒的目的是在高湿热条件下进一步促进棉籽蛋白质变性、促进游离棉酚转化，并蒸发掉水分。采用三级炒的方式，也是在最后一级过程中，采用空气流方式带走大量的水分，使出料口棉籽仁物料的水分含量减少到6%～7%。炒的温度一般为95～105℃。

蒸、炒工艺阶段持续的时间一般为45～60min，水分为10%～12%，温度为85～105℃。因此蒸、炒工艺阶段是影响棉籽蛋白质溶解度、有效赖氨酸含量、游离棉酚含量的关键点。控制持续时间在40min左右，水分含量在12%左右，温度在100℃以下，可以使棉籽蛋白质含量达到50%、棉籽蛋白质溶解度达到70%，这种棉籽粕属于优质棉籽粕。在油脂提炼过程中，如何兼顾棉籽粕的营养质量、安全质量和消化利用效率这个问题得到体现。

七、压榨

棉籽仁进行第一次脱油。采用螺旋挤压的方法对物料进行挤压，脱去部分油脂。水分含量为7%～8%，出料口水分为3%～4%，温度为110℃，时间少于20s。此阶段对蛋白质过度变性、赖氨酸损失有一定的影响。

八、正己烷抽提油脂

物料水分含量为3%～4%。正己烷提取油脂后，棉粕再通入一定量蒸汽，并通过蒸汽管道加热，目的是除去正己烷，降低游离棉酚含量，此时水分含量达到8%～12%，温度为90～95℃。

第二节　棉籽粕质量差异及其影响因素

一、棉籽的组成

棉籽作为棉花的种子，是棉籽油和棉籽粕加工的原料。

依据棉籽组成比例，光棉籽的产量大致为籽棉产量的53%，棉仁的含量为棉籽的55%，棉仁榨取油脂后得到棉籽粕，棉籽粕中含有20%左右的棉籽壳，因此，以棉籽为原料，经过棉籽油生产工艺，得到棉籽粕的比例在75%左右。

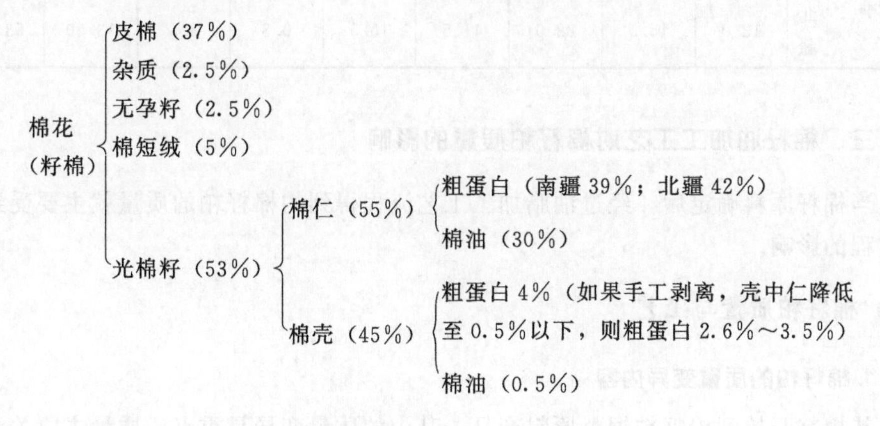

二、棉花品种与棉籽、棉籽粕质量

目前种植的棉花主要有三大类：陆地棉、长绒棉、彩色棉。其中，种植数量最多、产量最大的是陆地棉，所占比例达到90%以上。然后依次是长绒棉、彩色棉。

陆地棉棉花产量差异较大，产量较低的一般在120～150kg/667m^2，产量高的可以达到300～400kg/667m^2。长绒棉和彩色棉的种植产量相对较低，一般在100～150kg/667m^2。不同棉花（籽棉）的收购价格、产量是影响其种植量的主要因素。

三大类棉花棉籽的营养质量差异也较大，陆地棉棉籽中蛋白质、油含量均较高，而长绒棉、彩色棉则较低。

我国棉花主产区（新疆）的主要品种为陆地棉和长绒棉，其棉籽的质量有差异，见表7-2。在棉籽水分一致的条件下，长绒棉棉籽的含油量高，而蛋白质含量则低于陆地棉。即使是同种棉籽，在南疆、北疆质量也有很大的差异，见表7-3。

表7-2　新疆南疆陆地棉与长绒棉棉籽质量的差异　　单位：%

品种	水分	含油	纯仁率	仁蛋白	仁含油
陆地棉	9.0	16.5	54.3	39.3	29.7
长绒棉	9.0	21.5	57.5	32.5	37.5

表7-3　新疆南、北疆陆地棉棉籽品质差异　　单位：%

项目		籽水分	籽含油	仁含油	仁蛋白	仁水分	壳含油	壳蛋白	壳水分	纯仁率
2012/2013榨季	南疆	9.0	16.5	29.7	39.5	8.0	0.3	3.5	10.50	54.20
	北疆	10.5	15.8	28.2	41.5	9.5	0.3	3.5	12.00	53.80
2011/2012榨季	南疆	9.0	16.6	30.0	39.0	8.0	0.3	3.5	10.50	54.50
	北疆	12.0	15.5	28.0	41.5	10.5	0.3	3.5	13.50	53.60

三、棉籽油加工工艺对棉籽粕质量的影响

当棉籽原料确定后，经过油脂加工工艺流程得到的棉籽粕的质量就主要受到加工过程的影响。

（一）棉籽粕质量与工艺

1. 棉籽粕的质量变异内容

从棉籽开始到棉籽粕饲料原料产品，其中的质量变异是重点。质量主要关注的是蛋白质质量变异、油脂质量变异、游离棉酚含量变化、棉籽糖含量变化等内容。

在蛋白质质量中，主要关注蛋白质变性与蛋白质可消化利用率的变化、有效赖

氨酸含量的变化。蛋白质在高湿热条件下可能发生过度的变化，如发生焦化反应，从而导致蛋白质总量没有变化，但是蛋白质消化利用率下降。蛋白质消化利用率理想的评价指标是活体或离体蛋白质消化率，而消化率测定较为复杂、费时较长，所以，一般采用蛋白质溶解度作为简洁的评价指标。

棉籽粕中有蛋白质、多肽、氨基酸和糖类物质的存在，在高湿热条件下，赖氨酸（包括游离的赖氨酸、与多肽或蛋白质结合的赖氨酸）中的 ε-NH_2 可以与糖类的半缩醛—OH 发生美拉德反应，生成的赖氨酸-糖类复合物难以被动物消化利用，导致可利用的有效赖氨酸含量下降，还导致物料发生褐变反应，色泽变深，影响到棉籽粕的营养价值。

棉籽粕中有棉籽油的存在，棉籽油中含有部分不饱和脂肪酸，在高湿热条件下也可能发生不饱和脂肪酸的氧化酸败，其氧化酸败产物对养殖动物也是有害的。可以用棉籽粕中油脂总量、酸价、过氧化值等来评价其中油脂质量的变异程度。

当然，棉籽油中存在的环丙烯脂肪酸也是一个潜在的危害因素，只是目前对于环丙烯脂肪酸的定量评价方法还不是很成熟，不能有效地进行检测和评价。

棉籽粕中重要的不安全因素就是游离棉酚含量，游离棉酚对养殖动物有一定的毒副作用，而结合棉酚则是没有毒副作用的。将游离棉酚从棉籽粕中分离出来是有效的技术方法，但生产成本也显著增加。在棉籽油生产过程中，通过高湿热条件，将游离棉酚转化为结合棉酚也是一个有效降低游离棉酚含量的技术方法。

2. 影响棉籽粕质量变异的工艺参数

需要重点关注的是在棉籽油生产过程中，物料的温度、水分含量和高湿热条件下持续的时间。生产流程中，工艺参数的确定需要兼顾油脂的提取效率和棉籽粕的质量变异程度。高水分含量有利于游离棉酚转化为结合棉酚，但会导致棉籽仁出油率下降；蛋白质变性程度高有利于棉籽仁的出油率，但可能导致蛋白质过度变性、油脂氧化酸败和美拉德反应过度发生。

因此，温度、高湿热持续时间、水分含量就是影响棉籽粕质量变异的关键性因素。

（二）棉籽油生产工艺过程中温度、水分含量的变化

总结新疆棉籽油生产工艺过程中，不同工段物料的水分含量、温度及其持续时间参数，见表 7-4。

1. 水分含量的变化

棉籽（毛棉籽或光棉籽）的自然水分含量一般在12%左右，棉籽仁水分含量为 8%～9%。

表 7-4 新疆棉籽油生产过程中的工艺参数及其对棉籽粕质量的影响

样品	工段	水分含量/%	温度/℃	持续时间/min	棉籽粕质量变异
毛棉籽	剥绒→光棉籽	9～12	环境温度		蛋白质含量
光棉籽	剥壳→筛分→棉籽仁	6～8	环境温度		蛋白质含量
棉籽仁	软化	10	65	20	蛋白溶解度、游离棉酚含量、赖氨酸含量
软化棉籽仁	蒸	12.0～13.0	85～95	20～30	蛋白溶解度、游离棉酚含量、赖氨酸含量(关键控制环节)
	炒	12→7	95～105	20～30	
棉籽饼	压榨	6～7→4	109～110	10～20s	蛋白溶解度、游离棉酚含量、赖氨酸含量
棉籽饼	正已烷浸提油脂	＜4	50～55		油脂含量、棉酚含量、油脂含量
棉籽粕	脱溶剂、复水	4→10～11.5	80～85	30	蛋白溶解度、游离棉酚含量、赖氨酸含量、水分含量

以棉籽为原料生产棉籽油、棉籽粕的整个过程中，以棉籽仁自然水分 8%～9%为起点，要经历软化、蒸工段加水到 12.0%～13.0%，经过炒工段水分含量下降到 6%～7%，经过压榨后水分含量下降到 4%左右，进入正已烷浸提油脂的工段，之后在脱溶剂时，水分含量回到 10.0%～11.5%，为棉籽粕中的水分含量。大致经历了“自然水分→加水至 13%→脱水至 4%→加水至 11.5%”的主要过程。

2. 温度及其持续时间的变化

在整个加工工艺流程中，棉籽仁物料的温度经历了“环境温度→软化 65℃→蒸 95℃→炒 105℃→压榨 110℃→浸提 55℃→脱溶剂 85℃→棉籽粕环境温度”等基本过程。温度的最高点在压榨工段。

如果联系水分含量、温度和持续时间三个关键因素综合来看，物料软化工段水分含量 10%左右，但温度 65℃以下，蛋白质过度变性、美拉德反应的程度不高，对棉籽粕质量影响程度小；在蒸、炒阶段，水分达到 13%、温度为 85～105℃，且持续时间为 60min 左右，这是棉籽仁蛋白质变性、美拉德反应、游离棉酚转化等反应发生的时间工段，也是对棉籽粕质量影响最大的工段；在压榨工段，虽然温度达到最高点 110℃，但水分含量已经下降到 4%，且持续时间在 20s 以内，对蛋白质过度变性、美拉德反应、游离棉酚转化影响程度不大；在油脂浸提工段，温度为 55℃、水分含量小于 4%，对棉籽粕质量影响不大；在脱溶剂工段，水分含量回升到 11.5%、温度达到 85℃，对蛋白质变性、美拉德反应和游离棉酚的转化有一定的影响。

(三) 加工过程中棉籽粕蛋白质溶解度的变化

总结了新疆一个棉籽粕工厂不同工艺段蛋白质溶解度、游离棉酚含量的变化，见表 7-5。

表 7-5 新疆某工厂棉籽粕生产过程中蛋白质溶解度、游离棉酚含量的变化

采样日期	名称	蛋白质溶解度/%	游离棉酚含量/(mg/kg)	采样点
3.18日	1号样棉仁	93.51	1869.15	轧胚前
	2号样棉仁	92.12	1861.69	
	1号样棉饼	76.61	832.95	压榨后
	2号样棉饼	77.77	896.25	
	1号样浸出湿粕	77.10	1021.41	浸出后
	2号样浸出湿粕	76.24	1003.66	
	1号样棉籽粕	68.79	617.99	蒸脱后
	2号样棉籽粕	64.51	631.07	
3.21日	1号样棉仁	91.97	2089.53	轧胚前
	2号样棉仁	94.12	2115.19	
	1号样棉饼	78.06	981.33	压榨后
	2号样棉饼	76.33	1084.42	
	1号样浸出湿粕	73.64	1260.00	浸出后
	2号样浸出湿粕	76.69	1283.48	
	1号样棉籽粕	64.57	639.26	蒸脱后
	2号样棉籽粕	71.34	632.32	
3.24日	1号样棉仁	91.52	1989.28	轧胚前
	2号样棉仁	93.47	1899.89	
	1号样棉饼	77.66	921.68	压榨后
	2号样棉饼	80.82	907.06	
	1号样浸出湿粕	74.00	982.29	浸出后
	2号样浸出湿粕	75.54	993.80	
	1号样棉籽粕	63.68	564.16	蒸脱后
	2号样棉籽粕	71.09	635.68	
3.28日	1号样棉仁	92.95		轧胚前
	2号样棉仁	91.52		
	1号样棉饼	78.34		压榨后
	2号样棉饼	79.89		
	1号样浸出湿粕	74.89		浸出后
	2号样浸出湿粕	77.98		
	1号样棉籽粕	72.62		蒸脱后
	2号样棉籽粕	67.46		

续表

采样日期	名称	蛋白质溶解度/%	游离棉酚含量/(mg/kg)	采样点
平均	棉仁	92.65	1970.79	轧胚前
	棉饼	78.19	937.28	压榨后
	浸出湿粕	75.76	1090.77	浸出后
	棉籽粕	68.01	620.08	蒸脱后

由表7-5可知，由棉仁到棉饼的过程中，蛋白质溶解度、游离棉酚含量显著下降，这是下降幅度最大的工段。而这个过程就是棉籽进行软化、蒸、炒的加工时段。分析了新疆某些工厂的棉籽粕质量数据，见表7-6，也证实棉籽蒸、炒阶段是影响棉籽粕质量的主要工艺段。

表7-6　新疆某些工厂棉籽粕加工过程中的质量变化

原料名称	厂家	水分/%	粗蛋白/%	Ca/%	P/%	灰分/%	脂肪/%	粗纤维/%	蛋白质溶解度/%	游离棉酚含量/(mg/kg)
毛籽	泰昆	7.88	20.54	0.15	0.56	3.24	16.36			
光棉籽	泰昆	9.44	23.59	0.11	0.61	3.56	17.20			
棉仁	泰昆	8.00	38.67	0.27	1.21	6.58	24.60	8.62	92.68	9700
棉仁	天康	8.77	36.16	0.25	0.88	4.79	23.57	12.74	87.5	8430
软化棉仁	泰昆	7.99	38.58	0.26	0.89	5.15	25.19	8.66	84.5	7350
蒸炒后棉仁	泰昆	8.21	39.12	0.25	0.89	5.15	23.71	10.95	66.74	1770
棉仁饼	泰昆	7.65	45.14	0.32	1.04	6.05	7.50	9.57	64.91	1110
棉籽粕50%	泰昆(黄)	7.77	53.80	0.24	1.21	6.58	0.41	7.67	62.79	730
棉籽粕50%	泰昆(深)	8.29	50.47	0.28	1.26	6.41	0.84	10.76	64.83	790
棉壳	泰昆	10.78	3.90	0.01	0.05	2.07	1.16			
棉籽粕45%	金谷	12.08	47.08	0.27	1.00	5.72	1.47			
光棉籽	天康	9.73	28.44	0.24	0.61	3.64	16.59			
蒸炒后棉仁	天康	5.93	38.25	0.29	0.89	4.91	24.38	10.79	67.22	2510
棉仁饼	天康	5.34	43.70	0.27	1.03	5.86	13.87	10.41	62.65	1470
棉籽粕46%	天康	11.17	46.56	0.21	1.05	6.22	0.20	13.82	45.96	440

第三节　棉籽粕的质量指标与品控

本书统计了730个棉籽粕的饲料检测数据，得到其粗蛋白质分布区间，见图7-4。依据棉籽粕生产工艺，以及730个样本的检测数据，可以将棉籽粕的蛋白质含量分为4个区间。

(1) 蛋白质含量37%～45%区间，为常规工艺生产的棉籽粕，在我国的新疆、江苏、湖北等地区生产的棉籽粕属于这类。

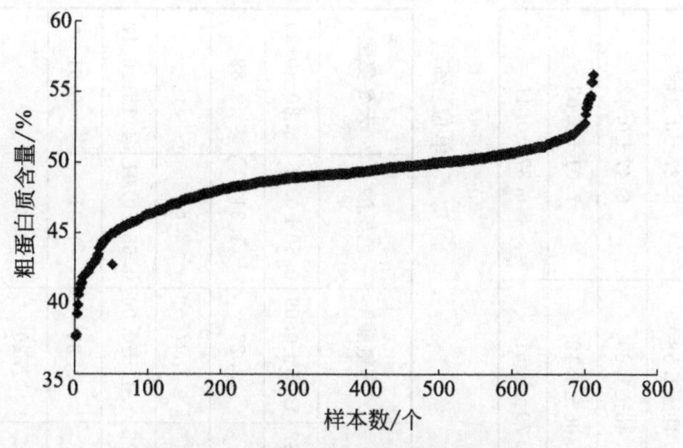

图 7-4　棉籽粕粗蛋白质含量分布

(2) 蛋白质含量 45%～48%区间，是以新疆棉籽粕为主，按照常规工艺生产的棉籽粕，没有去除棉籽壳、棉绒。在新疆地区因为天气干燥，棉籽质量较好，即使按照传统工艺生产的棉籽粕其蛋白质含量也能达到 45%～48%。

(3) 蛋白质含量 48%～53%区间，这类棉籽粕是将大部分的棉籽壳、棉绒去除后再进行原料蒸炒、压榨和浸提油脂后生产的棉籽粕，主要为新疆和山东地区生产的棉籽粕。部分脱酚棉籽蛋白也在这个区间。

(4) 蛋白质含量 53%～56%区间，这类棉籽粕是将棉籽完全脱壳、脱绒后，得到棉籽仁，以棉籽仁为原料，经过蒸汽蒸炒、压榨和浸提油脂后得到的棉籽粕。也包括大部分的脱酚棉籽蛋白。

棉籽粕蛋白质含量与其中粗纤维含量有一定的关系。棉籽粕蛋白质含量除了与棉籽质量、产地有很大关系之外，与棉籽中棉籽壳、棉绒的多少也有很大关系。图 7-5 中是将粗纤维含量的数据与粗蛋白质含量一起作图，可以明显发现，在低粗蛋白质含量的样本中，粗纤维含量保持了较高的水平，尤其是棉籽粕粗蛋白质含量在 45%以下的样本中，粗纤维含量达到 10%以上，而棉籽粕蛋白质含量在 50%及其以上的样本中，粗纤维含量低于 10%。

统计了 706 个棉籽粕样本的质量检测数据，见表 7-7、表 7-8。表 7-7、表 7-8

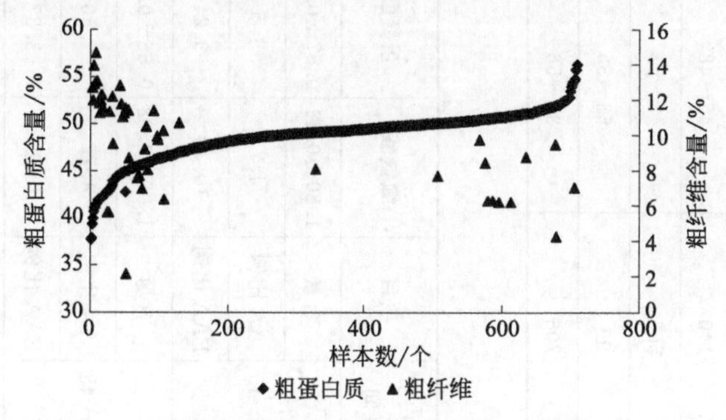

图 7-5　棉籽粕粗蛋白质含量与粗纤维含量的关系分布

表 7-7 棉籽粕常规指标

样本数/个	蛋白质区间/%	水分/%	粗蛋白质/%	蛋白质溶解度/%	粗纤维/%	粗灰分/%
50	37～45	11.54±1.06	42.80±1.72	56.78±10.28	11.51±2.17	6.15±0.35
140	45～48	11.11±0.96	46.73±0.86	64.64±5.96	9.18±1.58	6.27±0.34
506	48～53	9.50±1.21	49.83±1.04	59.56±7.18	7.43±1.69	6.47±0.42
11	53～56	5.60±0.11	54.70±0.87	56.79±0.20	7.06±0.12	7.01±0.03
706	37～56	10.25±1.47	48.80±2.42	59.91±8.70	9.79±2.51	6.37±0.41

表 7-8 706 个棉籽粕样本的氨基酸含量、氨基酸比例

单位:%

蛋白质区间	项目	缬氨酸	蛋氨酸	赖氨酸	异亮氨酸	亮氨酸	苯丙氨酸	组氨酸	精氨酸	苏氨酸	色氨酸	天冬氨酸
37～45	含量	1.80±0.11	0.57±0.07	1.70±0.10	1.30±0.07	2.39±0.12	2.22±0.13	1.18±0.09	4.80±0.32	1.25±0.09	0.50±0.03	3.80±0.20
	AA 比例	4.7	1.5	4.44	3.38	6.22	5.79	3.07	12.5	3.27	1.31	9.89
	EAA 比例	10.18	3.24	9.61	7.32	13.47	12.55	6.66	27.08	7.07	2.84	
45～48	含量	1.98±0.08	0.66±0.11	1.84±0.08	1.43±0.05	2.61±0.07	2.46±0.07	1.28±0.05	5.25±0.22	1.42±0.06	0.55±0.01	4.15±0.12
	AA 比例	4.72	1.56	4.38	3.42	6.21	5.86	3.05	12.52	3.38	1.31	9.91
	EAA 比例	10.18	3.37	9.44	7.36	13.39	12.62	6.58	26.97	7.29	2.83	
48～53	含量	2.10±0.05	0.69±0.02	1.94±0.06	1.52±0.03	2.77±0.06	2.64±0.06	1.36±0.07	5.68±0.17	1.50±0.03	0.58±0.02	4.46±0.11
	AA 比例	4.68	1.55	4.32	3.39	6.18	5.88	3.03	12.67	3.35	1.29	9.96
	EAA 比例	10.1	3.34	9.32	7.32	13.33	12.69	6.54	27.35	7.24	2.78	

续表

蛋白质区间	项目	缬氨酸	蛋氨酸	赖氨酸	异亮氨酸	亮氨酸	苯丙氨酸	组氨酸	精氨酸	苏氨酸	色氨酸	天冬氨酸
53～56	含量	2.31±0.04	0.74±0.11	2.16±0.04	1.66±0.03	3.04±0.06	2.91±0.06	1.51±0.03	6.43±0.17	1.64±0.05	0.65±0.01	4.94±0.10
	AA 比例	4.67	1.48	4.35	3.34	6.13	5.88	3.04	12.96	3.31	1.31	9.96
	EAA 比例	10.04	3.19	9.37	7.2	13.19	12.65	6.53	27.9	7.12	2.83	
37～56	含量	2.06±0.11	0.68±0.07	1.90±0.10	1.49±0.08	2.71±0.13	2.58±0.15	1.33±0.09	5.54±0.35	1.47±0.08	0.57±0.03	4.36±0.24
	AA 比例	4.7	1.55	4.35	3.4	6.2	5.89	3.04	12.68	3.36	1.31	9.97
	EAA 比例	10.11	3.34	9.36	7.32	13.34	12.66	6.55	27.26	7.23	2.81	

蛋白质区间	项目	谷氨酸	甘氨酸	丙氨酸	脯氨酸	胱氨酸	酪氨酸	NH_3	ΣEAA	ΣAA	Lys/Met	ΣAA/CP
37～45	含量	8.40±0.49	1.70±0.09	1.60±0.08	1.56±0.09	0.68±0.09	1.15±0.12	0.80±0.13	17.73±1.02	38.40±2.02	2.97±0.35	89.72±3.0
	AA 比例	21.86	4.43	4.17	4.07	1.76	2.99					
45～48	含量	9.00±0.29	1.88±0.06	1.75±0.07	1.72±0.11	0.74±0.05	1.27±0.09	0.95±0.10	19.46±0.36	41.93±0.96	2.80±0.06	89.73±1.7
	AA 比例	21.47	4.48	4.18	4.1	1.77	3.03					
48～53	含量	9.65±0.27	1.99±0.04	1.86±0.04	1.81±0.04	0.80±0.03	1.44±0.07	1.03±0.05	20.77±	44.83±1.05	2.79±	89.96±0.7
	AA 比例	21.52	4.44	4.15	4.03	1.79	3.22					
53～56	含量	10.79±0.22	2.19±0.03	2.03±0.03	1.97±0.04	0.88±0.07	1.52±0.03	1.09±0.07	23.05±0.86	49.61±0.91	2.94±0.08	90.70±0.3
	AA 比例	21.75	4.41	4.09	3.96	1.77	3.06					
37～56	含量	9.45±0.51	1.95±0.10	1.82±0.09	1.77±0.10	0.78±0.06	1.25±0.15	1.00±0.09	20.34±0.98	43.74±2.15	2.80±0.36	89.63±1.2
	AA 比例	21.6	4.46	4.17	4.06	1.79	2.85					

是将棉籽粕蛋白质含量按照 4 个含量区间分别处理的结果，以及 706 个样本的平均结果。可见，粗蛋白质含量与粗纤维含量呈负相关关系，即粗蛋白质含量高、粗纤维含量低。棉籽粕 706 个样本的蛋白质溶解度平均达到（59.91±8.70）%。

在棉籽粕的氨基酸组成中，精氨酸含量高，这是棉籽粕氨基酸组成的一大特点。不同蛋白质含量区间的棉籽粕，其氨基酸含量有差异，但是其氨基酸组成比例则无显著的差异。

发酵棉籽粕是以棉籽粕为主要原料，添加适量的碳源等经过微生物发酵得到的产品。统计了 97 个发酵棉籽粕样本的常规营养指标，见表 7-9，其氨基酸组成见表 7-10。

表 7-9　97 个发酵棉籽粕样本的常规营养指标　　单位：%

指标名称	水分	粗蛋白质	粗纤维	粗灰分
平均值	9.33±0.90	59.26±5.71	6.01±1.87	8.85±0.86
范围	7.10～10.70	48.07～65.66	4.38～9.21	6.57～10.06

表 7-10　97 个发酵棉籽粕样本的氨基酸组成　　单位：%

氨基酸	赖氨酸	异亮氨酸	亮氨酸	苯丙氨酸	组氨酸	精氨酸	苏氨酸	缬氨酸
平均值	1.15±0.24	2.57±0.33	4.54±0.46	2.63±0.23	0.71±0.13	3.61±0.35	2.51±0.33	3.79±0.51
范围	0.92～2.22	1.44～3.00	2.87～5.14	1.96～3.05	0.55～1.21	2.64～4.58	1.37～2.92	2.02～4.60
氨基酸	蛋氨酸	天冬氨酸	丝氨酸	谷氨酸	甘氨酸	丙氨酸	脯氨酸	胱氨酸
平均值	0.54±0.06	3.81±0.27	5.31±0.90	7.61±0.55	4.25±0.70	2.85±0.29	5.49±0.86	1.16±0.67
范围	0.40～0.71	3.06～4.24	2.10～6.49	6.23～9.41	1.88～7.24	1.95～3.68	2.00～6.72	0.47～2.51
氨基酸	酪氨酸	NH_3	EAA	ΣAA	Lys/Met	ΣAA/CP		
平均值	1.67±0.20	1.08±0.20	22.05±1.78	54.21±4.39	2.14±0.41	0.88±0.04		
范围	1.28～2.38	0.65～1.81	18.00～24.83	42.19～61.35	1.43～3.26	0.83～0.98		

第八章

籽实油脂类饲料原料

含油籽实类饲料原料主要包含大豆、油菜籽、花生、葵花籽（油葵）、花椒籽、葡萄籽等含油脂水平较高的籽实类，这类原料除了含油量较高外，蛋白质含量也较高，属于油脂类和蛋白质类的饲料原料。在水产饲料中，选择籽实类原料的原因，主要是在当油脂市场价格较高、蛋白质原料价格较高的情况下，籽实类原料具有很好的价格、质量优势。不足之处在于一是资源量相对较小或较为分散，二是籽实类中含有抗营养因素。

第一节 籽实类饲料资源

一、含油籽实类及其饼粕原料

统计《饲料原料目录》中关于高含油的籽实类饲料原料，见表8-1。

高含油籽实类原料中，大豆、油菜籽、花生、葵花籽等是较为熟悉的原料，还有一些如花椒籽、葡萄籽、亚麻籽、南瓜子等也是很好的油脂和蛋白质原料。

表 8-1 《饲料原料目录》中涉及的高含油籽实类饲料原料种类

原料名称	特征描述	强制性标识要求
大豆	豆科草本植物栽培大豆(*Glycine max*. L. Merr.)的种子	
菜籽(油菜籽)	十字花科草本植物栽培油菜(*Brassica napus* L.),包括甘蓝型、白菜型、芥菜型油菜的小颗粒球形种子。可经瘤胃保护	
番茄籽及其加工产品		
橄榄及其加工产品		
核桃及其加工产品		
红花籽及其加工产品		

续表

原料名称	特征描述	强制性标识要求
红花籽	菊科植物红花(*Carthamus tinctorius* L.)的种子	
花椒籽及其加工产品		
花椒籽	芸香科花椒属植物青花椒(*Zanthoxylun schinifolium* Sieb. et Zucc.)或花椒(*Zanthoxylum bungeanum* Maxim. var. *bungeanum*)的干燥成熟果实中的籽	
花生及其加工产品		
花生	豆科草本植物栽培花生(*Arachis hypogaea* L.)荚果的种子,椭圆形,种皮有黑、白、紫红等色	
葵花籽及其加工产品		
葵花籽(向日葵籽)	菊科草本植物栽培向日葵(*Helianthus annuus* L.)短卵形瘦果的种子。可经瘤胃保护	
葡萄籽及其加工产品		
沙棘籽及其加工产品		
亚麻籽及其加工产品		
椰子及其加工产品		
油棕榈及其加工产品		
棕榈果	棕榈(*Trachycarpus fortunei* Hook.)果穗上的含油未加工脱脂和未分离果核的果(肉)实	粗脂肪、粗蛋白质、粗纤维
棕榈仁	油棕榈果实脱壳后的果仁	
月见草籽及其加工产品		
月见草籽	月见草(*Oenothera biennis* L.)籽实	
芝麻及其加工产品		
芝麻籽	芝麻(*Sesamum indicum* L.)种子	
紫苏及其加工产品		
紫苏籽	紫苏(*Perilla frutescens* L.)的籽实	

二、含油籽实类作为饲料原料的使用方法和优势

1. 籽实类原料作为饲料原料的使用方式

一是在饲料中直接使用。作为饲料油脂和蛋白质来源的原料直接使用。如大豆、油菜籽、葵花籽、花椒籽、葡萄籽等,均可以直接作为一种原料在水产饲料中使用。二是使用这些籽实类在榨油后的饼或粕,这是我们常规的使用方法。三是这些籽实类经过膨化处理后再使用。膨化的目的包含破坏籽实中的有毒有害因子、抗营养因子等,也包括延长籽实的存储时间。

2. 为什么要考虑含油籽实类原料的直接使用

首先是作为饲料原料的资源价值。饲料是典型的配方产品，生产多少吨饲料就需要多少吨饲料原料，饲料产品就是典型的资源型消耗性产品。在我国配合饲料总量已经达到 1.9 亿吨、水产饲料总量也超过 1800 万吨的情况下，我们所拥有的饲料资源量就显得非常有限了，饲料资源的短缺是一个严重的现实问题。除了在世界各地寻找合适的饲料原料资源外，如何提高利用好我国现有资源是值得研究的问题。而含油籽实类原料如大豆、油菜籽、油葵、花生等作为油脂原料具有资源量大的优势，更有花椒籽、葡萄籽、苹果籽、亚麻籽、番茄籽、橘子籽、各类草籽等原料，一般与皮渣等混合在一起作为肥料使用或散落在田地里。这类籽实含油量高、含蛋白量高，是很好的油脂和蛋白质资源，可以作为饲料原料开发利用。

其次，在蛋白质资源紧张的情况下，合理使用油脂资源是配方模式变化的一个重要方向。在饲料资源整体，尤其是蛋白质资源日益紧缺的情况下，提高饲料内在质量和养殖效率也是饲料配方技术发展的重要方向。饲料蛋白质是我们一直重点关注的问题，而蛋白质资源短缺更是严重的资源性问题。全世界的鱼粉、全世界的菜籽粕等来到了中国，但价格也很高。在饲料营养素方面，除了蛋白质外，另一个重要的营养素就是油脂。提高饲料的油脂含量可以节约饲料蛋白质，提高饲料的养殖效率，这一点已达成共识。而提高饲料油脂水平就需要有油脂原料来源，且价格要相对较低。饲料油脂除了常规的豆油、鱼油、菜籽油等油脂外，高含油量的籽实类作为饲料油脂来源既具有价格优势，也有资源优势。

我国拥有较多的籽实类资源，可以提供饲料需要的油脂原料，相比蛋白质资源而言，籽实类作为油脂来源在资源量、价格等方面具有比较大的优势，这是我们动物营养、饲料技术研究的一个方向性问题。开发我国籽实类饲料资源作为饲料油脂、饲料蛋白质的来源，在饲料技术上提高饲料油脂水平、节约饲料蛋白质的量，这是我们的研究目标和产业发展的一个重要方向性问题，意义重大。

最后，饲料原料的价值优势。籽实类原料无疑在营养价值与价格方面的比较优势较为明显，尤其是在油脂价格较高的情况下，直接使用高含油量的籽实类原料，性价比优势更大，例如对于大豆与“豆粕＋豆油”、油菜籽与“菜籽油＋菜籽粕”作为饲料原料在不同时期均有一定的比较优势。在 2013 年，大豆的价格为 4700 元/吨，而豆粕达到 4300 元/吨、豆油 8800 元/吨，如果按照 20％的豆油＋80％的豆粕计算，每吨饲料原料价格为 1760 元＋3440 元＝5200 元，比 1 吨大豆的价格高出 500 元。同期，油菜籽的价格为 5100 元/吨，而菜籽油为 8200 元/吨，菜籽粕 3300 元/吨。如果按照 37％的菜籽油＋63％菜籽粕计算，每吨饲料原料价格为 3034 元＋2079 元＝5113 元，比 1 吨油菜籽的价格高出 13 元。这时，在饲料中直接使用大豆和油菜籽就具有很好的比较优势了。

在油脂价格较高的时候使用高含油量的籽实类原料更具有价值优势。除了常规的大豆、油菜籽本身价格就很高外，其他的如花椒籽即使在 2013 年价格也不超过 1800 元/吨，含油量达到 23%，比含油量 15%的米糠价格（2400 元/吨）低很多。

利用籽实类原料的特殊营养物质产生独特的饲料效果，例如花椒籽、亚麻籽中含有大量的必需脂肪酸——亚麻酸，这是其他油脂原料难以提供的，同时，独特的麻味对鱼类起到诱食作用，增加了养殖鱼类对饲料的采食量。南瓜子具有驱除寄生虫的作用，对草鱼等鱼类可以起到驱虫的效果。葡萄籽等也含有稀有的脂肪酸，可以对心、血管系统发挥作用。

籽实类中可能含有抗营养因子、有毒有害因子等，我们需要研究一定的技术方法或限制其在饲料配方中的使用量来限制这些不利因素的作用，例如通过挤压膨化处理方法可以破坏籽实中的一些酶。如油菜籽中含有硫代葡萄糖苷酶，在籽实破碎后被激活，催化硫代葡萄糖苷水解产生恶唑烷酮、异硫氰酸酯等有毒因子，处理方法一是将油菜籽与其他饲料原料一起粉碎，及时将粉碎后的油菜籽成分分散在其他原料中，二是可以通过膨化处理使硫代葡萄糖苷酶失活。

三、含油籽实类原料可能存在的问题

1. 资源量的问题

除了大豆、油菜籽、油葵等食用油脂籽实原料资源量大且集中外，花椒籽、果蔬类籽实如苹果籽、葡萄籽、番茄籽、橘子籽，以及草籽等资源总量显示较大，但较为分散，需要进行集中收集、清理等前处理，还有季节性的问题。所以，在使用这类籽实类原料时，要依据季节、所在地理区域选择性地使用，因而对于中小型饲料企业可能更具有采购和使用的优势。

2. 抗营养因素问题

籽实类作为植物种子，是营养存储的部位，其中含有一些植物次生代谢物，对于养殖动物可能具有毒性，这是植物种子的化学防御特征之一。最常见的籽实中次生物质包括各种生物碱（alkaloid）、生氰糖苷（cyanogenic glycoside）、萜类化合物（terpenoid）、酚类（phenolic）等。不同籽实中这类化学物质的种类和含量有很大的差异。对于养殖动物而言，籽实中的部分化学物质具有特殊的生物学作用，如生物碱类，在一定剂量下是有益的物质，一些萜类物质也是香味物质；而也有部分物质是有害的或具有抗营养的作用，如籽实中的凝集素、抗胰蛋白酶因子等。因此，籽实类作为饲料原料也存在一定的安全风险，需要进行试验研究。

籽实类一般含有生物碱类抗营养因子，以及其他抗营养因子。但在使用方法、使用量等方面多加考虑是可以克服的。

一些抗营养因子一般具有动物特异性，在进行试验研究的基础上，对不同养殖动物饲料选择性使用是可行的。比如茶树籽中含有对水产动物有害的因素，可以限制其在水产饲料中使用。

抗营养因子一般是在一定的剂量浓度下产生毒副作用，如果限制籽实类原料在饲料中的使用量也是可行的。

一些热敏感性抗营养因子，将籽实类原料经过膨化加工处理后再使用就可以克服。如大豆经过膨化处理得到膨化大豆，而在挤压膨化饲料中则可以直接使用大豆。

依据籽实类原料中抗营养因子的特点，选择合理的使用方法可以克服其毒副作用。例如油菜籽中含有大量的硫代葡萄糖苷，在其籽实被粉碎等破坏作用下，硫代葡萄糖苷酶被激活，作用于硫代葡萄糖苷，导致硫代葡萄糖苷分解产生异硫氰酸酯、恶唑烷酮、氰酸盐等。在硬颗粒饲料中直接使用油菜籽时，将油菜籽与其他原料如菜粕、棉粕、豆粕等混合在一起进行粉碎，油菜籽在被粉碎的同时很快分散在其他饲料原料中，避免了硫代葡萄糖苷酶与硫代葡萄糖苷的直接接触，即可避免硫代葡萄糖苷的分解。或者，将油菜籽经过膨化处理后再使用也可以避免油菜籽所带来的对养殖动物的不良影响，取得很好的饲养效果。

因此，我们需要对不同籽实类原料进行试验研究，同时研究籽实类原料的使用方法，克服籽实类原料的不足。

第二节　油菜籽在水产饲料中的应用

一、油菜籽

油菜籽是重要的油脂原料，作为水产饲料的考虑目标是直接作为饲料油脂来源和蛋白质来源。不同的油菜籽品种在油含量、蛋白质含量和化学组成上有一定的差异，但是一般的营养水平为蛋白质在25%以上、油脂含量在36%以上。油菜籽在中国是作为食用油脂的原料，而在欧盟是作为生物能源的原料，少部分用作食用油脂。

油菜籽作为饲料原料需要考虑其中的营养质量和不安全因素两个方面。

1. 油菜籽的营养质量

油菜籽的油脂和蛋白质是主要的可利用营养质量。此外，作为直接饲料原料，所具备的优势可以体现在以下几个方面。

（1）作为饲料油脂和蛋白质的来源　在作为直接原料时需要考虑的评价指标是油菜籽中含有油脂的价格及其与其他可以使用的油脂如猪油、菜籽油、豆油、鱼油等的性价比。如果油脂的价位较高，则直接使用油菜籽具有显著的性价比优势。其次就是考虑蛋白质的性价比，可以依据菜籽粕的价格进行比较。

（2）原料的新鲜度　油菜籽是活的植物种子，给予适当水分和温度的油菜籽中油脂、蛋白质的新鲜度和可利用程度要高于纯净的菜籽油和菜籽粕，理论上在同等条件下的养殖效果要好于等量的油脂和菜籽粕。

（3）作为植物种子，其中含有的磷脂、多糖等也是很好的营养素物质来源，且其效果应该好于菜籽饼、粕。

2. 油菜籽作为直接原料的不安全因素

主要应该有以下几个方面需要特别注意。

（1）油菜籽的保存问题　从保存的稳定性方面来看，油菜籽具有不稳定性，而加工为菜籽油和菜籽粕后保存较为稳定，这也是油厂为什么要将油菜籽及时加工的主要原因。而饲料企业直接使用油菜籽则是以利用其与等量菜籽油、菜籽粕的营养价值、性价比为目标考虑的。所以，饲料企业需要保存油菜籽。从时间节点上分析，油菜籽收获的时间一般为5月，这正是水产饲料生产旺季开始的时间点。水产饲料生产旺季需要到10月之后结束，所以，如果要在水产饲料中直接使用油菜籽，需要保存4～5个月的时间。就目前实际使用的情况来看，如果油菜籽水分在14%以上则可能会出现发霉的情况。如何控制油菜籽的水分含量使其在5月～10月整个夏季高温期保持不霉变是一个重要的问题。最好的办法就是控制油菜籽的水分含量，在收购油菜籽的时候将水分含量控制在12%以下。

（2）油菜籽中抗营养因子和毒素问题　植酸是主要的抗营养因子，可以通过控制油菜籽在饲料中的使用量来进行控制。最重要的就是油菜籽中硫代葡萄糖苷、硫代葡萄糖苷酶的控制问题。油菜籽种子中存在的是硫代葡萄糖苷，只有在硫代葡萄糖苷酶的作用下，其才水解为恶唑烷酮和异硫氰酸酯等有毒有害物质。这个反应在油菜籽破碎后的几分钟内即可发生。因此，相应的控制方法有：一是不要将油菜籽单独粉碎，而是将油菜籽与菜籽粕、豆粕等混合粉碎，在粉碎时可以将油菜籽粉碎物快速分散在其他原料中，减少硫代葡萄糖苷酶水解硫代葡萄糖苷的机会；二是在有挤压膨化设备的条件下，可以将油菜籽经过加压膨化处理，依赖压力和温度的作用使硫代葡萄糖苷酶失活；三是控制油菜籽在饲料配方中的使用量，如控制在3%以下，就控制了油菜籽所产生的有害因子在配合饲料中的量，且这个量不超过对养殖动物的危害剂量范围。

二、质量标准

作为饲料用的油菜籽质量标准可以参照国标《油菜籽》（GB/T 11762—2006）进行。指标中的定义为，杂质是指“除油菜籽以外的有机物质、无机物质及无使用价值的油菜籽”，不完善粒为“受损伤或存在缺陷但尚有使用价值的颗粒，包括生芽粒、生霉粒、未熟粒和热损伤粒”，生芽粒为“芽或幼根突破种皮的颗粒”，生霉粒为“粒面生霉的颗粒”，未熟粒为“籽粒未成熟，子叶呈明显绿色的颗粒”，热损伤粒为“由于受热而导致子叶变成黑色或深褐色的颗粒”，芥酸含量为“油菜籽油的脂肪酸中芥酸［顺式二十二（碳）烯-（13）酸］的百分含量”，硫代葡萄糖苷含量为“菜籽粕（或饼，含油2%计）中硫代葡萄糖苷（简称硫苷）的含量”。

国标中没有对油菜籽的蛋白质含量进行规定，作为饲料原料时可以参照食用油脂《油菜籽》(GB/T 11762—2006) 对饲料用油菜籽进行质量控制 (表 8-2)。主要控制指标包括水分、粗脂肪、粗蛋白质、杂质含量、生霉粒等。

表 8-2 油菜籽质量标准 (GB/T 11762—2006)

<table>
<tr><th colspan="11">普通油菜籽质量指标</th></tr>
<tr><th>等级</th><th>含油量(标准水计)/%</th><th>未熟粒/%</th><th>热损伤粒/%</th><th>生芽粒/%</th><th>生霉粒/%</th><th>杂质/%</th><th>水分/%</th><th colspan="3">色泽气味</th></tr>
<tr><td>1</td><td>≥42.0</td><td>≤2.0</td><td>≤0.5</td><td rowspan="5">≤2.0</td><td rowspan="5">≤2.0</td><td rowspan="5">≤3.0</td><td rowspan="5">≤8.0</td><td colspan="3" rowspan="5">正常</td></tr>
<tr><td>2</td><td>≥40.0</td><td rowspan="2">≤6.0</td><td rowspan="2">≤1.0</td></tr>
<tr><td>3</td><td>≥38.0</td></tr>
<tr><td>4</td><td>≥36.0</td><td rowspan="2">≤15.0</td><td rowspan="2">≤2.0</td></tr>
<tr><td>5</td><td>≥34.0</td></tr>
<tr><th colspan="11">双低油菜籽质量指标</th></tr>
<tr><th>等级</th><th>含油量(标准水计)/%</th><th>未熟粒/%</th><th>热损伤粒/%</th><th>生芽粒/%</th><th>生霉粒/%</th><th>芥酸含量/%</th><th>硫苷含量/(μmol/g)</th><th>杂质/%</th><th>水分/%</th><th>色泽气味</th></tr>
<tr><td>1</td><td>≥42.0</td><td>≤2.0</td><td>≤0.5</td><td rowspan="5">2.0</td><td rowspan="5">≤2.0</td><td rowspan="5">≤3.0</td><td rowspan="5">≤35.0</td><td rowspan="5">≤3.0</td><td rowspan="5">≤8.0</td><td rowspan="5">正常</td></tr>
<tr><td>2</td><td>≥40.0</td><td rowspan="2">≤6.0</td><td rowspan="2">≤1.0</td></tr>
<tr><td>3</td><td>≥38.0</td></tr>
<tr><td>4</td><td>≥36.0</td><td rowspan="2">≤15.0</td><td rowspan="2">≤2.0</td></tr>
<tr><td>5</td><td>≥34.0</td></tr>
</table>

油菜籽收获的季节一般是在 5 月以后，正是水产饲料旺季来临的时机。因此，可以在 5 月开始依据水产饲料产销量实时采购和使用。油菜籽水分控制应该按照标准为≤8%，而实际采购时可能会超过这个标准，达到 10%左右。水分指标作为霉菌控制指标应该严格控制。

三、油菜籽在草鱼饲料中的应用试验研究

为了探讨油菜籽在水产饲料中直接使用的可行性，我们以含 4%的菜籽油的饲料配方作为对照，设计了 6.0%和 11.5%两个梯度的油菜籽含量配方；为了消除油菜籽可能产生的对鱼体肝胰脏的不利影响，设计了鱼虾 4 号 (50%肉碱和少量胆汁酸) 的对比试验，共 5 个试验组。

基础饲料配方为进口鱼粉 5%、豆粕 27%、菜籽粕 16%、棉籽粕 16%、复合预混料 1%、$Ca(H_2PO_4)_2$ 2%，共 67%。再以麦麸和次粉平衡油菜籽、菜籽油在配方中的比例，配方比例见表 8-3。试验饲料设置了 5 个试验组，其编号分别与草鱼分组编号相对应，即 1 号组添加 4%菜籽油，1 号组作为对照组，2 号和 3 号为分别添加 11.5%和 6.0%油菜籽取代菜籽油并添加 200mg/kg 鱼虾 4 号的试验组，4 号和 5 号为分别添加 11.5%和 6.0%油菜籽取代菜籽油、不添加鱼虾 4 号的试验组。饲料原料经过粉碎后全部过 40 目筛，加工成直径 1.0mm 的硬颗粒饲料备用。

表 8-3　油菜籽和菜籽油在饲料配方中的添加比例

试验组	麦麸/%	次粉/%	菜籽油/%	油菜籽/%	鱼虾 4 号
1	21.0	8.0	4		0
2	13.5	8.0		11.5	200mg/kg
3	17.0	10.0		6.0	
4	13.5	8.0		11.5	0
5	17.0	10.0		6.0	

分别在正式养殖试验的第 28 天和第 52 天对各试验组草鱼进行称重，计算草鱼质量的变化，结果见表 8-4。

表 8-4　草鱼特定生长速度

试验组	试验开始		养殖 28 天			养殖 52 天		
	质量/g	尾数/尾	质量/g	特定生长率/(%/d)	比较/%	质量/g	特定生长率/(%/d)	比较/%
1	226.1	15	431.1	2.30	100.0	580.1	1.81	100.0
2	216.1	15	365.3	1.87	−18.7	457.0	1.44	−20.4
3	228.9	15	458.9	2.48	+7.8	694.1	2.15	+18.7
4	201.9	15	363.5	2.10	−8.7	440.2	1.50	−17.1
5	204.7	15	435.3	2.69	+17.0	599.1	2.07	+14.4

结果表明，在草鱼饲料中添加 11.5%的油菜籽，不论是否添加鱼虾 4 号，均使草鱼增重速度和特定生长率下降；而以 6.0%的油菜籽替代 4%的菜籽油则使草鱼的增重速度和特定生长率显著增加，尤以同时添加了 200mg/kg 鱼虾 4 号的 3 号组效果更明显；鱼虾 4 号的使用效果在 28 天以后逐渐显示出来。

统计分析了第 28 天、第 52 天草鱼的增重、饲料系数，结果见表 8-5。结果表明，使用 11.5%的油菜籽使饲料系数显著增加，使用 6.0%的油菜籽使饲料系数显著下降，如果同时使用鱼虾 4 号使饲料系数进一步降低。

表 8-5　草鱼的增重、饲料系数及与对照组的比较

试验组	养殖 28 天				养殖 52 天			
	净增重/g	饲料量/g	饲料系数	比较/%	净增重/g	饲料量/g	饲料系数	比较/%
1	205.0	305.1	1.49	100.0	354	688.1	1.94	100.0
2	149.2	292.3	1.96	+31.5	240.9	593.9	2.47	+27.3
3	230.0	308.31	1.34	−10.0	465.2	713.2	1.53	−21.1
4	161.6	275.5	1.70	+14.1	238.3	602.9	2.53	+30.4
5	230.6	248.0	1.08	−27.5	394.4	633.6	1.61	−17.0

经过分析、计算，得到52天时各组草鱼对饲料蛋白质的利用率和饲料蛋白质在鱼体内的沉积率，结果见表8-6。结果表明，在饲料中添加11.5%的油菜籽使草鱼对饲料蛋白质利用率和蛋白质沉积率显著下降，而添加6.0%油菜籽使草鱼对饲料蛋白质利用率和蛋白质沉积率显著增加，如果同时添加鱼虾4号则可以使草鱼对饲料蛋白质利用率、蛋白质沉积率提高。

表8-6　草鱼对饲料蛋白质的利用率和体内蛋白质沉积率

试验组	蛋白质利用率/%	比较/%	蛋白质沉积率/%	比较/%
1	19.11	—	17.05	—
2	15.19	−20.53	15.61	−8.45
3	24.50	28.20	30.37	78.13
4	14.65	−23.32	15.07	−11.58
5	23.21	21.43	22.82	33.83

以草鱼肠道提取物作为酶源，采用离体消化率分析方法、以草鱼肠道的粗酶提取液作为消化酶，在离体条件下测定了各试验组饲料的蛋白质离体消化率和氨基酸消化率，结果分别见表8-7和表8-8。可以发现，在离体条件下，草鱼肠道对2号组、3号组的蛋白质消化率较高，均高于1号组，而4号组和5号组的蛋白质消化率低于1号组。

结果表明，在配合饲料中使用鱼虾4号后提高了草鱼对饲料蛋白质和氨基酸的消化率；再将2号组与3号组、4号组与5号组的结果进行比较，均是前者高于后者，显示出饲料的蛋白质消化率和氨基酸消化率与配方中油菜籽的比例大小呈一定的正相关关系，表明草鱼肠道对油菜籽蛋白质、氨基酸具有很好的消化率。

表8-7　试验饲料蛋白质离体消化率

<table>
<tr><th>试验组</th><th>消化前样品重/g</th><th>残渣重/g</th><th>残渣中粗蛋白质/%</th><th>饲料蛋白质/%</th><th>蛋白质离体消化率/%</th><th>蛋白质离体消化率平均值/%</th></tr>
<tr><td rowspan="2">1</td><td>0.4774</td><td>0.2718</td><td>25.89</td><td>37.14</td><td>60.31</td><td rowspan="2">60.71</td></tr>
<tr><td>0.4689</td><td>0.2575</td><td>26.30</td><td>37.14</td><td>61.11</td></tr>
<tr><td rowspan="2">2</td><td>0.526</td><td>0.3051</td><td>22.63</td><td>37.44</td><td>64.94</td><td rowspan="2">64.23</td></tr>
<tr><td>0.4488</td><td>0.2666</td><td>22.99</td><td>37.44</td><td>63.52</td></tr>
<tr><td rowspan="2">3</td><td>0.4293</td><td>0.2767</td><td>22.58</td><td>37.56</td><td>61.26</td><td rowspan="2">61.36</td></tr>
<tr><td>0.4459</td><td>0.3144</td><td>20.53</td><td>37.56</td><td>61.46</td></tr>
<tr><td rowspan="2">4</td><td>0.4264</td><td>0.3013</td><td>25.69</td><td>36.93</td><td>50.85</td><td rowspan="2">50.47</td></tr>
<tr><td>0.4296</td><td>0.3936</td><td>20.12</td><td>36.93</td><td>50.08</td></tr>
<tr><td rowspan="2">5</td><td>0.4044</td><td>0.2834</td><td>26.77</td><td>37.29</td><td>49.69</td><td rowspan="2">49.79</td></tr>
<tr><td>0.4509</td><td>0.4201</td><td>20.06</td><td>37.29</td><td>49.89</td></tr>
</table>

表 8-8 试验饲料氨基酸离体生成率和消化率

组别	样品重/g	饲料蛋白/%	氨基酸质量/mg	氨基酸生成率/%	氨基酸生成率平均值/%	氨基酸离体消化率/%	氨基酸离体消化率平均值/%
1	0.4774	37.14	106.26068	22.26	22.15	59.94	59.63
	0.4689	37.14	103.30899	22.03		59.32	
2	0.526	37.44	138.41852	26.32	28.16	70.29	75.23
	0.4488	37.44	134.69007	30.01		80.16	
3	0.4293	37.56	107.65885	25.08	24.72	66.76	65.80
	0.4459	37.56	108.59096	24.35		64.84	
4	0.4264	36.93	96.784216	22.70	24.06	61.46	65.15
	0.4296	36.93	109.21237	25.42		68.84	
5	0.4044	37.29	88.084511	21.78	21.98	58.41	58.95
	0.4509	37.29	100.04661	22.19		59.50	

油菜籽的粗蛋白质含量为28%、油脂含量达到38%，是一种很好的蛋白质原料和油脂原料。从本试验结果来看，在草鱼饲料中直接使用11.5%的油菜籽、无论是否添加200mg/kg鱼虾4号的情况下，草鱼的生长速度分别下降20.4%、17.1%，饲料系数增加27.3%、30.4%，显示出对草鱼生长、饲料利用和肝胰脏功能、非特异免疫力的不利影响。但是，添加6.0%油菜籽，在添加和没有添加200mg/kg鱼虾4号的情况下，草鱼生长速度增加18.7%、14.4%，饲料系数下降21.1%、17.0%，显示出很好的生长效果和饲料利用效果。使用鱼虾4号后有效地减缓了油菜籽带来的毒副作用，对肝、胰脏起到有效的保护作用，使生长速度、饲料利用效果等进一步提高。因此，本试验结果表明，在鱼饲料中直接添加油菜籽有一定的可行性，在限制用量并使用相应添加剂的情况下，可能会取得较添加油菜籽油更好的养殖效果和饲料利用效果。

安全起见，建议在实际生产中使用3%的油菜籽含量。

四、油菜籽在淡水鱼类饲料中的推广和应用

依据上述试验结果，我们在华东地区、西部地区、北方和东北地区推广了油菜籽在淡水鱼类饲料中的应用，取得了良好的结果。

在一般硬颗粒饲料中直接使用3%的油菜籽。在先配料后粉碎生产工艺中，油菜籽作为一种饲料原料进入生产系统，经过一次粉碎、二次粉碎，生产技术上没有什么障碍，通过生长速度、饲料系数和养殖鱼体的肝胰脏健康、肠道健康监测，发现养殖鱼体没有出现不良反应，养殖效果好于没有使用油菜籽的饲料。对于先粉碎后配料的生产工艺，将油菜籽与豆粕或菜籽粕一起粉碎，之后分别进入豆粕或菜籽粕的配料仓从而进入生产线，结果也是很好的。只是，油菜籽粉碎后不要存储，及时使用。

对于挤压膨化饲料，可以使用6%的油菜籽作为饲料原料。油菜籽在生产上是

作为一种饲料原料直接进入先配料后粉碎生产系统，生产上没有障碍，养殖效果也是很好的。

要特别注意的是，油菜籽由于含油量达到36%以上，单独粉碎很难，会堵塞粉碎筛网。也不能单独进行加压膨化处理，主要是因为部分油脂会流出。与小麦等一起混合后再进行膨化处理则是可以的。

关于油菜籽的使用量，目前主要是依据我们对草鱼的试验结果，在硬颗粒饲料中使用3%，在膨化饲料中使用6%。目前在饲料中使用油菜籽作为饲料原料养殖的淡水鱼类主要有草鱼、鲫鱼、鲤鱼、团头鲂、乌鳢、翘嘴红鲌等，部分企业使用油菜籽作为饲料原料已经有多年了，表明油菜籽作为一种油脂和蛋白质原料是可行的，可以作为一种常规性饲料原料在淡水鱼类饲料配方体系中使用。

第三节　大豆、花生、油葵及其在水产饲料中的应用

一、大豆

大豆是全球产量最大的食用油脂来源，大豆榨油后的豆粕也是重要的植物蛋白质资源。大豆资源量非常大，货源稳定，也容易保存。

大豆的油脂含量一般在16%以上。大豆中磷脂含量为1.2%～3.2%，其中主要组分：磷脂酰胆碱（卵磷脂）36.2%、磷脂酰乙醇胺（脑磷脂）21.4%、磷脂酰肌醇为15.2%、磷脂酸1.6%、磷脂酰甘油6.1%、其他7.5%。

大豆作为直接性的油脂原料、蛋白质原料，重要的是考虑其中的抗营养因子如胰蛋白酶抑制因子、凝集素等的作用，这些是蛋白质类的抗营养因子，可以通过加热使蛋白质变性的方法使其失去活性。目前将大豆作为水产饲料原料的主要考虑因素是大豆的资源量大且稳定，大豆作为活的植物种子，容易保存，如果在饲料中直接使用具有很好的新鲜度，这是豆粕和豆油所不具备的优势。

大豆在水产饲料中使用的方向主要是在膨化饲料中，在硬颗粒饲料中也可以限量使用。

在一般硬颗粒饲料生产过程中，调质温度80～95℃，水分含量16%～17%，制粒温度在90℃以上。这个生产温度和湿度高于猪饲料、禽类的生产条件。如果将少量的大豆（比如5%左右）作为直接性的原料在水产饲料中使用，上述条件是否可以使大豆中的抗营养因子尤其是热敏感因子失活？如果可行，则可以在淡水鱼类硬颗粒饲料中限量使用，能够提供部分油脂和蛋白质。

水产挤压膨化饲料的制粒温度达到132℃，加压。如果在膨化饲料中将大豆作为直接性的饲料原料，在经过粉碎后，调质、制粒，这个温、湿度条件可以使大豆中的热敏感因子和抗营养因子完全失活。因此，在膨化饲料中应该可以将大豆作为一种饲料原料直接使用，而不再依赖膨化大豆。在膨化饲料中直接使用大豆可以显

著增加饲料中的油脂含量，尤其是在油脂价格较高的情况下，直接使用大豆更具有性价比优势。

经过我们的试验研究和推广应用，目前在鱼类膨化饲料中可以使用8%～15%的大豆，在黄颡鱼、乌鳢、翘嘴红鲌、草鱼、青鱼、团头鲂、鲫鱼等淡水鱼类饲料中已经有多年的实际应用，取得的养殖效果也是很好的。目前使用的地区还主要在华东的浙江、江苏地区，其他地区还没有推广应用的企业。大豆可以最为一种常规的饲料原料在膨化饲料中使用。

大豆的指标标准目前有《饲料用大豆》(GB/T 20411—2006) 和《大豆》(GB 1352—2009)，前者主要是用于饲料的大豆质量标准，后者主要是用于一般性和特殊用途大豆的质量标准。

《饲料用大豆》(GB/T 20411—2006) 中大豆的指标内容有：色泽、气味正常；杂质含量≤1.0%；生霉粒≤2.0%；水分≤13%；以不完善粒、粗蛋白质为定级指标的标准值见表 8-9。

表 8-9 饲料大豆质量指标 (GB/T 20411—2006)

等级	不完善粒/%		粗蛋白质/%
	合计	其中热损伤粒	
1	≤5	≤0.5	≥36
2	≤15	≤1.0	≤35
3	≤30	≤3.0	≤34

《大豆》(GB 1352—2009) 对大豆、高油大豆和高蛋白大豆的指标进行了规定，内容包括：色泽、气味正常；杂质含量≤1.0%；水分≤13%；其余的见表 8-10。

表 8-10 大豆质量标准 (GB 1352—2009)

等级	完整粒率/%	损伤粒率/%	
		合计	其中热损伤粒
1	≥95.0	≤1.0	≤0.2
2	≥90.0	≤2.0	≤0.2
3	≥85.0	≤3.0	≤0.5
4	≥80.0	≤5.0	≤1.0
5	≥75.0	≤8.0	≤3.0

对于高油大豆，规定了大豆油脂含量为：1级≥22.0%、2级≥21.0%、3级≥20.0%。其他指标均为完整粒率≥85.0%，损伤粒率≤3.0%（其中热损伤粒率≤0.5%），杂质含量≤1.0%，水分≤13%，色泽、气味正常。

对于高蛋白质大豆，规定了大豆粗蛋白质含量（干基）为：1级≥44.0%、2级≥42.0%、3级≥40.0%。其他指标均为完整粒率≥90.0%，损伤粒率≤2.0%

(其中热损伤粒率≤0.2%)，杂质含量≤1.0%，水分≤13%，色泽、气味正常。

《大豆》(GB 1352—2009) 中，对大豆的分类进行了说明。黄大豆：种皮为黄色、浅黄色，脐为黄褐、浅褐或深褐色的籽粒不低于95%的大豆；青大豆：种皮为绿色的籽粒不低于95%的大豆，按其子叶的颜色分为青皮青仁大豆和青皮黄仁大豆两种；黑大豆：种皮为黑色的籽粒不低于95%的大豆，按其子叶的颜色分为黑皮青仁大豆和黑皮黄仁大豆两种；其他大豆：种皮为褐色、棕色、赤色等单一颜色的大豆及双色大豆（种皮为两种颜色，其中一种为棕色或黑色，并且覆盖粒面二分之一以上）等；混合大豆：不符合上述要求的大豆。

作为水产饲料原料采购的大豆主要考虑油脂含量和蛋白质含量，所以不能完全按照《饲料用大豆》(GB/T 20411—2006) 的要求进行质量控制，主要是三级饲料用大豆的不完善粒率可以≤30%，且没有对油脂进行规定。因此，建议饲料企业结合《饲料用大豆》(GB/T 20411—2006) 和《大豆》(GB1352—2009) 两个标准，制定饲料企业自己的大豆采购质量控制标准。如果是作为饲料油脂来源的可以参照高油大豆的标准进行，如果是作为蛋白质来源的则可以参照高蛋白大豆的标准进行。尤其是在大豆价格与质量的协调上，应该分别参照上述两个标准进行。

二、花生

我国是世界第一花生生产和出口大国。不同类型花生品种品质差异较大，籽仁油脂含量在43.7%～58.7%之间，蛋白质含量在24%～36%之间，但同一品种内蛋白质和油脂含量呈明显负相关。花生仁蛋白质中，10%为水溶性蛋白、90%为碱性花生球蛋白和伴花生球蛋白。有报道花生粕中总黄酮的含量可达109.5mg/100g，维生素E的含量为0.871mg/100g。

饲料企业可以参照《花生》(GB/T 1532—2008) 进行花生质量标准的设置和质量控制。

三、油葵

向日葵原产于北美的西南部，是世界第四大油料作物，也是我国的主要油料作物之一。我国葵花籽主要产区以东北和内蒙古最多，在西北数省也有广泛种植，年产量约为450万吨。

葵花籽按其特征和用途可分为三类：①食用型：籽粒大，皮壳厚，出仁率低，约占50%，仁含油量一般在40%～50%，果皮多为黑底白纹，宜于炒食或作饲料。②油用型：籽粒小，籽仁饱满充实，皮壳薄，出仁率高，约占65%～75%，仁含油量一般达到45%～60%，果皮多为黑色或灰条纹，宜于榨油。③中间型：这种类型的生育性状和经济性状介于食用型和油用型之间。

葵花籽仁含水分5.6%，蛋白质30.4%，脂肪44.7%，糖类（可消化的）12.6%，纤维素2.7%，灰分4.4%。

葵花籽含壳率为25%～28%，葵花籽壳含有5.17%的类脂、4%的蛋白质、50%的碳水化合物。高油葵花籽仁含油脂40%～60%。葵花籽油是一种高质量的食用油脂，具有较高的营养价值，其脂肪酸组成中亚油酸和油酸等不饱和脂肪酸含量高达90%左右。

葵花籽仁含有20%～30%的蛋白质。根据蛋白性质，葵花蛋白含有20%的清蛋白、55%的球蛋白，醇溶蛋白占1%～4%，谷蛋白占11%～17%。根据沉降系数分，葵花蛋白主要含有2S、7S、11S三种蛋白成分。其中11S蛋白占70%以上，为主体蛋白质。2S蛋白主要为清蛋白。

葵花籽仁中还含有多酚类化合物——绿原酸，绿原酸又名3-咖啡奎宁酸，含量为1.3%～3.3%，绿原酸是咖啡酸和奎尼酸形成的酯，是一种缩酚酸。

葵花籽的质量标准可以参照《葵花籽》(GB/T 11764—2008)，该标准中有普通葵花籽和油用葵花籽的质量标准，见表8-11。葵花籽仁为“葵花籽脱壳后的果实，由种皮、两片子叶和胚组成，颜色为白色、浅灰色、黑色、褐色、紫色，并有宽条纹、窄条纹或无条纹”。普通葵花籽是依据纯仁率进行等级划分的，纯仁率为“净葵花籽脱壳后籽仁（其中不完善粒折半计算）占试样的质量分数”。而油用葵花籽是依据含油率进行等级划分，含油率为“净葵花籽含油脂占试样（干基计）的质量分数”。

表8-11　普通葵花籽和油用葵花籽的质量标准（GB/T 11764—2008）

普通葵花籽				
等级	纯仁率/%	杂质/%	水分/%	色泽、气味
1	≥55.0	≤1.5	≤11.0	正常
2	≥52.0			
3	≥49.0			
等外级	<49.0			
油用葵花籽				
等级	含油率/%	杂质/%	水分/%	色泽、气味
1	≥42.0	≤1.5	≤11.0	正常
2	≥39.0			
3	≥36.0			
4	≥33.0			
5	≥30.0			
等外级	<30.0			

其中，杂质为“通过规定筛层及无使用价值的物质”，包括下列几种：①筛下物：通过直径为3.5mm圆孔筛的物质；②无机杂质：泥土、砂石、砖瓦块及其他无机物质；③有机杂质：无使用价值的葵花籽、异种粮粒以及其他有机杂质。

国标中对普通葵花籽和油用葵花籽的蛋白质没有进行规定，可以依据油用葵花籽的含油量来进行控制。从实际情况来看，新疆的油葵其含油量可以达到46%左右，蛋白质含量达到30%左右。

四、大豆、油菜籽、花生和油葵在水产饲料中的应用研究

大豆、油菜籽、花生、油葵都是含油量高、蛋白质含量高的籽实类原料，作为硬颗粒饲料或挤压膨化饲料原料在提供饲料油脂和饲料蛋白质方面具有一定的资源优势和性价比优势，且营养质量稳定、新鲜度可以得到保障。

我们以团头鲂为试验对象，进行了大豆、油菜籽、花生和油葵等油脂原料在饲料中直接应用的试验研究。四种油脂原料的常规营养成分及各油脂原料脂肪酸组成见表8-12和表8-13。

表8-12 四种油脂原料的常规营养成分（风干基础） 单位：%

油脂原料(lipid source)	水分(moisture)	粗脂肪(EE)	粗蛋白(CP)
大豆(soybean)	8.63±0.07	24.11±0.29	32.77±0.09
油菜籽(rapeseed)	5.78±0.06	42.63±0.54	22.45±0.13
花生(peanut)	6.57±0.14	40.31±0.98	20.08±0.06
油葵(sunflower seed)	5.65±0.14	39.43±0.27	18.73±0.56

表8-13 四种油脂原料脂肪酸组成 单位：%

脂肪酸 (fatty acid)	豆油 (soybean oil)	大豆 (soybean)	油菜籽 (rapeseed)	花生 (peanut)	油葵 (sunflower seed)
C11：0	0.06	—	—	—	—
C16：0	10.90	12.81	4.81	12.03	7.11
C16：1	0.07	—	—	—	—
C18：0	5.28	3.06	1.95	3.50	5.72
C18：1(n～9)	20.50	27.60	62.73	51.37	16.79
C18：2(n～6)	54.26	48.83	15.99	27.36	69.16
γ-C18：3(n～6)	0.86	—	—	—	—
α-C18：3(n～3)	6.98	5.18	10.40	—	0.21
C20：0	0.31	0.44	0.56	1.47	0.35
C20：1	0.13	0.29	2.00	0.82	—
C22：0	0.27	—	—	—	—
C24：0	0.08	—	—	—	—

由表8-13可以看出，四种油脂原料及豆油中脂肪酸含量差异较大，其中仅豆油中含有γ-C18：3（n～6）；油菜籽和花生中含有相对较高的C18：1（n～9），而豆油、大豆和油葵中C18：2（n～6）的含量相对较高；二十碳以上的脂肪酸仅豆油组含有少量的C22：0和C24：0，四种油脂原料中均没有。

以油脂含量为基准，设计试验饲料粗蛋白质含量均为28%，分别以四种油脂

原料为油源使试验饲料油脂含量为1.5%、3.0%两个油脂水平，对照油脂为1.5%的豆油。9种试验日粮组成、实测营养水平见表8-14。经粉碎过40目筛，混合均匀后用小型颗粒饲料机加工成直径1.5mm的颗粒饲料备用，饲料加工过程中温度保持在65～70℃、持续时间约1min。

表8-14　试验饲料配方和营养水平（风干基础）

项目	含量（content）/‰								
原料（ingredient）	对照组（control）	大豆组（soybean）		油菜籽组（rapeseed）		花生组（peanuts）		油葵组（sunflower seed）	
		1.5%	3.0%	1.5%	3.0%	1.5%	3.0%	1.5%	3.0%
小麦麸（wheat bran）	85.0	82.8	65.6	84.8	59.6	82.8	45.6	82.0	43.9
细米糠（rice bran）	100.0	100.0	100.0	100.0	100.0	100.0	100.0	100.0	100.0
豆粕（soybean meal）	60.0	35.0	—	60.0	60.0	60.0	60.0	60.0	60.0
菜籽粕（rapeseed meal）	240.0	230.0	230.0	230.0	220.0	230.0	230.0	230.0	230.0
棉籽粕（cottonseed meal）	240.0	230.0	220.0	230.0	230.0	230.0	230.0	230.0	230.0
鱼粉（fish meal）	20.0	20.0	20.0	20.0	20.0	20.0	20.0	20.0	20.0
肉骨粉（meat and bone meal）	20.0	20.0	20.0	20.0	20.0	20.0	20.0	20.0	20.0
磷酸二氢钙[$Ca(H_2PO_4)_2$]	20.0	20.0	20.0	20.0	20.0	20.0	20.0	20.0	20.0
沸石粉（zeolite flour）	20.0	20.0	20.0	20.0	20.0	20.0	20.0	20.0	20.0
膨润土（bentonite）	20.0	20.0	20.0	20.0	20.0	20.0	20.0	20.0	20.0
小麦（wheat）	150.0	150.0	150.0	150.0	150.0	150.0	150.0	150.0	150.0
预混料（premix）①	10.0	10.0	10.0	10.0	10.0	10.0	10.0	10.0	10.0
豆油（soybean oil）	15.0	—	—	—	—	—	—	—	—
大豆（soybean）	—	62.2	124.4	—	—	—	—	—	—
油菜籽（rapeseed）	—	—	—	35.2	70.4	—	—	—	—
花生（peanut）	—	—	—	—	—	37.2	74.4	—	—
油葵（sunflower seed）	—	—	—	—	—	—	—	38.0	76.1
合计（total）	1000	1000	1000	1000	1000	1000	1000	1000	1000
营养水平（nutrient levels）/%②									
水分（moisture）	8.82	8.78	9.05	8.40	8.64	9.13	8.59	8.83	8.87
粗蛋白（CP）	27.96	29.03	28.57	28.17	28.46	28.31	28.62	28.18	28.20
粗脂肪（EE）	4.22	4.03	5.20	4.06	5.34	4.20	5.40	4.03	5.30
灰分（ASH）	12.28	12.26	12.21	12.18	12.56	12.41	12.02	12.18	12.24
钙（Ca）	1.28	1.46	1.88	1.49	1.88	1.47	1.36	1.64	1.65

① 预混料为每千克日粮提供（the preminx provided following for per kg of feed）：Cu 5mg；Fe 180mg；Mn 35mg；Zn 120mg；I 0.65mg；Se 0.5mg；Co 0.07mg；Mg 300mg；K 80mg；维生素A 10mg；维生素B_1 8mg；维生素B_2 8mg；维生素B_6 20mg；维生素B_{12} 0.1mg；维生素C 250mg；泛酸钙（calcium pantothenate）20mg/kg、烟酸（niacin）25mg；维生素$D_3$4mg；维生素$K_3$6mg；叶酸（folic acid）5mg；肌醇（inositol）100mg。

② 实测值（measured values）。

四种油脂原料添加量在两油脂水平（1.5%，3.0%）下对团头鲂成活率和特定生长率的影响结果见表 8-15。各组成活率均为 100%。从表 8-15 可得以下结果：①四种油脂原料添加量在 1.5%油脂水平下与豆油对照组分别比较，其中大豆组、花生组和油葵组特定生长率显著高于对照组（$P<0.05$），分别提高了 11.54%、14.42%和 11.54%；油菜籽组仅提高了 1.92%，差异不显著（$P>0.05$）。②四种油脂原料添加量在 3.0%油脂水平下与豆油对照组分别比较，大豆组特定生长率较豆油对照组呈负增长趋势，降低了 2.88%；其他各组呈现正增长趋势，其中油菜籽组和油葵组较豆油对照组仅提高 1.92%和 2.88%，而花生组较豆油对照组提高了 19.23%。③同种油脂原料在两油脂水平（1.5%，3.0%）之间比较，油菜籽组添加量在 1.5%和 3.0%油脂水平下特定生长率不变；大豆组和油葵组添加量在 1.5%油脂水平时特定生长率（1.16%/d，1.16%/d）比添加量在 3.0%油脂水平时特定生长率（1.01%/d，1.07%/d）明显高；花生组添加量在 1.5%油脂水平时特定生长率（1.19%/d）比在 3.0%油脂水平时特定生长率（1.24%/d）低。

表 8-15　不同油脂原料及其添加水平对团头鲂成活率和特定生长率的影响

油脂水平 (lipid level)	组别 (group)	鱼尾数/尾	初总重 (initial weight)/g	末总重 (final weight)/g	成活率 (SR)/%	特定生长率(SGR)/(%/d)	$\overline{X}\pm SD$	SGR与对照组比较/%
1.5%	对照 (control)	15	143.4	421.0	100	1.06	1.04 ± 0.06^{c}	—
		15	135.3	409.4	100	1.09		
		15	151.4	414.0	100	0.98		
	大豆 (soybean)	15	141.3	460.4	100	1.16	1.16 ± 0.01^{ab}	11.54
		15	142.5	461.6	100	1.15		
		15	145.4	481.3	100	1.17		
	油菜籽 (rapeseed)	15	143.3	410.3	100	1.03	1.06 ± 0.04^{bc}	1.92
		15	138.5	404.8	100	1.05		
		15	135.0	410.8	100	1.09		
	花生 (peanut)	15	139.7	471.8	100	1.19	1.19 ± 0.06^{a}	14.42
		15	149.0	523.3	100	1.23		
		15	145.7	461.8	100	1.13		
	油葵 (sunflower seed)	15	140.0	437.2	100	1.12	1.16 ± 0.05^{ab}	11.54
		15	143.0	457.1	100	1.14		
		15	142.0	494.1	100	1.22		

续表

油脂水平（lipid level）	组别（group）	鱼尾数/尾	初总重（initial weight）/g	末总重（final weight）/g	成活率（SR）/%	特定生长率（SGR）/（%/d）	$\overline{X}$±SD	SGR与对照组比较/%
3.0%	大豆（soybean）	15	138.4	374.3	100	0.98	1.01±0.08^{b}	−2.88
		15	141.5	435.4	100	1.10		
		15	142.1	380.2	100	0.96		
	油菜籽（rapeseed）	15	139.5	363.3	100	0.94	1.06±0.12^{b}	1.92
		15	156.0	453.0	100	1.05		
		15	139.7	467.8	100	1.18		
	花生（peanut）	15	140.1	489.9	100	1.23	1.24±0.06^{a}	19.23
		15	144.8	492.4	100	1.20		
		15	136.6	506.7	100	1.29		
	油葵（sunflower seed）	15	143.5	404.4	100	1.02	1.07±0.11^{b}	2.88
		15	144.9	442.3	100	1.09		
		15	140.5	421.7	100	1.08		

注：同一水平下同列数据右上角不同上标小写字母代表差异显著（$P<0.05$），下同。

四种油脂原料添加量在两油脂水平（1.5%，3.0%）下对团头鲂饲料系数和蛋白质效率的影响结果见表8-16、表8-17。从表中可以得出以下结果：①油脂原料添加量在1.5%油脂水平下与豆油对照组相比较，油菜籽组饲料系数增加了2.53%，同时蛋白质效率降低了3.85%；大豆组、花生组饲料系数与豆油对照组之间差异显著（$P<0.05$），分别降低了11.19%和12.64%，相应其蛋白质效率分别提高了7.69%和12.31%；油葵组饲料系数降低了6.86%，差异不显著（$P>0.05$），蛋白质效率方面较豆油对照组增加了10.00%。②油脂原料添加量在3.0%油脂水平下与豆油对照组比较，在饲料系数方面除花生组降低了17.69%外，大豆组、油菜籽组和油葵组分别增加7.58%、2.17%和6.14%；在蛋白质效率方面与饲料系数结果恰恰相反，除花生组增加了17.69%外，大豆组、油菜籽组和油葵组分别下降8.46%、3.08%和6.92%。③同种油脂原料添加量在两油脂水平（1.5%，3.0%）下比较可以看出，油菜籽组蛋白质效率和饲料系数几乎没有变化；大豆组和油葵组添加量在3.0%油脂水平下的饲料系数和蛋白质效率（2.98，2.94；1.19，1.21）较添加量在1.5%油脂水平下（2.46，2.58；1.40，1.43）效果差；花生组添加量在3.0%油脂水平下饲料系数和蛋白质效率（2.28，1.53）较添加量在1.5%油脂水平下（2.42，1.46）效果好。

表 8-16 不同油脂原料及其添加水平对团头鲂饲料系数的影响

油脂水平(lipid level)	组别(group)	鱼尾数/尾	初总重(initial weight)/g	末总重(final weight)/g	增重(increased weight)/g	饲料总重/g	饲料系数(FCR)	$\overline{X}\pm SD$	饲料系数与对照组比较(compared to control)/%
1.5%	对照(control)	15	143.4	421.0	277.6	766.5	2.76	2.77 ± 0.03^{ab}	—
		15	135.3	409.4	274.1	750.3	2.74		
		15	151.4	414.0	262.6	736.1	2.80		
	大豆(soybean)	15	141.3	460.4	319.1	798.1	2.50	2.46 ± 0.09^{b}	−11.19
		15	142.5	461.6	319.1	803.3	2.52		
		15	145.4	481.3	335.9	794.3	2.36		
	油菜籽(rapeseed)	15	143.3	410.3	267.0	741.3	2.78	2.84 ± 0.09^{a}	2.53
		15	138.5	404.8	266.3	762.2	2.86		
		15	135.0	410.8	275.8	803.8	2.91		
	花生(peanut)	15	139.7	471.8	332.1	802.4	2.42	2.42 ± 0.20^{b}	−12.64
		15	149.0	523.3	374.3	834.3	2.23		
		15	145.7	461.8	316.1	828.8	2.62		
	油葵(sunflower seed)	15	140.0	437.2	297.2	826.6	2.78	2.58 ± 0.22^{ab}	−6.86
		15	143.0	457.1	314.1	816.0	2.60		
		15	142.0	494.1	352.1	826.8	2.35		
3.0%	大豆(soybean)	15	138.4	374.3	235.9	763.1	3.23	2.98 ± 0.35^{a}	7.58
		15	141.5	435.4	293.9	758.2	2.58		
		15	142.1	380.2	238.1	745.6	3.13		
	油菜籽(rapeseed)	15	139.5	363.3	223.8	767.8	3.43	2.83 ± 0.52^{ab}	2.17
		15	156.0	453.0	297.0	772.1	2.60		
		15	139.7	467.8	328.1	810.8	2.47		
	花生(peanut)	15	140.1	489.9	349.8	800.1	2.29	2.28 ± 0.08^{b}	−17.69
		15	144.8	492.4	347.6	814.6	2.34		
		15	136.6	506.7	370.1	820.5	2.22		
	油葵(sunflower seed)	15	143.5	404.4	260.9	758.0	2.91	2.94 ± 0.23^{a}	6.14
		15	144.9	442.3	297.4	941.4	3.17		
		15	140.5	421.7	281.2	767.0	2.73		

注：表中同行数据不同上角标小写字母表示差异显著（$P>0.05$）

从表 8-17 中蛋白质沉积率可以看出：①油脂原料添加量在 1.5%油脂水平下与豆油对照组相比较，大豆组和油菜籽组蛋白质沉积率显著低于豆油对照组（$P<0.05$），花生组和油葵组与豆油对照组之间差异不显著（$P>0.05$）。②四种油脂原料添加量在3.0%油脂水平下与豆油对照组相比较，四种油脂原料的蛋白质沉积率较豆油对照组明显降低。③同种油脂原料添加量在两油脂水平（1.5%，3.0%）下比较可以看出，油脂原料添加量在3.0%油脂水平下较添加量在1.5%油脂水平下，大豆组和油葵组蛋白质沉积率下降，而油菜籽组和花生组升高。

表8-17　不同油脂原料及其添加水平对团头鲂蛋白质效率、蛋白质沉积率的影响

油脂水平 (lipid level)	组别	蛋白质效率 (PER①)/(%,×10^2)	与对照组比较/%	蛋白沉积率 (PDR)②/%	与对照组比较/%
1.5%	对照	1.30±0.01		25.51±0.72[a]	
	大豆	1.40±0.05	7.69	22.69±1.58[b]	−11.05
	油菜籽	1.25±0.04	−3.85	19.74±1.13[c]	−22.62
	花生	1.46±0.12	12.31	24.41±2.02[ab]	−4.31
	油葵	1.43±0.18	10.00	23.71±1.30[ab]	−7.06
3.0%	大豆	1.19±0.15[b]	−8.46	16.46±2.27[b]	−35.48
	油菜籽	1.26±0.21[ab]	−3.08	20.53±3.56[b]	−19.52
	花生	1.53±0.06[a]	17.69	24.99±1.12[a]	−2.04
	油葵	1.21±0.09[b]	−6.92	20.08±0.67[b]	−21.29

① 蛋白质效率(PER,%)=100×每个缸鱼体增重量/每个缸饲料蛋白摄入量。

②蛋白质沉积率（PDR，%）=100×(试验结束时鱼体总重×试验结束时鱼体粗蛋白含量－试验开始时鱼体总重×试验开始时鱼体粗蛋白含量)/(消耗饲料总重×饲料粗蛋白含量)。

注：表中同行数据不同上角标小写字母表示差异显著（$P>0.05$）。

在等蛋白质和等油脂水平下，大豆组、花生组和油葵组较豆油对照组养殖效果好，可以作为团头鲂饲料新的油脂原料使用。同种油脂原料在相同蛋白质水平下，油脂原料添加量由1.5%油脂水平升高到3.0%油脂水平，油菜籽组养殖效果几乎不变，大豆组和油葵组生长效果明显下降，花生组养殖效果变好。花生组在油脂原料添加量3.0%油脂水平下养殖效果变好，可能是油脂水平增加所导致的，也可能是花生中某些营养因子作用的结果，具体原因有待进一步研究。

第四节　苹果籽、南瓜子及其在水产饲料中的应用

一、苹果籽

苹果籽是苹果汁生产的副产物，为苹果的籽实。一般苹果籽重量约占果实重量的0.267%，苹果籽易于保存，苹果籽中粗蛋白含量接近50%，含油率为19%～28%，可作为一种蛋白质资源和油脂资源。

苹果籽含仁率为69.36%，籽仁含油量为28.9%，其中主要脂肪酸油酸和亚油

酸的含量分别为33.6%和55.5%。籽仁中蛋白质和淀粉的含量分别为48.72%和5.01%。甲醇提取物含量为10.4%，定性试验表明其中很可能含有酚性的还原物质和糖苷等物质。于修烛（2003）测定了（秦冠）苹果籽油中的脂肪酸组成，含有亚油酸（C18：2）49.64%、油酸（C18：1）39.69%、棕榈酸（C16：0）7.09%、硬脂酸（C18：0）2.37%、花生酸（C20：0）0.91%。

不同品种苹果的籽实其营养物质组成有差异，葛含静（2007）测定了红富士和新红星两种苹果籽实的营养组成，结果见表8-18，结果表明两种苹果籽实中均有很高的蛋白质和油脂含量。苹果籽实中油脂的特性见表8-19。

表 8-18 苹果籽物理特性及主要营养成分含量（葛含静，2007）

项目	红富士	新红星	项目	红富士	新红星
密度/(g/L)	574.0	529.7	含仁率/%	74.3	70.1
千粒重/g	42.5	35.5	粗蛋白/%	48.85	49.55
含水量/%	7.65	9.34	粗脂肪/%	23.69	24.32

表 8-19 苹果籽实中油脂的特性（葛含静，2007）

项目	红富士苹果籽油	新红星苹果籽油	项目	红富士苹果籽油	新红星苹果籽油
水分及挥发物/%	0.043	0.044	皂化值/(mg KOH/g)	159.309	172.371
相对密度/(20/4℃)	0.903	0.902	过氧化值/(meq/kg)	0.72	0.68
折光指数(n^{20})	1.466	1.465	碘值/(g I/100g)	94.14	101.15
酸价/(mg KOH/g)	4.036	4.323	磷脂含量/%	0.476	0.384

二、南瓜子

南瓜是葫芦科南瓜属草本植物，原产于中、南美洲，现在世界各地都有种植，主要有五个栽培种：西葫芦（*Cucurbit pepo* L.），又名美洲南瓜；笋瓜（*Cucurbit maxima* Duch），又名印度南瓜；南瓜（*Cucurbit moschata* Duch），又名中国南瓜；黑籽南瓜（*Cucurbit ficifolia* Bouche）；灰籽南瓜（*Cucurbit mixta* pang）。

董胜旗等（2006）分析了我国产的17种南瓜的南瓜子营养成分，主要结果为：①南瓜千粒重。印度南瓜的千粒重平均为266.78g，中国南瓜的千粒重平均为119.173g，美洲南瓜的千粒重为175.95g。印度南瓜子个体比较大，所以千粒重也较中国南瓜和美洲南瓜要高。②南瓜子出仁率。印度南瓜的平均出仁率为65.13%，中国南瓜为77.28%，美洲南瓜为78.8%，印度南瓜的出仁率较中国南瓜和美洲南瓜要低些。③南瓜子含水率。印度南瓜为5.85%，中国南瓜为5.81%，美洲南瓜为4.71%。④粗蛋白含量。南瓜的粗蛋白含量平均（FW）为38.41%，中国南瓜的粗蛋白含量平均为42.08%，美洲南瓜的粗蛋白含量平均为40.46%。

⑤粗纤维含量。南瓜子粗纤维含量平均为 8.08%，其中印度南瓜粗纤维含量平均为 7.83%，中国南瓜粗纤维含量平均为 6.58%，美洲南瓜粗纤维含量平均为 8.32%。⑥粗脂肪含量。南瓜子粗脂肪含量平均为 42.77%，其中印度南瓜粗脂肪含量平均为 44.08%，中国南瓜粗脂肪含量平均为 40.90%，美洲南瓜粗脂肪含量平均为 41.59%。印度南瓜中的粗脂肪含量要高于中国南瓜和美洲南瓜，大部分品种南瓜子的粗脂肪含量都超过了 40%，可见南瓜子的粗脂肪含量都是比较高的，是一类比较好的提取脂肪酸的材料。

南瓜多糖化学组成中含有大量糖醛酸，有较多带负电荷的酸性基团，南瓜多糖具有类似磷脂的作用，可以清除胆固醇。南瓜含有一些酶类、南瓜子碱和葫芦巴碱等生物活性物质，能消除和催化分解致癌物质亚硝胺的突变作用。南瓜子是古今都认同的有效驱虫剂，其有效成分是南瓜子氨酸（cucurbitin，$C_5H_{10}N_2O_2$，分子量>130），可以驱除绦虫、蛔虫等多种寄生虫。

东北农业大学对籽用南瓜脂肪及脂肪酸含量的分析结果：粗脂肪含量为 37.94%～59.36%（平均 48.40%），油酸含量为 6.37%～25.13%（平均 16.59%），亚油酸含量为 20.87%～58.10%（平均 39.53%），不饱和脂肪酸含量为 28.35%～80.84%。

三、苹果籽、南瓜子在团头鲂饲料中的应用试验

选用苹果籽、黑色南瓜子（黑瓜子）、白色南瓜子（白瓜子）3 种油脂原料，苹果籽从生产苹果酱的副产物苹果渣中挑选，来自陕西；两种南瓜子均来自黑龙江，为籽用南瓜的种子。三种油脂原料的常规营养成分见表 8-20、脂肪酸组成见表 8-21、氨基酸组成见表 8-22。设计试验饲料粗蛋白含量均为 28%，以油脂含量为基准，3 种籽实分别以 1%、2%、3%的油脂水平折算油籽量添加到饲料中，以添加 1.5%的豆油作为对照组共 10 种试验饲料。养殖试验共设 10 个组，每组三个平行；10 种饲料分别投喂 10 组试验鱼。试验日粮组成、实测营养水平见表 8-23。

表 8-20　三种油脂原料营养成分及部分理化特征值（鲜样基础）

油脂原料 (lipid source)	粗脂肪 (crude oil)/%	粗蛋白 (crude protein)/%	碘价 (iodine value)/(g/100g)	酸价 (acid value)/(mg/g)
苹果籽 (apple seed)	19.51	35.33	40.86	1.28
白瓜子(white pumpkin seed)	25.04	28.24	71.25	0.58
黑瓜子(black pumpkin seed)	36.31	29.68	47.22	0.96

表 8-21 三种油脂原料脂肪酸组成 单位：%

脂肪酸种类(fatty acid)	苹果籽(AS)	白瓜子(WPS)	黑瓜子(BPS)
C14：0	—	0.13	—
C16：0	6.30	11.46	10.56
C16：1	—	0.12	—
C17：0	—	0.13	—
C18：0	1.52	4.78	3.38
C18：1(n～9)	33.49	30.66	21.59
C18：2(n～6)	55.91	51.11	62.32
C18：3(n～3)	0.27	0.14	0.25
C20：0	1.11	0.35	0.17
C20：1	0.44	0.10	0.07
C22：0	0.26	0.14	—
C20：5(n～3)	—	—	0.14
C23：0	—	0.32	0.90

表 8-22 三种油脂原料氨基酸组成（干物质基础） 单位：g/100g

氨基酸组成(amino acid)		苹果籽(AS)	白瓜子(WPS)	黑瓜子(BPS)
必需氨基酸(EAA)	异亮氨酸(Ile)	0.92	0.69	0.85
	亮氨酸(Leu)	1.94	1.37	1.68
	赖氨酸(Lys)	0.68	1.11	1.27
	蛋氨酸(Met)	0.47	0.25	0.35
	苯丙氨酸(Phe)	1.39	1.02	1.25
	苏氨酸(Thr)	0.78	0.67	0.78
	缬氨酸(Val)	1.12	0.86	1.08
	精氨酸(Arg)	2.65	2.89	3.42
	组氨酸(His)	0.63	0.55	0.76
非必需氨基酸(Non-EAA)	天冬氨酸(Asp)	2.98	2.31	2.56
	谷氨酸(Glu)	9.38	4.47	5.21
	丝氨酸(Ser)	1.32	1.26	1.6
	甘氨酸(Gly)	1.82	1.95	2.26
	丙氨酸(Ala)	1.17	0.92	1.14
	酪氨酸(Tyr)	0.67	0.99	1.2
	胱氨酸(Cys)	0.41	0.23	0.26
	脯氨酸(Pro)	1.59	1.19	1.12
ΣAA		29.92	22.73	26.79
ΣEAA		10.58	9.41	11.44

表 8-23　试验日粮组成、营养水平及成本（风干基础）

原料	豆油组	苹果籽			白瓜子			黑瓜子		
	1.5%	5.1%	10.3%	15.4%	4.0%	8.0%	12.0%	2.8%	5.5%	8.3%
小麦/‰	200	200	200	200	200	200	200	200	200	200
米糠粕/‰	181	181	181	181	181	181	141	181	181	181
鱼粉/‰	50	50	50	50	50	50	50	50	50	50
棉籽粕/‰	165.1	147	121.3	95.8	152.64	132.7	152.7	158.8	145.1	131.3
菜籽粕/‰	165.1	147	121.4	95.7	152.64	132.7	112.7	158.85	145.1	131.3
豆粕/‰	153.8	153.8	153.8	153.8	153.8	153.8	153.8	153.8	153.8	153.8
大豆油/‰	15									
苹果籽/‰		51.26	102.51	153.77						
白瓜子/‰					39.94	79.87	119.81			
黑瓜子/‰								27.54	55.08	82.62
磷酸二氢钙 $Ca(H_2PO_4)_2$/‰	20	20	20	20	20	20	20	20	20	20
沸石粉/‰	40	40	40	40	40	40	40	40	40	40
预混料①/‰	10	10	10	10	10	10	10	10	10	10
合计/‰	1000	1000.1	1000	1000.1	1000	1000.1	1000	1000	1000.1	1000
实测营养水平②/%										
粗蛋白	27.67	28.53	28.27	27.77	28.18	27.68	27.41	28.46	28.24	28.03
粗脂肪	3.38	2.86	3.80	4.73	2.88	3.82	4.75	2.90	3.85	4.82
水分	8.54	8.86	9.45	8.17	9.45	8.44	8.38	8.24	7.73	8.49

① 预混料为每千克日粮提供：Cu 5mg、Fe 180mg、Mn 35mg、Zn 120mg、I 0.65mg、Se 0.5mg、Co 0.07mg、Mg 300mg、K 80mg、维生素 A 10mg、维生素 B_1 8mg、维生素 B_2 8mg、维生素 B_6 20mg、维生素 B_{12} 0.1mg、维生素 C 250mg、泛酸钙 20mg、烟酸 25mg、维生素 D_3 4mg、维生素 K_3 6mg、叶酸 5mg、肌醇 100mg。

② 实测值。

由表 8-20～表 8-22 可以看出，三种油脂原料的粗脂肪和粗蛋白含量约为 20%和 30%，碘价高达 40g/100g，其中，苹果籽的碘价最低、酸价最高，白瓜子的碘价最高、酸价最低；三种油脂原料的脂肪酸组成差异不大，都是以 C18∶1（*n*～9）、C18∶2（*n*～6）为主，不饱和脂肪酸高达 80%以上，其中，白瓜子 C18∶3（*n*～3）比例较低，黑瓜子 C18∶2（*n*～6）比例高；从氨基酸组成来看，苹果籽、黑瓜子的必需氨基酸总量较白瓜子丰富，但苹果籽的赖氨酸含量低。总体从营养特性来看，苹果籽、南瓜子具有较高的开发利用价值。

经过 60 天的养殖试验，10 种饲料对团头鲂（*Megalobrama amblycephala*）成活率、特定生长率、饲料系数的影响见表 8-24，各试验组成活率在 95%～100%，无显著性差异（$P>0.05$）。不同油脂原料及其添加水平对全鱼氨基酸组成的影响见表 8-25。

表 8-24　苹果籽、白瓜子、黑瓜子不同添加水平下对团头鲂成活率、特定生长率、饲料系数的影响

组别	尾数/尾	初重/g	末重/g	成活率/%	特定生长率/(%/d)	特定生长率平均值/(%/d)	投喂量/g	饲料系数	饲料系数平均值
豆油 1.5%	20	286.1	702.9	100	1.50	1.45±0.06[bc]	775.89	1.86	1.89±0.03[ab]
	19	304.2	696.2	95	1.38		745.98	1.90	
	20	245.5	589.3	100	1.46		658.66	1.92	
苹果籽 5.1%	20	287.2	693.5	100	1.47	1.44±0.09[bc]	730.57	1.80	1.91±0.20[ab]
	20	305	753.4	100	1.51		798.30	1.78	
	20	289.2	643.6	100	1.33		759.12	2.14	
苹果籽 10.3%	20	286.5	693.8	100	1.47	1.42±0.09[bc]	753.08	1.85	1.94±0.11[ab]
	19	274.2	603.5	95	1.31		679.22	2.06	
	20	277.2	664.9	100	1.46		737.38	1.90	
苹果籽 15.4%	20	288.8	661.5	100	1.38	1.26±0.11[a]	742.34	1.99	2.25±0.23[c]
	20	287.1	600.3	100	1.23		734.31	2.34	
	20	283.4	574.0	100	1.18		700.39	2.41	
白瓜子 4.0%	20	276.3	646.5	100	1.42	1.42±0.03[bc]	724.64	1.96	1.92±0.03[ab]
	20	293.2	678.2	100	1.40		736.46	1.91	
	20	289.2	690.0	100	1.45		761.12	1.90	
白瓜子 8.0%	20	278.9	668.9	100	1.46	1.32±0.12[ab]	733.42	1.88	2.14±0.23[bc]
	20	279.6	591.2	100	1.25		725.21	2.33	
	19	276.8	592.0	95	1.27		700.95	2.22	
白瓜子 12.0%	20	277.8	689.2	100	1.51	1.52±0.00[c]	747.62	1.82	1.75±0.12[a]
	20	279.4	694.1	100	1.52		755.17	1.82	
	20	301.4	750.8	100	1.52		726.18	1.62	
黑瓜子 2.8%	19	272.8	647.5	90	1.44	1.49±0.05[c]	703.10	1.88	1.82±0.09[a]
	20	290.8	736.4	100	1.55		764.28	1.72	
	19	276.6	671.0	90	1.48		738.40	1.87	
黑瓜子 5.5%	20	275	637.4	100	1.40	1.46±0.06[bc]	729.73	2.01	1.88±0.17[ab]
	19	268.4	667.5	95	1.52		677.33	1.70	
	20	273.0	650.1	100	1.45		731.16	1.94	
黑瓜子 8.3%	20	295.0	672.2	100	1.37	1.45±0.07[bc]	764.80	2.03	1.88±0.13[ab]
	19	298.0	725.1	95	1.48		781.07	1.83	
	20	296.0	731.2	100	1.51		773.12	1.78	

注：1.同行肩标不同小写字母表示差异显著（$P<0.05$），无字母肩标表示差异不显著（$P>0.05$）。

2.成活率(SR,%)=(终尾数/初尾数）×100；特定生长率(SGR,%/d)=(ln 末均重－ln 初均重）/饲养天数×100；饲料系数（FCR）＝每缸投喂饲料总量/每缸鱼体总增重量。

表 8-25　不同油脂原料及其添加水平对全鱼氨基酸组成的影响

氨基酸(amino)		豆油对照组	苹果籽			白瓜子			黑瓜子			变异系数CV/%
			5.1%	10.3%	15.4%	4.0%	8.0%	12.0%	2.8%	5.5%	8.3%	
必需氨基酸EAA/%	异亮氨酸(Ile)	2.02	2.11	2.03	2.07	1.98	2.05	1.89	2.01	2.02	1.87	3.73
	亮氨酸(Leu)	4.10	4.01	3.79	4.00	3.97	3.94	3.70	3.89	3.89	3.68	3.52
	赖氨酸(Lys)	4.95	5.02	4.72	4.75	4.96	5.02	4.76	4.83	4.86	4.73	2.46
	蛋氨酸(Met)	1.60	1.61	1.53	1.55	1.55	1.62	1.47	1.52	1.55	1.46	3.52
	苯丙氨酸(Phe)	2.41	2.37	2.27	2.33	2.37	2.41	2.24	2.33	2.34	2.21	2.94
	苏氨酸(Thr)	2.32	2.32	2.21	2.30	2.34	2.38	2.22	2.27	2.29	2.20	2.61
	精氨酸(Arg)	3.30	3.25	3.14	3.16	3.25	3.42	3.20	3.24	3.29	3.19	2.50
	缬氨酸(Val)	2.42	2.54	2.41	2.47	2.39	2.47	2.27	2.40	2.40	2.24	3.74
	组氨酸(His)	1.26	1.29	1.22	1.29	1.34	1.34	1.17	1.24	1.23	1.23	4.30
非必需氨基酸(Non-EAA)/%	天冬氨酸(Asp)	5.00	4.90	4.67	4.87	4.96	5.01	4.69	4.84	4.83	4.68	2.67
	谷氨酸(Glu)	8.59	8.38	7.97	8.36	8.35	8.51	7.90	8.17	8.26	7.91	2.98
	丝氨酸(Ser)	2.37	2.34	2.23	2.30	2.36	2.47	2.23	2.24	2.35	2.21	3.59
	甘氨酸(Gly)	4.53	4.69	4.37	4.34	4.63	4.81	4.45	4.37	4.53	4.25	3.89
	丙氨酸(Ala)	3.76	3.78	3.56	3.68	3.74	3.78	3.57	3.63	3.67	3.47	2.89
	酪氨酸(Tyr)	1.51	1.49	1.43	1.53	1.50	1.54	1.38	1.50	1.46	1.43	3.44
	胱氨酸(Cys)	0.31	0.31	0.30	0.31	0.32	0.35	0.31	0.32	0.33	0.31	4.47
	脯氨酸(Pro)	4.10	4.20	3.60	3.01	3.01	3.31	4.03	2.81	4.16	3.00	15.87
ΣEAA/%		24.38	24.52	23.32	23.92	24.15	24.65	22.92	23.73	23.87	22.81	2.69
ΣAA/%		54.55	54.61	51.45	52.32	53.02	54.43	51.48	51.61	53.46	50.07	2.97
相关系数(correlation)		0.90	0.88	0.88	0.89	0.89	0.90	0.90	0.91	0.90	0.91	0.98

上述结果显示，以1.5%豆油作为对照，在饲料中使用5.1%、10.3%、15.4%的苹果籽，使团头鲂的特定生长率分别下降了0.69%（$P>0.05$）、2.07%（$P>0.05$）、13.10%（$P<0.05$），饲料系数分别增加了0.16%（$P>0.05$）、2.65%（$P>0.05$）、19.05%（$P<0.05$）；使用4.0%、8.0%的白瓜子使团头鲂的特定生长率分别下降了2.07%（$P>0.05$）、8.97%（$P>0.05$），饲料系数分别增加了1.59%（$P>0.05$）、13.23%（$P>0.05$），12.0%的白瓜子使团头鲂的特定生长率提高了4.83%（$P>0.05$），饲料系数降低了7.41%（$P>0.05$）；使用2.8%、5.5%、8.3%的黑瓜子使团头鲂的生长率分别提高了2.76%（$P>0.05$）、0.69%（$P>0.05$）、0%（$P>0.05$），饲料系数分别降低了3.70%（$P>0.05$）、0.53%（$P>0.05$）、0.53%（$P>0.05$）。结果表明，苹果籽组团头鲂整体生长性能不如1.5%豆油组的生长性能，且随着添加量的增加有进一步降低的趋势；12.0%的白瓜子和黑瓜子组的整体生长性能均高于1.5%豆油组的生长性能。

可以得到的结果是：①苹果籽、白瓜子、黑瓜子作为油脂原料在团头鲂饲料中直接添加具有可行性，本试验条件下苹果籽添加量5.1%时取得与豆油1.5%相同的养殖效果，白瓜子添加量12.0%、黑瓜子2.8%时取得比豆油1.5%更好的养殖效果，并且在此添加量下是安全的。②苹果籽、白瓜子、黑瓜子在一定程度上可以提高鱼体的非特异免疫力。③白瓜子、黑瓜子在一定程度上对脂肪代谢有调节作用。

第五节 花椒籽、葡萄籽、番茄籽、亚麻籽

一、葡萄籽

葡萄籽是葡萄加工过程中产生的副产物，占整粒葡萄质量的4%～6%。据统计，全世界年产葡萄约1亿吨，中国年产葡萄约500万吨，推算我国葡萄籽产量为20万～30万吨。葡萄籽中油脂含量较丰富，占总质量的12%～16%，水分为8%～12%，灰分为2%～4%，粗蛋白为8.0%～9.5%，粗纤维为20%～40%，碳水化合物为30%～40%。葡萄籽油含有丰富的不饱和脂肪酸，其中亚油酸含量在75%以上。

低聚原花青素类或原花青素类是葡萄籽的活性成分。原花青素（procyanidins，PC）是植物中广泛存在的一大类多酚化合物的总称，属于缩合鞣质或黄烷醇类。具有抗氧化、抗突变、抗癌细胞等多种药理活性，能扩张血管和保持血管弹性、提高毛细管的抗力、增加肝供血、提高肾排泄能力、增加造血细胞活动、减少骨质疏松症、保护皮肤、减少肾结石等。

葡萄籽中的保健成分主要是多酚类物质，尤其是其中的原花青素、白藜芦醇。原花青素具有强抗氧化作用，其抗氧化作用是维生素E的50倍，维生素C的20倍。此外原花青素还具有多种生理作用。白藜芦醇在抗癌、心血管保护、抗氧化方面的作用非常突出。原花青素含量：新疆未发酵葡萄籽为80～130mg/g；全国平均未发酵的白葡萄籽为15～100mg/g；全国平均已发酵红葡萄籽为1～90mg/g。

葡萄籽是葡萄酒厂的大宗下脚料，全国每年产生约5×10^{7}～7×10^{7}kg的葡萄籽。

二、花椒籽

花椒属芸香科多年生灌木或小乔木，我国的花椒栽培面积已达2000万亩（1亩=666.667m^2），年产花椒（皮）100万吨，年产花椒籽110万吨。花椒籽是花椒果皮生产中的主要副产物，是花椒的籽实部分。在产地，大量的花椒籽被当作燃料烧掉或作为肥料，甚至被当作废物丢弃。花椒籽含有较多的油脂、不饱和脂肪酸，特别是α-亚麻酸、油酸、亚油酸的含量较高。

测定得到葡萄籽、花椒籽的常规营养成分结果见表8-26。葡萄籽、花椒籽蛋白质含量分别为14.67%和12.72%，粗脂肪含量分别为7.4%和19.59%，花椒籽含油量与大豆含油量接近。

表 8-26 葡萄籽、花椒籽常规营养成分 单位:%

饲料原料	粗蛋白	粗脂肪	水分	Ca	P
葡萄籽	14.67	7.40	12.78	1.08	0.30
花椒籽	12.72	19.59	12.23	1.28	0.31

由表 8-27 得出，葡萄籽油中含有 10 种脂肪酸，不饱和脂肪酸占 91.61%，其中单不饱和脂肪酸 MUFA 占 11.93%，多不饱和脂肪酸 PUFA 占 79.68%，鱼类必需脂肪酸 EFA 占籽重 5.90%；含量最高的是亚油酸 C18：2（n～6)(79.33%)，其次为油酸 C18：1（n～9)(11.48%)、棕榈酸 C16：0（5.86%）以及硬脂酸 C18：0（2.11%)，其余均为不足 1%的微量成分。作为鱼类必需脂肪酸的亚油酸 C18：2（n～6）含量高达 79.33%，具有很高的营养价值。

表 8-27 葡萄籽油、花椒籽油中脂肪酸组成及含量 单位:%

葡萄籽			花椒籽			花椒籽		
脂肪酸	脂肪酸组成	籽中含量	脂肪酸	脂肪酸组成	籽中含量	脂肪酸	脂肪酸组成	籽中含量
C16：0	5.86	0.43	C15：0	0.28	0.05	α-C18：3(n～3)①	15.06	2.95
C17：0	0.12	0.01	C16：0	15.13	2.96	C20：3(n～6)②	0.42	0.08
C18：0	2.11	0.16	C17：0	0.11	0.02	C20：3(n～3)③	0.46	0.09
C20：0	0.21	0.02	C18：0	1.23	0.24	C20：4(n～6)④	0.19	0.04
C21：0	0.10	0.01	C20：0	0.38	0.07	C20：5(n～3)⑤	0.27	0.05
ΣSFA	8.39	0.62	ΣSFA	17.13	3.36	ΣPUFA	43.29	8.48
C17：1(n～10)	0.20	0.01	C15：1(n～10)	0.26	0.05	ΣEFA	43.29	8.48
C18：1(n～9)	11.48	0.85	C16：1(n～9)	1.98	0.39			
C20：1(n～11)	0.26	0.02	C17：1(n～10)	0.17	0.03			
ΣMUFA	11.93	0.88	C18：1(n～9)	36.42	7.13			
C18：2(n～6)⑥	79.33	5.87	C20：1(n～11)	0.54	0.11			
α-C18：3(n～3)⑦	0.35	0.03	C22：1(n～9)	0.21	0.04			
ΣPUFA	79.68	5.90	ΣMUFA	39.58	7.75			
ΣEFA	79.68	5.90	C18：2(n～6)⑧	26.90	5.27			

①～⑧为必需脂肪酸。

注：SFA 为饱和脂肪酸；MUFA 为单不饱和脂肪酸；PUFA 为多不饱和脂肪酸；籽中含量＝脂肪酸组成（%)×原料脂肪含量（%)。

由表 8-27 可以看出，花椒籽油中含有 17 种脂肪酸，不饱和脂肪酸占 82.87%，其中单不饱和脂肪酸 MUFA 占 39.58%，多不饱和脂肪酸 PUFA 占 43.29%，鱼类必需脂肪酸 EFA 占籽重 8.48%。含量最高的是油酸 C18：1(n～9)(36.42%)，其次为亚油酸 C18：2（n～6)(26.90%)、棕榈酸 C16：0（15.13%)、α-亚麻酸

C18：3（n～3）(15.06％)、棕榈油酸 C16：1（n～9）(1.98％）以及硬脂酸 C18：0（1.23％)，其余均为不足 1％的微量成分。亚麻酸 C18：3（n～3）的含量达 15.06％，有研究指出，用含有α-亚麻酸的饲料喂养动物可以得到富含ω-3-不饱和脂肪酸的肉制品和奶制品，不仅降低了饲料成本，而且增强了饲料的竞争力，这对水产饲料资源的开发有启示作用。需要指出的是，由于葡萄籽、花椒籽脂肪酸中不饱和脂肪酸含量很高，在饲料的开发过程中要注意避免脂肪的氧化酸败。

三、葡萄籽、花椒籽氨基酸分析

葡萄籽、花椒籽的氨基酸组成及含量见表 8-28。

表 8-28　葡萄籽、花椒籽的氨基酸组成及含量

氨基酸	葡萄籽/(g/100g)	花椒籽/(g/100g)
天冬氨酸(Asp)	0.83	1.12
谷氨酸(Glu)	2.58	2.36
丝氨酸(Ser)	0.40	0.46
甘氨酸(Gly)	1.01	0.61
脯氨酸(Pro)	0.42	0.38
丙氨酸(Ala)	0.79	0.44
酪氨酸(Tyr)	0.07	0.02
胱氨酸(Cys)	0.06	0.02
非必需氨基酸总量(NEAA)	6.16	5.40
组氨酸(His)	0.33	0.30
精氨酸(Arg)	0.78	0.97
缬氨酸(Val)	0.54	0.58
蛋氨酸(Met)	0.01	0.01
苯丙氨酸(Phe)	0.40	0.40
异亮氨酸(Ile)	0.42	0.42
亮氨酸(Leu)	0.74	0.77
赖氨酸(Lys)	0.27	0.31
苏氨酸(Thr)	0.27	0.27
必需氨基酸总量(ΣEAA)	3.76	4.03
氨基酸总量(ΣAA)	9.92	9.43
ΣEAA/ΣAA	0.38	0.43
CP/％	14.67	12.20
ΣEAA/蛋白	26.00	33.00

注：氨基酸分析样品为干重，经过脱脂处理，测得数据经换算后为样品干重中比例。

由表 8-28 可知，两种原料中氨基酸种类齐全，葡萄籽中所含的氨基酸有 17 种，氨基酸总量较高，为 9.92%，其中鱼类必需氨基酸 ΣEAA 占 3.76%，ΣEAA/ΣAA 为 0.38。作为鱼类的限制性氨基酸蛋氨酸含量较少，但亮氨酸、异亮氨酸、缬氨酸、苯丙氨酸含量都比较高；花椒籽中所含的氨基酸有 17 种，氨基酸总量为 9.43%，其中 ΣEAA 占 4.03%，ΣEAA/ΣAA 为 0.43，鱼类必需氨基酸赖氨酸、亮氨酸、异亮氨酸、缬氨酸、苯丙氨酸含量比较高，但蛋氨酸含量较少。

四、番茄籽

番茄皮、籽是番茄制品如番茄酱、番茄汁加工的副产物，如在番茄酱生产的精制工段，从精制机内破碎的番茄浆汁中分离排出的皮、籽产量就占原料的 3%左右。在番茄皮渣中，番茄籽的含量一般在 55%左右，番茄皮的含量为 42%～45%，番茄皮、籽中的主要成分见表 8-29。

番茄籽中含有较多的油脂和蛋白质，其中亚油酸等不饱和脂肪酸和赖氨酸等必需氨基酸含量都很高。另外，番茄籽中无有毒成分或营养抑制因子，因而是一种优质的油脂和蛋白质来源。

表 8-29 番茄皮、籽中的主要成分（杨新辉，2001） 单位：%

原料	蛋白质	脂肪	粗纤维	总糖	灰分
番茄皮	9.61	2.90	77.54	6.72	3.23
番茄籽	20.29	24.98	27.03	21.31	6.39

番茄籽的主要营养成分（杜志坚，2005）：油脂 23.12%、粗蛋白 19.60%、总糖 22.35%，维生素 E0.208%。番茄籽油脂中含亚油酸 51.34%、不皂化物 8.26%，番茄籽油脂的相对密度为 0.936、碘值为 196.69g/100g、折光指数为 1.462、皂化值为 190.29mgKOH/g、酸价为 9.89mg KOH/g。番茄籽中氨基酸含量：天冬氨酸 1.53%，苏氨酸 0.56%，丝氨酸 0.93%，谷氨酸 3.84%，甘氨酸 0.98%，丙氨酸 0.63%，胱氨酸 0.51%，缬氨酸 0.66%，蛋氨酸 0.12%，亮氨酸 0.92%，酪氨酸 0.87%，苯丙氨酸 0.54%，赖氨酸 0.93%，组氨酸 0.68%，精氨酸 2.01%，脯氨酸 0.48%，异亮氨酸 0.81%。

番茄籽油脂中脂肪酸的组成分析：C16∶0 16.82%，C18∶0 7.64%，C18∶0 22.01%，C18∶0 51.34%，C20∶0 2.13%。番茄籽油脂中饱和脂肪酸的量占脂肪酸总重量的 26.6%，不饱和脂肪酸占脂肪酸总量 72.4%。在总脂肪酸中，亚油酸含量高达 51.34%，油酸含量高达 22.01%，亚油酸和油酸均为营养必需脂肪酸。它们有降低血脂的作用，亚油酸还可防止动脉硬化症。番茄籽中微量元素含量：K 348mg/100g，Na 36mg/100g，Ca 218mg/100g，Mg 96mg/100g，Fe 7.30mg/100g，Mn 0.35mg/100g，Zn 0.79mg/100g，Cu 3.15mg/100g。

五、亚麻籽

亚麻籽（flaxseed或linseed）又称胡麻籽，是亚麻科、亚麻属的一年生或多年生草本植物亚麻的种子。亚麻是世界上最古老的纤维作物之一，品种较多，但大致可分为3类，即油用亚麻、纤维用亚麻和油纤两用亚麻，其种子均可榨油，已成为世界十大油料作物之一，其产量居第七位。油用亚麻主要产于加拿大、中国、阿根廷、美国。亚麻籽在我国的产地主要有：山西、甘肃、宁夏、内蒙古、青海、新疆、黑龙江和云南。据统计，2010年我国亚麻籽产量大约有62万吨。

亚麻籽为平椭圆形，长4～7mm，宽2.5mm左右，厚1.5mm，千粒重3.5～11g。亚麻籽由表皮、外壳、内壳和子叶组成，表皮层厚0.1～0.2mm，主要是淀粉等糖类复杂化合物，成熟后这些物质变硬从而失去淀粉的性质。子叶占种子重量的一半略多，含大多数的油和蛋白质。亚麻籽油存在细胞内，蛋白主要存在于糊粉粒中，其余部分作为细胞本身结构物而存在，壳与肉的分离很困难。

亚麻籽含钙较少、磷较多，其中一部分磷以植酸磷的形式存在。亚麻籽含钾丰富，含镁、铁、铜和锌较少。亚麻籽中维生素A、维生素D缺乏，维生素E以γ-生育酚的形式存在，是天然抗氧化剂，B族维生素含量较高。亚麻籽还含有一定量的黏胶、植酸、二糖苷、抗维生素因子等抗营养因子或毒性物质。亚麻籽含蛋白质一般为10%～30%。亚麻籽含油率为36%～45%，其中饱和脂肪酸占9%～11%；而不饱和脂肪酸达80%以上，油酸13%～29%，亚油酸15%～30%，亚麻酸40%～60%，其中α-亚麻酸含量高达51%～56.5%，因此亚麻籽可以作为亚麻酸的重要来源。

亚麻籽的抗营养因子。亚麻籽中含有生氰糖苷、亚麻籽胶和抗维生素B_6因子等毒副因子，常会引起动物中毒。

生氰糖苷主要存在于亚麻饼粕中，它可在水解酶的催化下生成有毒的氢氰酸。可以用加热、水浸泡、发酵或磨碎等方法去除有毒的氢氰酸。

亚麻籽胶主要存在于亚麻籽的种皮里，它遇水产生黏性，对于单胃或无胃动物来说完全不能吸收。因此，添加过多就会对单胃动物的食欲和消化产生不良影响。因为亚麻籽胶易溶于水，所以可用水洗的方法去除亚麻籽胶。亚麻籽中胶的含量占种子重量的2%～10%，随品种和栽培区域的不同而不同。

抗维生素B_6因子存在于亚麻籽和亚麻饼粕中，维生素在机体内经磷酸酸化后能转化为氨基酸代谢的关键酶——磷酸吡哆醛，而抗维生素B_6因子能与磷酸吡哆醛结合从而使磷酸吡哆醛失去生理作用，进而影响体内氨基酸代谢。

谷物中木酚素的含量为2～7mg/kg，而亚麻籽含木酚素2～3mg/g，脱脂亚麻粕含木酚素20mg/g，因而亚麻籽是人和哺乳动物木酚素最主要的来源。

亚麻籽外壳富含木酚（脂）素，它是一种植物雌激素类物质。

《中华人民共和国国家标准饲料卫生标准》规定，胡麻（亚麻籽）饼粕内氰化物（以 HCN 计）的允许量（每千克产品中）小于等于 350mg；猪鸡饲料中小于 50mg/kg。

顾夕章等（2012）分别用 2.40%、4.80%和 7.20%的亚麻籽替代基础饲料中 16.67%、33.33%和 50%的大豆油饲喂 14g 左右的异育银鲫 63 天，结果表明：替代后异育银鲫的生产性能、肌肉水分、粗脂肪、灰分、血清谷草、碱性磷酸酶、甘油三酯、皮质醇、总蛋白、白蛋白和球蛋白均无显著差异，但 4.80%和 7.20%组的肌肉粗蛋白含量显著低于对照组，血清葡萄糖含量显著低于对照组，血清胆固醇含量显著高于对照组。因此认为，亚麻籽在异育银鲫中的用量以不超过 2.40%为宜。顾夕章、高启平等在实验中测得亚麻籽中 HCN 的含量为 140mg/kg，添加到基础饲料中的最高含量为 10.02mg/kg，远低于国家饲料卫生标准中的限值。

第九章

油菜籽及其加工副产物

第一节　国内油菜籽的加工及其饲料原料

油菜籽是油脂原料，其油脂含量，达到35%～45%。国内油菜籽主要用于提取菜籽油作为食用油脂，而国外菜籽油仅部分作为食用油脂，尤其是欧盟国家，其余菜籽油部分用作生产生物柴油的原料。

国内油菜籽提取菜籽油的生产方式较为多样化，导致得到的菜籽粕、菜籽饼质量差异很大。

一、菜籽饼

中国传统的用油菜籽提取菜籽油的生产方式是将油菜籽粉碎之后，进行蒸汽蒸煮，再用稻草等作为包裹材料，采用挤压压榨的方式，挤压得到油脂。这种方式得到的是菜籽饼，又称为菜籽枯。这类菜籽枯含油量较高，达到8%～10%，一般用作肥料，极少数用于饲料中。

二、菜籽饼的青饼

在榨油机设备得到推广之后，在广大的农村则使用螺旋榨油机、滚筒式挤压机压榨油菜籽，得到油脂和菜籽饼。在这类生产方式中，油菜籽没有经过加热蒸炒过程，直接使用生菜籽进行压榨提取油脂，因此，所得到的菜籽饼颜色一般为青色、淡绿色，称为青饼、生菜籽饼。青饼的含油量较高，一般为6%～8%，蛋白质含量为33%～35%。由于油菜籽没有经过高温蒸炒，蛋白质变性程度较低，所得到的青饼蛋白质溶解度较高，一般达到70%以上，赖氨酸含量也相对较高。

这类青饼由于蛋白质溶解度高，有利于水产动物消化、吸收，饲料利用率相对较高，是水产饲料中较为理想的植物蛋白质原料。

青饼的生产主要在广大的农村，一般也在一些小作坊中生产。因此，所得到的青饼分散在广大的农村区域，需要有人将分散的青饼收集达到一定数量，再作为供应商供给饲料企业作原料。同时，由于是在极为分散的区域收集达到一定数量，导致青饼的品质质量差异也极大，包括出现一定程度的霉变、虫变、杂质多等情况。

三、菜籽饼的红饼、黄饼、黑饼

菜籽油的另外一类生产方式是将油菜籽经过加热、热炒之后用于压榨提取油脂。用滚筒、大铁锅等作为热炒工具，采用直火方式对油菜籽进行热炒，之后油菜籽被粉碎或直接用机器压榨、挤压提取油脂。这种方式得到的菜籽油香味浓度高，菜籽饼经历过高温热炒，颜色变为黄色、红色、黑色（主要根据热炒温度的变化而不同），这类菜籽饼称为黄饼、红饼、黑饼。

由于油菜籽在高温热炒过程中，水分含量降低、温度高到120℃以上，故蛋白质变性严重，部分蛋白质已经焦化。因此，所得到的黄饼、红饼、黑饼中菜籽蛋白质的溶解度很低，一般低于20%，粗蛋白质含量则没有显著的变化，一般为33%～35%，油脂含量为5%～8%。除了蛋白质过度变性、焦化之外，在热炒过程中会发生一定程度的美拉德反应，导致精氨酸、赖氨酸含量下降。

黄饼、红饼、黑饼的菜籽饼由于蛋白质过度变性、部分焦化，以及在热炒过程中的美拉德反应导致赖氨酸、精氨酸含量下降，虽然蛋白质含量没有显著性的变化，但其蛋白质溶解度低于20%，水产动物对其的消化率、利用率极低，不是水产饲料理想的植物蛋白质原料，一般不宜用作水产饲料原料使用。

值得注意的是，这类黄饼、红饼、黑饼由于蛋白质含量依然保持在33%～35%，且还含有5%～8%的油脂，市场价格较低，基本被一些油脂制造商收购，用于再浸提其中的油脂，其菜籽饼也混杂于菜籽粕之中，导致菜籽粕的蛋白质溶解度下降。没有加入这类菜籽饼的菜籽粕蛋白质溶解度一般高于45%，加入这类饼之后其蛋白质溶解度下降到40%以下，依据加入这类饼的多少，其蛋白质溶解度下降的比例有一定差异。

四、95型菜籽饼、菜籽粕

类似于黄饼、红饼、黑饼的菜籽油生产工艺，油菜籽是用多层热炒锅，采用热风对油菜籽进行加热、热炒处理，再经过挤压提取油脂。由于早期这类热炒锅、挤压设备称为95型榨油机，因此，所得到的菜籽饼称为95型菜籽饼。95型菜籽饼经过有机溶剂浸提菜籽油之后，所得到的菜籽粕称为95型菜籽粕。

95型菜籽饼、菜籽粕的质量情况与黄饼、红饼、黑饼类似，其中蛋白质也是经历了高温热炒过度变性，赖氨酸和精氨酸含量由于美拉德反应而下降，其蛋白质溶解度一般低于20%。不宜作为水产饲料的植物蛋白质原料。

而这里95型菜籽饼、菜籽粕也将混于菜籽粕之中，导致菜籽粕的蛋白质溶解度低于40%。

五、200型菜籽粕

在油脂压榨设备得到改进之后，油菜籽等油脂原料首先经历三蒸三炒的工艺过程，使用水蒸气作为热源对油菜籽等油脂原料进行三次蒸汽加热、三次蒸炒过程。

由于水蒸气相对于直火加热使油菜籽，受热均匀，故蛋白质变性程度适中。三蒸三炒后的油菜籽先进行压榨提取油脂，得到饼。这类饼再经过有机溶剂浸提其中的油脂，得到粕。这种生产方式及其设备早期称为200型榨油机，所得菜籽粕称为200型菜籽粕。200型菜籽粕的蛋白质溶解度一般高于45%，有利于水产动物的消化吸收，是主要的水产植物蛋白质原料。

六、加拿大菜籽粕

加拿大的油菜籽含油量高，所得到的菜籽粕中赖氨酸含量也较高（一般高于2%），是水产饲料优质的、资源量较大的植物蛋白质原料。

中国每年进口1000万吨以上的加拿大油菜籽，在中国的非油菜籽种植区域压榨提取菜籽油，同时得到大量加拿大油菜籽的菜籽粕，一般称为加籽粕。

七、印度、巴基斯坦等菜籽粕

由于中国油菜籽、菜籽粕的数量难以满足饲料生产的需要，每年需要从印度、巴基斯坦等地进口大量的菜籽粕用于饲料生产。一般依据来源地称为相应的菜籽粕，如来源于印度的称为印度菜籽粕。

第二节　油菜籽饼、粕的质量

菜籽饼、粕和大豆粕、棉籽粕、葵花籽粕、花生粕等是水产饲料重要的植物蛋白质原料，具有资源量大、货源稳定的优势。而不同品种油菜籽加工的菜籽饼或粕、不同加工方式得到的菜籽饼或粕的质量差异很大，在选择菜籽饼或粕作为水产饲料原料时需要特别关注其质量状态。

一、菜籽饼、粕的质量差异

1. 油菜籽品种与菜籽饼、粕的质量差异

油菜籽是十字花科作物油菜的果实，油菜籽的主要品种有三大类型：白菜型油菜、甘蓝型油菜、芥菜型油菜。

白菜型油菜分为两种：一种是中国北方春播的小油菜，原产中国北部和西北部如青海、内蒙古及西藏等地区；另一种是中国南方的油白菜，它原产中国长江流域。油菜籽的种子有褐色、黄色或杂色三种，含油量为38%～45%，中国南方各地的白油菜、甜油菜、黄油菜均属此类。

芥菜型油菜原产于非洲北部，广泛分布于欧洲东部、中亚细亚、印度、巴基斯坦及中国西部干旱地区和高原地区。在中国栽培的芥菜型油菜有两个变种，即少叶的芥油菜和大叶的芥油菜。高油菜、辣油菜、苦油菜及大油菜均属这种类型，主要分布在中国西北各省。油菜籽种皮多为褐色、红褐色及黄色，含油量一般为30%～40%，

种子有辛辣味。

甘蓝型油菜原产欧洲地中海沿岸西部地区，种皮呈黑色、暗褐或红褐色，少数暗黄色，种子含油量较高，一般为 35%～50%。

不同品种的油菜籽，以及加工得到的菜籽饼、粕，其蛋白质含量和氨基酸组成有一定的差异，主要是芥酸含量等的差异，导致辛辣味等适口性的差异。值得注意的是，虽然油菜籽有不同的种类差异，在种植的时候可以分清楚品种的差异，而油脂企业在收购油菜籽的时候，则是将不同的油菜籽混合在一起用于油脂的压榨、提取，所以，得到的菜籽饼、粕基本都是混合品种的菜籽饼、粕。

2. 油脂压榨工艺与菜籽饼、粕的质量差异

从油菜籽的压榨工艺看，主要差异在于油菜籽是否经过高温的蒸炒工艺过程，以及蒸炒参数的差异。在棉籽粕一章中我们较为系统地分析了棉籽在经过软化、蒸炒、压榨、浸提过程中蛋白质溶解度、游离棉酚含量的变化，结果是在蒸炒工艺阶段，高湿、高热条件下，蛋白质变性程度、美拉德反应程度等成为影响棉籽粕蛋白质溶解度、赖氨酸含量的主要因素。油菜籽、芝麻、花生等油料原料的蒸炒阶段也是影响其蛋白质溶解度、赖氨酸含量的主要加工流程阶段。

油菜籽在蒸炒阶段的温度、持续时间等成为影响蛋白质溶解度的主要工艺参数。如青饼，没有经历高温的蒸炒过程，其蛋白质溶解度可以达到 70%以上，而红饼、黄饼则是油菜籽经历了高温的蒸炒过程，其蛋白质溶解度低于 20%的菜籽饼。类似的情况在芝麻饼、粕和其他饼、粕中也有相似的结果。芝麻饼、粕经历了高温的蒸炒、热炒过程，其蛋白质溶解度也小于 20%。

蒸炒、热炒过程中除了蛋白质过度变性外，由于赖氨酸、精氨酸等与糖类物质发生美拉德反应，也导致了饼、粕中有效赖氨酸、精氨酸含量的下降。

因此，在进行油菜籽饼、粕的质量控制与水产饲料原料的选择时，除了常规的检测指标外，要特别注意蛋白质溶解度、有效赖氨酸含量的检测。

二、饲料企业油菜籽饼、粕的质量分析

菜籽粕、菜籽饼的质量控制指标一般包括水分含量、蛋白质含量、油脂含量、粗灰分含量、蛋白质溶解度、赖氨酸含量等。

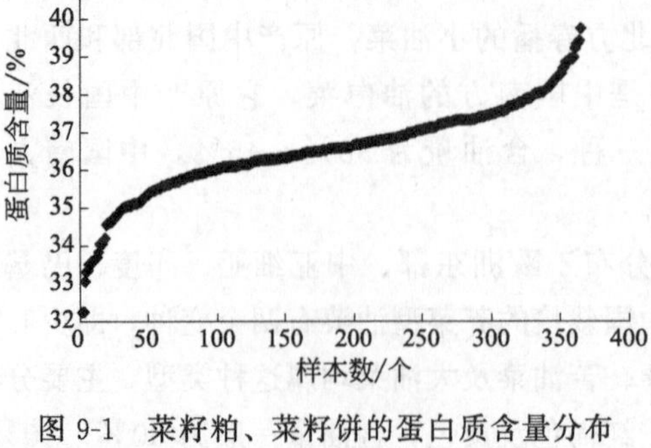

1. 菜籽粕、菜籽饼的蛋白质含量

将 370 多个样本菜籽粕、菜籽饼的蛋白质含量统计作图，得到图 9-1。其蛋白质含量为 33%～39.5%，其中，绝大多数菜籽粕、菜籽饼的蛋白质含量为 36%～38%，这应该是中国

图 9-1　菜籽粕、菜籽饼的蛋白质含量分布

市场上菜籽粕、菜籽饼的主要蛋白质分布区间。蛋白质含量低于 36%的主要为菜籽饼，因为其中油脂含量为 5%～8%，导致蛋白质含量有所下降，但饲料总能量值因为油脂高而有所升高。蛋白质含量高于 38%的主要为加籽粕。国内生产菜籽粕、菜籽饼的油菜籽一般包括黑菜籽、黄菜籽、褐菜籽、普通菜籽，品种上也是以甘蓝型油菜为主，含有部分白菜、芥蓝型的油菜。虽然油菜籽在种植上分品种种植，但油脂厂在收购油菜籽、压榨油菜籽时则是将油菜籽混合进行油脂压榨生产。

菜籽粕、菜籽饼的蛋白质含量是其质量鉴定的主要指标，但由于油脂压榨工艺导致其中蛋白质变性的程度有差异，所以要将蛋白质溶解度作为一个重要的质量鉴定指标。

2. 菜籽粕、菜籽饼的蛋白质溶解度

统计分析了 130 多个样本菜籽粕、菜籽饼的蛋白质溶解度，得到图 9-2。可以明显地发现，图中有 3 个区段：①蛋白质溶解度 30%区段，主要为菜籽饼的黄饼、红饼、黑饼，以及 95 型菜籽粕。②30%～60%的蛋白质溶解度，这个区段的样本主要为菜籽粕。③60%以上的蛋白质溶解度区段，主要为青饼的蛋白质溶解度。

从图 9-2 中也可以发现，在 50%～60%蛋白质溶解度区间还有不少样本的分布，这部分主要为加籽粕、国产菜籽粕，这类菜籽粕中没有黄饼、红饼、黑饼，以及 95 型菜籽粕，所以蛋白质溶解度较高。而在 30%～50%蛋白质溶解度区间有较大量的样本分布，应该是受到菜籽油生产工艺的影响，更多的是受到是否添加黄饼、红饼、黑饼以及 95 型菜籽粕用于浸提油脂的影响。

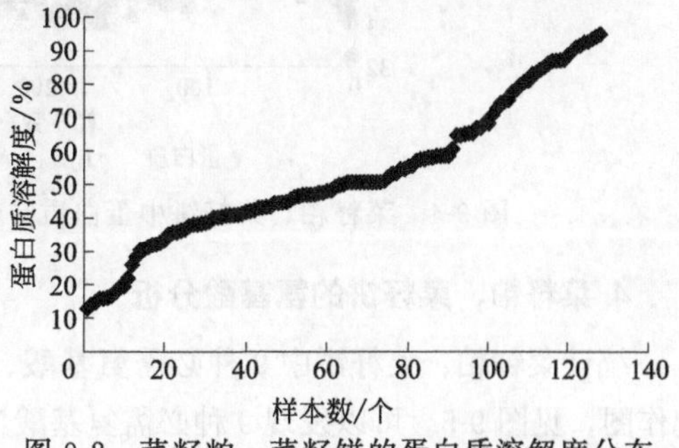

图 9-2　菜籽粕、菜籽饼的蛋白质溶解度分布

3. 蛋白质溶解度与赖氨酸含量

将有蛋白质溶解度的样本，按照蛋白质溶解度由低到高的顺序作图，得到图 9-3。同时，将其中有氨基酸的样本中的赖氨酸含量也作于图 9-3 中。由图 9-3 可以发现，菜

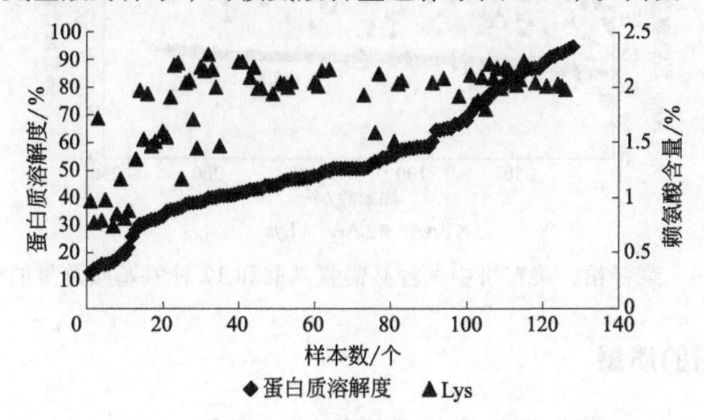

图 9-3　菜籽粕、菜籽饼中蛋白质溶解度与赖氨酸含量的关系

籽粕、菜籽饼蛋白质溶解度增加的同时，赖氨酸含量也有增加的趋势，表明在油菜籽提取油脂过程中有美拉德反应的发生，以及蛋白质过度变性导致赖氨酸含量的损失。

如果将赖氨酸、精氨酸、蛋氨酸含量分布共同作图，依据蛋白质含量由低到高的顺序排列，得到图 9-4。可以发现，赖氨酸含量波动很大，且在赖氨酸含量增加的同时，精氨酸含量也随之增加，而蛋氨酸含量基本保持稳定。这是由于精氨酸、赖氨酸在蛋白质中含有游离的氨基，均可以与糖发生美拉德反应。在油菜籽热炒、蒸汽蒸炒等过程中，赖氨酸、精氨酸均可能发生美拉德反应导致其含量下降，而蛋氨酸则基本保持稳定。

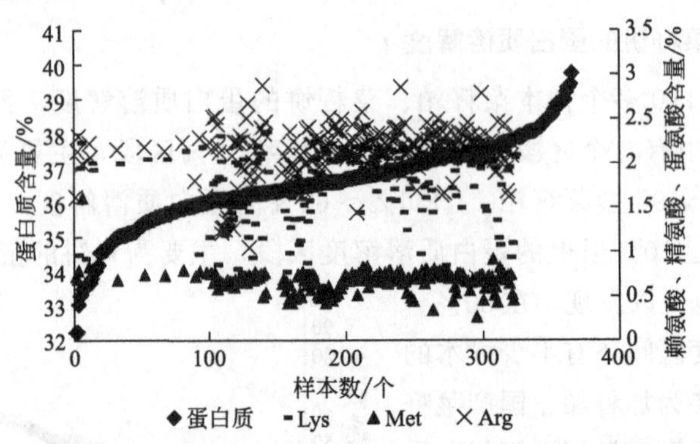

图 9-4　菜籽粕、菜籽饼中蛋白质与赖氨酸、精氨酸、蛋氨酸的关系

4. 菜籽粕、菜籽饼的氨基酸分析

统计菜籽粕、菜籽饼中 9 种必需氨基酸、17 种氨基酸总量，同时将赖氨酸含量一起作图，见图 9-5。可以发现 9 种必需氨基酸含量为 12%～16%，相应的 17 种氨基酸总量为 27%～37%。值得注意的是，赖氨酸含量在不同样本中差异很大，因此，在菜籽饼、粕质量鉴定中，应该将赖氨酸含量作为一个重要指标纳入质量控制指标之中。

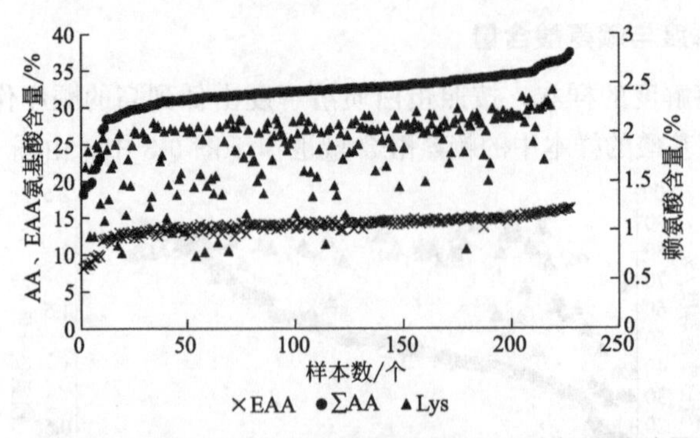

图 9-5　菜籽粕、菜籽饼中 9 种必需氨基酸和 17 种氨基酸总量的分布

三、菜籽粕的质量

本书统计了 320 个菜籽粕的常规质量指标，见表 9-1。

表 9-1　320 个菜籽粕样本的常规质量指标　　单位：%

原料名称	水分	粗蛋白	粗脂肪	粗纤维	粗灰分	蛋白质溶解度
平均值	11.30±1.59	36.71±0.94	2.47±0.51	10.17±1.52	6.59±0.88	46.58±7.23
范围	5.84～13.21	33.60～39.75	1.08～3.39	5.97～12.75	5.11～12.12	30.85～58.48

依据上述统计结果可以发现，菜籽粕的水分变化幅度较大，为 5.84%～13.21%，平均值的标准差也很大，这是饲料企业作为原料品质控制必须要检测的项目。菜籽粕的粗蛋白含量为 33.60%～39.75%，平均值为（36.71±0.94）%。菜籽粕的粗脂肪含量较低，平均值为（2.47±0.51）%，比菜籽饼的脂肪含量低。粗纤维含量差异很大，为 5.97%～12.75%，平均值为（10.17±1.52）%。

菜籽粕的蛋白质溶解度为 30.85%～58.48%，变化幅度很大，平均值为（46.58±7.23）%，这是菜籽粕中是否含有黄饼、红饼、黑饼和 95 型菜籽粕所致，因此，菜籽粕的蛋白质溶解度需要作为常规必检的品质控制指标。

320 个样本菜籽粕的氨基酸组成见表 9-2。

表 9-2　320 个菜籽粕样本的氨基酸组成　　单位：%

氨基酸	组氨酸	精氨酸	苏氨酸	缬氨酸	蛋氨酸	赖氨酸	异亮氨酸	亮氨酸
平均值	1.01±0.06	2.21±0.19	1.51±0.10	1.79±0.13	0.69±0.10	1.92±0.28	1.41±0.09	2.54±0.14
范围	0.89～1.20	1.57～2.86	1.29～1.77	1.51～2.13	0.45～0.92	0.98～2.31	1.16～1.62	2.21～2.85
氨基酸	苯丙氨酸	丙氨酸	脯氨酸	胱氨酸	酪氨酸	天冬氨酸	丝氨酸	谷氨酸
平均值	1.45±0.08	1.62±0.10	2.35±0.17	0.87±0.15	1.06±0.06	2.54±0.16	1.58±0.09	6.70±0.37
范围	1.20～1.62	1.39～1.87	1.86～2.78	0.45～1.08	0.86～1.18	2.14～2.92	1.39～1.79	5.69～7.53
氨基酸	甘氨酸	NH_3	ΣEAA	ΣAA	ΣAA/CP	Lys/Met	ΣEAA/CP	
平均值	1.84±0.09	0.73±0.13	14.54±1.14	33.10±2.32	90.41±6.40	2.76±0.11	39.70±3.13	
范围	1.60～2.05	0.28	11.04～17.28	26.42～38.42	69.05～99.88	2.18～3.15	28.86～47.00	

9 种必需氨基酸总量范围值为 11.04%～17.28%，平均值为（14.54±1.14）%。17 种氨基酸的范围值为 26.42%～38.42%，平均值为（33.10±2.32）%。而 17 种氨基酸总量占粗蛋白质比例的范围值为 69.05%～99.88%，平均值为（90.41±6.40）%。赖氨酸与蛋氨酸的平均值为（2.76±0.11）%，范围值为 2.18%～3.15%。

赖氨酸/蛋氨酸（Lys/Met）的平均值为（2.76±0.11）%，氨基酸总量/粗蛋白质含量（ΣAA/CP）的平均值为（90.41±6.40）%，这也是菜籽粕质量控制的重要指标。

因此，可以依据上述氨基酸数据确定企业对菜籽粕的质量控制指标和指标值。

本书统计了 320 个样本单一氨基酸占氨基酸总量的比例、单一必需氨基酸占必需氨基酸总量的比例，见表 9-3。这是菜籽粕氨基酸的组成模式，在质量控制时也是重要的参考指标。

表 9-3　菜籽粕氨基酸组成比例　　单位：%

氨基酸	组氨酸	精氨酸	苏氨酸	缬氨酸	蛋氨酸	赖氨酸	异亮氨酸	亮氨酸	苯丙氨酸
AA 比例	2.75	5.98	4.09	4.86	1.88	5.19	3.82	6.89	3.93
EAA 比例	6.97	15.17	10.39	12.34	4.78	13.18	9.69	17.49	9.98
氨基酸	丙氨酸	脯氨酸	胱氨酸	酪氨酸	天冬氨酸	丝氨酸	谷氨酸	甘氨酸	
AA 比例	4.38	6.36	2.37	2.88	6.89	4.29	18.15	4.98	

四、菜籽饼的质量

本书统计了 60 个菜籽饼样本的蛋白质溶解度、赖氨酸含量并作图，见图 9-6。可以发现明显的两个区段，第一个是 12.72%～40.50%，这个区段的菜籽饼为黄饼、红饼和黑饼的蛋白质溶解度。第二个区段为 60.45%～94.45%，为青饼的蛋白质溶解度。因此，可以将青饼的蛋白质溶解度（60%）作为产品质量控制标准。菜籽饼中赖氨酸含量则是随着蛋白质溶解度的增加而增加，这也反映了菜籽饼在加工过程中，温度、水分导致美拉德反应，并造成赖氨酸含量的变化。因此，菜籽饼质量控制中，蛋白质溶解度、赖氨酸含量是重要的评价指标。

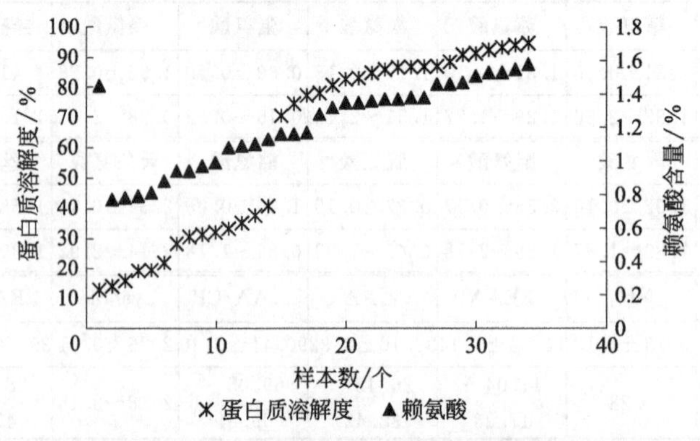

图 9-6　菜籽饼蛋白质溶解度与赖氨酸含量的关系

本书统计了 120 个菜籽饼样本的质量检测指标，见表 9-4。菜籽饼的粗蛋白含量为 (35.91±1.73)%，低于菜籽粕的粗蛋白含量，而粗脂肪含量为（9.02±1.31)%，显著高于菜籽粕的粗脂肪含量。菜籽饼的蛋白质溶解度差异很大，范围值为 12.79%～94.77%，主要是青饼与红饼、黄饼、黑饼蛋白质溶解度的差异所致。

可以依据上述数据确定饲料企业菜籽饼的质量指标。

表 9-4　菜籽饼的质量检测指标　　单位：%

原料名称	水分	粗蛋白	粗脂肪	粗纤维	粗灰分	蛋白质溶解度
平均值	8.28±1.90	35.91±1.73	9.02±1.31	11.74±1.78	6.80±0.81	61.25±30.47
范围	2.17～12.67	32.40～39.43	6.58～13.56	8.05～14.73	5.21～9.73	12.79～94.77

菜籽饼的氨基酸组成见表 9-5。菜籽饼的氨基酸组成比例（模式）见表 9-6。

表 9-5　菜籽饼的氨基酸组成

单位:%

氨基酸	缬氨酸	蛋氨酸	赖氨酸	异亮氨酸	亮氨酸	苯丙氨酸	组氨酸	精氨酸	苏氨酸	天冬氨酸	丝氨酸
平均值	1.73±0.13	0.65±0.10	1.77±0.43	1.35±0.10	2.45±0.18	1.39±0.10	0.99±0.08	2.11±0.28	1.45±0.12	2.45±0.20	1.52±0.11
范围	1.20～2.09	0.52～0.84	1.45～2.43	0.94～1.61	1.65～2.97	0.92～1.70	0.67～1.24	1.05～2.88	1.05～1.73	1.73～3.23	1.11～1.77
氨基酸	甘氨酸	丙氨酸	脯氨酸	胱氨酸	酪氨酸	谷氨酸	NH_3	ΣEAA	ΣAA	ΣAA/CP	Lys/Met
平均值	1.79±0.13	1.63±0.29	2.30±0.20	0.82±0.17	1.01±0.10	6.52±0.54	0.71±0.11	13.90±1.48	31.94±3.09	76.31±5.08	2.68±0.29
范围	1.29～2.25	1.01～2.87	1.43～2.67	0.51～1.16	0.49～1.28	4.31～7.71	0.35～0.96	9.85～17.49	23.26～40.43	63.36～84.14	1.79～2.91

表 9-6　菜籽饼的氨基酸组成比例

单位:%

氨基酸	缬氨酸	蛋氨酸	赖氨酸	异亮氨酸	亮氨酸	苯丙氨酸	组氨酸	精氨酸	苏氨酸
AA 比例	5.41	2.04	5.55	4.24	7.67	4.36	3.09	6.61	4.54
EAA 比例	12.44	4.69	12.75	9.74	17.63	10.02	7.10	15.19	10.42
氨基酸	天冬氨酸	丝氨酸	谷氨酸	甘氨酸	丙氨酸	脯氨酸	胱氨酸	酪氨酸	
AA 比例	7.67	4.77	20.43	5.59	5.10	7.19	2.57	3.17	

第十章

油葵与葵花籽粕

葵花籽因为蛋白质含量高、含油量高，可以作为油脂原料和蛋白质原料使用，其壳作为饲料纤维对淡水杂食性和草食性鱼类来说也是一种营养物质。葵花籽粕主要作为蛋白质原料使用，有带壳的葵粕和去壳的葵仁粕，葵粕蛋白质含量为 27%～35%，葵仁粕蛋白质含量为 41%～46%。葵花籽粕蛋白质中蛋氨酸含量高于豆粕，赖氨酸含量低于豆油；葵花籽蛋白质的吸水性、吸油性和乳化效果均优于豆粕，是水产饲料的一类优质蛋白质原料。葵花籽粕由于在水产饲料中的香味也是植物蛋白质中较好的一类蛋白质原料。葵花籽的种植主要在北纬 30°～52°地区，以俄罗斯、乌克兰、欧盟地区、南美洲产量较大，中国的葵花籽产量在 250 万吨/年左右。因此，葵花籽、葵花籽粕需要以进口为主。

第一节　向日葵、油葵

向日葵（*Helianthu sannuus*）属于菊科、向日葵属，葵花籽是向日葵的籽实。向日葵的野生种主要分布在北纬 30°～52°之间的北美洲南部、西部及秘鲁和墨西哥北部地区。

全球葵花籽产量逐年增加，2015/2016 年度全球葵花籽产量达到 4120 万吨，其中，欧盟 28 国葵花籽产量为 810 万吨，乌克兰葵花籽产量为 1050 万吨，俄罗斯葵花籽产量为 960 万吨，阿根廷葵花籽产量为 300 万吨。2015/2016 年度全球葵花籽压榨量为 3680 万吨。2016/2017 年产量增加至 4242.6 万吨。

我国葵花籽的主产区在北纬 35°～55°之间，包括内蒙古、新疆、吉林、甘肃、河北等地区。2014～2016 年全国葵花籽种植面积在 1300 万～1500 万亩（1 亩＝666.667m^2）。2016 年全国种植面积达到 1490 万亩，总产量为 251 万吨，全国平均单产量 168kg/亩。其中，内蒙古种植面积 820 万亩，产量为 152 万吨。新疆地区种植面积 230 万亩，产量为 40.83 万吨。吉林种植面积 156 万亩，产量为 14 万吨。甘肃种植面积 78 万亩，产量为 14 万吨。河北种植面积 86 万亩，产量为 8 万吨。

我国葵花籽种植的单产在 160～200kg/亩，不同地区、不同品种的种植单产有差异。

表 10-1 显示了中国市场 2012/2013～2016/2017 葵花籽的供需平衡状态。国产葵花籽为 232.3 万～251.0 万吨，进口量为 0.2 万～7.0 万吨，用于压榨葵花油的葵花籽量为 132.0 万～133.0 万吨。如果按照 50%左右的葵花籽粕比例，有 66 万吨左右的葵花籽粕产生。

表 10-1　2012/2013～2016/2017 年度中国葵花籽市场供需平衡表

单位：万吨

项目	2012/2013	2013/2014	2014/2015	2015/2016	2016/2017
期初库存	33.3	15.6	10.0	9.3	9.3
产量	232.3	242.4	249.2	250.0	251.0
进口量	0.2	6.1	4.5	6.5	7.0
总供应量	265.8	264.1	263.7	265.8	267.3
出口量	15.8	17.3	24.4	26.0	25.0
压榨量	133.0	134.3	130.0	130.0	132.0
食用量	89.4	90.0	90.0	90.5	91.0
饲用其他用量	12.0	12.5	10.0	10.0	10.0
国内总消费量	234.4	236.8	230.0	230.5	233.0
国内期末库存	15.6	10.0	9.3	9.3	9.3

数据来源：王晓月，卓创资讯。

葵花籽粕又称葵粕、葵仁粕等，是葵花籽压榨、浸提油脂后的产物。葵花籽粕的营养水平与葵花籽种类、油脂压榨和提取工艺有直接的关系。

葵花籽按其特征和用途可分为三大类：食用型、油用型、中间型。

油用葵花籽又称为油葵，油葵的植株单株产量为 51.7～90.3g，平均 61.7g；油葵含葵仁率为 68.1%～74.3%，平均 70.8%；千粒重为 50.5～68.1g，平均 58.2g；油葵葵仁的含油率为 54.74%～62.41%，平均 57.81%。（葛玉彬，2013）

食用型（普通型）葵花籽与油葵的比较见表 10-2。油葵的含油量高于食用葵花籽，而蛋白质含量则低于食用葵花籽。

表 10-2　普通型葵花籽与油葵全籽成分的比较（孝延文，1983）　单位：%

品种	仁含量	油脂	蛋白质	水分	粗灰分
油葵	75	51～52	27～29	5.9	2.8
普通型葵花籽	58	43.9	30	7.9	4.7

油葵壳的化学组成主要为纤维素、木质素和半纤维素等，纤维素含量为 39.66%，木质素为 28.66%，半纤维素为 12.45%，灰分为 4.66%，脂类为 3.29%，蛋白质为 1.78%，还原糖为 1.25%，还包括果胶、色素等 8.25%。张喜峰（2012）报告油用葵花籽的水溶性多糖提取率为 7.1%。

第二节　葵粕营养质量分析

影响葵花籽粕或葵粕饲料营养水平的主要因素有以下几个方面。

（1）葵花籽种类　前面介绍了食用葵花籽、油葵的化学组成，主要表现为葵花籽壳与葵仁的比例差异很大，其次是蛋白质、油脂含量。因此，食用葵花籽经过压榨、浸提油脂后的葵粕粗纤维含量高，虽然食用葵花籽仁蛋白质含量高于油葵，但由于粗纤维含量的影响，导致食用葵花籽粕的蛋白质含量依然低于油葵压榨、浸提油脂后的油葵葵粕。

（2）葵花籽带壳、去壳压榨　一种方式是带壳的葵花籽直接用于压榨、浸提提取油脂，由于葵花籽壳的存在，有利于机械压榨提取油脂，所得压榨饼再用于有机溶剂浸提油脂时也是带壳一起浸提。另一种生产方式是将葵花籽去壳后得到葵仁，葵仁进行机械压榨提取油脂，压榨饼再用于有机溶剂浸提油脂。

因此，带壳压榨、浸提后得到的葵粕含有葵花籽壳，粗纤维含量高、蛋白质含量低。脱皮后压榨葵粕的粗蛋白达到35%～45%，粗纤维降低到8%～12%，甚至更低。以脱壳的葵籽为原料，每100kg取油后可得35～40kg葵粕。葵花籽未脱壳剥皮，葵粕粗蛋白只能达到28%，粗纤维高达20%～25%，木质素8%～10%。

加工过程中蒸炒和预榨是使蛋白质变性的两个主要环节，蒸炒时蛋白质变性大约是预榨时的三倍，不仅蛋白质本身变性，而且还包括在高温下酚化合物与蛋白质相互作用的氧化转变，使葵花籽粕带有绿色；蛋白质与糖的作用，赖氨酸、精氨酸等与糖发生美拉德反应等，还会使一部分必需氨基酸如赖氨酸、精氨酸转化为非营养物质。

葵花籽在不脱壳的情况下，制得的葵花籽油中含有0.65%～2.33%的蜡，而脱壳葵花籽制得的油含蜡范围为0.2%～0.5%。毛油中85%的蜡都来源于葵花籽壳，其余部分来自籽仁和籽皮。葵花籽壳含有2.3%的脂肪，其中60%为蜡。

表10-3中数据为新疆泰昆集团2014～2016年采购的葵粕，其产地主要为新疆，部分来自哈萨克斯坦，包括了带壳葵粕和去壳葵仁粕。表10-4则是采用近红外分析仪，参照数据库测定的144个样本葵粕的蛋白质和必需氨基酸的测定结果，同样依据葵粕蛋白质含量进行排序。

表10-3　带壳葵粕、去壳葵仁粕的化学测定值的平均值　　单位：%

品种	水分	粗蛋白	粗灰分	蛋白质溶解度
带壳葵粕	10.05±1.24	29.74±2.53	5.74±0.59	62.30±4.40
去壳葵仁粕	7.491±1.47	44.64±1.26	6.90±0.40	74.17±6.41

表 10-4　葵粕蛋白质和必需氨基酸近红外测定值　　单位：%

品种	干物质	粗蛋白	蛋氨酸	胱氨酸	赖氨酸	苏氨酸	色氨酸
去壳葵仁粕	91.26±1.10	30.79±2.24	0.64±0.06	0.47±0.05	0.99±0.10	1.14±0.08	0.37±0.04
带壳葵粕	93.07±0.88	44.36±1.24	0.97±0.04	0.69±0.03	1.45±0.08	1.62±0.05	0.59±0.03
品种	精氨酸	异亮氨酸	亮氨酸	结氨酸	组氨酸	苯丙氨酸	ΣEAA
去壳葵仁粕	2.40±0.21	1.18±0.09	1.91±0.13	1.43±0.12	0.77±0.07	1.37±0.11	12.20±0.94
带壳葵粕	3.67±0.13	1.74±0.05	2.77±0.08	2.10±0.06	1.16±0.04	2.02±0.07	18.08±0.53

依据表 10-3 和表 10-4 的数据，将葵粕粗蛋白质含量依据样本数作图，得到图 10-1。可以发现，144 个葵粕样本的粗蛋白质含量明显分为两个区段：一个是粗蛋白质含量 27%～35%；另一个是 41%～46%。第一个区段的葵粕为带壳葵花籽压榨、浸提油脂后的葵粕，而第二个区段的为去壳后的葵花籽粕压榨、浸提得到的葵仁粕。

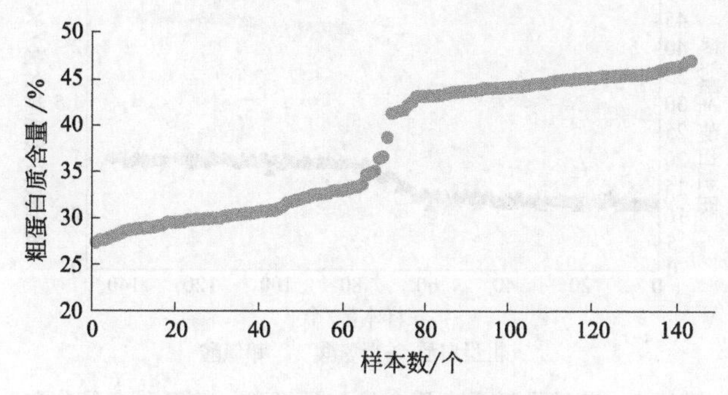

图 10-1　葵粕粗蛋白质含量分布

因此，带壳葵粕的粗蛋白质含量区间为 27%～35%，去壳葵仁粕的粗蛋白质含量区间为 41%～46%。

将葵粕蛋白质溶解度、粗蛋白质含量一起作图得到图 10-2。由图 10-2 可见，在粗蛋白质含量为 27%～35%的第一个区段内，蛋白质溶解度为小于 70%的区段，为 55%～70%；而在葵粕粗蛋白质含量为 41%～46%的第二个区段内，蛋白质溶

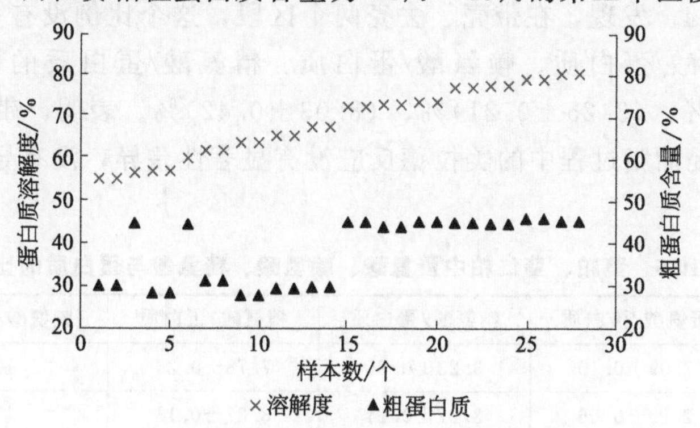

图 10-2　葵粕粗蛋白质含量与蛋白质溶解度

解度大于70%，为70%～80%。这个结果显示，带壳压榨、浸提油脂得到的葵粕蛋白质溶解度较低，为55%～70%；而去壳后压榨、浸提油脂得到的葵粕蛋白质溶解度为70%～80%。表明带壳压榨葵粕工艺会影响到葵粕蛋白质的溶解度，即去壳压榨工艺的葵粕蛋白质溶解度较高，优于带壳压榨工艺的葵粕蛋白质溶解度，这说明葵花籽壳在压榨、浸提油脂过程中，会影响到葵粕蛋白质的溶解度。

将葵粕中蛋氨酸、赖氨酸含量和粗蛋白质含量一起作图，得到图10-3。由图10-3可见，葵粕蛋氨酸、赖氨酸含量随着粗蛋白质含量的变化，也出现两个明显的区间，即带壳的葵粕蛋氨酸含量为0.58%～0.75%，平均值为（0.645±0.052)%，去壳的葵粕蛋氨酸含量为0.84%～1.0%，平均值为（0.970±0.039)%；带壳的葵粕赖氨酸含量为0.85%～1.10%，平均值为（0.994±0.094)%，去壳的葵粕赖氨酸含量为1.26%～1.50%，平均值为（1.14±0.075)%。

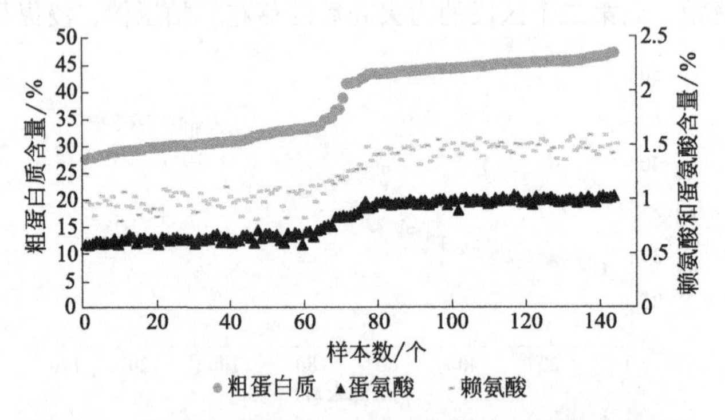

图10-3　葵粕中粗蛋白质含量与蛋氨酸、赖氨酸含量分布

如果与豆粕的氨基酸组成比较，葵粕的蛋氨酸含量高于豆粕，而赖氨酸含量则低于豆粕。这是葵粕蛋白质氨基酸组成的显著特点。对于满足饲料中蛋氨酸需求量较高的水产动物而言，葵粕是一种很好的蛋白质原料。

如果以蛋氨酸、赖氨酸、精氨酸占蛋白质含量的百分比（表10-5）来判定带壳、去壳葵花籽在压榨、浸提油脂过程中的损失量，并与葵粕粗蛋白质含量一起作图，见图10-4。发现，在带壳、去壳两个区段，这个比例没有显著性的变化，计算得到蛋氨酸/蛋白质、赖氨酸/蛋白质、精氨酸/蛋白质的平均值分别为(2.14±0.09)%、(3.25±0.21)%、(8.03±0.42)%。表明，带壳、去壳葵花籽在压榨、浸提油脂过程中的美拉德反应没有显著性差异，没有导致赖氨酸、精氨酸的损失。

表10-5　葵粕、葵仁粕中蛋氨酸、赖氨酸、精氨酸与蛋白质的比值　单位：%

品种	蛋氨酸/蛋白质	赖氨酸/蛋白质	精氨酸/蛋白质	(赖氨酸+精氨酸)/蛋白质
带壳葵粕	2.09±0.10	3.23±0.26	7.78±0.26	11.01±0.42
去壳葵仁粕	2.19±0.06	3.27±0.14	8.27±0.18	11.54±0.22

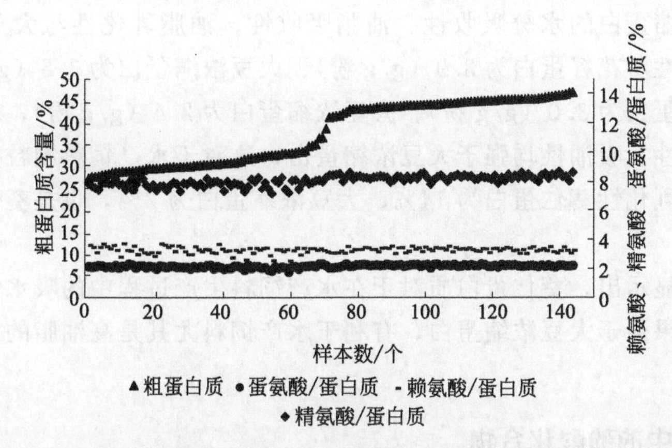

图 10-4　葵粕粗蛋白质及蛋氨酸、赖氨酸、精氨酸与蛋白质的比值的分布

因此，带壳、去壳葵花籽在压榨、浸提油脂过程中，蛋白质溶解度有显著性的差异，主要应该是葵花籽壳的影响，以及两种加工方式加工过程中温度差异的影响；没有发生显著的美拉德反应差异。

依据上述结果和分析，基于新疆的带壳葵粕、去壳葵仁粕的蛋白质原料质量标准如表 10-6，这可以作为饲料企业对葵粕、葵仁粕质量管理的企业标准参考值。

表 10-6　葵粕、葵仁粕的质量标准（基于新疆葵粕、葵仁粕）　　单位：%

品种	水分≤	粗蛋白质	粗灰分≤	蛋白质溶解度≥	蛋氨酸≥	赖氨酸	ΣEAA
带壳葵粕	11	27～35	6.0	60	0.55	0.85	11.0
去壳葵仁粕	10	41～46	7.5	72	0.85	1.35	16.0

第三节　葵花籽、葵粕中的蛋白质和其他成分

一、葵花籽中的蛋白质

有研究报道（孝延文等，1983），葵花籽仁中不同蛋白质在水溶液、盐溶液、碱溶液和乙醇溶液中（即 osborne 溶剂体系）的溶解率分别为：水溶蛋白 9.8%、盐溶蛋白 10.8%、碱溶蛋白 4.6%、醇溶蛋白 1.2%，合计为 26.4%；四类蛋白质占葵仁蛋白质的比例分别为 35.0%、38.6%、16.4%、4.2%，合计为 94.2%。

葵花籽蛋白质中的球蛋白成分为 70%～79%，其中有 50%球蛋白的分子量为 330000，25%球蛋白的分子量仅为 20000，主要球蛋白的沉降系数（S）为 11。

根据蛋白性质区分，葵花蛋白含有 20%的清蛋白，55%的球蛋白，醇溶蛋白占 1%～4%，谷蛋白占 11%～17%。根据沉降系数分，葵花蛋白主要含有 2S、7S、11S 三种蛋白成分。其中 11S 蛋白占 70%以上，为主体蛋白质。

葵花籽浓缩蛋白的水分吸收性、油脂吸收性、油脂乳化性与大豆浓缩蛋白比较，水分吸收性葵花籽蛋白为3.9（g/g粉）、大豆浓缩蛋白为3.6（g/g粉），油脂吸收性葵花籽蛋白为3.0（g/g粉）、大豆浓缩蛋白为2.4（g/g粉），表明葵花籽蛋白的水分吸收性、吸油性均强于大豆浓缩蛋白，这对于水产饲料制粒生产是有利的性质。而油脂乳化性葵仁蛋白为14%、大豆浓缩蛋白为2%，也是葵仁蛋白优于大豆浓缩蛋白。

上述结果显示出，葵仁蛋白质对于在水产饲料生产过程中的吸水性、吸油性和油脂的乳化效果强于大豆浓缩蛋白，有利于水产饲料尤其是高油脂的水产挤压膨化饲料的生产。

二、葵粕中的酚酸化合物

绿原酸是葵花籽中的主要酚酸化合物，其次是咖啡酸。葵花籽中的酚酸化合物含量一般为3.0%～3.5%，绿原酸的含量为1.9%～2.1%。

绿原酸（chlorogenic acid，CGA）是由咖啡酸（caffeic acid，CA）与奎尼酸（quinic acid，QA）组成的缩酚酸。异名咖啡鞣酸，化学名3-o-咖啡酰奎尼酸（3-o-caf-feoylquinic acid）。它是植物在有氧呼吸过程中经磷酸戊糖途径（HMS）的中间产物合成的一种苯丙素类物质。绿原酸分子式为 $C_{16}H_{18}O_9$，相对分子质量为354.30，熔点208℃，其半水合物为针状晶体，110℃时变为无水化合物，25℃时在水中的溶解度约为4%，$[\alpha]^{26}$D为－35.2℃，K（27℃）为 2.2×10^{-3}，绿原酸易溶于乙醇、丙酮，微溶于乙酸乙酯，是淡黄色的固体。

由于酚酸化合物的氧化作用，葵花蛋白质溶液呈深绿色或棕褐色。在碱性条件下，葵花蛋白的颜色是由绿原酸引起的，而咖啡酸仅能产生轻微的粉红色，奎尼酸在颜色上不起作用。

绿原酸结构式为：

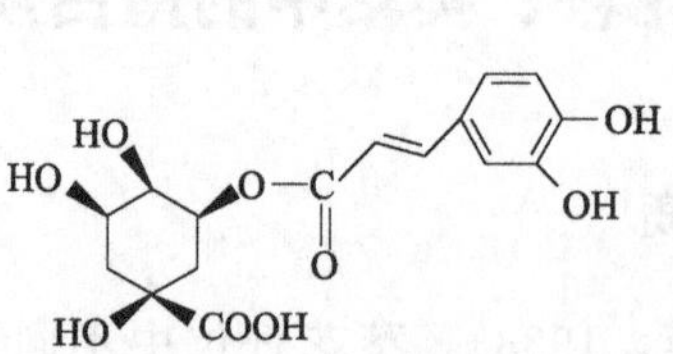

绿原酸主要分布在葵仁的糊粉层中或细胞中的蛋白质颗粒内。栽培品种中绿原酸的含量范围是1.1%～4.5%，平均为2.8%，而野生品种中绿原酸含量平均为2.1%。

绿原酸对急性咽喉炎症和化脓性皮肤疾病疗效显著，具有抗菌、抗病毒、止血、增加白细胞、缩短血凝和出血时间等药理作用。绿原酸是一种有效的酚型抗氧化剂，其抗氧化能力要强于咖啡酸、对羟苯酸、阿魏酸和丁香酸，以及常见的抗氧化剂，如丁基羟基茴香醚（BHA）和生育酚，但和丁基羟基甲苯（BHT）的抗氧化能力相当。绿原酸及其衍生物具有比抗坏血酸、咖啡酸和生育酚更强的自由基清除效果。

第十一章

藻类饲料原料

藻类（algae）是一类可以进行光合作用的单细胞或多细胞生物。藻类的体型大小各异，小至长 1μm 的单细胞鞭毛藻，大至长达 60m 的大型褐藻。藻类没有真正的根、茎、叶，也没有维管束。

部分藻类与其他真核生物一样有细胞核，有具膜的液泡和细胞器（如线粒体），大多数藻类生活过程中需要氧气。藻类用各种叶绿体分子（如叶绿素、类胡萝卜素、藻胆蛋白等）进行光合作用。地球上 90% 的光合作用由藻类进行，在地球早期的历史上藻类在创造富氧环境中发挥重要作用。浮游藻类是海洋、淡水水域食物链中非常重要的环节。藻类通过光合作用固定无机碳，使之转化为碳水化合物，从而为水域生产力提供基础。浮游藻类的产量成为估算海洋生产力、淡水水域生产能力的指标。

在鱼类生长发育的受精卵细胞孵化过程中，早期由卵黄囊提供营养，称为内源性营养阶段；随着肛门的形成，消化道贯通，鱼苗开始摄食外界食物，此时出现一个既有卵黄囊、也摄食外界食物的混合营养阶段；之后，卵黄囊消失、鱼苗转为依赖摄食外界食物的外源性营养阶段。鱼苗开口摄食外界的食物，由于口裂小，早期开口是以单细胞浮游藻类作为食物。随着鱼苗的生长，口裂增大、捕食能力增强，开始摄食较大个体的藻类、浮游动物、枝角类等食物。

因此，从鱼类发育史的食物组成可以发现，藻类是几乎所有水生动物早期的食物，这表明藻类的营养组成、可消化性等能满足水生生物，尤其是水生动物的营养需要，满足消化吸收的需要。从这个意义上分析，藻类作为水产动物的饲料原料，具有较大的优势。

综合分析，藻类作为水产动物饲料原料的主要优势包括以下几个方面。

① 作为蛋白质原料。一些天然藻类蛋白质是重要的蛋白质来源，培养的藻类蛋白质含量更高，是重要的蛋白质原料。藻类蛋白质的结构、氨基酸组成也有别于其他蛋白质原料。从水产动物生活史看，藻类蛋白、氨基酸平衡性更适合水产动物。藻胆蛋白（phycobiliproteins）是存在于某些藻类（主要是红藻、蓝藻）藻胆体中的一类色素复合蛋白。按光谱特性可把藻胆蛋白分为藻蓝蛋白（phycocyanin）、别藻蓝蛋白（allophycocyanin）和藻红蛋白（phycoerythrin）等，均溶于水。藻胆蛋

白具有强烈的荧光性，发橙红色荧光。藻蓝蛋白具有促进免疫系统抵抗各种疾病的能力。

② 重要的油脂、高不饱和脂肪酸的来源。藻类有合成 EPA 和 DHA 等不饱和脂肪酸的能力。藻体内 EPA 和 DHA 的相对含量远远高于鱼油中的含量，在某些藻类中分别含有较高含量的 EPA 和 DHA。水产动物（鱼、虾、蟹、贝）都需要高不饱和脂肪酸，尤其是 DHA、EPA 等，以前主要依赖鱼油作为原料。而这些年的研究显示鱼油氧化严重，油脂氧化产物对水产动物具有显著的毒副作用。藻类的油脂中高不饱和脂肪酸含量很高，尤其是 DHA、EPA 含量，人工培养的藻类已经成为人类食物中 DHA、EPA 的重要来源，在后期的水产饲料中，藻类油脂也是 DHA、EPA 非常重要的来源。与鱼油中的 DHA、EPA 相比较，藻类产品中的 DHA、EPA 更为稳定，更适合作水产饲料 DHA、EPA 的来源。

卢丽娜等（2009）对 32 株海洋微藻总脂含量及其脂肪酸组成的研究表明，13 株海洋微藻的总脂含量超过干重的 10%，达 11.02%～29.27%，其他 19 株在 3.92%～9.72%之间。何瑞等（2014）从广东沿海分离出 9 种海洋微藻（包括 6 种绿藻，2 种金藻，1 种硅藻），分析结果表明，9 种海洋微藻的总脂含量存在明显差异，介于 8.9%～55.77%之间。其中，海洋小球藻（*Chlorella* sp.）、眼点拟微绿球藻（*Nannochloropsis oculata*）、绿色巴夫藻（*Pavlova viridis*）和微拟球藻（*Nannochloropsis* sp.）的总脂含量超过干重的 45%，而且，这 4 种富油海洋微藻的 C16 和 C18 脂肪酸含量丰富，C16∶0、C16∶1（n～7）、C18∶1（n～9）含量较高，C14～C18 长链脂肪酸的含量超过总脂肪酸含量的 80%。

③ 藻类产品中的色素是水产饲料中重要功能性物质的来源。藻类除了含有大量的叶绿素之外，还含有较多的 β-胡萝卜素、虾青素等，这些色素具有抗氧化、抗自由基、增强免疫保护作用等功能性作用。

④ 藻类也是重要的多糖尤其是功能性多糖的来源。藻类多糖、寡糖等已经是人类食物中重要的功能性糖类，在水产动物饲料中同样具有重要的功能性作用。另外，藻类多糖的黏结性对水产颗粒饲料的制粒要求具有重要作用，可以显著提高颗粒饲料的黏结性、稳定性。微藻多糖被认为是一种广谱的非特异性免疫促进剂，能够增强人体及动物体的细胞免疫和体液免疫功能。微藻能产生很多种多糖物质，有些具有重要的生物活性。微藻多糖不同于高等植物多糖，其中硫酸多糖具有独特的化学结构和药用价值。例如螺旋藻多糖虽然仅占微藻干重的 10%，但由于其特殊的化学结构从而具有独特的药用价值。

第一节　藻类饲料原料的来源

藻类饲料原料的来源包括天然藻类、藻类加工的副产物，以及人工培养的藻类产品。

褐藻门的海带、裙带菜，红藻门的紫菜，蓝藻门的发菜，绿藻门的石莼和浒苔等都是重要的食用藻类。在这些藻类的加工过程中，会产生一些边角料、碎粒料等，不宜再作为食用藻类产品。收集这些产品可以作为水产饲料的原料，如海带粉、紫菜粉、浒苔等在观赏鱼类饲料中使用0.5%～1.0%，可以显著提高观赏鱼的色泽效果，同时提高其成活率、抗病防病能力。

藻类在工业上的用途主要是提供各种藻胶。褐藻门的海带、昆布、裙带菜、鹿角菜、羊栖菜等除供食用外，还可作为提取碘、甘露醇及褐藻胶的原料。巨藻、泡叶藻及其他马尾藻也可作为提取褐藻胶的原料。褐藻胶在食品、造纸、化工、纺织工业上用途广泛。从石花菜、江蓠、仙菜等藻类中可提取琼胶用作医药、化学工业的原料和微生物学研究的培养剂。从红藻门的角叉藻、麒麟菜、杉藻、沙菜、银杏藻、叉枝藻、蜈蚣藻、海萝和伊谷草等藻类中可提取在食品工业上有广泛用途的卡拉胶。这些产品生产过程中的副产物可以作为水产饲料的重要原料来源。

人工培养的藻类包括螺旋藻、小球藻、裂壶藻、拟微绿球藻、雨生红球藻等。这些藻类可以进行自养生活、光照条件下的规模化培养，也可以进行异养生长、在发酵罐中大规模生长和培养，尤其是以获得油脂、色素等为目标的藻类培养，可以采用异养的发酵罐进行大规模化的培养，而培养基可以是人工配制的培养基，也可以利用一些有机废水作为培养基。可以想象，随着环保压力的增大，大量的有机废水需要规模化地处理，这正可以作为藻类培养的培养基。因此，在以后的时间里，市场上流通的藻类饲料原料会越来越多，数量也会越来越大，我们需要关注这一市场的变化。

在《饲料原料目录》中的藻类原料如表11-1所示。

表11-1 《饲料原料目录》中的藻类原料

原料名称	特征描述	强制性标识要求
	藻类及其加工产品	
_藻	可食用大型海藻(如海带、巨藻、龙须藻)或食品企业加工食用大型海藻剩余的边角料,可经冷藏、冷冻、干燥、粉碎处理。产品名称应标明海藻品种和产品物理性状,如:海带粉	粗蛋白质、粗灰分
_藻渣	可食用大型海藻经提取活性成分后的副产品,产品名称应标明使用原料的来源,如:海带渣	总糖、粗灰分、水分
裂壶藻粉	以裂壶藻(*Schizochytrium* sp.)种为原料,通过发酵、分离、干燥等工艺生产的富含DHA的藻粉	粗脂肪、DHA
螺旋藻粉	螺旋藻(*Spirulina platensis*)干燥、粉碎后的产品	粗蛋白质、粗灰分
拟微绿球藻粉	以拟微绿球藻(*Nannochloropsis* sp.)种为原料,通过培养、浓缩、干燥等工艺生产的富含EPA的藻粉	粗脂肪、EPA
微藻粕	裂壶藻粉、拟微绿球藻粉或小球藻粉浸提脂肪后,经干燥得到的副产品	粗蛋白质、粗灰分
小球藻粉	以小球藻(*Chlorella* sp.)种为原料,通过培养、浓缩、干燥等工艺生产的富含EPA和DHA的藻粉	粗脂肪、EPA、DHA

第二节 螺旋藻

螺旋藻是一类原核生物，是一种单细胞丝状蓝藻。属于蓝藻门，颤藻科。国内外应用于生产的螺旋藻有两个种，即钝顶螺旋藻（*S. platensis*）和极大螺旋藻（*S. maxima*）。食用螺旋藻的主要成分见表 11-2。

表 11-2 食用螺旋藻的主要成分

大量成分	色素	维生素	矿物质	其他成分
蛋白质 60～70g/100g	叶绿素 800～2000mg/100g	维生素 A 100～200mg/100g	Ca 100～400mg/100g	肌醇 40～100mg/100g
脂肪 6～9g/100g	类胡萝卜素 200～4000mg/100g	维生素 B_1 1.5～4.0mg/100g	Fe 50～100mg/100g	γ-亚麻酸 800～1300mg/100g
碳水化合物 15～20g/100g	藻胆蛋白 7000～8500mg/100g	维生素 B_2 3.0～5.0mg/100g	K 1000～2000mg/100g	泛酸钙 1mg/100g
纤维 2～4g/100g		维生素 B_6 0.5～8.0mg/100g	Mg 200～300mg/100g	叶酸 0.05mg/100g
灰分 4～8g/100g		维生素 B_{12} 0.05～0.2mg/100g		小分子多糖 3g/100g
水分 2～7g/100g		维生素 $E_{5\sim20}$ 1.5～4.0mg/100g		
		生物素 305mg/100g		

螺旋藻中蛋白质含量丰富，干藻粉蛋白质含量达 60%～70%。藻胆蛋白（最主要的是藻红蛋白和藻蓝蛋白，占蛋白质的 20%左右）是存在于红藻和蓝藻中的光合色素。螺旋藻中藻蓝蛋白含量为细胞干重的 10%左右，但藻红蛋白的含量很少，这是螺旋藻细胞颜色呈蓝绿色或深绿色的原因。藻蓝蛋白由 2 个亚基（α 亚基和 β 亚基）以及发色团构成，螺旋藻藻蓝蛋白是水溶性的。螺旋藻蛋白质的氨基酸组成见表 11-3。螺旋藻多糖主要由鼠李糖、岩藻糖、木糖、甘露糖、半乳糖、葡萄糖以及葡萄糖醛酸组成。

表 11-3 螺旋藻蛋白质的氨基酸组成 单位：%

氨基酸	含量	氨基酸	含量
异亮氨酸	3.8～5.7	精氨酸	5.5～7.6
亮氨酸	6.1～8.7	天冬氨酸	10.3～12.7
赖氨酸	4.2～5.1	胱氨酸	0.3～0.9
蛋氨酸	1.3～2.6	谷氨酸	9.5～12.7
苯丙氨酸	2.9～5.0	甘氨酸	3.7～4.8
苏氨酸	3.3～5.4	组氨酸	1.3～1.5
色氨酸	0.6～1.5	脯氨酸	2.8～4.1
缬氨酸	4.2～7.5	丝氨酸	3.3～5.3
丙氨酸	5.1～7.9	酪氨酸	2.5～4.6

螺旋藻的主要生长类型包括：①光合自养型（photo-autotrophy），在光照条件下，CO_2 作为唯一的碳源被同化为细胞结构，生长所需能量仅仅来自光照。②营养缺陷型（arxotrophy），由于发生代谢障碍，生长时至少需加入一种较低浓度的有机物，但这一有机物不作为碳源和能源。③混合营养型（mixotrophy），在光照和 CO_2 存在下生长，还必须加入至少一种有机底物。④异养型（heterotrophy），能利用一种或多种有机物作为碳源和能源，CO_2 可要可不要，能在黑暗中生长。

第三节 几种主要藻类

一、眼点拟微绿球藻

眼点拟微绿球藻（*Nannochloropsis oculata*）是一种重要的海产经济微藻，是EPA的重要藻类脂肪来源，其脂肪酸组成富含 EPA，在富含氮、磷的培养基中，该藻 EPA 的含量可以达到总脂肪酸的 35%。眼点拟微绿球藻的总脂含量在稳定期含量最高，占干重的 43.3%，在生长对数早期，EPA 与总不饱和脂肪酸的比例可以达到 27.7%。卢美贞等（2014）研究结果显示，眼点拟微绿球藻的油脂含量可达到 506.0mg/g 干藻，EPA 产率为 7.37mg/(L·d)。

二、裂殖壶菌

许多微生物包括细菌、低级真菌、海洋微藻等都能够生产 20 碳及以上的高不饱和脂肪酸。其中海洋微藻被认为是海洋食物链中 ω-3 脂肪酸的初级生产者。细胞内能够积累占干重 20%以上脂质的微生物被称为产油微生物。具有 DHA 积累能力的海洋微藻有破囊壶菌、裂殖壶菌、寇氏隐甲藻、吾肯氏壶藻等。除破囊壶菌对搅拌剪切敏感、无法进行工业化放大培养以外，其他三种已经实现了 DHA 商业化发酵生产，其藻油 DHA 已于 2010 年经中国卫生部（现卫计委）批准用于婴幼儿配方奶粉和其他普通食品中。

裂殖壶菌（*Schizochytrium*）属于破囊壶菌科，为海洋真菌，在一定培养条件下可以积累占细胞干重 20%以上的脂肪酸，且 90%以上是以中性油脂——甘油三酯（TAG）的形式存在。裂殖壶菌藻油的脂肪酸组成主要有 DHA、豆蔻酸和棕榈酸等，是一种理想的、适宜工业化生产的产油微生物，胞内的 DHA 占总脂比例提高到 48.95%。裂殖壶菌在胞内合成 DHA 等脂肪酸的同时也会产生一些次级代谢产物，如磷脂、类胡萝卜素、角鲨烯和甾醇等。

裂殖壶菌胞内可积累大量脂肪，且 70%以甘油三酯的形式存在，其中 DHA 可以占到总脂肪酸的 35%～45%。同时，裂殖壶菌油脂还含有许多生理活性物质，如色素（β-胡萝卜素、叶黄素、虾青素等）、角鲨烯和甾醇等。裂殖壶菌藻油的安全性已得到美国 FDA 认可，在 2012 年 3 月我国卫生部颁布的《食品营养强化剂使用标准》(GB 14880—2012)中，裂殖壶菌藻油DHA被批准用于婴幼儿配方食品中(刘源等，2016)。

美国Martek公司利用发酵技术，使裂殖壶菌生物量达到171.5g/L，DHA产量达到35.32g/L。

三、雨生红球藻

雨生红球藻(*Haematococcus pluvialis*)细胞内虾青素的含量很高，超过细胞干重的4%，是目前发现的虾青素含量最高的生物，被认为是一种最有开发前景的绿藻。除雨生红球藻外，衣藻(*Chlamy domonas*)、伞藻(*Acetabulariame*)、裸藻(*Eug lena*)、雪藻(Snow alga)等绿藻都能积累虾青素。目前发酵产类胡萝卜素的微生物主要有雨生红球藻(*Haematococcus pluvialis*)、三孢布拉霉(*Blakeslea trispora*)和杜氏盐藻(*Dunaliella salina*)等。其中三孢布拉霉和杜氏盐藻具有发酵周期短、生长迅速以及β-胡萝卜素产量高等优势，已成为工业发酵产β-胡萝卜素的主要菌种。杜氏盐藻可大量积累β-胡萝卜素，最高可达10%，远远高于其他动物和植物体内的含量。

不同菌种不同发酵阶段，微生物胞内类胡萝卜素的含量和组成都有所不同。雨生红球藻在绿色细胞阶段胞内积累的色素主要为β-胡萝卜素、叶绿素和叶黄素，在红色细胞阶段则会合成大量虾青素，以及少量的角黄素和海胆酮等。此外，由于类胡萝卜素是菌体胞内的次生代谢产物，利用诱变、原生质体和基因重组等技术，可以刺激一些微生物在胞内合成类胡萝卜素，从而使微生物发酵法具有更为广阔的应用前景。微生物细胞内类胡萝卜素的合成受到诸多因素的影响。对碳源、氮源、光照、溶氧、金属离子以及发酵液pH等因素的优化都可能提高微生物胞内类胡萝卜素的含量。

四、小球藻

小球藻(*Chlorella*)为绿藻门(Chlorophyta)小球藻属(*Chlorella*)单细胞绿藻，该属约10种，我国常见的种类有蛋白核小球藻(*Chlorella pyrenoidosa*)、椭圆小球藻(*C. ellipsoidea*)、普通小球藻(*C. vulgaris*)等，其中蛋白核小球藻蛋白质含量高。

杨鹭生等(2003)对蛋白核小球藻粉主要营养成分的分析结果表明，其蛋白质含量为63.60%，18种氨基酸总量为55.95%，8种必需氨基酸含量为23.35%。小球藻的主要化学成分(1000g干藻粉)为：蛋白质625.0g，粗纤维22.0g，糖类140.0g，脂肪31.0g，水分40.0g，灰分50.0g，叶绿素38.0g。

小球藻分布广，生物量大，生长速度快，易于培养。小球藻可以自养培养，也可以异养培养。小球藻的异养培养是指用一种或多种有机物作为能源和碳源，可在黑暗中生长。以异养方式培养小球藻是对小球藻光合自养传统培养方式的革新。小球藻在无光条件下以异养方式利用有机碳源，尤其是较低价值的糖类物质，可以达到高密度培养微藻以生产高附加值代谢产物的目的。这种培养方式避免了光自养培养过程中光抑制或光限制等问题，降低了能耗，节约了成本，为工业化大规模高密度培养小球藻奠定了基础（罗瑶忠，2009）。

第四节 藻类与虾青素

一、虾青素

虾青素以八个异戊二烯为基本单元组成。虾青素的化学结构是由四个异戊二烯单位以共轭双键形式联结，两端又有两个异戊二烯单位组成六元环结构。虾青素中因为含有一个长的共轭双键系统，比其他异戊二烯化合物更不稳定。光、热、酸和氧等容易破坏虾青素的结构。

1. 虾青素的绝对构型

虾青素在 3 和 3′位置有两个不对称碳原子，能以四种构象存在，包括均一对映体（3S,3′S；3R,3′R）和内消旋形式（3R,3′S；3′R,3S）。化学合成的虾青素是几种构象异构体的混合物。红法夫酵母（*P. rhodozyma*）中含有以（3R,3′R）虾青素（92%）为主的构象异构体。雨生红球藻中生物合成的虾青素为（3S,3′S）异构体。磷虾中的虾青素构象为（3S,3′S）。野生鲑鱼中检测到所有的虾青素内消旋和对映构象异构体，野生三文鱼中则主要沉积（3S,3′S）型的虾青素（Foss，1987）。

2. 虾青素的几何异构体

虾青素的分子通过原子的缠绕和旋转而改变，从而产生多种几何异构体。如果两个最大的官能基团都在双键的同一侧，那就形成了 Z 型顺式异构体；如果这两个最大的官能基团位于双键的不同侧，就形成了 E 型反式异构体。

3. 游离虾青素与酯化虾青素

虾青素分子的两个末端环上各有一个羟基，它们都能与酸根反应生成酯，如果只有一个羟基和酸根结合，会生成虾青素单酯；若两个羟基都和酸根反应，就会生成双酯。酯化了的虾青素亲水性减弱，亲油性增强，亲油性的大小分别是：虾青素双酯＞虾青素单酯＞游离虾青素。

4. 虾青素的化学合成

化学合成虾青素的主要途径是在 β-胡萝卜素的两个末端环上分别加上一个羟基和一个酮基。Roche AG 和 BASF AG 两企业都在用化学合成法生产虾青素，它们生产的商品虾青素是虾青素和许多稳定成分（包括动物胶、蔗糖、玉米淀粉、变性淀粉）的混合物，其中虾青素的含量为 5%，是多种空间异构体的混合物，但顺式虾青素的含量通常控制在 2%以下。

5. 天然虾青素及人工合成虾青素的差异

化学合成的虾青素与天然虾青素在异构体形式、存在状态及生理活性方面都有很大的不同（倪辉，2005）。人工合成的虾青素通常是（3S,3′S）、（3R,3′S）和（3R,3′R）型三种虾青素立体异构体按 1∶2∶1 的比例组成的混合物，而且主要以未酯化的游离形式存在。天然虾青素正好相反，其主要成分是（3S,3′S）的结构及少数的（3R,3′R）结构，常呈现酯化状态或与蛋白质结合形成复合物。

人工合成虾青素与天然虾青素的这些差异将对它们在生物体内的沉积效率产生重要的影响。例如，用虹鳟进行的实验表明，雨生红球藻生产的天然虾青素在该鱼体内的沉积及着色效果明显好于人工合成虾青素的着色效果（Bowen 等，1999）。

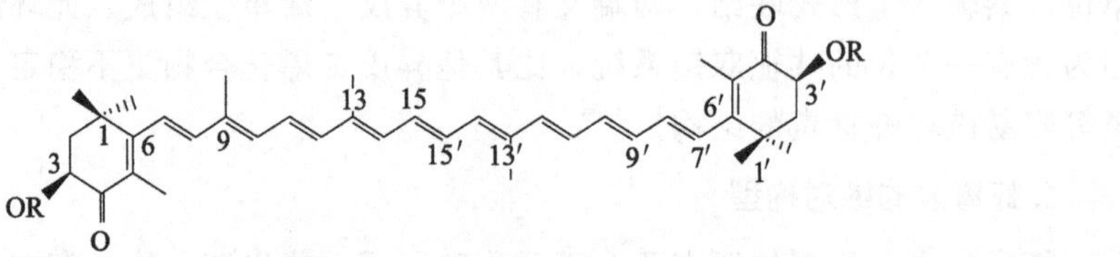

虾青素酯(反式，3S,3′S)

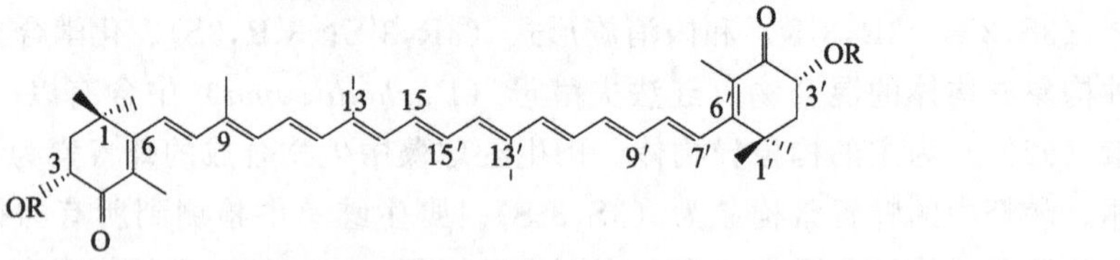

虾青素酯(反式,3R,3′R)

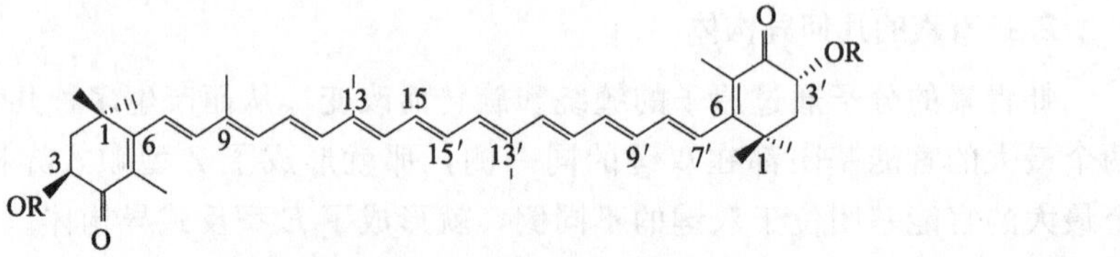

虾青素酯(反式，内消旋,3S,3′R)

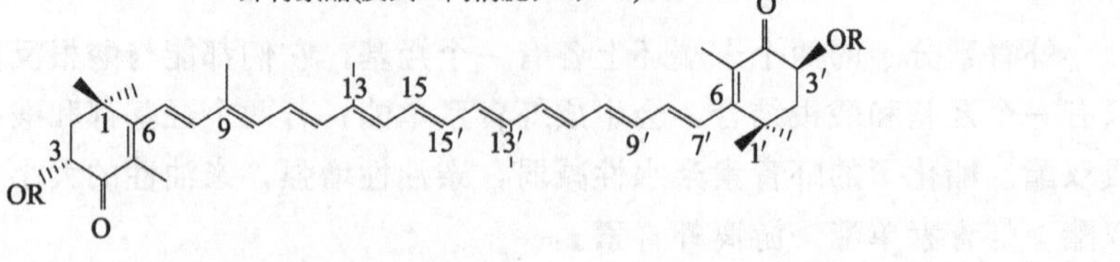

虾青素酯(反式，内消旋,3R,3′S)

二、单细胞生物与虾青素的合成

绝大多数海产甲壳类动物和鱼类都含有虾青素，但都是通过食物链从海洋微藻、浮游植物和浮游动物中获得的。

能够合成虾青素的几种单细胞生物包括短杆菌（*Brevibacterium*）、分枝杆菌

(*Mycobacterium lacticola*)、土壤杆菌（*Agrobacterium auratium*）、雨生红球藻（*Haematococcus pluvalis*）和红法夫酵母（*Phaffia rhodozyma*）等种类。其中雨生红球藻的虾青素含量较高，高达0.2%～2%，经过强化诱导培养，雨生红球藻中虾青素含量可以达到2%～5%（干菌体）。野生型红法夫酵母菌株类胡萝卜素含量达到500mg/kg干菌体，其中40%～95%是虾青素，红法夫酵母菌虾青素平均含量为200～300mg/kg干菌体（朱明军，2001；蹇华丽，2005）。Bon等(1997)人利用淀粉酒精废液培养基筛选到*P. rhodozyma*的突变菌株JB2，在pH为5.2的酒糟中培养，可得到(1540±210) mg类胡萝卜素/kg干菌体，其原菌株的类胡萝卜素含量仅为(380±40) mg类胡萝卜素/kg干菌体。甲壳类动物及其废弃物中类胡萝卜素含量非常低(0～200mg/kg)，平均每吨甲壳可提取35g虾青素。

三、虾青素的生物学作用

虾青素具有极强的抗氧化性能，其抗氧化性能较维生素强百倍以上。人工合成的虾青素成本高，且大多数为顺式结构。美国仅批准人工合成的反式结构虾青素用作水产养殖的添加剂。

虾青素是一类断链抗氧化剂，具有极强的抗氧化性能。利用内生过氧化物的温敏消散产生分子氧研究了多种类胡萝卜素淬灭分子氧的能力。发现淬灭分子氧的能力依次为：虾青素>β-胡萝卜素>γ-胡萝卜素>玉米黄质>黄体素>胆红素>胆绿素。Lee等研究了叶黄素、玉米黄质、番茄红素、异玉米黄素和虾青素（双键数分别是10，11，11，11和13）等五种类胡萝卜素在豆油光氧化作用中淬灭活性氧的能力。它们淬灭单线态氧的速率常数分别为5.72×10^9，6.79×10^9，6.93×10^9，7.39×10^9和9.79×10^9。表明它们淬灭活性氧的能力随着双键数的增加而增加，虾青素的淬灭能力最强。

四、藻类虾青素含量

自然界中属于单细胞、带鞭毛的绿藻类如雨生红球藻和微藻类的小球藻含有较多虾青素。雨生红球藻（*Haematococcus pluvialis*）细胞中含有0.5%～2%（干重）的虾青素。血红裸藻（*Euglena sanguinea*）细胞中虾青素内酯的含量达细胞干重的0.7%。此外绿藻（*Eremosphaera viridis*），小球藻（*Chlorella* spp.）和布朗葡萄藻（*Botryococcus braunii*）在不利的生长条件下会产生虾青素。

利用雨生红球藻生产的色素品质较好，其中主要为酯化的虾青素（60%～80%），此外还含有β-胡萝卜素、α-胡萝卜素、紫黄质、新黄质、叶黄素等及少量的自由态虾青素、玉米黄质、海胆酮、角黄素等。雨生红球藻虾青素为(3S,3′S)对映体。

雨生红球藻是一种单细胞生物，在分类学上属于绿藻门、团藻目、红球藻科、红球藻属。细胞呈卵形或椭圆形，营自养生活。光合作用的色素成分含有叶绿素a、叶绿素b，以及叶黄素和类虾青素等。生长过程中虾青素含量变化很大，在营养细胞期并不合成，只有等到产生胞囊时才会变红。雨生红球藻繁殖很快，易于培养，生长不受季节影响，且虾青素含量高达干重的2%～5%，可将干藻粉直接用作食品及饲料添加剂。它的孢子用于保存菌种。幼稚培养物为绿色、具鞭毛的单个细胞。Spender报道低光强度和低盐度可促进培养物快速生长，最适pH值为6.5～8.0，在最适条件下放大培养的生长浓度能在5d内从2×10^4个细胞/mL增加到3×10^5个细胞/mL。雨生红球藻的类胡萝卜素通常包括虾青素（酯化虾青素）、α-胡萝卜素、β-胡萝卜素、叶黄素、新叶黄素，其他类胡萝卜素的量较少，如游离虾青素、环氧化物、玉米黄质、花药黄质、角黄素、酮类胡萝卜素、叶绿素a和叶绿素b。虾青素酯占类胡萝卜素混合物的60%～80%。

类胡萝卜素为胞内产物。虾青素是红法夫酵母的细胞内色素，其最大浓度与其在细胞内的合成、积累位置有关。类胡萝卜素有保护细胞抵抗光和氧自由基的作用。类胡萝卜素存在于细胞器中，而这些细胞器可产生自由基，如叶绿体、线粒体等；或者存在于能暴露在强光下的膜表面上。类胡萝卜素合成的早期步骤可能与线粒体有关，细胞脂肪滴中含有类胡萝卜素，并且随着细胞的衰老，类胡萝卜素也消散到细胞的膜中（朱明军，2001；蹇华丽，2005）。

第十二章

稻谷及其副产物

粮食及油料籽粒中各种化学成分的含量，在不同种类粮食及油料之间相差很大，但在正常稳定的条件下，同一品种的化学成分变动幅度较小。

禾谷类籽粒的主要化学成分是占60%～70%的碳水化合物，其中主要是淀粉，故可称它们为淀粉质粮食，豆类含有丰富的蛋白质，特别是大豆，约含有40%的蛋白质，是最好的植物性蛋白质；油料籽粒则富含脂肪，为30%～50%，可作为榨油的原料，称为油籽。带壳的籽粒（如稻谷等）或种皮比较厚的籽粒（如豌豆、蚕豆）含有较多的纤维素。而含纤维素多的籽粒，一般灰分含量也较高。几种粮食原料及油料籽粒的营养组成见表12-1和表12-2。

表12-1　几种粮食原料及油料籽粒的化学成分　　单位：%

种类		水分	蛋白质	碳水化合物	脂肪	纤维素	灰分
禾谷类	小麦	13.5	10.5	70.3	2	2.1	1.6
	大麦	14.0	10	66.9	2.8	3.9	2.4
	黑麦	12.5	12.7	68.5	2.7	1.9	1.7
	荞麦	14.5	10.8	61	2.8	9	1.9
	稻谷	14	7.3	63.1	2	9	4.6
	玉米	14	8.2	70.6	4.6	1.3	1.3
	高粱	12	10.3	69.5	4.7	1.7	1.8
	粟	10.6	11.2	71.2	2.9	2.2	1.9
豆类	大豆	10.2	36.3	25.3	18.4	4.8	5
	豌豆	10.9	20.5	58.4	2.2	5.7	2.3
	绿豆	9.5	23.8	58.8	0.5	4.2	3.2
	蚕豆	12	24.7	52.5	1.4	6.9	2.5
	花生仁	8	26.2	22.1	39.2	2.5	2
油料	芝麻	5.4	20.3	12.4	53.6	3.3	5
	向日葵	7.8	23.1	9.6	51.1	4.6	3.8
	油菜籽	7.3	19.6	20.8	42.2	6	4.2
	棉籽仁	6.4	39	14.8	33.2	2.2	4.4

表 12-2　粮油籽粒中各类蛋白质的相对含量　　单位：%

种类	蛋白质总量	清蛋白	球蛋白	醇溶蛋白	谷蛋白
大米	8～10	2～5	2～8	1～5	85～90
小麦(HRS)	10～15	5～10	5～10	40～50	30～40
大麦	10～16	3～4	10～20	35～45	35～45
燕麦	8～20	5～10	50～60	10～15	5
黑麦	9～14	20～30	5～10	20～30	30～40
玉米	7～13	2～10	10～20	50～55	30～45
大豆	30～50	少量	85～95	极少量	极少量
芝麻	17～20	<4	80～85	极少量	极少量
绿豆	19～26	<1	80～85	少量	少量

注：HRS为红皮硬质春小麦。

第一节　稻谷及其副产物

稻谷是世界上产量最大的谷类作物，世界上约有65%的人口以稻米作为主食。稻谷加工为大米的过程中，主要副产物为稻壳和米糠、碎米和大米次粉。稻壳为稻谷的外壳，主要为粗纤维成分，粉碎后可作为饲料粗纤维原料。而米糠、碎米、大米次粉则是主要的饲料原料。

以大米为原料生产大米淀粉的过程中，其主要副产物大米蛋白也是重要的饲料蛋白质原料。以米糠为原料提取米糠油的生产过程中，米糠油、米糠粕均可以作为饲料原料。

稻谷的结构组成如下：

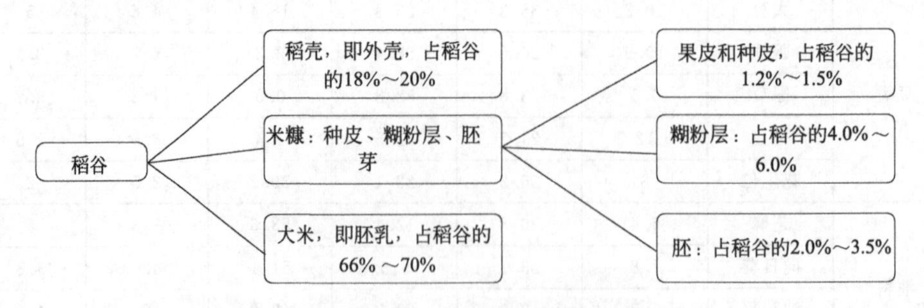

在《饲料原料目录》中，可以用于饲料原料的稻谷加工副产物较多，见表12-3。

表 12-3 《饲料原料目录》中的稻谷及其副产物

稻谷及其加工产品		
稻谷	禾本科草本植物栽培稻(*Oryza sativa* L.)的籽实	强制性标识指标
糙米	稻谷脱去颖壳后的产品,由皮层、胚乳和胚组成	淀粉、粗纤维
糙米粉	糙米经碾磨获得的产品	淀粉、粗蛋白质、粗纤维
大米	稻谷经脱壳并碾去皮层所获得的产品	淀粉、粗蛋白质
大米次粉	由大米加工米粉和淀粉(包含干法和湿法碾磨、过筛)的副产品之一	淀粉、粗蛋白质、粗纤维
大米蛋白粉	生产大米淀粉后以蛋白质为主的副产物。由大米经湿法碾磨、筛分、分离、浓缩和干燥获得	粗蛋白质
大米粉	大米经碾磨获得的产品	淀粉、粗蛋白质
大米酶解蛋白	大米蛋白粉经酶水解、干燥后获得的产品	酸溶蛋白(三氯乙酸可溶蛋白)、粗蛋白质、粗灰分、钙含量
大米抛光次粉	去除米糠的大米在抛光过程中产生的粉状副产品	粗蛋白质、粗纤维
大米糖渣	大米生产淀粉糖的副产品	粗蛋白质、水分
稻壳粉(砻糠粉)	稻谷在砻谷过程中脱去的颖壳经粉碎获得的产品	粗纤维
稻米油(米糠油)	米糠经压榨或浸提制取的油	酸价、过氧化值
米糠	糙米在碾米过程中分离出的皮层,含有少量胚和胚乳	粗油脂、酸价、粗纤维
米糠饼	米糠经压榨取油后的副产品	粗蛋白质、粗油脂、粗纤维
米糠粕(脱脂米糠)	米糠或米糠饼经浸提取油后的副产品	粗蛋白质、粗纤维
膨化大米(粉)	大米或碎米在一定温度和压力条件下,经膨化处理获得的产品	淀粉、淀粉糊化度
碎米	稻谷加工过程中产生的破碎米粒(含米粞)	淀粉、粗蛋白质
统糠	稻谷加工过程中自然产生的含有稻壳的米糠,除不可避免的混杂外,不得人为加入稻壳粉	粗油脂、粗纤维、酸价
稳定化米糠	通过挤压、膨化、微波等稳定化方式灭酶处理过的米糠	粗油脂、粗纤维、酸价
压片大米	预糊化大米经压片获得的产品	淀粉、淀粉糊化度
预糊化大米	大米或碎米经湿热、压力等预糊化工艺处理后形成的产品	淀粉、淀粉糊化度
蒸谷米次粉	经蒸谷处理的去壳糙米粗加工的副产品。主要由种皮、糊粉层、胚乳和胚芽组成,并经碳酸钙处理	粗蛋白质、粗纤维、碳酸钙

稻谷各部分的化学组成见表12-4。

表12-4　稻谷各部分的化学组成　　单位：%

化学成分	稻谷		米		米糠	稻壳
	变异范围	平均	变异范围	平均		
水分	8.1～19.6	12	9.1～13	12.2	12.5	11.4
蛋白质	5.4～10.4	7.2	7.1～11.7	8.6	13.2	3.9
淀粉	47.7～68	56.2	71～86	76.1	—	—
蔗糖	0.1～4.5	3.2	2.1～4.8	3.9	38.7	25.8
糊精	0.8～3.2	1.3	0.9～4	1.8	—	—
纤维素	7.4～16.5	10	0.1～0.4	0.2	14.1	40.2
脂肪	1.6～2.5	1.9	0.9～1.6	1	10.1	1.3
矿物质	3.6～8.1	5.8	1～1.8	1.4	11.4	17.4

在以稻谷为原料的大米生产过程中，用于水产饲料原料的主要副产物为米糠、碎米等，胚芽则进入了米糠中。

以稻谷为原料，生产大米的工艺流程及其主要副产物来源如下：

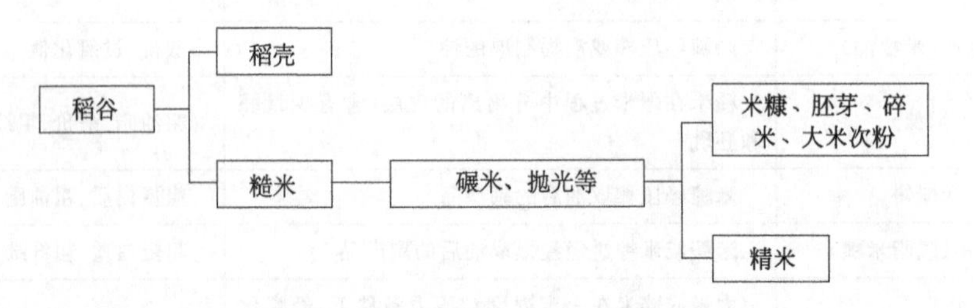

以米糠为原料，提取米糠油脂后的副产物为米糠粕。以大米、碎米为原料，生产米粉、大米淀粉过程中的饲料副产物为大米次粉、大米蛋白。

第二节　米糠、米糠粕

一、米糠、米糠粕的质量

米糠主要是由稻谷的果皮、种皮、外胚乳、糊粉层和胚组成，在加工过程中会混进少量的稻壳和一定量的灰尘。作为饲料用米糠的主要营养目标是米糠中的油脂、蛋白、纤维和维生素、矿物质等，现行的《饲料用米糠》（NY/T 122—1989）中仅对米糠的蛋白质、粗纤维和粗灰分进行了规定，见表12-5。

表 12-5 《饲料用米糠》(NY/T 122—1989)标准中米糠质量指标

质量指标	分级					
	一级		二级		三级	
	米糠	米糠粕	米糠	米糠粕	米糠	米糠粕
粗蛋白/%	≥13.0	≥15	≥12.0	≥14	≥11.0	≥13
粗纤维/%	<6.0	<8	<7.0	<10	<8.0	<12
粗灰分/%	<8.0	<9	<9.0	<10	<10.0	<12

注:质量指标以87%的干物质为基础计算。

对于米糠中蛋白质、油脂、粗灰分、粗纤维之间的相互关系,赵鑫等(2012)对24个品种稻谷的米糠质量差异进行了分析,发现不同品种间米糠的水分、灰分、蛋白质、可溶性多糖、油脂和粗纤维含量差异极显著。米糠的灰分含量与油脂、蛋白质含量之间存在着极其显著的正相关关系(相关系数分别为0.695和0.568),即高油脂含量、高蛋白质含量的米糠,其中的灰分含量也高。油脂含量与蛋白质、粗纤维含量之间存在不显著的正相关关系。蛋白质含量与粗纤维含量存在不显著的负相关关系。

稻谷种类不同是米糠品质差异的主要原因。赵鑫等(2012)对24个稻谷品种的米糠质量差异分析结果表明,不同稻谷种源的米糠中各成分的含量有显著差异,米糠中水分含量的变化幅度为9.11%~13.81%,米糠的灰分含量变化幅度为4.53%~9.36%,可溶性多糖含量变化幅度为3.65%~12.65%,油脂含量变化幅度为9.94%~21.72%,蛋白质含量变化幅度为10.63%~14.54%,粗纤维含量的变化幅度为0.21%~3.36%。

本书统计了多个饲料企业的446个米糠、12个米糠粕样本的常规检测指标,见表12-6。

表 12-6 米糠、米糠粕的常规检测指标(446个米糠样本、12个米糠粕样本统计平均值)

品种	水分/%	粗蛋白/%	粗油脂/%	粗纤维/%	粗灰分/%	酸价/(mg KOH/g)
米糠	12.42±1.10	12.46±0.71	16.09±1.74	6.53±1.21	7.72±0.99	5.70±2.07
米糠粕	11.28±1.24	15.26±0.75	—	8.06±1.25	10.08±0.75	

米糠经过提取油脂后得到米糠粕,由于油脂被提取,米糠粕的蛋白质、粗纤维、粗灰分的含量增加。与《饲料用米糠》(NY/T 122—1989)比较,蛋白质、粗纤维平均含量达到二级标准,粗灰分含量达到三级标准。

粗灰分是米糠质量控制的重要指标之一。将米糠灰分含量作图,见图12-1。可见米糠的粗灰分含量分布范围较大,为4.5%~10.0%,但大多数样本的粗灰分

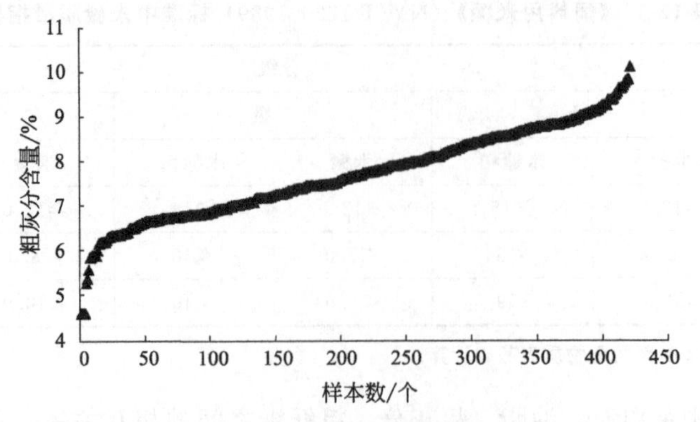

图 12-1　米糠粗灰分含量分布

含量在 6.5%～10.0%之间。

饲料中使用米糠的重要指标是油脂含量，而米糠中油脂在油脂氧化酶的作用下发生酶促氧化，以及油脂发生自动氧化、光敏氧化，导致油脂酸价增高。酸价也是米糠油脂质量的一个重要判定指标。将米糠粗脂肪含量、酸价一起作图，见图 12-2。

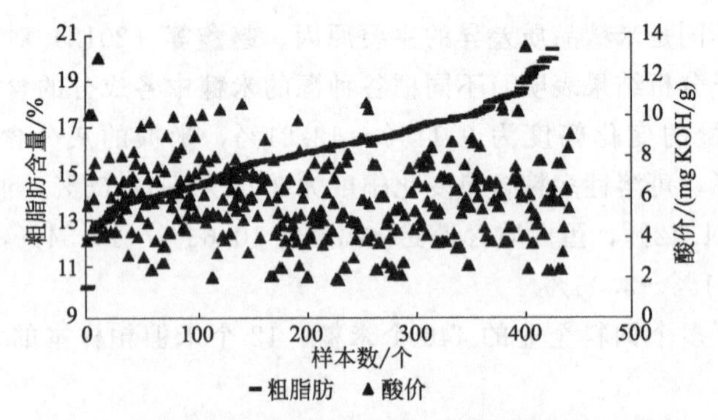

图 12-2　米糠粗脂肪含量、酸价的分布

由图 12-2 可见，446 个米糠样本中，粗脂肪含量在 13.0%～19.5%之间，大多分布在 14.0%～18.0%之间。而酸价的变化较大，大多数样本的酸价分布在 2～7mg KOH/g 之间。

二、米糠、米糠粕的氨基酸组成

米糠的氨基酸组成也是米糠品质中的重要内容，本书统计了不同饲料企业米糠、米糠粕的氨基酸测定结果，见表 12-7。

由表 12-7 可知，米糠与米糠粕的氨基酸组成比例没有显著性的变化，只是因为米糠中油脂被提取后使蛋白质含量增加，从而使米糠粕中氨基酸的含量随之增加。

表 12-7　米糠、米糠粕的氨基酸组成及特征

单位：%

氨基酸		缬氨酸	蛋氨酸	赖氨酸	异亮氨酸	亮氨酸	苯丙氨酸	组氨酸	精氨酸	苏氨酸
均值	米糠	0.65±0.07	0.24±0.05	0.56±0.05	0.41±0.04	0.85±0.07	0.54±0.04	0.36±0.04	1.00±0.07	0.42±0.04
	米糠粕	0.77±0.06	0.30±0.14	0.67±0.06	0.48±0.04	1.02±0.06	0.63±0.04	0.41±0.03	1.09±0.08	0.53±0.03
AA 比例	米糠	5.90	2.16	5.03	3.74	7.73	4.84	3.26	9.08	3.81
	米糠粕	5.88	2.29	5.14	3.69	7.84	4.85	3.12	8.31	4.09
EAA 比例	米糠	12.95	4.74	11.04	8.21	16.94	10.62	7.14	19.92	8.36
	米糠粕	13.03	5.06	11.38	8.16	17.36	10.73	6.90	18.40	9.06
氨基酸		天冬氨酸	丝氨酸	谷氨酸	甘氨酸	丙氨酸	脯氨酸	胱氨酸	酪氨酸	NH_3
均值	米糠	1.09±0.08	0.56±0.05	1.78±0.23	0.64±0.06	0.73±0.06	0.56±0.10	0.23±0.06	0.42±0.05	0.24±0.04
	米糠粕	1.35±0.08	0.69±0.04	2.05±0.16	0.77±0.06	0.91±0.07	0.63±0.08	0.30±0.12	0.45±0.05	0.28±0.08
AA 比例	米糠	9.86	5.07	16.10	5.80	6.62	5.07	2.09	3.80	
	米糠粕	10.37	5.27	15.70	5.93	6.98	4.83	2.26	3.46	
特征值		ΣEAA	ΣAA	Lys/Met	ΣAA/CP					
均值	米糠	5.04±0.41	11.05±1.01	2.41±0.45	102.56±12.00					
	米糠粕	5.90±0.40	13.06±0.84	2.70±1.06	85.64±4.74					

三、米糠的主要成分

米糠原料的质量控制指标包括水分、粗蛋白、粗油脂、粗灰分、酸价、粗纤维含量。酸价主要作为其中油脂氧化程度的判别指标，粗纤维指标主要作为米糠中含有稻壳量的判别指标。

米糠是稻谷的精华所在，它虽然只占稻谷质量的6%～8%，但却含有稻谷中60%～70%的生理活性成分，包括丰富和优质的油脂、蛋白质、多糖、维生素、矿物质等营养素及生育酚、生育三烯酚、谷维素、二十八碳烷醇、α-硫辛酸、角鲨烯、神经酰胺等天然抗氧化剂和生理活性物质。水产饲料对于米糠的选择考虑的主要有利因素包括：米糠的资源量较大，且米糠资源的分布范围较广，可以满足水产饲料尤其是淡水鱼类饲料的原料需求；米糠中含有的油脂量较高，作为水产饲料油脂原料的一种选择，在性价比上具有很大的优势；米糠中虽然蛋白质含量不高，但氨基酸的平衡性较好，也是一种重要的蛋白质补充料；米糠中的维生素含量较高，也有较高含量的肌醇，可以作为饲料中维生素的重要补充原料。

米糠中的磷大部分为植酸磷，利用率不高；米糠中的油脂容易发生氧化酸败，氧化酸败的油脂酸产物对水产动物具有毒副作用。这是米糠作为水产动物饲料原料主要的不利因素。

米糠中的蛋白质。稻谷籽粒中的蛋白质在稻谷各部分中的分布为：精米8%、稻壳3%、米糠17%、碎米8.5%。对于稻谷籽粒来说，胚芽和糊粉层细胞的蛋白含量（高达20%～25%）远远高于胚乳，但总蛋白质中的大部分蛋白质都分布在胚乳中。

米糠蛋白主要由清蛋白、球蛋白、醇溶蛋白和谷蛋白组成，这4种蛋白质的比例大致为37%、36%、5%、22%，其中的可溶性蛋白占65%左右，与大豆蛋白接近，且具有低过敏性，是已知谷物蛋白中过敏性最低的蛋白质。

四、米糠的油脂与油脂氧化

米糠油脂是一种营养丰富的植物油，其中饱和油脂酸占15%～20%，不饱和油脂酸含量达80%以上，亚油酸含量约38%，油酸含量约42%。米糠油脂中还含有一些不皂化物，如谷维素、二十八烷醇、维生素E、角鲨烯、甾醇等。

米糠的油脂含量较高，是一种性价比较高的油脂原料。但其中的油脂容易发生氧化酸败，氧化酸败产物对水产动物具有毒副作用。米糠中油脂氧化程度的判定指标一般采用酸价，依据实际经验，米糠酸价控制在7mg KOH/g以下较为适宜，优质米糠的酸价应该控制在5mg KOH/g以下。

米糠中油脂发生氧化的主要原因，一是米糠中油脂氧化酶、过氧化物酶等的作用，二是米糠在存储、运输过程中油脂的自动氧化、光敏氧化。

在完整的稻谷中，米糠脂肪水解酶、氧化酶、过氧化物酶等主要存在于溶酶体中，而油脂位于稻谷的种皮横断层中，与酶没有接触机会，因此油脂较为稳定。当米糠脱离糙米后，脂解酶、过氧化物酶等与油脂接触、混合在一起，于是油脂发生氧化作用，导致米糠中的油脂氧化酸败。

因此，如果能够在大米加工厂生产米糠的同时，及时将米糠进行处理，主要是使油脂氧化酶、过氧化物酶失活，即可防止由油脂氧化酶、过氧化物酶导致的米糠油脂氧化酸败，延长米糠的保质期。一般采用的技术方法包括湿热或干热处理，或挤压膨化的温度、压力处理，从而使米糠油脂氧化酶、过氧化物酶失活。挤压膨化是一种较为实用的技术方法，但需要对新鲜米糠及时进行膨化处理。挤压膨化处理后，油脂氧化酶失活，油脂的氧化得到控制，依据我们的试验结果，米糠的保质期在室温下为2～3个月，米糠的酸价、过氧化值没有显著变化。需要注意的是，挤压膨化后米糠中蛋白质的溶解度下降，米糠作为水产饲料原料，需要的主要是其中的油脂。

崔富贵等（2012）采用干热法、湿热法、微波法和挤压法等4种方法处理新鲜米糠，均能有效抑制过氧化物酶的残余活力，各种稳定化处理方法对米糠维生素E、植酸和谷维素含量的影响较小，但对水溶性蛋白质含量的影响较大。经过稳定化处理的米糠在储藏过程中，酸价和过氧化值基本稳定，而没有处理过的米糠酸价和过氧化值变化显著。王大为等（2012）的研究结果显示，米糠的最佳挤出处理工艺参数为：水分添加量12%、挤出温度143℃、进料速率220g/min，挤出后米糠过氧化物酶残余活力为3.081%，小于最大允许值5%。

需要特别注意的是陈化稻谷生产米糠的质量问题。稻谷是不耐储藏的粮食品种，在一般储存条件下，稻谷第2年就开始陈化变质，稻谷的宜储存年限为3年左右。稻谷在存储过程中，随着存储时间的延长，其中的油脂在油脂氧化酶、过氧化物酶等的作用下容易发生氧化酸败作用，导致稻谷的酸价、丙二醛含量等增加。因此，即使是新生产的米糠，如果是用陈化稻谷生产的，也不是品质良好的米糠，因为所得到的米糠油脂已经发生了氧化酸败。

五、米糠的多糖、维生素等成分

米糠中B族维生素和维生素E含量丰富，维生素B_1 10～28mg/kg、维生素B_2 4～7mg/kg、泛酸25.8mg/kg、烟酸296～590mg/kg、维生素B_6 10～32mg/kg、叶酸0.5～1.5mg/kg、维生素B_{12} 0.005mg/kg、维生素E 150mg/kg。

米糠中无氮浸出物占33%～56%，其中主要成分为淀粉、纤维素和半纤维素。米糠中存在着多种类型的多糖，其组分和结构也各不相同，具有多种生物活性。米糠糖类主要为米糠多糖和米糠膳食纤维。米糠多糖主要存在于稻谷颖果皮层里，与纤维素、半纤维素等成分复杂结合，它是一种结构复杂的杂聚糖，不同于淀粉多糖。米糠多糖主要由木糖、甘露糖、鼠李糖、半乳糖、阿拉伯糖和葡萄糖等组成。

植酸的化学名称是环已六醇六磷酸酯，分子式为$C_6H_{18}O_{24}P_6$，分子量为

660.08。植酸主要集中存在于谷粒外层中，植酸是植物性饲料中磷的存在形式。水产动物不含植酸酶，不能利用植酸磷，植酸磷随粪便排出体外。

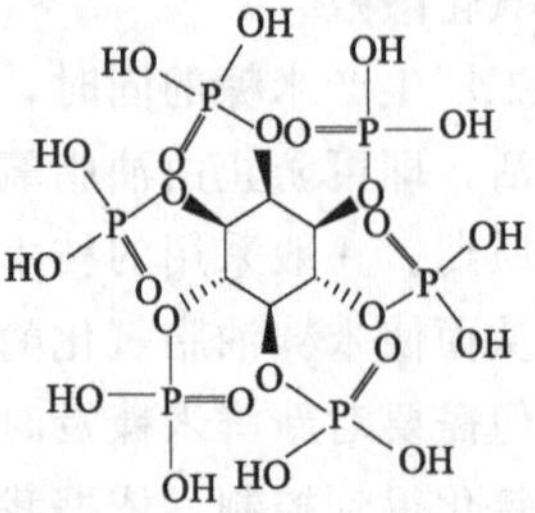

植酸

第三节　大米次粉

大米次粉是在生产普通大米以及精制大米的过程中去除米糠后所产生的粉状物。大米次粉是一种混合物，包括后序加工过程中脱落的米胚、糠粉，也包括前段加工工序中没有清除干净的米糠。

大米次粉的主要组成是米胚和糠粉，大米次粉的两大主要化学成分是淀粉和大米蛋白，其含量分别约为80%和8%。大米蛋白可分为清蛋白、球蛋白、醇溶蛋白、谷蛋白。谷蛋白、醇溶蛋白由于聚集、二硫键和糖基化的作用，难溶于水，所以在动物体内不易被消化吸收。清蛋白和球蛋白是可溶于水和稀盐溶液的蛋白质，因此较之谷蛋白和醇溶蛋白，它们更易被动物消化。大米蛋白中的白蛋白和球蛋白主要存在于碾磨过程中脱落的米胚中，而大米次粉中含有大量的米胚，因此大米次粉蛋白质在动物体内易被消化吸收。

大米次粉中淀粉含量占其干物质的80%～90%，主要由直链淀粉和支链淀粉组成。直链淀粉易溶于水，但黏性小；支链淀粉较难溶于水，但黏性很大。大米次粉中直链淀粉和支链淀粉的含量随着稻米品种的不同而表现出差异。当大米次粉中直链淀粉含量较高时，大米次粉吸水率会明显升高。

大米次粉中不饱和油脂酸和饱和油脂酸的比例大致为80∶20。由于大米次粉中粗油脂的含量较高，因此在存储时应注意其氧化酸败。

第四节　大米蛋白

稻米加工过程中会产生15%～20%的碎米，其营养成分和整米相近。碎米一般作为生产米粉、米糊的原料，也是生产大米淀粉和大米蛋白质的原料。以碎米为原料，采用物理法、碱浸法、表面活性剂法、酶法、超声波法等方法生产大米淀粉。以碎米为原料，采用碱法、酶法、物理法等可以生产大米蛋白粉。

大米蛋白分布在稻谷的胚乳中，颗粒大小约1～3μm，与淀粉包络结合紧密，分子间通过二硫键和疏水基团交联凝聚，仅能溶解于 pH 值小于 3 或大于 10 的溶液中。按 Osborne 分类方法，大米蛋白可分为 4 类：清蛋白（albumins），占总量的 2%～5%；球蛋白（globulins），溶于 0.5mol/L 的 NaCl 溶液，占总量的 2%～10%；谷蛋白（glutelin），溶于稀酸或稀碱，占总量的 80%以上；醇溶蛋白（prolamins），溶于 70%～80%的乙醇溶液，占总量的 1%～5%。其中谷蛋白和醇溶蛋白称为储藏性蛋白，它们是大米蛋白的主要成分。而清蛋白和球蛋白含量较低，是大米中的生理活性蛋白。大米蛋白因赖氨酸含量较高、必需氨基酸含量与其他谷类蛋白中必需氨基酸含量比较具有一定优势和生物价（BV）及蛋白质效用比率（PER）较高，从而具有良好的营养价值。

在大米陈化过程中，虽然总蛋白含量不变，但其结构、类型会发生变化。由于半胱氨酸通过二硫键形成胱氨酸，使蛋白质发生交联反应，蛋白质分子量增大，蛋白聚体更加致密，蛋白质与淀粉的网络结构更致密。

统计分析了饲料企业 127 个大米蛋白样本，其中水分含量为（8.57±1.48）%、粗蛋白质含量为（59.67±2.44）%、粗灰分含量为（3.55±0.55）%。其氨基酸组成、氨基酸比例见表 12-8。大米蛋白质中蛋氨酸含量达到（1.56±0.23）%，是植物蛋白质中蛋氨酸含量较高的原料。赖氨酸含量较低，仅为（1.61±0.29）%，Lys/Met 为 1.03±0.12%。

表 12-8　大米蛋白的氨基酸组成、氨基酸比例　　单位：%

氨基酸	缬氨酸	蛋氨酸	赖氨酸	异亮氨酸	亮氨酸	苯丙氨酸	组氨酸	精氨酸	苏氨酸
平均值	3.29±0.33	1.56±0.23	1.61±0.29	2.33±0.23	4.75±0.41	3.06±0.30	1.36±0.16	4.46±0.52	1.99±0.21
AA 比例	5.97	2.84	2.92	4.24	8.62	5.55	2.48	8.10	3.61
EAA 比例	13.47	6.41	6.58	9.56	19.46	12.52	5.59	18.28	8.15
氨基酸	天冬氨酸	丝氨酸	谷氨酸	甘氨酸	丙氨酸	脯氨酸	胱氨酸	酪氨酸	NH_3
平均值	4.97±0.47	2.87±0.28	10.38±0.98	2.48±0.23	3.33±0.68	2.70±0.26	1.15±0.25	2.96±0.32	1.03±0.18
AA 比例	9.01	5.21	18.83	4.50	6.05	4.90	2.08	5.38	1.87
氨基酸特征	ΣEAA	ΣAA	Lys/Met						
平均值	24.42±2.51	55.10±5.46	1.03±0.12						

第十三章

玉米及其加工副产物

玉米是主要的饲料原料，在畜禽饲料中主要作为以淀粉为主的能量饲料原料，而在水产饲料中玉米主要作为淀粉原料使用，以满足颗粒制粒的要求和颗粒膨化的要求。生玉米、熟化玉米均可以作为水产饲料原料使用。

玉米淀粉原料在水产饲料中的主要作用除了提供淀粉能力、淀粉营养外，还用于饲料颗粒粘接性、膨化性能的需要。水产饲料中使用的淀粉原料主要包括小麦及小麦粉、玉米、高粱、大麦、木薯等，可以依据这几类原料的价格在水产饲料生产中选择使用，使用量则以满足饲料颗粒制粒、膨化的要求为准，例如硬颗粒饲料可以使用8%～12%的玉米，膨化饲料可以使用8%～15%的玉米。

玉米加工的副产物如玉米蛋白粉、玉米DDGS、玉米胚芽粕或饼等是水产饲料重要的饲料原料。中国《饲料原料目录》中的玉米系列饲料原料见表13-1。

表13-1 《饲料原料目录》中的玉米及其加工副产物

原料名称	特征描述	强制性标识要求
压片玉米	去皮玉米经汽蒸、碾压后的产品。其中可含有少部分种皮	淀粉、淀粉糊化度
玉米次粉	生产玉米粉、玉米碴过程中的副产品之一。主要由玉米皮和部分玉米碎粒组成	淀粉、粗纤维
玉米蛋白粉	玉米经脱胚、粉碎、去渣、提取淀粉后的黄浆水，再经脱水制成的富含蛋白质的产品，粗蛋白质含量不低于50%(以干基计)	粗蛋白质
玉米淀粉渣	生产柠檬酸等玉米深加工产品过程中，玉米经粉碎、液化、过滤获得的滤渣，再经干燥获得的产品	淀粉、粗蛋白质、粗脂肪、水分
玉米粉	玉米经除杂、脱胚(或不脱胚)、碾磨获得的粉状产品	淀粉、粗蛋白质
玉米浆干粉	玉米浸泡液经过滤、浓缩、低温喷雾干燥后获得的产品	粗蛋白质、二氧化硫
玉米酶解蛋白	玉米蛋白粉经酶水解、干燥后获得的产品	酸溶蛋白(三氯乙酸可溶蛋白)、粗蛋白质、粗灰分、钙含量
玉米胚	玉米籽实加工时所提取的胚及混有少量玉米皮和胚乳的副产品	粗蛋白质、粗脂肪
玉米胚芽饼	玉米胚经压榨取油后的副产品	粗蛋白质、粗脂肪、粗纤维

续表

原料名称	特征描述	强制性标识要求
玉米胚芽粕	玉米胚经浸提取油后的副产品	粗蛋白质、粗纤维
玉米皮	玉米加工过程中分离出来的皮层	粗纤维
玉米糁(玉米碴)	玉米经除杂、脱胚、碾磨和筛分等系列工序加工而成的颗粒状产品	淀粉、粗蛋白质
玉米糖渣	玉米生产淀粉糖的副产品	淀粉、粗蛋白质、粗脂肪、水分
玉米芯粉	玉米的中心穗轴经研磨获得的粉状产品	粗纤维
玉米油(玉米胚芽油)	由玉米胚经压榨或浸提制取的油。产品须由有资质的食品生产企业提供	粗脂肪、酸价、过氧化值

第一节　玉　米

作为饲料和淀粉加工用的玉米，主要包括以下类型：①硬粒型玉米，籽粒外表透明，外表具有光泽、坚硬；②粉质型玉米，胚乳全部由粉质淀粉组成，是制造淀粉和酿造的优良原料；③蜡质型玉米，又名糯质型玉米，籽粒中胚乳几乎全部由支链淀粉构成，黏性较大，故又称黏玉米。

高油玉米是指籽粒含油量超过8%的玉米，由于玉米油主要存在于胚内，高油玉米都有较大的胚。高赖氨酸玉米是指玉米籽粒中赖氨酸含量在0.4%以上的玉米，普通玉米的赖氨酸含量一般在0.2%左右。

玉米的种子结构与组成如下图所示，由种皮、胚乳和胚组成。

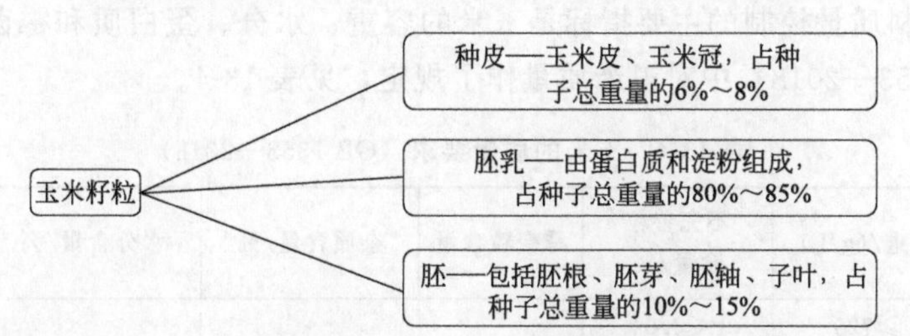

玉米籽粒含有9%～11%的蛋白质，4%～5%的油脂，70%的淀粉，1%～2%的糖及纤维素、矿物质和维生素等。玉米籽粒的化学组成见表13-2。

表13-2　玉米籽粒的化学组成（甘在红等，2007）　　单位：%

成分	全粒	占全粒、占各部位的比例			
		胚乳	胚芽	玉米皮	玉米冠
全籽粒		82.3	11.5	5.3	0.8
淀粉	71.0	86.4	8.2	7.3	5.3
蛋白质	10.3	9.1	18.8	3.7	9.1
脂肪	4.8	0.8	34.5	1.0	3.8
糖	2.0	0.6	10.8	0.33	1.6
矿物质	1.4	0.6	10.1	0.8	1.6

玉米全籽粒中，胚乳占 82.3%、胚芽占 11.5%、玉米皮占 5.3%、玉米冠占 0.8%。玉米皮和玉米冠主要作为玉米皮饲料原料；玉米胚芽在玉米淀粉加工过程中被分离出来，经干燥处理后用于玉米油的提取，提取玉米油后得到玉米胚芽粕或饼用于饲料原料；玉米的胚乳中含有 86.4%的淀粉，是玉米淀粉生产的主要原料，其副产物玉米蛋白粉也是主要的蛋白质原料。

玉米籽粒中的蛋白质主要分布在胚乳中（表 13-3），占 81%；其次是胚芽中，占 10%；玉米皮中蛋白质含量低，占 6%左右。玉米蛋白质主要为醇溶蛋白（39%）、谷蛋白（40%），而白蛋白（8%）、球蛋白（9%）含量较低。

表 13-3 玉米中蛋白质含量的组成与分布（甘在红等，2007） 单位：%

项目	整粒籽粒	胚乳	胚芽	玉米皮
籽仁	100	81	10	6
籽仁蛋白质	100	76	20	4
分离物蛋白质	10	9	19	5
蛋白质组成				
白蛋白	8	4	30	
球蛋白	9	4	30	
醇溶蛋白	39	47	5	
谷蛋白	40	39	25	

玉米原料质量控制的主要指标是玉米的容重、水分、蛋白质和霉菌毒素。《玉米》（GB 1353—2018）中对玉米质量作了规定，见表 13-4。

表 13-4 玉米的质量要求（GB 1353—2018）

等级	容重/(g/L)	不完善粒含量/%	霉变粒含量	杂质含量/%	水分含量/%	色泽、气味
1	≥720	≤4.0	≤2.0	≤1.0	≤14.0	正常
2	≥690	≤6.0				
3	≥660	≤8.0				
4	≥630	≤10.0				
5	≥600	≤15.0				
等外	<600	—				

注：“—”为不要求。

本书统计了饲料企业 250 个玉米样本的粗脂肪分布，见图 13-1。玉米粗脂肪含量主要分布在 2.2%～11.1%，按照籽粒脂肪高于 8%的玉米就是高油玉米，可见大部分玉米都是高油玉米。

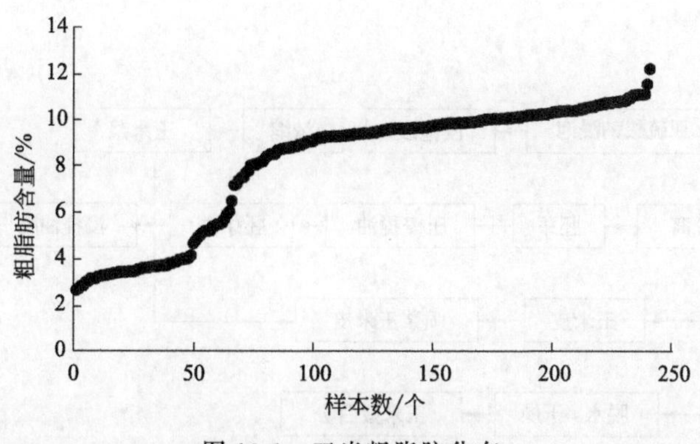

图 13-1　玉米粗脂肪分布

容重是粮食籽粒在单位容积内的质量，以 g/L 表示。本书统计了饲料企业 3200 个玉米样本的容重并作图，见图 13-2。由图 13-2 可见，饲料企业收购的玉米容重在 680～780g/L 之间，多数样本的容重在 710g/L 以上，而大于 760g/L 的样本并不多。

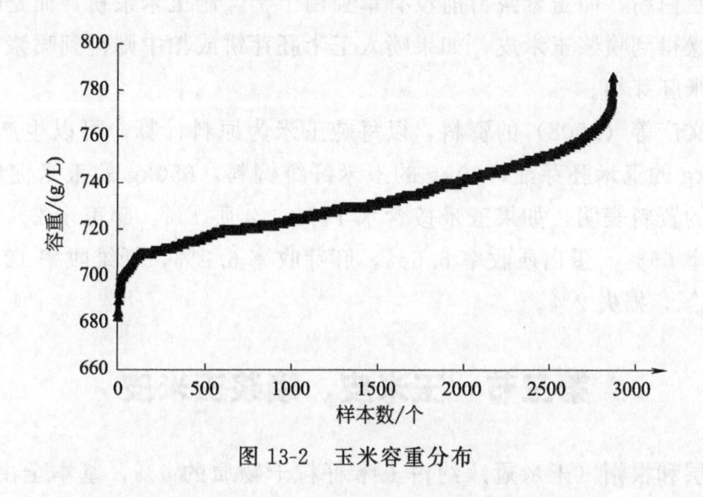

图 13-2　玉米容重分布

第二节　玉米淀粉加工的副产物

玉米淀粉加工的副产物包括玉米皮、玉米浆（粉）、玉米渣、玉米胚芽、玉米蛋白粉（图 13-3），是水产饲料的主要饲料原料。以玉米胚芽为原料提取玉米油脂后的玉米胚芽饼或玉米胚芽粕也是水产饲料的原料。还有以玉米为原料生产乙醇的副产物 DDGS、DDG，也是水产饲料的主要原料。

玉米的加工主要包括湿磨法、干磨法的玉米淀粉加工，酶解、碱水解的玉米淀粉加工，玉米生料发酵生产乙醇的加工，以及玉米胚芽的制油加工。

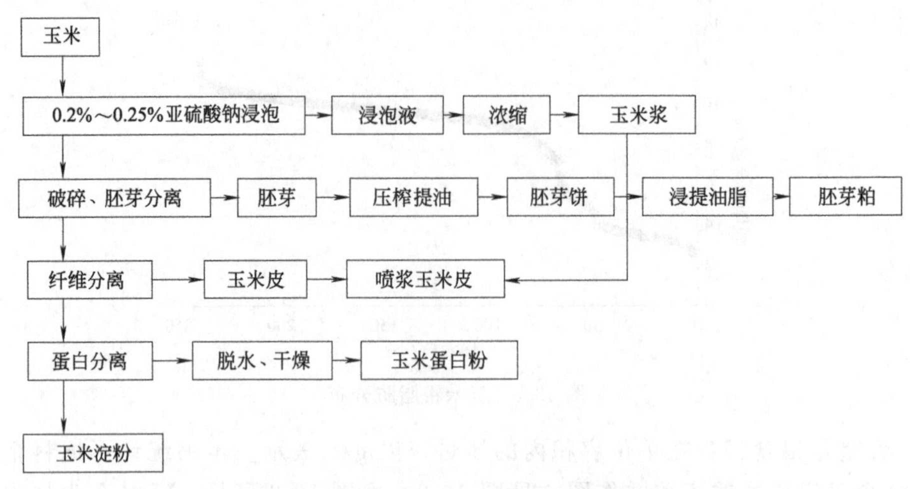

图 13-3 玉米淀粉的加工流程及其副产物

玉米淀粉湿磨法加工的主要副产物包括玉米浆、玉米胚芽饼、玉米胚芽粕、玉米皮、玉米蛋白粉，而玉米浆目前没有单独用于干燥制玉米浆粉，而是喷入玉米皮中再经过干燥得到喷浆玉米皮，如果喷入玉米胚芽饼或粕中则得到喷浆的玉米胚芽饼、喷浆玉米胚芽粕。

依据王文广等（2008）的资料，以每吨玉米为原料计算，可以生产约 45kg 的蛋白粉，30kg 的玉米胚芽油，40kg 的玉米纤维饲料，650kg 的玉米淀粉。甘在红等（2007）的资料表明，如果玉米按含水 14%、杂质 1%、碎玉米 2%来算，可以做到淀粉收率 66%，蛋白质收率 6.6%，胚芽收率 6.9%，纤维收率 12.5%，玉米浆收率 61.0%，损失 2%。

第三节 玉米皮、喷浆玉米皮

玉米皮层和根帽（玉米冠）约占玉米籽粒干物质的 6%，基本全由纤维组成，在湿磨法玉米淀粉生产的纤维分离阶段与淀粉分离，是副产品玉米纤维饲料的主要组成部分。玉米皮的化学组成见表 13-5。

表 13-5 玉米皮的化学组成（甘在红等，2007） 单位：%

组成	含量	组成	含量
纤维素	11	蛋白质	11.8
葡萄糖	32	木糖	18.7
阿拉伯糖	10.5	灰分	1.2
未知成分	14.6		

一般玉米皮和浓缩玉米浆混合作为喷浆玉米皮，玉米皮与玉米浆的配比为2∶1。玉米纤维饲料又称麸质饲料或颗粒饲料，它的主要成分就是玉米浆（玉米浸渍物）、玉米皮、玉米麸，有时会有少量的玉米胚芽饼，其营养价值因各组分比例不同而差异很大，蛋白质含量为10％～25％，粗纤维随着玉米皮比例的增加而升高，通常为7％～10％（甘在红等，2007）。

玉米浆是玉米在浓度为0.2％～0.25％的亚硫酸钠溶液中的浸泡液，将其通过蒸发工序即可浓缩成含干物质70％的商品玉米浆，除了含有可溶性蛋白质以外，还有在浸泡过程中溶出的其他可溶物，如糖分，灰分、乳酸等物质。可以将其浓缩后掺入玉米纤维麸质饲料和玉米胚芽饼（粕）中使用，这种处理方式也便于烘干。

因此，喷浆玉米皮、喷浆玉米胚芽粕中除了玉米皮和胚芽这两种成分外，还含有玉米浆，尤其是还有亚硫酸的残留。在原料质量控制的时候，可以通过测定其中硫的含量进行检测。

第四节　玉米胚芽与玉米胚芽饼、玉米胚芽粕

玉米胚芽主要用来制取玉米胚芽油，榨油后获得副产品玉米胚芽饼或粕；玉米胚芽中的蛋白，在浸泡过程中大部分被降解溶于浸泡水中，浸泡水主要经过浓缩制成稀玉米浆。

玉米胚芽饼（粕）中蛋白质可达19％～22％，而且都是白蛋白和球蛋白，即玉米蛋白中生物学价值最高的蛋白质，目前玉米胚芽饼（粕）也主要作饲料使用。玉米胚芽饼和玉米胚芽粕的主要营养差异为：前者的无氮浸出物较高，可达42％～53％，粗脂肪可达3％～10％；而后者的粗脂肪仅达1.5％，几乎没有无氮浸出物，但蛋白的品质相对较稳定。玉米胚芽饼中油脂含量高于胚芽粕中的含量，而蛋白质含量则低于胚芽粕中的含量。

本书统计分析了企业近100个玉米胚芽粕、玉米胚芽饼的常规营养指标，见表13-6。

表13-6　玉米胚芽粕、玉米胚芽饼的常规营养指标　　单位：％

产品	水分	粗蛋白	粗脂肪	粗纤维	粗灰分
胚芽粕	8.07±1.70	23.57±3.04	4.42±2.80	9.23±1.66	6.06±3.03
胚芽饼	8.05±2.46	15.36±4.78	29.00±15.69	11.67±1.33	2.51±1.47

玉米胚芽粕的蛋白质含量高于胚芽饼中的含量，而脂肪含量则显著低于胚芽饼中的含量。

测定玉米胚芽粕和玉米胚芽饼的氨基酸组成、氨基酸比例见表13-7。可见胚芽粕和胚芽饼的氨基酸比例没有显著性差异，主要是在含量上有差异。氨基酸比例相对较为平衡，没有显著高或显著低的氨基酸比例。

表 13-7 玉米胚芽粕、玉米胚芽饼的氨基酸组成、氨基酸比例

单位：%

氨基酸		缬氨酸	蛋氨酸	赖氨酸	异亮氨酸	亮氨酸	苯丙氨酸	组氨酸	精氨酸	苏氨酸
胚芽粕	平均值	1.13±0.18	0.32±0.07	0.73±0.14	0.67±0.09	1.83±0.29	0.78±0.08	0.73±0.14	1.12±0.19	0.80±0.15
胚芽饼	平均值	0.82±0.19	0.25±0.06	0.58±0.10	0.50±0.12	1.30±0.37	0.61±0.13	0.54±0.15	0.93±0.16	0.54±0.15
胚芽粕	AA 比例	5.91	1.66	3.85	3.53	9.58	4.08	3.82	5.86	4.22
胚芽粕	EAA 比例	13.91	3.90	9.07	8.30	22.56	9.60	8.99	13.79	0.77
胚芽饼	AA 比例	6.00	1.84	4.25	3.66	9.53	4.51	3.93	6.81	3.95
胚芽饼	EAA 比例	13.49	4.13	9.57	8.22	21.45	10.14	8.84	15.31	8.88
氨基酸		天冬氨酸	丝氨酸	谷氨酸	甘氨酸	丙氨酸	脯氨酸	胱氨酸	酪氨酸	NH_3
胚芽粕	平均值	1.33±0.21	0.97±0.14	3.30±0.55	1.07±0.17	1.55±0.37	1.76±0.49	0.39±0.14	0.59±0.08	0.41±0.12
胚芽饼	平均值	0.97±0.23	0.68±0.17	2.30±0.67	0.76±0.20	1.02±0.41	1.07±0.45	0.27±0.10	0.48±0.10	0.26±0.11
胚芽粕	AA 比例	6.96	5.09	17.32	5.60	8.14	9.25	2.04	3.12	
胚芽饼	AA 比例	7.13	5.02	16.91	5.61	7.52	7.84	2.00	3.52	1.92

第五节　玉米蛋白粉

玉米蛋白粉是将以玉米为原料经脱胚、粉碎、去渣、提取玉米淀粉后的黄浆水，经浓缩和干燥后得到的产品。其质量标准以《饲料用玉米蛋白粉》(NY/T 685—2003) 为准，见表 13-8。

表 13-8　饲料用玉米蛋白粉质量指标（NY/T 685—2003）　　单位：%

项目	一级	二级	三级
水分(≤)	12.0	12.0	12.0
粗蛋白(干基)(≥)	60.0	55.0	50.0
粗脂肪(干基)(≤)	5.0	8.0	10.0
粗纤维(干基)(≤)	3.0	4.0	5.0
粗灰分(干基)(≤)	2.0	3.0	4.0

注：一级饲料用玉米蛋白粉为优等质量标准，二级为中等质量标准，低于三级者为等外品。

湿磨法玉米淀粉生产过程中产生大量的玉米麸质水，即玉米淀粉乳经主离心机分离出的蛋白水，含固形物 1%～2%，主要为玉米醇溶蛋白、玉米谷蛋白和玉米黄色素、小部分淀粉、纤维和脂肪等。对玉米麸质水进行浓缩、脱水、干燥，得到蛋白含量为 62%～74%的玉米蛋白粉，因工艺水平不同，也有含量为 40%～50%的玉米蛋白粉，它的蛋白质主要是醇溶蛋白。

本书统计了 167 个玉米蛋白粉的常规指标，见表 13-9，玉米蛋白粉的粗蛋白含量为 (60.81±3.34)%。

表 13-9　玉米蛋白粉的常规指标　　单位：%

原料名称	水分	粗蛋白	粗脂肪	粗灰分
平均值	8.09±1.34	60.81±3.34	5.77±1.87	1.73±0.67

本书统计了 435 个样本的氨基酸含量和氨基酸比例，见表 13-10。玉米蛋白粉中蛋氨酸含量为 (1.53±0.14)%、赖氨酸含量为 (0.94±0.09)%，Lys/Met 为 (0.62±0.06)%，蛋氨酸含量高于赖氨酸含量，这是玉米蛋白质的显著特征。

将 167 个玉米蛋白粉样本的粗蛋白质含量和 435 个玉米蛋白粉样本的总氨基酸 (ΣAA) 含量作图，见图 13-4，从图中可看出，多数样本的粗蛋白质含量分布在 58%～65%之间，多数样本总氨基酸含量分布在 60%～67%之间。

值得注意的是，玉米蛋白粉的氨基酸总量大于粗蛋白质含量，主要是因为玉米蛋白粉中粗蛋白质的平均含氮量低于 16%。从表 13-10 中也可以发现，玉米蛋白粉的氨基酸总量/蛋白质含量 (ΣAA/CP) 的平均值为 (106.54±4.07)%。

表 13-10 玉米蛋白粉和玉米 DDGS 的氨基酸含量、氨基酸比例

单位：%

氨基酸		缬氨酸	蛋氨酸	赖氨酸	异亮氨酸	亮氨酸	苯丙氨酸	组氨酸	精氨酸	苏氨酸
玉米蛋白粉	平均值	2.75±0.23	1.53±0.14	0.94±0.09	2.42±0.15	10.30±0.61	3.83±0.21	1.28±0.10	1.93±0.22	2.05±0.18
玉米 DDGS	平均值	1.28±0.16	0.55±0.10	0.70±0.11	0.93±0.11	3.09±0.42	1.27±0.17	0.73±0.08	1.13±0.13	0.97±0.10
玉米蛋白粉	AA 比例	4.21	2.35	1.44	3.71	15.79	5.88	1.97	2.95	3.15
玉米 DDGS	AA 比例	4.98	2.13	2.71	3.61	12.01	4.93	2.84	4.41	3.79
玉米蛋白粉	EAA 比例	10.17	5.67	3.48	8.96	38.09	14.18	4.74	7.13	7.59
玉米 DDGS	EAA 比例	12.03	5.14	6.55	8.72	29.00	11.90	6.85	10.66	9.14
氨基酸		天冬氨酸	丝氨酸	谷氨酸	甘氨酸	丙氨酸	脯氨酸	胱氨酸	酪氨酸	NH_3
玉米蛋白粉	平均值	3.69±0.21	3.26±0.35	13.98±0.80	1.64±0.24	5.58±0.36	5.88±0.47	1.07±0.09	3.12±0.25	1.30±0.25
玉米 DDGS	平均值	1.68±0.18	1.29±0.15	4.75±0.46	1.03±0.09	0.56±0.15	1.93±0.25	2.27±0.24	0.54±0.07	1.01±0.14
玉米蛋白粉	AA 比例	5.65	5.00	21.43	2.51	8.55	9.01	1.64	4.78	
玉米 DDGS	AA 比例	6.52	5.00	18.49	4.02	2.16	7.53	8.83	2.10	3.93
氨基酸特征		ΣEAA	ΣAA	Lys/Met	ΣAA/CP					
玉米蛋白粉	平均值	27.04±1.40	65.25±3.44	0.62±0.06	106.54±4.07					
玉米 DDGS	平均值	10.65±1.13	25.71±2.48	1.31±0.28	96.95±9.68					

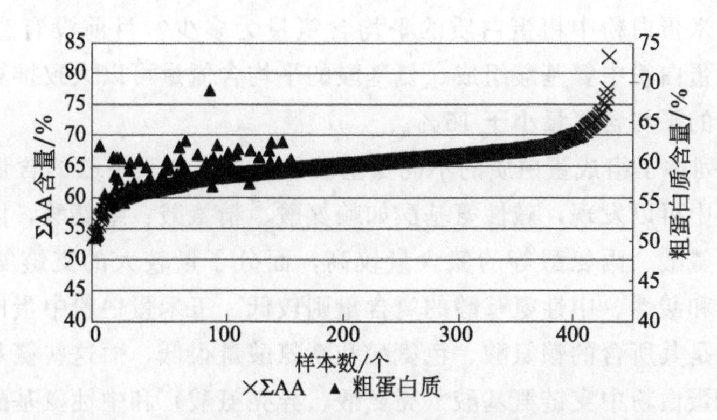

图 13-4 玉米蛋白粉的氨基酸总量、粗蛋白质含量分布

玉米蛋白粉的氨基酸组成中，蛋氨酸含量高于赖氨酸含量，这是玉米蛋白粉的一个显著特征。表 13-10 中，Lys/Met 为（0.62±0.06）%。将 435 个玉米蛋白粉样本中赖氨酸、蛋氨酸含量作图，见图 13-5，可以直观地显示出所有玉米蛋白粉样本中的蛋氨酸含量均高于赖氨酸含量。

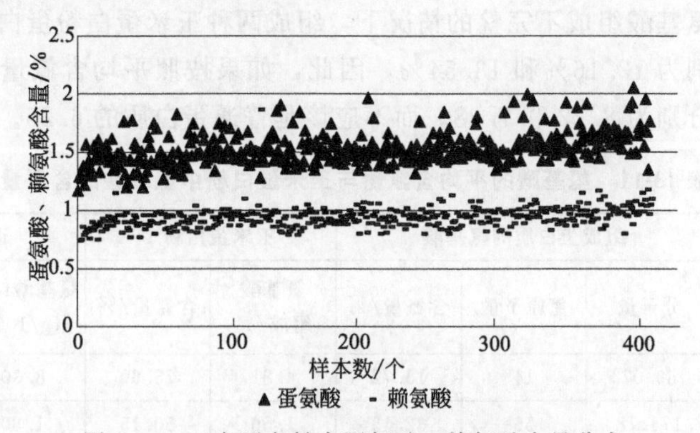

图 13-5 玉米蛋白粉中蛋氨酸、赖氨酸含量分布

玉米蛋白粉氨基酸组成中，亮氨酸含量为（10.30±0.61）%，是必需氨基酸中比例最高（38.09%）的氨基酸，在 17 种氨基酸中的比例也是第二含量高的氨基酸（15.79%）。玉米蛋白粉中蛋氨酸含量与相同蛋白含量鱼粉中的蛋氨酸含量相同，但赖氨酸、色氨酸含量严重不足，不及鱼粉的 1/4。

玉米蛋白粉中有非常高的类胡萝卜素含量，其中叶黄素是玉米的 15～20 倍，也是水产饲料重要的色素来源。

玉米蛋白粉中氨基酸总量为什么会大于粗蛋白质含量？主要原因是粗蛋白质含量的计算公式为“$N\times6.25$”，N 为总氮含量，而 6.25 是粗蛋白质平均含氮量（16%）的倒数，即 100/16＝6.25。玉米蛋白粉中粗蛋白质的平均含氮量低于 16%，因此，测定总氮计算粗蛋白质含量的公式中系数就不是 6.25，应该大于 6.25。

那么，玉米蛋白粉中粗蛋白质的平均含氮量为多少？目前没有查阅到相关资料，通过玉米蛋白粉中氨基酸组成、氨基酸的平均含氮量可以大致推算出玉米蛋白粉中粗蛋白质的平均含氮量小于16%。

表13-11列举了组成蛋白质的不同氨基酸的分子量和其中氮的含量，从不同氨基酸的氮含量中可以发现，碱性氨基酸如赖氨酸、精氨酸、组氨酸，以及小分子量的氨基酸如甘氨酸、丙氨酸等的氮含量较高，而分子量较大的支链氨基酸如亮氨酸、异亮氨酸和酸性、中性氨基酸的氮含量则较低。玉米蛋白粉中蛋白质氨基酸组成的显著特点是其所含的赖氨酸、色氨酸和精氨酸量很低，而这些氨基酸的氮含量却较高。玉米蛋白粉中支链氨基酸（亮氨酸、异亮氨酸）和中性氨基酸的含量相当高，而这些氨基酸的氮含量却较低。

因此，从玉米蛋白粉的氨基酸组成可以知道，氮含量较高的氨基酸在其蛋白质中含量显著偏低，而氮含量较低的氨基酸在玉米蛋白粉蛋白质中的含量反而较高，这就必然会导致玉米蛋白粉中蛋白质的平均含氮量小于普通蛋白质的16%。

为了验证上述推断，表13-11中计算了两种玉米蛋白粉的氨基酸组成及其氮含量平均值。在氨基酸组成不完整的情况下，组成两种玉米蛋白粉蛋白质的氨基酸的平均含氮量分别为12.16%和13.54%，因此，如果按照平均含氮量计算，粗蛋白质的系数应该分别为8.22和7.38，而不应该是普通蛋白质的6.25。

表13-11　氨基酸的平均含氮量与玉米蛋白粉中氨基酸的含氮量

氨基酸	组成蛋白质的氨基酸			玉米蛋白粉1		玉米蛋白粉2	
	分子量	氮原子量	含氮量/%	氨基酸组成/%	含氮量/%	氨基酸组成/(g/100g)	含氮量/%
丙氨酸	89.07	14	15.72	4.81	75.60	8.30	1.30
精氨酸	174.18	56	32.15	1.56	50.15	1.80	0.58
天冬酰胺	132.10	28	21.20	—	—	—	—
天冬氨酸	133.08	14	10.52	3.21	33.77	4.50	0.47
半胱氨酸	121.14	14	11.56	0.56	6.47	0.80	0.09
谷氨酰胺	146.13	28	19.16	—	0.00	21.40	4.10
谷氨酸	147.11	14	9.52	12.60	119.91	1.50	0.14
甘氨酸	75.05	14	18.65	1.36	25.37	0.70	0.13
组氨酸	155.14	42	27.07	0.87	23.55	1.10	0.30
异亮氨酸	131.16	14	10.67	2.05	21.88	6.20	0.66
亮氨酸	131.16	14	10.67	8.24	87.95	19.30	2.06
赖氨酸	146.17	28	19.16	0.96	18.39		0.00
蛋氨酸	149.19	14	9.38	1.05	9.85	2.00	0.19
苯丙氨酸	165.17	14	8.48	3.09	26.19	6.80	0.58

续表

氨基酸	组成蛋白质的氨基酸			玉米蛋白粉 1		玉米蛋白粉 2	
	分子量	氮原子量	含氮量/%	氨基酸组成/%	含氮量/%	氨基酸组成/(g/100g)	含氮量/%
脯氨酸	115.11	14	12.16	3.00	36.48	9.00	1.09
丝氨酸	105.07	14	13.32	2.51	33.44	5.70	0.76
苏氨酸	119.10	14	11.75	1.52	17.87	2.70	0.32
色氨酸	204.21	28	13.71	0.20	2.74		
酪氨酸	181.17	14	7.73	2.31	17.85	5.10	0.39
缬氨酸	117.13	14	11.95	3.00	35.86	3.10	0.37
平均含氮量/%			14.73		12.16		13.54

注："—"表示未测定。

第六节　玉米 DDG、DDS、DDGS

以玉米为原料，采用发酵的方法生产乙醇，可以得到大量的玉米 DDG、DDS、DDGS。每吨乙醇产品需消耗 3.3t 玉米原料。

DDG（distillers dried grains）为干酒精糟，是以玉米为原料发酵生产乙醇后，蒸馏废液的固形物部分（液态物质被过滤）经过干燥得到的产品。

DDS（distillers dried soluble）为可溶干酒精糟，是以玉米为原料发酵生产乙醇后，废渣经过过滤等方法除去固形物部分的残液，再经过浓缩和干燥而得到的产品。

DDGS（distillers dried grains with soluble）是将 DDG 和 DDS 混合起来的产品。DDGS 中含有约 30%的 DDS 和 70%的 DDG。

从 DDGS 的生产工艺可知，DDS 是酒精蒸馏后的废水浓缩液，其外观为黄色膏状物质，含 30%左右的水分，含较多的水溶性蛋白质和可溶性糖。在它与 DDG 混合后的烘干过程中，DDS 易发生美拉德反应，变成黑色膏状或块状物，造成赖氨酸、可消化赖氨酸及代谢能的大幅变化，这也是衡量 DDGS 质量时必须考虑热变性的原因。国内酒精厂采用温度为 110℃条件下的常压烘干法。

吕明斌等（2007）的研究表明，DDGS 在烘干过程中的温度和时间对其质量有极大的影响，且只用粗蛋白、灰分、粗脂肪和粗纤维等常规指标来检测 DDGS 的质量，并不能反映 DDGS 的真实质量情况，必须对其热变性情况进行控制。DDGS 的质量控制要点如下。

① 热变性指标：中性洗涤纤维（NDF）NDF≤32%为合格要求；NDF≤35%为最低质量要求。目前，国内饲料行业在用的 NDF 平均值约为 45%。

② 感官要求：DDGS 的颜色为浅亮黄色时最好，不应含黑色小颗粒，应有发

酵的气味。

③ DDS的含量：DDGS中DDS的含量至少要大于20%。

④ 常规指标：粗蛋白>28%，粗纤维<8%，粗脂肪为6%~12%（表13-12）。

⑤ 要关注霉菌毒素含量：呕吐毒素含量范围为1~8mg/kg，玉米赤霉烯酮含量范围为150~2000μg/kg。

表13-12　饲料企业170个DDGS样本的常规指标含量

水分/%	粗蛋白/%	粗脂肪/%	粗纤维/%	粗灰分/%	酸价(AV)/(mg KOH/g)
10.87±1.24	27.16±1.17	9.39±1.73	8.21±6.16	4.50±0.58	13.17±6.59

将170个样本的粗蛋白质、粗脂肪含量分布作图，见图13-6。

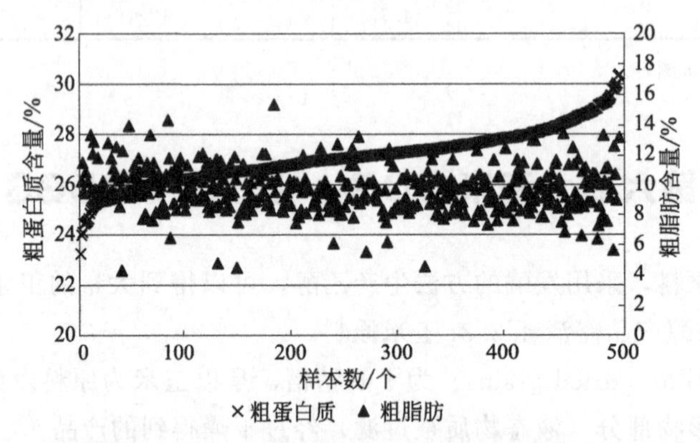

图13-6　玉米DDGS粗蛋白质、粗脂肪含量分布

多数样本DDGS的粗蛋白质含量分布在25%~28%，多数样本的粗脂肪含量分布在8%~12%。

本书统计了235个DDGS样本的氨基酸含量，见表13-10。

第七节　玉米其他副产物

以玉米为原料，生产玉米糖、柠檬酸等产品后还有部分副产物，如玉米粉、玉米糖渣、玉米淀粉渣等。本书统计了饲料企业这类副产物的常规营养组成，见表13-13，氨基酸组成、比例见表13-14。

表13-13　玉米淀粉渣、玉米粉、玉米糖渣的常规营养组成　　单位：%

原料名称	水分	粗蛋白	粗脂肪	粗纤维	粗灰分
玉米淀粉渣	8.65±0.46	26.24±0.43	12.85±0.98	—	3.44±0.07
玉米粉	12.37±1.62	8.11±1.88	6.13±1.07	—	2.38±0.04
玉米糖渣	8.88±1.81	24.45±8.53	21.68±0.57	7.56±0.25	4.89±1.62

表 13-14 玉米淀粉渣、玉米粉、玉米糖渣的氨基酸组成、氨基酸比例 单位:%

项目	缬氨酸	蛋氨酸	赖氨酸	异亮氨酸	亮氨酸	苯丙氨酸	组氨酸	精氨酸	苏氨酸
玉米淀粉渣	1.28±0.15	0.58±0.16	0.59±0.13	0.88±0.10	3.03±0.48	1.24±0.23	0.71±0.12	1.03±0.14	0.91±0.05
玉米粉	0.48±0.04	0.19±0.01	0.40±0.04	0.30±0.03	0.90±0.09	0.41±0.03	0.33±0.04	0.62±0.08	0.36±0.05
玉米糖渣	1.24±0.47	0.48±0.19	0.76±0.47	0.90±0.45	2.44±1.08	1.09±0.50	0.63±0.20	1.15±0.43	0.88±0.43
项目	天冬氨酸	丝氨酸	谷氨酸	甘氨酸	丙氨酸	脯氨酸	胱氨酸	酪氨酸	NH_3
玉米淀粉渣	1.56±0.24	1.18±0.15	4.50±0.61	0.97±0.06	1.90±0.11	2.21±0.30	0.47±0.11	0.99±0.20	0.55±0.11
玉米粉	0.72±0.08	0.47±0.05	1.58±0.12	0.46±0.04	0.65±0.06	0.72±0.06	0.19±0.03	0.33±0.04	0.20±0.02
玉米糖渣	1.73±0.86	1.10±0.41	3.85±1.08	1.00±0.34	1.73±0.53	1.63±0.53	0.42±0.10	0.87±0.42	0.52±0.21
项目	ΣEAA	ΣAA	Lys/Met						
玉米淀粉渣	10.24±1.16	24.01±2.40	1.07±0.23						
玉米粉	4.00±0.35	9.12±0.78	2.10±0.17						
玉米糖渣	9.57±3.65	21.89±7.17	1.58±0.64						

第八节 玉米色素

一、水产动物体内的色素

类胡萝卜素是一类广泛存在于动物体内的色素，鱼类主要储藏在其皮肤、鱼鳞、肌肉、器官等组织中。

类胡萝卜素可分为两类：一类是碳氢型，只由C、H组成，称为胡萝卜素，主要种类有八氢番茄红素、番茄红素、α-胡萝卜素、β-胡萝卜素等；另一类是氧化型，由C、H、O组成，称为叶黄素，黄体素和虾青素是叶黄素的主要代表。在水产动物中常见的类胡萝卜素有β胡萝卜素、黄体素、玉米黄质、金枪鱼黄质和虾青素等。

类胡萝卜素具有共同的化学结构特征，其分子中心都是多烯键的聚异戊二烯长链，以此为基础，通过末端的环化、氧的加入或键的旋转及异构化等方式产生出很多衍生物。目前已知结构的类胡萝卜素有600多种，它们是由8个类异戊二烯单位组成的一类烃类及其氧化衍生物。一般类胡萝卜素是 C_{40}（碳原子数量）分子，但也存在高类胡萝卜素（C_{45} 和 C_{50}）和降解的类胡萝卜素（如 C_{30}）。

类胡萝卜素具有的颜色从黄色到红色，检测的波长范围一般为 430～480nm。类胡萝卜素的分子结构中含有较多高度共轭的双键，因此类胡萝卜素具有双重作用的特点：一方面，类胡萝卜素有一定的抗氧化活性，能淬灭单线态氧，防止细胞的氧化损伤；在人体营养方面，类胡萝卜素的抗氧化活性使它具有抗衰老、抗白内障、抗动脉粥状硬化与抑制癌细胞的作用。另一方面，类胡萝卜素分子结构中的不饱和键容易被氧化，氧化产物复杂；类胡萝卜素被氧化后会褪色。所以，饲料中使用较多含有氧化油脂的原料或氧化油脂，以及体内和体外环境中的其他因素等可能会造成类胡萝卜素自身的氧化、破坏，从而使其失去正常的颜色。

几乎所有的类胡萝卜素都是脂溶性色素，因此，类胡萝卜素的吸收、转运和在鱼体的沉积都需要脂肪的参与。增加饲料中脂肪总量有利于类胡萝卜素类色素的吸收和在鱼体中的沉积，对于改善养殖鱼体的体色有很好的作用。相反，如果饲料中脂肪含量不够，即使饲料中补充了色素物质，对于改善养殖鱼体的体色效果也并不显著。

日粮中脂肪的含量影响类胡萝卜素的吸收。这主要是因为类胡萝卜素是脂溶性的，脂肪对类胡萝卜素起运输作用。据报道，当脂肪占日粮总热量的 7%时，类胡萝卜素吸收仅为 5%，而在此基础上添加油脂，可使吸收率提高到 50%。许多研究表明，脂肪酸能促进机体对类胡萝卜素的吸收，其原因是脂肪酸可加速细胞内类胡萝卜素分解成维生素 A，从而加速类胡萝卜素的扩散、吸收。

胆汁可加速类胡萝卜素的吸收，并将之归纳为胆汁乳化脂肪的作用。胆汁促使脂肪乳化形成体积微小的胶粒，使之在小肠水液态的环境内易于吸收，并促进类胡萝卜素在胶粒内溶解。胆汁促进类胡萝卜素吸收的作用无种间特异性，各种动物胆汁都可促进大鼠对类胡萝卜素的吸收，胆汁中起作用的物质是胆酸和胆盐，促进吸收的最佳浓度为 0.004～0.008mol/L，浓度过高反而抑制吸收。

水产动物体内的色素从化学结构分类，大致可分为以下种类，见表 13-15。

表 13-15 几种主要色素体的分子式及主要功能

色素体	分子式	分子量	主要功能	备注
叶黄素	$C_{40}H_{56}O_2$	568.87	着色，抗氧化，光过滤性	不溶于水，溶于油脂和脂肪型溶剂
虾青素	$C_{40}H_{52}O_4$	596.84	着色，抗氧化，提高免疫力	易溶于氯仿、丙酮、苯和二硫化碳
黄体素	$C_{21}H_{30}O_2$	314.47	着色，催产	溶于醇、丙酮、浓硫酸
β-胡萝卜素	$C_{40}H_{36}$	536.87	着色，生物活性，强化免疫系统	不溶于水、丙二醇、甘油

续表

色素体	分子式	分子量	主要功能	备注
玉米黄质	$C_{40}H_{56}O_2$	568.87	着色,加强免疫	光、热稳定性差、溶于乙醚、酯类
胆汁色素群（胆红素）	$C_{33}H_{36}N_4O_6$	584.7	细胞增殖、解热	溶于苯、二硫化碳
萘醌系色素（结核萘醌）	$C_{11}H_8O_3$	188.13	生物染色	生物染色微溶于水,溶于有机溶剂
黑色素	$C_{31}H_{28}N_2O_3$	476.57	着色,加快新陈代谢	水溶性和脂溶性

鱼类呈现的体色是由于鱼类体内含有的色素选择性地吸收特定波长的光而反射其他波长的光，因而产生颜色。显色是因为色素分子结构中含有不饱和键，如C═C、C═O、C═N、N═N。在鱼类色素中常见的类胡萝卜素分为两类：一类是碳氢型；一类是氧化型。类胡萝卜素类色素多带有黄至红的颜色，它们与黄、橙、红色有关。有时可能因类胡萝卜素辅基与蛋白质相连，形成胡萝卜素-蛋白质而呈现蓝色。类胡萝卜素色素存在于鱼类的红色素细胞和黄色素细胞中。目前，鱼类已经发现的类胡萝卜素有β-胡萝卜素、叶黄素、玉米黄素、金枪鱼黄质、虾青素等。鱼虾类体色中红色系色素主要是虾青素。

二、玉米产品中的色素

部分鱼类具有黄色、红色体色。由于鱼体自身不能合成色素，所以需要在饲料中补充色素物质，以满足鱼体体色的需要。黄颡鱼是养殖量较大的、具有黄色体色的鱼类，使用玉米蛋白粉作为主要色素物质来源可以维持鱼体的黄色体色。

提取玉米黄色素的原料为玉米蛋白粉，玉米蛋白粉是湿磨法生产玉米淀粉的副产物。类胡萝卜素主要存在于玉米角质胚乳中，在生产玉米淀粉时随蛋白质进入到黄浆水中。黄浆水经过脱水、干燥后得到的玉米蛋白粉中总蛋白质含量高达65%左右，碳水化合物含量约为15%，脂肪为7%，纤维为2%，灰分为1%，此外还含有丰富的类胡萝卜素，因而呈鲜艳的黄色。玉米中的类胡萝卜素主要是几种类胡萝卜素的混合物，包括玉米黄素、α-胡萝卜素、叶黄素和隐黄素等，还含有β-胡萝卜素、新黄质和金莲花黄素等成分。在玉米籽粒中总类胡萝卜素的含量为0.1～9.0μg/g，玉米蛋白粉中为200～400μg/g。

玉米黄色素主要由叶黄素（$C_{40}H_{56}O_2$，lutein）、玉米黄素（$C_{40}H_{56}O_2$，zeaxanthin）和隐黄素（$C_{40}H_5O_2$，cryptoxanthin）等类胡萝卜素所组成，在玉米籽粒中含量约为0.01～0.9mg/100g（吕欣，2003）。玉米黄色素在玉米蛋白粉中的含量为0.20～0.37mg/g。

玉米黄素（$C_{40}H_{56}O_2$，zeaxanthin）的结构式：

隐黄素（$C_{40}H_5O_2$，cryptoxanthin）的结构式：

叶黄素（$C_{40}H_{56}O_2$，lutein）的结构式：

β-胡萝卜素的结构式：

虾青素（astaxanthin）的结构式：

玉米产品中的这三种类胡萝卜素由于含有一到两个羟基从而极性大。玉米黄素和叶黄素则是同分异构体，两者之间仅一个双键的位置不同，两者的极性相当，因此玉米黄色素的分离纯化存在一定困难。

第九节　玉米蛋白粉对黄颡鱼体色的影响

为探讨玉米蛋白粉色素对黄颡鱼体色的影响，以初均重（13.82±1.06）g 的黄颡鱼为试验对象，以实用饲料原料组成饲料配方，保持饲料中蛋白质、脂肪、能量、磷含量一致，玉米蛋白粉用量设定为0%、6%、10%、14%四个水平，同时设置叶黄素添加组，共5个试验组。饲料为生产性挤压膨化饲料，在池塘网箱中养殖黄颡鱼58d。结果表明，黄颡鱼可以有效利用玉米蛋白粉中的色素，其血清、皮肤中的总类胡萝卜素、叶黄素含量与饲料色素含量均呈正相关关系；随着玉米蛋白粉用量的增加，类胡萝卜素、叶黄素在黄颡鱼皮肤中的沉积量逐渐增大；10%玉米蛋白粉组和14%玉米蛋白粉组也取得较好的着色效果。

试验用玉米蛋白粉为湿磨法玉米淀粉加工的副产物（南通普汇饲料有限公司生产）。采用常规方法测定试验用玉米蛋白粉的主要成分见表13-16。从表中得知，叶黄素含量为270mg/kg；霉菌毒素中的黄曲霉素没有检测到，呕吐毒素含量较高，也有一定量的玉米赤霉烯酮。

表13-16 试验用玉米蛋白粉的主要成分

必需氨基酸(EAA)/%		非必需氨基酸(NEAA)/%		常规营养	
赖氨酸(Lys)	0.94	天冬氨酸(Asp)	3.46	水分(moisture)/%	8.52
蛋氨酸(Met)	1.43	谷氨酸(Glu)	12.43	粗蛋白(CP)/%	62.97
苯丙氨酸(Phe)	3.61	丝氨酸(Ser)	2.83	粗脂肪(EE)/%	6.50
异亮氨酸(Ile)	2.15	甘氨酸(Gly)	1.42	粗灰分(crude ash)/%	1.12
亮氨酸(Leu)	9.79	丙氨酸(Ala)	5.03	呕吐毒素(deoxynivalenol)/(μg/kg)	1302
缬氨酸(Val)	2.36	酪氨酸(Tyr)	2.96	玉米赤霉烯酮(zearalenone)/(μg/kg)	80.90
苏氨酸(Thr)	1.97	胱氨酸(Cys)	1.09	叶黄素(lutein content)/(mg/kg)	270
精氨酸(Arg)	1.71	脯氨酸(Pro)	5.62		
组氨酸(His)	1.69				
ΣEAA	25.65	ΣNEAA	34.84		

按照挤压膨化饲料方案选用饲料原料，玉米蛋白粉比例设置为0%、6%、10%、14%，其中0%组为对照组；为了比较饲料色素对黄颡鱼体色的影响，增加了一组添加叶黄素（来自万寿菊）的对照组，共5组。保持饲料中蛋白质、脂肪、能量、磷含量基本一致，用豆粕、血球粉调节饲料蛋白质水平，各组饲料配方见表13-17。各组饲料中，色素含量有较大的差异，这主要是添加叶黄素和玉米蛋白粉导致的结果，饲料中霉菌毒素检测到了呕吐毒素含量，而黄曲霉素则没有检测到。饲料采用浙江一星饲料公司的生产性挤压膨化饲料工艺和膨化机生产，挤压膨化温度为132℃。

表13-17 试验饲料组成及营养成分

原料	对照组	叶黄素组	6%玉米蛋白粉组	10%玉米蛋白粉组	14%玉米蛋白粉组
细米糠/‰	50.00	50.00	50.00	50.00	50.00
生大豆/‰	50.00	50.00	50.00	50.00	50.00
豆粕/‰	193.00	170.00	160.00	150.00	105.00

续表

原料	对照组	叶黄素组	6%玉米蛋白粉组	10%玉米蛋白粉组	14%玉米蛋白粉组
菜籽粕/‰	87.00	87.00	55.00		
玉米蛋白粉/‰			60.00	100.00	140.00
血球粉/‰	30.00	40.00	15.00	15.00	10.00
鱼粉/‰	300.00	300.00	300.00	300.00	300.00
磷酸二氢钙[$Ca(H_2PO_4)_2$]/‰	20.00	20.00	20.00	20.00	20.00
豆油/‰	40.00	40.00	40.00	40.00	40.00
小麦/‰	220.00	220.00	220.00	220.00	220.00
次粉/‰		9.00	20.00	45.00	55.00
预混料/‰	10.00	10.00	10.00	10.00	10.00
金黄素-Y/‰		4.00			
合计/‰	1000.00	1000.00	1000.00	1000.00	1000.00
营养成分(实测值)					
水分/%	7.36	6.85	7.05	6.60	6.84
粗蛋白质/%	42.16	42.04	41.82	42.40	41.38
粗脂肪/%	6.45	6.91	6.81	6.63	6.40
粗灰分/%	9.97	10.05	9.61	9.39	9.38
钙(Ca)/%	1.55	1.50	1.50	1.50	1.41
总磷(TP)/%	1.67	1.63	1.66	1.61	1.66
总能/(J/g)	18517	18888	18675	18885	19060
黄曲霉毒素	—	—	—	—	—
呕吐毒素含量/(μg/kg)	165	167	244	192	189
叶黄素含量/(mg/kg)	6.42±3.1	29.63±1.33	9.97±0.07	15.12±1.86	20.46±0.57
总类胡萝卜素含量/(mg/kg)	15736.41±461.44	25373.33±2038.19	17724.42±2182.25	20673.27±2046.44	22359.39±3397.37

经过58d的养殖试验，各试验组黄颡鱼的成活率、特定生长率和饲料系数的结果如表13-18。由表13-18可知，不同饲料组黄颡鱼的成活率、特定生长率和饲料系数差异不显著（$P>0.05$）。叶黄素的添加没有影响到黄颡鱼的生长性能。在玉米蛋白粉组中，6%的玉米蛋白粉组获得与对照组相近的生长速度、较低的饲料系数、较高的蛋白质沉积率，而随着玉米蛋白粉用量的增加，饲料系数呈增高的趋势，特定生长率呈降低的趋势，蛋白质沉积率也有下降趋势。结果表明，饲料中玉米蛋白粉的添加对黄颡鱼的生产性能没有造成显著性影响，但过高的玉米蛋白粉有降低生长性能的作用。

表 13-18　不同饲料对黄颡鱼成活率、特定生长率和饲料系数的影响

试验组	初总重/g	末总重/g	成活率/%	平均值±标准差	特定生长率(SGR)/%	平均值±标准差	饲料系数(FCR)	平均值±标准差	蛋白质效率/%	平均值±标准差
对照组	1200	2918.35	95	96.33±2.31	1.59	1.62±0.04	2.55	2.48±0.08	16.54	16.99±0.54
	1130	2869.35	95		1.66		2.40		17.59	
	1615	3962.27	99		1.60		2.50		16.83	
叶黄素组	1405	3296.27	99	96.33±5.51	1.52	1.64±0.13	2.70	2.42±0.28	15.55	17.52±2.07
	1185	3186.7	90		1.77		2.14		19.67	
	1455	3637	100		1.64		2.42		17.35	
6%玉米蛋白粉	1680	4404.54	98	98.67±1.15	1.72	1.63±0.08	2.21	2.39±0.18	18.90	17.56±1.31
	1585	3925	100		1.62		2.39		17.49	
	1340	3214.54	98		1.56		2.57		16.28	
10%玉米蛋白粉	1345	3369.51	87	92.00±5.57	1.64	1.59±0.05	2.43	2.53±0.10	17.43	16.78±0.66
	1415	3354.43	91		1.54		2.63		16.12	
	1220	4060.54	98		1.59		2.53		16.78	
14%玉米蛋白粉	1205	2942.81	97	97.67±1.15	1.59	1.52±0.06	2.51	2.70±0.17	16.46	15.35±0.96
	1400	3218.27	99		1.49		2.79		14.85	
	1385	3182.81	97		1.49		2.81		14.74	

不同饲料组别黄颡鱼血清和皮肤中总类胡萝卜素含量见表13-19。由表13-19可知，各饲料组中总类胡萝卜素含量差异很大，这主要是叶黄素添加剂、玉米蛋白粉比例不同引起的。血清、腹部皮肤、背部皮肤中总类胡萝卜素含量与相应饲料中总类胡萝卜素含量有直接的正相关关系，相关系数分别为0.98、0.99、0.99。

表13-19　不同饲料组别黄颡鱼血清和皮肤中总类胡萝卜素含量

单位：mg/kg

组别	饲料	血清	腹部皮肤	背部皮肤
对照组	15736.41 ±461.44[a]	7890.48 ±1393.15[a]	6768.79 ±1019.30	7737.74 ±506.66[a]
叶黄素组	25373.33 ±2038.19[d]	15547.62 ±5758.65[b]	13682.19 ±1351.62	15019.4 ±685.72[c]
6%玉米蛋白粉	17724.42 ±2182.25[ab]	9252.38 ±1205.54[a]	8460.46 ±1118.07	9676.57 ±1620.22[ab]
10%玉米蛋白粉	20673.27 ±2046.44[bc]	10323.81 ±1080.57[ab]	10193.62 ±5393.8	11790.95 ±1683.17[bc]
14%玉米蛋白粉	22359.39 ±3397.37[cd]	12237.18 ±888.56[ab]	12555.36 ±6337.14	13345.77 ±3772.54[bc]
试验开始时黄颡鱼皮肤中总类胡萝卜素含量			11285.71	13521.13
饲料和组织中总类胡萝卜素含量的相关性分析				
相关系数	—	0.98	0.99	0.99

注：同列数据上角标无字母或相同字母表示差异不显著（$P>0.05$），不同小写字母表示差异显著（$P<0.05$）。

试验开始时黄颡鱼腹部皮肤的总类胡萝卜素含量为11285.71mg/kg，在养殖58d后对照组腹部皮肤的总类胡萝卜素含量下降了40.02%，叶黄素组上升了21.23%，6%玉米蛋白粉组下降了25.03%，10%玉米蛋白粉组下降了9.67%，14%玉米蛋白粉组下降了11.25%。试验开始时，黄颡鱼背部皮肤的总类胡萝卜素含量为13521.13mg/kg，在养殖58d后对照组背部皮肤的总类胡萝卜素含量下降了42.77%，叶黄素组上升了11.08%，6%玉米蛋白粉组下降了28.43%，10%玉米蛋白粉组下降了12.08%，14%玉米蛋白粉组下降了1.30%。

叶黄素是黄颡鱼体内主要起呈色作用的色素，所以其含量的高低能评价黄颡鱼的黄色体色。不同饲料组别黄颡鱼血清和皮肤中的叶黄素含量见表13-20。

由表13-20可知，各组别饲料中叶黄素含量差异显著（$P<0.05$），这是添加了叶黄素和玉米蛋白粉的结果。试验结束时，黄颡鱼血清、腹部皮肤、背部皮肤中叶黄素含量与相应饲料中叶黄素含量有直接的正相关关系，相关系数分别为0.93、0.99、0.88。

表 13-20 不同饲料组别黄颡鱼血清和皮肤中的叶黄素含量

组别	饲料/(mg/kg)	血清/(mg/kg)	腹部皮肤/(mg/kg)	背部皮肤/(mg/kg)
对照组	6.42±3.10[a]	2.32±0.92[a]	5.89±1.10[a]	7.83±5.13[a]
叶黄素组	29.63±1.33[e]	8.17±2.38[b]	40.94±14.49[c]	33.53±19.63[b]
6%玉米蛋白粉	9.97±0.07[b]	4.27±0.21[a]	13.51±1.67[ab]	21.25±7.27[ab]
10%玉米蛋白粉	15.12±1.86[c]	4.51±0.92[a]	23.78±2.63[b]	27.95±2.69[b]
14%玉米蛋白粉	20.46±0.57[d]	4.59±1.78[a]	27.98±11.86[bc]	29.5±3.36[b]
试验开始时黄颡鱼皮肤中叶黄素含量			2.44	10.10
饲料和组织中叶黄素含量的相关性分析				
相关系数	—	0.93	0.99	0.88

注：同列数据上角标无字母或相同字母表示差异不显著（$P>0.05$），不同小写字母表示差异显著（$P<0.05$）。

各组黄颡鱼腹部皮肤、背部皮肤中叶黄素含量，在试验期间的变化：试验开始时，黄颡鱼腹部皮肤的叶黄素含量为2.44mg/kg，在养殖58d后对照组腹部皮肤的叶黄素含量上升了141%，叶黄素组上升了1577%，6%玉米蛋白粉组上升了453%，10%玉米蛋白粉组上升了875%，14%玉米蛋白粉组上升了1046%。试验开始时，黄颡鱼背部皮肤的叶黄素含量为10.10mg/kg，在养殖58d后对照组背部皮肤的叶黄素含量下降了23%，叶黄素组上升了231%，6%玉米蛋白粉组上升了110%，10%玉米蛋白粉组上升了176%，14%玉米蛋白粉组上升了192%。

第十四章

小麦及其副产物

第一节 小　麦

根据联合国粮农组织数据库统计，世界小麦常年产量为5.8亿吨左右，占谷物总产量的28%。其产量主要集中在中国、印度、美国、俄罗斯、加拿大、澳大利亚和阿根廷等国家，这7个国家小麦产量占世界总产量的57%。而中国是唯一总产量超过1亿吨的国家，位居世界第一，其次是印度、美国和俄罗斯。中国的小麦主产区为华北、淮河流域和东北。2015年，我国小麦总产量达到1.3亿吨，同比增长了3.32%，其中饲料用小麦占20%左右。

小麦按播种季节可分为冬小麦和春小麦两种。我国以冬小麦为主。春小麦籽粒两端较尖腹股沟深，皮层较厚，出粉率较低。小麦按皮色的不同可分为白皮小麦（简称白麦）和红皮小麦（简称红麦）两种。白皮小麦呈黄色或乳白色，皮薄，胚乳含量多，出粉率较高；红皮小麦呈深红色或红褐色，皮较厚，胚乳含量少，出粉率较低。小麦按籽粒胚乳结构呈角质或粉质的多少可分为硬质小麦和软质小麦。角质又叫玻璃质，其胚乳结构紧密，呈半透明状；粉质胚乳疏松，呈石膏状。凡角质部分占籽粒横截面二分之一以上的称角质粒。含角质粒70%以上的小麦称为硬质小麦。凡角质部分不足本籽粒横截面二分之一的籽粒称粉质粒。含粉质粒70%以上的小麦称为软质小麦。

一、小麦的等级和营养特性

小麦等级及营养指标见表14-1；小麦营养成分见表14-2。

表14-1　小麦等级及营养指标（GB 1351—2008）

等级	容重/(g/L)	不完善粒/%	杂质/%		水分	气味
			总量	其中矿物质		
一级	≥790	≤6.0	≤1.0	≤0.5	≤12.5	正常
二级	≥770	≤6.0				
三级	≥750	≤8.0				
四级	≥730	≤8.0				
五级	≥710	≤10.0				

表 14-2 小麦营养成分表（中国饲料成分及营养价值表，2014 年第 25 版）

单位：%

项目	指标	项目	指标
干物质	88.0	精氨酸	0.62
粗蛋白质	13.4	组氨酸	0.30
粗脂肪	1.7	异亮氨酸	0.46
粗纤维	1.9	亮氨酸	0.89
无氮浸出物	69.1	赖氨酸	0.35
粗灰分	1.9	蛋氨酸	0.21
中性洗涤纤维	13.3	胱氨酸	0.30
酸性洗涤纤维	3.9	苯丙氨酸	0.61
淀粉	54.6	酪氨酸	0.37
钙	0.17	苏氨酸	0.38
总磷	0.41	色氨酸	0.15
有效磷	0.13	缬氨酸	0.56

与玉米相比，小麦的蛋白质含量较高，但是淀粉含量和粗脂肪含量较低，故能量值也较玉米偏低。氨基酸组成中，小麦缺乏赖氨酸，矿物质中钙多、磷少，磷酸磷含量较玉米高，达到70%。维生素以B族维生素为主，维生素A、D、K极少。

二、小麦的化学组成

小麦包括三种成分：麦麸（占小麦15%～17%，包括糊粉层），胚乳（占小麦80%～85%）和胚芽（占小麦2%～3%）。从化学角度来看，以干物质为基础，小麦含68%的淀粉，13%的蛋白，3%的粗纤维，2%的油和2%的灰分。小麦不同部位中营养物的百分含量在不同的小麦样品中是不同的，淀粉和蛋白质主要在胚乳中，而纤维和矿物部分主要在麦麸中。小麦组成部分比率和化学成分含量见表14-3，小麦籽粒各部分的化学组成见表14-4。

表 14-3 小麦组成部分比率和化学成分含量（顾尧臣，2005） 单位：%

组成成分	质量	粗蛋白质		粗灰分		粗纤维		脂肪	
	占整粒	占本身	占整粒	占本身	占整粒	占本身	占整粒	占本身	占整粒
胚乳	81.75	11.40	9.32	0.465	0.38	2.35	0.184		
糊粉层	7.65	30.70	2.35	18.37	1.41	2.18	0.167		
珠心层	2.00	19.50	0.39	1.98	0.04	7.10	0.140		
种皮	1.20	12.96	0.16	11.08	0.13	22.85	0.274	0.49	0.0059
内果皮	1.00	11.05	0.11	10.57	0.11	22.85	0.229	0.404	0.0040

续表

组成成分	质量	粗蛋白质		粗灰分		粗纤维		脂肪	
	占整粒	占本身	占整粒	占本身	占整粒	占本身	占整粒	占本身	占整粒
中果皮和表皮	3.60	4.42	0.16	1.39	0.05	32.10	1.156	1	0.0360
胚	2.80	38.70	1.08	7.67	0.21	3.21	0.090	28.95	0.8106
整粒麦	100.00		13.57		2.33		2.24		2.24

表 14-4　小麦籽粒各部分的化学组成（干基）　　单位：%

籽粒部分	质量比例	蛋白质	脂肪	淀粉	糖分	戊聚糖	纤维	灰分
完整籽粒	100	16.07	2.24	63.07	4.32	8.1	2.76	2.18
内胚乳	87.6	12.91	0.68	78.93	3.54	2.72	0.15	0.45
胚	3.24	37.63	15.04	0	25.12	9.74	2.46	6.32
糊粉层	6.54	53.16	8.16	0	6.82	15.64	6.41	13.93
果皮和种皮	8.93	10.56	7.46	0	2.59	51.43	23.73	4.78

小麦是鱼类饲料中的能量原料。小麦淀粉比玉米淀粉容易被鱼、虾消化吸收。温水水域中的草食性鱼类或杂食性鱼类，如草鱼、鳊鱼、罗非鱼和鲤鱼等，对碳水化合物的利用率较高。而生活在冷水水域中的食肉性鱼类对淀粉的利用率较低。罗非鱼和美洲鲶对生淀粉的总能消化率为70%，而虹鳟鱼在50%以下。对虾对天然小麦中糖的消化率为92.4%，而对玉米淀粉中糖的消化率为85.1%。尹晓静等认为在草鱼幼鱼饲料中小麦的添加量不宜超过30%。小麦中非淀粉多糖的含量很高，主要是阿拉伯木聚糖、β-葡聚糖。但摄食过多非淀粉多糖会阻碍畜禽对淀粉的消化吸收，也易造成动物腹泻。

第二节　饲料小麦质量分析

本书采集小麦样本708个，按照企业品控要求，测定了小麦水分、粗蛋白质、容重、杂质、不完善粒等指标，统计结果见表14-5。

表 14-5　小麦样本检测指标统计分析

项目	水分/%	粗蛋白质/%	容重/(g/L)	杂质/%	不完善粒/%
样本数/个	708	133	670	443	415
平均值	12.84±0.91	13.56±0.66	767±15.00	0.68±0.40	0.74±0.58
范围	9.55～16.29	12.48～16.54	720～818	0.02～2.47	0.02～2.83
变异系数	7.06	4.86	1.95	58.5	79

粗蛋白作为小麦质量的一个重要理化指标，其检测结果分布区间见表14-6。

表 14-6 小麦样本粗蛋白质的分布范围

分类	高筋	中强筋	中筋、弱筋	不合格
指标范围/%	≥14.0	13.0～14.0	12.0～13.0	<12.0
达标样本数/个	25	79	29	0
达标比例/%	18.8	59.4	21.8	0

小麦相对于玉米最大的优势在于其蛋白质含量较玉米高，且小麦蛋白有较好的消化吸收利用率，因此小麦蛋白质含量是一项重要的理化指标。在 133 个样品中，小麦蛋白含量在 13.0%～14.0%区间的比例最高，为 59.4%。其次是 12.0%～13.0%区间，达到 21.8%。最后是高筋小麦区达到 18.8%。在采购小麦时蛋白质的含量要求应不低于 12%。

容重是小麦质量的关键性感官指标，也是小麦的分级指标。本书统计了 670 个批次小麦的容重测定结果，按照不同批次（横坐标）的分布情况作图，见图 14-1。

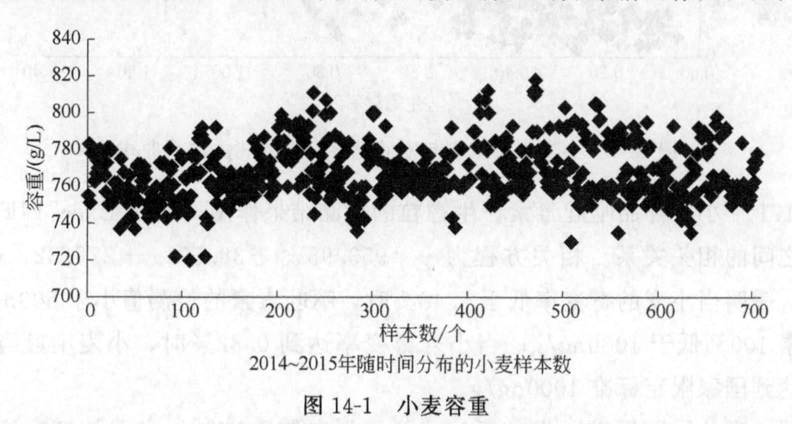

图 14-1 小麦容重

依据《小麦》(GB 1351—2008) 对 670 个批次样本的容重分布范围进行统计，结果见表 14-7。

表 14-7 小麦容重的分布范围

容重范围/(g/L)	≥790	770～789	750～769	≥730～749	≤729
达标样本数/个	61	190	369	47	3
达标比例①/%	9.1	28.4	55.1	7	0.4
样本总数/个			670		

① 达标率参照的指标为《小麦》(GB 1351—2008) 中的相关规定。

从图 14-1 和表 14-7 的结果看，670 个批次小麦容重中，有 55%的样本容重为 750～769g/L，三级以上标准的小麦达标率为 92.6%，能够满足饲料品质的需求。

呕吐毒素对人和动物均有很强的毒性，能引起人和动物呕吐、腹泻、皮肤刺激、拒食、神经紊乱、流产、死胎等，猪是对呕吐毒素最敏感的动物，家禽次之。对生长肥育猪而言，用含有12～14g/t呕吐毒素的饲料饲喂后10～20min即会出现呕吐、不正常的焦虑和磨牙现象，含毒量19g/t以上即完全拒食。呕吐毒素是小麦这一原料中检出率最高且最易超标的霉菌毒素。饲料企业一般要求小麦中呕吐毒素的含量不得超过1000ng/g。对171个小麦样品检测呕吐毒素，并分析其生霉粒率与呕吐毒素含量的相关关系，见图14-2。

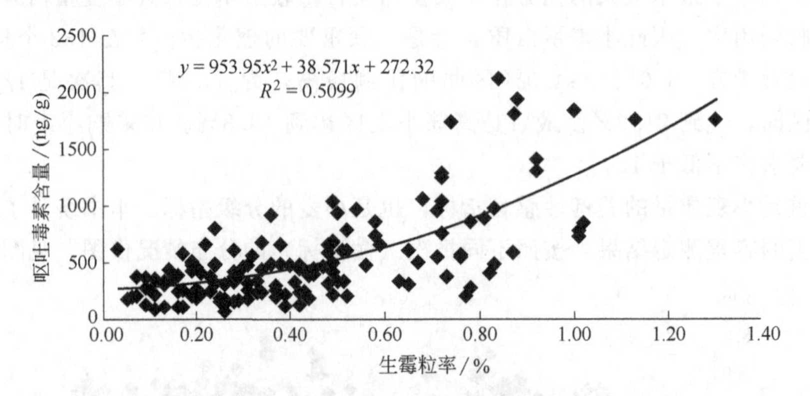

图14-2　小麦生霉粒率与呕吐毒素含量的相关关系曲线

对171个小麦样品呕吐毒素、生霉粒的检测结果作图，并用Excel回归分析得出两者之间的相关关系。相关方程为 $y=953.95x^2+38.571x+272.32$，$R^2$ 值为0.5099。表明当小麦的霉变率低于0.48%时，呕吐毒素的检测值小于500ng/g，且呕吐毒素100%低于1000ng/g；当小麦霉变率达到0.82%时，小麦呕吐毒素的检测值将达到国家限定标准1000ng/g。

建议小麦的采购标准：水分≤14.0%；蛋白质≥12%；容重≥750g/L；杂质≤1.0%；不完善粒≤6.0%，其中霉变率≤1.0%。当霉变粒率≤0.4%，可以不用当场检测呕吐毒素；当霉变粒率在0.4%～0.8%之间时视霉变粒的种类或是赤霉粒的多少来抽检呕吐毒素；当霉变粒率在0.8%～1.0%之间时，要求必检呕吐毒素。

第三节　小麦加工工艺流程与副产物

小麦加工后的副产品如麸皮、小麦次粉、小麦粉等作为重要的饲料原料，在饲料中得到广泛使用。传统小麦的制粉工艺流程主要有小麦的清理、小麦的水分调节、制粉以及后处理工艺，如图14-3所示。

小麦在制粉生产过程中，经过逐道的研磨和筛理工序，其副产品的基本得率与基本营养指标如表14-8所示。

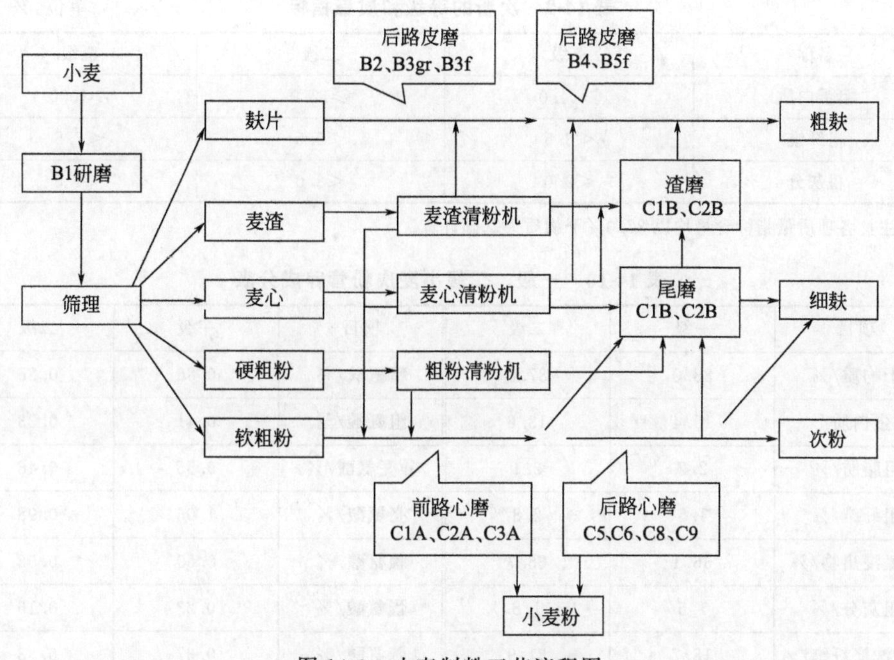

图 14-3 小麦制粉工艺流程图

表 14-8 小麦加工过程中各个副产品的基本得率和营养指标 单位：%

类别	比率	占干物质比例		
		粗蛋白质	粗纤维	粗灰分
麸皮	17～23	15	10	6
普通粉	4～6	12		1.5
次粉	3～5	14	5	3
胚芽	0.2	28	2	4

由表 14-8 可知，在小麦面粉加工过程中，产生 17%～23%的小麦麸、3%～5%的次粉、0.2%的小麦胚芽，这些均是水产饲料的原料。

第四节 小麦次粉

小麦次粉是以小麦籽粒为原料磨制各种面粉后所获得的副产品之一，也被称为尾粉，主要是小麦胚芽、糊粉层、果皮及部分胚乳组成的混合物，重量约占小麦籽粒的 5%左右。具有一定的黏结性，也可用作颗粒料的黏合剂使用。次粉的黏结性来自其含有的面筋蛋白，面筋含量越高其黏结性越好。现有小麦次粉的国家标准为《饲料用次粉》（NY/T 211—1992），以粗蛋白质、粗纤维、粗灰分为质量控制指标，按含量分为三级，见表 14-9。一级、二级小麦次粉营养成分见表 14-10。

表 14-9　次粉的等级和质量指标　　　　单位：%

名称	一级	二级	三级
粗蛋白质	≥14.0	≥12.0	≥10.0
粗纤维	<3.5	<5.5	<7.5
粗灰分	<2.0	<3.0	<4.0

注：各项质量指标含量均以 87.0%干物质为基础计算。

表 14-10　一级、二级小麦次粉营养成分表

项目	一级	二级	项目	一级	二级
干物质/%	88.0	87.0	精氨酸/%	0.86	0.85
粗蛋白质/%	15.4	13.6	组氨酸/%	0.41	0.33
粗脂肪/%	2.2	2.1	异亮氨酸/%	0.55	0.48
粗纤维/%	1.5	2.8	亮氨酸/%	1.06	0.98
无氮浸出物/%	66.1	66.7	赖氨酸/%	0.59	0.52
粗灰分/%	1.5	1.8	蛋氨酸/%	0.23	0.16
中性洗涤纤维/%	18.7	31.9	胱氨酸/%	0.37	0.33
酸性洗涤纤维/%	4.3	10.5	苯丙氨酸/%	0.66	0.63
淀粉/%	37.8	36.7	酪氨酸/%	0.46	0.45
钙/%	0.08	0.08	苏氨酸/%	0.50	0.50
总磷/%	0.48	0.48	色氨酸/%	0.21	0.18
有效磷/%	0.15	0.15	缬氨酸/%	0.72	0.68
猪代谢能/(Mcal/kg)	3.04	2.99			

资料来源：中国饲料成分及营养价值表（2014 年第 25 版）。

饲料企业小麦次粉的感官指标和部分理化指标检测结果分析如表 14-11 所示。

表 14-11　小麦次粉的感官指标和部分理化指标检测结果分析

项目	水分/%	粗蛋白质/%	面筋(以湿重计)/(g/L)	粗灰分/%	35 目筛下物/%	50 目筛下物/%	80 目筛下物/%
样本数/个	229	159	82	226	36	36	36
平均值	13.20±1.00	15.9±1.17	20.7±4.27	2.6±0.47	90.1±6.57	58.1±11.12	33.12±1.42
范围	10.68～15.68	12.16～19.12	10.24～31.9	0.99～4.16	79.43～100.00	39.31～93.60	7.52～68.00
变异系数	7.6	7.35	20.64	18.47	7.29	19.13	34.42

小麦次粉的水分波动区域在11%～16%之间。每年的4月至10月，次粉水分在13%以内；每年的11月至翌年的3月，次粉的水分在13%～16%之间。小麦次粉粗蛋白质的分布范围如表14-12所示。次粉的粗蛋白集中分布在14%～18%之间，将其作为主要采购指标。

表14-12 小麦次粉粗蛋白质的分布范围

项目	内控标准	一级	二级	三级
指标范围/%	≥14.5	≥14.0	≥12.0	≥10.0
达标样本数/个	138	151	159	159
达标比例	86.8%	95%	100%	100%
总样本数/个			159	

注：达标率参照的指标为《饲料用次粉》（NY/T 211—92）中的相关规定。

小麦次粉样品粗灰分的检测结果及分布情况见表14-13，粗灰分的主要分布区间是2.0%～3.5%。

表14-13 小麦次粉粗灰分的检测结果及分布范围

项目	一级	二级	三级
指标范围/%	≤2.0	≤3.0	≤4.0
达标样本数/个	23	193	225
达标比例	10.2%	85%	99.6%
总样本数/个		226	

注：达标率参照的指标为《饲料用次粉》（NY/T 211—92）中的相关规定。

小麦次粉粗蛋白、粗灰分、面筋含量之间的相关关系。小麦次粉主要由糊粉层、胚乳和少量细麸皮组成。粗灰分的含量体现了麸皮含量的多少，一般来说次粉的粗灰分含量越低，其质量越好。小麦次粉的粗蛋白质主要来源于麸皮和小麦蛋白，蛋白越高，小麦次粉的使用价值也越高。次粉中的面筋蛋白，是一种优质蛋白，由小麦蛋白中的麦醇溶蛋白和麦谷蛋白组成，面筋含量越高，小麦次粉的价格也越高。

小麦次粉的采购标准定为：水分≤14.0%，冬季可放宽至15.0%；粗蛋白质≥14.5%；面筋≥20.0%；粗灰分控制在3.0%以下为宜。

小麦次粉与小麦一样，在饲料中的运用非常广泛，在畜禽料中次粉也是一种较好的能量饲料，可以作为玉米的替代物，降低配方成本。在猪料中，次粉可以加入仔猪料中，提高饲料的商品价值。次粉用量一般可以控制在15%以下。在中大猪料中，有适当酶制剂添加的情况下，次粉的添加量可以达到50%。在禽料中，次粉在鸡料中的用量可以达到15%以上，在蛋鸭料中可以达到60%。在反刍动物中，次粉宜与松散性原料一起使用，在马料中可以添加至25%。在水产料中，次粉因含有一定量的面筋，具有黏结性，能提高水产饲料的黏结性，从而被广泛使用。在水产料中次粉的添加量可以达到20%左右。

第五节 小麦粉

小麦粉主要由淀粉、蛋白质和灰分等营养素组成。其中淀粉含量在70%左右，主要由直链淀粉和支链淀粉构成。史建芳等对5家面粉厂商所生产的面粉进行比较后发现，面粉中总淀粉平均含量为70.34%，变异系数为2.05%；其中直链淀粉平均含量为19.20%，变异系数为4.63%；支链淀粉平均含量为55.63%，变异系数3.28%；直/支链淀粉平均比值为0.38，变异系数为5.84%。

小麦粉中蛋白质含量在10%～15%，主要由醇溶蛋白、麦谷蛋白、清蛋白和球蛋白构成。其中麦醇溶蛋白占40%，麦谷蛋白占35%，两者统称为面筋蛋白，均不溶于水，能够与水形成网络结构，从而使面团具有良好的黏弹性、延伸性和吸水性等独特的物理特性。面筋含量是评价小麦粉品质的重要指标之一。

面筋检验（手洗法）：

① 取样。称取10g试样（W），将试样放入洁净的搪瓷碗中，加入5mL左右的水（20～25℃），用玻璃棒搅和，再用手和成面团，直到不粘碗、不粘手为止。然后放入盛有水的烧杯中，在室温下静置20min。

② 洗涤。将面团放手上，在放有圆孔筛脸盆的水中轻轻揉捏，洗去面团内的淀粉、麸皮等物质。在揉洗过程中须注意更换脸盆中清水数次（换水时须注意筛上是否有面筋散失），反复揉洗至面筋挤出的水遇碘液无蓝色反应为止。

③ 排水。将洗好的面筋放在玻璃板上，用另一块玻璃板压挤面筋，排出面筋中的游离水，每压一次后取下并擦干玻璃板。反复压挤直到稍感面筋粘手或粘板时为止（约压挤15次）。

④ 称重。排水后取出面筋放在干燥的表面皿或滤纸上称重为W_1。

计算公式：
$$湿面筋(\%)=\frac{W_1}{W}\times 100\%$$

小麦粉中还含有0.5%～1.4%的粗灰分，是小麦粉分等定级的主要指标之一，主要来自小麦种皮中的纤维素和矿物质。灰分含量的高低与加工精度有关。

现行小麦粉的国家标准没有饲料用标准，而是针对人类食用的标准，为《小麦粉》（GB 1355—86）。按照加工精度将小麦粉分为4个等级。小麦粉等级与营养指标见表14-14。

表 14-14 小麦粉等级和营养指标（GB 1355—86）

等级	灰分(以干物质计)/%	粗细度	面筋质(以湿重计)/%	含砂量/%	磁性金属物/(g/kg)	水分/%	脂肪酸(以湿基计)/%
特制一等	≤0.70	全部通过 CB36 号筛,留存在 CB42 号筛的不超过 10.0%	≥26.0	≤0.02	≤0.003	≤14.0	≤80
特制二等	≤0.85	全部通过 CB30 号筛,留存在 CB36 号筛的不超过 10.0%	≥25.0	≤0.02	≤0.003	≤14.0	≤80
标准粉	≤1.10	全部通过 CQ20 号筛,留存在 CB30 号筛的不超过 10.0%	≥24.0	≤0.02	≤0.003	≤14.0	≤80
普通粉	≤1.40	全部过 CQ20 号筛	≥22.0	≤0.02	≤0.003	≤14.0	≤80

小麦粉的营养成分随着小麦品种、加工精度等的不同会出现质量波动，表 14-15、表 14-16 中体现了不同出粉率条件下，小麦粉营养成分的变化情况。

表 14-15 小麦不同出粉率时面粉（小麦粉）的化学组成

项目	出粉率						
	100%	95%	91%	87%	80%	75%	66%
灰分/%	1.8	1.5	1.3	1	0.7	0.6	0.5
蛋白/%	14.4	13.9	13.8	13.8	13.4	13.5	12.7
脂肪/%	2.7	2.4	2.3	2	1.6	1.4	1.1
淀粉+糖/%	69.9	7.32	75.3	77.2	80.8	82.9	84
粗纤维/%	2.4	2.1	1.5	1.1	0.2	0.3	0.2
食用纤维/%	12.1	9.4	7.9	5.5	3.0	2.8	2.8
能量/(kJ/g)	18.5	18.5	18.5	18.5	18.4	18.3	18.4

表 14-16 小麦不同出粉率时面粉（小麦粉）中蛋白的氨基酸组成

单位：g/16g N

氨基酸	出粉率						
	100%	95%	91%	87%	80%	75%	66%
丙氨酸	3.3	3.29	3.25	3.08	3	2.9	2.95
精氨酸	4.47	4.37	5.08	4.01	3.83	3.67	3.64
天冬氨酸	4.78	4.7	4.6	4.4	4.21	4.08	4.19
胱氨酸	2.1	2.06	2.14	2.11	2.12	2.09	2.17

续表

氨基酸	出粉率						
	100%	95%	91%	87%	80%	75%	66%
谷氨酸	30.39	31.61	32.37	32.22	34.35	35.43	35.31
甘氨酸	3.88	3.85	3.8	3.61	3.54	3.51	3.51
组氨酸	2.16	2.16	2.17	2.07	2.06	2.07	2.06
异亮氨酸	3.41	3.46	3.5	3.45	3.53	3.62	3.62
亮氨酸	6.47	6.63	6.68	6.6	6.77	6.86	6.92
赖氨酸	2.57	2.57	2.53	2.38	2.27	2.15	2.18
蛋氨酸	1.5	1.5	1.54	1.51	1.48	1.46	1.48
脯氨酸	9.14	9.42	9.68	9.26	9.77	10.92	10.26
苯丙氨酸	4.23	4.38	4.42	4.37	4.52	4.65	4.66
丝氨酸	4.58	4.71	4.75	4.68	4.8	4.79	4.92
苏氨酸	2.62	2.67	2.65	2.55	2.54	2.53	2.53
色氨酸	1.13	1.12		1.07	1.08	1.08	1.9
酪氨酸	2.26	2.87	2.88	2.87	2.96	2.96	2.99
缬氨酸	4.22	4.18	4.16	4.03	4.06	4.07	4.09

饲料企业收购小麦粉的质量控制与品质分析见表 14-17。

表 14-17 饲料企业收购小麦粉的质量控制与品质分析

项目	水分/%	粗蛋白质/%	面筋(以湿重计)/(g/L)	粗灰分/%
样本数/个	622	622	615	506
平均值	13.13	15.75	41.28	1.18
标准差	0.80	1.29	4.45	0.32
最大值	17.33	19.78	57.36	2.91
最小值	9.85	13.00	20.00	0.45
变异系数	6.08	8.16	10.79	26.87
小麦粉达标率/%①	99			76
高筋面粉达标率/%②	99.7	100	99.9	14

① 达标率参照的指标为《小麦粉》(GB 1355—86) 中的相关规定。

② 达标率参照的指标为《高筋小麦粉》(GB/T 8607—1988) 中的相关规定。

由表 14-17 可知，依据《小麦粉》(GB 1355—86)，622 个批次的小麦粉中水分达标率为 99%、粗灰分的达标率为 76%；依据《高筋小麦粉》(GB/T 8607—1988) 次粉，622 个小麦粉中水分的达标率为 99.7%，粗蛋白质的达标率为

100%，面筋含量的达标率达到99.9%，而粗灰分的达标率最低，仅为14%。因为这两个标准更多的是面向食用，而作为饲用小麦粉，这两个标准在粗灰分上要求过高，在粗蛋白质和面筋要求上过于宽松，不符合实际采购情况。

622个小麦粉样本的粗蛋白质主要分布在14.0%～18.0%这个区间里，达到样本数的88%，故采购的小麦粉粗蛋白质含量达到14.0%以上为宜。506个小麦粉样本的粗灰分主要分布在1.1%～1.6%之间，达到样本数的76%。615个小麦粉样本的面筋值主要分布在35%以上区域，达到样本数的99.6%，在>38.0%的区域里也能达到近79%的比例，集中度很高。

在《小麦粉》(GB 1355—86) 中根据粗灰分含量的多少将小麦粉分成4个等级，每个等级的定价也不一样，灰分越低价格越高。小麦粉作为水产饲料中的天然黏合剂，要求小麦粉的面筋含量至少要达到30%以上。在虾、蟹料等对耐水性要求较高的水产料中，小麦粉的面筋含量要求更高。是否等级越高的小麦粉面筋含量越高，怎样更好地控制小麦粉的质量，是急需解决的问题。分析2013年至2015年小麦粉粗蛋白质与面筋含量之间的相关关系，见图14-4。

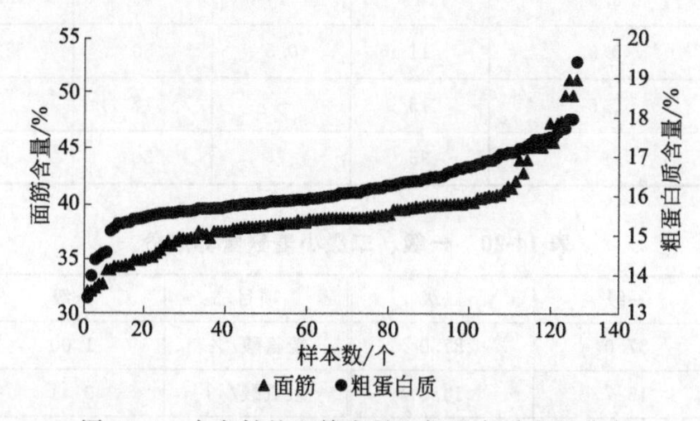

图14-4　小麦粉的面筋含量和粗蛋白质含量分布

由图14-4可知，小麦粉的面筋含量与粗蛋白质含量有很好的相关性，高面筋含量的小麦粉中粗蛋白质含量也高。

推荐的小麦粉采购标准为：水分≤14%；粗蛋白质≥14.0%；面筋≥38.0%（水产饲料作为黏合剂使用）或者是面筋≥30.0%（作为高档畜禽料的能量提供原料或是普通水产饲料的天然黏合剂）；粗灰分控制在1.6%以下即可。

第六节　小　麦　麸

小麦麸主要由小麦种皮、糊粉层和少量的胚芽、胚乳组成。现有的小麦麸国标为NY/T 119—1989（代替原有的GB/T 10368—1989），其对饲用小麦麸的营养指标分成3个等级，如表14-18。

表 14-18　小麦麸的等级和营养指标（NY/T 119—1989）　单位：%

等级		一级	二级	三级
水分	≤	13.5	13.5	13.5
粗蛋白质	≥	15.0	13.0	11.0
粗纤维	≤	9.0	10.0	11.0
粗灰分	≤	6.0	6.0	6.0

注：1. 各项质量指标含量均以 86.5%干物质为基础计算。

2. 三项质量指标必须全部符合相应等级的规定。

3. 二级小麦麸为中等质量标准，低于三级者为等外品。

一般饲用小麦麸要求达到二级以上。小麦麸皮各部分的化学组成见表 14-19。一级、二级小麦麸营养成分见表 14-20。

表 14-19　小麦麸皮各部分的化学组成　单位：%

麸皮部分	重量比(对全粒)	蛋白质	脂肪	戊聚糖	纤维	灰分
果皮外层	3.9	4	1	35	32	1.4
果皮内层	0.9	11	0.5	30	23	13
种皮	0.6	15	—	17	—	18
珠心和糊粉层	9	35	7	30	6	5

表 14-20　一级、二级小麦麸营养成分

项目	一级	二级	项目	一级	二级
干物质/%	87.0	87.0	精氨酸/%	1.00	0.88
粗蛋白质/%	15.7	14.3	组氨酸/%	0.41	0.37
粗脂肪/%	3.9	4.0	异亮氨酸/%	0.51	0.46
粗纤维/%	6.5	6.8	亮氨酸/%	0.96	0.88
无氮浸出物/%	56.0	57.1	赖氨酸/%	0.63	0.56
粗灰分/%	4.9	4.8	蛋氨酸/%	0.23	0.22
中性洗涤纤维/%	37.0	41.3	胱氨酸/%	0.32	0.31
酸性洗涤纤维/%	13.0	11.9	苯丙氨酸/%	0.62	0.57
淀粉/%	22.6	19.8	酪氨酸/%	0.43	0.34
钙/%	0.11	0.10	苏氨酸/%	0.50	0.45
总磷/%	0.92	0.93	色氨酸/%	0.25	0.18
有效磷/%	0.28	0.28	缬氨酸/%	0.71	0.65
猪代谢能/(Mcal/kg)	2.08	2.07			

资料来源：中国饲料成分及营养价值表（2014 年第 25 版）。

统计了 97 个小麦麸样本的蛋白质含量，其蛋白质含量为 15.33％～18.27％，平均为（16.86±0.65)％；粗灰分含量为（4.67±0.48)％。将小麦麸蛋白质含量分布作图，见图 14-5。

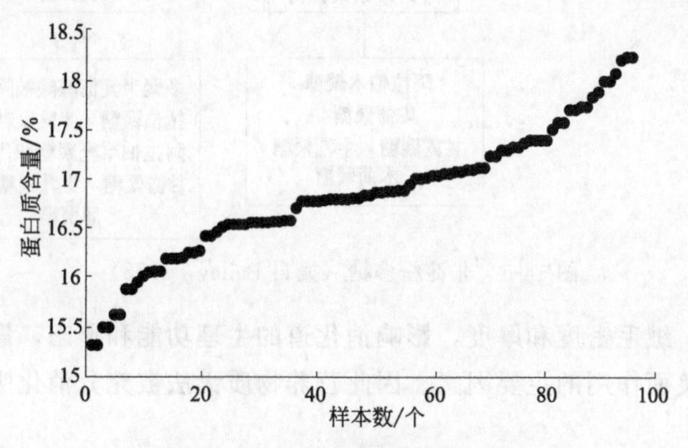

图 14-5　小麦麸的蛋白质含量分布

小麦麸中粗蛋白质含量高于原粮，一般为 12％～17％，氨基酸组成较佳，但蛋氨酸含量少。与原粮相比，小麦麸中无氮浸出物（60％左右）较少，但粗纤维含量高，且不易消化，正是由于这个原因，小麦麸中有效能较低。一般小麦麸不宜用在仔猪的饲料中。另外，小麦麸有一定的轻泻作用，对产后母猪、母牛、母马等起到安全轻泻、防止便秘、调养消化道的功能。故小麦麸在母猪料中是必须添加的原料，一般添加量为 10％～30％，能有效防止母猪便秘。在中大猪料中小麦麸的添加量也能达到 30％，能有效降低饲养成本。在产蛋鸡和雏鸡饲料配方中，小麦麸的添加量为 10％～15％。在反刍动物饲养中，小麦麸是一种优良的饲料原料，添加量为 25％～30％。在水产料中，草鱼等草食性鱼类对麸皮的消化吸收率较高，王永玲等发现草鱼对小麦麸蛋白质的消化率达到 46.3％，对氨基酸也表现出很高的离体消化率。叶元土等也发现草鱼对小麦类原料如小麦粉、麦麸、次粉等的表观消化率相对较高。吴建开等发现尼罗罗非鱼对小麦麸粗蛋白质的表观消化率为 91.54％，对总氨基酸的表观消化率为 91.72％。一般在草鱼等草食性鱼类的饲料配方中，小麦麸的添加量为 10％～15％，再高可能会影响颗粒料的加工质量。在杂食性鱼类中一般建议不要超过 10％，在肉食性鱼类中则建议少添加或是不添加。

第七节　小麦及其副产物中的非淀粉多糖

阿拉伯糖木聚糖的可溶部分（占总阿拉伯糖木聚糖干物质的 1.8％）会增加小肠食糜的黏度。一般认为黏度增加对消化有负面影响，对营养物质的吸收也有影响(Choct 和 Annison，1990，1992)，同时与消化紊乱也有关。

可溶性非淀粉多糖（图 14-6）可增加食糜黏度，减缓食糜通过肠道的速度，

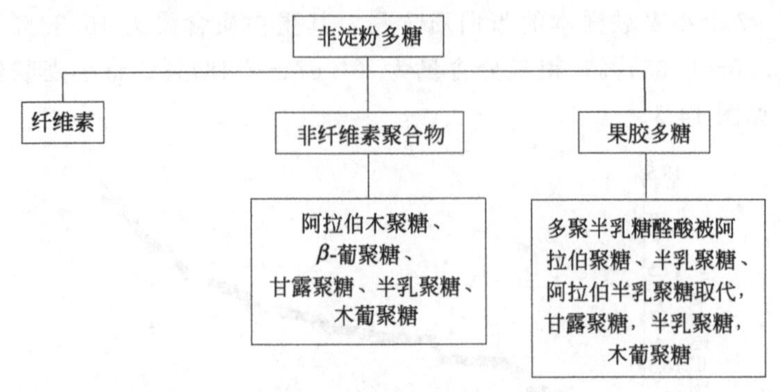

图 14-6 非淀粉多糖（摘自 Bailey，1973）

降低隐窝深度、绒毛密度和厚度，影响消化道的生理功能和形态，影响肠道微生物区系，是引起负面作用的主要因素。因此营养物质无法被充分消化吸收和利用。

第八节　谷朊粉与小麦产品中的蛋白质

小麦粉蛋白质主要由清蛋白、球蛋白、麦胶蛋白、麦谷蛋白构成。根据溶解性的不同将小麦蛋白分为：麦谷蛋白（glutenin），溶于稀酸或稀碱；麦醇溶蛋白（gliadin），溶于 70%（体积比）乙醇；清蛋白（albumin），溶于水和稀盐溶液；球蛋白（globulin），不溶于水但溶于稀盐溶液。

其中清蛋白和球蛋白为细胞质蛋白或代谢活性蛋白，醇溶蛋白和麦谷蛋白为主要储藏蛋白。总储藏蛋白含量与谷物粗蛋白含量高度相关，醇溶蛋白与粗蛋白的相关性高于麦谷蛋白。细胞质蛋白和储藏蛋白的氨基酸组成差异很大。储藏蛋白中谷氨酸和脯氨酸含量很高，而赖氨酸、精氨酸、苏氨酸和色氨酸含量较低。代谢活性蛋白中谷氨酸和脯氨酸含量很低，而赖氨酸、精氨酸含量较高，因此代谢活性蛋白的营养价值更高。

谷朊粉又称活性小麦面筋（vital wheat gluten）。谷朊粉是以小麦粉、小麦次粉等为原料生产小麦淀粉的副产物，是从小麦粉中分离出来的高蛋白聚合物。

谷朊粉主要是由麦醇溶蛋白和麦谷蛋白组成，具有优良的黏弹性、延伸性、吸水性、吸脂乳化性、薄膜成型性及清淡醇香等独特的物理性质。

小麦谷朊粉的组成。谷朊粉的主要成分为蛋白质，含量约为 75%～80%，此外还含有少量淀粉、纤维素、糖、脂肪、类脂和矿物质等。其中麦醇溶蛋白占蛋白总量的 40%～50%，麦谷蛋白占 30%～40%，球蛋白占 6%～10%，清蛋白占 3%～5%。谷朊粉的活性一般用吸水率表示，吸水率一般在 170%以上。有资料表明，谷朊粉在 30～80℃温度范围内的吸水量能够达到自身的 2 倍，将其添加到饲料中能够提高饲料保水性，具有强的黏性和黏弹性。

麦醇溶蛋白为单体蛋白，其中 α-麦醇溶蛋白、β-麦醇溶蛋白的平均分子量为 31000，γ-麦醇溶蛋白为 35000，ω-麦醇溶蛋白为 40000～70000。前三种为富硫醇蛋白，ω-

麦醇溶蛋白为贫硫醇蛋白。麦醇溶蛋白分子无亚基结构，无肽链间二硫键，单肽依靠分子内二硫键和分子间的氢键、范德华力、静电力及疏水键联结，形成较紧密的三维结构，呈球形，其氨基酸组成多为非极性物质。麦醇溶蛋白具有黏性，主要为面团提供延展性。

麦谷蛋白溶于稀酸液，是一种非均质的大分子聚合体，由17～20个多肽亚基构成。

清蛋白的分子量为12000～16000，易溶于水。球蛋白的分子量为20000～200000，易溶于稀盐溶液，有α-球蛋白和γ-球蛋白。这两种蛋白属于细胞蛋白，谷氨酸的含量较低，而赖氨酸的含量却较高，它们含有大量的酶，主要参与代谢活动。

谷朊粉的质量要求。我国于2008年颁布实施了《谷朊粉》(GB/T 21924—2008)国家标准，从水分、灰分、纯度、粗细度、色泽、吸水率等方面规定了谷朊粉的质量要求。

第九节　小麦胚芽、小麦DDGS

小麦胚芽的蛋白质含量在30%左右。在麦胚蛋白质的组成中，清蛋白占30.2%，α、γ、δ三种球蛋白占18.9%，麦醇溶蛋白占14.0%，麦谷蛋白占0.3%～0.37%，水不溶性蛋白占30.2%。

徐斌等(2012)对9个样品主要成分的分析结果表明，商用小麦胚芽的平均蛋白质含量占33.07%、脂肪含量占11.12%，α-生育酚含量为250.97μg/g小麦胚芽，赖氨酸含量占2.10%。

测定了37个小麦胚芽的常规成分含量，结果见表14-21，其氨基酸组成和比例见表14-22。

表14-21　小麦胚芽的常规成分含量

水分/%	蛋白质/%	粗灰分/%	脂肪/%	酸价/(mg KOH/g)
12.77±1.93	28.45±1.90	4.42±0.63	7.96±0.92	2.77±0.44

表14-22　小麦胚芽的氨基酸组成、氨基酸比例　　单位：%

氨基酸	缬氨酸	蛋氨酸	赖氨酸	异亮氨酸	亮氨酸	苯丙氨酸	组氨酸	精氨酸	苏氨酸	ΣEAA	ΣAA
氨基酸含量	1.25±0.08	0.39±0.11	1.62±0.01	0.82±0.06	1.67±0.04	0.96±0.08	0.67±0.02	2.01±0.14	1.00±0.08	10.38±0.41	23.31±1.00
AA比例	5.27	2.08	7.12	3.45	7.26	3.98	2.88	8.45	4.16		
EAA比例	11.79	4.66	15.96	7.73	16.25	8.92	6.44	18.93	9.32		
氨基酸	天冬氨酸	丝氨酸	谷氨酸	甘氨酸	丙氨酸	脯氨酸	胱氨酸	酪氨酸	NH_3	Lys/Met	
氨基酸含量	2.22±0.08	1.17±0.03	4.01±0.21	1.48±0.04	1.58±0.01	1.21±0.09	0.50±0.09	0.77±0.03	0.47±0.04	3.38±1.20	
AA比例	9.56	5.09	17.08	6.42	6.95	5.04	1.90	3.32			

以小麦为原料生产乙醇，可以得到小麦 DDGS 产品。小麦 DDGS 的常规成分见表 14-23，其氨基酸组成和比例见表 14-24。

表 14-23 小麦 DDGS 的常规成分　　单位：%

水分	粗蛋白	粗脂肪	粗纤维	粗灰分
8.37±1.27	28.81±3.68	6.69±1.63	8.31±1.07	4.79±4.06

表 14-24 小麦 DDGS 的氨基酸组成、氨基酸比例　　单位：%

氨基酸	缬氨酸	蛋氨酸	赖氨酸	异亮氨酸	亮氨酸	苯丙氨酸	组氨酸	精氨酸	苏氨酸	ΣEAA	ΣAA
含量	1.54±0.26	0.57±0.09	1.18±0.30	1.14±0.17	2.46±0.49	1.32±0.18	0.72±0.12	1.54±0.34	1.10±0.17	11.56±1.71	26.76±3.85
AA 比例	5.75	2.12	4.39	4.26	9.20	4.93	2.69	5.77	4.10		
EAA 比例	13.30	4.90	10.17	9.87	21.29	11.41	6.24	13.35	9.50		
氨基酸	天冬氨酸	丝氨酸	谷氨酸	甘氨酸	丙氨酸	脯氨酸	胱氨酸	酪氨酸	NH_3	Lys/Met	
含量	2.21±0.37	1.38±0.20	5.15±0.81	1.30±0.22	1.67±0.25	1.93±0.37	0.59±0.12	0.97±0.16	0.58±0.13	2.08±0.49	
AA 比例	8.24	5.15	19.26	4.85	6.22	7.19	2.21	3.64			

第十五章

高粱、薯类原料

第一节 高 粱

高粱作为淀粉原料之一，在水产饲料中，作为颗粒饲料黏结剂、发挥碳水化合物的营养作用，可以用作玉米、小麦、木薯等淀粉原料的替代物。

中国产的高粱基本用于白酒生产，但是，国外的高粱，尤其是美洲、澳洲的高粱较多，进口到中国成为重要的淀粉原料之一在饲料中得到使用。这些年来，当玉米、小麦市场价格很高的时候，例如达到2600元/吨左右，进口高粱的价格则在2200元/吨左右，此时高粱具有很大的价格优势。在水产饲料中尝试使用高粱替代玉米、小麦等淀粉原料，也取得了很好的养殖效果。主要使用结果显示，在水产饲料中使用10%左右的进口高粱没有显示出不良的养殖效果。

高粱（*Sorghum bicolor*），禾本科，高粱属，其根系十分发达，具有较强的非生物（抗旱、抗涝、耐盐碱）压迫耐受性，并对鸟类、昆虫类、霉菌等有害生物具有抗性，其产量继稻谷、小麦、玉米、大麦之后，居世界第五位，是人类栽培最古老的作物之一。

高粱粉经过挤压加工，产品的糊化度、吸水性、水溶性及蛋白消化率显著提高，单宁酸含量降低了50%以上。比较了三种国产高粱粉挤压产品的质量，发现辽宁白高粱粉挤压产品容重最小，膨化度、硬度适合，水溶性、蛋白体外消化率均显著高于内蒙古白高粱粉挤压产品，且感官可接受性最好。因此说明辽宁白高粱更适合挤压加工。

高粱籽粒中淀粉含量最多，一般含量为50%～70%，高者可达70%以上。其他成分为蛋白质4.4%～21.1%、单宁0.05%～2.89%、水分13%～15%、粗纤维3%、脂肪3%和灰分1%等。一般饲料用高粱的蛋白质含量为7%～12%。

田晓红等（2010）测试了20种高粱的淀粉特性，结果表明：高粱淀粉颗粒多数为不规则形状，表面内凹，颗粒较大，其中部分颗粒表面有类蜂窝状结构，少数为球形，表面光滑，颗粒小，淀粉颗粒粒径在5～20μm之间；不同品种高粱淀粉的直链淀粉含量、物理特性、糊化回生特性及热特性差异较大。因此，不同的加工目的应该选择不同的高粱品种。就淀粉颗粒粒径而言，高粱淀粉颗粒粒径为5～20μm，其粒径与小麦淀粉（小麦A型淀粉粒径为20～30μm，B型淀粉粒径为2～10μm）、扁豆淀粉（8～22μm）相当，小于马铃薯淀粉颗粒粒径（5～100μm），而略大于稻米淀粉（3～8μm）粒径。有研究表明，高粱淀粉颗粒粒径与其淀粉品种来源有关，南方高粱淀粉粒径较小（10～22μm），而北方高粱淀粉粒径较大（15～23μm）。依据高粱淀粉颗粒粒径的结果分析，高粱淀粉容易糊化，适合作为水产饲料中的淀粉黏结剂使用。

高粱籽粒淀粉中，70%～80%为支链淀粉，20%～30%为直链淀粉。糯高粱品种的直链淀粉含量非常低，其支链淀粉的含量接近100%。对20种高粱的热特性研究表明：糊化峰面积在7.4～11.6J/g之间，糊化峰值温度在70.9～78.9℃之间，糊化温度在65.3～75.1℃之间，终止温度在76.1～84.5℃之间，糯高粱淀粉的糊化温度高于普通高粱淀粉，需要加热到比较高的温度才能开始糊化。高粱淀粉的上述性质满足水产饲料制粒的条件需求。

高粱淀粉的组成与玉米淀粉非常相似。普通高粱淀粉是典型的B型中等膨胀淀粉。分离后的高粱淀粉缺少玉米淀粉的亮度，因为其在田间或在加工过程中被果皮和胚乳中的酚类染料染色，因此，多酚含量和高粱籽粒结构影响高粱淀粉的性质。高粱的直链淀粉含量受基因型和环境的影响。直链淀粉含量的不同，直接影响淀粉的物理性质和糊化回生性质。我国高粱品种丰富，高粱淀粉理化性质差异很大，加工品质差异也很大。

高粱作为水产饲料原料使用，单宁含量是需要关注的主要问题。单宁在饲料中的作用具有多重性，低剂量的单宁可以作为饲料中的抗氧化物质发挥作用，而过量的单宁则产生一定的副作用。

单宁是一种多酚物质，可影响高粱籽粒的透性，并具有杀菌的作用，所以单宁含量高的籽粒能减少发霉，但有涩味，因此能抗鸟害，也称为抗鸟高粱。单宁和蛋白质之间有极强的亲和力，它与蛋白质结合后使蛋白质变性，从而使蛋白质的利用率和消化酶的活性显著下降，降低了籽粒的营养价值。

饲用高粱单宁的含量一般在0.18%左右，抗鸟高粱一般约为1.47%，有的高达3%。单宁含量低于0.4%的为低单宁高粱，高于1.0%的为高单宁高粱。单宁含量与高粱颜色有一定的关系。不同颜色高粱的单宁含量为：白高粱0.55%、黄高粱为0.2%～2.0%、红高粱为1.54%～7.44%。国产高粱的单宁含量为1%～2%，美国、澳大利亚产的高粱主要为白高粱，单宁含量低于0.4%，一般在0.1%以下。

因此，水产饲料中选择白高粱较为合适。

测定了饲料企业采购的美国高粱的氨基酸组成和比例，结果见表15-1。由表可知，美国高粱的氨基酸总量为10.17%，必需氨基酸总量为4.77%。从蛋白质氨基酸组成角度评价，高粱不是主要的蛋白质原料，而是主要的淀粉原料。

表 15-1 美国高粱的氨基酸组成和比例 单位：%

氨基酸	含量	EAA 比例	AA 比例	氨基酸	含量	AA 比例
赖氨酸	0.28	5.87	2.75	天冬氨酸	0.85	8.36
组氨酸	0.25	5.24	2.46	谷氨酸	2.32	22.81
甘氨酸	0.39	8.18	3.83	丝氨酸	0.39	3.83
苏氨酸	0.33	6.92	3.24	丙氨酸	0.92	9.05
精氨酸	0.46	9.64	4.52	酪氨酸	0.24	2.36
缬氨酸	0.62	13.00	6.10	胱氨酸	0.03	0.29
蛋氨酸	0.09	1.89	0.88	脯氨酸	0.66	6.49
苯丙氨酸	0.58	12.16	5.70	ΣAA	10.17	
异亮氨酸	0.46	9.64	4.52	ΣEAA	4.77	
亮氨酸	1.31	27.46	12.88	Lys/Met	3.11	

第二节 木 薯

谷物、豆类和薯类是三大淀粉原料来源。在饲料生产中一般注重谷物和豆类中的淀粉来源、淀粉性质，而薯类淀粉原料、薯类淀粉也是重要的饲料原料，应受到重视。在用于饲料的不同薯类中，木薯、木薯淀粉等较为普遍，而红薯、土豆等较少用作饲料原料。

薯类主要包括木薯、红薯、土豆等，既是主要的淀粉类食物来源，也是饲料原料。其淀粉为块茎淀粉，在性质上与谷物、豆类淀粉具有很大的相似性。

一、木薯

木薯（*Manihot esculenta* Cranlz）是大戟科、木薯属多年生（热带、亚热带地区）或一年生（温带地区）灌木。木薯是三大薯类（木薯、甘薯、马铃薯）之一。

木薯淀粉占新鲜木薯质量的 32%～35%，占木薯干质量的 70%左右，木薯中的淀粉 17%为直链淀粉，83%为支链淀粉，而玉米淀粉中 28%为直链淀粉，72%为支链淀粉。木薯淀粉中由于含有大量的羟基，化学性质比较活泼，主要用来加工变性淀粉。

木薯主要有两个品种：一个是甜木薯，主要供人和动物食用，质地细嫩，无苦味，且氢氰酸（HCN）含量低，目前世界各地种植的木薯品种大多为该品种；另一个是苦木薯，HCN 含量较高，不适合人和动物食用，更适合用于工业生产中如生产酒精等。

木薯中的抗营养因子主要为 HCN。木薯中含有两种氰糖苷，即亚麻苦苷和百脉根苷或乙基亚麻苦苷。其中亚麻苦苷占93%左右，百脉根苷或乙基亚麻苦苷占7%。亚麻苦苷与葡萄糖的化学结构类似，为共轭氰化物。

对于木薯而言，亚麻苦苷（linamarin）主要是由缬氨酸合成，而百脉根苷（lotaustralin）主要由异亮氨酸合成。氰糖苷能被细胞膜酶［如木薯亚麻苦苷水解酶（linamarase)］作用释放出HCN，HCN能使动物死亡。HCN的含量取决于木薯品种、环境条件、收割阶段、加工方式等。苦木薯块茎中大约含有0.02%～0.03%的HCN（干物质基础）。甜木薯块茎中的HCN含量少于0.01%。

HCN容易通过简单的处理加以破坏，干燥是常用的方法，晒干比烘干（60℃）能更有效地降低HCN的含量（刘松柏等，2015)。研究表明，木薯块茎中氰化物的含量少于40mg/kg，在肉鸡饲料中使用50%的木薯粉未见有明显的负面影响。低氰化物含量的木薯粉平衡营养成分后，在鸡饲料中使用50%～60%的木薯粉未见对日增重或产蛋性能有明显的负面作用。含有低于0.01%（100mg/kg）HCN的木薯用在动物饲料中是安全的。

二、木薯全粉、木薯粉

木薯全粉（whole cassava flour，WCF）的生产借鉴于马铃薯全粉的生产工艺，加工工艺包括原料处理、预处理、冷却和蒸煮等7个工序。木薯粉（cassava flour，CF）的加工较简单，主要工艺为原料处理、烘干和过筛等3个步骤。木薯全粉是一种熟食产品，而木薯粉加工过程中没有蒸煮或熟化的工序，是非即食产品，类似于小麦面粉。木薯全粉和木薯粉蛋白质含量分别为1.8%和1.06%，木薯全粉和木薯粉粗纤维含量分别为1.61%和1.83%，木薯全粉和木薯粉的淀粉含量均在78%左右。

木薯粉的养分含量百分比不是固定的，其范围是：水分10%～15%、粗蛋白质2.5%～3.0%、无氮浸出物83%～86%、粗纤维3%～5%、粗脂肪0.3%～0.5%、粗灰分5%～6%、钙0.13%～0.35%、磷0.15%～0.4%。

三、木薯淀粉渣、木薯酒精渣、木薯柠檬酸渣

木薯渣是淀粉厂、酒精厂、柠檬酸厂的下脚料，主要由木薯外部褐色的皮、内部的薄壁组织组成。

胡忠泽等（2002）分析了木薯渣的各营养成分含量，结果为：粗蛋白4.92%，粗脂肪1.96%，粗纤维14.46%，粗灰分23.36%，无氮浸出物47.72%，消化能（猪）8.30MJ/kg，代谢能（鸡）6.08MJ/kg，元素Ca 8.45%、P 0.048%、Cu 24.02mg/kg、Zn 47.30mg/kg、Mn 66.20mg/kg。

木薯淀粉渣是木薯淀粉生产的副产物，1000kg鲜木薯可以产生约700kg的鲜渣（水分含量在70%以上)。木薯淀粉渣的成分以碳水化合物为主，无氮浸出物含量高达60%以上，淀粉含量在45%左右，而粗脂肪和粗蛋白质含量极低。在市场

上，木薯淀粉渣一般挤压为颗粒状。

木薯酒精渣是发酵生产乙醇的副产物。木薯酒精渣的成分主要是粗纤维、粗灰分和无氮浸出物，而粗脂肪含量极低。木薯酒精渣的粗蛋白质、粗灰分含量都高于木薯淀粉渣，而无氮浸出物含量低于木薯淀粉渣。

木薯淀粉渣和木薯酒精渣的营养组成分别为：水分 12.01%、8.72%，粗蛋白质 1.98%、15.33%，粗脂肪 0.76%、3.02%，粗纤维 18.45%、23.58%，粗灰分 3.3%、20.06%，无氮浸出物 63.51%、29.29%，中性洗涤纤维 32.41%、58.32%，酸性洗涤纤维 24.65%、41.37%，总能 16.95MJ/kg、16.37MJ/kg。

从木薯淀粉渣、木薯酒精渣营养组成的比较中可以知道，淀粉渣中无氮浸出物含量显著高于酒精渣，说明酒精渣中的淀粉基本被发酵消耗完，而酒精渣中粗蛋白质、粗脂肪等含量高于淀粉渣，这是发酵后菌体残留的结果。因此，木薯淀粉渣可以视为纤维素含量高、淀粉含量较高的原料，在饲料中以提供纤维素、淀粉原料为使用目标。而木薯酒精渣则是纤维素含量高的酒精发酵渣，在饲料中以提供纤维素为主要使用目的。

水产饲料企业采购的木薯渣化学测定结果为：水分（9.00±0.91）%、粗蛋白质（11.90±1.93）%、粗脂肪（2.40±0.63）%、粗纤维（15.18±4.18）%、粗灰分（17.58±3.16）%。木薯渣的纤维和粗灰分含量很高，在水产饲料中可以作为纤维原料使用。木薯渣的氨基酸组成见表 15-2。

表 15-2　木薯渣的氨基酸组成　　单位：%

缬氨酸	蛋氨酸	赖氨酸	异亮氨酸	亮氨酸	苯丙氨酸	组氨酸	精氨酸	苏氨酸	ΣEAA	ΣAA
0.63±0.06	0.17±0.04	0.56±0.07	0.52±0.05	0.84±0.07	0.51±0.05	0.26±0.04	0.52±0.10	0.50±0.05	4.50±0.40	9.57±0.76
天冬氨酸	丝氨酸	谷氨酸	甘氨酸	丙氨酸	脯氨酸	胱氨酸	酪氨酸	NH_3	Lys/Met	ΣAA/CP
1.06±0.09	0.55±0.05	1.34±0.10	0.51±0.04	0.65±0.06	0.43±0.06	0.15±0.05	0.38±0.03	0.23±0.05	3.59±1.00	82.33±14.71

四、木薯淀粉

木薯淀粉占鲜薯重量的 32%～35%，占木薯干重的 70%，具有非淀粉杂质含量低（木薯淀粉含蛋白质 0.1%，玉米淀粉含蛋白质 0.35%）、糊化温度低（木薯淀粉 52～64℃，玉米淀粉 62～72℃）、黏度高、糊化液稳定透明、成膜性好、渗透性强等优良的理化特性和加工特性。木薯淀粉与玉米淀粉的理化性质相比较，两种淀粉颗粒大小相近（木薯淀粉 5～21μm，玉米淀粉 4～20μm），颗粒表面均光滑有裂纹。木薯淀粉颗粒多呈卵状截切形，部分颗粒呈弯曲或断裂状，玉米淀粉多呈多面体形。木薯淀粉具有较大的膨胀度和溶解度、较高的淀粉糊透明度、较差的冻融稳定性、较低的糊化温度和较高的糊黏度。两种淀粉的晶体结构均属于A型。

木薯中淀粉含量高于马铃薯、玉米，蛋白质、脂肪含量低于玉米（见表15-3）。因此，木薯可以作为一类淀粉原料使用。

表15-3 木薯、马铃薯、玉米化学组成 单位：%

名称	水分	淀粉	蛋白质	脂肪	纤维	灰分
木薯	13.70	72～76	2.60	0.60	0.80	2.40
马铃薯	14.00	46～66	3.60	1.40	1.40	4.00
玉米	13.60	64～66	8.64	3.82	2.98	0.17

木薯淀粉的结构和性质分析结果表明，木薯淀粉可以作为水产饲料加工的淀粉来源。由于其支链淀粉含量高、糊化温度低、黏结性能好、膨胀性能好等优点，可以作为水产饲料中优良的淀粉原料，尤其是在膨化饲料中，使用9%～12%左右的木薯淀粉即可实现膨化加工的要求。

同时，由于木薯淀粉的消化吸收率较低，抗性淀粉成分含量高，对于肉食性鱼类来说，不需要过多的淀粉作为糖类能量来源，其饲料中的淀粉主要满足饲料加工需要即可，而低剂量的木薯淀粉就能满足饲料制粒、饲料膨化的要求，这样可以避免鱼类摄食后出现糖原性脂肪肝、腹部过多的脂肪沉积等问题。

第三节 甘 薯

甘薯（*Ipomoea batatas*），又称红薯、番薯等，是世界上重要的粮食、饲料和工业原料作物，普遍种植于世界上热带和亚热带地区的100多个国家。

甘薯是富含淀粉的块根作物，据江苏徐州甘薯研究中心（1994）对790份甘薯样品的分析，结果表明，以干物质计，粗淀粉含量为37.6%～77.8%，粗蛋白为2.24%～12.21%，可溶性糖为1.68%～36.02%，每100g鲜薯胡萝卜素含量最高者达20.81mg。亚洲蔬菜研究和发展中心（1992）对1600份甘薯样品进行分析，结果表明，甘薯干物率为12.74%～41.20%，其中淀粉含量为44.59%～78.02%，糖含量为8.78%～27.14%，蛋白质含量为1.34%～11.08%，纤维素含量为2.70%～7.60%，胡萝卜素含量为0.06～11.71mg/100g鲜薯。

本书分析了甘薯淀粉的结构，结果表明，甘薯淀粉的结晶度通常为38%，高于其他木薯（37%）和马铃薯（28%）淀粉的结晶度。颗粒形状为椭圆，多边形，铃铛状。淀粉粒径范围为3.4～27.5μm，平均粒径为8.4～15.6μm。甘薯淀粉中直链淀粉含量为15.3%～28.8%。一般淀粉的膨胀势在85℃条件下测定，甘薯淀粉的膨胀势在32.5～50mL/g之间。甘薯淀粉的溶解度在1.5%～13.65%之间。

上述数据显示，甘薯可以作为一类淀粉原料在水产饲料中使用。

第四节 马 铃 薯

马铃薯（*Solanum tuberosun*）是四大粮食作物之一，产量低于小麦、水稻、玉米。马铃薯直接作为饲料原料没有显示出很好的生长效果，而马铃薯淀粉作为饲料黏结剂，尤其是α-马铃薯淀粉，在甲鱼、鳗鱼饲料中得到广泛的应用。

马铃薯主要用来制取淀粉和粉条，在加工过程中会产生大量的马铃薯淀粉渣。马铃薯的主要成分为淀粉、纤维素、半纤维素、果胶等可利用成分。一般加工1t马铃薯会产生9t马铃薯淀粉湿渣（含水量90%）。马铃薯淀粉渣是一类含水、细胞碎片和残余淀粉颗粒的加工副产物，其（干物质）主要成分是蛋白质（4.6%～5.5%）、粗脂肪（0.16%）、粗纤维（9.46%）、糖（1.05%）。

马铃薯植株及其块茎中含有一类有毒糖苷生物碱——龙葵素，主要是以茄啶为糖苷配基构成的α-solanine（茄碱）和α-chaconine（卡茄碱），含量占马铃薯总糖苷生物碱的95%。有关资料报道，马铃薯淀粉渣中α-solanine和α-chaconine的总含量为0.0474mg/100g。马铃薯中龙葵素含量的安全标准为20mg/100g，一般成熟的马铃薯中，含量为7～10mg/100g时食用是安全的。马铃薯发芽或变绿时龙葵素含量大大增加，可达500mg/100g，如果超过安全标准，容易引起中毒。

马铃薯淀粉的基本特性（于天峰等，2005）为：马铃薯淀粉的平均粒径比其他淀粉大，在30～40μm左右，粒径大小范围比其他淀粉广，为2～100μm的范围，大部分粒径在20～70μm之间，粒径分布近似于正态分布。其他淀粉的粒径大小范围：玉米为2～30μm，甘薯为2～35μm，小麦为2～40μm。

一般认为水分含量高、蛋白质含量低的淀粉粒径大，粒径大的淀粉多为圆形或椭圆形，粒径小的淀粉多为多角形或不规则形。在所有加工利用的植物淀粉中，马铃薯淀粉是水分含量最高、蛋白质含量最低的淀粉，大的淀粉粒呈椭圆形，小的淀粉粒呈圆形，玉米的淀粉粒为多角形或球形。

糊化特性和淀粉的微晶结构。微晶结构是淀粉糊化性质的基础。马铃薯淀粉的微晶结构具有弱的、均一的结合力，50～62℃的温度下，淀粉粒一齐吸水膨胀，糊浆产生黏性，实现糊化。马铃薯淀粉分子中含有磷酸基，磷酸基的亲水性大于分子中的羟基，从而使淀粉易于吸水膨胀。

马铃薯淀粉糊化时，水分充分保存，能吸收比自身重量多400～600倍的水分，比玉米淀粉吸水量多2倍。和玉米淀粉比，马铃薯淀粉分子中的羟基自行结合的程度小，所剩余的羟基数目相对多，通过氢键与水分子相结合的机会就多，因而其吸水力较玉米淀粉大。

在所有植物淀粉中，马铃薯淀粉的糊浆黏度峰值是最高的，平均达3000BU。而玉米、木薯、小麦淀粉的糊浆黏度峰值分别为600BU、1000BU、300BU，这被认为是马铃薯淀粉中含磷酸基的缘故。就马铃薯淀粉本身而言，不同原料加工的马铃薯淀粉糊浆黏度也有差异，大小范围为 1000～5000BU。一般来说，淀粉的磷含量高，糊浆黏度就大。

马铃薯淀粉微晶体上结合有磷酸基，这是马铃薯淀粉分子结构的特点。马铃薯淀粉中的磷酸基通过共价键结合存在于淀粉中，约 70%是与葡萄糖残基的 6 位结合，其余与葡萄糖残基的 3 位结合，每 200～300 个葡萄糖基中有一个磷酸基。小麦淀粉中也含有磷，但以磷脂的形式与淀粉中的直链淀粉形成复合体。除马铃薯以外，淀粉中含磷酸基较多的植物有山榆（829mg/t），但该植物不能通过工业加工的方式生产淀粉，所以说马铃薯淀粉是含结合型磷酸最多，且加工量最大的天然磷酸淀粉。马铃薯淀粉中磷酸含量一般为 600mg/t，高磷的品种磷酸含量可达 1000mg/t 以上，比甘薯（15mg/t）等其他植物淀粉磷含量高得多。

马铃薯蛋白粉为马铃薯淀粉加工过程中的副产物，由马铃薯渣经浸提、浓缩、脱水、烘干等过程制得。马铃薯蛋白粉的营养组成为：粗蛋白质 75.62%（蛋白质水解度为 89.74%），总能 20.47MJ/kg，粗脂肪 0.37%，粗灰分 2.94%，氨基态氮 0.54%。

收集水产饲料企业采购的马铃薯蛋白粉，分析发现其中水分含量为（7.08±0.74）%，粗蛋白质含量为（61.41±0.82）%，粗灰分含量为（3.95±0.36）%。马铃薯蛋白粉的氨基酸组成和氨基酸比例见表 15-4。

表 15-4　马铃薯蛋白粉的氨基酸组成和氨基酸比例　　单位：%

氨基酸	缬氨酸	蛋氨酸	赖氨酸	异亮氨酸	亮氨酸	苯丙氨酸	组氨酸	精氨酸	苏氨酸	ΣEAA	ΣAA
含量	3.44±0.10	1.69±0.08	2.77±0.25	2.48±0.06	4.91±0.10	3.22±0.08	1.49±0.06	4.85±0.12	2.03±0.08	26.88±0.69	59.17±1.24
AA 比例	5.92	2.90	4.76	4.27	8.44	5.54	2.55	8.33	3.50		
EAA 比例	12.80	6.27	10.31	9.24	18.26	11.98	5.52	18.04	7.56		
氨基酸	天冬氨酸	丝氨酸	谷氨酸	甘氨酸	丙氨酸	脯氨酸	胱氨酸	酪氨酸	NH_3	Lys/Met	ΣAA/CP
含量	5.31±0.09	3.01±0.06	10.97±0.12	2.55±0.03	3.15±0.15	2.88±0.12	1.34±0.04	3.08±0.13	1.05±0.13	1.65±0.20	96.36±1.36
AA 比例	9.13	5.18	18.86	4.38	5.42	4.96	2.31	5.29			

第五节　玉米、小麦、木薯、红薯和土豆在草鱼饲料中的应用效果

选用鱼粉、豆粕、菜籽粕、棉籽粕、米糠粕等常用饲料原料，将小麦（粗蛋白 12.49%，粗脂肪 2.09%）、玉米（粗蛋白 9.91%，粗脂肪 4.19%）、木薯（粗蛋白 2.04%，粗脂肪 1.02%）、红薯（粗蛋白 1.94%，粗脂肪 1.12%）、土豆（粗蛋

白2.24%，粗脂肪1.32%）五种淀粉原料分别设置15%和30%两个梯度、共10种试验饲料（表15-5）。各试验组饲料蛋白质、脂肪含量基本一致。红薯、土豆均为在市场上购买块茎，切片后晒干、粉碎制得；木薯为来源于广西的木薯干晒干、粉碎制得；小麦为白小麦，玉米为红玉米，均为饲料厂采购的常规原料。

表15-5 试验饲料配方及常规成分 单位：%

原料	15%小麦组	30%小麦组	15%玉米组	30%玉米组	15%木薯组	30%木薯组	15%红薯组	30%红薯组	15%土豆组	30%土豆组
玉米			15.00	30.00						
木薯					15.00	30.00				
红薯							15.00	30.00		
土豆									15.00	30.00
小麦	15.00	30.00								
细米糠	7.00	7.00	7.00	7.00	7.00	7.00	7.00	7.00	7.00	7.00
豆粕	2.00	2.00	2.00	2.00	2.00	2.00	2.00	2.00	2.00	2.00
菜籽粕	23.00	23.00	23.00	23.00	23.00	23.00	23.00	23.00	23.00	23.00
棉籽粕	18.00	18.00	18.00	13.00	18.00	13.00	18.00	13.00	18.00	13.00
棉籽蛋白	5.00	5.00	5.00	10.00	5.00	10.00	5.00	10.00	5.00	10.00
进口鱼粉	4.00	4.00	4.00	4.00	4.00	4.00	4.00	4.00	4.00	4.00
肉骨粉	2.00	2.00	2.00	2.00	2.00	2.00	2.00	2.00	2.00	2.00
磷酸二氢钙	1.80	1.80	1.80	1.80	1.80	1.80	1.80	1.80	1.80	1.80
沸石粉	2.00	1.50	2.00	1.50	2.00	1.50	2.00	1.50	2.00	1.50
膨润土	2.00	1.50	2.00	1.50	2.00	1.50	2.00	1.50	2.00	1.50
豆油	0.50	0.50	0.50	0.50	0.50	0.50	0.50	0.50	0.50	0.50
米糠粕	16.70	2.70	16.70	2.70	16.70	2.70	16.70	2.70	16.70	2.70
预混料	1.00	1.00	1.00	1.00	1.00	1.00	1.00	1.00	1.00	1.00
试验饲料的常规成分（105℃下烘干的绝干样品）										
水分	10.71	10.13	10.49	10.44	10.94	10.77	9.65	11.14	11.57	11.05
粗蛋白	31.93	31.14	31.47	31.91	31.18	31.60	31.55	319.63	32.81	31.76
粗脂肪	3.43	3.30	3.37	3.29	3.30	3.32	3.27	3.27	3.57	3.35

在50亩（1亩＝666.667m^2）的池塘中设置网箱进行养殖试验，网箱规格为1m×1m×1.5m，本试验共30个网箱。草鱼初均体重（72.5±0.55）g，每个网箱放养草鱼16尾。经过63d的养殖试验，我们得到草鱼成活率、特定生长率、饲料系数的结果，见表15-6。

表 15-6 各试验组草鱼成活率、特定生长率和饲料系数

组别	初均重/g	末均重/g	成活率/%	特定生长率/(%/d)	鱼增重/g	投饲量/g	饲料系数
小麦 15%	76.9±4.1	133.8±17.6	94	0.87±0.19[ab]	888.10	2075.60	2.34±0.03[a]
小麦 30%	74.6±4.4	133.3±14.6	94	0.92±0.02[a]	969.60	2039.10	2.13±0.19[ab]
玉米 15%	68.4±4.0	118.9±6.1	94	0.88±0.04[ab]	762.40	1882.40	2.56±0.57[a]
玉米 30%	72.8±2.8	140.5±11.8	100	1.04±0.15[a]	1082.3	1982.60	1.83±0.56[b]
木薯 15%	67.2±4.1	128.5±21.0	94	1.01±0.20[a]	871.07	1831.47	2.61±0.68[a]
木薯 30%	73.3±3.2	135.5±8.6	100	0.90±0.03[a]	995.17	2027.17	2.04±0.07[b]
红薯 15%	67.2±3.1	128.5±12.2	94	1.02±0.07[a]	871.07	1831.47	2.61±1.61[a]
红薯 30%	73.3±2.2	135.5±15.2	100	0.97±0.15[a]	995.17	2027.17	2.04±0.67[b]
土豆 15%	68.1±2.9	117.4±17.4	94	0.84±0.18[ab]	720.67	1824.07	2.88±1.20[ac]
土豆 30%	74.9±3.0	117.8±0.9	100	0.70±0.10[b]	687.1	2080.8	3.10±0.40[c]

注：表中同一列数据上角标相同表示组间差异不显著（$P \geqslant 0.05$）；上角标不同表示组间差异显著（$P < 0.05$）。

除了土豆试验组草鱼特定生长率显著性地（$P<0.05$）低于其他组外，小麦组、玉米组、木薯组、红薯组之间没有显著性的差异（$P>0.05$）。但是，15%用量组与30%用量组之间进行比较的结果是：小麦和玉米在增加使用量后草鱼的特定生长率有增加的趋势，而木薯、红薯、土豆在增加用量后草鱼的特定生长率有下降的趋势。

试验草鱼的饲料系数为（2.04±0.07）～(3.10±0.40)，30%玉米组、30%木薯组和30%红薯组草鱼的饲料系数显著性地（$P<0.05$）低于其他试验组，而30%土豆组饲料系数显著性地（$P<0.05$）高于其他组。15%用量组与30%用量组之间进行比较的结果是：增加用量后除了土豆组饲料系数有增加的趋势外，其他试验组饲料系数都有降低的趋势，且在玉米、木薯、红薯的两个水平试验组之间达到显著性差异（$P<0.05$）。

各试验组草鱼的血糖含量、肝糖原含量和血脂成分的测定结果见表 15-7。

表 15-7 各试验组草鱼的血糖含量、肝糖原含量和血脂成分

饲料	葡萄糖/(mmol/L)	肝糖原/(mg/g)	甘油三酯/(mmol/L)	总胆固醇/(mmol/L)	高密度脂蛋白/(mmol/L)	低密度脂蛋白/(mmol/L)
小麦 15%	3.63±0.39	54.83±13.25[bc]	2.57±0.58[ab]	6.83±0.63	4.35±0.59	1.07±0.31[ab]
小麦 30%	3.46±0.94	55.70±1.85[c]	2.52±0.41[ab]	6.34±0.30	4.33±0.50	0.81±0.17[ab]
玉米 15%	3.41±0.06	48.72±4.70[abc]	2.45±0.36[ab]	6.53±0.30	4.13±0.52	0.64±0.19[a]
玉米 30%	3.63±0.58	38.24±3.50[abc]	2.42±0.74[ab]	6.79±0.81	4.32±0.23	1.19±0.62[ab]
木薯 15%	3.13±0.35	29.27±0.94[ab]	2.21±0.24[ab]	6.28±0.64	4.10±0.25	1.81±1.41[b]

续表

饲料	葡萄糖 /(mmol/L)	肝糖原 /(mg/g)	甘油三酯 /(mmol/L)	总胆固醇 /(mmol/L)	高密度脂蛋白 /(mmol/L)	低密度脂蛋白 /(mmol/L)
木薯 30%	3.51±0.36	53.27±8.49^{bc}	2.94±0.37^{b}	5.77±0.28	4.20±0.53	0.92±0.50^{ab}
红薯 15%	3.24±0.37	32.41±31.30^{abc}	2.35±0.35^{ab}	6.25±0.38	3.82±0.36	1.08±0.12^{ab}
红薯 30%	3.19±0.70	53.52±5.28^{bc}	2.15±0.55^{ab}	5.70±0.37	4.12±0.16	0.67±0.05^{a}
土豆 15%	3.64±0.57	39.97±11.04^{abc}	1.83±0.47^{a}	6.25±1.55	4.49±0.04	1.13±0.68^{ab}
土豆 30%	2.88±0.88	25.41±2.86^{a}	1.74±0.20^{a}	6.53±0.98	4.52±0.59	1.08±0.23^{ab}

注：表中同一列上角标相同表示组间差异不显著（$P \geqslant 0.05$）；上角标不同表明组间差异显著（$P < 0.05$）。

不同淀粉原料对草鱼血清血糖、肝糖原和血脂成分含量的影响有一定差异，尤其土豆组与其他组的差异较大；在饲料中增加淀粉原料的用量后，血糖、肝糖原、总胆固醇有上升的趋势，而低密度脂蛋白含量有下降的趋势。这种影响可能导致肝胰脏糖代谢、脂代谢发生一定程度的改变。

上述结果表明，小麦、玉米、红薯、木薯可以作为草鱼饲料中的淀粉饲料原料，而土豆的使用效果差于前面 4 种原料；淀粉饲料原料由 15%增加到 30%后，有诱发草鱼出现脂肪肝、肝损伤的潜在风险，并可能引起免疫力下降；在实际生产中要控制淀粉饲料原料在草鱼饲料中的使用量，本试验 15%的使用量相对较为安全。

第十六章

酵母及啤酒生产副产物

在水产饲料中，酵母的主要用途包括：①作为蛋白质原料，以利用酵母蛋白质、氨基酸等营养素为主要目标，为养殖水产动物提供蛋白质、氨基酸、维生素、矿物质等；②作为功能性饲料原料，例如利用酵母蛋白质、氨基酸和以次级代谢产物为主的酵母培养物、以酵母破壁后得到的酵母细胞壁、酵母核苷酸为主的酵母水解物，利用酵母类产物对水产动物消化道黏膜进行维护、对水产动物健康进行维护，以及以红法夫酵母中虾青素为主要利用目标，提供饲料色素、维护水产动物体色，同时具有抗氧化损伤作用。

第一节　酵母的营养价值和主要种类

酵母类原料在水产饲料中的功能性作用有：①作为蛋白质、氨基酸原料，氨基酸的平衡性更好，适合于多数养殖动物的氨基酸需要模式。②酵母细胞的分解产物具有特殊功能作用，酵母细胞壁对免疫物质、有害物质如霉菌毒素的吸附作用；核苷酸的诱食、营养和免疫保护作用；酵母水解物的营养、抗氧化、免疫保护作用。③酵母培养液次级代谢产物中维生素、有机酸等的营养、免疫和抗氧化损伤作用。④酵母类产品对肠道黏膜细胞增殖、肠道健康等显示出明显的促进和保护作用。酵母类产品可以作为水产饲料的常规添加原料使用。

啤酒生产过程中的副产物主要包括麦芽根、麦糟（或称为啤酒糟、废的啤酒酵母）。麦芽根主要含有麦根、部分大麦壳等，蛋白质含量为25%～34%，可以作为水产饲料的蛋白质原料使用。麦糟的主要组成物质为大麦壳，粗纤维含量高，可以作为草食性鱼类饲料的纤维原料使用。废的啤酒酵母蛋白质含量在48%以上，含有较多的维生素、矿物质，以及谷胱甘肽等，既是优质蛋白质原料，也是功能性饲料原料，除满足水产动物生长的营养需求外，还可以作为维护肠道健康、维护免疫防御功能、增强免疫防御能力、增强抗氧化损伤作用等的功能性饲料原料在水产饲料中使用。

《饲料原料目录》中单细胞蛋白质原料的种类见表16-1。

表 16-1 《饲料原料目录》中单细胞蛋白质原料的种类

原料名称	特征描述	强制性标识要求
产朊假丝酵母蛋白	以玉米浸泡液、葡萄糖、葡萄糖母液等为培养基，利用产朊假丝酵母液体发酵，经喷雾、干燥制成的粉末状产品	粗蛋白质、粗灰分
啤酒酵母粉	啤酒发酵过程中产生的废弃酵母，以啤酒酵母细胞为主要组分，经干燥获得的产品	粗蛋白质、粗灰分
啤酒酵母泥	啤酒发酵中产生的泥浆状废弃酵母，以啤酒酵母细胞为主且含有少量啤酒	粗蛋白质、粗灰分
食品酵母粉	食品酵母生产过程中产生的废弃酵母经干燥获得的产品，以酿酒酵母细胞为主要组分	粗蛋白质、粗灰分
酵母水解物	以酿酒酵母(*Saccharomyces cerevisiae*)为菌种，经液体发酵得到菌体，再经自溶或外源酶催化水解后，浓缩或干燥获得的产品。酵母可溶物未经提取，粗蛋白含量不低于 35%	粗蛋白质、粗灰分、水分、甘露聚糖、氨基酸态氮
酿酒酵母培养物	以酿酒酵母为菌种，经固体发酵后，浓缩、干燥获得的产品	粗蛋白质、粗灰分、水分、甘露聚糖
酿酒酵母提取物	酿酒酵母经液体发酵后得到菌体，再经自溶或外源酶催化水解，或机械破碎后，分离获得的可溶性组分浓缩或干燥后得到的产品	粗蛋白质、粗灰分
酿酒酵母细胞壁	酿酒酵母经液体发酵后得到菌体，再经自溶或外源酶催化水解，或机械破碎后，分离获得的细胞壁浓缩、干燥后得到的产品	水分、甘露聚糖

第二节　啤酒酵母及其他啤酒生产副产物饲料原料

啤酒酵母包括来自啤酒生产的酵母，及以糖蜜等为原料生产的啤酒酵母。

据统计，啤酒发酵副产物的数量很大，啤酒废酵母是啤酒发酵的副产物，现代大罐发酵中酵母产量为啤酒产量的 0.2%～0.3%（干基质量分数），排放的废酵母泥中蛋白质的含量可达 45%以上。啤酒糟是啤酒工业的主要副产物，为啤酒原料干重的 2.3%～3.3%（占副产物总量的 80%以上），其蛋白质质量分数为 23%～30%（干）。CO_2 是啤酒发酵的一项重要副产物，在主发酵过程中，CO_2 大量集中地排放出来，每吨啤酒在发酵过程中可产生约 20kg 的 CO_2。

一、啤酒生产工艺中的副产物饲料原料

在啤酒生产工艺的整个过程中，产生副产物作为饲料原料的主要包括以下 3 个过程，分别产生大麦麦芽根、麦糟、啤酒泥（啤酒酵母饲料）。

1. 大麦发芽与麦芽根饲料原料

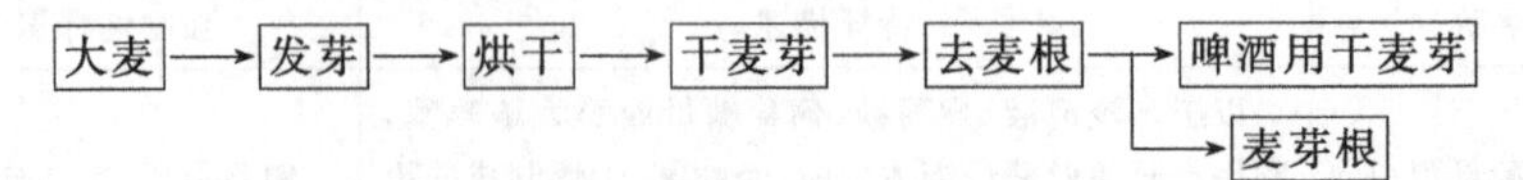

大麦分为皮大麦和裸大麦，因为啤酒大麦需要发芽，且发芽率高有利于啤酒生产，故目前一般用于啤酒酿造的大麦和饲料用大麦都是皮大麦。饲料用大麦的蛋白质含量越多越好，而啤酒大麦的蛋白质含量并非越多越好，优级啤酒大麦蛋白质含量（干）为10.0%～12.0%，通常优级啤酒大麦的发芽率在97%以上。啤酒和麦芽厂收购的优级大麦中饱满麦粒至少要占80%，而小粒大麦的百分比要在5%以下，夹杂物含量不超过2%，无发霉变质的麦粒。

2. 大麦及其辅料糖化与麦糟饲料原料

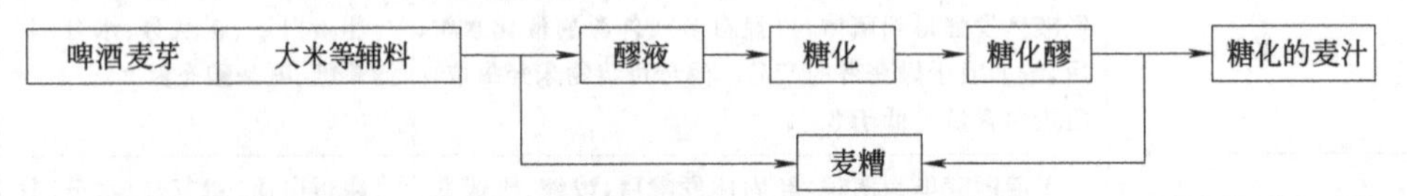

麦糟又叫作啤酒糟，是大麦等原料糖化过程中的副产物，主要组成物质为大麦壳、部分没有糖化的淀粉和蛋白质等。

3. 啤酒发酵与饲料副产物

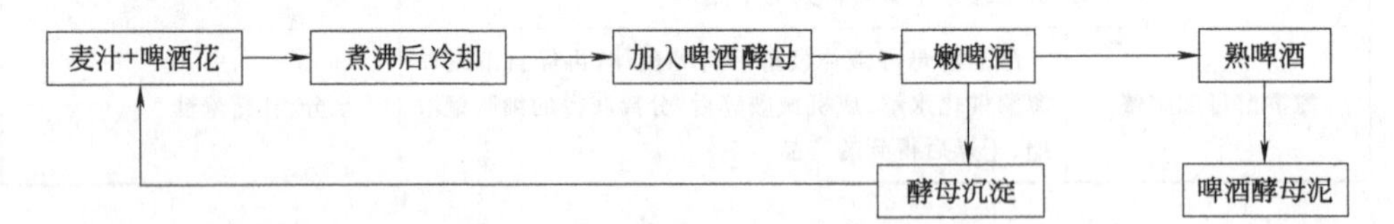

饲料用的啤酒酵母主要是来源于啤酒酵母泥中的酵母。

二、啤酒大麦和大麦芽

生产啤酒用的大麦需要发芽生产啤酒麦芽。啤酒大麦发芽的过程就是其中酶被激活的过程，也是在麦芽发芽过程中产生麦芽糖酶和其他糖化酶的过程。同时，在发芽过程中，大麦中的淀粉类也发生转化，淀粉类物质的溶解性增大。啤酒麦芽含有大量的糖化酶，用于啤酒原料如大米等的糖化。大麦芽中的酶被激活后，麦芽再与大米等加水混合，对后期麦芽汁中的淀粉进行糖化，产生麦芽糖等糖类物质，满足之后加入的酵母菌生长、繁殖的需要。经历前发酵过程得到嫩啤酒，嫩啤酒再经历后发酵过程，将麦芽糖等转化为乙醇和二氧化碳，得到啤酒。

因此，用于啤酒生产的大麦质量与直接用于饲料的大麦质量有较大的差异。首先，啤酒用大麦需要发芽得到大麦芽。啤酒大麦需要保持种子的活力，且发芽率要高。因此，啤酒用大麦选用的都是皮大麦，即带壳的大麦。这样导致的结果就是，在麦芽根、麦糟等原料中含有较多的大麦壳。其次，用于啤酒的大麦蛋白质含量低

(9%～12%)、淀粉含量高，过多的蛋白质不利于后期麦汁的糖化和酵母菌的发酵，会影响到啤酒的澄清和透明度。由于啤酒大麦是用于生产啤酒的，对大麦的霉菌毒素含量、安全性等也有很高的要求。因此，麦芽根、麦糟、啤酒酵母泥等在刚生产出来的时候安全性也是很高的，如果不及时烘干或受潮等可能导致霉变、污染等，这应该是后期发生的概率性事件。

大麦提供啤酒酿造所必需的浸出物和适量的蛋白质，大麦含水量为 12%～20%，含干物质为 80%～88%。

第三节 麦 芽 根

大麦经过 3～5d 发芽之后，得到发芽率在 97%以上的发芽大麦。根芽的长度为粒长的 1～1.5 倍。发芽的大麦要经过烘干处理，在烘干过程的后期，通过机械作用将大麦芽的芽根（麦根）切断，并将麦根和麦芽分离。干麦芽用于后期的糖化过程，而干的麦芽根就作为饲料的原料。

发芽后的湿麦芽叫作绿麦芽，在烘干过程中麦层温度保持在 25～30℃范围之内，直到麦层的绿麦芽水分下降到麦粒含水量为 18%～20%。之后进入培焦阶段，烘干过程中麦层温度达到 50～84℃。为了保证干麦芽成品含糖量和酶活力正常，麦芽烘干过程中的温度不宜过高，避免高温使酶蛋白变性。因此，麦芽根的烘干温度就是啤酒麦芽的烘干温度，保持了麦芽根中酶的活力。

大麦芽中水分含量烘干至 3%～5%时，干麦芽即出炉。此时将幼根用除根机除去，因为吸潮后麦芽幼根除不尽，最终影响啤酒麦芽的质量。

大麦芽生产过程中的副产物主要有次品大麦、麦根、麦皮，这些副产物混合在一起就是麦芽根的主要构成物质。

在大麦生产啤酒麦芽的过程中，麦芽根的产量约占大麦料量的 3%。

一般生产条件下，大麦麦芽根的水分含量<7.0%、粗蛋白为 25%～34%、脂肪为 1.6%～2.2%、矿物质为 6%～7%、非氮浸出物为 35%～44%、皮聚糖为 5.6%～18.9%、纤维素为 6%～10%，还有维生素、矿物质等。

统计了多个饲料厂、多个样本的麦芽根质量水平，结果见表 16-2。

表 16-2 麦芽根原料质量水平 单位：%

指标	水分	粗蛋白质	粗脂肪	灰分
平均值	6.39±0.80	27.31±2.67	1.85±0.31	5.58±0.37
范围值	5.58～7.61	23.14～30.85	1.42～2.15	5.12～6.03

麦芽根饲料原料的蛋白质含量与大麦壳的多少有关，如果大麦壳含量较少，主要成分就是麦芽根，其蛋白质含量可以达到 30%以上。

麦芽根中还含有部分酶，主要包括淀粉酶类、蛋白酶类、核酸酶类。麦芽根中的核酸酶能完全降解酵母 RNA，水解产物包括 3′核苷酸、5′核苷酸、磷酸、碱基等。

韩丽等（2008）对甘啤 3 号大麦麦芽根干品中的营养成分进行了分析测定，结果如下：麦芽根中蛋白质含量为 30.18%、脂肪为 1.57%、粗纤维为 11.84%，矿质元素分别为 K 1813mg/100g、Ca 240mg/100g、Fe 38.3mg/100g、Zn 8.9mg/100g、Mg 720mg/100g，氨基酸总含量为 8.69%。

大麦根的蛋白质利用率较高。阮长青等（2015）采用 Osborne 方法测定得出：大麦芽根蛋白中清蛋白占 45.79%，球蛋白占 17.46%，醇溶蛋白占 5.69%，谷蛋白占 11.47%。蛋白亚基分子量主要集中在 30000～40000 范围内，另两个谱带的分子量分别为 24000、56000；在一定条件下，蛋白提取物具有较好的溶解性、持水性。谷蛋白能与水形成网络结构，持水性良好，且其有一定的黏弹性、延伸性。麦芽根蛋白中谷蛋白含量为 11.47%，持水能力较弱，在 pH＝4.0 时，持水能力仅为 1.6g/g。在 30～40℃范围内，持水力略有上升，40℃时蛋白持水力能够达到 2.6g/g。

麦芽根含有 *N*-甲基大麦芽碱，具有苦味，适口性差。麦芽根吸潮性强，储存时应注意防潮，避免发霉。

第四节　大麦麦糟

大麦麦糟，又称为啤酒糟、糖糟，是在啤酒生产工艺流程中，大麦麦芽与辅料（大米、玉米、或小麦等）一起混合后，加水、加温，麦芽中的酶将大麦麦芽、辅料等原料中的淀粉水解，将不溶性淀粉、糖水解为以麦芽糖为主的麦汁，又称为糖化醪。糖化醪经过过滤后，滤液就是啤酒发酵用的糖化醪汁液，或称为糖化麦汁，是啤酒发酵的基质。滤渣就是麦糟（啤酒糟、糖糟）。啤酒酵母的可发酵性糖和发酵顺序是：葡萄糖＞果糖＞蔗糖＞麦芽糖＞麦芽三糖。

糖化是麦芽内含物在酶的作用下继续溶解和分解的过程。麦芽及辅料粉碎物加水混合后，在不同的温度段下保持一定时间，使麦芽中的酶在最适条件下充分作用于相应的底物，从而使底物分解并溶于水。原料及辅料粉碎物与水混合后的混合液称为“醪”（液），糖化后的醪液称为“糖化醪”，溶解于水的各种干物质（溶质）称为“浸出物”。

麦糟或啤酒糟就是啤酒原料糖化后过滤得到的滤渣。这个滤渣是啤酒原料糖化之后的副产物，没有经历发酵的过程，不是发酵后的副产物。

啤酒糟的主要构成物质包括大麦的麦壳、麦胚、米胚，以及没有被完全水解的蛋白质、淀粉、纤维素等物质。其中，大麦麦壳为主要的构成物质，在啤酒糟干物质中含有 35%～40%的麦壳，粗纤维含量达 14%～25%。

啤酒糟是啤酒生产过程中的主要副产物。据统计，每投放 100kg 原料，约产生湿啤酒糟 120～130kg（含水分 75%～80%），如果以干物质计为 25～33kg。

湿啤酒糟的成分包括：水分 70%～80%、粗蛋白 5%（可消化蛋白 3.5%）、脂肪 2%、可溶性无氮物 10%、粗纤维 5%、灰分 1%。啤酒糟干物质中含粗蛋白 25.13%、粗脂肪 7.13%、粗纤维 13.81%、灰分 3.64%、钙 0.4%、磷 0.57%；在氨基酸组成上，赖氨酸 0.95%、蛋氨酸 0.51%、胱氨酸 0.30%、精氨酸 1.52%、异亮氨酸 1.40%、亮氨酸 1.67%、苯丙氨酸 1.31%、酪氨酸 1.15%；还含有丰富的锰、铁、铜等微量元素。干啤酒糟的营养水平为：水分 8%、蛋白质 25.2%、粗纤维 16.1%、粗脂肪 6.9%、灰分 3.8%、无氮物 40.0%。

值得注意的是，啤酒糟其实并不是真正意义上的酒糟，因为它是啤酒厂麦芽进行糖化工艺、过滤后直接得到的滤渣，是没有经过酿酒发酵的糟，所以，啤酒糟的能量较高，糖分较高，营养成分比较丰富。但正因为如此，啤酒糟也很容易变质酸败，所以，新鲜啤酒糟必须尽快处理，简单的处理方式就是烘干，其也可以作为发酵的原料生产发酵饲料。

干啤酒糟的主要组成物质是大麦壳，因此可以作为草食性、杂食性鱼类饲料中的纤维性饲料原料，在饲料配方中使用量为 3%～6%。

本书统计了多个饲料厂、多个样本的干啤酒糟的质量水平，见表 16-3，氨基酸组成和比例见表 16-4。

表 16-3 干啤酒糟的质量水平 单位：%

指标	水分	粗蛋白	粗纤维	粗灰分
平均值	8.42±1.32	29.28±2.66	12.32±0.68	4.37±1.11
范围值	6.94～10.33	24.89～31.06	11.56～18.88	3.23～4.80

表 16-4 干啤酒糟的氨基酸组成和氨基酸比例 单位：%

氨基酸	缬氨酸	蛋氨酸	赖氨酸	异亮氨酸	亮氨酸	苯丙氨酸	组氨酸	精氨酸	苏氨酸	ΣEAA	ΣAA
含量	1.60±0.21	0.51±0.19	1.06±0.17	1.16±0.14	2.36±0.33	1.62±0.24	0.70±0.13	1.80±0.31	1.04±0.16	11.84±1.73	27.85±3.96
AA 比例	5.73	1.81	3.80	4.18	8.48	5.81	2.53	6.46	3.73		
EAA 比例	13.48	4.27	8.94	9.83	19.96	13.66	5.94	15.20	8.78		
氨基酸	天冬氨酸	丝氨酸	谷氨酸	甘氨酸	丙氨酸	脯氨酸	胱氨酸	酪氨酸	NH_3	Lys/Met	ΣAA/CP
含量	2.26±0.33	1.38±0.21	5.78±0.79	1.23±0.16	1.52±0.21	2.26±0.30	0.45±0.21	1.12±0.20	0.58±0.09	2.30±0.62	88.07±8.39
AA 比例	8.12	4.95	20.77	4.43	5.46	8.11	1.61	4.01			

第五节 啤酒泥与啤酒酵母

酵母类原料主要包括以下所示的种类。

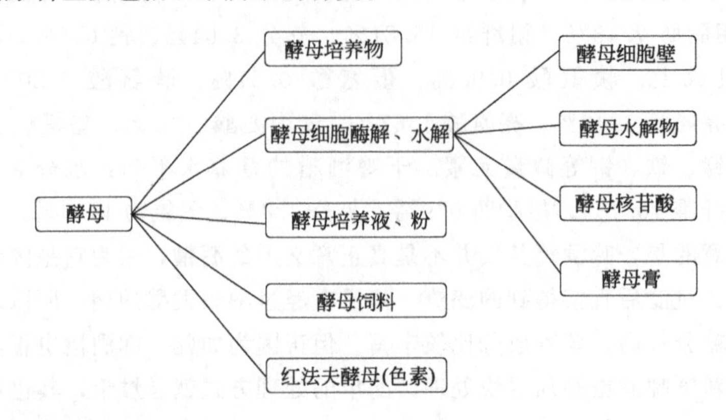

一、啤酒发酵的基本过程

啤酒原料经过糖化、加入啤酒花及煮沸麦芽汁冷却后，泵入主发酵罐，加入酵母，开始进入发酵的程序。

在发酵过程中，人工培养的酵母将麦芽汁中可发酵的糖分转化为酒精和二氧化碳，生产出啤酒。

酵母发酵糖类（葡萄糖）生成乙醇和 CO_2 的总反应方程式如下：

$$C_6H_{12}O_6+2ADP+2H_3PO_4 \longrightarrow 2C_2H_5OH+2CO_2+2ATP+113kJ$$

含氮物质的同化或转化。酵母发酵初期，啤酒酵母必须通过吸收麦汁中的含氮物质来合成酵母细胞自身的蛋白质、核酸和其他含氮化合物，以满足自身生长繁殖的需要。麦汁经过酵母发酵除了生成乙醇和二氧化碳外，还会产生一系列的酵母代谢副产物，这些副产物是构成啤酒风味和口味的主要物质。

在大罐中，酵母在发酵完麦芽汁中所有可供发酵的物质后，就开始在容器底部形成一层稠状的沉淀物。通常，储藏啤酒的发酵过程需要大约 6d，淡色啤酒为 5d 左右。发酵结束以后，绝大部分酵母沉淀于罐底，酿酒师们将这部分酵母回收起来供下一罐使用［回收酵母泥控制标准为好氧菌、厌氧菌≤20 个/mL，野生酵母菌≤3 个/mL，酵母泥浓度标准为 55%～75%（曾蓉，2010)］。大罐中的啤酒液除去酵母后，这时的啤酒称为“嫩啤酒”，再被泵入后发酵罐（或者被称为熟化罐）中。在后发酵罐中，剩余的酵母和不溶性蛋白质进一步沉淀下来，使啤酒的风格逐渐成熟。成熟的时间因啤酒品种的不同而异，一般在 7～21d。经过后发酵而成熟的啤酒在过滤机中将所有剩余的酵母和不溶性蛋白质滤去，就是澄清的啤酒了。其沉淀物就是废弃的啤酒泥，其中含有大量的啤酒酵母，也是生产啤酒酵母的主要原料。

二、啤酒废酵母的来源及其产量

从上述啤酒发酵、沉淀过程可以知道，啤酒酵母泥包括大罐发酵沉淀产生的啤酒酵母泥和经后发酵罐中沉淀产生的啤酒酵母泥，大罐发酵和成熟后回收的酵母泥占啤酒总量的3%左右。其主要构成物质包括残余的啤酒、酵母细胞和酒花碎片等，其中啤酒酵母是主要构成物质。

大罐啤酒酵母泥依据酵母质量和活性，可以回收再作为啤酒发酵的酵母，如果达不到再利用的要求则为废啤酒酵母泥。因此，废啤酒酵母泥主要为后发酵罐啤酒酵母泥和部分大罐啤酒酵母泥。据估算，每生产100t啤酒，可得到湿的废啤酒酵母1.5～2.0t（含水75%～80%），折合成干酵母（含水8%～10%）为0.10～0.15t。

啤酒酵母属真菌，是单细胞微生物，细胞呈圆形或椭圆形，直径为5～10μm，由细胞壁、细胞质、细胞核、细胞膜、细胞液等构成。

啤酒酵母含有50%左右的蛋白质，还含有丰富的维生素、食物纤维和矿物质等营养成分，是重要的蛋白质原料。酵母中含有4.5%～8.3%的RNA，是生产核酸和核苷酸药物的原料。酵母细胞的细胞壁中含有25%～35%的酵母多糖，主要为葡聚糖和甘露聚糖。酵母细胞中还含有丰富的酶系和生理活性物质，如辅酶A、辅酶Q、辅酶Ⅰ、细胞色素C、凝血质、谷胱甘肽等。啤酒酵母易富集硒元素，也是微量元素硒的来源，富硒酵母硒含量达300～1200μg/g。

干啤酒酵母的营养水平（干基）：水分6.5%，粗蛋白质52.6%，脂肪4.1%，纤维5.1%，灰分7.8%，碳水化合物23.9%，热量289kJ/100g。B族维生素的含量较为丰富，可达酵母干重的0.7%，而其他的生理活性成分如含磷化合物、嘌呤的含量也比较丰富，可达酵母干重的0.59%。维生素含量（以干啤酒酵母计）：维生素B_1 12.9mg/100g，维生素B_2 3.25mg/100g，麦角甾醇126mg/100g，维生素B_6 2.73mg/100g，嘌呤0.59mg/100g，淤酸41.7mg/100g，叶酸0.90mg/100g，肌酸391mg/100g，泛酸1.89mg/100g，生物素92.9mg/100g。

三、啤酒酵母的饲料资源化利用

啤酒生产过程中得到的废啤酒酵母泥经过压榨除去残余的啤酒物质后，剩余的主要为啤酒酵母和部分酒花残余物质等。

利用啤酒酵母可以开发较多的产品。最为简单的利用方式就是直接烘干，得到的啤酒酵母蛋白质饲料原料中，含蛋白质48%～60%、碳水化合物30%～35%、核酸4.5%～11.3%、灰分7%、脂肪1.5%、谷胱甘肽0.4%和5%～7%的水分。

将啤酒酵母破壁、浓缩到水分含量为40%～50%，可以得到水产饲料使用的酵母膏。啤酒酵母破壁处理后，可以进一步分离得到酵母细胞壁、酵母核酸或核苷酸，或得到酵母提取物等饲料原料产品。

表 16-5 中是利用啤酒酵母开发的系列饲料原料的营养指标及其含量的汇总资料。

表 16-5　啤酒酵母类产品的营养指标及其含量

类别	酵母粉	酵母膏	酵母自溶粉	酵母提取物(粉)	酵母提取物(膏状)	酵母细胞壁	酵母培养物
粗蛋白/%	≥42.0	≥20.0	≥42.0	≥42.0	总氮≥9.0	≤35.0	≥18.0
水分/%	≤10.0	≤60.0	≤9.0	≤9.0	≤40.0	≤9.0	≤9.0
粗纤维/%	≤6.0	≤5.0					
灰分/%	≤9.0	≤8.0	≤8.0	≤8.0	≤8.0	≤9.0	≤9.0
氨基酸总和/%	≥38.0	—	≥38.0	≥38.0			
氨基酸态氮/(g/100g)		≥0.6	≥1.8	≥2.3	≥3.0		
核苷酸/%		≥1.8					
核酸/%			≥4.0	≥6.0			
甘露寡糖/%		≥3.5				≥15	≥6.0
β-葡聚糖/%		≥7.0				≥20.0	≥10.0
总糖/%						≥40.0	
pH 值					5～7		4～5

统计得到多个饲料厂、多个样本的干啤酒酵母的质量水平为：水分 (6.57±1.47)%，粗蛋白 (45.70±4.21)%，粗灰分 (6.85±0.98)%。啤酒酵母的氨基酸组成及含量见表 16-6。

表 16-6　啤酒酵母氨基酸含量的统计平均值　　单位：%

天冬氨酸	丝氨酸	谷氨酸	组氨酸	甘氨酸	胱氨酸	精氨酸	苏氨酸	丙氨酸	氨基酸总量
4.14±0.62	2.19±0.21	6.22±1.27	1.01±0.13	1.88±0.20	0.71±0.15	2.25±0.47	1.88±0.11	2.71±0.38	38.45±4.04
脯氨酸	半胱氨酸	酪氨酸	缬氨酸	蛋氨酸	赖氨酸	异亮氨酸	亮氨酸	苯丙氨酸	
1.93±0.27	0.46±0.09	1.37±0.17	2.17±0.21	0.61±0.11	2.83±0.18	1.89±0.20	3.03±0.33	1.87±0.26	

酵母产品中核苷酸含量较高，因此非蛋白氮的含量较高，其粗蛋白含量也就相对偏高。氨基酸总量占蛋白质的比例为 84.15%。

第六节　啤酒酵母细胞壁、核苷酸渣

啤酒酵母细胞的细胞壁占细胞质量的 20%～30%，细胞壁的厚度为 0.1～

0.3μm。酵母细胞壁主要由以下几种成分构成：葡聚糖（35%～45%）、甘露聚糖（40%～45%）、蛋白质（5%～10%）、几丁质（1%～2%）、脂类（3%～8%）、无机盐（1%～3%）。

酵母细胞的细胞壁为三层结构（李海霞，2009）：外层为甘露聚糖，内层为葡聚糖，中间夹有蛋白质分子层。酵母甘露聚糖位于酵母细胞壁的外层，它是水溶性的，饲料中的酵母甘露聚糖具有免疫调节、促进肠道内有益菌的生长和繁殖、吸附霉菌毒素、抑制血清胆固醇的升高、提高巨噬细胞活性、增强细胞免疫力等多种生物活性作用。

酵母细胞壁中，葡聚糖层靠近细胞膜，位于细胞壁的内层，是细胞壁结构的主要成分。在酵母细胞壁中有两种葡聚糖，都具有分支。一种葡聚糖由D-葡萄糖分子以β-(1,3）为主键相连接，并结合有少量的以β-(1,6）键相连接的分支。另一种葡聚糖，其D-葡萄糖分子以β-(1,6）为主键连接形成主链，并具有以β-(1,3）键相连接形成的分支，在体内不可溶、不吸收、不产生黏性。酵母的甘露寡糖结合部分蛋白质形成甘露寡糖-蛋白质复合体覆盖于细胞表面。甘露寡糖骨架以α-(1,6）键相连接形成，长度约为50个甘露糖基，主链上连接有由1～4个甘露糖以α-(1,2）和α-(1,3）键相连构成的支链。核心末端的甘露糖分子又通过β-(1,4）键与N-乙酰酮二糖相连接，后者结合在蛋白质多肽链中的天冬氨酸处，形成甘露寡糖蛋白网状结构，这种网状结构具有抗原特异性，甘露糖支链上所结合的各种基团因不同的构型常引起动物产生特异性抗体。甘露寡糖上的特定侧基是酵母细胞抗原的决定部位。酵母细胞壁的蛋白质大部分和糖类相结合形成甘露寡糖-蛋白质复合体，含蛋白质5%～10%。酵母细胞壁中的几丁质是N-乙酰葡萄糖胺的线性多聚物，在细胞壁中N-乙酰葡萄糖胺以β-(1,4）键相连接而成。

酵母细胞壁的破壁方法。常用的酵母细胞壁破壁技术包括化学法、生物法及物理法。化学破壁方法有：碱破壁法、盐法破壁、有机溶剂法；生物破壁方法有：酶法破壁、自溶破壁、复合酶-自溶破壁法；物理破壁方法种类比较多，有高压匀浆法、微波加热法、纳米对撞机破碎技术、研磨法、挤压式、超声波法、高压脉冲电场法，另外还有冻融法和变温法等。

酵母的自溶作用是利用酵母菌本身含有的多种内源性酶（蛋白酶、葡聚糖酶、淀粉酶、纤维素酶等）的水解作用分解酵母细胞成分，剩下细胞壁空壳的过程。

自溶一般分为诱导自溶和自然自溶。采用不同的物理、化学或生物学方法处理引起微生物自溶，称为诱导自溶；非人为因素引起的自溶则为自然自溶。酵母自溶过程中的酶类主要有蛋白酶、核酸酶和葡萄糖酶，在特定条件下这些酶原被激活，并与相应的底物作用，使细胞内的生物大分子降解，并在细胞内积累，当生物大分子被水解成能通过细胞壁的小分子时，水解产物则扩散进入胞外介质。酵母细胞自溶始于细胞膜，细胞壁成分基本不水解，自溶最后常剩下细胞外壳，即酵母细胞壁。

酵母浸膏是借酵母菌体的内源酶（蛋白酶、核酸酶、碳水化合物水解酶等）将菌体的大分子物质水解成小分子从而溶解所得的物质。肽的分子量一般在180～5000之间，分子量在1000～5000之间的称为大肽，分子量在180～1000之间的称为小肽、寡肽、低聚肽，也称为小分子活性多肽。

去除酵母细胞壁后可以得到核苷酸渣用于饲料，饲料企业检测的核苷酸渣的氨基酸组成及比例见表16-7。

表16-7　核苷酸渣的氨基酸组成、氨基酸比例　　单位：%

氨基酸	缬氨酸	蛋氨酸	赖氨酸	异亮氨酸	亮氨酸	苯丙氨酸	组氨酸	精氨酸	苏氨酸	ΣEAA	ΣAA
含量	1.84±0.26	0.73±0.11	2.28±0.74	1.56±0.35	2.73±0.36	1.72±0.20	0.82±0.12	1.84±0.26	3.79±5.79	17.30±6.21	39.50±6.16
AA比例	4.65	1.84	5.78	3.95	6.92	4.35	2.07	4.65	9.60		
EAA比例	10.63	4.19	13.20	9.01	15.79	9.93	4.73	10.62	21.92		
氨基酸	天冬氨酸	丝氨酸	谷氨酸	甘氨酸	丙氨酸	脯氨酸	胱氨酸	酪氨酸	NH_3	Lys/Met	
含量	3.23±0.35	1.49±0.16	9.66±1.13	2.03±0.33	2.67±0.39	1.28±0.13	0.49±0.09	1.34±0.17	2.29±0.99	3.27±1.49	
AA比例	8.19	3.77	24.46	5.14	6.77	3.24	1.23	3.40			

第七节　红法夫酵母

红法夫酵母（*Phaffia rhodozyma*）是一种可以产生虾青素的酵母菌。野生型红法夫酵母菌株中类胡萝卜素含量达到500mg/kg干菌体，其中40%～95%是虾青素，红法夫酵母菌虾青素的平均含量为200～300mg/kg干菌体。利用淀粉酒精废液培养基筛选到*P. rhodozyma*的突变菌株JB2，在pH为5.2的酒糟中培养，可得到（1540±210）mg类胡萝卜素/kg干菌体，其原菌株的类胡萝卜素含量仅为（380±40）mg类胡萝卜素/kg干菌体。壳类动物及其废弃物中类胡萝卜素含量非常低（0～200mg/kg），平均每吨甲壳可提取35g虾青素。

红法夫酵母菌落因其细胞产类胡萝卜素而呈现橙红色。虾青素是胞内物质，它不会分泌到周围的液体中，而是沉积在细胞的内部。其中虾青素的构象以（3R，3′R）为主，与磷虾中的虾青素构象（3S，3′S）刚好相反。*P. rhodozyma*的培养物中含有CIS-虾青素（可用碘催化的立体异构化反应确定），是酵母的一种独特生物合成产物，而不是在分离过程中由人为因素造成的。

红法夫酵母在以葡萄糖为底物生物合成虾青素的同时还产生乙醇，并以乙醇为碳源进行二次生长，虾青素的合成也表现出二次合成现象。

第十七章

其他植物饼粕

第一节　花生饼、花生粕

花生是重要的油脂原料和蛋白质原料，中国种植的花生大约有50%用于压榨提取花生油，所得饼粕成为重要的蛋白质原料。花生饼、粕含花生壳的多少是影响花生饼、粕蛋白质含量的重要因素，花生饼、粕的氨基酸组成中，精氨酸含量高、氨基酸的整体平衡性差。重要的是，花生容易受到黄曲霉菌的污染，其中黄曲霉菌毒素 B_1 是重要的有害物质，这也成为花生饼、粕在水产饲料中使用的主要限制性因素。

花生去壳后，花生仁含有24%～36%的蛋白质，其中10%为水溶性蛋白，90%为碱性花生球蛋白和伴花生球蛋白。不同类型花生品种的蛋白质含量也有差异。多粒型和珍珠豆型品种的蛋白质含量高。

分析结果表明，花生粕中的有效物质有：黄酮类、氨基酸、蛋白质、糖类等。其中，总黄酮含量为1.095mg/g，蛋白质含量为48.68%，多糖含量为32.50%，灰分含量为5.61%，维生素E含量为0.871mg/100g，氨基酸总量为37.504g/100g，必需氨基酸含量为14.362g/100g。

花生粕营养成分含量因粕中含壳量的多少而有差异，含壳量越多，粕的粗蛋白质及有效能值越低。不脱壳花生榨油生产出的花生饼，其中粗纤维含量可达25%。花生果仁中含有胰蛋白酶抑制因子，加热可将抑制因子破坏，但温度过高会影响蛋白质的利用率。

花生粕很容易感染黄曲霉菌而含有黄曲霉毒素。黄曲霉毒素种类较多，其中毒性最大的是黄曲霉毒素 B_1。国家卫生标准规定黄曲酶毒素的允许量需低于0.05mg/kg。

水产饲料企业采购的花生饼、花生粕的常规指标见表17-1。从表中看出，花生饼中含壳较多，其粗纤维含量达到（7.23±1.58）%。花生饼、花生粕的氨基酸组成和比例见表17-2。从表中可知，花生粕的精氨酸含量为（5.85±0.48）%，氨基酸总量的比例为12.30%，占必需氨基酸的比例为29.74%。花生饼、花生粕的赖氨酸、蛋氨酸含量都较低，氨基酸组成比例基本一致。

表 17-1　花生饼、花生粕的常规指标　　单位：%

原料名称	水分	粗蛋白	粗脂肪	粗纤维	粗灰分
花生粕	10.51±0.95	51.00±2.56	1.23±0.21	3.04±0.00	6.10±0.56
花生饼	6.57±1.92	53.77±3.63	5.91±1.06	7.23±1.58	4.91±0.39

表 17-2　花生饼、花生粕的氨基酸组成和氨基酸比例　　单位：%

氨基酸	缬氨酸	蛋氨酸 L	赖氨酸	异亮氨酸	亮氨酸	苯丙氨酸	组氨酸	精氨酸	苏氨酸	ΣEAA	ΣAA
花生粕	1.99±0.14	0.53±0.04	1.59±0.12	1.66±0.10	3.22±0.20	2.49±0.19	1.14±0.07	5.85±0.48	1.21±0.07	19.68±1.29	47.56±3.25
AA 比例	4.18	1.12	3.35	3.49	6.77	5.23	2.41	12.30	2.54		
EAA 比例	10.09	2.71	8.10	8.43	16.35	12.63	5.82	29.74	6.13		
花生饼	2.00±0.17	0.56±0.08	1.74±0.14	1.66±0.13	3.38±0.24	2.61±0.18	1.24±0.10	6.15±0.47	1.26±0.08	20.60±1.43	50.07±3.68
AA 比例	3.99	1.12	3.48	3.32	6.75	5.20	2.48	12.29	2.51		
EAA 比例	9.69	2.72	8.47	8.07	16.40	12.65	6.02	29.86	6.10		
氨基酸	天冬氨酸	丝氨酸	谷氨酸	甘氨酸	丙氨酸	脯氨酸	胱氨酸	酪氨酸	NH_3	Lys/Met	
花生粕	5.77±0.36	2.41±0.20	10.01±0.69	2.77±0.17	2.17±0.59	2.16±0.17	0.67±0.07	1.92±0.16	0.80±0.08	3.02±0.40	
AA 比例	12.13	5.07	21.04	5.82	4.56	4.54	1.40	4.05			
花生饼	6.09±0.43	2.62±0.21	10.71±0.91	3.00±0.22	2.02±0.16	2.26±0.18	0.73±0.11	2.04±0.19	0.80±0.16	3.17±0.48	
AA 比例	12.17	5.23	21.39	6.00	4.03	4.52	1.45	4.08	1.60		

第二节　芝　麻　粕

芝麻（*Sesamum indicum*）属于胡麻科（Pedaliaceae）胡麻属（*Sesamum*）的一年生草本植物。芝麻是我国特种优质油料作物之一，河南、安徽和湖北是我国芝麻的主要种植基地。

我国芝麻的主要品种是黑芝麻和白芝麻，黑芝麻粗脂肪含量为 51.37%，粗蛋白含量为 18.75%；白芝麻粗脂肪含量为 53.77%，粗蛋白含量为 21.23%。白芝麻中粗脂肪含量和粗蛋白含量均高于黑芝麻。

芝麻籽粒很小，芝麻籽由种皮和籽仁两大部分组成。种皮约占籽粒的 17%，主要由草酸钙和粗纤维等物质组成。籽仁约占籽粒的 83%，主要由胚和胚乳组成。芝麻蛋白质含量大部分位于籽粒的蛋白体中。芝麻蛋白按溶解度可以分为清蛋白（8.6%）、球蛋白（67.3%）、醇溶蛋白（1.3%）和谷蛋白

(6.9%)。球蛋白是芝麻中的主要蛋白成分，其中α-球蛋白占芝麻籽球蛋白总量的60%～70%，因而α-球蛋白的性质决定了芝麻蛋白的性质。芝麻籽中含有葡萄糖、果糖、蔗糖、水苏糖、棉籽糖、车前糖及少量的其他几种低聚糖，占整籽的14%～18%。

芝麻饼、粕是芝麻压榨油脂后的副产物。芝麻饼、粕中蛋白质含量较高，一般在45%以上，芝麻饼中的残油量也较高，一般达到12%以上，高的可以达到16%左右。仅仅从蛋白质含量、油脂含量看，芝麻饼应该是一种高蛋白质、高油脂的饲料原料。但是，芝麻饼蛋白质的溶解度很低，一般低于20%，水产动物对其蛋白质的利用率不高。

芝麻饼、粕蛋白质溶解度低的主要原因是：在芝麻制油工艺中，芝麻需要经过热炒或蒸炒，热炒的温度一般大于150℃，导致蛋白质严重变性，发生较为严重的美拉德反应，显著降低了蛋白质的溶解性。

芝麻制油工艺主要有水代法、压榨法，两种制油工艺中的芝麻原料都要经过热炒过程，水代法是将原料热炒后加水磨浆，进行油水分离后残渣含水量在60%左右，再进行压榨、烘干得到芝麻饼。螺旋压榨法中的芝麻原料同样是热炒后，经过粉碎、压榨提取油脂，得到芝麻饼。两种工艺得到的芝麻饼还可以再由有机溶剂提取残余的油脂，得到芝麻粕。采用这类工艺得到的芝麻饼蛋白质溶解度均小于20%，热炒、压榨饼的蛋白质溶解度甚至仅在11%左右。

也有采用冷榨工艺制取芝麻油的企业。选用整粒芝麻或芝麻剥壳后的芝麻仁直接进行压榨制油。这种冷榨制油方式得到的芝麻油没有了热榨芝麻油的香味，因此很少采用。采用冷榨得到的芝麻饼的蛋白质溶解度也只有25%～30%。

刘玉兰等（2011）比较了热榨和冷榨芝麻饼的成分和性质，见表17-3。

表17-3 冷榨和热榨芝麻饼的主要组成成分和性质（刘玉兰等，2011）单位：%

压榨工艺	芝麻样品	粗脂肪	粗蛋白质	氮溶指数(NSI)	总糖	水	灰分	草酸
冷榨(80℃脱皮、烘干；冷榨机膛温度50℃)	带皮白芝麻饼1	29.57	38.35	19.24	13.21	6.47	5.97	3.34
	脱皮白芝麻饼2(进口)	35.57	33.45	20.44	11.03	5.06	3.02	—
	脱皮白芝麻饼3(国产)	16.63	54.09	23.50	18.41	4.35	7.75	—
	脱皮白芝麻饼4(进口)	26.01	43.39	25.77	16.34	4.51	4.77	—
热榨(180℃)	带皮白芝麻饼1	15.30	46.21	11.35	12.41	0.75	10.24	3.87

从表17-3中数据可知，冷榨芝麻饼的氮溶指数（NSI）要高于热榨饼，但也仅为20%～25%。芝麻在用热水浸泡后脱皮，烘干后再进行冷榨。

本书收集了水产饲料企业多个芝麻饼样本的质检数据，常规指标见表17-4，氨基酸组成和氨基酸比例见表17-5。可见芝麻饼的蛋白质含量为（45.90±1.59)%、油脂含量为（12.79±7.77)%，但由于其蛋白质利用率较差，主要作为油脂原料考虑，不能依据其蛋白质含量估算其蛋白质价值。在氨基酸组成中，蛋氨酸含量（0.98±0.13）%是比较高的，而赖氨酸含量很低，Lys/Met为0.59±0.17。

如果将芝麻饼经过酶解或发酵，就可以提高其蛋白质消化利用率。

表 17-4 芝麻饼的常规指标 单位：%

水分	粗蛋白	粗脂肪	粗纤维	粗灰分
3.87±4.53	45.90±1.59	12.79±7.77	10.10±0.54	11.51±1.13

表 17-5 芝麻饼的氨基酸组成、氨基酸比例 单位：%

氨基酸	缬氨酸	蛋氨酸	赖氨酸	异亮氨酸	亮氨酸	苯丙氨酸	组氨酸	精氨酸	苏氨酸	ΣEAA	ΣAA
含量	1.98±0.11	0.98±0.13	0.56±0.11	1.56±0.07	2.94±0.13	1.92±0.09	1.00±0.07	4.06±0.60	1.37±0.18	16.35±1.02	37.59±1.96
AA比例	5.26	2.59	1.50	4.14	7.81	5.10	2.65	10.79	3.65		
EAA比例	12.08	5.97	3.44	9.52	17.96	11.73	6.10	24.81	8.38		
氨基酸	天冬氨酸	丝氨酸	谷氨酸	甘氨酸	丙氨酸	脯氨酸	胱氨酸	酪氨酸	NH_3	Lys/Met	ΣAA/CP
含量	3.30±0.22	1.52±0.30	8.51±0.41	2.16±0.20	2.18±0.13	1.60±0.15	0.39±0.10	1.57±0.09	0.83±0.08	0.59±0.17	76.98±5.44
AA比例	8.77	4.05	22.64	5.75	5.80	4.25	1.05	4.18			

第三节 椰子粕

椰子粕主要产于东南亚一带，是椰子干压榨提取油脂后的副产物，在畜禽饲料中应用较多，在东南亚的罗非鱼、巴沙鱼等饲料中也有使用，其使用比例可以保持在10%左右。椰子粕相对于棕榈粕，在气味和适口性方面具有优势，可以作为水产饲料中饼粕类饲料原料之一使用。

一棵椰子树有15～18年的盛产期，单株结果40～80个，多者超过100个。椰子组成大致为：外壳35%、内壳12%、椰肉28%。外壳组成部分中，木质素67%、纤维素33%；椰肉组成部分中，水50%、椰子油33%、椰子粕17%。一般每个椰子能生产0.18kg椰干，可榨油0.11kg，同时可以获得0.055kg椰子粕。印尼和菲律宾是椰子粕的主要生产国。

椰子粕是椰子脱壳后制得椰干、椰干经过压榨或浸提取油后的残留物。每加工1t椰子可以得到33～36kg的椰子粕和60～63kg的椰子油。去掉褐色种皮的椰子粕为白色，未去掉褐色种皮的为淡褐色。相对于棕榈粕，椰子粕具有清淡的椰香味和较好的适口性。

椰子粕纤维含量高、有效能值低，缺乏赖氨酸、蛋氨酸及组氨酸，但精氨酸含量高，所含脂肪属饱和脂肪酸，B族维生素含量较高。压榨椰子粕通常含8%～12%的油脂，而浸提椰子粕含2%～4%的油脂。

椰子粕纤维素含量较高，椰子粕中的非淀粉多糖（NSPs）达到42.2%左右，大部分为不溶于水的非纤维素多糖。β-甘露聚糖是椰子粕中最主要的多糖，占多糖的61%，其他糖类为少量木聚糖、葡聚糖、半乳糖等。

水产饲料企业采购椰子粕的常规指标见表17-6，氨基酸组成和氨基酸比例见表17-7。

表17-6 椰子粕的常规指标 单位：%

水分	粗蛋白	粗脂肪	粗纤维	粗灰分
6.82±2.29	20.85±0.53	9.32±1.33	10.55±1.48	5.86±0.55

表17-7 椰子粕的氨基酸组成、氨基酸比例 单位：%

氨基酸	缬氨酸	蛋氨酸	赖氨酸	异亮氨酸	亮氨酸	苯丙氨酸	组氨酸	精氨酸	苏氨酸	ΣEAA	ΣAA
含量	0.96±0.06	0.30±0.05	0.46±0.08	0.62±0.05	1.28±0.14	0.81±0.05	0.42±0.05	2.01±0.41	0.57±0.04	7.43±0.38	16.61±0.62
AA比例	5.78	1.82	2.75	3.70	7.69	4.90	2.52	12.12	3.45		
EAA比例	12.93	4.07	6.14	8.28	17.19	10.94	5.64	27.10	7.72		
氨基酸	天冬氨酸	丝氨酸	谷氨酸	甘氨酸	丙氨酸	脯氨酸	胱氨酸	酪氨酸	NH_3	Lys/Met	ΣAA/CP
含量	1.52±0.13	0.85±0.04	3.72±0.32	0.84±0.04	0.31±0.06	0.89±0.16	0.76±0.29	0.29±0.06	0.45±0.03	1.55±0.41	79.39±3.51
AA比例	9.17	5.11	22.41	5.05	1.86	5.38	4.56	1.75	2.69		

第四节 棕榈仁粕

棕榈仁粕（palm kernel meal，PKM），也称棕榈粕，是棕榈仁经浸提取油后的副产品。

棕榈仁粕在东南亚养殖罗非鱼的水产饲料中的使用量约为10%。棕榈仁粕纤维含量高，气味较大，一些棕榈仁粕产品可能有苦涩味。棕榈仁粕中的纤维成分主要是甘露聚糖，其含量为30%～35%。棕榈仁粕的蛋白质含量不高，一般为15%左右，因此，只有当菜籽粕、棉籽粕等市场价格很高的时候，在水产饲料中才会适当少量地使用棕榈仁粕。

水产饲料企业的棕榈仁粕的质检指标分别见表17-8和表17-9。

表 17-8 棕榈仁粕的常规指标 单位：%

水分	粗蛋白	粗脂肪	粗纤维	粗灰分
8.33±1.31	15.72±0.77	8.02±0.97	13.31±2.89	4.40±0.36

表 17-9 棕榈仁粕的氨基酸组成、氨基酸比例 单位：%

氨基酸	缬氨酸	蛋氨酸	赖氨酸	异亮氨酸	亮氨酸	苯丙氨酸	组氨酸	精氨酸	苏氨酸	ΣEAA	ΣAA
含量	0.70±0.05	0.24±0.05	0.31±0.05	0.47±0.04	0.92±0.06	0.59±0.04	0.27±0.03	1.64±0.16	0.42±0.04	5.56±0.40	12.43±0.85
AA 比例	5.66	1.93	2.52	3.76	7.42	4.75	2.15	13.17	3.35		
EAA 比例	12.65	4.32	5.64	8.40	16.59	10.63	4.81	29.44	7.48		
氨基酸	天冬氨酸	丝氨酸	谷氨酸	甘氨酸	丙氨酸	脯氨酸	胱氨酸	酪氨酸	NH_3	Lys/Met	ΣAA/CP
含量	1.14±0.09	0.63±0.04	2.85±0.18	0.66±0.05	0.59±0.05	0.49±0.05	0.18±0.04	0.33±0.04	0.20±0.03	1.36±0.34	76.60±4.19
AA 比例	9.15	5.04	22.90	5.32	4.77	3.91	1.49	2.69			

第五节 亚麻籽粕

亚麻籽和亚麻籽粕的主要优势是含有较多的亚麻酸，一般植物性原料中缺乏亚麻酸，而花椒籽、亚麻籽则是亚麻酸的主要来源。另外，亚麻籽中含有的植物木脂素具有特殊的生理作用，因此，在水产饲料中，作为脂肪酸平衡的需要，补充一定量的亚麻籽、花椒籽或亚麻籽粕是很有必要的。

亚麻籽中蛋白质的含量为 10%～30%。亚麻籽油中富含不饱和脂肪酸，其饱和脂肪酸比重仅为 9%～11%，而不饱和脂肪酸比重则达 80%以上（油酸 13%～29%、亚油酸 15%～30%、亚麻酸 40%～60%）。亚麻籽中 α-亚麻酸（α-linoleic acid，ALA）占亚麻酸含量的 51%以上。

亚麻籽中含有亚麻籽胶。亚麻籽中胶的含量占亚麻籽重量的 2%～10%，因品种和栽培区域的不同而不同。亚麻籽胶是从亚麻籽壳中提取出来的一种亲水胶体，是一种新型的天然植物胶。亚麻籽胶是由木糖、阿拉伯糖、半乳糖、鼠李糖、葡萄糖、岩藻糖等多种单糖组成，木糖是亚麻籽胶的主要单糖组分，岩藻糖是亚麻籽胶中含量最少的单糖组分。有研究表明，亚麻籽蛋白在植物胶的协同作用下，能促进动物机体内胰岛素的分泌，从而调节血糖浓度。亚麻籽蛋白质能与可溶性多糖共同作用。

亚麻籽中木酚素含量达 0.5%～1.0%，比其他谷类、豆类高出 100～800 倍。木酚素（lignan）是以 2,3-二苯基丁烷为骨架的二酚类复合物，主要有开环异落叶松树脂酚（SECO）和乌台树脂酚（MAT）两类，是一种结构与人体雌激素十分相似的植物雌激素，具有雌激素和抗雌激素的双重特性，可双向调节人体内的雌激素水平，对某些癌症的防治等显示出有益的作用。

亚麻籽的主要功能作用来源于其化学组成物质，即亚麻籽油富含不饱和脂肪酸，以及脱脂籽粕中含有的木脂素、亚麻籽胶、膳食纤维等成分。其中，亚麻籽中木脂素含量可达到2～13mg/g，为其他食物的75～80倍，居可食性植物之首。

植物木脂素是一类以芳香基团为母体的化合物，作为重要的动物木脂素前体物质广泛存在于植物界，其与异黄酮类、香豆素类化合物同属于植物雌激素。木脂素能在人体胃肠道微生物和肝脏等脏器中相关酶的作用下转化为动物木脂素。木脂素类化合物具有雌激素生物活性，与动物机体内多种酶和蛋白有着重要联系，从而引起人们的日益关注。亚麻籽木脂素及其代谢产物对人体有抗癌、抗心血管系统疾病、抗过氧化等诸多保健作用，影响动物机体神经内分泌系统的性腺轴和生长轴，促进雄性动物生长，因而可以作为一种有效的生理调节剂，调控动物的生长发育、繁殖泌乳以及免疫机能。由于木脂素与异黄酮有相近的化学组成和空间结构，因此推测木脂素类化合物可能具有与异黄酮类植物雌激素类似的生理学作用。

水产饲料企业亚麻籽粕的氨基酸组成见表17-10。

表17-10　亚麻籽粕的氨基酸组成　　单位：%

缬氨酸	蛋氨酸	赖氨酸	异亮氨酸	亮氨酸	苯丙氨酸	组氨酸	精氨酸	苏氨酸	ΣEAA	ΣAA
1.52±0.07	0.45±0.13	1.34±0.86	1.31±0.00	2.13±0.45	1.44±0.01	0.85±0.21	2.50±0.08	1.28±0.27	12.81±1.92	29.82±4.16
天冬氨酸	丝氨酸	谷氨酸	甘氨酸	丙氨酸	脯氨酸	胱氨酸	酪氨酸	NH_3	Lys/Met	
2.77±0.00	1.47±0.22	6.34±0.63	1.85±0.01	1.52±0.09	1.75±0.88	0.42±0.16	0.91±0.24	0.75±0.08	2.84±1.07	

第六节　豌豆蛋白粉

豌豆（*Pisum sativum* Linn），主要可以利用其中的淀粉制作粉丝，在制取豌豆淀粉的同时，可以得到豌豆蛋白粉。

豌豆籽粒中总淀粉含量为28.70%～58.69%，平均为49.17%。黄豌豆中蛋白质和淀粉的含量最高，分别为52%～55%和23%～25%，不溶性膳食纤维的含量为8%～10%，脂肪含量低。黄豌豆蛋白质中的清蛋白、球蛋白以及谷蛋白分别占21%、66%和2%。黄豌豆淀粉的平均粒径为5～42μm。黄豌豆中的直链淀粉含量较高（24%～65%），其中，11%～12%的直链淀粉与脂类结合。直链淀粉的聚合度范围为1300～1350。黄豌豆中的支链淀粉含量为16%～19%。

水产饲料企业豌豆蛋白粉的常规营养指标见表17-11，其氨基酸组成和比例见

表 17-12。可见豌豆蛋白粉中蛋白质含量很高，可以作为高蛋白水产饲料的蛋白质原料之一使用。豌豆蛋白粉中，赖氨酸含量很高，为（4.51±0.67）%，亮氨酸、精氨酸、缬氨酸的含量也很高，可以在水产高蛋白饲料中作为氨基酸平衡的一种蛋白质原料使用。

表 17-11　豌豆蛋白粉的常规营养指标　　单位：%

水分	粗蛋白	粗脂肪	粗纤维	粗灰分
7.86±0.89	62.96±10.09	2.67±0.20	2.61±0.11	5.07±2.12

表 17-12　豌豆蛋白的氨基酸组成、氨基酸比例　　单位：%

氨基酸	缬氨酸	蛋氨酸	赖氨酸	异亮氨酸	亮氨酸	苯丙氨酸	组氨酸	精氨酸	苏氨酸	ΣEAA	ΣAA
含量	3.05±0.70	0.66±0.20	4.51±0.67	2.73±0.63	4.89±1.19	3.15±0.70	1.54±0.27	5.35±0.73	2.17±0.45	28.05±5.29	59.15±10.97
AA 比例	5.16	1.12	7.63	4.61	8.27	5.33	2.60	9.04	3.67		
EAA 比例	10.87	2.35	16.09	9.71	17.43	11.24	5.47	19.07	7.75		
氨基酸	天冬氨酸	丝氨酸	谷氨酸	甘氨酸	丙氨酸	脯氨酸	胱氨酸	酪氨酸	NH_3	Lys/Met	ΣAA/CP
含量	6.90±1.26	3.12±0.63	10.49±1.99	2.52±0.44	2.67±0.51	2.58±0.52	0.56±0.10	2.26±0.44	0.83±0.17	7.15±1.63	99.21±30.45
AA 比例	11.66	5.28	17.73	4.26	4.52	4.36	0.95	3.82			

第七节　白　酒　糟

白酒糟作为一种发酵后的纤维质饲料原料，在草食性鱼类、杂食性鱼类的饲料中使用，既可以满足饲料纤维的需要，同时，也提供部分菌体蛋白质和发酵产物，是一种廉价的饲料原料。

白酒糟主要的质量问题是霉菌毒素。如果将新鲜的白酒糟及时烘干，就是一种很好的纤维和发酵原料，鲜酒糟水分含量 60%。而如果不能及时烘干，尤其是露天堆放时间过长，则会导致霉菌污染，导致霉菌毒素含量显著增加，使白酒糟的使用受到限制。

每生产 1t 白酒可产生 3t 酒糟。白酒生产主要是以高粱、玉米、大米、糯米、小麦等粮食作为原料。白酒糟中粗纤维（24.17%）和粗灰分（15.42%）含量尤其高，原因是白酒酿造过程中添加大量的谷壳（主要含粗纤维和灰分）作为发酵填充剂。原料使用高粱、小麦比例越高，白酒糟色泽越深。

水产饲料企业对干白酒糟的质量检测数据见表 17-13 和表 17-14。

表 17-13　干白酒糟的组成　　单位：%

水分	粗蛋白	粗脂肪	粗纤维	粗灰分
8.81±2.16	19.02±3.24	4.23±1.50	15.22±4.11	12.10±2.06

表 17-14　干白酒糟的氨基酸组成和氨基酸比例　　单位：%

氨基酸	缬氨酸	蛋氨酸	赖氨酸	异亮氨酸	亮氨酸	苯丙氨酸	组氨酸	精氨酸	苏氨酸	ΣEAA	ΣAA
含量	0.70±0.13	0.23±0.09	0.22±0.10	0.53±0.11	1.33±0.37	0.64±0.14	0.27±0.08	0.45±0.13	0.44±0.09	4.80±1.01	13.20±2.70
AA 比例	5.27	1.73	1.63	4.00	10.09	4.86	2.07	3.37	3.33		
EAA 比例	14.50	4.76	4.50	11.01	27.76	13.37	5.68	9.28	9.17		
氨基酸	天冬氨酸	丝氨酸	谷氨酸	甘氨酸	丙氨酸	脯氨酸	胱氨酸	酪氨酸	NH_3	Lys/Met	ΣAA/CP
含量	0.90±0.17	0.59±0.12	3.42±0.76	0.57±0.10	1.04±0.23	1.17±0.28	0.24±0.09	0.48±0.12	0.49±0.14	1.02±0.45	72.95±8.32
AA 比例	6.80	4.48	25.93	4.28	7.84	8.86	1.85	3.61			

第八节　谷氨酸渣

谷氨酸渣又称为味精渣，其主要成分为味精菌体蛋白。菌体蛋白质是优质的蛋白质原料，但味精渣中氨氮含量、硫含量也较高，可能导致饲料中非蛋白氮含量增加。

国内使用糖质原料发酵生产味精的谷氨酸生产菌主要包括钝齿棒杆菌（*Corynebaclerium crenalum*）、北京棒杆菌（*Corynebaclerium pekinense*）等棒状杆菌，这类细菌为短杆状、棒状，有的呈弯曲形，两端钝圆，细胞排列为单个、成对或呈“V”形，细胞大小为（0.7～0.9）μm×（1.0～3.4）μm，是味精生产中的主要菌种（孙伯伦等，2002）。

我国味精生产通常是以大米、玉米淀粉、糖蜜为主要原料经过糖化发酵等处理。生产 1t 味精消耗淀粉 2.1～2.3t，尿素 0.60～0.70t，硫酸 4.1～4.5t，发酵液中提取谷氨酸后大部分物料都留在废水中。因此废水中含有大量的有机物，其中味精菌体蛋白占废水中有机成分的 30%～40%。残留的谷氨酸含量为 1.2%～1.5%，有时高达 2%。每生产 1t 味精要排放 20t 左右的味精废水，废水中含有约 4%的湿菌体，提取干燥后可生产蛋白含量超过 70%的高蛋白饲料 200～250kg。中国每年可以生产出约 34 万～43 万吨的味精菌体蛋白饲料。

味精蛋白粗蛋白含量因提取工艺的不同差异较大，一般为 50%～75%。采用加热沉淀法，味精母液经过加热杀死谷氨酸菌体，使菌体蛋白质变性，凝集沉降，再加入助滤剂过滤得菌体蛋白，所得味精蛋白粗蛋白含量高于50%。采用高速离心法，所得菌体质量好，粗蛋白含量高达75%，灰分低于5%。采用絮凝沉降法，制得的味精蛋白中粗蛋白含量低于离心分离情况下的蛋白含量，通常为60%～70%，粗灰分含量较高。

饲料企业的谷氨酸渣水分含量为（7.61±1.45）%，粗蛋白质含量为（73.98±1.03）%，粗灰分含量为（3.31±0.41）%，盐分含量为0.60%。测定其氨基酸组成和比例，结果见表17-15。可见其中谷氨酸含量为（10.59±1.08）%，保持了较高的比例，蛋氨酸含量为（1.10±0.29）%，赖氨酸含量为（2.33±0.30）%。值得注意的是，其中NH_3含量为（3.02±0.76）%，氨基酸总量为（51.40±4.00）%、氨基酸总量占蛋白质比例为（70.70±1.61）%。

表17-15 谷氨酸渣的氨基酸组成、氨基酸比例 单位：%

氨基酸	缬氨酸	蛋氨酸	赖氨酸	异亮氨酸	亮氨酸	苯丙氨酸	组氨酸	精氨酸	苏氨酸	ΣEAA	ΣAA
含量	3.20±0.31	1.10±0.29	2.33±0.30	2.39±0.26	4.10±0.41	2.11±0.23	1.15±0.17	2.97±0.32	2.51±0.25	21.86±2.22	51.40±4.00
AA比例	6.23	2.14	4.53	4.64	7.97	4.10	2.24	5.78	4.89		
EAA比例	14.64	5.03	10.66	10.92	18.74	9.64	5.27	13.60	11.50		
氨基酸	天冬氨酸	丝氨酸	谷氨酸	甘氨酸	丙氨酸	脯氨酸	胱氨酸	酪氨酸	NH_3	Lys/Met	ΣAA/CP
含量	5.05±0.51	2.07±0.21	10.59±1.08	2.48±0.25	5.11±0.49	2.18±0.21	0.53±0.08	1.52±0.18	3.02±0.76	2.19±0.39	70.70±1.61
AA比例	9.83	4.03	20.61	4.83	9.93	4.25	1.04	2.95			

第九节 酱 油 渣

酱油渣是指酿造酱油原料经发酵、抽油或淋抽后产生的固体残渣，其中粗蛋白质含量约25%、粗脂肪约9.7%、粗纤维约13.5%、灰分约10.5%，此外还含有异黄酮等成分。

从酱油渣的生产原料分析，酱油渣是一种较好的饲料原料。生产酱油的原料主要有大豆、豆饼或豆粕、蚕豆、豌豆、小麦、麸皮和食盐等。生产1kg酱油，将会产生0.67kg含水75%的酱油渣。

酱油渣作为饲料原料的主要限制因素是其中盐的含量，一般含量达到7%左右。而从实际生产看，在草鱼饲料中使用3%～8%的酱油渣具有可行性。

影响酱油渣产品质量的主要因素是生产酱油的原料，如利用大豆为原料时，酱油渣中脂肪含量较高，粗脂肪含量可以达到30%以上。而以豆粕或豆饼为原料时，脂肪含量一般为6%～12%左右。

饲料企业监测的酱油渣常规成分见表17-16，氨基酸组成和比例见表17-17。可见脂肪含量变化幅度较大，这主要是酱油生产原料是豆粕还是大豆所致。灰分、盐分含量较高。

表17-16　酱油渣的常规成分　　单位：%

水分	粗蛋白	粗脂肪	粗纤维	粗灰分	盐分
10.17±3.59	22.03±3.84	13.94±6.49	13.04±3.53	14.96±4.34	7.65±7.09

表17-17　酱油渣的氨基酸组成、氨基酸比例　　单位：%

氨基酸	缬氨酸	蛋氨酸	赖氨酸	异亮氨酸	亮氨酸	苯丙氨酸	组氨酸	精氨酸	苏氨酸	ΣEAA	ΣAA
含量	1.09±0.23	0.27±0.05	0.66±0.13	0.97±0.20	1.70±0.36	1.15±0.23	0.41±0.14	0.64±0.18	0.74±0.16	7.63±1.50	16.82±3.44
AA比例	6.49	1.59	3.94	5.75	10.11	6.84	2.45	3.83	4.38		
EAA比例	14.30	3.50	8.69	12.69	22.28	15.09	5.40	8.45	9.66		
氨基酸	天冬氨酸	丝氨酸	谷氨酸	甘氨酸	丙氨酸	脯氨酸	胱氨酸	酪氨酸	NH_3	Lys/Met	ΣAA/CP
含量	1.42±0.37	0.85±0.18	2.06±0.69	0.84±0.18	1.08±0.22	0.76±0.19	0.27±0.06	1.91±1.02	0.37±0.08	2.53±0.47	85.36±5.87
AA比例	8.43	5.08	12.25	4.98	6.40	4.51	1.58	11.38			

第十节　柠檬酸渣

柠檬酸渣是采用发酵方式生产柠檬酸的固体残渣烘干后的产物。柠檬酸生产的主要原料包括淀粉、葡萄糖、玉米粉、稻米粉、木薯粉等，现在工业化生产大都选用薯干、玉米粉为原料。发酵的菌种主要为黑曲霉（*A. niger*）。

柠檬酸渣作为水产饲料的原料主要用作纤维饲料，在草食性、杂食性鱼类饲料中需要一定量的纤维原料。同时，残余的柠檬酸也是一种很好的酸化剂，残余的具体蛋白质也是一种有用物质。

柠檬酸渣由于发酵的原料差异，其营养物质的含量有较大差异。饲料企业对柠檬酸渣的常规检测指标见表17-18，氨基酸组成和比例见表17-19。

表17-18　柠檬酸渣的常规检测指标　　单位：%

水分	粗蛋白	粗脂肪	粗纤维	粗灰分
10.47±0.61	22.31±2.85	8.39±0.27	7.47±3.30	5.56±2.08

表 17-19 柠檬酸渣的氨基酸组成和比例 单位：%

缬氨酸	蛋氨酸	赖氨酸	异亮氨酸	亮氨酸	苯丙氨酸	组氨酸	精氨酸	苏氨酸	ΣEAA	ΣAA
1.13±0.17	0.40±0.10	0.57±0.18	0.75±0.07	2.56±0.32	1.00±0.13	1.00±0.59	0.97±0.23	0.79±0.08	9.17±0.40	21.46±1.68

天冬氨酸	丝氨酸	谷氨酸	甘氨酸	丙氨酸	脯氨酸	胱氨酸	酪氨酸	NH_3	Lys/Met	ΣAA/CP
1.37±0.16	1.09±0.08	3.96±0.41	0.91±0.17	1.64±0.18	2.02±0.31	0.46±0.10	0.84±0.11	0.59±0.17	1.48±0.47	97.00±9.85

参考文献

[1] 叶元土，蔡春芳. 鱼类营养与饲料配制. 北京：化学工业出版社. 2013.

[2] 叶元土，蔡春芳，吴萍. 氧化油脂对草鱼生长和健康的损伤作用. 北京：中国农业科学技术出版社，2015.

[3] 谢笔钧. 食品化学. 3 版. 北京：科学出版社，2011.

[4] 李高锋. 酵母培养物在团头鲂饲料中的应用研究. 苏州：苏州大学，2009.

[5] 李宾. 葵仁粕和三种不同棉粕在草鱼饲料中的应用. 苏州：苏州大学，2011.

[6] 金素雅. 四种不同菜籽饼粕在草鱼饲料中的应用研究. 苏州：苏州大学，2011.

[7] 马红. 血球粉与鱼粉组合在鲫鱼饲料中的应用研究. 苏州：苏州大学，2011.

[8] 李婧. 不同油籽原料对团头鲂生长、部分生理机能及体组织脂肪酸组成的影响. 苏州：苏州大学，2009.

[9] 代小芳. 苹果籽、南瓜籽对团头鲂（*Megalobrama*，*amblycephala*）生长、部分生理机能、鱼体脂肪酸和氨基酸组成的影响. 苏州：苏州大学，2010.

[10] 尹晓静. 草鱼对玉米、小麦和木薯利用的比较研究. 苏州：苏州大学，2010.

[11] 张俊. 小麦和玉米在草鱼饲料中的应用研究. 苏州：苏州大学，2010.

[12] 朱磊. 玉米蛋白粉和脱霉剂对黄颡鱼生长、体色及健康的影响. 苏州：苏州大学，2012.

[13] 彭侃. 鱼粉生产过程中质量变异的研究. 苏州：苏州大学，2016.

[14] 刘敏佳. 饲用小麦及其主要副产物的质量分析与控制. 苏州：苏州大学，2016.

[15] 刘焕龙. 饲料的吸湿解吸平衡规律和颗粒饲料冷却的模型拟合. 无锡：江南大学，2010.

[16] 魏金涛. 四种常用饲料原料水活性等温吸附曲线及霉变后品质变化规律研究. 武汉：华中农业大学，2007.

[17] 蒋定文，林梦，沈先荣，等. 鳀鱼的营养分析与评价. 中国海洋药物，2010，29（4）：50-54.

[18] 王联珠，谭乐义，李晓川，等. 影响鱼粉胃蛋白酶消化率的因素之探讨. 海洋水产研究，2005（6）：50-54.

[19] 谢超，孙如宝. 优质鳀鱼鱼粉蒸煮工艺技术的优化研究. 粮食与饲料工业，2008（10）：32-33.

[20] 吕英涛，康从民，韩春超，等. 鳀鱼内源蛋白酶初步研究. 食品科学，2009（17）：270-273.

[21] Okazaki T，Noguchi T，Igarashi K，et al. Gizzerosine，a new toxic substance in fish meal，causes severe gizzard erosion in chicks. Agricultural & Biological Chemistry，1983，47（12）：2949-2952.

[22] Wessels J P H，Post B J. Effect of heat treatment of fish meals，fines and the addition of lysine as related to gizzard erosion in chickens. Phytochemistry，1989，46（4）：393-406.

[23] 马成林，陈琦昌，李力权，等. 应用三甲胺评价淡水鱼新鲜度的研究. 兽医大学学报，

1992，12 (4)：398-399，353.

[24] 陈人弼，陈涵贞. 综合评价鱼粉鲜度对品质的影响. 台湾海峡，1996 (S1)：104-107.

[25] 徐吟梅，邱卫华，余丽萍，等. 南极磷虾粉的营养与功能. 现代渔业信息，2010 (8)：14-16.

[26] 刘志东，陈雪忠，黄洪亮. 南极磷虾粉的营养成分分析及评价. 中国海洋药物，2012 (2)：43-48.

[27] 刘玉芬，仇德勇，徐伟，等. 羽毛粉加工工艺与开发. 畜牧与饲料科学，2010 (1)：87-88.

[28] 李文宾，吴敏丽，廉振民，等. 中国昆虫资源研究开发现状. 氨基酸和生物资源，2008 (4)：21-25.

[29] 廉振民，李文宾，刘万霞，等. 中国昆虫油脂的开发利用及研究现状. 延安大学学报：自然科学版，2008 (1)：59-63.

[30] 田华，王莉. 昆虫蛋白类功能成分研究进展. 河南农业科学，2011 (4)：22-26.

[31] 庞凌云，段玉峰，周美红，等. 中华蚱蜢蛋白质的提取. 无锡轻工大学学报：食品与生物技术，2005 (1)：102-104.

[32] 谢丽蒙，程凡升，袁瑾，等. 食源性蛋白质水解度常数 h_{tot} 值的测定. 氨基酸和生物资源，2013 (1)：15-18.

[33] 龙彪，彭志英，陈中，等. 采用木瓜蛋白酶制备乌鸡蛋白肽的研究. 食品工业科技，2005 (6)：135-137，140.

[34] 仪凯，周瑞宝. 中性蛋白酶水解花生粕的研究. 中国油脂，2005 (7)：71-73.

[35] 张强，阚国仕，陈红漫，等. 酶解玉米蛋白粉制备抗氧化肽. 食品工业科技，2005 (6)：109-111.

[36] 张华山. 酶法水解猪血蛋白的研究. 粮食与饲料工业，1999 (8)：12-15.

[37] 安文亭，贾丽楠，史酉川，等. 羊小肠黏膜蛋白酶解工艺条件研究. 饲料研究，2016 (4)：31-53.

[38] 王春维，胡奇伟，杨海锋. 猪肠膜蛋白粉 (DPS) 生产工艺研究. 粮食与饲料工业，2005 (1)：29-30.

[39] 王琳，银永安，王雪梅，等. 抗性淀粉及其在春小麦种质资源中含量的测定. 石河子大学学报：自然科学版，2008 (2)：190-194.

[40] 张平，印遇龙，李铁军，等. 几种常见饲料原料中总淀粉含量的测定. 中国饲料，2005 (15)：28-29.

[41] 宾石玉，印遇龙，李铁军，等. 谷物中抗性淀粉含量的测定. 饲料研究，2006 (5)：30-31.

[42] 袁军，薛敏，吴立新，等. 不同淀粉源对膨化饲料颗粒质量及吉富罗非鱼表观消化率的影响. 动物营养学报，2014 (8)：2209-2216.

[43] 何雨青，许晓菁，王祥河，等. 大豆浓缩蛋白制备大豆多肽的研究. 现代食品科技，2010 (12)：1361-1363，1378.

[44] 于修烛，李志西，杜双奎. 苹果籽油脂肪酸组成分析初报. 西北农林科技大学学报：自然科学版，2003 (1)：155-156.

[45] 葛含静，黄方千，邓玲娟，等. 苹果籽及其油脂特性的测定. 中国油脂，2007 (3)：79-81.

[46] 董胜旗，陈贵林，何洪巨. 南瓜子营养与保健研究进展. 中国食物与营养，2006 (1)：

42-44.
[47] 杨新辉，励建荣. 番茄皮籽的回收利用研究进展. 食品工业科技，2001（4）：83-85.
[48] 杜志坚，于新. 番茄籽营养成分的实验分析. 广州大学学报：自然科学版，2005（1）：46-48.
[49] 顾夕章，高启平，谢骏，等. 饲料中亚麻籽替代部分大豆油对异育银鲫鱼苗生长性能、肌肉组成及血清生化指标的影响. 动物营养学报，2012（11）：2272-2278.
[50] 葛玉彬，陈炳东，卯旭辉，等. 油用向日葵主要经济性状遗传及其相关分析. 中国油料作物学报，2013（5）：515-523.
[51] 孝延文，关剑秋，张杰，等. 葵花籽组成的全分析. 油脂科技，1983（3）：62-64.
[52] 赵鑫，张子腾，朱丽丹，等. 不同品种米糠营养成分含量的相关性分析及米糠与稻米成分的聚类分析. 食品工业科技，2012（1）：52-55.
[53] 崔富贵，李安平，谢碧霞，等. 不同处理方法对米糠品质稳定性的影响. 食品工业科技，2012（5）：141-144，158.
[54] 王大为，马永芹，张传智，等. 挤出处理对米糠稳定性的影响. 食品科学，2012（2）：133-138.
[55] 甘在红，邵彩梅. 玉米深加工淀粉副产物的蛋白选择和应用. 饲料与畜牧，2007（9）：42-45.
[56] 王文广，张博坤，段玉凤，等. 玉米的综合利用. 粮油食品科技，2008（3）：15-17.
[57] 吕明斌，郭吉原，刘雪芹. DDGS的质量控制要点. 中国家禽，2007（10）：45-46.
[58] 吕欣，毛忠贵. 玉米黄色素研究进展. 中国食品添加剂，2003（3）：57-60.
[59] 田晓红，谭斌，谭洪卓，等. 20种高粱淀粉特性. 食品科学，2010（15）：13-20.
[60] 胡忠泽，刘雪峰. 木薯渣饲用价值研究. 安徽技术师范学院学报，2002（4）：4-6.
[61] 于天峰，夏平. 马铃薯淀粉特性及其利用研究. 中国农学通报，2005（1）：55-58.
[62] 韩丽，贠建民，温科. 麦芽根营养成分分析. 甘肃农业大学学报，2008（2）：136-138.
[63] 阮长青，阚俊鹏，张平，等. 大麦芽根蛋白组成、溶解性及持水性研究. 黑龙江八一农垦大学学报，2015（4）：58-62，81.
[64] 刘玉兰，陈刘杨，汪学德，等. 不同压榨工艺对芝麻油和芝麻饼品质的影响. 农业工程学报，2011（6）：382-386.